新编
肥料使用技术手册

王迪轩 何永梅 李建国 主编

第二版

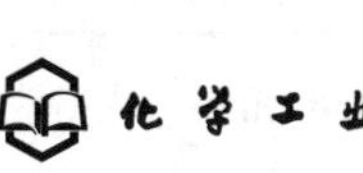

化学工业出版社
·北京·

本书在第一版的基础上，根据农业实际生产需要，详细介绍了当前常用肥料品种及新型肥料，包括肥料的特点、分子式、分子量、反应式、理化性质、质量标准、施用方法、简易识别要点、定性鉴定及使用注意事项等内容，重点介绍了相关肥料品种的施用技术。本书为农民购买合格肥料、掌握其施用要点及企业生产合格肥料提供参考。

本书适合农民、基层农技人员与农业管理人员、农资经销商学习使用，可作为肥料有关资讯查询的工具书，供肥料生产企业参考。

图书在版编目（CIP）数据

新编肥料使用技术手册/王迪轩，何永梅，李建国主编．—2版．—北京：化学工业出版社，2016.11（2025.1重印）
ISBN 978-7-122-28173-9

Ⅰ.①新…　Ⅱ.①王…②何…③李…　Ⅲ.①施肥-技术手册　Ⅳ.①S147-62

中国版本图书馆CIP数据核字（2016）第231639号

责任编辑：刘　军　冉海滢　　文字编辑：向　东
责任校对：宋　玮　　装帧设计：关　飞

出版发行：化学工业出版社（北京市东城区青年湖南街13号　邮政编码100011）
印　　装：河北延风印务有限公司
710mm×1000mm　1/16　印张30¾　字数639千字　2025年1月北京第2版第11次印刷

购书咨询：010-64518888　　售后服务：010-64518899
网　　址：http://www.cip.com.cn
凡购买本书，如有缺损质量问题，本社销售中心负责调换。

定　　价：60.00元

本书编写人员名单

主　　编　王迪轩　何永梅　李建国

副 主 编　王雅琴

编写人员（按姓氏汉语拼音排序）

蔡　玲　曹超群　郭年丰　何永梅　李积才

李建国　李金娟　李　荣　刘岳华　罗光耀

谭　丽　汤三喜　王　灿　王迪轩　王雅琴

谢　辉　徐红辉　姚红艳　袁毅谦　张学贤

前言

近几年来，我国农业种植结构不断调整优化，肥料新品种不断涌现，肥料品种结构也发生了很大的变化。除了农民熟悉的传统的氮、磷、钾、钙、镁、硫等单质肥和复混（合）肥外，近年来，一些新型的肥料品种，如缓释肥、控释肥、水溶性肥、大量元素肥、中量元素肥、微量元素肥、微生物菌肥、液体肥料、清液肥、悬浮液肥、配方肥、冲施肥、土壤调理剂、药肥、海藻肥、甲壳素肥等令人目不暇接。

肥料的国家标准、行业标准、部门标准不断更新，市场上也时常出现假冒伪劣肥料，给农民造成了较大的损失。为了帮助农民较为全方位地正确认识肥料品种，了解其特性，掌握其正确的施用方法，笔者从国家、行业、部门颁布的最新的标准入手，结合生产实践，于2010年编写了《新编肥料使用技术手册》一书。

近几年来，本书涉及肥料品种的一些国家标准、行业标准又有了较大的变化，其中29个标准尚未过期，有17个已经进行了更新，增加了9个新的标准，淘汰了2个肥料品种及标准。

肥料应用也出现了一些新的政策和变化。2015年，农业部制订的《到2020年化肥使用量零增长行动方案》的技术路线中提到要“调整化肥使用结构，优化氮、磷、钾配比，促进大量元素与中微量元素配合。适应现代农业发展需要，引导肥料产品优化升级，大力推广高效新型肥料”。还要“通过合理利用有机养分资源，用有机肥替代部分化肥，实现有机无机相结合。提升耕地基础地力，用耕地内在养分替代外来化肥养分投入”。其技术措施包括“推广秸秆还田技术，推广配方肥、增施有机肥，恢复发展冬闲田绿肥，推广果茶园绿肥；利用钙镁磷肥、石灰、硅钙等碱性调理剂改良酸化土壤，高效经济园艺作物推广水肥一体化技术。”要求加快新产品推广，如示范推广缓释肥料、水溶性肥料、液体肥料、叶面肥、生物肥料、土壤调理剂等高效新型肥料，不断提高肥料利用率，推动肥料产业转型升级。

有机肥料的推广应用重新得到重视。国家正大力推进化肥的使用量零增长行动，水溶性肥料、液体肥料等新型肥料受到市场的大力推介，由于这些新的政策和变化，原书需要进行较大的修订。

本次修订在第一版的基础上，一是增加了有机肥料章节和内容；二是对原书中涉及的国家或行业标准以现行标准进行修订和补充；三是增加了一些肥料品种的定性鉴定方法；四是由于本书是工具书，故对原书各章节中的肥料种类尽量补充完整，特别是对近几年出现的一些新肥料做一些介绍。

由于编写人员水平有限，书中疏漏之处在所难免，恳请广大读者批评指正。

编者

2016年10月

第一版前言

中国目前年化肥用量超过1.5亿吨，居全世界第一位，是世界最大的化肥进口国和氮肥生产国。我国是一个人口大国、农业大国，用占世界7%的土地养活了占世界22%的人口，粮食问题是关系到国计民生的大事，在人增地减的情况下，粮食的增加必须通过提高单产来解决。我国化肥的生产与消费多年位居世界首位，肥料对作物增产贡献率达到40%以上，这使得化肥在粮食生产中的作用越来越重要。近几年来，中国化肥工业通过技术更新、产品开发，高效、节能、复合型肥料如缓释肥料、有机-无机复合肥、叶面肥料等肥料新品种不断涌现，肥料品种结构也发生了很大的变化，肥料的国家标准、行业标准、部门标准不断更新，市场上也时常出现假冒伪劣肥料，给农民造成了较大的损失。

近段时间，从不少报刊上看到识别肥料真伪的文章，其中提到复混肥料（复合肥料）的国家标准为GB 15063—2001，有机-无机复混肥料的国家标准为GB 18877—2002，事实上这两个标准均已过时，新的标准分别为GB 15063—2009和GB 18877—2009，或许编辑也未注意到这个细节问题，农民在购买肥料的时候更很少关注这方面，但正是这些细节成为规范市场肥料质量的重点，帮助农民打假识真的关键点。当然，这仅仅与编者编写本书的初衷相巧合而已。

基肥可不可以用碳酸氢铵？莲藕田用硫酸钾肥好，还是氯化钾肥好？复混肥可不可以自己随便混？复合肥亩施150千克有没有问题？购买什么复合肥好些？哪些叶面肥好些？等等，编者经常遇到农民在使用肥料品种方面的困惑。为了帮助农民较为全方位地正确认识肥料品种，了解其特性、标准，掌握其正确的施用方法，笔者从国家、行业、部门颁布的最新的标准入手，结合生产实践，编写了《新编肥料使用技术手册》一书。

本书根据目前生产上的需要，从肥料的特点、分子式、相对分子质量、结构式、反应式、理化性质、质量标准、施用方法、识别要点及使用注意事项等方面，较为全面地介绍了常用的几十种肥料品种。为农民购买合格肥料、掌握其施用要点及企业生产合格肥料提供依据。

参与本书编写工作的作者还有何永梅、徐一鸣、李金娟等同志。由于时间仓促和编写人员的水平有限，书中错漏在所难免，恳请广大读者批评指正。

编者

2011 年 9 月

目 录

第一章 大量元素肥料 /1

第二章 中量元素肥料 /89

第三章 微量元素肥料 /112

第四章 有益元素肥料 /169

第五章 复合肥料 /180

第六章 微生物肥料 / 224

第七章 有机肥料 / 277

第八章 叶面肥料及水溶性肥料 / 316

第九章 缓控释肥料 / 355

第十章 新型肥料 /388

附录 /462

参考文献 /479

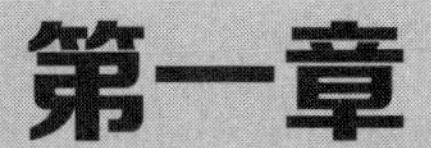

第一章 大量元素肥料

第一节 氮 肥

氮肥（nitrogen fertilizer）是指具有氮（N）标明量，并提供植物氮营养的单元化学肥料。氮肥可提高生物总量和经济总量。施用氮肥有明显的增产效果，在增加作物产量的作用中氮肥所占份额在磷肥（P）、钾肥（K）等肥料之上。

营养作用

（1）氮是蛋白质的主要组成元素　在蛋白质中的平均含量为16%～18%。在作物生长发育过程中，细胞的增长和分裂以及新细胞的形成都必须有蛋白质的参与。高等植物缺氮时常因新细胞形成受阻而导致植物生长发育缓慢，甚至出现生长停滞。蛋白质的重要性还在于它是生物体生命存在的形式。如果没有氮，没有蛋白质，也就没有了生命。

（2）氮是核酸和核蛋白的成分　核酸是植物生长发育和生命活动的基础物质，核酸中含氮15%～16%。无论是在核糖核酸中还是脱氧核糖核酸中都含有氮。核酸在细胞内通常与蛋白质结合，以核蛋白的形式存在。核酸和核蛋白大量存在于细胞核和植物顶端分生组织中，在植物生活和遗传变异过程中有特殊作用。信使核糖核酸是合成蛋白质的模板，脱氧核糖核酸是决定作物生物学特性的遗传物质，脱氧核糖核酸和核糖核酸都是遗传信息的传递者。因而，作物缺乏氮就不能维持生命。

（3）氮是多种酶的组成元素　酶是植物体内生化作用和代谢过程中的生物催化剂，酶的主要成分是蛋白质，植物体内许多生物化学反应的方向和速度都是由酶系统控制的。通常，各代谢过程中的生物化学反应都必须有一个或几个相应的酶参加。缺少相应的酶，代谢过程就很难顺利进行。酶本身是一种蛋白质，因此，氮常通过酶间接影响着植物的生长和发育。所以，氮供应状况关系到作物体内各种物质及能量的转化过程。

（4）氮是叶绿素的组成元素　叶绿素是作物叶子内制造“粮食”的工厂，利用吸收的太阳能、空气中的二氧化碳和土壤中的水分合成有机物质。叶绿素的含量往往直接影响光合作用的速率和光合产物的形成。当绿色作物缺少氮时，体内叶绿素含量下降，叶片黄化，光合作用强度减弱，光合产物减少，从而使作物产量明显降低。因而，绿色植物生长发育过程中没有氮参与是不可想象的。

（5）氮是某些维生素如维生素 B_1、维生素 B_2、维生素 B_6 和生物碱（烟碱、茶碱等）的组成成分，它们是辅酶的成分，参与作物的新陈代谢。

（6）氮是一些植物激素的组成成分　如生长素和细胞分裂素等都含有氮。

（7）氮能改善农作物的营养价值，特别是能增加种子中蛋白质的含量，提高食品的营养价值。

作物缺氮症状　作物缺氮的显著特征是植株下部老叶片从叶尖开始褪绿黄化，再逐渐向上部叶片扩展。缺氮也造成产品品质下降，蛋白质和必需氨基酸、生物碱以及维生素的含量减少。整个植株生长受抑制，地上部分受影响较地下部分明显。叶片呈灰绿色或黄色，窄小，新叶出得慢，叶片数少，严重时下部老叶呈黄色，干枯死亡。茎秆矮短细小，多木质，分蘖分枝少。根受抑制较细小而短。花、果实发育迟缓，籽粒不饱满，严重时落果，不正常地早衰早熟，种子小，千粒重轻，产量低。几种农作物缺氮症状见表 1-1。

表 1-1　几种农作物缺氮症状

作　物	缺　氮　症　状
大白菜、甘蓝	早期缺氮，植株矮小，叶片小而薄，叶色发黄，生长缓慢；中后期缺氮，叶球不充实，包心期延迟，叶片纤维增加，品质降低
茄子	植株矮小，叶片小而薄，叶色淡绿；结果期缺氮，落花落果严重
萝卜	生长停滞，叶片窄小而薄，叶色发黄。茎细弱。根很小，发育不良，多木质化。辣味增强
胡萝卜	叶色淡绿，并逐渐变黄，叶柄细弱
番茄	生长停滞，植株矮小。叶色淡绿或呈黄色，叶小而薄，叶脉由黄绿色变为深紫色。茎秆变硬，富含纤维，并呈深黄色。花蕾变为黄色，易脱落。果小而少，富含木质
黄瓜	早期缺氮，生长停滞，植株细小，叶色逐渐变黄绿或黄色。茎细长，变硬，富含纤维。果实色浅，在具有花瓣的一端呈淡黄色至褐色，变为尖削
南瓜、西瓜、苦瓜	蔓叶细小，生长缓慢，开花晚，结瓜迟，产量低
洋葱	生长缓慢，叶片窄小而薄，叶色浅绿，叶尖呈牛皮色，逐渐全叶呈牛皮色。根色由红转变为白
莴苣	生长减慢，叶片黄绿色，严重时老叶变白腐烂。幼叶不结球
芹菜	叶子黄化，叶数减少，叶柄细长缓慢，且易老化空心，叶重减轻，产量不高
水稻	植株矮小，直立，分蘖少，叶片小，呈黄绿色，从叶尖至中脉扩展到全部叶片发黄，下部叶片首先发黄焦枯，结穗短小，成熟提早
小麦	叶片短、窄、稀且小，茎部叶片先发黄，植株瘦小、细长，叶形似马耳；分蘖少或无，穗小粒少
茶树	生长缓慢，新梢萌发轮次减少，新叶变小，对夹叶增多；严重时，叶色黄，无光泽，叶质粗硬，叶片提前脱落，开花结实增多

续表

作　　物	缺　氮　症　状
玉米	植株矮小,茎细弱,生长缓慢、矮瘦;叶片由下而上,从叶尖沿中脉向基部黄枯,呈"V"形,叶边缘仍保持绿色,但呈现卷曲状
棉花	植株矮小,叶片由下至上逐渐变黄,幼叶黄绿,中下部叶片为黄色,下部老叶为红色,叶柄和基部茎秆为暗红或红色,分枝少,结桃、坐桃率低,单株成铃少,植株易早衰
大豆	叶片出现青铜斑块,渐渐变黄而干枯,生长缓慢,基部叶片先脱落,茎瘦弱,花荚稀少;植株矮小,分枝少
蚕豆	植株矮小,瘦弱;叶片小而薄,呈淡绿色,老叶则呈黄色,过早脱落;花少,荚少
甘薯	植株基部叶的边缘呈紫色,叶柄短、易脱落;蔓细长、稀疏;薯块小,粗纤维多
马铃薯	叶片小,淡绿色到黄绿色,中下部小叶边缘褪色,呈淡黄色,向上卷曲,提早脱落;植株矮小,茎细长,分枝少,生长直立
花生	叶片淡黄到几乎白色,茎部发红;根瘤很少,植株生长不良,分枝少
甜菜	叶片形成迟缓,叶片数显著减少,老叶先由淡绿变为黄绿色,继而全株呈黄绿色,老叶枯死
油菜	全株长势不旺,矮小瘦弱。薹期分枝短小,全株上大下小,叶片小而苍老。叶色从幼叶至老叶依次均匀失绿,由淡绿到淡绿带黄以致最后呈淡红带黄。白菜型油菜叶色黄绿,甘蓝型油菜叶色红紫,叶片早衰脱落
柑橘	初期表现为新梢抽生不正常,枝叶稀少,小叶薄而全叶发黄,呈淡绿色至黄色,叶片寿命短而早落。开花少,结果性能差。严重缺氮时,树势衰退,叶片脱落,枝梢枯萎,形成光秃树冠,数年难以恢复
烤烟	烟株生长缓慢,矮小,节间短,叶片小,单叶垂低。缺氮烟株叶绿素、蛋白质及烟碱的合成受阻,老叶先开始叶色变淡发黄,烤制后的烟叶薄而轻,油分缺乏,香味差
香蕉	叶色淡绿而失去光泽,叶小而薄,新叶生长慢;茎秆细弱;果实细而短,梳数少,皮色暗,产量低
甘蔗	植株瘦弱;茎呈浅红色,叶片呈黄绿色;叶的尖端和边缘干枯,老叶淡红紫色;分蘖受阻,茎细,产量低
苹果	新梢基部的成熟叶片逐渐变黄,并向顶端发展,使新梢嫩叶也变成黄色。新生叶片小,带紫色,叶脉及叶柄呈红色,叶柄与枝条成锐角,易脱落。当年生枝梢短小细弱,呈红褐色。果实小而早熟、早落,当年形成的花芽数量显著减少,质量降低
梨树	生长期缺氮,叶呈黄绿色,老叶转变为橙红色或紫色,易早落;花芽、花及果实均少,果实变小,虽然果小但着色很好
桃树	土壤缺氮会使全株叶片变浅绿色至黄色。起初成熟的叶或近乎成熟的叶从浓绿色变为黄绿色,黄的程度逐渐加深,叶柄和叶脉则变红。此时,新梢的生长受到阻碍,叶面积减少,枝条和叶片相对变硬。缺氮严重时,大的叶脉之间的叶肉出现红色或红褐色斑点
杏树	树体生长衰弱,叶片小而薄,叶色淡而黄。营养枝短而细。完全花比例低,坐果率低
葡萄	叶色淡绿,叶片薄而小,易早落。枝蔓细短,停止生长早,果穗、果粒小
猕猴桃	叶色淡绿,叶片薄而小,易早落,枝蔓细短,停止生长早,果实小
石榴	成熟叶片逐渐变黄,叶内有紫褐色斑点。新生叶片小,带紫色,叶脉及叶柄呈红色,叶柄与枝条成锐角,易脱落。植株矮小,枝梢细弱,呈红褐色。所结果实小而早熟、早落,花芽显著减少

续表

作　物	缺 氮 症 状
板栗	叶片小，叶色变黄，新梢生长量小，树势弱
银杏	叶片小，叶色变黄，新梢生长量小，树势弱，树体生长缓慢
柿树	叶色黄化，枝叶量小，叶变小，新梢长势弱，花蕾数量多，落花落果严重。长期缺氮会造成植株矮小，抗性差，树体早衰
枇杷	氮不足时长势弱，生长缓慢，叶色淡，新叶小，枝条基部老叶先均匀失绿发黄，枝梢细弱，花芽及果实小。长期缺氮，树势弱，植株矮小，抵抗力差，寿命缩短
龙眼	生长缓慢，植株矮小，叶片失绿黄化
草莓	幼叶淡绿色，成熟叶早期呈现锯齿状红色，老叶变黄，局部枯焦

作物施氮过多症状　氮素过多，常使作物生育期延迟，贪青晚熟，对某些生长期短的作物，会造成生长期延长，易遭到早霜的侵害。氮过多使营养体徒长，细胞壁薄，叶面积增加，叶色浓绿，细胞多汁，植株柔软，易受机械伤和引起植株的真菌性病害。群体密度大，通风透光不良，易导致中下部叶片早衰，抗性差，易倒伏，结实率下降。

如禾谷类作物的谷粒不饱满，千粒重降低，秕粒多；棉花烂铃增加，铃壳厚，棉纤维品质降低；水果和甘蔗的含糖量降低，风味差；薯类的薯块变小；烤烟的烟叶变厚，不易烘烤，烟碱含量高，品质差；豆科作物枝叶繁茂，结荚少，作物产量降低；芹菜叶柄变细，叶宽大易倒伏，叶的生育中、后期延迟，收获期随之延迟。

此外，氮过多还会增加叶片中硝态氮、亚硝胺、甜菜碱、草酸等的含量，影响植物油和其他物质的含量，造成作物品质下降、减产，甚至造成土壤理化性状变坏、地下水污染。特别在保护地栽培条件下，更应重视合理施用氮肥。

氮肥使用量过大在蔬菜种植区表现得尤为明显，这主要是因为菜农使用的鸡粪中含有大量的氮，并且还大量地基施及冲施氮肥，导致土壤中的氮肥含量严重超标，多数菜农大棚中的含氮量都达到了400毫克/千克以上，但是菜农因为没有检测设备，又不注重测土施肥，从而导致土壤氮超标严重。所以，农民应改变传统的施肥习惯，在保证粮食、蔬菜产量不降低的前提下进行科学施肥，减少氮肥损失，提高氮肥利用率，以降低氮肥使用过量带来的危害。

氮肥种类　常用的氮肥品种可分为铵态、硝态、硝铵态和酰胺态氮肥4种类型。各类氮肥特性如下。

（1）铵态氮肥　具有氮标明量，氮以氨（NH_3）或铵根离子（NH_4^+）形式存在的化肥。主要有硫酸铵、氯化铵、碳酸氢铵、氨水和液体氨等。土壤中的铵态氮虽易被土壤吸附，成为固定态铵离子，移动性较小，但在适宜的温度、水分和通气条件下，土壤中的微生物有可能将铵态氮转化为硝态氮，从而随水流失。

（2）硝态氮肥　具有氮标明量，氮以硝酸根离子（NO_3^-）形式存在的化肥。主要有硝酸钾、硝酸钠、硝酸钙。土壤中的硝态氮不易被土壤胶体吸附，主要存在于土壤溶液中，移动性大，容易被植物吸收利用，也容易随水流失，浇水次数越多流失量越大。在浇水后，如果土壤湿度大，透气性变差，硝态氮在微生物作用下就会形成更多的氧化亚氮、氧化氮，造成硝态氮的损失。

（3）硝铵态氮肥　具有氮标明量，氮以硝酸根离子（NO_3^-）和铵根离子（NH_4^+）两种形式存在的化肥。主要有硝酸铵、硝酸铵钙和硫硝酸铵等。

（4）酰胺态氮肥　具有氮标明量，氮以酰胺态形式存在的化肥。主要有尿素、氰氨化钙（石灰氮）等。尿素在土壤中能够迅速水解为铵态氮，并且大量的挥发掉。

常用氮肥品种间施用量的互相换算

表 1-2 为常用氮肥用量相互换算表，可供施肥时对照参考。

表 1-2　常用氮肥用量相互换算表

肥料名称及含氮量	施用量/(千克/公顷)							
碳酸氢铵(17%)	15	150	225	300	375	450	525	600
硫酸铵(21%)	12	120	180	240	300	360	420	480
硝酸铵(34%)	7.5	75	112.5	150	187.5	225	262.5	300
尿素(46%)	5.55	55.5	84	111	117	121.5	172.5	222
氨水(17%)	15	150	225	300	375	450	525	600
氯化铵(25%)	10.2	102	153	204	255	306	357	408

合理施用应考虑的因素

（1）氮肥施用　应遵循矿质营养理论，养分归还学说，最小养分律，报酬递减律，因子综合作用律等原理。

（2）作物营养特性　不同作物种类、品种，同一作物品种不同生育期、不同产量水平对氮需求数量和比例不同；不同作物对氮形态有特殊反应；不同作物对氮的吸收利用能力也有差异。

通常在作物（豆科作物除外）的幼苗期对氮的吸收能力差，氮需要量较少；在中期吸收能力强，对氮的需求量最多；在后期，作物吸氮量减少，但仍需一定量的氮。

（3）土壤供氮性能　土壤类型，土壤物理、化学性质和生物特性等因素导致土壤保肥和供肥能力不同，从而影响氮肥的肥料效应。土壤供氮能力受矿化作用、硝化作用、反硝反作用和生物固氮作用影响。

（4）肥料特性　不同氮肥种类和品种及其施用后的土壤农化性质和肥料质量，决定该氮肥适宜的土壤类型、作物种类和施肥方法、用量。

（5）合理的施用量　根据农业部行业标准 NY/T 1105—2006 标准 4.3 节，计算出氮肥的施用总量和作物各个不同生长时期的氮肥合理施肥量。

（6）合理的施肥时期　氮肥施肥时期的确定，以氮肥施用后能提高肥效和改善农产品品质为原则，一般在作物需肥的关键时期，追施氮肥效果较好。确定氮肥施肥时期，不仅要注意前次施肥的影响，而且要考虑作物个体的营养状况，还要注意田间作物群体结构。

（7）合理的施肥方法　氮肥根据不同的品种，可以作底肥、种肥、追肥和根外追肥等进行施用。氮肥宜深施，可以增强土壤对铵离子的吸附，减少硝化作用，减少挥发，提高肥效，同时，能避免化肥伤害植株。氮肥深施主要以基施覆土为主，粮食作物基施深度一般为10～20厘米，其中水田偏上限，旱地偏下限；种肥在种子侧下方5厘米左右；追肥在作物植株一侧5厘米处，行间7～10厘米的深度。

（8）合理选用不同氮肥品种　根据不同土壤类型的理化性状，合理选择不同的氮肥种类。

砂土、砂壤土：保肥性能较差，氨易挥发。这类土壤宜施用铵态氮肥，少施或不施硝态氮肥。而且不能一次施氮过多，宜增加施用次数。

壤土：有一定的保肥性能，较砂土可以适当多施。

黏土：保肥、供肥性能强，施入土壤中的肥料可以很快被土壤吸收、固定，可减少施用次数。

其他：碱性土壤施用铵态氮肥应深施覆土，酸性土壤宜选择生理碱性肥料或碱性肥料。

（9）氮肥与有机肥料配合　有机肥料中的腐殖质是一种胶体，对氮有吸附作用，减少氨（NH_3）的挥发和硝酸根（NO_3^+）、铵离子（NH_4^+）的淋洗损失。氮肥宜与有机肥料配合施用，其配合施用的比例与土壤性状、作物营养特性、肥料品种和肥料性质有关。

（10）氮肥与其他化肥配合　氮肥应与磷钾肥配合施用才能发挥更好肥效，氮-磷，氮-钾之间起着一定的正效应。同时，还要与适量的中、微量元素肥料配合施用，肥效更好。

（11）施用包膜（缓释、控释）氮肥、脲酶抑制剂和硝化抑制剂，也可以提高氮肥施用有效性。

注意事项

（1）根据各种氮肥特性加以区别对待　碳酸氢铵和氨水易挥发跑氨，宜作基肥深施；硝态氮肥在土壤中移动性强，肥效快，是旱田的良好追肥；一般水田作追肥可用铵态氮肥或尿素。在雨量偏少的干旱地区，硝态氮肥的淋失问题不突出，因此以施用硝态氮肥较合适，在多雨地区或降雨季节，以施用铵态氮肥和尿素较好。

（2）氮肥深施　氮肥使用深度应在10厘米左右，并与土壤充分混合。氮肥深施可以减少肥料的直接挥发、随水流失、硝化脱氮等方面的损失。深层施肥还有利于根系发育，使根系深扎，扩大营养面积。

（3）合理配施其他肥料　在秸秆还田、绿肥还田或施用未腐熟的有机肥时，应配合施化学氮肥，对夺取作物高产、稳产，降低成本具有重要作用，这样不仅可以更好地满足作物对养分的需要，而且还可以培肥地力。氮肥与磷肥配合施用，可提高氮磷两种养分的利用效果，尤其在土壤肥力较低的土壤上，氮磷肥配合施用效果更好。在有效钾含量不足的土壤上，氮肥与钾肥配合施用，也能提高氮肥的效果。

(4) 根据作物的目标产量和土壤的供氮能力，确定氮肥的合理用量，并且合理掌握基肥、追肥比例及施用时期　氮肥施用量直接关系到可供作物吸收氮的多少，在一定范围内，作物产量和 NO_3^- 含量均随氮肥用量的增加而增加，因此在施肥时期和施肥方法上要尽量做到科学合理。营养生长期对氮需要量比生殖生长期大，作物追肥的时间不宜太迟，要使氮在植物体内有充分的转化时间。选择适宜时间采收，既可提高产量，又能减少 NO_3^- 残留。肥料用作基肥比作追肥施用有降低 NO_3^- 含量的作用，而对产量无明显影响。

(5) 氮肥不能与碱性物料和种子接触　氮肥大多是铵态氮肥，接触碱性物料易加速氮肥的分解和氮的损失。有些肥料对种子有毒害，如尿素、碳酸氢铵、氨水、氰氨化钙等，一般不宜作种肥；硫酸铵等尽管可作种肥，但用量不宜过多，并且肥料与种子间最好有土壤隔离。氮肥作追肥也要避免接触植株而烧伤叶子。

(6) 氮肥施用时要保持较好的墒情　根系吸收氮的途径以质流为主，占75%～85%，扩散占10%～14%，截获仅占6%～10%。如果土壤墒情不好，作物的根系很难甚至无法吸收养分，施肥是白白的浪费。所以，土壤墒情不好的地块施肥时要及时浇水。

1.碳酸氢铵

NH_4HCO_3，79.06

反应式　$NH_3 + H_2O \longrightarrow NH_4OH$＋热量

$NH_4OH + CO_2 \longrightarrow NH_4HCO_3$＋热量

碳酸氢铵 (ammonium bicarbonate)，又名重碳酸铵、碳铵、面肥和气肥等。早期在我国氮肥总量中的比重较大，但由于化学性质不稳定，氮肥利用率不高，现在生产规模逐渐减小，今后将被高浓度氮肥代替。氮形态是铵离子 (NH_4^+)，属于铵态氮肥。含氮量仅为17%左右，是氮肥中含氮量最低的化肥，只及尿素的37%和硫酸铵的81%，增加贮运量0.2～1.7倍，且因怕“热”而难以作为二次加工生产复混肥的主要氮源，这也是它的明显弱点。但碳酸氢铵是无（硫）酸根氮肥，其三个组分 (NH_3、H_2O、CO_2) 都是作物的养分，不含有害的中间产物和最终分解产物，长期施用不影响土质，是最安全的氮肥品种之一；碳酸氢铵因其解离出的铵离子较其他氮肥解离的铵更易被土粒吸持，及当其施入土后就不易随下渗水淋失，淋失量仅及其他氮肥的1/10～1/3，施用后的挥发量并不比其他氮肥高。

理化性质

① 碳酸氢铵为无色或白色结晶体，表面有光泽，含硫杂质时为青灰色。密度1.57克/厘米^3，容重0.75克/厘米^3，比硫酸铵轻而稍重于小粒状尿素。易溶于水，在20℃和40℃时，100毫升水中可分别溶解21克和35克，在水中呈碱性，其0.8%的水溶液的pH值为7.8，溶于甘油，不溶于乙醇。在常温常压下易挥发，

有强烈的氨臭味，刺鼻、熏眼，其挥发性随温度的升高、湿度的增大而增强。干燥的碳酸氢铵在10～20℃的常温下比较稳定，但敞开置放时也易分解成原来的成分：氨、二氧化碳和水。碳酸氢铵的分解会造成氮损失，残留的水将加速潮解并使碳酸氢铵结块。

② 碳酸氢铵含水量越多，与空气接触面越大，空气湿度和温度越高，其氮损失也越快，所以对碳酸氢铵要求添加表面活性剂，适当增大粒度，降低含水量；包装要结实，防止塑料袋破损和受潮；库房要通风，不漏水，地面要干燥；施用时要深施，且要予以覆土。

③ 碳酸氢铵不含副成分，长期施用后对土壤无不良影响。碳酸氢铵在土壤中解离成 NH_4^+ 和 HCO_3^-，HCO_3^- 与 H^+ 结合变成 CO_2 和 H_2O，CO_2 和 H_2O 均可直接参与作物的物质循环，对土壤无不良影响。

④ 碳酸氢铵属于弱酸盐，在土壤中解离后易被土壤胶体吸附。如果能够通过深施的办法来解决氮的挥发损失问题，则可提高氮的利用率。

质量标准　碳酸氢铵质量标准执行国家强制性标准GB 3559—2001（适用于由氨水吸收二氧化碳所制得的碳酸氢铵）。

（1）外观　白色或浅色结晶。

（2）产品的技术指标见表1-3。

表1-3　农业用碳酸氢铵的技术指标　　单位：%

项目	碳酸氢铵			干碳酸氢铵
	优等品	一等品	合格品	
氮(N)　≥	17.2	17.1	16.8	17.5
水分(H_2O)　≤	3.0	3.5	5.0	0.5

注：优等品和一等品必须含有添加剂，以保证碳酸氢铵具有良好的物理性能，使用方便。

该标准还对包装、运输和贮存做了如下规定。

① 产品每袋净含量（25±0.25）千克、（40±0.4）千克、（50±0.5）千克。每批产品平均每袋净含量不低于25.0千克、40.0千克、50.0千克。

② 产品在运输搬运过程中注意轻搬轻放，防止包装袋破裂。

③ 产品在运输与贮存中应注意防潮、防晒、防雨并贮于低温处。

简易识别要点

（1）看形状　碳酸氢铵应为白色松散的结晶小颗粒，长效碳酸氢铵中可能夹杂灰色粉末或颗粒。由于其水分含量高，外观上显出潮湿感，当水分超过5%时，碳酸氢铵有结块现象，故盛碳酸氢铵的容器壁上易附着产品，并有细水珠存在。

（2）看颜色　优等品和一等品的碳酸氢铵一般呈白色，部分合格品的碳酸氢铵呈微黄色；长效碳酸氢铵呈灰色、灰白色等。

（3）闻气味　碳酸氢铵有特殊的氨臭味，易挥发，刺鼻、熏眼。强烈的氨味是区别于其他固体无机氮肥的主要标志。简易鉴别碳酸氢铵时，可用手指拿少量样品进行摩擦，即可闻到较强的氨气味。

(4) 观察水溶性　吸湿性强，易溶于水。水溶性试验：将肥料溶于水，如果手摸有油腻感，即为碳酸氢铵；没有油腻感，则为其他肥料。利用白瓷碗或透明的玻璃杯，其中加入清水，向里面加入半勺肥料，搅拌，观察碳酸氢铵的溶解情况。合格品的碳酸氢铵应该能完全溶解于水中，长效碳酸氢铵中的多数能溶解于水，部分沉淀于碗（杯）底。

(5) 检查 pH　利用 pH 广泛试纸检查溶解后的碳酸氢铵水溶液，pH 试纸应该呈现深蓝色或蓝黑色。

(6) 铁片灼烧　将铁片烧红，取少量碳酸氢铵放在铁片上观察：没有熔融过程，直接分解，铁片上没有残留物，有浓浓的刺鼻氨味，没有白色浓烟现象。

定性鉴定　由于碳酸氢铵的生产企业均为原国有企业，产品的质量水平较高。如果感到所购买的碳酸氢铵质量有问题，可以将样品送交有关肥料质量检验部门进行检验和判定。

(1) 铵离子的检验　用试管 1 支加入 10 毫升水，取肥料样品 0.5～1 克放入水中，加入 1～2 粒氢氧化钠（严禁用手拿）溶解、摇匀，在酒精灯上加热即会产生氨气。用湿的 pH 试纸放在试管口上，试纸显蓝色（碱性）。

(2) 碳酸氢根的检验　用试管 1 支加入 10 毫升水，取肥料样品 0.5～1 克放入水中，溶解后再加硫酸镁溶液 5 毫升。在常温下不产生沉淀，但在酒精灯上加热后，会出现碳酸镁的白色沉淀。

(3) 与酸反应试验　将肥料溶于水，将食用醋酸倒入上述水溶液中，若有气泡产生，即为碳酸氢铵。

施用方法　碳酸氢铵可以用作基肥，也可以用作追肥，但不能用作种肥和叶面肥。

(1) 旱地基肥　每亩用碳酸氢铵 30～50 千克，占全生育期氮总用量的 50%～60%。旱地作物如小麦和玉米的基肥，可结合拖拉机和畜力耕地进行，将碳酸氢铵均匀地撒在地面上，随即翻耕入土，做到随撒随翻，耙细盖严；或在耕地时撒入犁沟内，一面施，一面由下一犁的犁垡覆盖，俗称“犁沟溜地”。施用深度要大于 6 厘米（砂质土壤可更深些），且施入后要立即覆土，并及时浇水。

(2) 旱地追肥　常用开沟深施或开穴深施。

① 开沟深施　凡是条播作物，可在离作物 6～10 厘米的行间开 6 厘米左右深的沟，每亩用 10～15 千克碳酸氢铵施在沟内，施后立即覆土。

② 开穴深施　凡是点播作物，可在穴旁或植株旁开穴、戳洞，然后把碳酸氢铵施入穴（洞）中，立即盖土，每亩施用量 15 千克左右。

干旱季节追肥后应立即浇水，肥效才能发挥。

(3) 稻田基肥　每亩用碳酸氢铵 30～40 千克，占全生育期氮总用量的 50%左右。施用时要保持 3 厘米以下的浅水层，但不能过浅，否则容易伤根。稻田在施肥前先犁翻土地，使碳酸氢铵撒在已经犁翻的毛糙湿润土面上，再将它翻入土层，立即灌水，耕细耙平，再播种或插秧；水耕时，先在田面灌一薄层水，再把碳酸氢铵施入，耕翻、耙平后插秧。

(4) 稻田面肥　过去习惯在稻田耕耙之后施入碳酸氢铵，然后用拖板拉平插秧。但大部分肥料都集中在表土氧化层里，易转化成硝态氮而淋溶损失。正确的方法是在犁田或耙田后灌 3～4 厘米浅水，每亩用碳酸氢铵 10～20 千克，撒施后再耙 1～2 遍，拖板拉平随即插秧。这样能使碳酸氢铵较均匀地分布在约 7 厘米深的土层里，既起到面肥作用，又能减少肥料损失。

(5) 稻田追肥　施肥前先把稻田中的水排掉，每亩用碳酸氢铵 30～40 千克撒施后，结合中耕除草进行耘田，使碳酸氢铵均匀地分布在 7～10 厘米的土层里。

也可于水稻中后期，用干、细的黏土按 5∶1 的土肥比拌和均匀，撒施到稻田，并结合脚踩中耕，使其与表层泥混合，可以减少其挥发损失。

还可以与泥土混合制成球肥深施，即以肥、土配比 1∶10 的比例，用手或压球机制成球状，每球重 20～50 克，施用时每四穴稻苗间塞一肥球，塞入泥中 3～6 厘米深处，同时也可以根据土壤的养分状况，在球肥配料中配以一定量的磷、钾肥和微量元素肥料等，将会有更理想的施肥效果。

注意事项　碳酸氢铵容易溶解于水，属于生理中性肥料，适合施用在各种土壤和作物上。但是碳酸氢铵容易分解，放出刺激性氨味，施用时要注意以下几点。

① 碳酸氢铵是铵态氮肥，不能与碱性肥料如草木灰、石灰、人粪尿（腐熟后呈碱性）等混合施用或同时施用，以防止氨气挥发，造成氮损失。

② 碳酸氢铵适宜用作基肥和追肥，施用后应立即覆土，以防分解太快，肥效降低。切忌在土壤表面撒施，以防氨气挥发，造成氮损失或熏伤作物。无论是作基肥还是作追肥，都不要在刚下雨后或者在露水未干前撒施。

③ 大棚内尽量少用或不用碳酸氢铵。因为大棚内空气流动较差，碳酸氢铵放出的氨气容易积累，氨气浓度过高容易对大棚内的蔬菜或水果产生危害。

④ 不适宜用作叶面追肥，也不宜作种肥。因为碳酸氢铵具有较强的刺激性和腐蚀性，分解时释放出来的氨气对种子的种皮和胚有腐蚀作用，影响种子发芽。挥发出的氨气对作物叶面也有腐蚀作用，所以碳酸氢铵不宜作叶面肥。

⑤ 土壤干旱或墒情不足时，不宜施用。

⑥ 施用时勿与作物种子、根、茎、叶接触，以免灼伤植物。

⑦ 应避开高温季节和高温时期施用。尽量将其在气温＜20℃的季节施用，作基肥或深施，一天中则尽量在早、晚气温较低时施用，可明显减少施用时的分解挥发，提高肥效。

⑧ 碳酸氢铵极易分解，其分解速率受温度和含水量的影响。当温度达到 30℃，就大量分解，尤其是有水分存在时分解更快，针对碳酸氢铵容易挥发损失的特点，可采取如下措施防止。

a. 密封塑料袋包装，搬运时要防止塑料袋破损，破包应立即补好。施用时宜用一袋拆一袋，剩余部分要及时把袋口扎紧，千万不要贮存在各种敞开的盛器内。

b. 贮存时放在阴凉、干燥处，切忌在太阳下暴晒。

c. 施用时尽量减少与空气的接触时间，无论作基肥或追肥，都要注意盖土保肥。

d. 用前与过磷酸钙拌和，可利用过磷酸钙中的游离酸来达到保氮的目的。

2.改性碳酸氢铵颗粒肥

改性碳酸氢铵（modified ammonium bicarbonate granuiar fertilizer），是以农业用碳酸氢铵或农业用碳酸氢铵及少量尿素为主要原料，通过加入适量添加剂进行改性，含有一定量中、微量营养元素的颗粒肥料。

质量标准 执行化工行业推荐性标准 HG/T 4218—2011，该标准规定了改性碳酸氢铵颗粒肥的术语和定义、要求、试验方法、检验规则、标识、运输和贮存。适用于且仅适用于以农业用碳酸氢铵或农业用碳酸氢铵及少量尿素和部分含有中、微量元素的稳定剂、调理剂和防吸湿、防结块剂等制成的改性碳酸氢铵颗粒肥，不应添加氯化铵或其他含氯的物质。商品名称为多元素长效碳铵颗粒肥、大颗粒碳铵、长效碳铵颗粒肥、长效颗粒碳铵、颗粒碳铵等的产品均应符合本标准要求。

① 外观。颗粒状产品。

② 产品的理化指标应符合表 1-4 和包装标明值的要求。

表 1-4 改性碳酸氢铵颗粒肥的要求

项目		指标	
		Ⅰ型	Ⅱ型
总氮(N)的质量分数/%	≥	17.0	15.5
总钙的质量分数(以 Ca 计)/%	≥	2.0	
总镁的质量分数(以 Mg 计)/%	≥	2.8	
总硫的质量分数(以 S 计)/%	≥	2.2	
氯离子的质量分数(以 Cl 计)/%	≤	1.0	
水分/%	≤	5.0	
粒度(2.36～5.50 毫米)/%	≥	90	
颗粒平均抗压碎力/牛	≥	8	
分解百分率/%	≤	15	

③ 有害元素限量。按 GB/T 23349 的规定执行。

该标准对标识、包装、运输和贮存的规定如下。

① 产品名称应为“改性碳酸氢铵颗粒肥”。

② 应在产品包装袋上标明产品型号、总氮含量、各中量元素含量。含酰胺态氮的产品应在包装袋正面明示。

③ 产品包装袋背面应有使用说明，内容包括：产品特点、使用方法、适宜作物及不适宜作物、建议使用量等。

④ 每袋净含量应标明单一数值，如 50 千克。

⑤ 其余应符合 GB 18382 的规定。

⑥ 产品包装材料应符合 GB 8569 中对碳酸氢铵的规定。每袋净含量分别为：(50±0.5) 千克、(40±0.4) 千克、(25±0.2) 千克和 (10±0.1) 千克，每批产品平均每袋净含量不得低于 50.0 千克、40.0 千克、25.0 千克和 10.0 千克。当用户对每袋净含量有特殊要求时，可由供需双方协议确定。

⑦ 在标明的每袋净含量范围内的产品中有添加物时，必须与原物料混合均匀，不得以小包装形式放入包装袋中。

⑧ 产品应贮存于阴凉、干燥处，在运输过程中应防雨、防潮、防晒、防破裂。

3. 氯化铵

NH_4Cl，53.49

反应式 $NaCl + NH_3 + H_2O + CO_2 \longrightarrow NaHCO_3 + NH_4Cl$

$$2NaHCO_3 \longrightarrow Na_2CO_3 + CO_2 + H_2O$$

氯化铵 (ammonium chloride)，又叫氯铵，化肥厂一般不单独生产氯化铵，它是氨碱法或联碱法生产纯碱的副产品，其含氮量在 24%～26%，是一种速效氮肥，氯化铵的生产具有原料来源广、便宜、制造程序简单等特点，生产成本低廉。在农资市场上，北方很少见到氯化铵，南方比较常见。氯化铵占我国目前氮肥总产量的 3.3%左右。氮形态是铵离子 (NH_4^+)，属于铵态氮肥。氯化铵施用后因作物对 NH_4^+ 的吸收较多，将有 Cl^- 残留土壤中，故氯化铵也是一种生理酸性氮肥。

理化性状

① 氯化铵为白色或微黄色的细结晶，外观似食盐、物理性状较好，肥料级产品由于混有食盐、游离碳酸氢铵和硫酸盐等杂质而具有氨味，易吸湿潮解，吸湿性比硫酸铵稍大，但比硝酸铵小得多，不易结块，便于贮存，结块后易碎。生产上有时将其精制并粒状化成 1～3 毫米颗粒，可明显降低其吸湿性，提高品质。

② 氯化铵易溶于水，在 20℃时，每 100 毫升水中可溶解 37 克。

③ 氯化铵稳定性能好，在常温和正常含水量情况下，不会产生氨的挥发，只有当温度大于 340℃，或与碱性物质混合时，氯化铵才会分解，产生氨的挥发。

④ 氯化铵是生理酸性肥料，这是由于作物对氯化铵中养分的吸收有选择性，在土壤里残留较多的氯离子 (Cl^-)，造成阴离子过剩，生成相应的酸类，所以氯化铵在酸性土壤中长期施用会导致土壤板结、酸化，应增施石灰。

⑤ 氯化铵残留的氯离子与土壤中的钙结合，形成溶解度较大的氯化钙 ($CaCl_2$)，易随雨水或灌溉水排走。所以，在具备一定排灌条件时，氯化铵在酸性和石灰性土壤中均适用，但施肥后应及时灌水，把氯离子淋洗到土壤下层。

⑥ 氯化铵中的铵离子在土壤中也可以进行硝化作用，但由于氯离子对土壤中的亚硝化毛杆菌有特别的抑制作用，从而可以减少铵态氮肥因硝化和反硝化作用而引起的脱氮损失。据试验，氯化铵与尿素配合施用，可以提高尿素氮的利用率，其

效果接近于氮肥增效剂。

质量标准 氯化铵的质量执行国家推荐性标准 GB/T 2946—2008（适用于采用各种工艺生产的工业用、农业用氯化铵）。氯化铵产品分为工业用和农业用两类，通常农业用氯化铵也简称氯化铵。

（1）外观 白色（可呈微灰或微黄色）结晶或颗粒（造粒产品）。

（2）农业用氯化铵的技术指标见表 1-5。

表 1-5 农业用氯化铵的主要技术指标 单位：%

指标名称		优等品	一等品	合格品
氮(N)的质量分数(以干基计)	≥	25.4	25.0	25.0
水分的质量分数①	≤	0.5	1.0	7.0
钠盐的质量分数②(以 Na 计)	≤	0.8	1.0	1.6
粒度③(2.0～4.0 毫米)	≥	75	70	—

① 水分的质量分数指出厂检验结果。

② 钠盐的质量分数以干基计。

③ 结晶状产品无粒度要求，粒状产品至少要达到一等品的要求。

该标准对氯化铵的外包装要求规定如下。

① 产品宜使用经济实用型包装。包装袋上应标明产品类别和等级（如农业用优等品，农业用一等品，农业用合格品），应标明主要成分或养分含量。

② 产品每袋净含量（50±0.5）千克、（40±0.4）千克、（25±0.25）千克，平均每袋净含量分别不应低于 50.0 千克、40.0 千克、25.0 千克。

③ 在储藏氯化铵时应注意保持仓库通风干燥，阴凉低温。在运输过程中防止雨淋和阳光暴晒，并避免与酸、碱类共存一处。

简易识别要点

（1）看形状 氯化铵的外观同食盐差不多，为细小块状或结晶的小颗粒。

（2）看颜色 一般氯化铵呈白色或微黄色。

（3）闻气味 氯化铵一般没有气味，个别产品因为含有微量碳酸氢铵而有氨气味，但是氨气味远弱于碳酸氢铵。

（4）观察溶解情况 利用白瓷碗或透明的玻璃杯，其中加入清水，向里面加入半勺肥料，搅拌，观察氯化铵的溶解情况。合格品的氯化铵应该能完全溶解于水中，手摸杯子或碗，感觉手冷。

（5）测量 pH 将 pH 广泛试纸插入氯化铵溶液中，试纸呈现微红色。

（6）铁片灼烧 把铁片烧红后，将少量氯化铵放在其上，能发现肥料迅速消失，放出白色浓烟，并能闻到氨味和盐酸味，在熔化过程中可见到未熔部分呈黄色，熔化完后铁板上无残烬。

定性鉴定 氯化铵的产品质量比较高，如果农户感觉所购买的氯化铵质量有问题，可以去有关质量监督检验部门进行送样检验。

（1）铵离子的检验　用试管1支加入10毫升水，取肥料样品0.5～1克放入水中，加入1～2粒氢氧化钠（严禁用手拿）溶解、摇匀，在酒精灯上加热即会产生氨气。用湿的pH试纸放在试管口上，试纸显蓝色（碱性）。

（2）氯离子的检验　用试管1支加水10毫升，取肥料样品0.5～1克，放入水中溶解，加入几滴稀硝酸摇匀，再加入几滴硝酸银溶液，摇动，即产生氯化银白色沉淀。

施用方法　氯化铵可以作基肥、追肥，不宜作种肥。

① 氯化铵用在水田中肥效更为显著，不会像施用硫酸铵那样产生硫化氢而引起水稻黑根腐烂。因为氯离子对硝化细菌有抑制作用，可减少氮淋失，而且氯离子易随水排走，不会有过多的残留，水稻吸收少量的氯将有利于抗病和抗倒伏。

② 其他作物如小麦、大麦、玉米、油菜、高粱和部分蔬菜，对土壤中的氯离子有较高的忍受力，其肥效与施用等氮量的硫酸铵、碳酸氢铵、尿素相当或稍优。亚麻、大麻等麻类，棉花等纤维类作物特别适合施用氯化铵，因为氯化铵中的氯对提高纤维产量和品质有良好的作用。

③ 氯化铵适宜作基肥和追肥。但是不论是作基肥，还是作追肥，都应控制其用量，以防止氯离子浓度过高而影响作物对水分和养分的吸收。一般除了对氯离子敏感的作物外，其他作物，一季每亩基肥施用量为20～40千克。作追肥每亩施用量为10～20千克，但要掌握少量多次的原则。氯化铵作基肥时应适当早施，以便借雨水、灌溉水预先把氯离子淋洗掉。

④ 氯化铵也要求深施，且覆土，这样有利于土壤吸附保肥，提高氮的利用率。一般作基肥要深施10厘米，并及时浇水，以便将肥料中的氯离子淋洗至土壤下层，减少对作物的不利影响；作追肥时，要掌握少量多次的原则，要距离植株5～6厘米远处穴施或沟施于7厘米深的土层中，施后立即覆土。稻田追肥，可在叶面无水时撒施于稻株行间，并结合耘田将肥料压入泥中，7天内不要排水。

注意事项　氯化铵属于含氯的肥料，而氯离子是造成盐碱地的主要原因之一，因此在施用氯化铵时，应特别注意以下事项。

① 干旱少雨的地区、盐碱土壤最好不施用或尽量少用氯化铵，以防止加重土壤盐害。

② 氯化铵含氯（Cl）66.3%，带入土壤中的氯是作物必需的一种营养元素，但若过量，对作物将有一定影响，故禁止将氯化铵施用在“忌氯作物”上，如烟草不能用氯化铵，茶树、葡萄、马铃薯、甘薯、甘蔗、西瓜、甜菜等作物尤其在幼苗时也要控制氯化铵的用量。

③ 氯化铵不宜作种肥，更不能将氯化铵作拌种肥，因为种子附近过量的氯离子对种子有害，影响种子发芽。

④ 氯化铵是生理酸性肥料，应避免与碱性肥料混用。一般用在中性土壤和碱性土壤上，酸性土壤应谨慎施用，氯化铵施入土壤后，所产生的氯化物或盐，对土

壤盐基的淋溶和酸化影响都比硫酸铵大，故在酸性土壤中施用氯化铵，需配合施用石灰（但不能同时混施，以免引起氨的挥发损失）或者有机肥。

⑤ 不宜在同一田块上连续大量施用氯化铵，提倡和其他氮肥配施。含 Cl^- 较多的盐土要避免或慎用氯化铵。

4.硫酸铵

$(NH_4)_2SO_4$，132.141

反应式 $2NH_3+H_2SO_4 \longrightarrow (NH_4)_2SO_4$+热量

硫酸铵（ammonium sulfate），又称硫铵、肥田粉，含有氮、硫两种植物所需的营养元素，含氮理论值为21.1%，实际含氮20%～21%，含硫24%，也是一种重要的硫肥，对于缺硫作物，施用效果非常明显。农业上用的硫酸铵肥料一般为化工厂或炼钢厂的副产品。它约占我国目前氮肥总产量的0.5%～0.7%，氮形态是铵离子（NH_4^+），属于生理酸性、铵态氮肥。硫酸铵性质稳定，是施用最早的氮肥品种之一，可作为标准氮肥。硫酸铵可作基肥和种肥，适用于各种作物。因其物理性状好，特别适于作种肥，但用量不宜过大。

理化性状

① 硫酸铵纯品为白色或淡黄色的方形或八面体小结晶。工业副产品的硫酸铵因含有少量的硫氰酸盐（如 NH_4CNS）、铁盐等杂质，常呈灰白色或粉红色的粉状。硫酸铵容重为860千克/米^3，易溶于水，20℃时100毫升水中可溶解75克，肥效迅速而稳定，呈中性。因为产品中往往含有极少量的游离酸，有时也呈微酸性。

②硫酸铵物理性质稳定，分解温度高（≥280℃），不易吸湿，临界吸湿点在相对湿度81%（20℃），不易结块，有良好的物理性状，便于贮存和施用。但当硫酸铵产品中含有较多的游离酸时，也会发生吸湿结块，一旦结块后很难打碎。

③在土壤中的转化：硫酸铵施入土壤后在土壤溶液中解离为 NH_4^+ 和 SO_4^{2-}，可以被作物吸收或土壤胶体吸附，由于作物根系对养分吸收的选择性，吸收的 NH_4^+ 数量远大于吸收的 SO_4^{2-}；同时，由于 NH_4^+ 在转化成 NO_3^- 的硝化作用过程中，每1个 NH_4^+ 会释放出2个 H^+，引起土壤酸化。在石灰性土壤中，土壤胶体上的 Ca^{2+} 被 NH_4^+ 代换后与 SO_4^{2-} 生成硫酸钙淀积在土壤孔隙中，容易引起土壤板结。为消除这一危害，应结合施用有机肥。

质量标准 硫酸铵产品执行国家强制性标准GB 535—1995/XG1—2003（适用于由合成氨与硫酸中和所制得的硫酸铵、炼焦所制得的副产硫酸铵，不适用于火电厂脱硫法或其他烟气脱硫法生产的副产硫酸铵产品）。硫酸铵的技术指标应符合表1-6的要求。

该标准对产品的包装、标志、运输和贮存要求如下。

① 硫酸铵应用多层袋（外袋塑料编织袋，内袋聚乙烯薄膜袋）或复合塑料编织袋包装。

表 1-6 硫酸铵产品质量的技术指标

单位：%

项目		指标		
		优等品	一等品	合格品
外观		白色结晶，无可见机械杂质	无可见机械杂质	
氮(N)含量(以干基计)	≥	21.0	21.0	20.5
水分(H_2O)	≤	0.2	0.3	1.0
游离酸(H_2SO_4)含量	≤	0.03	0.05	0.20
铁(Fe)含量①	≤	0.007	—	—
砷(As)含量①	≤	0.00005	—	—
重金属(以 Pb 计)含量①	≤	0.005	—	—
水不溶物含量①	≤	0.01	—	—

① 硫酸铵作农业用时可不检验铁、砷、重金属和水不溶物含量等指标。

② 每袋净重（50±0.5）千克或（20±0.2）千克。每批产品的每袋平均净重不得低于 50.0 千克或 20.0 千克。

③ 产品的包装袋上应标明生产厂名称、地址、产品名称、商标和本标准编号。

④ 硫酸铵在运输过程中应防潮和防包装袋破损，在贮存时应注意地面平整，库房内阴凉、通风干燥，严禁与石灰、水泥、草木灰等碱性物质或碱性肥料（如钙镁磷肥）接触或同库存放，包装袋堆置高度应小于 7 米。

简易识别要点

（1）看形状　硫酸铵为结晶小颗粒。

（2）看颜色　优等品的硫酸铵呈白色，一等品和合格品的硫酸铵可以为白色、灰色、绿色、蓝色、红色等颜色。

（3）闻气味　有的硫酸铵有煤气味，有的硫酸铵没有任何气味。与纯碱相混发出氨臭。

（4）观察溶解现象　利用玻璃杯或白瓷碗，向其中加入清水，然后用勺取少量硫酸铵加入杯或碗内，用干净的筷子搅动或摇晃，可以发现硫酸铵能完全溶解于水中。

（5）测量 pH　将 pH 广泛试纸插入硫酸铵溶液中，试纸呈现微红色。

（6）观察灼烧现象　在烧红木炭上缓慢熔化、不燃烧、冒白烟、有刺鼻的氨臭味。肥料溶液浸透纸条晾干后，不易燃烧，只产生白烟。取少许样品放在烧烫的铁片或瓦片上，既不熔化也不燃烧，能闻到氨味。铁片上有黑色痕迹，即证明为硫酸铵，否则为伪劣产品。

定性鉴定　硫酸铵的产品质量合格率比较高。如果购买并施用硫酸铵肥料后，发现硫酸铵的肥效有问题或者导致农作物受害，应立即向有关执法部门（工商局、质量技术监督局、农业局）举报，并及时将肥料样品送交有关肥料质量监督检验部门进行检验。

(1) 铵离子的检验　用试管1支加入10毫升水，取肥料样品0.5～1克放入水中，加入1～2粒氢氧化钠溶解、摇匀，在酒精灯上加热即会产生氨气。用湿的pH试纸放在试管口上，试纸显蓝色（碱性）。或取3～5滴肥料溶液在白瓷比色板凹穴中，加萘氏试剂滴，出现橘黄色沉淀证明有NH_4^+。

(2) 硫酸根的检验　用试管1支加入10毫升水，取肥料样品0.5～1克放入水中溶解后，加几滴稀盐酸摇匀，再加入几滴氯化钡溶液，稍摇动，即产生白色的硫酸钡沉淀。

施用方法　硫酸铵可作基肥、追肥和种肥。

(1) 作基肥　硫酸铵作基肥时要注意深施覆土，以利于作物吸收，减少氮损失。在干旱地区用作基肥的效果常大于追肥，一般每亩用量30～50千克。水稻秧田一般用量为20～30千克。

(2) 作追肥　应根据不同土壤类型确定硫酸铵的追施用量。一般每亩施追肥15～25千克。对保水保肥性能差的土壤，要分期追肥，每次用量不宜过多；对保水保肥性能好的土壤，可适当减少次数、增加每次用量。

土壤水分多少也对肥效有较大的影响。土壤干旱时，施用硫酸铵时一定要注意适时浇水，最好采用湿施法，一般对水40～80倍，幼苗要对水100～150倍，开沟挖穴集中浇施；在水田作追肥时，注意不要灌水过多，应先排水落干，并注意结合耕耙同时施用，减少氮流失。稻田施用硫酸铵还应在适当时期排水晒田，因为硫酸铵中的硫酸根在淹水条件下易形成硫化氢，硫化氢对稻根会有毒害作用。

此外，对不同作物施用硫酸铵时也存在明显的差异，如用于果树时，可开沟条施、环施或穴施。在石灰性和碱性土壤上施用时不要撒在地表，要开沟挖穴施入，深施覆土。

(3) 作种肥　硫酸铵对种子发芽没有不良影响，可用作种肥，但用量不宜多，基肥施足，可以不施种肥。小麦种肥，每亩用硫酸铵3～5千克，先与干细土混匀，随拌随播，肥料用量大时应采用沟施；水稻秧头肥每亩用硫酸铵2～3千克，如遇低温寒潮，必须保持浅水层，以免伤苗。水稻浸秧根，每亩秧田用硫酸铵1千克，对水50～60升，溶化后把秧苗根部浸在肥水里约半小时，即可插秧。

注意事项

① 硫酸铵在石灰性土壤中与碳酸钙起作用生成的氨气易逸失；在酸性土壤中，如果硫酸铵施在水田通气较好的表层，铵态氮易经硝化作用而转化成硝态氮，转入深层后因缺氧又经反硝化作用，生成氮气和氧化氮逸失到空气中。所以无论在旱地还是水田，硫酸铵都要深施。

② 硫酸铵长期施用会在土壤中残留较多的硫酸根离子（SO_4^{2-}），其为生理酸性肥料，长期施用，硫酸根在酸性土壤中会增加土壤酸度，使pH下降，因此在南方酸性土壤上施用时应注意配合施用石灰、草木灰或磷矿粉、钙镁磷肥等，但要注意硫酸铵和石灰不能混施，以防硫酸铵分解，造成氮损失，一般两者配合施用要相隔3～5天；在北方石灰性土壤上施用，为防止土壤中的钙离子与硫酸根结合生成

难溶性的硫酸钙（石膏），引起土壤板结，应注意配合施用有机肥料。

③ 硫酸铵在施用过程中，不宜与碱性物质或碱性肥料接触或混用，以免降低肥效。

④ 硫酸铵除含有氮外，还含有24%左右的硫。硫也是作物必需的养分，特别对于喜硫作物，如茶树、油菜、豆科作物和大蒜等百合科作物有特殊的营养效果。但对于水稻，在淹水条件下，硫酸根会被还原成有害物质硫化氢（H_2S），如果浓度过高，易引起稻根变黑，影响根系吸收养分，所以应结合排水晒田措施，改善通气条件，防止产生黑根。

⑤ 硫酸铵对任何土壤和作物都有较稳定的肥效，但不宜大量连续和单一施用，而应与其他氮肥品种搭配施用。在与碳酸氢铵配合施用时，以碳酸氢铵作基肥，硫酸铵作追肥为好，可分别扬其所长，抑其所短，提高肥效。

5.氨水

$NH_3 \cdot H_2O$（或 NH_4OH），35.045

反应式 $NH_3 + H_2O \longrightarrow NH_3 \cdot H_2O$

$NH_3 \cdot H_2O \longrightarrow NH_3 + H_2O$

氨的水溶液叫氨水（amonium hydroxide）（含N 12%～18%），别称：氢氧化铵、阿摩尼亚水。把合成氨导入水中用水吸收氨即可得到氨水。目前，我国氨水产量不到氮肥总产量的0.2%，且由于氨水在贮存、运输和施用上存在许多不足之处，故近年来农业生产中氨水的使用日趋减少。氮形态是NH_3、NH_4^+，属于铵态氮肥。

理化性状 氨水是无色或微黄色、黑色的液体，有刺鼻的臭味，腐蚀性强，挥发性强。有些氨水是钢铁工业、石油工业的副产物，由于氨水制造过程工序简单、成本低，是小型氮肥厂的重要产品。我国常用的氨水浓度有含氮15%、17%和20%三种，分别称15度、17度和20度氨水。其密度分别为0.939克/厘米^3、0.933克/厘米^{3}和0.823克/厘米^3（20℃），相对密度0.91克/厘米^3，熔点−77℃，溶于水、醇。

氨在水中呈不稳定的结合状态，大部分以NH_3形式存在，只有少量的氨与水中的氢离子结合成铵离子，故易挥发，氨的挥发量与氨水的浓度、温度、放置时间、容器的密闭程度等有密切的关系。一般浓度越大，温度越高，放置时间越长，容器密闭情况越差，氨的挥发就越快，挥发量就越大。如果氨水长期不封不盖，其中的氮可全部挥发损失而使肥料完全失效。

氨水是碱性肥料，性质不稳定，易挥发，常常为了保氮，在氨水中通入二氧化碳，制成碳化氨水。碳化氨水比普通氨水的氮损失率显著降低。

氨水为无色透明或微带黄色的液体，工业副产品的氨水因含有多种杂质而有不同的颜色。

氨水不稳定，在浓度大、温度高时更易挥发，对人的眼睛黏膜有强烈的刺激性，对皮肤无灼伤力，但对伤口有腐蚀性。氨水能灼伤作物茎叶，施用时要特别小心。

氨水呈碱性，氢离子浓度一般在0.1纳摩/升以下（pH一般在10以上），对金属有很强的腐蚀性。所以要求氨水容器应具有防腐蚀性能，如橡胶袋、柴油桶和陶制坛罐等，还要注意密封，防止渗漏。

在同体积情况下，氨水比水轻。同时，其浓度越大，密度就越小。不同浓度的氨水含氮量是不同的，因此，可以根据氨水的密度来得知氨水的浓度和含氮量。

施用方法 氨水施用原则是“一不离土，二不离水”。不离土就是要深施覆土；不离水就是加水稀释以降低浓度、减少挥发，或是结合灌溉施用。氨水施入土壤后，一部分存在于土壤溶液中，可被作物直接吸收利用，一部分与土壤胶体发生作用而被土壤胶体所吸附，被土壤胶体吸附的氨离子，可以不断地释放出来，供作物吸收利用。氨水不宜作种肥，可作基肥和追肥。

（1）基肥 一般每亩用氨水30～50千克。

① 旱地。可结合犁地沟施，对水5～10倍，注意覆土，一般深度为10厘米左右为宜，15厘米左右更佳。碱性土壤，含水量低的土宜深施。

② 水田。应先灌一薄层水，把氨水和泥浆混合均匀，施于田面，随即犁田耘耙、插秧；也可在灌水整地后，泼施氨水，然后用小拖拉机旋耕、耙匀插秧。

（2）追肥 一般每亩用氨水20～40千克，稀释20～40倍，采用沟施或穴施。也可随水浇施，但浓度不宜过大，应对水150～200倍，以免挥发和烧苗。

① 旱地。可对水100倍以上沟施或穴施，施后将土踩压严密。施肥深度和距离植株约10厘米为宜。沟施法常用在密播作物上，一头由牲畜牵引，一人扶着氨水施肥器施肥，随后覆土；穴施法适宜在玉米、棉花等行距较宽和株距较大的作物上，氨水稀释后施入挖好的穴里，边施肥边覆土踩实。

② 水田。用灌溉法，施肥前先将田里的水排干，将盛氨水的容器放在垄沟口上，用小胶管应用虹吸原理将氨水导入灌水沟的底部，用砖块立于进口处造成回流，使氨水进田前与灌溉水混匀，再流入稻田中。旱田水浇地也可采用此法。

（3）杀虫 氨水还能杀死蛴螬、地老虎等地下害虫。但施肥者应有防护措施，并防止氨水接触植物而将其灼伤。

注意事项 浓度高的氨水不宜直接与种子或作物的叶茎接触，以免影响种子发芽或灼伤作物；施用时间以清晨、傍晚或阴天低温时为好；施用时切勿喷洒于植株叶片上，不能用于塑料大棚、温室和水稻育秧，以免灼烧植株；施用氨水时应站在氨水的上风口，防止氨水对眼睛和呼吸道的强烈刺激，影响健康；在贮存、运输过程中，装盛氨水的容器必须耐腐蚀、不漏气、防日晒，以减少挥发损失；氨水不宜长期保存。

6.液体氨

NH_3，17.03

反应式 $N_2+3H_2 \longrightarrow 2NH_3$

液体氨（liquefied anhydrous ammonia），简称液氨，也称无水氨，属于铵态氮肥，由合成氨直接加压冷却、分离而成的一种高浓度液体氮肥，含氮（N）83.3%，含水仅0.2%~0.5%，还含有微量油（<5毫克/千克），是含氮量最高的氮肥品种。它与等氮量的其他氮肥相比，具有成本低、节约能源、便于管道运输等优点。

理化性状 无色液体。由氢、氮气在高温、高压下直接催化合成得到液体无水氨（液氨）。密度为0.617克/厘米^3，沸点（蒸发点）-33℃，冰点-77.8℃。由于它沸点很低，在20℃时蒸气压高达755.4帕，因此在常温常压时呈气体状态，因此对于这种氮肥的贮存、运输都必须采用耐高压的容器，如槽车和钢瓶等。施用时也必须采用相应的施肥机械。这在我国目前大多数地区还很难做到，故在生产上还很少施用这种肥料。液体氨作为氮肥品种的主要长处在于：化肥生产上可省去氨加工流程，单位氮的工业成本低；由于含氮量高，贮运中副成分少，施用后对土壤无副作用；由于氨极易被土壤吸持，入土后肥效长，可提前施肥（可结合耕耙作业行隔年施肥，如春肥秋施）。目前，液体氨的主要用途为制造硝酸、无机和有机化工产品、化学肥料以及作冷冻、冶金、医药等工业原料。

在土壤中的转化：液氨在降压时自动汽化为氨，当其溶于水时，大部分以NH_3形式溶于水，只有少部分以NH_4^+形式存在，一部分氨被土壤胶体吸附，一部分经硝化细菌作用转化为硝酸盐。

质量标准 执行国家标准GB 536—1988（表1-7）。

表1-7 液氨技术标准

指标名称		指标		
		优等品	一等品	合格品
氨含量/%	≥	99.9	99.8	99.6
残留物含量/%	≤	0.1(重量法)	0.2	0.4
水分/%	≤	0.1	—	—
油含量/(毫克/千克)	≤	5(重量法)	—	—
		2(红外光谱法)	—	—
铁含量/(毫克/千克)	≤	1	—	—

施用方法 液体氨宜于秋冬季作基肥，施于质地黏重和含水量较高的土壤上，每亩施用量以4~6千克为宜。施用时必须用装配有耐压氨罐、减压阀、氨压表、分配器、管道和施肥刀的专用液氨施肥机，与大马力拖拉机配套，在高压下将液体氨直接注入15厘米以下的土壤深处。液体氨施入土壤后很快汽化，大部分溶于土壤溶液中，另一部分被土壤胶体吸附。砂质土壤或土壤含水量较低时，氨更易挥发损失，施肥深度不应低于15厘米或过于集中。液体氨含氮量高、肥效好、成本低、对土壤无害，是今后很有发展前途的氮肥品种之一。

注意事项

① 施用时要注意安全。液氨蒸气强烈刺激黏膜和眼睛，对呼吸道有刺激作用，施用人员要戴皮手套、防护眼镜和防氨罩，液氨不要和皮肤接触，防止冻伤。

② 液氨是强腐蚀性有毒物质，标准大气压力下于-33.3℃沸腾，要注意不能将钢瓶内的液氨放尽，否则容易进入空气，发生爆炸。

③ 钢瓶要防暴晒、防碰，施用宜在早晚气温低时进行。

④ 受液氨损伤的皮肤应立即用水冲洗，然后以3%～5%硼酸、乙酸或柠檬酸溶液湿敷。严重时立即到医院处理。

7. 氮溶液

氮溶液（nitrogen solution），即氮肥混合溶液，含氮20%～50%，是用氨（氨水或液氨）、硝酸铵、尿素等氮肥配制而成的液体氮肥。根据其组成的不同，可分为有压氮溶液（温度40℃以下，压力为0.0029～0.29兆帕）和无压氮溶液（表压为零）两种。有压氮溶液是一种由液氨与其他固体氮肥（硝酸铵、尿素等）混合而成的液体氮肥，含氮量可高达40%，也称氨制品、低压氮溶液或氨络物。无压氮溶液是一种正在发展的液体氮肥，既可以直接施用也可以作为流体复合肥的氮源。无压氮溶液一般采用尿素、硝酸铵的溶液加水制备，常含一定的防腐剂（常用0.5%液氨或磷铵），含氮量一般小于30%。氮溶液在国际上有统一的命名规定，例如有一种氮溶液的表达式为414（19-66-6），表明该种氮溶液的总氮量为41.4%，系由19%的氨、66%的硝酸铵和6%的尿素组成。

理化性状　由单一氮营养元素所组成的一类液体氮肥品种，与液氨、氨水等液体氮肥一样，它的生产过程简单、投资低、施肥容易实现机械化。氮溶液因化学组成和含氮量不同，品种繁多，其中主要的代表品种是含尿素和硝酸铵的氮溶液，简称UAN溶液。商用UAN溶液含氮量一般为28%，它含硝酸铵39.5%，尿素30.5%，水30%。现在有含氮量30%以上，甚至50%以上的氮溶液。氮溶液的生产方法很简单，基本是一种混合过程，即混合、冷却后为成品。

施用方法　这类产品属速效肥料，适宜于机械喷施。也可广泛用作复合肥料、混合肥料的原料。

注意事项

① 要根据作物的氮营养特点来选择适宜的形态规格。

② 要注意盐析温度，因为当外界温度低于盐析温度时，该氮溶液就会出现结晶，损坏设备，同时不利于施用。

③ 凡属低压氮溶液，均应采用特制的施肥机械来进行施用。

尽管氮溶液目前国内尚无正式产品，但是这代表着化肥工业的一大发展趋势，即化肥向液体化、浓缩化方向发展。目前，美国、日本、法国等国已广泛施用。

8. 尿素

$CO(NH_2)_2$，60.055

反应式　$2NH_3 + CO_2 \longrightarrow NH_2COONH_4$

$$NH_2COONH_4 \longrightarrow CO(NH_2)_2 + H_2O$$

尿素（urea），其氮形态是酰胺基（$-CONH_2$），属酰胺态氮肥。别名碳酰二胺、碳酰胺、脲。其全氮含量为46%，是硝酸铵的1.4倍，是硫酸铵的2.2倍，是碳酸氢铵的2.7倍；由于尿素属于生理中性肥料，施用于土壤后，没有任何残留物。

理化性状

① 尿素为无色或白色针状或棒状结晶体，工业或农业品为白色略带微红色固体颗粒，无臭无味。容重为0.66吨/米^3，易溶于水，在20℃时100毫升水中可溶解105克；水溶液呈中性。尿素吸湿性强，温度超过20℃、相对湿度超过80%时，吸湿性随之增大。目前，在尿素生产中加入石蜡等疏水物质，其吸湿性大大下降。

② 尿素与碳酸氢铵一样是生理中性肥料，在土壤中不残留任何有害物质，长期施用没有不良影响。但在造粒中温度过高（133℃）就会产生少量缩二脲，又称双缩脲（$NH_2CONHCONH_2$），缩二脲如果与作物的种子、幼芽、茎叶接触，对其有一定的毒害作用，会影响种子的发芽率并抑制根系的生长发育，烧伤茎叶。例如小麦幼苗受缩二脲毒害，会大量出现白苗，分蘖明显减少。故要求尿素中的缩二脲的含量不超过2%，缩二脲含量超过1%时不能作种肥、苗肥和叶面肥，其他施用期的尿素用量也不宜过多或过于集中。

③ 尿素是高浓度有机氮肥，经过土壤中脲酶的作用，水解成碳酸铵或碳酸氢铵后，被作物吸收利用。故尿素的肥效要比其他氮肥来得慢一些。

尿素的这种转化速率还与土壤条件和温度有关，黏性土壤，有机质含量高的土壤和中性土壤，脲酶的活性较大，转化速率较快；相反，则转化速率较慢。低温时，旱地中的转化速率大于水田；相反，高温时，水田中的转化速率大于旱地。同时，当尿素的用量大时，也会影响氨化作用；温度的变化也会明显地影响尿素的水解速率。一般尿素的水解在10℃时需7～10天，20℃时需4～5天，30℃时需2～3天就可完成，形成不稳定的碳酸铵。此外，土壤中影响脲酶活性的其他因素，如脲酶抑制剂、茶园土壤中的多酚残基等都会影响尿素的水解速度。因此，尿素要在作物的需肥期之前4～8天施用。

质量标准 尿素产品执行的是国家强制性标准GB 2440—2001。

（1）外观 白色或浅色颗粒状。

（2）尿素的要求见表1-8。

表1-8 农业用尿素的技术指标 单位：%

项目			优等品	一等品	合格品
总氮(N)(以干基计)		≥	46.4	46.2	46.0
缩二脲		≤	0.9	1.0	1.5
水分		≤	0.4	0.5	1.0
亚甲基二脲(以HCHO计)①		≤	0.6	0.6	0.6
粒度②（d）	0.85～2.80毫米	≥	93	90	90
	1.18～3.35毫米	≥	93	90	90
	2.00～4.75毫米	≥	93	90	90
	4.00～8.00毫米	≥	93	90	90

① 若在尿素生产工艺中不加甲醛，可不做亚甲基二脲含量的测定。

② 指标中粒度项只需符合四挡中的任一挡即可，包装标识中应标明。

该标准对包装、运输和贮存规定如下。

① 尿素用外袋为塑料编织袋，内袋为聚乙烯薄膜袋组成的双层袋或复合塑料编织袋包装。

② 每袋尿素的净含量为（25±0.25）千克、（40±0.4）千克或（50±0.5）千克。每批产品每袋平均净含量不得小于25.0千克、40.0千克、50.0千克。

③ 尿素可用汽车、火车、轮船等交通工具运输。运输和装载工具应干净、平整、无突出的尖锐物，以免刺穿、刮破包装袋。

④ 尿素应贮存于场地平整、阴凉、通风干燥的仓库内，包装袋应堆放整齐，堆放高度应小于7米。尿素在贮存和运输时，应注意防潮，保持环境干燥、通风阴凉。

目前农资市场上出现了多种新型尿素，例如涂层尿素、包衣尿素、长效尿素、包膜尿素等等。这些尿素就是将尿素颗粒的外表面包膜一层惰性物质，例如沸石、石蜡、沥青、磷矿粉、高分子树脂、聚乙烯等，使尿素本身不能直接接触土壤溶液，只能通过包膜的空隙或包膜逐步分解而慢慢地进入土壤。有的长效尿素是在尿素中添加硝化和反硝化抑制剂，以达到提高氮肥利用率的目的。在购买此类长效尿素时，应该注意包装袋上标注的全氮含量，缓效性能。否则最好购买普通尿素。

简易识别要点 目前市场上的尿素有大颗粒尿素和小颗粒尿素两种，其简易识别方法如下。

（1）看形状 尿素为颗粒状，分大颗粒和小颗粒两种。

（2）观察颜色 尿素颗粒一般呈半透明白色、乳白色，含有杂质的呈微黄色。

（3）闻气味 尿素本身没有任何气味。碱水法：取少许样品放入石灰水中，闻不到氨味的为真尿素。能闻到氨味的为其他化肥或掺入了其他物质的氮肥料。

（4）观察溶解情况 尿很容易溶解于水，溶解时从外界吸收热量，用手触摸玻璃杯或瓷碗，手感觉冷或凉。水溶液呈中性。

（5）观察潮解情况 尿素很容易吸湿，放在空气中12小时以上，尿素颗粒就熔化成了液体。

（6）观察灼烧情况 尿素晶粒在烧红木炭上迅速熔化，但不燃烧，只发出氨臭、冒出白烟。

点燃几块木炭，或将铁片或瓦片用火烧红，将少许尿素样品放在其上灼烧，冒出白烟、有刺鼻氨味、同时很快熔化成液体的为真尿素；若灼烧时看到轻微沸腾状，且发出“吱吱”响声，则表明掺有硫酸铵，为劣品；若散发出盐酸味，则表明其中掺有氯化铵；若灼烧时出现轻微火焰，则其中掺混了硝酸铵；如样品在灼烧前就有较强的臭味（氨味），说明尿素中掺有碳酸氢铵；若灼烧时发出噼噼啪啪的爆炸声，又有轻微的氨味，说明掺有食盐。

目前尿素质量水平较高，但应该引起注意的是：目前农资市场上出现了一类标称为“缓效尿素”或“长效尿素”的产品，实际上是复混肥料。此类肥料的外观不是白色，是灰色或灰褐色等，根据颜色就可以将它与真正的尿素区分开。另一类称为“有机尿素”的产品，对于此类产品，看其包装袋上的产品标准是“企业标准，代号为Q/＊＊＊＊＊＊＊＊＊”，还是本标准“GB 2440—2001”。如果是企业标准应该查看其总氮含量和其他指标，如果自己感觉没有把握，最好不要轻易购买，先找肥料专家或技术人员咨询后再做决定。

选购长效尿素时应注意包装袋上标注的总氮含量和缓效指标。假如没有缓效指标就不能称为长效尿素。如果连企业标准中也没有规定缓效技术指标，那么在选购此类肥料时就应该格外注意，在弄不清楚的情况下最好先不要购买。

定性鉴定 称取0.5～1克肥料样品，放在干燥的坩埚内，加热熔化成液体，液体透明，有氨味放出。用湿润的酸碱试纸放在坩埚上方，试纸变为蓝色，呈碱性。

将熔化物继续加热，液体逐渐由透明变得浑浊，尿素变成缩二脲。待坩埚冷却后，加入10毫升水和0.5毫升20%氢氧化钠溶液，熔融物溶解后，加1滴硫酸铜溶液，即呈现紫红色。

施用方法 尿素适于作基肥和追肥，有时也用作种肥。

(1) 种肥 尿素一般不作种肥或秧头肥，因为掌握不好，高浓度的尿素会破坏蛋白质结构，使蛋白质变性，转变成铵态氮也可能由于浓度高而产生氨毒害，影响种子发芽和幼根生长。如果一定要作种肥施用，则需与种子分开，尿素用量也不宜多。如粮食作物，每亩用尿素5千克左右，须先和干细土混匀，施在种子下方2～3厘米，或侧旁10厘米左右。如果基肥施足，可不用施种肥。

(2) 基肥 作基肥时，以粮食作物为例，一般每亩用尿素10～15千克。

① 旱地基肥。可撒施田面，随即耕耙；春播时地温低，如果尿素集中条施其用量不宜过大，否则易引起土壤局部碱化或缩二脲增多，造成烧种。

② 水田基肥。可把水排干后撒施，然后翻犁，5～7天后待尿素转变为碳酸铵，再灌水耙田。也可以在耕后耙前维持浅水施入，再用拖拉机旋耕，使尿素与泥浆均匀混合。尿素作叶面肥，每亩用量7～8千克，在移栽水稻前均匀施入，在耙田过程中要保留水层，不能随便放水。

(3) 追肥 尿素最适宜作追肥，一般每亩用尿素10～15千克。

① 旱地追肥。可采用沟施或穴施，深度7～10厘米，施肥后覆土盖严，防止水解后氨的挥发。在小麦地上也可土表撒施，随即浇水，第一周内肥料向下层移动，一周以后因水分的蒸发作用，肥料又向上层移动，大部分集中在10～15厘米土层内，不至于引起氮挥发损失。每亩灌水量，壤土地以20～30米^{3}为宜，砂壤土地或砂土地以15～20米^{3}为宜。

② 水田追肥。主要在分蘖期或拔节期施用，水田施用尿素时应注意不要灌水过多，要先排水，保持薄水层，每亩用尿素10千克左右，施后除草耘田，使尿素充分与土壤混合，减少尿素流失，2～3天内不要灌水，待大部分尿素转化为碳酸铵后再灌水耙田。砂土地上漏水漏肥较严重，每次施肥量不宜过多。

由于尿素在土壤中的转化过程需要3～5天，所以尿素追肥应适当提前几天进行。

（4）叶面施肥　尿素是一种中性有机氮肥，电离度小，分子体积也小，溶解度大，易被作物吸收利用，扩散速度比铵离子和硝酸根离子快，进入作物体内后，能迅速参与作物的氮代谢，尿素具有一定的吸湿性，因喷施液水分蒸发而残留在叶面的尿素，仍能重新吸湿而溶解，因而利用率较高，尿素水溶液呈中性，而且性质稳定，可与多种农药混合喷施，既提供养分，又能防治病虫、提高工效，故适宜于作叶面施肥。

尿素叶面施肥，主要用于作物吸收养分能力衰退的中后期，以及作物根系养分受到阻碍的情况下，将尿素和水配成一定浓度的肥料溶液，用喷雾器进行叶面喷施。尿素喷施的浓度，因作物种类、生育期、气候等而异，一般喷施尿素的浓度为0.2%～2.0%，大田作物的适宜浓度较宽，可为0.5%～5.0%，常用1.0%左右，作物生长不良及幼苗期时浓度可适当降低，大路蔬菜类作物较大田作物浓度低，桑、茶、果树和温室蔬菜浓度应再低一些。一些作物喷尿素适宜的浓度见表1-9。

表1-9　一些作物喷尿素适宜的浓度

作物种类	喷施时期	喷施浓度/%
水稻	乳熟期	1～2
麦类	拔节至孕穗期	1～2
玉米	授粉后	1
棉花	生长中、后期喷2～3次，每隔5～7天喷1次	1～2
葡萄	新梢生长期、坐果期各喷1次	0.2～0.4
柑橘	春梢生长期、幼果期、坐果期各喷1次	0.5～1
西瓜	苗期、每批瓜采后，喷2～3次	1
甘薯	收获前40～50天，每隔10～15天喷1次防早衰	1
茶树	新芽萌发到1叶1芽时，每隔7天喷1次，连喷2～4次	0.3～0.5
桑树	采叶前15～20天，每隔4～5天喷1次，连喷3～4次	0.5
叶菜类	苗期	0.4
蔬菜	生长中、后期	1

此外，在用其他肥料作叶面施肥时，如能适当加入些尿素，则可提高其他养分的利用效率。因此，作叶面施肥时，尿素可以结合化学除草、药剂治虫以及和其他肥料（如磷肥、钾肥、微量元素肥料等）配合施用，效果更佳。但是，尿素用作叶面施肥时，要求其缩二脲的含量不超过1%。此外，尿素在晴天早晨有露水时或傍晚时喷肥效果较好。

注意事项

① 尿素在转化前是分子态的，不能被土壤吸附，应防止随水流失；由于尿素在土壤中须经水解转化为碳酸铵，故在转化过程中也会引起氨的挥发损失，特别是在石灰性土壤上表施尿素，氨的挥发损失会更加明显，因此，尿素要深施、覆土。

② 尿素相对分子质量小，水溶液呈中性，容易被农作物叶片吸收，常常被用作根外追肥。但应注意控制喷施浓度。

③ 在施用尿素时，注意随用随开袋，袋内如果还有未用完的尿素，应立即扎紧袋口，以防熔化成液体，在炎热高温和多雨的季节应特别注意。

④ 当缩二脲含量高于1%时，不可用作根外追肥。尿素用于瓜、菜苗期时，尤应注意防止缩二脲的毒害。作物盛花时不能进行根外追肥，以免影响作物授粉，降低产量。喷施用的溶液浓度一定要按不同作物需要配制，不能过浓，以防产生肥害。几种作物用了缩二脲含量高的尿素后的受害症状见表1-10。

表 1-10 几种作物的受害症状

水稻	秧田作面肥会影响出苗。已经长出的秧苗在第二叶生出时可出现白化现象，第三叶片及其叶鞘的全部或局部发白，最后叶片失水，纵向卷缩枯死。白化秧苗在秧板上呈零星斑驳或条状分布
冬小麦	用含缩二脲超标(5.7%～8.3%)的尿素作基肥，出苗仅为30%～50%，单株白叶数可占总叶片数的60%左右，新根数只占总根数的40%
棉花	受害棉株心叶迟迟不能抽出，其他叶片边缘出现棕褐色斑块或小褐色斑点。整张叶片逐渐纵向皱缩，严重的最后枯死、脱落
西瓜	中毒的西瓜藤蔓细而短，叶片小，仅为正常西瓜的一半左右，叶色淡黄，生长缓慢，叶片边缘出现褐色斑块，很难开花、结瓜，严重的枯萎死亡
胡桑	叶片畸形，叶片边缘约有1厘米宽的淡黄色圈，整张叶片向上向内卷缩成瓢或漏斗状

作物受缩二脲危害后的补救措施因作物而异。对于水稻，在发现受害后需立即换水，勤排勤灌，如此排灌2～3次后基本能消除毒害，而后再看苗追施复混肥，以促进秧苗生长；对于小麦和棉花，受害轻的可立即灌水，使缩二脲向下淋失，以降低其浓度，受害严重的田块浇灌后，应及时改种其他作物；对受害严重的西瓜，需及时灌水排毒或耕耙分散毒性，然后改种其他作物；受害的胡桑，灌水已难根治，必须将肥料从土中扒出撒施在桑园中，分散稀释才能消除毒害，然后喷施0.2%磷酸二氢钾以促使其恢复生机。

⑤ 不宜盲目加大尿素用量。近年来，随着设施栽培和苗木中施用尿素的普遍，大田作物尿素施用量的增加，以及将尿素在施用前的化学稳定性，推理为施用入土后也能保持其稳定性的认识误区，使尿素施用后在一定条件下引起的肥害实例有增无减。通常这类受害作物的肥害症状与氨中毒相似：大多为植株的幼嫩部分（幼叶、幼根）受到灼伤，甚至引起幼苗死亡。在苗床、秧田和设施下更为明显。盛夏高温季节或设施下表面施用时，将加剧这种肥害。因此，必须控制尿素用量（包括复混肥中的尿素），深施入土并覆以薄土，在水田作基肥时应与耕层水土拌和，作追肥时控制用量并结合灌水。设施下应强调提前施入土中和注意通风。

⑥ 早春低温季节施用尿素需提前1周左右施下。尿素与铵态氮和硝态氮不一样，是一种酰胺态氮，需在土壤微生物分泌的脲酶作用下转化为铵离子后，才能被作物大量吸收。这个转化过程与土壤温度有密切关系，当土壤温度为30℃时，转化过程快，只需2～3天，而当土壤温度为10℃时，则需7～10天才能全部转为铵

态氮。因此，在低温季节施用尿素，其肥效常比碳酸氢铵来得慢，一般要迟 4～5 天。

9.硝酸铵

NH_4NO_3，80.04

反应式 $NH_3+2O_2 \longrightarrow HNO_3+H_2O$

$HNO_3+NH_3 \longrightarrow NH_4NO_3$

硝酸铵（ammonium nitrate），又叫硝铵。含氮（N）33%～35%，其产品中含有铵态氮和硝态氮，在所有氮肥中，硝酸铵的含氮量位居中游，约占我国目前氮肥总产量的 2%，氮形态是硝酸根（NO_3^-），属硝态氮肥。实际上硝酸铵兼有硝态氮和铵态氮，但其性质更接近硝态氮肥。宜作追肥，一般不作基肥，且不能作种肥。

理化性状 目前生产的硝酸铵有两种：一种是白色粉状结晶，另一种是白色或浅黄色颗粒。肥料级硝酸铵一般为淡黄色粒状。粉状硝酸铵物理性状较差，吸湿性强，易结块、潮解，在高温多雨季节，当空气十分潮湿时会变成液体。颗粒状硝酸铵因表层附有防潮剂（如矿质油蜡等疏水物质），物理性状大为改善，不易吸湿、结块或潮解。

硝酸铵极易溶于水，在 20℃时 100 毫升水能溶解 188 克，是一种速效氮肥。水溶液呈弱酸性。

硝酸铵具有助燃性，不能与纸、油脂、柴草、硫黄、棉花等易燃品一起存放。硝酸铵还具有爆炸性，与易被氧化的金属（如铁、镁、锌等）粉末混在一起，经剧烈摩擦、冲击能引起爆炸。所以结块的硝酸铵不能用铁锤敲打，可用木棒打碎，用石碾滚压。为了防潮防爆，在硝酸铵的生产过程中使其粒状化或添加稳定剂和惰性物质。

硝酸铵中的硝态氮和铵态氮各占一半，两者都是能被作物吸收利用的氮形态。硝酸铵施入土壤后，很快溶于土壤溶液中，与此同时解离成铵离子和硝酸根离子，两种离子在不同酸碱度的土壤里会发生不同的变化。在酸性土壤中，一部分铵离子直接被作物吸收利用，一部分铵离子取代土壤胶体上吸附的氢离子，自身被土壤胶体吸附，代换出来的氢离子则与被作物吸收利用后残留的硝酸根离子结合成硝酸。在中性或石灰性土壤中，铵离子从土壤胶体上代换出来的是钙、镁等阳离子，与硝酸根离子结合成为硝酸钙、硝酸镁等盐类。硝酸铵中的铵离子被土壤胶体吸附后，暂时得以保存，以后可以继续被作物利用，而生成的硝酸和硝酸盐类，则不易被土壤胶体吸附，在土壤水分充足的情况下，有遭受淋失的危害；同时形成的硝酸也会使土壤暂时酸化，但其酸化作用比硫酸铵、氯化铵等引起的生理酸性要弱得多，一旦硝态氮被作物吸收，酸性也随之消失。

质量标准 硝酸铵执行国家强制性标准 GB 2945—1989。该标准规定了硝酸铵的技术要求、取样、试验方法、检验规则及标志、包装、运输和贮存等。适用于由氨与稀硝酸中和所制得的硝酸铵。农业用硝酸铵的技术指标，分别见表 1-11 和表 1-12。

表 1-11 农业用结晶状硝酸铵的技术指标 单位：%

指标名称		优等品	一等品	合格品
总氮含量(以干基计)	≥	34.6	34.6	34.6
游离水含量①	≤	0.3	0.5	0.7
酸度		甲基橙指示剂不显红色		

① 游离水含量以出厂检验为准。

表 1-12 农业用颗粒状硝酸铵的技术指标 单位：%

指标名称		优等品	一等品	合格品
外观		无肉眼可见的杂质		
总氮含量(以干基计)	≥	34.4	34.0	34.0
游离水含量①	≤	0.6	1.0	1.5
10%硝酸铵水溶液 pH 值	≥	5.0	4.0	
防结块添加物(以氧化钙计的硝酸镁和硝酸钙含量)②		0.2～0.5	—	
颗粒平均抗压强度/(牛/颗粒)	≥	5		
粒度(1.0～2.8 毫米颗粒)	≥	85		
松散度	≥	80	50	—

① 游离水含量以出厂检验为准。

② 允许加入新的防结块添加物，但该添加物必须经全国肥料及土壤调理剂标准化委员会认可。

硝酸铵特别容易吸潮而熔化成液体，为了改变这个特性，部分企业采取添加稳定剂和惰性物质的方法制成石灰硝酸铵或硫硝酸铵等。这些产品均无相应的国家标准或行业标准来规范，企业可以利用备案的企业标准进行质量控制。

硝酸铵标准中对其包装袋上的标志、包装、运输和贮存规定如下。

① 包装袋上应涂以牢固的标志，其内容包括产品名称、本标准号、商标、生产厂名称、批号、净重、含量和 GB 190《危险货物包装标志》的“氧化剂”以及 GB/T 191 中“怕热”和“怕湿”标志。

② 包装材料及其技术规格，应符合 GB 8569 的技术要求。

③ 硝酸铵每袋净重（40±0.2）千克、（50±0.2）千克。

④ 硝酸铵应避免与金属粉末、油类、有机物质、木屑等易燃、易爆的物品混合贮运。硝酸铵可装在清洁干燥有篷布或带有盖的交通工具内运输。

⑤ 硝酸铵不能与氰氨化钙、草木灰等碱性肥料混合贮存。仓库应保持通风干燥、阴凉，避免阳光直射。

⑥ 硝酸铵具有爆炸性。在搬运和堆垛时，轻拿轻放，垛与垛、墙与墙之间应保持 0.7～0.8 米，以利于热量的扩散。

简易识别方法

(1) 看形状　硝酸铵呈结晶状和颗粒状两种不同形态。

(2) 看颜色　硝酸铵的外观呈白色或浅黄色，没有肉眼可见的机械杂质。

(3) 闻气味　硝酸铵如果保存得好，应该没有任何气味。

(4) 观察潮解情况　将少量硝酸铵放在干净的瓷碗里，观察潮解情况。如果天气潮湿，肥料会很快熔化成液体；在湿度不大的情况下，放 12 小时以上也可能化成液体。

(5) 观察溶解情况　利用无色透明的玻璃杯或白瓷碗，向其里加入少量硝酸铵，并向其中加入清水，利用干净的勺子搅动或摇动，能够发现硝酸铵很快溶解于水。

(6) 观察 pH　将 pH 试纸插入硝酸铵的溶液中，发现试纸变红，说明溶液呈微酸性。

(7) 看灼烧反应　取少许样品放在烧红的铁板上，立即熔化、出现沸腾状，熔化快结束时可见火光，冒大量白烟，有氨味、鞭炮味，熔化后铁片上无残余物，是硝酸铵。否则，为伪劣产品。晶粒在烧红木炭上迅速熔化，沸腾，并发生氨臭白烟。肥料溶液浸透纸条晾干后易燃，冒白烟。

(8) 正确区别尿素和硝酸铵　尿素和硝酸铵都是白色颗粒，颗粒的大小也一样。从外形上不好区别，但两者含氮量不同，必须分清是尿素还是硝酸铵才好确定施肥量。区别的方法如下：一是把少量尿素和硝酸铵分别放在两块纸上，用火柴点燃，尿素不燃烧，硝酸铵燃烧并发出噼啪声；二是将尿素和硝酸铵分别放入两个碗中，加入大豆粉，放进温水后搅拌，放在稍微热点的地方，1 小时以后闻到氨味的是尿素，没有氨味的是硝酸铵。

定性鉴定　硝酸铵一般是由较大规模的企业生产的，产品质量比较可靠。如果购买施用硝酸铵后，发现肥效不理想，可以将样品送交肥料质量监督检验部门进行检验和判定，以确定所购硝酸铵是否合格。

(1) 铵离子的检验　用试管 1 支加入 10 毫升水，取肥料样品 0.5～1 克放入水中，加入 1～2 粒氢氧化钠溶解、摇匀，在酒精灯上加热即会产生氨气。用湿的 pH 试纸放在试管口上，试纸显蓝色（碱性）。

(2) 硝酸根的检验　取试管 1 支加入 10 毫升水，取肥料样品 0.5 克放入水中，溶解、摇匀、过滤。取滤液 4 毫升放入另一试管中，加 1 毫升乙酸-铜离子混合试剂，摇匀，加一小勺硝酸试粉（0.1～0.2 克），摇动后溶液立即呈现紫红色。

(3) 其他特征　与奈氏试剂相遇产生黄色沉淀。取少许产品溶于水，再将此溶液倒入白色瓷皿或白底碗中，加入 4 滴二苯胺溶液，变成蓝色的为真品。反之，则为伪劣产品。

施用方法　硝酸铵适用的土壤和作物范围广，但最适于旱地和旱作物，对烟、棉、菜等经济作物尤其适用。硝酸铵宜作追肥，一般不作基肥，且不能作种肥。

硝酸铵最适宜作追肥，而且最适用于作旱田的追肥，用量可根据地力和产量指标来定。一般每亩用硝酸铵10～20千克，旱作追肥多采用沟施或穴施，施后覆土盖严，浇水时不宜大水漫灌，以免硝态氮淋失。水稻田分次追肥可减少氮淋失，浅水时追施后即除草耘田，不再灌水，使其自然落干。水稻应在幼穗形成期重施追肥，此时需肥多、吸肥快，氮损失少。

注意事项

① 硝酸铵的氮均能被作物吸收，因此适用于大多数的土壤和作物。但应注意硝态氮不能被土壤颗粒吸附，只能够溶解于土壤溶液中，随着灌溉水的下移而进入地下水，因此硝酸铵最适合于旱地和旱作物，不适合用于水田和水生农作物上。

② 由于硝酸铵中铵态氮和硝态氮各占一半，故不能与强碱性肥料，如氰氨化钙、草木灰、石灰等混合施用，也不能与酸性肥料（如过磷酸钙）混用，以防氮的挥发损失。

③ 硝酸铵遇热不稳定，高温容易分解成气体，使体积突然增大，引起爆炸。在施用时如遇受潮结块的硝酸铵，应轻轻地用木棍碾碎或用水溶解后施用，不可用铁器猛砸，以防爆炸。运输中，不要与易燃、易爆物品放在一起，以免出现危险。

④ 严禁与有机肥混合放置。

安全要求

① 硝酸铵是二级无机氧化剂，与硫黄、硫铁矿、酸、过磷酸钙、漂白粉和粉末金属（特别是锌）作用时，析出有毒的氮氧化物和氧，所析出的氧可以引起燃烧而导致火灾；硝酸铵被有机物料污染的情况下，或在高温状态时，将剧烈分解而导致爆炸。

② 硝酸铵分解温度为210℃，因而在贮存时应隔绝热源。硝酸铵引起的火灾可用大量水扑灭。

③ 生产硝酸铵的厂房以及试验室和仓库等应当备有通风设备，避免火灾和爆炸。厂房操作区的空气中硝酸铵的允许浓度为10毫克/米^3。

④ 硝酸铵生产、存放等场所，应备有消防器材等急救用品。

10. 农业用含磷型防爆硝酸铵

农业用含磷型防爆硝酸铵（contant phosphorus antidetonating ammonium nitrate for agriculture)，即由氨与稀硝酸中和经蒸发后在熔融态硝酸铵中添加了含磷改性剂，通过喷头造粒或经真空结晶制得的农业用颗粒状或结晶状含磷型防爆硝酸铵。我国于2002年9月30日发布了国务院52号文件《关于进一步加强民用爆炸物品安全管理的通知》，明确指出农用硝酸铵列入《民用爆炸物品品名表》，其销售、购买和使用纳入民用爆炸物品管理，禁止将硝酸铵作为化肥销售，同时暂停进口硝酸铵，但允许将硝酸铵作改性处理，使之失去爆炸性，并且不可还原后作为化肥销售、使用，改性处理后的硝态氮肥应符合国家和行业制定的新的产品标准。

质量标准 执行国家推荐性标准GB/T 20782—2006（适用于由氨与稀硝酸中和经蒸发后在熔融态硝酸铵中加入含磷改性剂，通过喷头造粒或真空结晶制得的农业用颗粒状或结晶状含磷型防爆硝酸铵）。

农业用含磷型防爆硝酸铵应符合表1-13的要求，同时应符合包装标明值的要求。

表1-13　农业用含磷防爆硝酸铵要求

项　目			指　标	
			颗粒状	结晶状
总养分质量分数($N+P_2O_5$)/%		≥	35.0	35.0
有效磷质量分数(P_2O_5)/%		≥	4.0	4.0
游离水质量分数/%		≤	1.0	0.4
pH值(质量分数为10%的水溶液)		≥	4.0	4.0
粒度	喷淋造粒(1.00～2.8毫米)/%	≥	90	
	转鼓、钢带造粒(3.35～5.60毫米)/%	≥		
松散度/%		≥	80	
外观			无肉眼可见的杂物，浅灰白色颗粒	无肉眼可见的杂物，浅灰白色结晶
爆炸性能			不起爆	不起爆
不可复原性能			合格	合格

该标准对标识、包装、运输和贮存规定如下。

① 产品包装袋上应标明总养分（$N+P_2O_5$）含量，有效磷含量和GB 190中的“氧化剂”标志。

② 产品用涂膜聚乙烯编织袋或塑料编织袋内衬聚乙烯薄膜袋包装，产品每袋净含量（50±0.5）千克、（40±0.4）千克，每批产品平均每袋净含量相应不得低于50.0千克、40.0千克。

③ 产品应避免与金属性粉末、油类、有机物、还原剂、易燃易爆品等物质混运混贮。产品不能与氰氨化钙、草木灰等碱性肥料混合贮存。产品可装在清洁干燥有篷布或有盖的交通工具内运输。

④ 仓库应保持通风干燥，防止雨雪和地面湿气影响，避免阳光直射。

⑤ 在搬运和堆垛时，轻拿轻放，垛与垛、垛与墙之间应保持0.7～0.8米。

⑥ 产品应贮存于阴凉、干燥处，在运输过程中应防潮、防晒、防破裂。

其施用方法参照硝酸铵。

11.农业用改性硝酸铵

质量标准　执行国家行业标准NY 2268—2012。该标准规定了农业用改性硝酸铵登记要求、试验方法、检验规则、标识、包装、运输和贮存。适用于生产和销售的、作为肥料使用的农业用改性硝酸铵。产品是在硝酸铵生产过程中添加碳酸钙、碳酸镁等原料成分，并将浓缩的熔融混合物经造粒而成的非全水溶均质固体。

① 外观。白色或灰白色、均匀颗粒状固体。

② 农业用改性硝酸铵含钙、镁产品技术指标应符合表 1-14 的要求。

表 1-14　农业用改性硝酸铵含钙、镁产品技术指标

项　目	指标	项　目	指标
总氮(N)含量/%	≥26.0	pH 值(1∶250 倍稀释)	6.0～8.2
硝态氮(N)含量/%	≤13.5	水分含量(H_2O)/%	≤2.0
钙(Ca)+镁(Mg)含量①/%	≥5.0	粒度(1.00～4.75 毫米)/%	≥90

① 钙、镁含量可仅为其中一种成分含量或为两种成分含量之和。含量不低于 0.5%的单一中量元素均应计入钙、镁含量之和。

农业用改性硝酸铵产品不溶物含量为检验项目。

③ 限量要求。农业用改性硝酸铵中汞、砷、镉、铅、铬元素限量应符合表 1-15的要求。

表 1-15　农业用改性硝酸铵中汞、砷、镉、铅、铬元素限量

单位：毫克/千克

项　目	指标	项　目	指标
汞(Hg)(以元素计)	≤5	铅(Pb)(以元素计)	≤25
砷(As)(以元素计)	≤5	铬(Cr)(以元素计)	≤25
镉(Cd)(以元素计)	≤5		

④ 抗爆试验要求。农业用改性硝酸铵抗爆试验应符合 WJ 9050 的要求。

⑤ 毒性试验要求。农业用改性硝酸铵毒性试验应符合 NY 1980 的要求。

该标准对标识、包装、运输和贮存做出了如下规定。

① 标识

a. 产品质量证明书应载明：企业名称、生产地址、联系方式、肥料登记证号、产品通用名称、执行标准号、剂型、包装规格、批号或生产日期；总氮含量的最低标明值；硝态氮含量的最高标明值；钙含量和/或镁含量的最低标明值；pH 的标明值；水不溶物含量的最高标明值；水分含量的最高标明值；粒度的最低标明值；汞、砷、镉、铅、铬元素含量的最高标明值。

b. 产品包装标签应载明：总氮含量的最低标明值。总氮标明值应符合总氮含量要求；总氮测定值应符合其标明值要求。

硝态氮含量的最高标明值。硝态氮标明值应符合硝态氮含量要求；硝态氮测定值应符合其标明值要求。

钙含量的最低标明值。钙标明值应符合钙含量要求；钙测定值应符合其标明值要求。

镁含量的最低标明值。镁标明值应符合镁含量要求；镁测定值应符合其标明值要求。

pH的标明值。pH测定值应符合其标明值正负偏差pH±1.0的要求。

水不溶物含量的最高标明值。水分标明值应符合水分含量要求；水分测定值应符合其标明值要求。

粒度的最低标明值。粒度标明值应符合粒度要求；粒度测定值应符合其标明值要求。

汞、砷、镉、铅、铬元素含量的最高标明值。

c. 其余按NY 1979的规定执行。

② 包装、运输和贮存。产品销售包装应按GB 8569的规定执行。净含量按定量包装商品计量监督管理办法的规定执行。产品运输和贮存过程中应防潮、防晒、防破裂，警示说明按GB 190和GB/T 191的规定执行。

12.硝酸钠

$NaNO_3$，84.99

反应式 $2Na_2CO_3 + NO + 3NO_2 \longrightarrow 3NaNO_2 + NaNO_3 + 2CO_2 \uparrow$

$$3NaNO_2 + 2HNO_3 \longrightarrow 3NaNO_3 + 2NO \uparrow + H_2O$$

硝酸钠（sodium nitrate），别名：钠硝石、智利硝、智利硝石。含氮（N）15%～16%。硝酸钠有天然硝石和加工制造的两种。天然硝石又叫智利硝石，一般含有15%～17%的硝酸钠，只有通过加工精制，才能得到较纯净的硝酸钠；加工制造的硝酸钠是硝酸工业的副产品。

理化性状 硝酸钠为白色或淡灰色结晶，易溶于水，属于速效性氮肥。硝酸钠具有很强的吸湿性，在潮湿的空气中易潮解，所以应在干燥的环境下保存。1克硝酸钠可溶于1.1毫升水、0.6毫升沸水、125毫升乙醇、52毫升沸乙醇、3470毫升无水乙醇、300毫升无水甲醇。当溶解于水时其溶液温度降低，溶液呈中性。密度2.26克/厘米^3。熔点308℃。有氧化性，与有机物摩擦或撞击能引起燃烧或爆炸。

硝酸钠属于生理碱性肥料，施入土壤后，在土壤溶液中解离为NO_3^-和Na^+，NO_3^-被植物直接吸收，而不能被土壤胶体吸附，故长期施用会导致土壤碱性增加。

质量标准 执行国家推荐性标准GB/T 4553—2002。

（1）外观 白色细小结晶，允许带浅灰色或浅黄色。

（2）硝酸钠应符合表1-16的要求。

表1-16 硝酸钠要求 单位：%

项目	指标		
	优等品	一等品	合格品
硝酸钠($NaNO_3$)的质量分数(干基) ≥	99.7	99.3	98.5

续表

项目		指标		
		优等品	一等品	合格品
水分的质量分数①	≤	1.0	1.5	2.0
水不溶物的质量分数	≤	0.03	0.06	—
氯化物(以 NaCl 计)的质量分数(干基)	≤	0.25	0.30	—
亚硝酸钠($NaNO_2$)的质量分数(干基)	≤	0.01	0.02	0.15
碳酸钠(Na_2CO_3)的质量分数(干基)	≤	0.05	0.10	—
铁(Fe)的质量分数	≤	0.005	—	
松散度②	≥	90		

① 水分以出厂检验为准。

② 松散度指标为加防结块剂产品控制项目。

该标准对标志、标签、包装、运输和贮存的规定如下。

① 硝酸钠包装袋上应有牢固清晰的标志，内容包括：生产厂名、厂址、产品名称、商标、等级、净含量、批号或生产日期和本标准编号，以及 GB 190 中规定的“氧化剂”标志和 GB/T 191 中规定的“怕热”“怕湿”标志。包装袋背面中部涂刷宽 10 厘米的横向红色条带。

② 每批出厂的工业硝酸钠都应附有质量证明书。内容包括：生产厂名、厂址、产品名称、商标、等级、净含量、批号或生产日期、产品质量符合本标准的证明和本标准编号。

③ 硝酸钠采用双层包装。内包装采用聚乙烯塑料薄膜袋；外包装采用塑料编织袋，每袋净含量 25 千克或 50 千克。用户对包装有特殊要求时，可供需双方协商。

④ 硝酸钠的包装。薄膜袋用维尼龙绳或与其质量相当的绳两次扎紧，或用与其相当的其他方式封口；外袋在距袋边不小于 30 毫米处折边，在距袋边不小于 15 毫米处用维尼龙线或其他质量相当的线缝口。缝线整齐，针距均匀。无漏缝和跳线现象。

⑤ 硝酸钠在运输过程中应有遮盖物，防止雨淋、受潮。

⑥ 硝酸钠应贮存于通风、干燥的库房内。应防止雨淋、受潮，同时避免阳光直射。应避免与酸类、金属粉末、木屑、纱布、纸张、糖、硫黄及其他易燃物、还原物质共运、共贮。

⑦ 硝酸钠在搬运和码垛时，应轻拿轻放，防止摩擦、撞击，垛与垛、垛与墙之间应保持 0.7～0.8 米的间距。

施用方法

① 硝酸钠比较适合作追肥，但宜少量多次。硝酸钠施入土壤后，能很快地溶解，解离成为钠离子（Na^+）和硝酸根离子（NO_3^-）。硝酸根离子在土壤中有很大

的移动性，易通过土壤水分的运动而上下移动。在轻质砂土或砂壤土上，尤其是在多雨季节，硝酸钠的肥分有被淋失的可能性。因此，硝酸钠最好作追肥施用，对于一般作物，每亩施用10～15千克为宜。

② 在干旱地区，硝酸钠也可以作基肥施用。但要深施到湿润的土层中。如能与有机肥料混合施用，效果更好。硝酸钠不宜用于水田，因为水田中硝态氮常因淋失或脱氮等作用而损失氮，降低肥效。

③ 硝酸钠是生理碱性速效肥料，比较适用于中性或酸性土壤，一般不用于盐碱化土壤。据试验，在酸性土壤上的肥效比等氮量的硫酸铵要好，而在盐碱土上则不宜施用硝酸钠。

④ 因为硝酸钠中含有钠，故用于糖用甜菜、菠菜和萝卜等喜钠作物，其效果比施用等氮量的其他氮肥要好。

注意事项

① 在透水性差的土壤上，不可过多或连年施硝酸钠，防止土质变坏。

② 最好配合钙质肥料和有机肥料施用，以消除肥料中钠离子对土壤产生的不良影响。

③ 在砂性土壤中施硝酸钠时，最好少量多次，以免淋失养分而降低肥效。

④ 硝酸钠对动物有毒害作用，牧草表施硝酸钠后应暂停放牧。

13.农业用硝酸钙

$Ca(NO_3)_2 \cdot 4H_2O$,236.14

反应式 $CaCO_3 + 2HNO_3 \longrightarrow Ca(NO_3)_2 + H_2O + CO_2\uparrow$

硝酸钙（calcium nitrate），别名：钙硝石。含氮（N）15%～18%。硝酸钙的来源有二：其一是用石灰中和硝酸，再经浓缩、结晶而得到；其二是用冷冻法生产硝酸磷肥过程中也可以得到硝酸钙。硝酸钙中的钙离子，可以改善土壤的结构，减少酸性土壤中的氢离子、盐碱土中的氯离子及碱土中的钠离子的不良影响，因而对这些土壤来说，硝酸钙不仅是一种良好的氮肥，而且还是一种很好的土壤改良剂。在农业生产上用作酸性土壤的速效肥料。随着设施园艺和无土栽培的发展，需要配制包括足量钙离子在内的完全养分营养液，供滴灌等随水施用。硝酸钙因其含有NO_3^-和较多的Ca^{2+}（24%）而成为首选钙营养肥料，已成为配制多种营养液的必需品种，消费量不断增长。硝酸钙可以通过石灰石和硝酸的反应制备，但多数还是硝酸磷肥生产中的副产品。

理化性状 在溶液状态下生成的硝酸钙是其水合物$Ca(NO_3)_2 \cdot 4H_2O$（含N 11%），四水硝酸钙为白色柱状结晶，属单斜晶系，有α和β两种晶型。密度1.82克/厘米^3，熔点39.7℃，加热至42.7℃，放出2分子H_2O，加热到151℃时完全脱水成为无水硝酸钙，含N 16%。加热到500℃左右时，硝酸钙分解生成亚硝酸钙并放出氧气，继续加热则分解成氧化钙及氧化氮气体。易溶于水、甲醇、乙醇、丙酮、醋酸甲酯及液氨。硝酸钙为氧化剂，有吸湿性，在空气中极易潮解，故应贮存在通风干燥的地方。在土壤中移动性很大，易随水淋失而降低肥效。

质量标准 农业用硝酸钙（calcium nitrate for agricultural use）执行化工行业推荐性标准 HG/T 4580—2013。该标准规定了农业用硝酸钙的要求、试验方法、检验规则、标识、包装、运输和贮存。适用于由化学方法制得，主要成分为四水硝酸钙的农业用硝酸钙产品。它作为无土栽培、滴灌施肥、叶面喷施肥料等应用于农业生产。

（1）外观 无色透明结晶或粉末。

（2）要求 产品应符合表 1-17 的要求，并应符合产品包装容器和质量证明书上的标明值。

表 1-17 农业用硝酸钙的要求

项目		指标	
		一等品	合格品
硝态氮(以氮计)的质量分数/%	≥	11.5	11.0
水溶性钙的质量分数/%	≥	16.0	
水不溶物的质量分数/%	≤	0.5	
氯离子的质量分数/%	≤	0.015	
游离水的质量分数/%	≤	1.0	
pH 值(50 克/升溶液)		5.0～7.0	

（3）生态指标 砷、镉、铅、铬、汞应符合 GB/T 23349 的要求。

该标准对标志、标签、包装、运输和贮存的规定如下。

① 应在包装袋正面以质量分数标明硝态氮含量、水溶性钙含量、水不溶物含量和 pH 值。

② 应在包装袋上标明产品使用说明，包括但不限于以下内容：适用或不适用的区域、土壤、作物、生长阶段；用法用量；与其他物料的相容性、不相容的物质（如硫酸钾，磷铵，铁、锌、铜、锰的硫酸盐，硫酸镁，硫酸，磷酸等），对灌溉水质的特殊要求等；安全说明。

③ 每袋净含量应标明单一数值，如 25 千克。

④ 包装袋上应有 GB 190 中的“氧化剂”标志和 GB/T 191 中的“怕雨”“怕晒”标志。

⑤ 其余应符合 GB 18382。

⑥ 50 千克、40 千克、25 千克、10 千克、5 千克规格的包装材料应符合 GB 8569 中对复混肥料产品的规定。每袋的允许短缺量为净含量标明值的 1%，平均每袋净含量分别不低于 50 千克、40 千克、25 千克、10 千克、5 千克。当用户对每袋含量有特殊要求时，可由供需双方协商解决，以双方合同规定为准。

⑦ 在标明的每袋净含量范围内的产品中有添加物时，必须与原物料混合均匀。不得以小包装形式放入包装袋中。

⑧ 产品包装应符合国家相关的危险货物运输规则中的要求。

⑨ 在运输过程中应有覆盖物，并应防潮、防雨淋、防破裂，不得与有机物、硫黄等还原性物质混运。

⑩ 产品应贮存于阴凉、干燥处，不得与有机物、硫黄等还原性物质同仓贮存。防止雨淋和暴晒。

施用方法 硝酸钙既可以作追肥，也可以作基肥，同时是水溶性肥料的良好原料。

硝酸钙在与土壤作用及被作物吸收过程中，表现弱的生理碱性，但由于含有充足的 Ca^{2+} 而不致引起副作用，适用于多种土壤和作物，对甜菜、烟草、大麦、麻类、马铃薯等作物尤其适宜。特别是在缺钙的酸性土壤上施用硝酸钙，其效果会更好。硝酸钙在蔬菜、水果上的作用非常明显。在保护地芹菜上的试验显示，施用硝酸钙比施等氮量的尿素增产 14.93%～21.76%，差异极显著。施用硝酸钙肥的芹菜叶柄增长、粗壮、产量高，叶色理想，好销售（指鲜嫩）。施用硝酸钙可明显降低大白菜干烧心病和番茄脐腐病的发病率。

果树、蔬菜的硝酸钙施用量因品种而异，南方地区用量范围为每亩 30～70 千克，以追肥为主，叶面喷施浓度 0.25%～0.5%，间隔 10～15 天，连喷 2～4 次。

果树常用硝酸钙施用量：柑橘等每亩 40～60 千克，其中采果前后肥 15～20 千克，越冬大寒肥 15～20 千克，促花肥 10～20 千克；梨、桃等每亩 40～60 千克，其中，开花前 10～15 千克，花芽分化期 10～15 千克，果实膨大期 20～30 千克。

蔬菜常用硝酸钙施用量：茄果类蔬菜（番茄、茄子、辣椒）每亩 40～60 千克，其中苗期 5～10 千克，始花结果期 10～20 千克，结果盛期 25～30 千克；瓜类蔬菜（黄瓜、苦瓜、冬瓜、丝瓜、节瓜）每亩 45～70 千克，其中苗期 5～10 千克，分蔓期 10～20 千克，开花结果期 30～40 千克；西瓜、甜瓜每亩 50～75 千克，其中苗期 5～10 千克，分蔓期 10～20 千克，开花结果期 35～45 千克；豆类蔬菜（豇豆、菜豆、荷兰豆）每亩 45～65 千克，其中苗期 5～10 千克，分蔓期 15～20 千克，开花结荚期 25～35 千克。

硝酸钙施用方法主要有几下几种：

较宜作旱田的追肥。但需要注意，硝酸钙的肥料养分较易流失，可少量多次施用，且一般不要在雨前施用。

作基肥时可与腐熟的有机肥料、磷肥（如过磷酸钙）、钾肥配合施用，这样可以明显地提高肥效。但不宜单独与过磷酸钙混合，以防降低磷肥肥效。

由于硝酸钙含氮量较低，使用中的用量要比其他氮肥的用量多一些。

注意事项

① 硝酸钙适宜施用于各种土壤和各种作物上，但由于硝酸钙属于硝态氮，易随水淋失，故不宜在多雨地区和水田中施用。

② 硝酸钙是生理碱性肥料，因此很适合酸性土壤，在缺钙的酸性土壤上效果更好。

③ 施用硝酸钙时主要应避免 NO_3^- 的流失，同时它的含氮量低，最好与其他高浓度稳定氮肥（如尿素）搭配使用。

④ 由于含有钙，不要与磷肥直接混拌施用。

⑤ 应避免与未发酵完全的厩肥和堆肥混合施用，因为肥料发酵过程中生成的有机酸，会使硝酸钙转化为硝酸，造成肥料养分损失。

⑥ 硝酸钙能使皮革收缩变形，故在肥料的贮存和施用过程中应加以注意。

14. 氰氨化钙

$CaCN_2$，80.10

反应式 $CaO+3C \longrightarrow CaC_2+CO$

$CaC_2+N_2 \longrightarrow CaCN_2+C$

氰氨化钙（calcium cyanamide），俗称石灰氮或碳氮化钙，含氮（N）20%～22%。因其含有大量石灰，故称为石灰氮。近年来，发现氰氨化钙是当前无公害农产品生产中极具使用价值的一种好肥料，也是一种药、肥两用的土壤净化剂，具有土壤消毒与培肥地力的双重作用。特别是在蔬菜种植区，因蔬菜种植结构相对固定，同类蔬菜品种种植时间长，并超量施用有机肥，过量施用化肥，使菜地土壤，特别是温室和大棚土壤严重恶化，造成土传病害，如根腐病、枯萎病、黄萎病等；加重土壤的盐渍化、酸性化，使肥料利用率降低，蔬菜减产。而施用氰氨化钙，能改善土壤结构、抑制病虫害发生，从而提高蔬菜品质和产量。目前在生产上应用的产品主要是“大荣宝丹”（简称荣宝，曾用名“正肥丹”），为宁夏大荣化工冶金有限公司开发，产品化学成分是氰氨化钙，含氰氨化钙≥50%，含氮量≥20%，含钙量≥38%，含添加剂 2.7%。

理化性状 纯的氰氨化钙是白色粉末或颗粒，约含氮 34%。含有杂质的一般是灰黑色的粉末或小球粒，约含氮 20%～22%。有电石或氨的气味。微溶于水，水溶液呈碱性。细粉状的氰氨化钙易飞扬，施用不便，并且对鼻子黏膜有强烈的刺激性，能使黏膜肿胀，对牲畜也有毒害作用。为了改变氰氨化钙的这些不良性状，一般常加入 2%～4%矿物油将其做成细粒状，施用起来既方便，又安全可靠，因此，氰氨化钙在农业领域的应用前景更为广泛。

它与水作用，生成氨和碳酸钙，是制造合成氨的一种方法（$CaCN_2+3H_2O \longrightarrow CaCO_3+2NH_3$）。它也用于制造氰化合物如氰化钠、二氰二胺等，是一种重要的氮肥，所含的氮不能直接被植物利用，必须经过水与二氧化碳的转化作用，才能被植物吸收。氰氨化钙是氮肥中唯一不溶于水的品种，吸湿性强，吸湿后易结块变质。其中的氧化钙吸水后体积膨胀，会使肥料袋胀破，故在贮存时应严密包封，注意防潮。

氰氨化钙对植物有毒，能杀死种子，施在成长植物的叶上，能使叶脱落，可用作脱叶剂或除草剂。氰氨化钙由气体氮和碳化钙（电石）在电炉中加热至1000℃左右成黏结的块状物，冷却后粉碎和磨细，再用少量水处理使残留的电石分解而得。

质量标准 执行化工行业标准 HG 2427—1993。

(1) 外观 黑色粉末。

(2) 氰氨化钙应符合表 1-18 的要求。

表 1-18 氰氨化钙质量标准 单位：%

项目		指标		
		优等品	一等品	合格品
总氮(N)含量	≥	20.0	19.0	17.0
电石(CaC_2)含量	≤	0.2	0.5	1.0
筛余物(850 微米筛)	≤	3	3	3

该标准对包装、标志、运输和贮存规定如下。

① 氰氨化钙属于二级遇水燃烧品，其包装方式有以下三种。

a. 外包装为全开口或中开口钢桶，内包装为厚 0.1 毫米以上的塑料袋。钢板厚 1.0 毫米，每桶净重不超过 150 千克。

b. 外包装为塑料编织袋或乳胶布袋，内包装为两层塑料袋，每层袋厚为 0.1 毫米。每袋净重不超过 50 千克。

c. 外包装为复合塑料编织袋，内包装为厚 0.1 毫米以上的塑料袋。每袋净重不超过 30 千克。

② 氰氨化钙包装袋上应标明生产厂名称、产品名称、商标、含量、净重、产品批号和本标准编号。涂刷“遇湿”危险标志；涂刷“怕湿”标志。

③ 氰氨化钙应以带篷车厢和不透水船舱运输，在运输装卸时，注意轻拿轻放。

④ 氰氨化钙应贮存于干燥的仓库中，注意防潮、防水并必须与食物和饲料隔离。

主要作用 氰氨化钙是一种无残留、无污染、能改良土壤的多功能肥料。它含氮 20%左右，因含有石灰成分，故名石灰氮。它是迟效碱性氮肥，是氮化肥中唯一不溶于水的肥料。另外，氰氨化钙含 38%以上的钙，能满足植物生长中对钙的需求，特别是对喜钙植物有显著的作用，在国外有“果蔬钙片”之称。它施入到土壤中后，先与土壤中的水分、二氧化碳发生化学反应，生成氰氨化钙、氢氧化钙、游离氰胺和碳酸钙。氰氨化钙与土壤胶体上吸附的氢离子代换形成游离氰胺，进一步水解生成尿素，再进一步水解为碳酸铵。由于氰氨化钙中的氮缓慢释放，而最终分解形成的铵态氮在土壤中又不易淋失，故氮肥肥效期可达 3～4 个月，能满足蔬菜作物前期生长对氮肥的需求，减少化学氮肥的施用量，降低农产品中硝酸盐的含量和对地下水的污染。氰氨化钙在土壤中水解产生的氢氧化钙，又能对酸性土壤有中和作用，还可预防作物缺钙症，减少果实生理性病害的发生，如番茄脐腐病、白菜的干烧心病等，同时还可增加水果及蔬菜的耐贮性。氰氨化钙还能促进堆肥中秸秆等有机物的分解。氰氨化钙不含有酸根，是一种碱性肥料，能防止土壤特别是保护地土壤的酸化。

施用方法 广泛应用于农作物种植，蔬菜、瓜果、水稻、玉米等粮食作物及大豆、芝麻等油料作物。

（1）灭螺

① 喷洒法。适用于洲滩、沟渠两壁和农田水源充沛的田埂等有螺环境，宜在晴天或阴天施药。一般情况下不需要清除植被，如植被过密过厚需要除障。采用常规施药机械喷洒，施药量为30克/米^2，均匀喷洒，施药期间，每次停机，移动机器前，用清水循环冲洗机械管道，避免石灰氮杀螺剂浸蚀或阻塞管道。配药和施药时不停搅拌，保持母药液成均匀悬液。石灰氮具有除草效果，喷洒时应避开农作物和树木，以免造成农作物损伤和树木落叶现象。稻田灭螺应在农作物耕作前10～15天或收割后施药，保持水位不溢流。避开大雨天气。

② 浸杀法。适用于水体和小的塘、滩、沟渠等有螺环境，宜在晴天施药。切断水流并计算水体体积量，按50克/米^{3}水体体积配制药液，用常规灭螺机械均匀施洒在水面上。并将坡（或岸）边植被清理入水浸泡。坡（或岸、壁）用喷洒剂量施药。施药后保持水位10～15天。10天之内不得用施药水体灌溉农田和其他农作物，不得用施药水体作水生养殖业所有种类的卵孵化期的用水。

③ 喷粉法。适用于滩地、沟渠两壁、沟、山间等缺乏水源的有螺环境，宜在阴天无风状况下施药。一般情况下不需要清除植被，如植被过密过厚需做适当清除。采用湿粉机（干粉机喷口加装喷水装置）喷撒，不得采用干粉喷撒，喷撒剂量30克/米^2，喷撒前，首先按一定面积试喷，取得正确的喷粉参考量。施药时须先打开水筏，再开喷粉风门，防止干粉喷出。施药时走上风口，喷嘴呈45°角近距离朝向地面，避免药粉飘扬。当自然风力≥3级时不宜直接喷粉。喷粉中有药物在喷嘴口黏结，要及时清理。利用长喷管进行喷粉时，先将薄膜管从组装上放出，再加油门，能将长塑料管吹起来即可，不要转速过高，然后调整粉门喷撒。为防止管末端存粉，喷粉前进中应随时抖动喷管。

④ 毒土法。适用于手工均匀投掷于任何有螺环境，宜晴天施药。将药物均匀撒在10倍于药物量的松散、干燥的泥土上，适量加入8%～10%的水分，翻抄、拌匀，使药泥均匀，达到手抓成团，一触即散的状态，抛置于有螺区域。旱地用量30克/米^2（指药物含量），水田或浸杀水域50克/米^3。药物与泥土、水混合后须静置1～2小时，才可成团，操作时须戴防护眼镜、胶手套、口罩和穿长衣长裤等防护用品。不可投掷于有农作物或树苗的土地上以及鱼苗、蟹苗、蚌苗孵化池和孵化循环水池中。

（2）稻田秸秆石灰氮腐熟还田　应用石灰氮秸秆腐熟还田，可有效根除土壤中的有害病虫，杀灭钉螺、福寿螺，提升土壤有机质，增加肥效，改善秧苗素质，促进根系发育，提高成秧率，达到增产增收的效果。稻草（以干基计）400千克/亩左右，秸秆长度5～10厘米，加入石灰氮15～20千克。

① 翻耕稻田。早稻收割后，将石灰氮药物均匀撒施于稻草（秸秆）上，或将药物加水调成水剂均匀泼洒在稻草（秸秆）上，灌少量水泡田后，将稻草（秸秆）

和药物翻耕入泥土，整平后再灌水5～6厘米覆盖泥土，自然蒸发7～10天，使其腐熟，再补充适量清水后，可进行插（抛）秧苗。如采取撒谷种的播种方式，必须在施药15日后才可以撒播谷种。

② 免耕稻田。早稻收割后，稻草直接均匀撒入田中，将石灰氮撒在稻草（秸秆）上，或将药物加水调成水剂均匀泼洒在稻草（秸秆）上，灌水覆盖稻草［水深5～6厘米，以水完全盖住稻草（秸秆）为准］，7～10天后进行插秧（高茬农田须将高茬压入水中）。如采取撒谷种的播种方式，必须在施药15日后才可以撒播谷种。

③ 注意事项。腐熟期内不能将田里的水排放，下雨天不能让田里的水漫出，以免影响其药效。施用石灰氮腐熟秸秆时，稻田的氮肥用量，可减少与石灰氮等量的氮肥用量，并按作物生长期均匀减量，其他磷、钾肥料按常规施用。如秧苗初期出现叶片发黄现象，属正常药物反应。可往稻田中加注清水，秧苗即可返青，无需采取其他任何措施。

（3）防治莲藕及各类水生植物病虫害　莲藕经常施用含酸根的化肥，会引发腐烂病，根茎变黑，商品价值下降，将石灰氮作为主要肥料施用，因其为无酸根肥料，对根腐病有明显抑制效果，还可防治莲藕及各种水生植物根肿病和根结线虫及其他土传病虫害、杂草等，达到增产增收的效果。一般每亩用量25～30千克。种植前将药物与水混合搅拌均匀洒入藕田，放水翻耕，7～10天后插播藕种。

藕田连作处理：莲藕发芽前的2月上旬至中旬，用毒土投掷法施药，将药物均匀撒在10倍于药物量的松散干燥泥土上，适量加入8%～10%水分，翻抄，使药泥均匀，达到手抓成团，一触即散的状态，抛置于藕田，达到杀灭土传病虫害、使土壤消毒的目的。应注意不可施药后立即插播，也不可在莲藕出芽后再施药。

（4）各种蔬菜及花卉泥土消毒　各类蔬菜及花卉利用石灰氮消灭土壤病虫，能有效抑制和杀灭根结线虫，防治根肿病、立枯病等土传病害；能有效改良土壤品质，减少由于连年施用大量化肥而引起的土壤次生盐渍化，从而解决重茬种植问题；可有效提高土壤肥效；可抑制氮的硝化反应，有效提高氮的利用率，石灰氮中的氮肥肥效可持续3～4个月。

一般每亩用40～50千克（病害严重时每亩用量60千克）。将石灰氮均匀撒在土壤表面，有条件的地方先撒施碎稻秸、麦秸或有机肥，每亩施用600～1200千克。人工或机械翻耕土壤，深度20～30厘米。起垄宽40～60厘米，垄间距离40～50厘米，起垄有利于地温的升高，使深层土壤得到消毒，有利于灌水。覆盖薄膜、压土、膜下灌水；向垄沟内灌水至垄肩部，使石灰氮分解，要求20厘米土层内温度达40℃密闭15天，或37℃土温下密闭20天。揭膜后翻地通风1～2天，即可播种或移苗。注意必须保持土壤水分在70%以上，石灰氮才能有效反应，杀灭病虫。十字花科作物如油菜、萝卜等对石灰氮的毒害特别敏感，施用时要注意。

（5）防治果树病虫害　使用石灰氮能防治各种果树的果木念珠菌、轮纹病等多种土传病虫害，有效提高土壤肥力，达到果实个大、色艳、味浓、保鲜期长的效果。

① 新（移）栽果苗。每坑用1千克（坑底直径50厘米），挖植株坑后，于坑内放入有机堆肥及药物，加上土充分混合，灌水保持土坑湿润，1个月后栽植苗木。

② 果木防治。每亩用量40千克。在严冬或早春季节，均匀撒在果树周围直径1米以外，应预计3天内无暴雨冲洗，在风力<3级的早晨撒施为佳。有条件宜翻耕。注意不要在5年幼树园或浅根果园使用，也不要喷在树叶上。开春后或夏季应在两树之间挖浅沟，与泥土、堆肥和磷、钾肥混合施撒，灌水后用新土掩盖。

（6）防治桑树病虫害　由于桑树栽培期长，采桑叶量多，因而施用缓效、流失少的石灰氮肥效较高，连续使用效果非常好，特别是防治桑树介壳虫、胴枯病、缩叶细菌病、桑瘿蚊，有较好的效果。使用量为每亩40千克。

① 防治缩叶细菌病、桑瘿蚊和蜗牛爬虫类。夏收后或秋季落叶后立即全面施撒石灰氮，并浅土翻动混合，杀灭桑瘿蚊蛹，防止蜗牛爬虫类啃食桑枝梢，防治来年缩叶细菌病菌的滋生。

② 防治介壳虫。在夏收后（5月下旬至6月上旬），用1～1.5千克石灰氮，溶于20千克热水中，按比例配制石灰氮溶液，充分搅拌，澄清后用上部澄清液喷洒桑树干部（0.1～0.2千克/株），注意不要喷到树叶上。

③ 防治胴枯病。在9月下旬按每株0.2千克喷洒上述液体于树干和树枝部，注意不要喷到树叶上。

④ 作冬、春肥使用。冬肥在12月至1月左右，春肥在发芽一个月前在畦间挖沟撒施并与土壤充分混合，或在畦间全面撒施后与表土耙松混合。

（7）防治甘蔗病虫害　甘蔗作物以糖度定价格。为提高糖度，利用石灰氮腐熟收割后的大量叶鞘还田，对提高甘蔗的发芽率、杀灭金叶虫等土传病虫害、改良土壤、提高甘蔗产量和品质是十分有效的措施。一般每亩用量40千克。收获后将枯叶铺于垄间施撒药物，切断根芽，翻耕入泥，并灌注清水，保持泥土湿润。如不能翻耕可在施撒药物后的枝叶上压一层薄土，再浇水保持湿润也可。但不如翻耕效果好。

（8）作除草剂使用　用粉状或防散石灰氮，每亩用量33～47千克，在耕种前全面、均匀地撒施。用于除草时，必须使草的叶和根部吸收石灰氮的主要成分氰胺。为此，应在杂草结露的早上进行撒施，并且须在杂草刚发芽，尚未长大时施用。在杂草已经长大，或没有露水的情况下撒施会降低其效果。往往在有朝露且风也较小时，十分适合撒施石灰氮。

（9）制造堆肥　稻草、秸秆等有机物质腐熟分解是微生物作用的过程。微生物繁殖与活动强弱的关键是腐熟环境碳/氮比，其适宜比例为30左右，微生物活动旺盛，腐熟过程加快，但是，腐熟过程中会生成有机酸，如果酸性过强又不利于微生物繁殖生长。石灰氮不仅是有机物混合发酵腐熟过程中的最好的氮源之一，而且其石灰成分又是中和有机酸不可缺少的碱性物质，这样为微生物生长繁殖创造了良好的环境，从而促进了稻草、秸秆等高碳纤维物质的软化，进一步腐熟分解。用石灰氮作为堆肥原料，加入其他氮肥料制造堆肥，堆肥腐熟过程加快，有机质含量高，氮、磷、钾含量明显增加，堆肥质量变轻，腐熟程度可提高50%～80%。方法是：用稻草500千克，加入150升水混拌堆一夜，软化秸秆；在180厘米×180厘米面积上先摊铺30厘米厚稻草，上部浇水，而后撒布石灰氮，上边再盖稻草，撒布石灰氮，反复进行，注意踏实，总共用石灰氮15千克，水约750升，高度约180厘米，完成后上部覆盖薄膜，保温保湿，促进发酵，堆制2～3周；初步堆制后，打开肥堆进行一次翻动掺混，内外翻动，上下换位，结合加入石灰氮5千克，水350升，然后覆盖薄膜，保温保湿继续发酵；经5～6周，充分发酵腐熟，成为优质堆肥。

注意事项

① 石灰氮不宜在碱性土壤上施用。石灰氮施入土壤后，不能直接溶于土壤溶液中，而是先与土壤中的水分、二氧化碳发生化学反应，生成酸性氰氨化钙、氢氧化钙、游离氰胺和碳酸钙。酸性氰氨化钙与土壤胶体上吸附的氢离子代换形成游离氰胺，进一步水解生成尿素，尿素在尿酶作用下再进一步水解为碳酸氢铵，最后由碳酸氢铵解离为铵离子，才能被作物吸收利用。以上均为在酸性或微酸性土壤中进行的反应。而在碱性或石灰性土壤中，不仅分解缓慢，而且分解到游离氰胺阶段，能进一步聚合成难分解的双氰胺，不易被作物吸收利用。氰氨化钙、酸性氰氨化钙、游离氰胺和双氰胺对作物都有毒性，它们只有转变为尿素以后，才能被微生物分解。故石灰氮不宜在碱性土壤上施用。石灰氮因含20%～28%石灰，属碱性肥料，故不能与硫酸铵、碳酸氢铵、过磷酸钙等肥料混合施用，以免引起氮挥发损失和降低磷的有效性。

② 石灰氮宜施用于酸性土壤；贫瘠的砂土、泥炭土不宜施用。

③ 石灰氮不宜直接用作种肥和追肥，只宜作基肥使用。作基肥使用时，一般在播种前或移栽前10～20天，结合耕耙施下，使土壤保持一定水分，可以达到消除肥料毒素和杀灭土壤病菌、杂草种子的作用。如要用作追肥，一定要预先堆制处理后才能使用。

④ 操作或施药时要穿戴好防护用品，包括眼镜、胶手套、口罩、长衣长裤，做好施药人员的个体防护。如果药物误入眼中，应立即用清水冲洗15分钟后就医。

⑤ 施药前后24小时严禁饮酒及含有酒精的饮料。雨天不得施药，以防药物流失。严禁将药物直接喷洒到农作物的叶片、茎和植株上。在有农作物的地方，自然风力≥3级时，不得使用喷粉法和毒土法施药。

⑥ 在规定用量内，不会导致鱼类、珍珠蚌死亡，但对鱼苗、蚌苗孵化有严重影响，故不能用含石灰氮的水体作为孵化用水。

⑦ 石灰氮属碱性药物，个别接触者可能有碱性过敏反应。裸露的伤口严禁接触药物。作业中不慎挂伤，要及时处理就医。若施药后发现皮肤瘙痒并伴有红疹，用肤轻松软膏擦拭数次后，症状可缓解或消失，严重者要及时就医。

⑧ 本品易吸潮，在运输和贮存过程中应注意防水、防潮，保持密封干燥，勿靠墙堆放。石灰氮仓库发生火灾时，不允许用水灭火，应用干式灭火器、二氧化碳灭火器，干砂、氮气等灭火。

⑨ 值得说明的是，石灰氮的杀菌能力比氯化苦、溴甲烷等弱，要完全杀死在土壤、稻草上生长繁殖的菌类十分困难。用石灰氮来防治土壤病虫害，每亩 60 千克左右的量并不能完全杀菌。在施用石灰氮后，虽能暂时减少微生物，但之后微生物的繁殖更加旺盛，较施用前有更大的增加，因此施用石灰氮除了能将土壤中有害细菌杀死外，不用担心会完全杀死所有微生物。

第二节 磷 肥

磷肥（phosphatic fertilizer），全称磷肥料，是指含有磷元素，能为植物提供以磷营养成分为主的单元素化学肥料。肥效的大小和快慢，决定于有效的五氧化二磷含量、土壤性质、施肥方法、作物种类等。

营养作用

① 磷可促进细胞分裂，加速幼芽和根系的生长。

② 磷可促进呼吸作用及作物对水分和养分的吸收，提高作物对水分的利用效率和度过缺水期短暂干旱的能力。

③ 磷可促进糖类、蛋白质、脂肪的代谢、合成和运转，因而有利于作物成熟期籽粒含水量下降，提早成熟。如磷营养充足，可使小麦提早 4～7 天成熟，番茄的开花期提早 8～10 天，有利于瓜类、茄果类蔬菜及果树等作物的花芽分化和开花结实，提高结果率。

④ 磷可增强作物的抗逆性，提高抗寒、抗旱、抗盐碱和抗病能力，改善产品的品质，提高产品的市场价值。如增加浆果、甜菜、西瓜等的糖分，薯类作物薯块中的淀粉含量，油料作物籽粒含油量以及豆科作物种子中的蛋白质含量。磷之所以能提高作物的抗旱能力，是因为磷能提高细胞结构的充水性，使其维持胶体状态，减少细胞水分的损失，并增加原生质的黏性和弹性，这就增强了原生质对局部脱水的抵抗能力。同时磷能促进植物根系发育，增加与土壤养分的接触面积和加强对土壤水分的利用，减轻干旱造成的威胁。磷能提高植物体内可溶性糖和磷脂的含量，而可溶性糖能使细胞质的冰点降低，磷脂则能增强细胞对温度变化的适应性，从而增强作物的抗寒能力。越冬作物增施磷肥，可减轻冻害，安全越冬。磷能提高植物体内无机态磷酸盐的含量，而这些磷酸盐主要是以磷酸二氢根和磷酸氢根的形式存在的，常形成缓冲系统，使细胞内原生质具有抗酸碱变化的缓冲性。当外界环境发生酸碱变化时，原生质所具有的缓冲作用仍能保持在比较平稳的范围内，有利于作

物的正常生长发育。因此，在盐碱地上施用磷肥可提高作物的抗盐碱能力。

⑤ 磷可促进豆科作物根系的生长，缩短根瘤发育和活化所需的时间，增加根瘤的数量、体积和氮同化量，提高豆科作物的产量和产品含氮量。

农作物缺磷症状 缺磷的症状首先表现在老叶上，从下部叶子开始，叶缘逐渐变黄，然后死亡脱落，有些作物缺磷时，下部叶片和茎基部呈紫红色，在幼苗期较明显，中后期有所缓解，严重缺磷时，叶片枯死脱落。茎细小，多木质。根和根毛长度增加、根半径减小，次生根极少。有的作物缺磷时能分泌出有机酸，使根际土壤酸化，溶解更多的难溶性磷，提高土壤中磷的有效性。缺磷易引起根系相对生长速度加快，根冠比增加，从而提高根对磷素的吸收和利用。花少，果少，果实迟熟，种子小而不饱满，千粒重下降。缺磷也会引起作物体内硝酸盐的积累，造成品质下降。几种农作物缺磷症状见表 1-19。

表 1-19 几种农作物缺磷症状

作物	缺磷症状
大白菜	生长不旺盛，植株矮化，叶小，呈暗绿色。茎细，根部发育细弱
茄子	叶呈深紫色。茎秆细长，纤维发达。花芽分化延迟，结实延迟
萝卜	叶背呈现红紫色，根系发育不良，植株生长矮小，叶小而皱缩
番茄	早期叶背呈现红紫色。叶肉组织初呈斑点状，后扩展到整个叶片，叶脉逐渐变为红紫色，叶簇最后呈紫色。茎细长，富含纤维。叶片很小，植株矮小，老叶黄化，有紫褐斑，在果实成熟前脱落，结果延迟。后期呈现卷叶
黄瓜	植株矮化，严重时，幼叶细小僵硬，并呈深绿色，子叶和老叶出现大块水渍状斑，并向幼叶蔓延，斑块逐渐变褐干枯，叶片凋萎脱落。叶脉间变褐坏死。雌花数量减少。果实畸形，呈暗铜绿色
西瓜	植株生长期缓慢，叶面积小，含糖量低，单瓜重降低
苦瓜	在生育初期，叶色为浓绿色，后期出现褐斑，植株生长缓慢，叶面积小，含糖量低，单瓜重降低
洋葱	多在生长后期生长缓慢，老叶干枯或叶尖端死亡，有时叶片有黄绿、褐绿相间的花斑
莴苣	叶色暗绿，红褐或紫色，老叶死亡，生长矮小，叶球形成不良，结球迟，茎顶端呈莲座叶状
芹菜	叶色暗紫，叶柄细小，根系发育不良，植株停留在叶簇生长期
胡萝卜	叶色暗绿带紫，老叶死亡，叶柄向上生长
辣椒	叶小，顶部叶浓绿，下部叶带紫色，花芽不能形成，花器官发育不良，不仅开花期延迟，而且落花落果
结球甘蓝	叶色暗绿带紫，外叶表现更为明显，叶小而硬，叶缘枯死
水稻	易发生于早、中稻。叶片细弱，叶色暗绿苍老，严重时有赤褐色斑点；稻丛呈簇状，鞘叶比例失调，叶鞘长，叶片相对变短，叶片直立呈“一炷香”状，叶鞘呈环状卷曲；根系发育不良，老根变黄，新根少而纤细，分蘖少；生育期延长，常造成“僵苗坐兜”
小麦	出苗后生长迟缓，不长次生根，不分蘖或很少分蘖，叶色深绿略带紫，叶鞘上紫色特别明显，症状从叶尖向基部，从老叶向幼叶发展，抗寒力差
茶树	初期生长缓慢，嫩叶暗红，叶柄和主脉呈红色，老叶暗绿。随缺磷严重，老叶失去光泽，出现紫红色块状的突起，花果少或没有花果，生育处于停止状态

续表

作物	缺 磷 症 状
玉米	从幼苗开始，在叶尖部分沿叶缘向叶鞘发展，呈深绿带紫红色，逐渐扩大到整个叶片，症状从下部叶片转向上部叶片，甚至全株紫红色，严重缺磷叶片从叶尖开始枯萎呈褐色，抽丝延迟，雌穗发育不完全，弯曲畸形，果穗结粒差、秃尖，籽粒不饱满
棉花	植株矮小，苍老，叶色灰暗、茎细，基部呈红色。果枝少、叶片小、叶缘和叶柄常出现紫红色，根系发育不良，结铃成熟期延迟，蕾铃易脱落，产量及品质下降
油菜	对磷最为敏感，缺磷时，植株瘦小，出叶迟，上部叶片暗红色，基部叶片呈紫红色或暗紫色，有时叶片边缘出现紫色斑点或斑块，易受冻害。分枝小，延迟开花和成熟。根系发育减缓，抗逆性减弱，不正常地早熟
甜菜	植株矮小，叶片细窄，比正常的叶片更为直立，叶色暗绿，有时带红色条纹，缺乏光泽。生长中、后期，叶片由暗绿变为淡绿或黄绿色，下部叶片提早脱落
大豆	叶色浓绿，叶片尖窄直立；生长缓慢，植株矮小；开花后叶有棕色斑点，籽粒细小。根瘤发育不良，开花少。严重缺磷时，茎及叶片变暗红
花生	老叶呈暗绿至蓝绿色，以后变黄而脱落，茎基部呈红色；根瘤发育不良
蚕豆	叶变窄，色暗绿，叶直立，着花数减少，开花结实延迟
马铃薯	植株瘦小，严重缺乏时顶端生长停止；叶片、叶柄及小叶边缘有些皱缩，下部叶片向上卷，叶缘焦枯，老叶提前脱落；块茎有时产生一些锈棕色的斑点
甘薯	早期叶片背面出现紫红色，脉间先出现一些小斑点，随后扩展到整个叶片，叶脉及叶柄最后变成紫红色；叶片小，后期出现卷叶；茎细长
烟草	生长缓慢，成熟延迟；整个植株呈簇生状，叶色深绿，叶小而狭长；其他一切正常，但叶片和茎秆呈直角
甘蔗	茎秆瘦弱、节间短，新叶较窄、色泽黄绿，老叶尖端呈干枯状
柑橘	老叶主脉及侧脉处具有不规则的绿色条带，其余的组织则呈淡绿色至浅黄色；植株生长减缓，在节间很短的枝条上着生狭窄的小叶片，并多直立；果小皮厚，果肉含木质素多，果汁很少且淡而无味
葡萄	初夏主、副梢的先端首先受害，叶片变小(小叶病)，叶柄洼变宽，叶片斑状失绿，节间短，某些品种则易发生果穗稀疏，大小粒不整齐和少籽的现象
桃树	早春桃树顶端形成叶簇(小叶病)，呈现褪绿的杂色，次年春季，在叶脉间出现局部黄绿色，逐渐转变为淡黄色或紫红色；花芽减少，结果很少，果小皮厚，品质极差
苹果	叶色呈暗绿色或青铜色，近叶缘的叶面上呈现紫褐色斑点或斑块，症状是从基部开始发生，然后逐渐向顶部叶扩展。枝条细弱而且分枝少。叶柄及叶背的叶脉呈紫红色。叶柄与枝条呈锐角。生长期生长较快的新梢叶片呈紫红色
梨树	光合作用产生的糖类物质不能及时运转，累积在叶片内，转变为花青素，使叶色呈紫红色，尤其是春季或夏季生长较快的枝叶几乎都呈紫红色
杏树	树体生长缓慢，枝条纤细，叶片小，叶色变成灰褐色，花芽分化不良，坐果率低，产量下降，果实变小
银杏	叶色呈暗绿色或青铜色，近叶缘的叶面上呈现紫褐色斑点或斑块。枝条细弱而且分枝少，叶柄及叶背的叶脉呈紫红色
柿树	分枝少，节间徒长，叶片出现色斑，果实发育不良，果实产量和品质降低
枇杷	树体内酶的活性下降，根系和新梢生长减弱，展叶开花迟，叶片小，失去光泽，花器发育不良，坐果率低
荔枝	叶色暗绿，严重时叶尖和叶缘呈棕褐色，边缘有枯斑，并向主脉扩展
龙眼	生长发育受阻，叶片呈暗绿色或紫红色，且在老叶中先表现出来
草莓	叶色带青铜暗绿色，近叶缘的叶面上呈现紫褐色的斑点，植株生长不良，叶小

十字花科作物、豆科作物、茄科作物及甜菜等是对磷极为敏感的作物。其中油菜、番茄常作为缺磷指示性作物。

农作物过量施磷症状 过多地供给磷酸盐，强烈地促进作物呼吸，消耗大量糖分和能量。往往会使禾谷类作物无效分蘖和瘪粒增加；叶肥厚而密集，叶色浓绿；生殖器官过早发育，因而茎叶生长受到抑制，引起植株早衰。叶类蔬菜纤维素含量增多，食用品质降低，整齐度差。烟草的燃烧性差。柑橘等的果实着色不良，品质下降。水稻磷过多还会阻碍硅的吸收，易感染稻瘟病。因磷过多而引起的病症，通常以缺锌、缺镁、缺铁等失绿症表现出来。豆科作物籽粒蛋白质含量低，易引起锌、铁、锰、硅的缺素症，收获时间不一致。

磷肥种类

(1) 根据来源分 可分为天然磷肥，如海鸟粪、兽骨粉和鱼骨粉等；化学磷肥，如过磷酸钙、钙镁磷肥等。

(2) 根据所含磷酸盐的溶解性能分 可分为水溶性磷肥、枸溶性磷肥、难溶性磷肥和混溶性磷肥等。

① 水溶性磷肥。如普通过磷酸钙、重过磷酸钙和磷酸铵（磷酸一铵、磷酸二铵）等，其主要成分是磷酸一钙，易溶于水，肥效较快，适合于各种土壤、作物，但最好用于中性或石灰性土壤，其中磷酸铵为氮磷二元复合肥料，最适合在旱地施用，且含磷量高。

② 枸溶性磷肥。如沉淀磷肥、钢渣磷肥、钙镁磷肥、脱氟磷肥、磷酸氢钙等，其主要成分是磷酸二钙，难溶或不溶于水，但能溶于酸度相当于2%的枸橼酸（柠檬酸）或枸橼酸铵的溶液中，肥效较慢。在石灰性土壤中，与土壤中的钙结合，向难溶性磷酸盐的方向转化，降低磷的有效性，因此适合在酸性土壤施用。

③ 难溶性磷肥。如骨粉和磷矿粉，其主要成分是磷酸三钙，只溶于强酸，不溶于水，施入土壤后，主要靠土壤中的酸使它慢慢溶解，才能变为作物能利用的形态，肥效很慢，但是后效较长，适于在酸性土壤中作基肥，也可与有机肥料堆腐或与化学酸性、生理酸性肥料配合施用，效果较好。

④ 混溶性磷肥。如硝酸磷肥等，也是一种氮磷二元复合肥料，最适宜在旱地施用，在水田和酸性土壤中施用易引起脱氮损失。

(3) 根据生产方法分 可分为湿法磷肥和热法磷肥。

磷肥的鉴别

磷肥与氮肥不同，氮肥都是水溶性的，而磷肥分为水溶性磷和枸溶性（柠檬酸溶）磷，二者对植物生长均是有效的。所以，在磷肥的检验中既要检验水溶性磷也要检验枸溶性磷。

具体的检验方法是：取肥料样品0.5～1克放入试管或烧杯内，加水15～20毫升，用玻璃棒搅动数分钟后过滤，取5毫升滤液放入试管中，加入钼酸铵硝酸溶液2～3毫升，观察有无黄色沉淀析出。如果有黄色沉淀，表明肥料中含有水溶性磷；

如果没有黄色沉淀，表明肥料中没有水溶性磷，但不能证明没有枸溶性磷。因此，需要再进行枸溶性磷检验：取肥料样品 0.5～1 克放入试管或烧杯内，加 2%柠檬酸溶液 15～20 毫升，用玻璃棒搅动数分钟后过滤，取 5 毫升滤液放入试管中，加入钼酸铵硝酸溶液 2～3 毫升、搅动，再观察有无黄色沉淀产生。如有黄色沉淀，表明这个肥料中含有枸溶性磷。如果 2 次试验均无黄色沉淀产生，表明这个肥料中没有有效磷。

提高磷肥施用效果的途径

农民在使用磷肥时，主要是将其作为基肥。生产上有些菜农使用磷肥时用量每亩在 200 千克以上，这导致土壤中磷肥的含量超标较为严重。磷肥过量容易使磷肥与土壤中的铁、锌、镁等发生反应，导致这些中、微量元素被固定，利用率降低，从而容易引发农作物出现缺素症状：土壤中的磷过量，还容易导致叶片肥厚而密集，繁殖器官过早发育，营养生长受到抑制，引起植株早衰。因此，要降低磷肥的使用量，将土壤中的有效磷控制在 80～120 毫克/千克即可。

此外，在生产中磷肥的使用有两个误区：一是基肥施用比例，应该把 80%～100%的磷肥在基肥中使用，而有不少农民使用量不足一半，很多人想靠追肥把磷肥补足；二是靠撒开翻入土中的多，施入定植穴或沟中的少，单一用的比例偏高，混合氮肥、钾肥一起使用的少。因此，农民在使用磷肥时，应注意施用方法，注重提高磷肥的利用率。

（1）磷肥与有机肥混合基施　磷肥很容易与土壤中的铁、铝、钙、镁等元素发生化学反应，变为难溶性磷肥，导致磷肥大量被土壤固定，使磷肥的利用率降低，这称为“磷肥固定作用”。尽量减少磷的固定，增加磷与根系的接触面积，提高磷肥利用率，是合理施用磷肥，充分发挥单位磷肥最大效益的关键。因此，在施用磷肥时，最好与鸡粪、稻壳粪、猪粪等有机肥一起发酵腐熟，借助有机物质对土壤氧化物的包被，减少土壤对水溶性磷的化学固定；同时让有机肥分解出的有机酸及发酵腐熟产生的热量来提高磷肥的溶解性，从而提高磷肥的利用率。而且有机肥在腐熟过程中所形成的腐殖质是两性胶体，在酸性或碱性土壤中，可以起缓冲作用，使土壤保持接近中性的环境，从而提高磷肥的有效性。一般是将过磷酸钙与腐熟的堆肥、厩肥或泥炭等有机肥按 1∶1 或 2∶1 的比例混合均匀，制成粒肥或混肥，然后施用。

（2）磷肥应根据不同的土壤条件施用　应考虑施在缺磷的地块上，以消除缺磷这一增产的限制因子。一般瘠薄地块，新平整的生土地块，常年少施农家肥的地块，应当优先施用。就土质而言，黄、红壤旱田，黄泥田，鸭屎泥田，冷浸田等施用磷肥增产显著。肥田、肥土和往年连续大量施用磷肥的地块可适当少施。

（3）根据作物施肥　凡是喜磷作物如豆科蔬菜、豆科绿肥作物、淀粉类作物以及瓜类等，施用磷肥都有较好的效果，可以提高产量和品质，而禾谷类作物对磷则较不敏感，施磷肥效果不及上述作物明显。因此，在一定的轮作中，或在同一种土壤中，磷肥应首先考虑施在喜磷作物上，这样磷肥的效果较佳，可获得“以磷增氮”的效果。

（4）根据磷肥的品种施肥　磷肥品种繁多，溶解度也不相同，磷肥的选用宜以土壤酸碱度为原则，即在中性或微酸性土壤中宜用水溶性磷肥；在强酸性土壤，如砖红壤性红壤、红壤等宜用微溶性和难溶性磷肥。此外，多数作物在幼苗期，对磷比较敏感，该时期是磷营养的临界期（关键时期），然而此时幼苗小，根系吸收能力弱，宜使用水溶性磷肥作种肥。追肥也应选用水溶性磷肥，而基肥则可用难溶性或弱酸溶性的磷肥。

（5）磷肥应早施、集中施、分层施　研究表明，农作物在苗期时对磷肥的吸收速度最快，吸收量也最大，一般能够占到整个生育期需磷总量的一半左右，所以磷肥一定要早施。如果农作物出现苗期缺磷的情况，即使后期磷肥供应充足，也很难挽回缺磷造成的损失。磷肥不但容易被土壤中的铁、铝、钙等固定，而且在土壤中的移动扩散能力非常弱。磷肥要先经过水的溶化和解离后，作物的根或茎叶才能将其顺利吸收利用，所以施用时如把磷肥撒在地表上或干燥的土壤里，就会造成浪费和流失。旱土作物施磷肥可用磷肥拌种或穴施、条施，使它集中在种子或根系周围；或将磷肥主要施用到种植行内，施用时可以将磷肥用量的一半集中到种植行当中，这样磷肥就主要施用到农作物的根系周围，更有效地提高其利用率。分层施用磷肥，即可在浅层土壤（0～10 厘米的土层）施用1/3左右，较深层的土壤（10～25 厘米的土层）施用2/3，以满足农作物不同层次根系对磷的需求。

（6）磷肥最好混合氮、钾肥一起施用　磷肥和氮肥有相互补充、相互促进的作用，增施磷肥能显著促进作物对氮肥的吸收，而施氮肥又会提高磷肥的效果。因此，除豆科作物外，其他作物施用磷肥时，都应配合施用氮肥。一般在不缺钾的情况下，作物对氮和磷的需求有一定的比例，比如茄果类氮磷比约为1.5∶1，叶菜类氮磷比约为3∶1。目前使用的过磷酸钙、钙镁磷肥、磷矿石粉等，仅含有磷元素，而不含氮元素和钾元素，所以施用磷肥时配合氮、钾肥一起施用，可以协调作物对养分的需要，发挥氮、磷、钾之间的相互促进作用，其增产效果比单独施磷肥有显著提高。常用的配合比例按纯量为：氮∶磷∶钾为1∶2∶2。磷肥，特别是钙镁磷肥，与有机肥混合，可使磷肥中的那些难溶性的磷转化为农作物易吸收的有效磷。

（7）当土壤缺磷时应以叶面喷施为主　农民普遍认为，当农作物表现出缺磷时，磷肥可以和钾肥、氮肥一样，通过冲施进行补充，然而这种方法补充磷肥的效果却不理想，因为磷肥被土壤吸附固定的能力较强，冲施的磷肥主要被固定在土壤的表层，能够到达作物根系并能被吸收利用的量非常少。作物中后期枝繁叶茂，田间操作不便，根系逐渐老化，吸收养分能力减弱，缺磷，这时农民可以通过叶面喷施的方法为作物补充磷肥。可将水溶性的过磷酸钙兑水喷施于叶片上，使磷通过叶面的气孔或角质层进入作物体中，如蔬菜作物可用1%的浓度。在晴天上午露水干后或傍晚未上露水前喷施，有明显的增产效果。

注意事项

(1) 根据土壤供磷能力，掌握合理的磷肥用量　优先施用在最缺磷的土壤上。因土施肥时，一般土壤速效磷小于5毫克/千克时，为严重缺磷的低产地，氮磷施用比例以1∶1为宜；对中度缺磷（速效磷在5～10毫克/千克）的地块，氮磷施用比例可在1∶0.5左右；当速效磷为10～15毫克/千克时，为轻度缺磷，可以少施或隔年施用磷肥；对速效磷含量丰富（速效磷大于15毫克/千克）的地块，可以暂时不施。

(2) 掌握磷肥在作物轮作中的合理分配　水田轮作时，如稻-稻连作，在较缺磷的水田，早、晚稻磷肥的分配比例以2∶1为宜；在不太缺磷的水田，磷肥可全部施在早稻上。在水旱稻轮作时，磷肥应首先施于旱作。在旱地轮作时，由于冬、秋季温度低，土壤磷释放少，而夏季温度高，土壤磷释放多，故磷肥应重点用于秋播作物上。如小麦、玉米轮作时，磷肥主要投入在小麦上作基肥，玉米利用其后效。豆科作物与粮食作物轮作时，磷肥重施于豆科作物上，以促进其固氮作用，达到以磷增氮的目的。

(3) 掌握合理施用方法　磷肥施入土壤后易被土壤固定，且磷肥在土壤中的移动性差，这些都是导致磷肥当季利用率低的原因。为提高其肥效，旱地可用开沟条施、刨窝穴施，水田可用蘸秧根、塞秧蔸等集中施用的方法。同时注意在基施时上下分层施用，以满足作物苗期和中后期对磷的需要。

(4) 优先施于高产作物　优先施于对磷敏感的豆科、瓜类等作物上。针对不同磷肥品种采用不同的施用方法。

(5) 配合施用有机肥、氮肥、钾肥等　对其他营养元素如钾、硼、锌、钼等也应根据土壤情况配合施用，方能获得最佳结果。为了减少磷在土壤中的固定，在酸性土壤中，施入适量石灰调节土壤pH，使pH在6.5～6.8之间，但若长期大量施用石灰，也会增加磷的固定。对于石灰性土壤或碱性土，应增施有机肥或绿肥，来降低土壤pH。增施有机肥，提高土壤有机质含量。淹水后可增强土壤磷的有效性。将磷肥集中施入根系密集层，或将磷肥与有机物一块堆沤，或与有机肥混合作用，都可减少磷在土壤中的固定。

1.肥料级商品磷酸

H_3PO_4，98.00

反应式

(1) 热法生产磷酸　$Ca_3(PO_4)_2+5C+3SiO_2 \longrightarrow 3CaSiO_3+5CO+P_2$

$$2P_2+5O_2 \longrightarrow 2P_2O_5$$

$$P_2O_5+3H_2O \longrightarrow 2H_3PO_4$$

(2) 湿法生产磷酸　$Ca_5F(PO_4)_3+10HNO_3 \longrightarrow 3H_3PO_4+5Ca(NO_3)_2+HF\uparrow$（硝酸法）

$$Ca_5F(PO_4)_3+10HCl \longrightarrow 3H_3PO_4+5CaCl_2+HF\uparrow \text{（盐酸法）}$$

$$Ca_5F(PO_4)_3+5H_2SO_4+5nH_2O \longrightarrow 3H_3PO_4+5CaSO_4 \cdot nH_2O+HF\uparrow$$（硫酸法）

磷酸（phosphoric acid），在广义上是正磷酸、焦磷酸、聚磷酸和偏磷酸的总称，商业上仅指正磷酸（H_3PO_4）。

理化性状 纯的磷酸为白色单斜结晶，密度 1.834 克/厘米³。熔点 42.35℃。沸点 213℃。溶于水和乙醇。在 P_2O_5-H_2O 二元系统中，只有在 P_2O_5 含量低于 69%（相当于 95% H_3PO_4）时，才全部以正磷酸（H_3PO_4）形态存在。对于 100%的 H_3PO_4（相当于含 P_2O_5 72.4%），其中约有 12.7%的 P_2O_5 以焦磷酸（$H_4P_2O_7$）形态存在。正磷酸有一种水合物，称为半水物磷酸（$H_3PO_4 \cdot \frac{1}{2}H_2O$），熔点 29.3℃，正磷酸与水有一种低熔混合物，它含 P_2O_5 62.5%，冰点为 −85℃。正磷酸的生产方法有热法和湿法两种，也可用盐酸-溶剂萃取法生产。它是无机酸中仅次于硫酸居第二位的大宗产品，主要用于制取化学肥料、洗涤剂、食品和饲料添加剂、牙膏、阻燃剂等工业所需的各种磷酸盐。

质量标准 肥料级商品磷酸（fertilizer grade merchant phosphoric acid）执行国家化工行业标准 HG/T 3826—2006（适用于以湿法磷酸为原料生产的肥料级商品磷酸产品）。

（1）外观 有色黏稠液体，无悬浮杂质。

（2）肥料级商品磷酸产品应符合表 1-20 的要求。

表 1-20 肥料级商品磷酸的要求 单位：%

项目		指标		
		优等品	一等品	合格品
磷酸(以 P_2O_5 计)的质量分数	≥	50.0	46.0	42.0
倍半氧化物(以 $Fe_2O_3+Al_2O_3$ 计)的质量分数	≤	3.0	3.5	3.5
氧化镁(MgO)的质量分数	≤	1.0	1.4	1.4
含固量的质量分数	≤	1.0	2.0	4.0

该标准对包装、运输和贮存的规定如下。

① 产品应装于专用的槽车（船）内运输，槽车（船）应定期清理。槽车（船）上应有 GB 190 规定的腐蚀性标志。

② 产品在运输过程中，严禁猛烈撞击，以防装运容器破裂。

③ 产品贮存于贮罐中，贮存过程中严禁与碱类、有毒物品、活性金属粉末、可燃或易燃物及其他易腐蚀物品存放在一起，防止雨淋。

施用方法 磷酸也可直接作肥料使用，适合于直接作基肥或溶于灌溉水中，施于碱性土壤，效果较好。但需要较昂贵的抗腐蚀的施肥机械和贮运设备。磷酸用作肥料的最为常见的方式是作为液体复合肥料的磷源。如在配肥站用氨直接氨化一定浓度的磷酸或聚磷酸，即可生产多液体氮磷复合肥或三元复混肥。

注意事项

① 磷酸系腐蚀品，遇金属反应放出氢气，能与空气形成爆炸性混合物，磷酸

烟雾对眼黏膜、上下呼吸道黏膜有刺激作用。

② 磷酸具有腐蚀性，凡接触磷酸的生产人员，应使用必要的防护用品，如过滤式防毒面具、耐酸手套及工作服等以防灼伤。

③ 凡因磷酸引起的燃烧应用大量水灭火，用雾状水保持火场中容器冷却。

④ 如被磷酸灼伤，应立即用大量水冲洗皮肤和眼睛，皮肤上再涂敷氧化镁甘油软膏，如有严重灼伤送医院救治。误服立即漱口、饮水，送医院救治。

⑤如磷酸发生泄漏，对泄漏物处理时须戴防毒面具与耐酸手套。被污染的地面洒上碳酸钠，用水冲洗，经稀释的污水放入废水系统。

2.过磷酸钙

$Ca(H_2PO_4)_2$，234.05

反应式 $2Ca_5F(PO_4)_3+7H_2SO_4+3H_2O \longrightarrow 3Ca(H_2PO_4)_2 \cdot H_2O+7CaSO_4+2HF\uparrow$

过磷酸钙（superphosphate），又叫普通过磷酸钙、过磷酸石灰、过石等，简称普钙，有效磷含量差异很大，一般为12%～21%。该品种的磷肥是我国生产、销售和施用量最大的一种化学磷肥，也是最早的磷肥。它是由磷矿粉用硫酸处理制成的磷酸一钙的一水结晶［$Ca(H_2PO_4)_2 \cdot H_2O$］和40%～50%硫酸钙（又称石膏，分子式为$CaSO_4$）的混合物。目前普钙已逐渐被磷酸铵和重过磷酸钙等高浓度磷肥取代。

理化性状 过磷酸钙是水溶性磷肥，一般为灰白色或浅灰色粉末或颗粒。由于产品中含有3.5%～5%的游离酸，使其呈酸性，稍带酸霉气味，腐蚀性很强，易吸湿结块。由于过磷酸钙含铁、铝等杂质，吸湿后水溶性磷酸盐与铁、铝离子结合转变为难溶性的磷酸铁、磷酸铝，从而降低其有效性，这种变化通常称为过磷酸钙的退化作用。因此，过磷酸钙成品中的含水量和游离酸含量都不宜超过国家规定标准，同时，在贮运过程中要注意防潮。

过磷酸钙施入土壤后，易被土壤化学固定而降低磷的有效性。在酸性土壤中，磷酸一钙与土壤中的铁、铝离子形成难溶性的磷酸铁、磷酸铝沉淀，使磷的有效性大大下降。随着时间的延续，磷酸铁、磷酸铝可能进一步被氢氧化铁、氢氧化铝胶膜包被，成为闭蓄态的磷酸盐，使作物更加难以吸收利用。在石灰性土壤上，磷酸一钙会与土壤中的钙结合，逐步形成磷酸二钙、磷酸八钙，最后形成不能被作物吸收的磷酸十钙（即磷灰石），这种现象又称为化学固定作用。由于过磷酸钙易被土壤固定，因而移动性小，其范围一般不超过1～3厘米，大多数集中在施肥点周围0.5厘米的范围内，因此，施用过磷酸钙时，一定要考虑这一特性。

质量标准 执行国家标准GB 20413—2006［适用于工业硫酸处理磷矿制成的农业用疏松状和粒状过磷酸钙（包括加入有机质等添加物的过磷酸钙产品）］。

（1）对疏松过磷酸钙的技术要求

① 外观呈有色疏松状物，无机械杂质。

② 疏松状过磷酸钙应符合表1-21的要求，同时应符合标明值。

表1-21　疏松状过磷酸钙的技术指标　　单位：%

项目	指标			
	优等品	一等品	合格品	
			Ⅰ	Ⅱ
有效五氧化二磷(P_2O_5)的质量分数　≥	18.0	16.0	14.0	12.0
游离酸(以P_2O_5计)的质量分数　≤	5.5	5.5	5.5	5.5
水分的质量分数　≤	12.0	14.0	15.0	15.0

(2) 对粒状过磷酸钙的技术要求

① 外观呈有色颗粒，无机械杂质。

② 粒状过磷酸钙应符合表1-22的要求，同时应符合标明值。

表1-22　粒状过磷酸钙的技术要求　　单位：%

项　目	优等品	一等品	合格品	
			Ⅰ	Ⅱ
有效磷(以P_2O_5计)的质量分数　≥	18.0	16.0	14.0	12.0
游离酸(以P_2O_5计)的质量分数　≤	5.5	5.5	5.5	5.5
水分的质量分数　≤	10.0			
粒度(1～4.75毫米或3.35～5.60毫米)的质量分数　≥	80			

该标准对其包装、标志、运输和贮存做出了明确规定。

① 在包装容器上标明有效磷含量，每袋净重(50.0±1.0)千克、(40.0±0.8)千克、(25.0±0.5)千克、(10.0±0.2)千克，平均每袋净含量不得低于50.0千克、40.0千克、25.0千克、10.0千克。

② 过磷酸钙的包装袋上应标明：产品名称、商标、有效五氧化二磷含量、净重、标准号、生产许可证号、生产企业名称和地址等。

③ 过磷酸钙在贮存和运输过程中应防潮、防晒和防包装袋破损。

简易识别要点

(1) 看形状　过磷酸钙一般为粉末状，很少一部分为颗粒状，块状物中有许多细小的气孔，俗称“蜂窝眼”。

(2) 看颜色　过磷酸钙一般呈现灰白色、深灰色、灰褐色或浅黄色。

(3) 闻味道　用手指捻一捻肥料，手指感觉发涩。用鼻子闻一闻，能闻到过磷酸钙散发出酸味。而不合格的过磷酸钙有刺激性气味或异味。若发现所购过磷酸钙有异常气味时，施用时尤其要谨慎。

(4) 观察溶解情况　向透明的玻璃杯或白瓷碗中倒入半杯(碗)水，用饭勺取少量过磷酸钙肥料倒入其中，并用勺子搅拌1分钟，然后静静地放置5分钟，观察肥料的溶解情况。过磷酸钙肥料有一部分能溶于水中，另有一半沉淀于杯（碗）底。

（5）检查pH　取一张广泛试纸，插入过磷酸钙的上清液中，取出，检查pH试纸的颜色。过磷酸钙水溶液呈酸性，试纸变为红色。

定性鉴定　从肥料的整个行业来看，过磷酸钙的生产企业多属于小型企业。该产品的质量水平一直不高，假冒伪劣肥料的问题每年都出现，属于重点整顿行业的对象之一。选购该类产品时，应尽可能选购有知名度企业的产品。如果肥料使用后，肥效不理想，对肥料质量产生怀疑，应该尽快将肥料样品送交肥料质量检验部门进行检验。

（1）磷的检验　过磷酸钙是水溶性磷肥，磷的检验按水溶性磷的方法进行检验，对产生的黄色沉淀可加入氢氧化钠溶液或氨水搅动，黄色沉淀溶解。

（2）硫酸根的检验　取肥料样品0.5～1克放入烧杯中，加入约15毫升稀盐酸，加热，过滤。取滤液5毫升放入试管中，加入4～5滴氯化钡溶液，即有大量白色沉淀析出。

（3）钙离子的检验　在试管中加入10毫升水，取肥料样品0.5～1克，在水中溶解后，加入0.2克固体草酸铵和4～5滴氨水，摇动，产生白色草酸钙沉淀。加乙酸5滴，白色沉淀不溶解。

施用方法　过磷酸钙是一种速效水溶性磷肥，主要作基肥，也可作追肥、种肥、根外追肥，对农作物的增产增收有明显的效果，适用于各种土壤。过磷酸钙无论施于何种土壤，均会发生磷的固定作用，因此提高过磷酸钙施用效果的关键是既要减少肥料与土壤颗粒的接触，避免和减少水溶性磷肥的化学固定，又要尽量将磷肥集中施用于根系密集的土层，增加肥料与根系接触，以利吸收。一般可采取以下措施。

（1）作基肥

① 对缺少速效磷的土壤，每亩施用量可在50千克左右，耕地之前撒施一半，结合耕地作基肥。播种前，再均匀撒施另一半，结合整地浅施入土，做到分层施磷。这样，过磷酸钙的肥料效果就比较好，其有效成分的利用率也高。

② 如与有机肥混合作基肥，过磷酸钙的每亩施用量应在20～25千克。

③ 旱地作基肥施用时，采用开沟或开穴的集中施肥法，将肥料集中施于作物根系附近，减少土壤对磷的固定，有利于根系对磷的吸收。

④ 在稻田施用时，最好作秧田肥或用10%的草木灰中和酸性后蘸秧根，随蘸随插。

（2）拌种　过磷酸钙作种肥也是一种经济有效的施肥方法。可以把过磷酸钙与优质腐熟的粪肥混合拌种，也可以单独拌种施用，但不能直接作种肥，因它所含的游离酸会伤害作物的幼根和幼芽。作种肥时，过磷酸钙每亩用量应控制在10千克左右。单独拌种时应先用10%的草木灰或5%的石灰石粉中和酸性，拌种后立即播种。但有些小磷肥厂用各种来源的废酸处理磷矿粉生产的过磷酸钙产品，因废酸中可能含有某些有害元素或化合物，如汞、苯、三氯乙醛等，凡是含有这类有害物质的过磷酸钙均不宜作种肥。

（3）作追肥　每亩的用量可控制在20～30千克，一定要早施、深施，施到根系密集土层处。否则，过磷酸钙的效果就会不佳。

（4）叶面追肥　作物生育后期，根系吸肥能力减弱，采用叶面喷施过磷酸钙溶液弥补磷不足也是一种经济有效的施磷方法。后期叶面喷施磷肥能增加水稻、小麦的千粒重，棉花的百铃重和果树的坐果率。

叶面喷施过磷酸钙溶液的浓度：单子叶作物以及果树为1%～3%；双子叶作物（如棉花、油菜、番茄、黄瓜）以0.5%～1.0%为宜；保护地栽培的蔬菜和花卉，喷施的浓度一般低于露天地，为0.5%左右。对不同生育期，一般前期浓度小于中后期，每亩用液量为50～100千克。

喷施宜在早晨无露水时或傍晚前后进行，以利于叶面吸收。配制肥液时，先将过磷酸钙制成浓度较高的母液，放置澄清，然后取上层清亮的母液，加水稀释到所需浓度后备用。母液底层的沉淀主要为硫酸钙，也含有少量不溶于水的磷酸盐，可作基肥或倒入有机肥中混用。

（5）与有机肥料混合施用　过磷酸钙与有机肥料混合施用，可以减少磷肥与土壤的接触面积，尤其是有机胶体对土壤中的三氧化物的包被，可以减少水溶性磷的化学固定作用；同时，有机肥在分解过程中产生的多种有机酸，能络合土壤中的钙、铁、铝等离子，从而减少这些离子对磷的化学沉淀作用。此外，过磷酸钙与有机酸混合堆腐还兼有保氮作用。在酸性土壤上施用石灰时，不能与过磷酸钙直接混合，应先施用石灰，数天后，再施用过磷酸钙。

（6）制造颗粒状磷肥　过磷酸钙可以单独做成颗粒，也可以与腐熟的有机肥混合后制成有机无机颗粒肥，以减少其表面积，减少与土壤的接触机会；对于固磷能力强的土壤，与施用粉状磷肥相比，可明显提高其肥效。颗粒磷肥的粒径以3～5毫米为好。但对固磷能力小的土壤，或对根系发达、吸磷能力强的作物，制造颗粒磷肥的实际意义不大。

注意事项

① 过磷酸钙具有腐蚀性和吸湿性。不要将过磷酸钙放在铁器和铝器等金属制品中，防止发生磷的退化现象。

② 过磷酸钙主要用在缺磷的地块，以利于发挥磷肥的增产潜力。

③ 过磷酸钙拌麦种要注意方法。在缺磷土壤中，为了获得小麦高产，采用磷肥拌种不失为一种增产措施，但不宜直接拌种，否则播后不出苗，有的虽能出苗，但植株畸形，叶卷曲，生长点萎缩或死亡。

过磷酸钙直接拌种引起烧种、伤苗的原因：一是游离酸的危害，因为过磷酸钙中约含有5%游离酸，有的土法生产的过磷酸钙，其含酸量甚至超过10%，这些酸能使萌动的种子或刚长出的幼根、幼芽中的蛋白质变性，致使伤根、烧芽，造成不出苗甚至死苗；二是三氯乙醛的危害，当过磷酸钙中三氯乙醛含量超过200毫克/

千克或根际浓度超过 0.5 毫克/千克时，就能对大豆、玉米产生危害。

为避免直接拌种的危害，应采取两条预防措施：一是过磷酸钙先与 5～10 倍干燥腐熟的有机肥料粉末拌匀后，再与浸湿的种子拌和，这样可减少它们直接接触的机会；二是含有三氯乙醛的过磷酸钙切勿作种肥使用。

④ 过磷酸钙氨化时不可随意增加氮肥数量。过磷酸钙氨化，就是在过磷酸钙中加入一定数量的碳酸氢铵，使磷肥中的游离酸得到中和，从而降低磷肥的吸湿性、结块性、腐蚀性，减少磷的退化，并增加一些氮养分，使其成为物理性状较好的氮磷复混肥料。

一般而言，如以过磷酸钙含游离酸 3.5%～5%计算，100 千克过磷酸钙氨化所需的碳酸氢铵约为 5～6 千克。但有些农户误认为过磷酸钙加碳酸氢铵能变成既含磷又含氮的氮磷复混肥，所以任意增加氮肥用量，甚至 100 千克过磷酸钙中把碳酸氢铵用量提高到 20～30 千克，远远超过了计算用量，致使过磷酸钙中的有效磷降低，造成事与愿违的不良后果。因此，一定要严格控制氮肥用量，不可随意增加氮肥数量。

⑤ 我国的南方土壤多呈酸性，北方土壤多呈碱性。因此过磷酸钙适宜施于石灰性土壤；不适宜施用在南方红壤、砖红壤等酸性土壤中；不能与碱性肥料混合施用，以防酸碱中和降低肥效。

⑥ 施用量要适量，对于土壤含磷丰富的田块，可以停施或一年左右不施，如果连年大量施用过磷酸钙，则会降低磷肥的效果。在稻田中过量施用还会引起水稻缺锌。在花期作根外追肥喷施时，切忌喷在花上，以免影响授粉。

⑦ 使用时过磷酸钙要碾碎过筛，否则会影响均匀度并会影响到肥料的效果。

⑧ 过磷酸钙不可长期存放，以免引起结块和退化。

⑨ 生产过磷酸钙的厂家必须杜绝用三氯乙醛废酸生产磷肥。这是因为施用含三氯乙醛或三氯乙酸的过磷酸钙后，能使庄稼形成病态肿瘤组织，植株严重变形，根系变褐色，新生根很少，产量降低，甚至造成植株死亡。小麦是对三氯乙醛很敏感的作物之一，严重时颗粒无收。防止用三氯乙醛废酸生产磷肥，应注意如下几点。

a. 把好硫酸进厂关，不要用含三氯乙醛的硫酸生产磷肥。

b. 把好磷肥出厂关，用废酸等原料生产的磷肥及三氯乙醛等毒质超过安全标准的“带毒”磷肥，不能出厂。

c. 把好磷肥施用关，对含三氯乙醛的磷肥，可采用施前与有机肥混合堆腐 20～40 天，这样既可促进三氯乙醛等毒质降解，又能保持磷肥的肥效。堆腐时加入少量碳酸氢铵、草木灰或拌少量土壤，对降解三氯乙醛等有害物质均有一定作用。

3.重过磷酸钙

$Ca(H_2PO_4)_2 \cdot CaHPO_4$，370.11

反应式 $Ca_5F(PO_4)_3 + 5H_2SO_4 + 10H_2O \longrightarrow 3H_3PO_4 + 5CaSO_4 \cdot 2H_2O + HF\uparrow$

$$Ca_5F(PO_4)_3+7H_3PO_4+5H_2O \longrightarrow 5Ca(H_2PO_4)_2 \cdot H_2O+HF\uparrow$$

重过磷酸钙（triple superphosphate），别名：重钙、三倍过磷酸钙、三料过磷酸钙，俗称“三料钙”。含有效磷（P_2O_5）40%～50%，是一种高浓度磷肥，其有效磷含量是普通过磷酸钙的2～3倍，它不含石膏，含4%～8%的游离酸。重过磷酸钙占我国目前磷肥总产量约1.3%。它是由硫酸处理磷矿粉制得磷酸，再以磷酸和磷矿粉反应而制得的。它属微酸性速效磷肥，是使用浓度最高的单一水溶性磷肥，肥效高，适应性强，具有改良碱性土壤作用。它主要供给植物磷元素和钙元素等。

理化性状 纯品为浅灰色颗粒或粉末，水溶性磷肥，肥效快，由于含有较多的游离酸，呈酸性，易结块，腐蚀性和吸湿性也较强。多制作成颗粒状，不易吸湿，不易结块。重钙不含硫酸铁、硫酸铝，不会发生磷酸盐的退化。它浓度高，多为粒状，物理性状好，便于运输和贮存，投放到交通不便的地区，经济效益更好。

质量标准 执行国家强制性标准GB 21634—2008（适用于湿法或热法磷酸处理磷矿粉制成的农业用粉状或粒状重过磷酸钙）。重过磷酸钙应符合表1-23和表1-24的要求，同时应符合包装容器的标明值。

（1）粉状重过磷酸钙

① 外观。有色粉状物，无机械杂质。

② 粉状重过磷酸钙应符合表1-23的要求，同时应符合标明值。

表1-23 粉状重过磷酸钙的技术要求 单位：%

项目		指标		
		优等品	一等品	合格品
总磷(以 P_2O_5 计)的质量分数	≥	44.0	42.0	40.0
有效磷(以 P_2O_5 计)的质量分数	≥	42.0	40.0	38.0
水溶性磷(以 P_2O_5 计)的质量分数	≥	36.0	34.0	32.0
游离酸(以 P_2O_5 计)的质量分数	≤	7.0		
游离水的质量分数	≤	8.0		

（2）粒状重过磷酸钙

① 外观。有色颗粒，无机械杂质。

② 粒状重过磷酸钙应符合表1-24的要求，同时应符合标明值。

表1-24 粒状重过磷酸钙的技术要求 单位：%

项目		指标		
		优等品	一等品	合格品
总磷(以 P_2O_5 计)的质量分数	≥	46.0	44.0	42.0
有效磷(以 P_2O_5 计)的质量分数	≥	44.0	42.0	40.0
水溶性磷(以 P_2O_5 计)的质量分数	≥	38.0	36.0	35.0

续表

项　　目		指　　标		
		优等品	一等品	合格品
游离酸(以 P_2O_5 计)的质量分数	≤		5.0	
游离水的质量分数	≤		4.0	
粒度(2.0～4.75 毫米)的质量分数	≥		90	

该标准对产品的包装、标志、运输和贮存也做出了具体的规定。

① 重过磷酸钙的包装容器上标明总磷和有效磷含量（标总磷含量的字体比有效磷含量的小一号）。

② 产品用编织袋内衬聚乙烯薄膜袋或内涂膜聚丙烯编织袋包装。每袋净含量(50±0.5) 千克、(40±0.4) 千克、(25±0.25) 千克、(10±0.1) 千克，平均每袋净含量分别不得低于 50.0 千克、40.0 千克、25.0 千克、10.0 千克。包装袋上应标明生产企业名称、产品名称、产品等级、主要养分含量、产品净重、标准编号。

③产品在运输和贮存过程中，应防止受潮和包装袋破损。产品可以包装或散装形式运输。

简易识别方法

(1) 看形状　重过磷酸钙有的为粉末状，有的为颗粒状。

(2) 看颜色　重过磷酸钙一般呈现灰白色、深灰色、灰褐色或浅黄色。

(3) 闻味道　用手指捻一捻肥料，手指感觉发涩。用鼻子闻时，能闻到过磷酸钙散发出酸味。

(4) 观察溶解情况　向透明的玻璃杯或白瓷碗中倒入半杯（碗）水，用饭勺取少量重过磷酸钙肥料倒入其中，并用饭勺搅拌 1 分钟，然后静置 5 分钟，观察肥料溶解情况。重过磷酸钙肥料的绝大多数能溶于水中，另有一小部分沉淀于杯（碗）底（可与普通过磷酸钙相区别）。

(5) 灼烧性　在火上加热时，可见其微冒烟，并有酸味。

(6) 检查 pH　取一张广泛试纸，插入重过磷酸钙的上清液中，取出，检查 pH 试纸的颜色。过磷酸钙水溶液呈酸性，试纸变为红色。

(7) 正确区分磷酸铵和重过磷酸钙　磷酸铵和重过磷酸钙的颜色、粒形十分相似，从外形上不好区别。磷酸铵是氮磷复合肥料，含有氮磷两种成分。重过磷酸钙是单质肥料，是磷肥。两者的成分和用法各不相同，必须加以鉴别。方法是：在碗中放入干净的水，取一小匙肥料研碎放入碗中，摇动使之溶解，在溶解后的肥料溶液里，加点碱（纯碱）或面起子（苏打粉），再略加热，如果有氨气味就是磷酸铵，没有氨味的是重过磷酸钙。

定性鉴定　选购重过磷酸钙时应注意包装袋上标明的养分含量，不要太在意所标注的“全磷”含量，因为只有有效磷才是对当季农作物生长真正起作用的。

重过磷酸钙的全磷、有效磷和游离酸单靠肉眼是无法区分的，需要借助仪器进行检验。因此要判定产品是否合格，需要由专业的质量检验部门完成。

如果感觉肥料质量有问题，可以将肥料样品送到有关肥料检验部门进行检验和判定。

（1）磷的检验　与过磷酸钙中磷的检验方法相同。

（2）硫酸根的检验　按过磷酸钙中硫酸根检验的方法，也应生成白色沉淀。但是，一般商品重过磷酸钙均只产生少量或微量白色结晶。因此，可以用产生白色沉淀的多少来区别是过磷酸钙还是重过磷酸钙。

施用方法　重过磷酸钙易溶于水，为酸性速效磷肥。由于这种肥料施入土壤后，固定比较强烈，故目前世界上生产量和使用量都比较少。

其施用方法和有关施用技术，与普通过磷酸钙相同，只是施用量比普钙减少一半，一般每亩用10～12千克。重过磷酸钙适用于各种土壤和各类作物，只要用法得当，均有明显的增产效果。作种肥时更应注意它的酸性对种子的危害，同时施用量应相对减少。另外，由于不含石膏，对于需硫较多的作物，如十字花科的油菜、豆科作物等的肥效不及等量磷的普通过磷酸钙。因此，对于缺硫的土壤，应选用普通过磷酸钙而不用重过磷酸钙。由于其酸性较强，在施用前几天，最好先在地里施用适量的石灰。

注意事项

① 重过磷酸钙可能含有少量游离磷酸，具有腐蚀性。在贮藏和运输过程中应避免与金属制品直接接触，防止金属被腐蚀，磷肥有效成分退化。

② 重过磷酸钙呈酸性，适宜用作基肥和追肥。因含磷量较高，不宜作种肥，也不宜用来拌种或蘸秧根。

③ 重过磷酸钙适合施用在中性及石灰性的微碱性土壤上，不适于酸性土壤，以防止土壤的进一步酸化。

④ 重过磷酸钙应首先施在缺磷低产的地块上，这样才有利于提高肥效。不合理地连年大量施用重过磷酸钙，会降低其肥效，在稻田中还会引起水稻缺锌。

⑤ 重过磷酸钙含磷高，便于运输和贮存，用到交通不便的地区，经济效益更好。

4.钙镁磷肥

$Ca_3(PO_4)_2$ 和 Ca_2SiO_4

反应式　$4Ca_5F(PO_4)_3+SiO_2+2H_2O \longrightarrow 6Ca_3(PO_4)_2+Ca_2SiO_4+4HF\uparrow$

或　$4Ca_5F(PO_4)_3+2SiO_2 \longrightarrow 6Ca_3(PO_4)_2+Ca_2SiO_4+SiF_4\uparrow$

钙镁磷肥（calcium magnesium phosphate），是由磷矿石与适量的含镁硅矿石如蛇纹石、白云石、橄榄石和硅石等，在高温下熔融，经水淬冷却后而制成的玻璃状碎粒，再经球磨成细粉而成的，因此它又被称为熔融含镁磷肥，简称熔融磷肥，是目前我国磷肥的主要品种之一。其主要成分是高温型的磷酸三钙和正硅酸钙。它是一种含有磷酸根（PO_4^{3-}）的硅铝酸盐玻璃体，无明确的分子式与相对分子质量。钙镁磷肥不仅提供低浓度磷，还能提供大量的硅、钙、镁。钙镁磷肥占我国目前磷肥总产量17%左右，仅次于过磷酸钙。它广泛地适用于各种作物和缺磷的酸性土壤，特别适用于南方钙镁淋溶较严重的酸性红壤土。它最适合于作基肥深施。钙镁磷肥施入土壤后，其中磷只能被弱酸溶解，要经过一定的转化过程，才能被作物利用，所以肥效较慢，属缓效肥料。一般要结合深耕，将肥料均匀施入土壤，使它与土层混合，以利于土壤酸对它的溶解，并利于作物对它的吸收。

理化性状 钙镁磷肥含有效磷（P_2O_5）12%～20%，还含有氧化钙25%～30%、氧化铁15%～18%、氧化镁10%～15%、二氧化硅25%～40%，同时还含有少量的铝、锰等盐类。钙镁磷肥不溶于水，但能溶于2%柠檬酸溶液中，属于枸溶性磷肥，呈碱性，有效磷不被淋失，无腐蚀性，不吸潮，不结块。钙镁磷肥多呈灰白色或灰绿色粉末，细度应通过100目筛孔。

钙镁磷肥所含磷酸盐必须经过溶解后才能被作物吸收利用，其溶解度受土壤pH值影响较大。施入酸性土壤后，有助于肥料中磷酸盐逐步溶解、释放，以供作物吸收利用，同时钙镁磷肥在转化过程中，又能中和部分土壤酸度，以提高土壤及肥料中磷的有效性。钙镁磷肥施入中性或石灰性土壤，在土壤微生物和作物根系分泌物的作用下，也可以逐渐溶解并释放出磷酸，但其释放速度较酸性土壤慢，肥效也相对较长。

质量标准 产品执行国家强制性标准GB 20412—2006（适用于以磷矿石与含镁、硅的矿石，在高炉或电炉中经高温熔融、水淬、干燥和磨细所制得的钙镁磷肥，包括含有其他添加物的钙镁磷肥产品，其用途为农业上作肥料和土壤调理剂）。

（1）外观 钙镁磷肥呈灰色粉末，无机械杂质。

（2）钙镁磷肥产品质量应符合表1-25的要求。

表1-25 钙镁磷肥的技术要求 单位：%

<table>
<tr><th rowspan="2">项目</th><th rowspan="2"></th><th colspan="3">指标</th></tr>
<tr><th>优等品</th><th>一等品</th><th>合格品</th></tr>
<tr><td>有效五氧化二磷（P_2O_5）的质量分数</td><td>≥</td><td>18.0</td><td>15.0</td><td>12.0</td></tr>
<tr><td>水分（H_2O）的质量分数</td><td>≤</td><td>0.5</td><td>0.5</td><td>0.5</td></tr>
<tr><td>碱分（以CaO计）的质量分数</td><td>≥</td><td>45.0</td><td colspan="2" rowspan="3">—</td></tr>
<tr><td>可溶性硅（SiO_2）的质量分数</td><td>≥</td><td>20.0</td></tr>
<tr><td>有效镁（MgO）的质量分数</td><td>≥</td><td>12.0</td></tr>
<tr><td>细度（通过250微米标准筛）</td><td>≥</td><td colspan="3">80</td></tr>
</table>

注：优等品中碱分、可溶性硅和有效镁含量如用户没有要求，生产厂可不做检验。

该标准对产品的包装、标志、运输和贮存规定如下。

① 钙镁磷肥应用复合袋（塑料编织布/膜/牛皮纸三合一袋或塑料编织布/牛皮

纸二合一袋）或编织袋内衬聚乙烯薄膜袋或内涂膜聚丙烯编织袋包装。

② 每袋净重（50±1.0）千克、（40±0.8）千克、（25±0.5）千克，每批平均每袋净含量不低于50.0千克、40.0千克、25.0千克。

③ 产品的包装袋上应标明生产企业名称、厂址、产品名称、生产日期或生产批号、商标、级别、生产许可证编号、净重和本标准号。

④ 钙镁磷肥可以用汽车、火车、轮船等交通运输工具运输，在运输过程中应防潮和防包装袋破损。

⑤ 钙镁磷肥贮存时应保持仓库的阴凉、通风干燥，堆置高度小于7米。

简易识别方法

（1）看形状　一般为粉末状，看起来极细，在阳光的照射下，一般可见到粉碎的、类似玻璃体的物体存在，闪闪发光。

（2）看颜色　一般为暗绿色、灰褐色、灰黑色、墨绿色、黑褐色、灰白色等。

（3）闻味道　没有任何味道。

（4）手感　钙镁磷肥属于枸溶性磷肥，溶于弱酸，呈碱性，用手触摸无腐蚀性，不吸潮，不结块。

（5）观察溶解情况　不溶于水。向透明的玻璃杯或白瓷碗中倒入半杯（碗）水，用饭勺取少量钙镁磷肥倒入其中，并搅拌1分钟，然后静置5分钟，观察肥料的溶解情况。钙镁磷肥全部沉淀于杯（碗）底。

（6）灼烧性　在火上加热时，看不出变化。

（7）检查pH　取一张广泛试纸，插入钙镁磷肥的上清液中，取出，检查pH试纸的颜色。水溶液呈碱性，试纸变为蓝（紫）色。

（8）包装袋标志鉴别　包装袋上应有下列内容：产品名称、商标、养分及其含量、净重、执行标准号、生产许可证号、厂名、厂址、电话等，且印刷正规、清晰。

定性鉴定　在选购钙镁磷肥时，应优先购买信誉较好企业的产品。如果对所购肥料质量持有怀疑态度，应将肥料样品送交有关肥料质量检验部门检验。

钙镁磷肥是枸溶性磷肥。磷的检验同枸溶性磷的检验方法。由于钙镁磷肥的成分比较复杂，对其他成分可不进行检验。

施用方法　钙镁磷肥除供应磷营养以外，对酸性土壤兼有供给钙、镁、硅等元素的能力。由于在酸性土壤中，酸可以促进钙镁磷肥中磷酸盐的溶解，同时，土壤对该肥料中磷的固定低于过磷酸钙，因此，钙镁磷肥最适于在酸性土壤上施用，特别是缺磷的酸性土壤，其肥效与等量磷的过磷酸钙相似，甚至超过。在石灰性土壤上施用，其肥效不如过磷酸钙，但后效较长。

（1）作基肥及早施用　钙镁磷肥是枸溶性的，其肥效较水溶性磷肥慢，属缓效肥料。其中的磷只能被弱酸溶解，在土壤中要经过较长时间的溶解和转化，才能供作物根系吸收。因此，宜作基肥，且应提早施用，一般不作追肥使用。每亩用量为15～20千克，施用时宜将大部分钙镁磷肥施于10～15厘米这一根系密集的土层，也可采用1年30～40千克、隔年施用的方法。旱地可开沟或开穴施用，水田可在耙田时撒施。

（2）宜作种肥和蘸秧根　钙镁磷肥的物理性状良好，适宜作种肥，每亩用量5～10千克，拌种施入种沟或穴内。

对南方缺磷的酸性水田，可于插秧前每亩用10～15千克调成泥浆蘸秧根，随蘸随插，一般比不蘸秧根的增产10%以上。

（3）与有机肥料混合或堆沤后施用　为了提高钙镁磷肥的肥效，可将其预先和10倍以上的优质猪粪、牛粪、厩肥等共同堆沤1～2个月后施用。与水溶性磷肥、氮肥和钾肥等肥料配合施用，可以提高肥效。可作基肥或种肥，也可用来蘸秧根。

注意事项

① 钙镁磷肥与普钙或氮肥配合、分开施用，效果比较好，但不能与它们直接混施。

② 钙镁磷肥通常不能与酸性肥料混合施用，否则会降低肥料的效果。

③ 钙镁磷肥的用量要合适，一般每亩用量要控制在15～20千克之间。过多地施用钙镁磷肥，其肥效不仅不会递增反而会出现递减的问题。钙镁磷肥后效较长，通常每亩施钙镁磷肥35～40千克时，可隔年施用。

④ 钙镁磷肥最适合于对枸溶性磷吸收能力强的作物，如油菜、萝卜、蚕豆、豌豆等豆科作物和瓜类等作物。对生长期短、生长较快及根系有限的作物来说，施用钙镁磷肥的效果不好。水稻田缺硅时，施用钙镁磷肥效果较好。

⑤ 钙镁磷肥不溶于水，只溶于弱酸，为了增加其肥效，一般要求有80%～90%的肥料颗粒能通过80目筛孔。一般颗粒越小，肥效越高，但颗粒越小，成本越高。我国南方酸性土壤对钙镁磷肥溶解能力较强，肥料颗粒可稍大一些。而北方石灰性土壤的溶解能力较弱，肥料的颗粒则要求更细一些。

⑥ 钙镁磷肥应注意施用深度，且用量应大于水溶性磷肥。钙镁磷肥在土壤中的移动性小，应施在根系密集的地方，以利于吸收。

5.肥料级磷酸氢钙

$CaHPO_4 \cdot 2H_2O$，172.09

反应式　$H_3PO_4 + Ca(OH)_2 \longrightarrow CaHPO_4 \cdot 2H_2O$

或　$H_3PO_4 + CaCO_3 + H_2O \longrightarrow CaHPO_4 \cdot 2H_2O + CO_2 \uparrow$

磷酸氢钙（calcium hydrogen phosphate），又叫沉淀磷肥、沉淀磷酸钙或磷酸二钙，简称“沉钙”，有些地方也称其为“白肥”。肥料行业用作肥料，养殖行业将其用作饲料。磷酸氢钙是磷酸一钙的二水结晶。

理化性状　磷酸氢钙含有效磷（P_2O_5）18%～30%，呈灰黄色或灰黑色的粉末。它属于枸溶性磷肥，无臭无味，溶于稀盐酸、硝酸、醋酸，微溶于水，不溶于乙醇。密度2.32克/厘米^3。在空气中稳定。75℃开始失水生成无水磷酸氢钙。水溶液呈中性或弱酸性，氢离子浓度100～10000纳摩/升（pH为5～7）。磷酸氢钙不含硫酸根和游离酸，不吸潮，不结块，很少被铁、铝固定，在酸性土壤中肥效常比普钙好。纯净的磷酸氢钙，氟、砷含量很少，可作饲料添加剂。

质量标准 肥料级磷酸氢钙（fertilizer grade dicalcium phosphate）执行化工行业推荐性标准 HG/T 3275—1999，该标准适用于盐酸、硫酸分解磷矿或利用副产物制得的肥料级磷酸氢钙，在农业上用作肥料和复混肥的原料。企业也可根据自身的实际情况，自行制定企业标准并到属地的技术监督部门备案即可。一般企业的磷酸氢钙执行的是该推荐性标准。

(1) 外观 结晶状粉末，呈灰白色或灰黄色。

(2) 肥料的技术指标应符合表 1-26 的要求。

表 1-26 肥料级磷酸氢钙的技术指标

项目		指标		
		优等品	一等品	合格品
有效五氧化二磷(P_2O_5)含量/%	≥	25.0	20.0	15.0
游离水分含量/%	≤	10.0	15.0	20.0
pH 值(5 克试样加入 50 毫升水中)	≥	3.0	3.0	3.0

该标准对产品的包装、标志、运输和贮存规定如下。

① 用外袋为塑料编织袋，内袋为聚乙烯薄膜袋组成的双层袋或复合塑料编织袋包装。

② 每袋净重（25±0.5）千克、（50±1.0）千克。平均每袋净含量不得低于 25.0 千克或 50.0 千克。

③ 产品的包装袋上应标明生产企业名称、厂址、产品名称、有效五氧化二磷含量、商标、级别、净重、本标准号，并注明不宜用于拌种。

④ 每批出厂产品都应附有质量合格证，其内容包括：产品名称、生产日期或批号、检验结果、检验人、本标准号、生产厂名称、厂址。

⑤ 磷酸氢钙应存放于阴凉、干燥处，在运输和贮存时应注意轻拿轻放、防潮防晒、防包装袋破裂。

简易识别要点

(1) 观察溶解情况 向透明的玻璃杯或白瓷碗中倒入半杯（碗）水，用饭勺取少量磷酸氢钙肥料倒入其中，并用饭勺搅拌 1 分钟，然后静置 5 分钟，发现肥料基本没有溶解。

(2) 看颜色 磷酸氢钙呈现灰色、灰白色或灰黄色。

(3) 看形状 磷酸氢钙一般为粉末状。

(4) 闻味道 磷酸氢钙没有酸的味道，也没有涩涩的感觉。

(5) 灼烧性 有水蒸气产生，发出嗞嗞声，最后变成白色粉末。

(6) 检查 pH 取一张 pH 广泛试纸，插入磷酸氢钙的上清液中，取出，检查 pH 试纸的颜色。水溶液呈酸性，试纸变为红色（这一点是区分磷酸氢钙和钙镁磷肥的关键）。

定性鉴定

（1）磷的检验方法　与钙镁磷肥相同，即用检验枸溶性磷的方法。

（2）钙的检验方法　焰色反应检测。

施用方法　磷酸氢钙适用于作基肥和种肥，对各种作物均有增产作用，施于缺磷的酸性土壤，其肥效优于过磷酸钙，与钙镁磷肥相当；在石灰性土壤上的肥效略低于过磷酸钙，其施用方法与钙镁磷肥相似。磷酸氢钙应早施、集中施，与氮肥配合施用。因不含游离酸，故可作种肥。

注意事项　该磷肥属于弱酸溶性磷肥。因此一般不施用于北方的石灰性土壤，而是将其施用于南方的酸性土壤上，因此该磷肥的销售市场主要位于我国的长江以南地区，如果在长江以北，特别是黄河以北的广大石灰性土壤，农资市场上存在销售该磷肥的，建议肥料用户谨慎购买。

6.钙镁磷钾肥

钙镁磷钾肥（calcium magnesium potassium phosphate），又称含钾钙镁磷肥，为磷矿石、钾长石（或含钾矿石）与含镁、硅的矿石，在高炉或电炉中经1400℃高温熔融、水淬、干燥和磨细所得。

理化性状　钙镁磷钾肥是一种微碱性的玻璃质、枸溶性肥料，有良好的物理性能，不溶于水，易溶于柠檬酸或柠檬酸铵溶液中，在土壤中不易流失，成品为粒状、粉状，外观为灰白色、灰绿色或灰黑色。钙镁磷钾肥产品中磷和钾总有效成分含量基本上和用同级磷矿所生产的钙镁磷肥品位相近。它属多元素农用肥料，含有植物生长所必需的磷、钾、硅、钙、镁以及铜、铁、锌等多种微量元素，不含酸性物质，连续多年施用也不会使土壤酸化，可以促使农作物抗倒伏、抗干旱，达到高产、稳产的效果。

质量标准　执行化工行业标准，代号为HG 2598—1994［适用于磷矿石、钾长石（或含钾矿石）与含镁、硅的矿石，在高炉或电炉中经高温熔融、水淬、干燥和磨细所制得的钙镁磷钾肥。钙镁磷钾肥系磷肥系列产品，其用途为农业上作肥料和土壤调理剂］。

（1）外观　钙镁磷钾肥呈灰白色、灰绿色或灰黑色粉末。

（2）钙镁磷钾肥应符合表1-27的要求。

表1-27　钙镁磷钾肥技术指标

项　　目		指　　标	
		一等品	合格品
总养分($P_2O_5+K_2O$)含量/%	≥	15.0	13.0
有效钾(K_2O)含量/%	≥	2.0	1.0
水分/%	≤	0.5	0.5
细度：通过250微米标准筛/%	≥	80	80

该标准对包装、标志、运输和贮存规定如下。

① 钙镁磷钾肥应用复合袋或多层袋包装，包装袋的技术要求、包装材料应符合 GB 8569 中对“钙镁磷肥”的有关规定。

② 每袋净重（25±0.5）千克、（40±0.8）千克或（50±1.0）千克。每批产品每袋平均净重应达到 25 千克、40 千克或 50 千克。

③ 钙镁磷钾肥包装袋上应标明生产厂名称、厂址、产品名称、生产日期或生产批号、商标、级别、净重和本标准编号。

④ 钙镁磷钾肥可用汽车、火车、轮船等交通工具运输，在运输过程中应防潮和防包装袋破损。

⑤ 钙镁磷钾肥应贮存于场地平整、阴凉、通风干燥的仓库内。包装件堆置高度应不大于 7 米。

施用方法 主要用作基肥。不溶于水，易溶于弱酸，适用于缺钙酸性田地。用前最好要堆沤，提高肥效，以获高产。

7.钢渣磷肥

$5CaO \cdot P_2O_5 \cdot SiO_2$（主要成分）

反应式 $P_4 + 5O_2 \longrightarrow 2P_2O_5$

$$P_4 + 10FeO \longrightarrow 2P_2O_5 + 10Fe$$

$$P_2O_5 + 3FeO \longrightarrow Fe_3(PO_4)_2$$

$$Fe_3(PO_4)_2 + 4CaO \longrightarrow Ca_4P_2O_9 + 3FeO$$

[$Ca_4P_2O_9$ 在有 SiO_2 存在下，生成硅磷酸五钙（$5CaO \cdot P_2O_5 \cdot SiO_2$）]

钢渣磷肥（thomas phosphatic fertilizer）是炼钢工业的副产品，又叫碱性炉渣或含磷炉渣，在国外也被称为托马斯磷肥。它为西欧一些国家的主要磷肥之一。因为这种磷肥相对于其他磷肥而言，含磷量偏低，所以有些国家在产地附近把钢渣磷肥作为石灰性肥料使用。但钢渣磷肥目前在我国的使用还不很普遍。它由含磷生铁用托马斯法炼钢时所生成的碱性炉渣经轧碎、磨细而得，是一种热法磷肥。如用2%的铁水炼钢，每产 1 吨钢材可产 0.25 吨钢渣磷肥。

理化性状 钢渣磷肥的主要成分是磷酸四钙和硅酸钙的复盐（硅磷酸五钙），为深棕色或黑褐色粉末，呈强碱性，稍具吸湿性，具有良好的物理性状。钢渣磷肥是一种多养分的肥料，除了磷、钙之外，还含有铁 12%～16%、镁 2%～4%、锰 5%～6%、硅 6%～8%，以及少量的铜、锌、钼等微量元素，这对作物生长也有一定作用。密度 3.0～3.3 克/厘米^3。不含游离酸。不吸湿、不结块、不溶于水，溶于柠檬酸铵溶液中，属枸溶性磷肥。钢渣磷肥的含磷量不大稳定，随着生铁原料的变化而相差较大。一般一级品钢渣磷肥的 P_2O_5 含量大于 14%，二级品 P_2O_5 的含量在 10%～14%之间。钢渣磷肥中含有大量石灰和其他含钙的物质，通常含钙量达 25%～35%，相当于含石灰 45%～55%，即 1 吨钢渣磷肥相当于由半吨石灰和半吨其他物质构成。从这种意义上讲，钢渣磷肥既是磷肥又是石灰肥料。

施用方法 钢渣磷肥施入土壤后，需先转化成磷酸二钙，然后才能被作物吸收，因此该肥料最适于作基肥。一般而言，它最好是与有机肥混合、堆沤后，结合耕地一同施入土壤中，经过与土壤充分混合，才可达到提高肥效之目的。因含有大量氧化钙，对豆科作物、甘蔗、牧草、果树以及非豆科绿肥作物等喜硅喜钙作物肥效较好，但对嫌钙的马铃薯等作物，施用后易影响其品质。同时，在土壤的适应性方面，钢渣磷肥也比较适宜于酸性土壤。一般每亩用量 30～40 千克。

注意事项

① 钢渣磷肥宜作基肥，不宜作追肥施用。作基肥时，宜结合耕作翻土施下，沟施和穴施均可，但应与种子隔开 1～2 厘米。

② 钢渣磷肥宜与有机堆肥混拌后再施用，这样不但能提高钢渣磷肥的肥效，还能加速有机肥料的腐熟。这对中性、碱性土壤更有良好的综合肥效。

③ 钢渣磷肥是碱性很强的肥料，不宜与氮肥（硫酸铵、硝酸铵、碳酸氢铵等）混合施用，以免氮肥中的氨气挥发。

④ 钢渣磷肥施用时，一定要注意与土壤的酸碱性相结合，要科学地在农田应用，不使土壤变坏或者板结。

⑤ 钢渣磷肥含 45%～55%的石灰，在酸性土壤上施用的效果很好，其肥效甚至不低于含等量磷的过磷酸钙。但它不适宜在碱性土壤上施用，据报道，在石灰性土壤上施用钢渣磷肥，当年肥效只相当于过磷酸钙的 68%。

⑥ 不能与酸性肥料混合施用，否则会降低肥效。

⑦ 由于钢渣磷肥施入土壤后，需转化成磷酸二钙后，才能被作物吸收，需要有一个转化过程，所以肥料要提早施用。

8.脱氟磷肥

$\alpha\text{-}Ca_3(PO_4)_2$ 和 $Ca_4P_2O_9$

反应式 $Ca_5F(PO_4)_3 + H_2O \longrightarrow Ca_5(OH)(PO_4)_3 + HF\uparrow$

$$2Ca_5(OH)(PO_4)_3 \longrightarrow 2Ca_3(PO_4)_2 + Ca_4P_2O_9 + H_2O$$

脱氟磷肥（defluorinate phosphate），一种热法磷肥。它是将磷矿粉、石灰石和石英砂的混合物在 1400～1600℃高温下熔融，然后通入水蒸气脱氟，再经冷却、干燥、磨细而成，制造时不需要酸，而且可以充分利用低品位磷矿，是值得发展的磷肥品种之一。脱氟磷肥的主要成分为磷酸三钙和磷酸四钙，含五氧化二磷14%～18%，最高可达 30%左右。它是枸溶性碱性磷肥。肥料中的含氟量应在 0.2%以下。

理化性状 其外观为灰白或深灰色粉末，或者是细结晶状。物理性质良好，不易吸湿、结块，无腐蚀性，运输、贮存和施用都很方便。其中所含的磷酸盐大部分可溶于柠檬酸溶液中，属弱酸溶性磷肥，施入土壤后可被土壤中的酸性物质和作物根系分泌的酸分解转化为作物可利用的磷酸盐。

施用方法 脱氟磷肥的施用方法与钙镁磷肥相似，它对各种作物均有增产效果。它最适于施在酸性或微酸性土壤上，最好的施用方式也是作基肥。其肥效高于过磷酸钙和钙镁磷肥，在石灰性土壤上施用，肥效与钙镁磷肥相当。如果把脱氟磷肥与有机肥料混合施用，其效果往往会更好。

9. 偏磷酸钙

$Ca(PO_3)_2$，198.02

反应式 $2Ca_5F(PO_4)_3+7P_2O_5+H_2O \longrightarrow 10Ca(PO_3)_2+2HF\uparrow$

偏磷酸钙（calcium metaphosphate），又称玻璃肥料。它是磷矿粉在高温下与五氧化二磷气体接触熔融而成的。其主要成分为偏磷酸钙。它是一种良好的、含有效 P_2O_5 很高的枸溶性磷肥。

理化性状 其外观为白色粉末或微黄色粉末，也有的为玻璃状颗粒。密度2.82克/厘米^3。熔点970～980℃。结晶状偏磷酸钙为白色，不溶于水，也不溶于柠檬酸溶液中，基本上无肥效。玻璃状偏磷酸钙纯品为无色，可能是一种聚合物$[Ca(PO_3)_2]_n$，在空气中有微吸湿性，在水中能缓慢溶解和水解，但当有酸或蒸汽存在时，就迅速分解而生成磷酸二氢钙。工业品带有浅绿色，含有氧化钙26%～27%和五氧化二磷63%～64%。其由磷在空气中燃烧成五氧化二磷，再与磷矿粉在高温和蒸汽存在下作用而制得。有效成分 P_2O_5 的含量比较高，一般可高达60%～70%（主要成分见表1-28）。偏磷酸钙中的磷绝大部分可溶于中性柠檬酸铵溶液，对农作物的有效性也比较高，它广泛地适用于各种作物和各类土壤。

表1-28 偏磷酸钙的成分 单位：%

项　目	含量	项　目	含量
全磷(P_2O_5)	63.6	铁、铝(R_2O_3)	2.5
柠檬酸不溶性磷(P_2O_5)	0.7	氟(F)	0.2
钙(CaO)	26.6	碳(CO_2)	0.9
硅(SiO_2)	5.4		

施用方法 偏磷酸钙的肥效较迟缓但很持久，虽不溶于水，但在水中能逐步水解而被作物吸收利用，一般作基肥使用较为理想，其肥效基本上接近重过磷酸钙和过磷酸钙。在酸性、中性土壤中，其肥效会优于重过磷酸钙；在石灰性土壤上，其肥效也不低于重过磷酸钙；在碱土上，其肥效则不如重过磷酸钙。其施用技术基本上与过磷酸钙的施用技术相同，但因含磷量高，其施用量应比过磷酸钙少。

偏磷酸钙这种肥料目前在国外和国内的制造数量都比较少，但它是值得注意的发展方向之一，因为它的有效磷含量很高。

10. 磷矿粉

$3Ca_3(PO_4)_2 \cdot CaR_2$

磷矿粉（phosphate rock powder），是由磷灰石或磷块岩等经机械加工、直接粉碎、磨细而成。自然界的磷酸盐矿物有200余种，但95%以上为磷灰石矿物，且主要是氟磷灰石。由于矿源不同，所含全磷和有效磷变化较大，一般全磷含量在10%～25%，弱酸溶性磷为1%～5%。在世界上使用已有百年历史。目前全世界每年仍有600万吨磷矿粉直接用作肥料使用，它具有加工简单、成本低等特点。在我国，制造磷矿粉还是合理利用丰富的中、低品位磷矿资源的重要途径。此外，磷矿粉还是各种磷肥的原料。

理化性状 磷矿粉外观为白色或棕褐色、形状似土的粉末，为中性或微碱性肥料。它含全磷10%～25%，其中磷主要以氟磷灰石、羟基磷灰石等形态存在，而含枸溶性磷只有1%～5%。磷矿粉的化学性质比较稳定，物理性质表现为不溶于水，只有很少一部分溶于2%的柠檬酸，是一种难溶性磷肥，所以肥效比较缓慢。其施入土壤后，常常需经过2～3年才发挥肥效。

施用方法 磷矿粉作为磷肥直接施用是有一定条件的，它的有效程度与磷矿粉的性质、土壤条件、作物种类和施用方法等因素密切相关。

（1）磷矿粉的性质 通常以磷矿粉中有效磷量和枸溶率衡量磷矿粉中磷酸盐的可给性和其直接施用的肥料价值。枸溶率在15%以上的磷矿粉，一般可直接作为肥料施用，若全磷量高而枸溶率低于5%时，只能作加工磷肥的原料。

磷矿粉的细度也影响肥效。磨得愈细，肥料颗粒的表面积也愈大，与土壤及根系接触的机会也愈多，因而更易被分解转化而发挥肥效。但从肥效及加工成本考虑，要求90%能通过100目筛即可。

（2）土壤条件 土壤pH值是影响磷矿粉肥效的重要因素，酸性条件（pH在5.5以下）有利于磷矿粉的溶解。在盐基饱和度高的黏性土壤上施用磷矿粉的肥效好于同等酸度的砂性土。另外，在有效磷含量低、熟化程度低的土壤中施用磷矿粉，效果也不错。因此，在我国南方的红壤、黄壤，沿海的咸酸田等酸性土壤上，施用磷矿粉的增产效果甚至超过过磷酸钙。但过高的土壤酸度，通常会产生高量的交换性铝与低量的交换性钙，对作物生长产生不良影响。其在石灰性土壤上的肥效很差，只能在严重缺乏有效磷的条件下，对某些吸磷能力强的作物等才表现一定的肥效。

（3）作物种类 不同的作物对磷矿粉的利用能力差别很大，如油菜、荞麦、萝卜、大豆、豌豆、花生、茶树、果树等利用能力最强；豆科绿肥作物、豆科作物的利用能力较强；玉米、马铃薯、芝麻等中等；小麦、水稻等小粒禾谷类作物最弱。多年生经济林木及果树，如橡胶、茶树、柑橘树、苹果树等，对磷矿粉也有较强的利用能力。因此，磷矿粉应首先施于对难溶性磷肥吸收能力强的作物上。

（4）施用方法 磷矿粉宜作基肥，不宜作追肥和种肥。磷矿粉的施用方法与过磷酸钙不同。磷矿粉作基肥时，以撒施、深施为好，而且要与土壤混合均匀，以增加磷矿粉与土壤的接触面，提高肥效。

磷矿粉的用量在一定程度上与其肥效成正相关，而它的用量又取决于全磷量及可给性，一般每亩用量40～100千克。

将磷矿粉和酸性肥料或生理酸性肥料混合施用，可提高磷矿粉肥效。

以磷矿粉垫圈定期定量的给牛圈、猪栏、马棚垫入磷矿粉，让粪尿吸收，畜蹄踩踏。使畜粪尿与磷矿粉搁混搁融，可以显著提高磷矿粉的有效性。其机理在于：粪尿在腐烂分解过程中所产生的碳酸和多种有机酸可以使磷矿粉中的磷得以有效化。方法是：将磷矿粉堆放在畜舍内，每天垫圈时同垫料一起均匀撒在圈内，加入量约为畜肥的3%～4%（即每1000千克厩肥中撒30～40千克磷矿粉），磷矿粉中的磷，既不会挥发，也不会烧腐畜蹄，安全可靠，圈肥起出后，堆成长3米、宽1.5米、高1.5米方形堆。以泥封抹后熟20～30天，可进一步提高磷肥的有效性。

与有机肥料混合堆沤，将磷矿粉与厩肥、堆肥、垃圾肥、绿肥、草塘泥等有机肥料混合堆沤，同以其垫圈堆沤一样可以有效地提高磷矿粉的有效性。一般每1000千克有机肥料中加入磷矿粉60～80千克，堆沤时过于缺水，可加水润湿，然后封泥密闭。

磷矿粉可与普钙配合施用。普钙作种肥，可提供作物苗期对水溶性磷的迫切需要。而磷矿粉作基肥，又可以提供根系发达的作物，或者是对难溶性磷吸收力强的作物的后期吸收，这样可显著提高磷矿粉的增产效果。

注意事项　磷矿粉需要以粉末状施用，细度以100目为宜，这样磷矿粉与土壤和作物根系的接触面积大，有利于磷的释放。磷矿粉含有效磷低，施用量要大，对于一般情况来说，大约每亩40～60千克，随着有效磷含量的高低可酌情增减。

当季作物对磷矿粉的利用率一般很少超过10%。磷在土壤中不易移动，连续施用数年后，可造成土壤中磷的大量积累，而且在酸性土壤中残留的磷矿粉可逐渐有效化，因此磷矿粉的后效较长，在连续施用4～5年后可停施一段时间再用。

11.骨粉

骨粉（bone meal）是我国农村应用较早的磷肥品种。它是由各种动物骨骼经过蒸煮或焙烧后粉碎而成的一种肥料。其成分比较复杂，除含有磷酸三钙外，还含有骨胶、脂肪等。由于含有较多的脂肪，常较难粉碎，在土壤中也不易分解，因此肥效缓慢。其往往需经脱脂处理才能提高肥效。根据不同的加工方法可获得不同的产品。目前，骨粉多用作饲料添加剂。

主要种类

（1）粗制骨粉（crude bone meal）　把骨头稍稍打碎，放在水中煮沸，随煮随除去漂浮出的油脂，直至除去大部分油脂，取出晒干，磨成粉末。此种骨粉中五氧化二磷含量为20%左右，并含有3%～5%氮。

（2）脱胶骨粉或蒸（制）骨粉（deglued bone meal；steamed bone meal）　将骨头置于蒸汽锅中蒸煮，除去大部分脂肪和部分骨胶，干燥后粉碎。蒸制骨粉中含五氧化二磷25%～30%，含氮2%～3%。其肥效高于粗制骨粉。

（3）脱脂骨粉（degeased bone meal）　在更高的温度和压力下，除去全部脂肪和大部分骨胶，干燥后粉碎。此种骨粉含五氧化二磷可达30%以上，含氮在

0.5%～1%之间，肥效较高。

性质及施用方法

① 骨粉中的磷酸盐不溶于水，不能被作物直接吸收，其肥效缓慢，宜作基肥。它最适宜施于酸性土壤或生长期长的作物上，肥效较好。

② 骨粉在夏季施用，由于土壤中微生物活动旺盛，能加速磷的转化，故其肥效常比冬季施用快。在石灰性土壤中施用肥效很不明显。

③ 骨粉的肥效一般高于磷矿粉，因为它含有少量的氮，施用骨粉的第一年往往是氮发挥作用。

④ 为了提高其肥效，骨粉可与有机肥料堆积发酵后施用。

⑤ 已发酵的骨粉与泥调成泥浆后，可用作蘸秧根。

⑥ 经处理加工的骨粉对畜禽是一种比沉钙和脱氟磷肥更好、更有效的饲料添加剂。目前只在少数经济价值高的园艺作物的培育中才用少量骨粉作肥料。

⑦ 骨粉也可用作有机复混肥料的磷源，在生产庭院、草地花卉等作物专用肥时，添加一定量骨粉，有利于提高和延长磷的效果。

注意事项

① 未经处理的骨粉施于水田有漂浮问题，因此，在水田施未经发酵的骨粉时，施前应进行处理，可加少量碱性物质（石灰、草木灰）进行皂化，最好先排水，露出田面后施用，否则骨粉易漂浮在水面上，影响肥效。

② 未经处理的骨粉施于旱地也会因含脂肪而招来地下害虫，所以一般需经脱脂、发酵后施用。

③ 骨粉后效长，当年肥效仅相当于过磷酸钙的60%～70%。

12. 鸟粪磷肥

$Ca_{10}(PO_4)_6(OH)_2$

鸟粪磷肥（phosphatic guano），是一种高解析的化石磷肥，源于数千年前鸟粪和鸟尸体堆积。在高温多雨条件下，由鸟粪分解的磷酸盐向下淋溶，与土壤中的钙结合而形成鸟粪石。鸟粪石经开采磨细后称为鸟粪磷矿粉或鸟粪磷肥。与经过化学处理的磷肥不同，化学磷肥包含相当数量的重金属镉，而鸟粪磷肥没有。其主要成分为羟基磷灰石。

理化性状 含磷（P_2O_5）15%～19%，钙（CaO）40%，氮（N）0.33%～1%，钾（K_2O）0.1%～0.18%。

施用方法 鸟粪磷肥中的磷酸盐难溶于水，但约有一半以上的磷可溶于中性柠檬酸铵溶液，是一种优质磷肥，可以直接作基肥使用，其肥效接近钙镁磷肥。为了提高其有效性，最好与堆肥、厩肥混合堆沤后再用。其他施用方法与骨粉和磷矿粉相似。

13. 节酸磷肥

节酸磷肥（partially acidulated phosphate rocks），又称部分酸化磷肥，简称

PAPR，将中品位的磷矿粉中加入生产过磷酸钙时用酸量的30%～60%，使酸和磷矿粉中的部分磷灰石作用，所得的产品含有部分水溶性的磷酸一钙，部分枸溶性的磷酸二钙及部分未起作用的难溶性磷矿。

由于这种磷肥含有三种不同溶解度的磷酸盐，因此适合于各种土壤，也适用于水田和旱地。对固磷能力强的酸性土，制成颗粒状；对中性及石灰性土壤则可采用粉状，其施用效果较好。据试验，这种磷肥的肥效和过磷酸钙大体相当。因此，这是一种利用各地中低品位磷矿资源的好办法，是一种值得重视的新磷肥。

14. 钙钠磷肥

反应式 $Ca_5F(PO_4)_3 + Na_2CO_3 + SiO_2 \longrightarrow CaNaPO_4 \cdot Ca_2SiO_4 + NaF + CO_2\uparrow$

钙钠磷肥（sintered calcium sodium phosphate fertilizer）是以磷矿、纯碱和硅砂为原料，在1150～1250℃下经高温烧结制得的，故又称烧结钙钠磷肥。在欧洲称为雷诺尼亚磷肥（Rhenania phosphate）。它是一种热法磷肥。

理化性状 钙钠磷肥的主要成分是磷酸钠钙（$CaNaPO_4$）和原硅酸钙（Ca_2SiO_4）的复盐，并含有铁、铝和氟等杂质。其呈灰白色粉末，不吸水，不结块，不含酸性物质。虽然含有一定量的氟化物，并不影响其肥效。它含有效五氧化二磷约28%，属于枸溶性磷肥。

施用方法 适用于酸性和中性土壤，在施用等量有效五氧化二磷的情况下，它的肥效与过磷酸钙相等。

第三节 钾 肥

钾肥（potash fertilizer），全称钾肥料，是指具有钾（K）标明量的单元肥料，是植物营养三要素之一。肥效的大小，决定于其氧化钾含量。钾肥大都能溶于水，肥效较快，并能被土壤吸收，不易流失。钾肥施用适量时，能使作物茎秆长得坚强，防止倒伏，促进开花结实，增强抗旱、抗寒、抗病虫害能力。

钾的营养作用

① 能促使作物较好地利用氮，增加蛋白质的含量，并能促进糖分和淀粉的生成。

② 能改善产品外观品质。产品外观品质主要指产品的完整性、大小、形状和色泽等。外观好的产品通常都能获得更高的商品价值。对大多数水果来说，如苹果、葡萄、柑橘、菠萝、香蕉、桃等，充足的钾使核仁、种子、水果和块茎、块根增大，形状和色泽美观。硫酸钾和镁配合对苹果外观品质有很大影响，主要表现在

果品着色和提高商品等级。钾镁配合对提高一级果商品率的作用尤为明显，但果品硬度有下降的趋势。钾肥的施用能提高一级番茄的比例，增加番茄的经济效益。

③ 增加作物产品的营养价值。钾对作物糖类、蛋白质、脂肪、维生素和矿物质含量及种类的影响较大。一般情况下，禾谷类作物的蛋白质含量，块根、块茎作物的淀粉含量，豆类及油料作物的含油量，柑橘的固形物及维生素 C 含量，饲料作物的维生素及矿物质含量均可因钾肥的施用而增加。蔬菜作物配施钾肥能显著地降低蔬菜硝酸盐的含量。

④ 加速水果、蔬菜和其他作物的成熟，使成熟期趋于一致。

⑤ 增强产品抗碰伤和抗自然腐烂能力，延长贮运期限。钾可减少农产品在运输和贮存期的碰伤，并减少自然腐烂。据试验，施用钾肥可大大延长蔬菜的贮存时间，如：白菜、秋甘蓝贮存 115 天后，施钾的还有部分可食用，而不施钾的已全部腐烂。施用钾肥还能消除晚收甘蓝球内的发黑组织，延长贮存时间。施用钾肥也能延长番茄和茄子的贮存时间。钾对柑橘的耐贮性无明显影响。施用钾肥还能延长香蕉的保鲜期。

⑥ 提高产品的加工利用特性。钾能提高小麦面粉蛋白质的质量和数量、吸水性和某些淀粉酶的活性，从而提高烘烤品质，增加小麦面筋含量，有利于加工。充足的钾能提高大豆的产量及含油量，增加发芽率，改善豆芽的品质。甘蔗、甜菜等作物施钾后能增加产量和含糖量。马铃薯施钾能使马铃薯片的质地比较均匀一致，色泽明亮。钾对烟草品质的影响较大，缺钾的烟叶燃烧性差，尼古丁含量高。我国烟草含钾偏低是影响其品质的主要原因之一。对纤维作物来说，纤维的长度、细度、强度和清洁度是衡量其纤维品质的指标。要生产优质的棉花，施钾是施肥计划及其他农艺措施中的一个关键因素。

作物缺钾症状 作物缺钾症状一般在生长发育中后期才能看出来，表现为植株生长缓慢、矮化。典型症状为：植株下部老叶尖端沿叶缘逐渐失绿变黄，并出现褐色斑点或斑块状死亡组织，但叶脉两侧和中部仍保持原来色泽，有时叶卷曲显皱纹，植株较柔弱，易感染病虫害。严重缺钾时，幼叶上也会发生同样的症状，直到大部分叶片边缘枯萎、变褐，远看如火烧焦状；茎细小而柔弱，易倒伏；分蘖多，结穗少，种子瘦小；果肉不饱满，果实畸形。一般蔬菜缺钾时，体内硝酸盐含量增加，蛋白质含量下降；根系生长明显停滞，细根和根毛生长差，经常出现根腐病，常倒伏；高温、干旱季节，植株失水过多出现萎蔫。几种作物的缺钾症状见表 1-29。

表 1-29 几种作物的缺钾症状

作物	缺钾症状
大白菜	从下部叶缘变褐枯死，逐渐向内侧或上部叶片发展，下部叶片枯萎。抗软腐病及霜霉病的能力降低
结球甘蓝	叶色暗绿，边缘褐色卷曲，老叶淡黄，叶尖凋萎，结球小，不紧实

续表

作物	缺钾症状
紫甘蓝	叶子呈灰红带蓝色，叶缘呈褐色凋萎，叶面不平滑，结球小而松软，颜色不正
花椰菜	缺钾易患黑心病，茎中部中空，严重时花球内部开裂，花球有褐色斑点并带苦味
芹菜	叶色暗绿，老叶变黄，叶缘与叶脉间的组织呈褐色
茄子	下部老叶叶缘变为黄褐色，逐渐枯死。抗病力降低
辣椒	下部叶尖及叶缘变黄，有黄色小斑，以后向叶的中肋部扩展，叶尖及叶缘呈黄褐色，易引起病害，后期叶片变黄，严重时会枯死脱落
萝卜	最初叶片中部呈现深绿色，叶缘卷曲并呈淡黄至褐色。下部叶片和茎秆显现深黄至青铜色，叶片增厚。根部不正常膨大
胡萝卜	叶色淡绿，逐渐发展为褐色，肉质根短小，呈纺锤形
番茄	生长慢，发育受阻。幼叶轻度皱缩，老叶初为灰棕色，后在边缘处呈现黄绿色，最后变褐死亡。茎秆变硬，富含木质，细长。根部发育不良，细长，常呈褐色。后期果实不圆而有棱角，果肉不饱满而显空隙，果实缺少红色素
黄瓜	植株矮化，节间短，叶片小。叶呈青铜色，叶缘渐变黄绿色，主脉下陷。后期脉间失绿严重，并向叶片中部扩展，随后叶片枯死。症状从植株基部向顶部发展，老叶受害最重。果实发育不良，易产生“大肚瓜”
厚皮甜瓜	叶淡绿，老叶发育较小，并有褐色坏死斑，叶缘有水疱，茎细长而开裂，果实顶端开裂
菜豆	小叶失绿，叶缘、叶脉间呈褐色坏死，小叶卷曲呈杯状向下生长
豇豆	小叶有斑驳，进一步发展呈坏死斑，叶子表面粗糙不平
甜豌豆	基部叶片首先变黄，然后逐渐向上部发展，只有植株顶端叶子呈绿色，叶子早期脱落，植株生长矮小
洋葱	外部老叶尖端呈灰黄色或浅白色，随着外部叶片脱落，缺素症状向内扩展，叶片干枯后呈硬纸状，上面密生绒毛
莴苣	生育后期老叶外圈现黄白色斑，并连续扩大后，干枯脱落
菠菜	叶子轻度失绿，边缘坏死，卷曲或凋萎
马铃薯	植株矮小，节间短，叶片变小带暗绿色，老叶脉间褪绿、变黄，呈树枝状。严重时叶片由黄色变为棕红色，叶脉由绿转黄，叶尖和叶缘坏死，叶片向上卷曲、干枯，下部老叶大量脱落，块茎小
水稻	典型症状是麻斑、枯黄和早衰。植株矮小，茎秆细弱易倒，叶片暗绿呈青铜色，黑根多，新叶抽生困难，抽穗不一致。下部叶片先出现褐色斑点，扩展成不规则的斑纹或成条状，进而叶尖和叶缘坏死，变成黄褐或红褐色，并渐次向上发展，使植株呈火烧状枯死。稻穗结实率低，籽粒不饱满
小麦	植株矮小，下部叶片的叶尖和叶缘褪绿直至坏死，继而沿叶缘向叶片基部扩展，叶片中间仍为绿色，呈“箭头”状，并向上部叶片发展，整个叶片像烧焦的样子。茎秆细弱，分蘖短小，易遭冻害、旱害和病害，常引起倒伏
玉米	节间变短，生长减慢，株型变矮。老叶尖端褪绿，逐步向脉间区扩展，呈褐色烧焦状，最后中脉干枯，整片叶死亡，并依次向上层叶发展。茎秆细弱，根数量少，易倒伏。穗小，顶端尖细不结实，易发生穗腐病
棉花	典型症状是黄叶、花斑、茎枯，又称红叶茎枯病或花斑黄叶茎枯病。在苗期和蕾期主茎中部叶片先出现叶肉缺绿，进而转为淡黄色，叶面拱起，叶缘下卷。在花铃期主茎中、上部叶片的叶肉呈黄色或黄白花纹，继而呈现红色，但叶脉仍为绿色，严重时叶片逐渐枯焦脱落。棉株早衰，棉铃瘦小，吐絮差
油菜	最初叶片呈暗绿色，叶缘向下弯曲，随后叶片尖端、叶缘甚至叶脉间发生褪绿、黄化，并出现褐色斑块或白色干枯组织。严重缺钾时叶缘焦枯，叶肉组织呈灼烧状斑块，有时茎秆出现褐色条斑。老叶过早枯萎，角果瘦小，阴果多

续表

作物	缺钾症状
甜菜	叶片变小,呈暗绿色,叶表面起皱,较老叶片的叶缘发黄并逐渐加重,最后叶缘破碎、坏死。随着缺钾的加剧,较嫩叶片的叶尖和叶缘出现棕色坏死斑点,叶片向内卷曲,块根小,含糖量低
大豆	老叶边缘先出现失绿斑点,继而变成黄色,斑点扩大相连成片,逐渐向中部发展,最后只剩下叶脉附近保持绿色,使叶片呈"鱼骨"状,并向上位叶蔓延。根瘤数量大为减少,固氮活力下降,结实率低
蚕豆	叶片呈蓝绿色,叶缘呈棕褐色而焦枯,并向下卷曲与茎形成钝角,严重时整株呈枯萎状。荚果呈大头细尾的畸形果
花生	首先在老叶上、复叶的尖端及叶缘附近出现黄色斑块,随后大部分叶面褪绿,并沿叶缘出现褐色坏死部分,复叶边缘出现许多焦枯的缺刻。根瘤数量少,发育不良,荚果和籽粒少,空荚秕粒多,常出现畸形
茶树	初期生长缓慢,嫩叶褪绿,变成淡黄色,叶变薄、叶片小,对夹叶增多,节间缩短,叶脉及叶柄出现粉红色。接着老叶叶尖变黄,并慢慢向基部扩大,使叶缘呈焦灼、干枯状,并向上或向下卷曲,下表皮有明显的焦斑。严重时,老叶提早脱落,枯枝增多
烟草	先是下部老叶发生黄斑或叶缘和叶脉间褪绿,继而出现叶外缘严重失水,叶片向下卷曲,如"覆盘"状。叶尖及附近的叶缘干枯、坏死,导致叶片变小,质地变脆,燃烧性差
甘蔗	顶部嫩叶呈暗绿色,分蘖少,节间短,叶不舒展。老叶明显褪绿呈橘红色,叶缘逐渐坏死,中脉上表皮呈现红褐色,进一步发展为整片叶死亡。症状逐渐向上部叶扩展,最后只有心叶下1～2片叶呈绿色,茎秆细
甘薯	初期节间较短,叶片较小,呈暗绿色,随后叶片发白,反面有褐色小斑。老叶叶尖褪绿,并扩展到脉间区,继而沿叶缘和叶脉间出现褐色和坏死斑点,进一步发展到全叶,叶片干枯死亡,块茎小,不耐贮藏
柑橘	新梢生长慢,短小细弱,叶片变小。老叶叶尖和叶缘褪绿发黄,出现波皱,但叶片常在变黄前就已脱落。果实小,果皮薄而光滑
紫云英	开春后紫云英茎秆细,茎部易烂或凋枯,茎秆基部布满褐斑。叶尖和叶缘有不规则的黄斑,发展到整个叶片黄化,易落叶,留种田则落花、落荚多
茶叶	下部叶片沿主脉垂直方向向下弯曲,叶尖及叶缘明显变黄,继而变为褐色斑块,并向叶基蔓延,发生枯焦。叶尖和叶缘卷曲,脉间叶面突起,随后叶片脱落。第二轮芽生长缓慢,叶小,色淡黄,无光泽
苹果树	基部和中部叶片的叶缘失绿呈黄色,多呈向上卷曲状。缺钾严重时,叶缘失绿部分变褐枯焦,严重时整片叶枯焦,挂在枝上,不易脱落
梨树	当年生的枝条中下部叶片边缘先产生枯黄色,后呈枯焦状,叶片常发生皱缩或卷曲。严重缺钾,可整叶枯焦,挂在枝上,不易脱落。枝条生长不良,果实常呈不熟的状态
桃树	显著特征是叶片向上卷,以后叶片变成浅绿色,从基部到顶部叶片症状逐渐严重。严重缺钾时,老叶主脉附近皱缩,叶缘或近叶缘处出现坏死,形成不规则边缘和穿孔。随着症状的出现,新梢变细、花芽减少,果形小并易早落
李树	先从枝条中下部叶片开始出现症状,叶尖两侧叶缘焦枯,后逐渐向上部叶片扩展。由于缺钾,氮的利用也受到限制,叶片呈黄绿色,黄化叶不易脱落
杏树	杏树缺钾症又称"焦边病"。先从枝条中部叶开始出现症状,常先从叶尖及两侧叶缘焦枯并向上卷曲,叶片呈楔形,焦枯部分易脱落,边缘清晰
葡萄	生长季节初期缺钾,叶色浅,幼嫩叶片的边缘出现坏死斑点,在干旱条件下,坏死斑点分散在叶脉间组织上,叶缘变干,往上卷或往下卷,叶肉扭曲和表面不平。夏末新梢基部直接受光的老叶,变成紫褐色或暗褐色,先从叶脉间开始,逐渐覆盖全叶的正面。严重缺钾的植株,果穗少而小,穗粒紧,色泽不均匀,果粒小

续表

作物	缺钾症状
猕猴桃	嫩叶片叶色浅，叶边缘出现坏死斑点且分散在叶脉间组织上，叶缘变干，往上卷或下卷，叶肉扭曲、表面不平。老叶变成紫褐色或暗褐色
柿树	柿树生长不良，叶小，果小，果色差，易裂果等，影响产量和品质
芒果	首先从下部老叶开始，病叶叶缘先出现黄斑，变黄，后期坏死干枯，并从叶尖沿两侧叶缘呈三角形向叶基部扩展，但叶基部仍可保留带绿色的"V"区，这为缺钾的典型症状。叶片较难脱落，严重时顶部抽出嫩叶变小，叶片伸展后叶缘出现水渍状坏死，或不规则的黄色斑点，叶变黄色。后期叶缘干枯，严重时梢枯。另一种表现是"叶焦病"，常在幼龄树上发生，结果后较少发生
香蕉	茎秆软弱易折，果实未成熟时叶片即开始枯死。果形不正，果指扭曲，风味极差，不耐贮运，对病虫抵抗力减弱
荔枝	叶片大小与正常时差异不大，但颜色稍淡，叶尖端灰白、枯焦，边缘棕褐色，逐渐沿小叶边缘向小叶基部扩展
龙眼	叶色褪绿，叶尖出现枯斑，继而沿叶脉向基部发展，叶片提早脱落，坐果率低。如缺钾严重，植株生长发育受阻，根系发育不正常，出现枯梢、叶尖灰白，尤其对老叶最为明显
草莓	在老叶的叶脉间产生褐色小斑点

马铃薯、甜菜、玉米、大豆、烟草、桃、甘蓝和花椰菜对缺钾反应敏感。

作物过量施钾症状 过量施钾不仅会浪费资源，而且会造成作物对钙、镁等阳离子的吸收量下降，造成叶菜"腐心病"、苹果"苦痘病"等；施用过量钾肥会由于破坏了植株养分平衡而导致品质下降；过量施用钾肥会造成土壤环境污染，及水体污染；过量施用钾肥，会削弱庄稼生产能力，易引起作物缺镁失绿症和喜钠作物的缺钠症。

钾肥种类 根据钾肥的化学组成它可分为含氯钾肥和不含氯钾肥。主要钾肥品种有氯化钾、硫酸钾、硫酸钾镁肥、钾石盐、钾镁盐、光卤石、硝酸钾、窑灰钾肥。

钾肥的鉴别 常见的一元钾肥有氯化钾、硫酸钾等。氯化钾有红色和白色2类，以产地划分；外形有块状、粉状和不规则粒状之分；进口氯化钾一般含氧化钾（以 K_2O 表示）60%，国产氯化钾为57%或60%。硫酸钾一般为白色结晶状颗粒或粉末，有的产品也因为含杂质而略带浅杂色。国产硫酸钾包括罗布泊或台湾产，一般含 K_2O 50%。

常见的含钾复合肥有二元、三元复合肥。其钾的含量可从包装袋上 $N\text{-}P_2O_5\text{-}K_2O$ 含量的说明中了解。硝酸钾是二元复合肥，白色结晶状颗粒，市场少见。

钾肥的真假辨别是很复杂的，最终要靠化验。因此，要到正规的销售网点选购化肥，以免上当受骗。这里所介绍的钾肥鉴别方法只是一种定性的鉴别方法，不能鉴定钾含量的高低。

铁片燃烧法：将少许肥料颗粒（大或小）放在烧红的铁片上燃烧，凡是不熔融、无气味、受热产生蹦跳现象的，大致可定为钾肥。如果将铁片倾斜，使肥粒直接受高温燃烧，会出现有色火焰，金黄闪亮火焰为钠，浅黄色夹带淡紫色火焰为钾。钾肥中还有一类粉末态的，其颜色为砖红、浅红或白色。其鉴别方法也是在铁片上燃烧，钾肥表现为不熔不化，无臭味；而磷肥表现为浅灰色，虽然也不熔不化，但有气味。补充说明：第一，如果铁片上肥粒受高温后熔融，并有浓烟，凡是出现氨臭味的为铵态氮肥，只熔无氨味者可能为硝酸盐；第二，如果铁片上的肥料颗粒不熔融不跳动，而气味发酸或有骨臭者，可能是磷肥。

焰色反应法：用一根干净的铜丝或电炉丝蘸取少量的氯化钾或硫酸钾，放在白酒火焰上灼烧，通过蓝色玻璃片，可以看到紫红色火焰。无此现象，则为伪劣产品。不过钾和钠的火焰颜色区分是很难掌握的。如果市场上遇到常规之外的劣质钾肥，例如用未经提炼过的钾长石的小块状或粉状假冒钾肥，对此就只能通过化验手段测定可溶钾的含量才可鉴别。仅靠燃烧法只能定性，不能定量。也就是说，这种方法只能辨真伪，不能裁优劣。

钾肥合理使用的原则和技术

（1）原则　针对我国钾肥资源不足的特点，钾肥施用的原则为：优先利用秸秆等含钾有机资源，不足部分施用化学钾肥；优先施于缺钾土壤；优先施于喜钾作物；优先施于高产农田。

（2）施用技术

① 施用量的确定。根据土壤钾水平，作物产量、品质对钾肥的反应以及有机肥的施用量确定钾肥合理用量。

② 施用时期。根据钾肥种类、种植制度，钾肥可用作基肥、种肥或追肥等。大多数大田作物应在整地前或整地时施用，以便使肥料与耕层土壤混合。

③ 施用方法。钾肥可视肥料种类选择条施、穴施、撒施、环施、叶面喷施以及灌溉施肥等。

④ 钾肥种类选择。对于需氯较多的作物以及施氯有助于提高作物抗逆性的禾谷类作物，宜使用氯化钾；对于烟草、马铃薯、甜菜、甘蔗等对氯敏感的作物，应慎重选择钾肥种类；盐渍化土壤不宜使用氯化钾。

⑤ 钾肥与其他肥料配合。钾肥应与氮、磷以及中、微量元素肥料配合施用。

注意事项

（1）因土施用　钾肥应优先用于缺钾土壤。一般土壤速效钾低于80毫克/千克时，施用钾肥效果明显，要增施钾肥；土壤速效钾在80～120毫克/千克时，暂不施钾。从土壤质地看，砂质土壤速效钾含量往往较低，应增施钾肥；黏质土壤速效钾含量往往较高，可少施或不施；缺钾又缺硫的土壤可施硫酸钾；盐碱地不宜施用氯化钾。在多雨地区或具有灌溉条件、排水状况良好的地区大多数作物都可施用氯化钾。

（2）因作物施用　优先施用在对钾反应敏感的喜钾作物上，如豆科作物，马铃薯等薯类作物，甘蔗、棉麻、烟等经济作物，以及禾谷类的玉米、杂交水稻等。优先施用在需钾量较大的喜钾蔬菜上，如豆科。少数经济作物为改善品质，不宜施用氯化钾。应根据农业生产对产品性状的要求及其用途决定钾肥的合理施用。

(3) 注意钾肥品种之间的合理搭配　硫酸钾应施用在烟草、糖料及忌氯蔬菜上，而氯化钾可广泛用于除少数忌氯蔬菜外的其他蔬菜及纤维作物上。

(4) 合理施用　苗期对钾反应敏感，应早施，以基肥为主，这对缺钾土壤和生育期短的蔬菜尤为重要。对生育期长的蔬菜，可采取基肥、追肥搭配施用，但追肥应在蔬菜最大需钾期前及早施入。未施基肥或基肥不足的间套种蔬菜，可用硫酸钾作种肥。作基肥时，一般与氮肥、磷肥一起施入，可撒施、沟施或穴施。当作物表现缺钾时，可用0.5%～1.0%的氯化钾或硫酸钾溶液，在生长发育的中后期叶面喷施，每亩喷溶液50千克左右，喷施应选择晴天早上露水干后，或下午4时以后进行，避免雨前喷施。为减少钾的固定，在施肥环节上，宜分次、适量，避免一次过量。宜条施或穴施，施后盖土，使钾肥适当集中。不宜面施。增施有机质。

1.氯化钾

KCl，74.55

氯化钾（potassium chloride），含 K_2O 50%～60%，是高浓度的速效性钾肥，也是用量最多、使用范围较广的钾肥品种。一般来说，氯化钾肥料很少是由化工合成的，主要以光卤石（含有 KCl、$MgCl_2 \cdot 2H_2O$）、钾石盐（KCl、NaCl）和苦卤（含有 KCl、NaCl、$MgSO_4$ 和 $MgCl_2$ 4种主要盐类）为原料制成。由于不同的盐湖矿所含的杂质不同，例如氯化钠、氯化镁、氯化钙、氯化铁等，提纯氯化钾后的颜色也不相同，有的为砖红色，有的为灰白色或暗灰色或浅黄色。

理化性状　氯化钾肥料含钾（K_2O）不低于60%，含氯化钾应大于95%，其余成分为氯化钠（NaCl）约1.8%、氯化镁（$MgCl_2$）0.8%和少量的氯离子，水分含量小于2%。其为无色立方结晶或白色结晶，有时含有铁盐而成红色。氯化钾密度1.984克/厘米^3。熔点770℃，沸点1413℃，加热至1500℃时则升华。它易溶于水，溶于乙醚、甘油，微溶于乙醇，不溶于盐酸，在水中的溶解度随温度的升高而迅速增加。它有吸湿性，易结块。呈化学中性，属于生理酸性肥料。

氯化钾施入土壤后，溶解时解离为钾离子和氯离子，钾离子很容易被土壤胶体粒子吸持，也易被作物根系吸收，但残留的氯离子不易被土壤吸收，易随水流失。

质量标准　执行国家强制性标准 GB 6549—2011（代替 GB 6549—1996），该标准规定了氯化钾产品分类、要求、试验方法、检验规则、包装、标识、运输和贮存。适用于由各类钾卤水和含钾盐矿按各种工艺生产的工农业用氯化钾产品。

(1) 外观　白色、灰白色、微红色、浅褐色粉末状、结晶状或颗粒状。

(2) 农业用氯化钾产品的技术指标应符合表1-30的要求。

该标准对包装、标志、运输和贮存的规定如下。

① 产品应用塑料编织袋内衬聚乙烯薄膜袋或复合塑料编织袋（塑料编织布/膜）包装，按 GB 8569 执行。产品每袋净重（50±0.5）千克，每批产品平均每袋净重不低于50千克。

表 1-30　农业用氯化钾的技术指标　　单位：%

项　　目	指标		
	优等品	一等品	合格品
氧化钾(K_2O)的质量分数/%　≥	60.0	57.0	54.0
水分(H_2O)的质量分数/%　≤	2.0	4.0	6.0

注：除水分外，各组分含量均以干基计。

② 产品包装袋上应标明：产品类别、氯化钾含量和水分含量或者产品等级，其余按 GB 18382 执行。

③ 在运输和贮存过程中，应防止受潮和包装袋的破损。

简易识别要点

（1）看外观　氯化钾为结晶小颗粒粉末，外观如同食盐。

（2）看颜色　氯化钾有红色和白色两种，个别的氯化钾呈灰白色或浅黄色。

（3）观察水溶性　进行水溶性试验，观察溶解情况，氯化钾很容易溶解于水。

（4）观察吸湿性　在潮湿的天气条件下，将少量的氯化钾肥料放于碗中并暴露在空气中过夜，第 2 天早晨发现氯化钾已经熔化成液体。

（5）测量 pH　将 pH 广泛试纸插入氯化钾的水溶液中，溶液呈中性或微酸性，纸条颜色基本不变或微变红（这是区分氯化钾和硫酸钾的方法之一）。

（6）观察肥料灼烧后火焰的颜色　将少许氯化钾放在铁片上，将铁片倾斜，使肥料在酒精灯（或火）上燃烧，能观察到紫色火焰。

定性鉴定　近几年，不断发现氯化钾的假冒伪劣品。有的冒充进口的红色氯化钾，外观上与真正的氯化钾没有任何区别，通过溶解试验就能发现，冒充物根本不溶于水，其实是红色砖块磨碎而成的。有的冒充白色的氯化钾，但是通过燃烧，根本观察不到紫色火焰。因此购买氯化钾不能贪图价格上的便宜，应从信誉较好的经营单位购买。如感觉肥料有问题，应及时将肥料送交肥料专业质量检验部门检验。

（1）钾离子的检验　取肥料样品 1 克放入试管中，加 10 毫升水溶解，然后滴加四苯硼钠溶液 5～10 滴，即有白色沉淀产生。将试管静置，使沉淀物逐渐积累在试管底部，缓慢将上清液倒掉，加入丙酮后摇动，沉淀物溶解。焰色反应：紫色(透过蓝色钴玻璃)。

（2）氯离子的检验　检验方法与氯化铵相同。

施用方法　氯化钾适宜作基肥或早期追肥，但不宜作种肥和根外追肥，因为氯化钾肥料中含有大量的氯离子，会影响种子的发芽和幼苗的生长。氯化钾适用于水稻、麦类、玉米，特别适用于麻类作物，因为氯对提高纤维含量、质量有良好的作用。

（1）作基肥　通常要在播种前 10～15 天，结合耕地将氯化钾撒施入土壤中。这主要是为了把氯离子从土壤中淋洗掉。其也可以结合播种条施或穴施。水稻田可以面施，其用量为每亩 10～15 千克。

(2) 作追肥　可掺5～6倍干细土，撒施、条施均可。一般质量的土地，每亩的施用量控制在7.5～10千克之间。对于保肥、保水能力比较差的砂性土，则要遵循少量多次施用的原则。也可以配成1%～2%的氯化钾水溶液喷施，喷液量为每亩50～100千克。作追肥时，一般要把握苗长大后再施的原则。

氯化钾无论用作基肥还是用作追肥，都应提早施用，以利于通过雨水或利用灌溉水，将氯离子淋洗至土壤下层，清除或减轻氯离子对作物的危害。

注意事项

① 氯化钾肥料中含有氯离子，而氯离子是盐分的重要组成成分之一。因此该肥料不适合施用于盐碱地，以免增加土壤中的盐分含量，使盐碱化加重。

② 氯化钾不宜施用在“忌氯作物”上。忌氯作物包括烟草、甘薯、马铃薯、甜菜、果树、茶树、甘蔗等。特别是双氯化肥，即氯化钾和氯化铵同时施用，更要避免在忌氯作物和盐碱地上施用。其他作物在苗期时也要少用。

③ 氯化钾一般不用作叶面追肥。

④ 在酸性土壤中，钾被作物吸收后余下的氯离子与土壤胶体中的氢离子生成盐酸（HCl），土壤酸性加强。这会增大土壤中活性铝、铁的溶解度，加重对作物的毒害作用。所以在酸性土壤中长期施用氯化钾，也要与农家肥或石灰配合施用，以降低土壤酸性。

⑤ 在石灰性土壤中，氯离子与土壤中的钙离子结合，生成氯化钙（$CaCl_2$）。氯化钙易溶于水，在灌溉或降雨季节会随水排走，不会对土壤结构产生不利影响。

⑥ 在我国南方施用更适宜。南方多雨、排灌频繁的情况下，氯化钾残留的氯、钠、镁大部分被淋失，不至于引起对土壤的危害。这些地区长期施用盐湖钾肥，与进口的等养分氯化钾肥效相当，但物理性状不太好，杂质多，施用时要防止黏附叶片，发生灼伤作用。

⑦ 氯化钾与氮肥、磷肥配合施用，可以更好地发挥其肥效。

⑧ 砂性土壤施用氯化钾时，要配合施用有机肥。

2.硫酸钾

K_2SO_4，174.27

反应式　$2KCl + H_2SO_4 \longrightarrow 2HCl + K_2SO_4$（硫酸分解法——曼海姆法）

或 $2[K_2SO_4 \cdot Al_2(SO_4)_3 \cdot 4Al(OH)_3] \longrightarrow$

$2K_2SO_4 + 6Al_2O_3 + 6SO_3\uparrow + 12H_2O$（明矾石还原热解法）

硫酸钾（potassium sulfate），含 K_2O 50%～54%，也是高浓度的速效钾肥，不含氯离子，货源少，价格较高，重点用在烟草、葡萄等忌氯经济作物上，是不可缺少的重要肥料，也是优质氮磷钾三元复合肥的主要原料。一般来说，硫酸钾都是由化工合成的。

理化性状　硫酸钾理论含钾（K_2O）54.06%，一般为50%，还含硫（S）约18%，硫也是作物必需的营养元素。纯品硫酸钾是白色结晶体或粉末状，肥料级硫酸钾常带灰黄、灰绿或浅棕色，有辣味，吸湿性小，不易结块，物理性状良好，施用方便，是很好的水溶性钾肥。硫酸钾也是化学中性、生理酸性肥料。硫酸钾的制取可用钾盐矿石，或用氯化钾，或用盐湖卤水等资源。常用的制取方法是明矾石还原热解法。

质量标准 农业用硫酸钾的质量应符合国家标准 GB 20406—2006。该标准进行了有关修改，自 2007 年 2 月 8 日起实施（适用于各种工艺生产的固体农业用硫酸钾）。

① 外观：硫酸钾为白色或带其他颜色的结晶或颗粒。

② 农业用硫酸钾肥料的技术指标应符合表 1-31 和表 1-32 的要求，同时应符合标明值。

表 1-31 水盐体系工艺农业用硫酸钾技术指标

项　目		粉末结晶状			颗粒状		
		优等品	一等品	合格品	优等品	一等品	合格品
氧化钾(K_2O)的质量分数/%	≥	51.0	50.0	45.0	51.0	50.0	40.0
氯离子(Cl^-)的质量分数/%	≤	1.5	1.5	2.0	1.5	1.5	2.0
水分(H_2O)的质量分数/%	≤	2.0	2.0	3.0	2.0	2.0	3.0
游离酸(以 H_2SO_4 计)的质量分数/%	≤	0.5					
粒度(粒径 1.00～4.75 毫米或 3.35～5.60 毫米)/%	≥	—	—	—	90	90	90

注：以水为介质的硫酸钾生产工艺方法为水盐体系法，包括硫酸盐盐湖卤法、芒硝法、硫铵法、缔置法、泻利盐法等。

表 1-32 非水盐体系工艺农业用硫酸钾技术指标

项目		粉末结晶状			颗粒状		
		优等品	一等品	合格品	优等品	一等品	合格品
氧化钾(K_2O)的质量分数/%	≥	50.0	50.0	45.0	50.0	50.0	40.0
氯离子(Cl^-)的质量分数/%	≤	1.0	1.5	2.0	1.0	1.5	2.0
水分(H_2O)的质量分数%	≤	0.5	1.5	3.0	0.5	1.5	3.0
游离酸(以 H_2SO_4 计)的质量分数/%	≤	1.0	1.5	2.0	1.0	1.5	2.0
粒度(粒径 1.00～4.75 毫米或 3.35～5.60 毫米)/%	≥	—	—	—	90		

注：无介质或以有机溶剂等非水介质生产硫酸钾的工艺方法为非水盐体系法，包括曼海姆法等。

该标准对包装、标志、运输和贮存规定如下。

① 硫酸钾产品包装容器上应标明氧化钾含量、氯含量和产品工艺。

② 产品用塑料编织袋内衬聚乙烯薄膜袋或涂膜聚丙烯编织袋包装。产品每袋净重（50±0.5）千克、（40±0.4）千克、（25±0.25）千克、（20±0.2）千克、（10±0.1）千克，每批产品平均每袋净含量相应不得低于 50.0 千克、40.0 千克、

25.0 千克、20.0 千克、10.0 千克。

③ 产品应贮存于阴凉、干燥处，在运输过程中应防潮、防晒、防包装袋破裂。

简易识别要点

（1）看外观　硫酸钾为结晶、颗粒或粉末，质硬。

（2）看颜色　硫酸钾一般呈现白颜色，也有的呈灰黄色、灰绿色或浅棕色。

（3）观察吸湿性　硫酸钾基本没有吸湿性，即使空气的相对湿度超过 70%，硫酸钾仍然保持原来的形状（这是氯化钾和硫酸钾的主要区别）。

（4）观察水溶解情况　硫酸钾能够溶解，但溶解的速度较氯化钾的慢，溶解的量也较氯化钾的小（这是氯化钾和硫酸钾区别之一）。

（5）火焰的颜色　将少许硫酸钾放在铁片上，将铁片倾斜，使肥料在酒精灯（或火）上燃烧，发现硫酸钾在灼烧时有钾离子特有的紫色火焰。

（6）测量溶液 pH　将 pH 广泛试纸插入硫酸钾的水溶液中，优等品和一等品的硫酸钾溶液呈酸性，纸条颜色为红色；合格品的硫酸钾溶液呈碱性，纸条颜色为蓝色（这是区分氯化钾和硫酸钾的方法之一）。

定性鉴定　硫酸钾中的氧化钾含量不合格的现象时有发生。用户如果对所购买的硫酸钾肥料质量有怀疑，可以请肥料质量监督检验部门进行检验和判定。

（1）钾离子的检验　检验方法与氯化钾相同。

（2）硫酸根的检验　检验方法与硫酸铵相同。

施用方法　硫酸钾广泛适用于各类土壤和各种作物，特别是对氯敏感和喜硫的作物。一般用于旱地，不用于水田。它可作基肥、追肥、种肥及根外追肥。

（1）作基肥　旱田用硫酸钾作基肥时，一定要深施覆土，以减少钾的晶体固定，并利于作物根系吸收，提高利用率。

（2）作追肥　由于钾在土壤中移动性较小，应集中条施或穴施到根系较密集的土层，以促进吸收，用量为每亩 10～20 千克。砂性土壤常缺钾，宜先作基肥，后作追肥，用量为每亩 15～25 千克。块根、块茎作物可适当增加用量，并合理深施。

（3）作种肥　作种肥每亩用量 1.5～2.5 千克，但不能直接接触种子，应距离种子 3～5 厘米远。

（4）作根外追肥　一般用在作物生长盛期或在生长中、后期植株表现缺钾时，喷施浓度要控制在 0.2%～0.3%的范围内。其在主要作物上的施用技术见表 1-33。

表 1-33　硫酸钾作叶面喷施的施用技术

作物	喷施时期	喷施浓度
水稻	幼穗分化期、始穗期、齐穗至灌浆期喷施中、上部叶片	1%
麦类	幼穗分化期、孕穗期至齐穗期喷施	1%
葡萄	浆果膨大期	0.5%
瓜类蔬菜	全生育期喷 3～5 次，每次间隔 7～10 天	0.5%
根茎类蔬菜	全生育期喷 3～4 次，每次间隔 7～10 天	0.5%～1%
薯类	收获前 40～45 天喷 2～3 次，每次间隔 10 天	1%～2%
烟草	现蕾前 10 天开始喷，连续 2～3 次，每次间隔 10 天	1%～1.2%

注意事项

① 硫酸钾的销售价格高于氯化钾，因此应将硫酸钾优先施用到忌氯作物上，如烟草、甘蔗、茶树、柑橘、甜菜、果树、西瓜和马铃薯等，不但能提高产量，还能改善品质。

② 对十字花科作物和大蒜等需硫较多的作物，效果较好，应优先使用。

③ 硫酸钾是生理酸性肥料，在酸性土壤中，若长期施用，多余的硫酸根会使土壤酸性加重，甚至加剧土壤中活性铝、铁对作物的毒害。在酸性土壤上施用硫酸钾，必须配施石灰或与钙镁磷肥混合施用。

④ 在石灰性土壤中，硫酸根与土壤中钙离子生成不易溶解的硫酸钙（石膏）。硫酸钙过多会造成土壤板结，此时应增施农家肥。

⑤ 硫酸钾必须和氮、磷肥料配合施用，才能充分发挥其肥效。施用硫酸钾不要贴近作物根部，也不要施在茎秆和叶子上。

⑥ 在土壤通气不良的情况下，硫酸根离子能被还原成硫化氢（H_2S）有毒物，影响作物根系的吸收活力。因此在一般情况下，水田作物，如水稻、藕等适合施用氯化钾，不要用硫酸钾。

3. 碳酸钾

K_2CO_3，138.20

反应式

（1）电解碳化法　$2KOH + CO_2 \longrightarrow K_2CO_3 + H_2O$

（2）复盐法　$3(MgCO_3 \cdot 4H_2O) + 2KCl + CO_2 \longrightarrow$

$$2(KHCO_3 \cdot MgCO_3 \cdot 4H_2O)\downarrow + MgCl_2 + 3H_2O$$

$$2(KHCO_3 \cdot MgCO_3 \cdot 4H_2O) + MgO \longrightarrow K_2CO_3 + 3(MgCO_3 \cdot 3H_2O)\downarrow$$

碳酸钾（potassium carbonate），含 $K_2O \geqslant 50\%$，又称钾碱（potash），早期的钾肥品种之一。

理化性状　纯品为白色结晶粉末。密度 2.428 克/厘米^3。熔点 891℃。沸点时分解。易溶于水，水溶液呈碱性，25℃时 25%碳酸钾溶液的 pH 为 11.1。不溶于乙醇、丙酮和乙醚。吸湿性很强，暴露在空气中能吸收二氧化碳和水分，转变为碳酸氢钾（$KHCO_3$）。遇酸即可释放出二氧化碳，转变成其他钾盐。水合物有一水物、二水物、三水物。碳酸钾是草木灰中钾的主要存在形态。一般木灰含 K_2O 在 6%～10%，草灰中 K_2O 的含量变幅大，可在 2%～20%。草木灰的水溶液也呈碱性。碳酸钾可作碱性无氯钾肥使用，但价格较高，易吸潮，作肥料使用较少。它主要用于玻璃（尤其是电视玻璃）、陶瓷、化学品、染料、涂料、食品、清洁剂的制造业和气体净化等。

质量标准　执行 GB/T 1587—2000（适用于工业碳酸钾，该产品主要用于合成气脱碳、电子管、玻璃、搪瓷、印染、电焊条、胶片显影、无机盐和显像管玻壳的原料）。

（1）分类　工业碳酸钾分为两种类型：Ⅰ型为一般工业用；Ⅱ型主要用于制造显像管玻壳。

（2）外观　为白色粉状或颗粒状。

（3）工业碳酸钾应符合表1-34的要求。

表1-34　工业碳酸钾的要求　　单位：%

项　目		指　标			
		Ⅰ型			Ⅱ型
		优等品	一等品	合格品	
碳酸钾（K_2CO_3）含量	≥	99.0	98.5	96.0	99.0
氯化物（以KCl计）含量	≤	0.01	0.10	0.20	0.03
含硫化合物（以K_2SO_4计）含量	≤	0.01	0.10	0.15	0.04
铁（Fe）含量	≤	0.001	0.003	0.010	0.001
水不溶物含量	≤	0.02	0.05	0.10	0.04
灼烧失量	≤	0.60	1.00	1.00	0.80

注：灼烧失量指标仅适用于产品包装时检验用。

该标准对标志、标签、包装、运输、贮存的规定如下。

① 碳酸钾包装容器上应有牢固清晰的标志，内容包括：生产厂名、厂址、产品名称、商标、净含量、批号或生产日期、本标准编号及GB/T 191中规定的“怕湿”标志。

② 每批出厂的产品都应附有质量证明书，内容包括：生产厂名、厂址、产品名称、商标、净含量、批号或生产日期、产品质量符合本标准的证明和本标准编号。

③ 碳酸钾用内衬两层塑料薄膜袋、外套塑料编织袋包装。每袋净含量25千克或50千克。如果用户对包装另有要求，协商解决。

④ 碳酸钾包装时内包装塑料袋使用尼龙绳两次扎紧，或用与其相当的其他方式封口；外袋在距袋边不小于15毫米处用维尼龙线或其他质量相当的线缝口。缝线整齐，针距均匀。无漏缝和跳线现象。

⑤ 碳酸钾在运输过程中应有遮盖物，防止日晒、雨淋、受潮。

⑥ 碳酸钾应贮存在阴凉、干燥处，防止雨淋、受潮。

施用方法　由于土壤溶液常为二氧化碳所饱和，因此，碳酸钾施入土壤后，在施肥点周围虽能产生较高的碱性反应，但其很快转变为碳酸氢钾，碱性降低。同时，碳酸钾中所含的K^+能进一步与土壤胶体上的离子发生交换反应，使大部分K^+被胶体吸附，残留碳酸钙等其他形态的碳酸盐，其阴离子转变成碳酸后释放出二氧化碳和水。因此，使用一定量的碳酸钾和草木灰，对土壤和作物都是安全的。但在其入土前，由于其较强的吸湿性和碱性，不能和其他肥料，特别是铵态氮肥掺混使用。

碳酸钾一般宜作基肥，作追肥时须深施入土。碳酸钾不宜作种肥。

4. 钾镁肥

$K_2SO_4 \cdot MgSO_4$

钾镁肥（potassic-magnesian fertilizer），是制盐工业的副产品，又称卤渣或“高温盐”。它是在浓缩苦卤过程中利用盐类溶解度的不同而分离出来的，在126℃时结晶的盐类。它含有较多的硫酸钾、硫酸镁和一定数量的食盐，一般含K_2SO_4 33%、$MgSO_4$ 28.7%、NaCl 30%。钾镁肥易溶于水，吸湿性强，易潮解，因此，包装和长途运输时应注意。

施用方法　钾镁肥可作基肥或追肥使用，但不宜作种肥，因为其含有较多的食盐。钾镁肥作基肥时，最好与有机肥料共同堆沤后再施用或混合施用，每亩用量以15～25千克为宜。

由于钾和镁均为作物必需的营养元素，镁参与叶绿素的构成和光合作用，还能促进葡萄糖和磷酸化合物的形成与分解，缺镁会使作物发育推迟，因此，对在不同程度上需要钾和镁营养的南方广大地区红壤发育的酸性水稻土而言，施用钾镁肥具有特殊的意义。在酸性红、黄壤上以及烂泥田、砂性土中施用钾镁肥的效果较好，特别是在施肥水平低、土壤交换性钾、镁含量少的土壤，增产效果更为显著。实践表明，施用钾镁肥比单施钾肥或镁肥均有所增产。

注意事项

① 忌氯作物如烟草、马铃薯、甘蔗、茶树等不能施用钾镁肥，因为钾镁肥中含有较多的氯离子，会对上述作物的产量和品质造成不良影响。

② 利用苦卤制造的钾镁肥，食盐含量很高，不宜大量施用，以免影响作物正常生长和破坏土壤结构。

③ 碱性土壤和含盐分较高的土壤不宜施用钾镁肥，以免加重盐害。

④ 钾镁肥是以含钾、镁养分为主的肥料，只有在施用氮、磷化肥的基础上，才能显示它的增产效果。

⑤ 钾镁肥宜与其他钾肥交替使用，以防止钠离子在土壤中过量积累。

5. 硫酸钾镁肥

$K_2SO_4 \cdot (MgSO_4)_m \cdot nH_2O$（其中$m=1\sim2$；$n=0\sim6$）

硫酸钾镁肥（potassium magnesium of sulphate fertilizer），是从盐湖卤水或固体钾镁盐矿中仅经物理方法提取或直接除去杂质制成的一种含镁、硫等中量元素的化合态钾肥。它是一种多元素钾肥，除含钾、硫、镁外，还含有钙、硅、硼、铁、锌等元素，呈弱碱性，特别适合在酸性土壤中施用，硫酸钾镁肥适用于任何作物，尤其适用于各种经济作物，既可作基肥、追肥，也可作叶面喷肥，还可以作为复合肥、BB肥的钾肥原料使用。适用于水稻、玉米、甘蔗、花生、烟草、马铃薯、甜菜、水果、蔬菜、苜蓿等农作物。与等量钾（K_2O）的一元钾肥氯化钾、硫酸钾相比，农用硫酸钾镁的施用效果优于氯化钾，略优于硫酸钾。由于硫酸钾镁肥能够有效地提高农作物产量、改善农作物品质，因而在发达国家中硫酸钾镁肥推广得比较好。目前，硫酸钾镁肥在世界范围内已被广泛应用。

理化性状 钾（K_2O）≥22%、镁（Mg）≥8%、硫（S）≥14%，基本不含氯化物。纯品为无色结晶体。密度 1.987 克/厘米^3，熔点 790℃，沸点 1413℃。易溶于水，水溶液呈中性。溶解度随温度升高而增大，0℃时溶解度为 27.6 克/100 克水，100℃时为 56.71 克/100 克水。

质量标准 执行推荐性国家标准 GB/T 20937—2007《硫酸钾镁肥》(适用于从盐湖卤水或固体钾镁盐矿中仅经物理方法提取或直接除去杂质制成的含镁、硫等中量元素的硫酸钾镁肥产品，不适用于用硫酸钾和镁化合物掺混而成的产品)。

(1) 外观　粉状结晶或颗粒状产品，无机械杂质。

(2) 硫酸钾镁肥的要求见表 1-35。

表 1-35　硫酸钾镁肥的要求

项　　目		优等品	一等品	合格品
氧化钾(K_2O)的质量分数/%	≥	30.0	24.0	21.0
镁(Mg)的质量分数/%	≥	7.0	6.0	5.0
硫(S)的质量分数/%	≥	18.0	16.0	14.0
氯离子(Cl^-)的质量分数/%	≤	2.0	3.0	3.0
游离水(H_2O)的质量分数/%	≤	1.5	4.0	4.0
水不溶物的质量分数/%	≤	1.0	2.0	2.0
pH 值		7.0～9.0		
粒度(1.00～4.75 毫米)/%	≥	90	80	80

注：粉状产品不做粒度要求；游离水（H_2O）的质量分数以出厂检验为准。

该标准对标识、包装、运输和贮存规定如下。

① 产品包装容器正面应标明氧化钾、镁、硫含量和产品等级，氧化钾含量应与镁、硫含量分行分别标注，不应将氧化钾含量与镁、硫含量相加作为总养分标注。包装容器背面可以标出产品使用说明。用硫酸钾和镁化合物掺混而成的产品不应标注硫酸钾镁肥。

② 产品用塑料编织袋内衬聚乙烯薄膜袋或涂膜聚丙烯编织袋包装，产品每袋净含量分别为（50±0.5）千克、(40±0.4) 千克、(25±0.25) 千克、(20±0.2) 千克、（10±0.1）千克，平均每袋净含量分别不应低于 50.0 千克、40.0 千克、25.0 千克、20.0 千克、10.0 千克。

③ 产品应贮存于阴凉、干燥处，在运输过程中应防潮、防晒、防包装袋破裂。

识别方法

① 看包装。《硫酸钾镁肥》国家标准规定“每批检验合格的出厂产品应附有质量证明书，其内容包括：生产企业名称、地址、产品名称、产品等级、批号或生产日期、产品净含量、氧化钾、镁、硫等主要指标含量和产品等级和本标准编号。”

除了这些内容，进口的硫酸钾镁肥包装袋上均有进口配额号，国产的包装袋上均有肥料登记号，有条件的经销商或用户可以通过网上查询进口配额号或肥料登记号辨别其真伪。

② 从颗粒的颜色和硬度上与硫酸钾和镁化合物掺混而成的产品相区别。一般天然提取的硫酸钾镁肥颜色为白色，硬度大；而硫酸钾和镁化合物掺混而成的产品微带色，硬度相对小。

③ 有机天然硫酸钾镁肥，是指符合推荐性国家标准（GB/T 20937—2007）并取得有机产品认证的硫酸钾镁肥。中信国安“有机天然硫酸钾镁肥”填补了天然矿物钾肥的国内空白，解决了有机农业补钾难的问题。

由于国产硫酸钾镁资源丰富，生产工艺先进，价格较低，农民易于接受，市场潜力大，因此，国产的硫酸钾镁肥可以替代进口的同类产品。因为当前实行的《硫酸钾镁肥》国家标准为推荐性标准，对众多采用掺混法生产的硫酸钾镁肥企业并未实行有效约束，这导致了硫酸钾镁肥市场鱼龙混杂的局面并未得到有效治理。当前在选购硫酸钾镁肥产品时要提高辨别能力，购买按照国家标准生产的产品是规避当前产品质量风险、避免利益受损的理想方法。

主要功效 硫酸钾镁肥是一种天然的矿物质肥料，被誉为农作物施肥的“白金钾”，是硫酸钾的换代品。利用含有硫酸钾及硫酸镁的天然矿，经过数道烦琐的工序加工而成，是能为作物生长提供全面均衡的钾、镁、硫养分的天然绿色肥料。在传统硫酸钾产品功能的基础上增加了镁元素，大大促进了作物生长过程中的最重要的光合作用。镁元素对作物生长起着至关重要的作用，它是叶绿素的核心成分，作物的生长主要靠光合作用，而对光合作用起决定作用的正是叶绿素。镁还能大大促进作物对磷的吸收，促进作物生长酶的形成，进而促进作物维生素、糖类、蛋白质及脂肪的形成，防止作物提前落叶和成熟期的掉果现象。实验表明，硫酸钾镁肥适用于所有农作物，特别适用于蔬菜、果树、茶叶和花卉等经济作物，能给作物的生长提供长期稳定肥效，并能提高作物的品质，增强作物的抗旱、抗寒、抗药害的能力，增产效果十分明显。

施用方法 硫酸钾镁肥适合在各种作物上作基肥或追肥，也可单独施用或与其他肥料混合施用。用于菠菜、白菜、油菜、生菜、茼蒿等作基肥 15～20 千克/亩，可使叶片大而肥厚，叶色油绿，有光泽，配合氮肥施用；用于番茄、青椒、茄子等作基肥 20～25 千克/亩，可使坐果率高，色泽鲜艳，口感好，储存期长，大棚适量增加用量；用于菜豆、豇豆、扁豆等作基肥 25～30 千克/亩，可提高坐荚率、荚肥鲜嫩，早开花，早结果，病虫害明显减少，硫元素有利于豆类蛋白质及油脂的形成；用于萝卜、芥菜、生姜、大蒜等作基肥 20～25 千克/亩，成熟期提前，果实个大，预防黑根病，镁及硫的存在能增强气味性使胡萝卜素含量增加；用于葱、莴笋、芹菜等叶茎类作基肥 15～20 千克/亩，可增加叶绿素含量，使叶茎鲜嫩，好储存，味更强。

近年来，我国高强度的耕作以及单一的氮、磷、钾肥的施用，造成了土壤中的中、微量元素持续耗竭，特别是镁的缺乏。钙、硫等可以通过施用过磷酸钙、硫酸铵等予以补充，而镁除了钙镁磷肥外，补充途径十分有限。因此，在我国许多地区，缺镁已经是普遍现象，这种现象在南方部分地区尤为明显。因此，硫酸钾镁特别适合在南方红黄壤地区施用。

6. 钾钙肥

K_2O（4%～6%），CaO（25%～40%），SiO_2（25%～40%），MgO（2%～4%）

钾钙肥（potash-lime fertilizer），一种以钾和钙为主要养分的多元素碱性肥料。将钾长石（含钾页岩）和石灰石、煤，或钾长石（含钾页岩）和石膏、石灰石、煤，按一定比例混合均匀磨碎，制成球状，进行1200℃高温煅烧后再研磨成粉而得。大都采用石灰石方法生产钾钙肥。

理化性状 呈浅灰色或蓝绿色粉末，水溶液pH值约为10，是一种碱性很强的肥料。钾钙肥中所含的钾，大部分为水溶性钾，易被作物吸收利用。产品不吸潮，不结块，无腐蚀性，贮存、施用方便。其有效成分为氧化钾，在土壤中转化与窑灰钾肥相同。

施用方法 钾钙肥作基肥和早期追肥的效果较好，每亩施用量以50～100千克（折合氧化钾2～4千克）的经济效益较高。同时，适当深施比浅施好，分蔸点施比分散施用好。钾钙肥适用于多种作物，一般能促进作物生长发育，增强抗病、抗倒伏能力，有利于提高产量和改进品质，对提高氮、磷肥料的肥效也有一定作用。钾钙肥增产幅度较大的主要原因如下。

① 能提高土壤中有效钾和硅的含量。

② 能有效地促进厚壁细胞的木质化，增加茎秆及叶片的韧性，提高植株抗倒、抗病、防病的能力。

③ 能加速土壤有机质的分解，增强土壤对作物所需养分的供给能力。

④ 具有中和土壤酸性的能力，在酸性土壤上施用效果特别好。

⑤ 能提供作物所需的Ca、Mg、S等营养元素，比较平衡地供给作物所需的养分。

注意事项

① 因钾钙肥中含有大量石灰，所以，凡是施用钾钙肥的稻田或旱地，均不宜再施石灰。

② 钾钙肥要与氮肥、磷肥等化肥配合施用，才能充分发挥其增产作用，但又必须与氮肥、磷肥分开施用，因为其碱性较强。

7. 窑灰钾肥

窑灰钾肥（cement kiln ash potassium fertilizer），是水泥工业的副产品，在硅酸盐水泥生产过程中，逸出的窑气要带出一部分灰尘，俗称水泥窑灰。

主要成分 由于水泥的原料及其他方面的差异，成分含量变化较大。窑灰钾肥是一种多成分的肥料，一般含氧化钾8%～15%，其中95%左右为有效钾。窑灰钾肥中的钾以多种形态存在，既有水溶态，又有弱酸溶态，还有少量难溶性钾。水溶性钾占窑灰钾肥中纯钾总量的40%左右，主要以硫酸钾、氯化钾、碳酸钾等形态存在；弱酸溶性钾（即能溶解于2%柠檬酸的钾）占总量的50%～60%，主要以铝酸钾和硅酸钾的形态存在；难溶性钾占总量的5%左右，主要是钾长石、黑云母等含钾矿物，这部分钾不能被作物吸收利用。由于水溶性钾和弱酸溶性钾都可被作物直接吸收利用，故窑灰钾肥中的钾有95%左右是有效钾，易被作物吸收利用。此外，窑灰钾肥还含氧化钙35%～40%、二氧化硅15%～18%、氧化铝6%～12%、氧化铁2%～5%、氧化镁1%～1.5%等。窑灰钾肥呈强碱性，其水溶液的pH值为9～11。

理化性状 窑灰钾肥为灰黄色或灰褐色的粉末，组织结构松散，由于含大量氧化钙，吸湿性很强，易结块，贮存时要注意防潮，更不能被雨淋。

施用方法 由于窑灰钾肥不仅能供应作物所需的钾、钙、镁、硅等多种营养元素，而且可以中和土壤酸性，改良土壤，因此，窑灰钾肥宜施用于缺钾土壤，可在粮食作物、油料、棉、麻、糖料、橡胶、烟草等经济作物上施用。特别适宜在酸性土壤，喜钙、喜硅和忌氯作物上施用。窑灰钾肥一般宜作基肥，或基肥与早期追肥相结合，当作物出现明显缺钾症状时，也可作追肥使用。

（1）作种肥　一般不宜作种肥，因该肥含钙较多，吸湿性很强，吸水后变成熟石灰，放出大量热量，易烧坏种子的幼根。如作种肥，应预先和有机肥料混合堆沤3～4天，然后施用。

（2）作基肥　旱地用窑灰钾肥作基肥时，一般在耕地前撒施，然后耕翻入土，或掺2倍左右的细土加少量水拌成细粒，堆置12小时左右再施用。与有机肥堆沤或混合施用，不仅施用方便，而且可加速有机肥料的腐熟分解，相互提高肥效。每亩施用量以40～50千克为宜。如作薯类作物的基肥，可预先与有机肥料混合堆沤数天后，沟施或穴施。

（3）作追肥　当作物出现明显缺钾症状时，也可作追肥使用。作追肥时应早施，并严防烧苗，最好与等量的潮细土拌匀后撒施，大风天和叶面有露水时不宜撒施，以免肥料黏附在叶面上，引起灼伤。其作追肥的施用量为每亩25～30千克。

注意事项

① 窑灰钾肥的粉末很细，比较轻，施用时容易飞扬和黏附在作物叶片上，因此，在田间撒施前，应先与适量细土或有机肥料拌匀，以免被风吹散，烧伤叶片。

② 窑灰钾肥是含多种营养元素的碱性肥料，更适宜于酸性土壤和喜钙的作物，还能起到施用石灰的作用，但应适当配施氮、磷肥，以提高肥料利用率。

③ 窑灰钾肥碱性强（pH为9～12），不宜直接拌种，不能与种子、幼苗直接接触，以防灼伤。不能和铵态氮肥、人粪尿、过磷酸钙混合施用，以免引起氮的损失和降低磷的有效性。在水田施用窑灰钾肥时，应注意防止肥分流失。

④ 窑灰钾肥施用后吸水放出热量，属热性肥料。在越冬作物、早稻秧田和旱地作物苗床上施用，还有良好的保温、护苗效果，对增强农作物抗病能力也有一定作用。但要避免与植株接触，防止烧苗。

第二章 中量元素肥料

第一节 钙 肥

钙肥（calcium fertilizer），是指具有钙（Ca）标明量的肥料。作物吸收钙的数量小于钾、大于镁，钙肥属中量元素肥料。研究表明，大多数作物对钙、镁的需求量是非常大的，如有些蔬菜对钙的需求量达到甚至超过了对氮的需求量，更是远远超过三大营养元素之一的磷。如番茄对钙的需求量是磷的 4.5 倍左右，茄子对钙的需求量也是对磷需求量的 4 倍以上，黄瓜对钙的需求量是磷的 5 倍左右。需钙量多的作物有紫花苜蓿、芦笋、菜豆、豌豆、大豆、向日葵、草木樨、花生、番茄、芹菜、大白菜、马铃薯、甜菜、葡萄等。

钙的营养作用

① 钙直接参与细胞内染色体的结构组成，对染色体的稳定和细胞的有丝分裂有重要作用。如果缺钙，有丝分裂异常，不能形成新的细胞。钙还是细胞壁中果胶层的成分，这也与新细胞的形成有关。因此，缺钙时细胞分裂最活跃的分生区首先受到伤害，影响芽和根尖的生长发育。

② 钙对细胞膜的结构及其稳定是十分重要的，可促进钾离子的吸收，延缓细胞衰老。如果缺钙，膜的透性增加，失去对养分进出的控制，甚至使有机、无机物从细胞内向外渗出，严重时质膜结构解体。

③ 钙对氮代谢有积极作用。钙能提高硝酸还原酶的活性，有利于氮的吸收作用。钙还能促进蛋白质的合成，并能促进线粒体的形成，而线粒体在有氧呼吸中起重要作用，因此，钙与呼吸作用和养分吸收有关。

④ 钙还能降低原生质胶体的分散度，提高原生质的黏性，并能与钾离子配合，维持原生质胶体的正常活动，使细胞的充水度、黏性、弹性及渗透性等维持在正常的生理水平，有利于植物的正常代谢。

⑤ 钙还能中和植物体内代谢过程中形成的有机酸，调节植物体内的 pH 值，特别是钙与草酸结合形成不溶性的草酸钙而消除有机酸的毒害。此外，钙与氢、铝、铁、锰、钠、铵等离子间的拮抗作用，可消除这些离子过多时的毒害，为酸性土壤施石灰、碱性土壤施石膏提供了理论依据。因此，钙不论是对酸性土或盐碱土，都有重要作用。

作物缺钙症状及原因

(1) 缺钙症状　酸性土容易缺钙，缺钙主要是由于作物体内的生理失调。缺钙时，植株的顶芽、侧芽、根尖等分生组织首先出现缺素症，植株生长受阻，节间较短，植株矮小，柔软，幼叶卷曲畸形、脆弱，多缺刻状，叶缘发黄，逐渐枯死，叶尖有黏化现象。不结实或很少结实。典型的缺钙症状：甘蓝、大白菜和莴苣等出现"干烧心"或"心腐病"或"叶焦病"，番茄、辣椒、西瓜等出现"蒂腐病"或"脐腐病"，苹果出现"苦痘病"，梨出现"黑心病"等。这些都是缺钙引起的生理病害。几种作物的缺钙症状见表 2-1。

表 2-1　几种作物的缺钙症状

作物	缺钙症状
大白菜	植株矮小,幼叶和茎、根的生长点首先出现症状,从结球初期至中期,在一些叶片的叶缘部发生缘腐病,内叶叶尖发黄,呈枯焦状,俗称"干烧心",又名心腐病。土壤干旱时,土壤溶液中速效氮含量过高会妨碍钙的吸收,若浇水过量会引起土壤有效钙的大量流失
番茄	幼叶顶端发黄,植株瘦弱、萎蔫,叶柄卷缩,顶芽死亡,顶芽周围出现坏死组织,根系不发达,根短,分枝多,呈褐色。果实易发生心腐病或空洞果
黄瓜	叶缘、叶脉间有白色透明腐烂斑点,严重时脉间失绿,植株矮化,嫩叶上卷,瓜小无味,花小呈黄白色
莴苣	生长受抑制,幼叶卷曲畸形,叶缘呈褐色到灰色。严重时幼叶从顶端向内部死亡,死亡组织呈灰绿色
甘蓝	叶缘卷曲,呈杯状,叶片发皱而呈灼烧状,心叶停止生长,叶缘枯死,生长点死亡
萝卜	生长点受损,心叶枯卷,根尖枯死,易产生歧根
胡萝卜	叶子缺绿,坏死,最终死亡,叶片稀疏。缺钙还易引起肉质根的空心病
芹菜	幼叶早期死亡,生长细弱,叶色灰绿,生长点死亡,小叶尖端叶缘扭曲、变黑
韭菜	心叶生长变坏,色淡并萎缩
大蒜	叶片上出现坏死斑,随着坏死斑的扩大,叶片下弯,叶尖很快死亡
菜豆	叶缘褪绿,叶片成熟时,呈降落伞状。植株发黑至死亡
豌豆	叶片中脉周围发生红色斑点,后扩展至支脉周围和叶边缘,全叶干燥卷缩,叶片基部最早褪色,叶片由淡绿转为黄色。根尖死亡,幼叶及花梗枯萎,卷须萎缩
厚皮甜瓜	叶片呈淡绿色并有斑驳,缺钙初期叶缘有褐斑,进一步发展到全株,植株矮小
花椰菜	新叶的前端和边缘黄化,继而变褐枯死。花球发育受阻,质量下降
甘薯	幼芽生长点死亡,叶片小,大叶有褪色的斑点
水稻	病症先发生于根及地上幼嫩部分,植株呈现未老先衰,幼叶卷曲、干枯。定型的新生叶片前端及叶缘枯黄,老叶仍保持绿色,但叶形弯卷,结实少,秕谷多,根少而短,新根尖端变褐色坏死

续表

作物	缺钙症状
小麦	生长点及茎的尖端死亡，植株矮小或簇生状，幼叶往往不能展开，已长出的叶片也常出现缺绿现象，根系短，分枝多，根尖分泌透明黏液，似球形黏附在根尖
大麦	前期生长正常，拔节期出现心叶凋萎枯死，根极少分枝，老根短，新根不能生长
大豆	叶片卷曲，老叶上会发生许多灰白色的小斑点，叶脉变为棕色，叶柄软弱、下垂，不久即枯萎死亡；茎顶端弯钩状卷曲，新生幼叶不能伸展，易枯死；果荚凹陷，黑褐化坏死
花生	第一片真叶出现畸形。在老叶的背面出现疤痕，随后叶片正反面出现棕色枯死斑块，结荚少，空壳率高
蚕豆	幼叶及叶柄枯萎，生长点附近的小叶不能展开，有些弯曲，顶端死亡。豆荚畸形萎缩并发黑，种子发育差，非常小
马铃薯	幼叶的边缘出现淡绿色的条纹，叶片皱缩。严重缺钙时，顶芽死亡，而侧芽向外生长，形成簇生状。块茎的髓部会出现混杂的棕色坏死斑点，最初在块茎顶端的维管束环以内出现
玉米	植株矮小，叶缘有时呈白色锯齿状不规则破裂，茎顶端呈弯钩状，新叶分泌透明胶液，使相近两叶尖端粘连在一起，不能正常伸展，萎缩黄化，老叶尖端也出现棕色焦枯。根少而短，老根多棕褐色
油菜	植株矮小。下部叶片边缘焦枯，顶花脱落，生长点黏化，严重时溃烂
棉花	幼嫩部位首先受害。植株矮小，根系发育不良，茎和根尖的分生组织受到损坏，严重时腐烂死亡，幼苗卷曲，叶柄皱缩，叶缘发黄枯死
烟草	顶端叶芽的幼龄叶片向下卷曲，如绵羊角状，随后由顶端和边缘开始死亡。如能继续生长，由于尖端和叶缘脱落，叶呈扇形，叶缘不规则，整株呈不正常绿色
甘蔗	生长缓慢，幼叶极为柔弱不能伸长，生长点很快死亡，老叶的绿色减退，并发生很多红棕色斑点，斑点的中间先枯萎，以后扩展到整个叶片而死亡
柑橘	小枝顶枯，侧芽易枯死，叶缘及叶脉间黄化，同时有或多或少的坏死和落叶，根有时腐烂
苹果树	缺钙的典型特征是幼根的根尖生长停滞或枯死，在近根处生出许多新根，形成粗短且多分枝的根群。新梢生长到6～30厘米以上时，顶部幼叶边缘或近中脉处出现淡绿或棕黄色的退绿斑，经2～3天变成棕褐色或绿褐色焦枯状，有时叶片和焦枯的边缘向下卷曲。此症可逐渐向枝梢下部叶片扩展。果实近成熟期可发生苦痘病，果面上出现圆形、稍凹陷的变色斑
梨树	缺钙时新梢嫩叶上形成褪绿斑，叶尖及叶缘向下卷曲，几天后褪绿部分变成暗褐色，并形成枯斑。随后症状可逐渐向下部叶扩展。果实缺钙易形成顶端黑腐
桃树	桃树对缺钙最敏感。最初症状是顶端生长减少。老叶大小和正常叶相当，但幼叶较正常叶片小。叶色浓绿，无任何褪绿现象。后来，幼叶中央部位呈现大型褪绿、坏死，侧短枝和新梢尤为明显。在主脉两边组织有大型坏死斑点。老叶接着出现边缘褪绿和破损。最后叶片从梢端脱落，发生梢端顶枯。果园缺钙可削弱根的生长，主要表现在幼根的根尖生长停滞，而皮层仍继续加厚，在近根尖处生出许多新根；严重缺钙时，幼根逐渐死亡，在死根附近又长出许多新根，形成粗短多分枝的根群
柿树	根系受害严重，新根粗短、弯曲，尖端干枯，叶片生长不正常，甚至枯死
葡萄	幼叶脉间及叶缘褪绿，随后在近叶缘处出现针头大小的斑点，茎蔓尖端顶枯。新根短粗而弯曲，尖端容易变褐枯死
香蕉	能减少氮化物的代谢作用和养分的转移，根系生长不良
荔枝	叶片变小，沿小叶边缘出现枯斑，造成叶边缘弯曲。根量明显减少。当新梢抽生后即大量落叶。中脉两旁出现几乎呈平行分布的细小枯斑，严重时枯斑增大，并连成斑块
龙眼	叶片脉间褪绿黄化
茶树	首先表现在幼嫩芽叶上，嫩叶向下卷曲，叶尖呈钩状或匙状，色焦黄，逐渐向叶基发展。中期顶芽开始枯死，叶上出现紫红色斑块，斑块中央为灰褐色，质脆易破裂
草莓	新叶的叶端部发生褐变、干枯。小叶展开后不能恢复正常，多在开花前现蕾期发生

(2) 缺钙原因

① 土壤缺钙。我国缺钙土壤主要分布在南方酸性红壤和交换量低的砂质土壤。华北、西北及东北西部和东南滨海地区的盐渍土，其pH多在9以上，土壤中以钠居多，交换性钙低，有的仅为1毫克/100克土，也易引起作物缺钙。

② 盐分过高。有时土壤并不缺钙，但土壤盐分高会影响作物对钙的吸收，也会导致作物出现缺钙症状，应加以区分。

③ 营养元素失衡导致缺钙。主要是氮、磷、钾肥的施用量过高，有的氮、磷、钾肥的施用量是钙肥的数十甚至数百倍，导致土壤中营养元素失衡。尤其是磷肥的大量施用，导致土壤中的钙被固定，活性降低，难以被作物吸收利用，导致生理性病害频频发生。

作物施钙过多症状 一般土壤不易引起钙过剩，但大量施用石灰于某些高碳酸盐土壤可能引起其他元素（如磷、镁、锌、锰等）的失调症。当花生施钙3200毫克/千克以上时，花生植株生长缓慢，表现为株矮、叶小、叶色黄绿；施钙达到6400毫克/千克时，出苗后15天左右出现受害症状，植株下部叶片呈烧焦状，根系不发达，比正常株矮10厘米左右，结荚少，荚果产量低。田间条件下施钙肥过多会引起蔬菜植株的非正常生长和代谢，对蔬菜的产量和品质均无明显影响，在马铃薯上表现为疮痂病，易引起锌、铁、锰等微量元素有效度降低。

钙肥种类 凡是能提供钙养分的钙化合物都可称为钙肥（见表2-2）。

表2-2 可用作钙肥的钙化合物

化肥类别	品种	分子式或主要成分	有效成分/%		
			CaO	N	P_2O_5
农用石灰	石灰石	$CaCO_3$	≥53	—	—
	生石灰	CaO	80～90	—	—
	熟石灰	$Ca(OH)_2$	≥60	—	—
	白云石	$CaCO_3 \cdot MgCO_3$	34	—	—
钙硫肥	天然石膏	$CaSO_4 \cdot 2H_2O$	33	—	—
	磷石膏	$CaSO_4 \cdot 2H_2O + H_3PO_4$	27	18(S)	2～3
氮肥	硝酸钙	$Ca(NO_3)_2$	27	18(S)	—
	氰氨化钙	$CaCN_2$	70	15	—
磷肥	磷矿粉	$Ca_5F(PO_4)_3$	30～45	21	19～30
	普通过磷酸钙	$Ca(H_2PO_4)_2 \cdot H_2O + CaSO_4$	18～30	—	12～20
	重过磷酸钙	$Ca(H_2PO_4)_2 \cdot H_2O$	19	—	46
	钙镁磷肥		≥32	—	12～18
钙肥	氯化钙	$CaCl_2 \cdot 2H_2O$	>26	—	—
	炉渣钙肥		>20	—	—
	EDTA螯合钙		10	—	—
	富利钙	钙-木素黄酸盐	15	—	—

施用技术

（1）基施　结合施用有机肥施30～50千克熟石灰或40～50千克草木灰，对调节土壤酸碱度具有明显的效果，即将有机肥和熟石灰或草木灰混匀，均匀撒施于地面后耕翻于地下。

（2）叶面喷施　缺钙常发生在果实和生长旺盛的幼嫩组织，叶面和果面喷钙是补钙的有效方法，一般喷施浓度：富利钙为0.2%，硝酸钙为0.2%～0.5%，EDTA螯合钙为1500～3000倍稀释液。幼嫩植株应适当降低浓度。不同作物的叶面喷施时期见表2-3。

表2-3　作物喷钙的施用技术

作　物	喷施时期及次数
苹果	开花后4～5周、采前10周和8周各喷1次
桃、杨梅、樱桃、葡萄、梨、柑橘、荔枝、龙眼、芒果	从幼果期开始，喷3次，每次间隔7～14天
瓜类蔬菜	从坐果期开始，喷施3～4次，每次间隔7～10天

注意事项

① 在缺钙土壤上，除叶面喷施钙肥外，更应重视土壤施钙，以达到作物根、茎补钙的目的。钙肥土施加喷施，肥效更显著。

② 不同的钙肥具有不同的性质，如露地土壤pH值一般为6.5～7.5，因此应用碱性或中性肥料，如草木灰、熟石灰、硝酸钙等，而少用酸性或生理酸性肥料，如硫酸钙、氯化钙，以免加重酸化土壤环境。

③ 一般在作物生长进入旺季后，土壤钙营养才开始降低，同时叶片内的钙较露地同生育期的含量开始减少，此时为作物施肥最佳时期，施用钙肥既可提高作物的产量和品质，又能提高作物的抗病能力。如果是pH值较低的土壤，则可采取基施。

④ 根外喷施钙肥除喷叶面外，重点喷在果实上。

⑤ 在柑橘、桃、葡萄、草莓上喷施0.2%～0.5%硝酸钙不会引起肥害，但同样浓度喷施在梨树上易出现受害症状，不宜使用。

⑥ 要在合理浇水的基础上及时进行补钙。避免土壤过涝过旱，保证根系正常吸收矿质元素。但由于钙离子移动性差，不易被作物吸收利用，因而很多农民反映补过钙肥后效果不明显。建议随粪肥底施部分钙肥，在喷施钙肥时适当加入萘乙酸，效果显著。

⑦ 减少氮肥用量，适当补充钾肥，可促进钙的吸收。

⑧ 硼、钙叶面肥同时喷施。若缺硼，即使喷施再多的钙肥，也难以被作物吸收。

⑨ 叶面喷施与养根相结合。若是根系受伤导致缺钙，那么养护根系才是防治的根本，建议使用阿波罗963养根素或根宝贝等灌根。

⑩ 不要在高温、干燥或缺水情况下喷施，也不要和其他农药混合使用。

石灰

CaO，56.077

反应式

$CaCO_3 \longrightarrow CaO + CO_2 \uparrow$

生石灰（limestone），又称烧石灰、氧化钙、苛性石灰、煅烧石灰，主要成分为氧化钙，通常以石灰石、白云石及含碳酸钙丰富的贝壳等为原料，经过煅烧而成。生石灰既是一种最主要的钙肥，也是一种矿物源、无机类杀菌、杀虫剂。

产品特点 石灰为白色块状，在空气中能吸收水汽和二氧化碳，自然消解成消（熟）石灰和碳酸钙，呈粉状。生石灰加水时发生反应，发热膨胀而崩碎，成为白色的粉末状消石灰（氢氧化钙）；用生石灰量3～4倍的水量与其混合，可得到膏状石灰泥；用10倍以上的水量可生成乳浊状的石灰乳，呈碱性。

石灰的作用

① 石灰能供应作物钙养分，还能中和酸性、消除毒害。南方酸性土壤中的氢离子和活性铁、铝浓度高，对作物有毒害作用，施用石灰可以中和土壤酸性，还可沉淀高浓度的活性铁、铝，消除毒害。有些含有有机质较多的土壤，常会积累各种有机酸，对作物生长发育有不良影响，施用石灰，可中和有机酸。

② 增加土壤有效养分。酸性土壤，施用石灰可调节土壤酸度，促进有益微生物活动，加快土壤中有机态氮、磷及硫化合物的分解，增加土壤中有效氮、磷、硫的含量。此外，还可以促进土壤中钾、镁、钼等养分的有效化。

③ 改善土壤物理性状。酸性土壤中腐殖质含量少，又缺乏钙，物理性状不良，施用石灰后，有利于土壤团粒结构的形成，从而增强土壤的保水保肥能力。

④ 防治病虫害。石灰是一种碱性物质，对土壤中的病害、虫卵和杂草均有杀死能力。如十字花科蔬菜作物的根肿病、茄科蔬菜的青枯病等，在酸性土壤中容易蔓延，而在中性至碱性土壤中很少发生，施用石灰就能有效防止这些病害的发生。

作肥料的施用方法

① 中和能力强的石灰或同时施用其他碱性肥料时可少施，而施用生理酸性肥料时，石灰用量应适当增加。降水量多的地区用量应多些。撒施，中和整个耕层或结合绿肥压青或稻草还田的可多施。如果石灰施用于局部土壤，用量就要减少。

② 酸性土壤石灰需要量见表2-4。

表2-4 酸性土壤的石灰用量 单位：千克/亩

土壤酸性	黏土	壤土	砂土
强酸性(pH值4.5～5.0)	150	100	50～75
酸性(pH值5.0～6.0)	75～125	50～75	25～50
微酸性(pH值6.0)	50	25～50	25

各种作物对土壤pH值的适应性（表2-5）是不同的。茶树、菠萝等少数作物

喜欢酸性环境，不需要施用石灰；水稻、甘薯、烟草、大麦等耐酸中等或敏感作物，需要施用石灰。

表 2-5　主要作物最适 pH 值

对酸性敏感作物		适应中等酸性作物		适应酸性作物	
pH 值 6.0～8.0		pH 值 6.0～6.7		pH 值 5.0～6.0	
作物	pH 值	作物	pH 值	作物	pH 值
棉花	6.0～8.0	油菜	5.8～6.7	水稻	5.5～6.5
小麦	6.7～7.6	甘蔗	6.2～7.0	茶树	5.2～5.6
大麦	6.8～7.5	甜菜	6.0～7.0	马铃薯	5.0～6.0
大豆	7.0～8.0	豌豆	6.0～7.0	西瓜	5.0～6.0
玉米	6.0～8.0	蚕豆	6.2～7.0	花生	5.0～6.0
紫苜蓿	7.0～8.0			烟草	5.0～5.6
				亚麻	5.0～6.0

③ 石灰可作基肥和追肥，不能作种肥。撒施力求均匀，防止局部土壤过碱或未施到。条播作物可少量条施。番茄、甘蓝等可在定植时少量穴施。

④ 酸性水田用石灰作基肥，多在整地时施入。在种植绿肥作物的水田作基肥，可在翻地压青时施用，每亩施用石灰 25～50 千克，可促进绿肥分解，加速养分释放，同时还可以消除绿肥分解时产生的一些有毒物质。如果土壤酸性较强，则每亩需要施用石灰 50～100 千克，甚至高达 150 千克，才能见效。水稻秧田一般亩施 15～25 千克，大田亩施 50～100 千克。

⑤ 石灰用于旱地作物作基肥时，可结合犁地施入，一般亩施基肥 25～50 千克，用于改土亩施 150～250 千克。也可于作物播种或定植时，将少量石灰拌混适量土杂肥，施于播种穴或播种沟内，使作物在幼苗期有良好的土壤环境。

作杀菌、杀虫药剂使用

(1) 撒施　每亩撒施生石灰 100～150 千克，用于调节土壤的酸碱度，可防治黄瓜、南瓜、甜（辣）椒、马铃薯、菜豆、扁豆等的白绢病，番茄、茄子、甜（辣）椒、草莓等的青枯病，白菜类、萝卜、甘蓝等的根肿病，胡萝卜细菌性软腐病、姜瘟病，甜瓜枯萎病，豌豆苗茎基腐病（立枯病），马铃薯疮痂病，番茄病毒病。

① 每亩撒施生石灰 50～100 千克，可防治辣椒疮痂病，菊花白绢病。

② 在菜地翻耕后，每亩撒生石灰 25～30 千克，并晒土 7 天，可防治蔬菜跳虫。

③ 每亩施用生石灰 50 千克，可防治落葵根结线虫病。

④ 在晴天，每亩用生石灰 5～7.5 千克，撒于株行间呈线状，可防治蛞蝓。

⑤ 在保护地春夏休闲空茬时期，选择近期天气晴好、阳光充足、气温较高的

时机，先把保护设施内的土壤翻30～40厘米深，并粉碎土块，每亩均匀撒施碎稻草300～500千克及适量生石灰（碎稻草长2～3厘米，尽量用粉末状生石灰），再翻地，使碎稻草和生石灰均匀分布于土壤耕层内，起田埂，均匀浇水，待土层湿透后，上铺无破损的透明塑料膜，四周用土压实，然后闭棚膜升温，高温闷棚10～30天，利用太阳能和微生物发酵产生的热量，使土温达到45℃，可大大减轻菌核病、枯萎病、软腐病、根结线虫病、螨类、多种杂草的为害。高温处理后，要防止再传入有害病虫。

（2）穴施　在降雨或浇水前，拔掉病株，用石灰处理病穴。

① 每穴撒施生（消）石灰250克，防治番茄的青枯病、溃疡病，茄子青枯病，马铃薯软腐病，西葫芦软腐病，甜瓜疫病，芹菜软腐病，白菜类的软腐病和根肿病，韭菜白绢病，落葵苗腐病，枸杞根腐病，姜青枯病，胡萝卜细菌性软腐病，魔芋炭疽病，草莓枯萎病。

② 用1份石灰和2份硫黄混匀，制成混合粉，每亩穴施10千克，可防治大葱和洋葱的黑粉病。

③ 每病穴内浇20%石灰水300～500毫升，可防治番茄的青枯病、溃疡病，西葫芦软腐病。

（3）涂抹　用2%石灰浆，在入窖前，涂抹山药尾子的切口处，防治腐烂病；辣椒定植后长到筷子粗时，将生石灰加水调成糊状，用刷子直接刷在辣椒茎基部，可大大减少辣椒茎基部病害的发生。

（4）喷雾　每亩用石灰粉500～900克，对水50～90千克稀释后，用清液喷雾，防治琥珀螺、椭圆萝卜螺。

（5）配药　用于配制石硫合剂或波尔多液。

注意事项

（1）合理施用　石灰有多方面的功效，但如果石灰施用量过多，也会带来不良的后果，可导致土壤有机质迅速分解，腐殖质积累减少，从而破坏土壤结构。同时土壤中磷酸盐以及铁、锰、硼、锌、铜等微量元素也会形成难溶性的沉淀物，有效性降低。所以石灰用量必须适当，而且要与有机肥料配合施用。除施用量适当外，还应注意施用均匀，否则会造成局部土壤石灰过多，影响作物正常生长。沟施、穴施时应避免其与种子或植物根系接触。

在野外判断土壤是否呈酸性可通过“三观察”：一是观察野生植物中有无喜酸植物，如果有杜鹃花、毛栗等，就表明土壤是酸性的；二是观察土壤颜色，通常酸性土壤的颜色呈红黄色；三是观察田间水质，如灌溉水混浊，甚至出现锈膜，表明土壤酸性较强。

（2）因作物施用　对棉花、小麦、大麦、苜蓿等不耐酸的作物可适当多施；黄瓜、南瓜、甘薯、蚕豆、豌豆等耐酸性中等的作物，要施用适量石灰；番茄、甜菜等耐酸性较差的作物，要重视施用石灰；马铃薯、烟草、茶树、荞麦等耐酸性强的作物，可以不施。石灰残效期为2～3年，一次施用量较多时，不要年年施用。

(3) 因土施用　土壤酸性强，活性铝、铁、锰的浓度高，质地黏重，耕作层较深时石灰用量适当多些；相反，耕作层浅薄的砂质土壤，则应减少用量。旱地的用量应高于水田。坡度大的山坡地要适当增加用量。

(4) 石灰肥料不能和铵态氮肥、腐熟的有机肥和水溶性磷肥混合施用，以免引起氮的损失和磷的退化导致肥效降低。

(5) 石灰作农药使用时，生石灰含量应在95%以上；在配药及施药过程中，要注意安全防护。

第二节　镁　肥

镁肥（magnesium fertilizer），是指具有镁标明量的肥料，施入土壤能提高土壤供镁能力和植物的镁营养水平。镁为作物必需的中量元素之一。

镁的营养作用

① 镁是叶绿素和植素的组成成分，是叶绿素分子中唯一的金属元素，对光合作用有重要影响。植物缺镁，叶绿素必然减少，外观出现缺绿症，光合作用减弱，糖类、蛋白质、脂肪的合成受到影响。

② 镁离子是许多酶的活化剂，促进作物体内糖类的转化及其他代谢过程。由镁所活化的酶已见报道的有30多种，镁还参与其中一些酶（如丙酮酸激酶、腺苷激酶、焦磷酸酶）的构成。在呼吸作用的糖酵解过程中需要磷酸葡萄糖变位酶、磷酸己糖激酶、磷酸果糖激酶、磷酸甘油激酶等的参与，而这些酶都需要镁作活化剂。

③ 镁是聚核糖体的必要成分，适量的镁能稳定核糖体的结构，而核糖体是蛋白质合成所必需的基本单元，镁能促进蛋白质的合成，因此，油料作物施镁可提高其含油量。缺镁能抑制作物蛋白质的合成。

④ 镁可以促进作物对硅的吸收，从而提高细胞的硅质化，防止病菌菌丝侵入，提高作物的抗病能力。

⑤ 镁含量本身是一个重要的质量标准，增施镁肥可增加产品的含镁量。适量施镁可增加叶绿素、胡萝卜素及糖类的含量。

作物缺镁症状　缺镁时，植株变态发生在生长后期，突出的表现是叶绿素含量下降，并出现失绿症。常从下部老叶开始失绿，逐渐发展到新叶上。双子叶蔬菜的叶脉间叶肉变黄失绿，叶脉仍呈绿色，并逐渐从淡绿色转变为黄色或白色，出现大小不一的褐色或紫红色斑点或条纹。严重缺镁时，整个植株的叶片出现坏死现象，根冠比降低，开花受抑制，花的颜色苍白。几种作物的缺镁症状见表2-6。

表 2-6 几种作物的缺镁症状

作物	缺镁症状
大豆	缺镁前期下部叶片的脉间变为淡绿色，再变为深黄色，并出现棕色小点，但叶片基部和叶脉附近仍保持绿色，后期叶缘向下卷曲，由边缘向内发黄，提早成熟，产量不高
菜豆	初生叶叶脉间黄化失绿，逐渐由下部叶向上部叶发展，几天后开始落叶，此时若施钾肥，缺镁症状会更加严重
番茄	老叶叶脉组织失绿，并向叶缘发展，适度缺镁时茎叶生长正常，严重缺镁时扩展到小叶脉，仅主茎仍为绿色，最后全株变黄
辣椒	果实膨大时，靠近果实的叶片的叶脉间开始发黄。在生长后期，除叶脉残留绿色外，叶脉间均变黄，严重时，黄化部分变褐，落叶
茄子	钾、钙过多时，容易影响对镁的吸收，易导致缺镁，叶子失绿，叶脉间表现更为显著，果实小，容易脱落
黄瓜	老叶脉间组织失绿，并向叶缘发展，适度缺镁时茎叶生长正常，严重缺镁时扩展到小叶脉，仅主茎仍为绿色，最后全株变黄
甘蓝	症状首先表现在中上部叶片，逐渐向上发展。缺镁时叶片通常失绿，开始时叶尖和叶脉间变淡，由淡绿色变黄再变紫，随后向叶基部和中央扩展，但叶脉仍保持绿色，因而形成清晰的网状脉纹，严重时叶片枯萎、脱落
芹菜	叶尖及叶缘失绿，逐渐发展至叶脉间出现坏死斑，以致全部叶片死亡
莴苣	老叶失绿有斑驳，严重时叶子全部发黄
洋葱	筒状叶先端发生顶枯，未老先衰，生长缓慢
豌豆	叶尖变成黄褐色，叶片未老先衰
萝卜	老叶叶脉间失绿
胡萝卜	叶脉间均匀黄化，严重时为棕红色，易发生在中下部叶片上
花椰菜	老叶脉间黄化，伴有紫红、橘黄等杂色而呈“大理石花纹”；叶脉维持原来的绿色
大蒜	叶片褪绿，先在老叶片基部出现，逐渐向叶尖发展，叶片最终变黄死亡
柑橘	叶尖开始褪绿，并经常出现在较老的叶片上。在果实成熟时，老叶沿中脉附近少部分叶绿素消失，并扩展至叶片中部，呈现黄色，常早期脱落
烟草	下部叶片的尖端、边缘和脉间失绿，叶脉及周围保持绿色；极度缺乏镁时下部叶片几乎变为白色，极少数干枯或产生坏死的斑点；叶片烘烤后呈褐色，品质差
橡胶树	缺镁往往出现黄叶病，叶片褪绿黄化，以致脱落，产量下降
水稻	缺镁时，症状先在老叶出现，叶片脉间失绿，先变为蓝黑色，进而变为铁锈色。中下部叶从叶舌部分开始略向下倾斜，植株黄化。易感染稻瘟病、胡麻叶斑病
小麦	叶片脉间出现黄色条纹，心叶挺直，下部叶片下垂，有时下部叶缘出现不规则的褐色焦枯，仍能分蘖抽穗，但穗小
大麦	植株生长缓慢，叶色淡绿，叶脉附近出现串珠状的暗绿色斑点，老叶脉间失绿，边缘间隙坏死变褐，尖端焦枯，严重时不分蘖，也不会抽穗
黑麦	老叶发黄，其他叶片脉间失绿，带棕色斑点，边缘及尖端变为红棕色，进而叶缘向内卷曲，后枯死
花生	老叶边缘失绿，向中脉逐渐扩展，而后叶缘部分变成橙红色
马铃薯	老叶的叶尖及边缘的绿色减退，沿脉间向中心部分扩展，下部的叶片发脆；严重缺乏镁时下部的叶片向叶面卷曲，叶片增厚，最后缺绿的叶片变成棕色而死亡脱落
玉米	下部叶片脉间出现淡黄色条纹，后变为白色条纹，极度缺乏时脉间组织干枯死亡，呈紫红色的花斑叶，而新叶变淡

续表

作物	缺镁症状
油菜	苗期子叶背面及边缘首先出现紫红色斑块；中后期下部叶片近叶缘的脉间出现失绿，逐渐向内扩展，失绿部分由淡绿色变成黄绿色，再变成紫红色和黄紫色、绿紫色相间的花斑叶，后期不抽薹不开花
甘蔗	老叶上首先在脉间出现一些小的褪绿斑点，以后变成棕褐色，均匀地分布在叶面上，这些斑点合并后变为大块的锈斑，以致整个叶片呈现锈棕色，茎细小
剑麻	剑麻的茎枯病也是一种缺镁症
棉花	老叶脉间失绿，严重时，叶片呈紫红色，而叶脉与支脉明显保持绿色。因为镁在棉株中可移动，故先影响到老叶，以致过早衰老。棉桃亦变为浅绿色，苞叶最后呈红黄色枯焦
苹果树	枝梢基部成熟叶片的叶脉间出现淡绿色斑点，并扩展到叶片边缘，后变为褐色，同时叶片蜷缩且容易脱落。新梢及嫩枝生长比较细长，易弯曲。果实不能正常成熟、果小、着色差
葡萄	症状从植株基部的老叶开始发生，最初老叶脉间褪绿，继而叶脉间发展成带状黄化斑点，多从叶片的中央向叶缘发展，逐渐黄化，最后叶肉组织黄褐坏死，仅剩下叶脉仍保持绿色。因此，黄褐坏死的叶肉与绿色的叶脉界限分明
茶树	上部新叶绿色，下部老叶干燥粗糙，上表皮呈灰褐色，无光泽，有黑褐色或铁锈色突起斑块。严重时幼叶失绿，老叶全部变灰白，出现严重的缺绿症，但主脉附近有一“V”形小区保持暗绿色，并围绕以黄边
香蕉	叶缘向中肋渐渐变黄，叶柄出现紫色斑点，叶鞘边缘坏死，散把。老叶边缘保持绿色，而边缘与中肋间失绿
龙眼	叶片脉间褪绿黄化
荔枝	叶片明显变小，中脉两旁出现几乎呈平行分布的细小枯斑，严重时枯斑增大，并连成斑块
草莓	老叶的叶脉间出现暗褐色的斑点，部分斑点发展为坏死斑

在降雨量多，风化淋溶较重的土壤，一般含镁较少，作物容易缺镁，如我国南方由花岗岩或片麻岩发育的土壤，第四纪红色黏土以及交换量低的砂土含镁量均较低。在盐碱土中，由于含钠量高，同样也会出现作物缺镁。此外，土壤中钾和铵的含量高，也会引起作物缺镁。

农作物严重缺镁时才会出现缺镁的症状，一般轻微缺素（或潜在缺素）作物表现不出缺镁症状，但产量已受到影响，这时，需配合植株、土壤的化学诊断，才能确定是否缺镁。一般农作物含镁量为 0.1%～0.6%，通常豆科作物比禾本科作物含镁量高，块根作物镁的吸收量通常是禾谷类作物的 2 倍。

作物过量施镁症状 在田间条件下，一般不会出现镁过多而造成植株生长不良的症状。但有些根发育受阻，茎中木质部不发达，叶绿组织细胞大而且数量少。

镁肥种类 常用的含镁肥料品种见表 2-7。

施用技术 镁肥可作基肥，土壤追施或喷施均可。微溶于水的白云石等宜在酸性土壤上作基肥浅施，按镁计算，一般每亩施用 1～1.5 千克。氧化镁或硫酸镁宜在碱性土壤上施用。对于果树、茄果类蔬菜及豆类蔬菜因根系障碍而引起的缺

表 2-7　常用含镁肥料品种

分类	品名	分子式和主要成分	主要成分/%				
			MgO	S	K_2O	CaO	P_2O_5
镁化合物	硫镁矾	$MgSO_4 \cdot H_2O$	29.0	23.0	—	—	—
	泻利盐	$MgSO_4 \cdot 7H_2O$	16.4	13.0	—	—	—
	无水硫酸镁	$MgSO_4$	33.5	26.6	—	—	—
	硫酸钾镁	$2MgSO_4 \cdot K_2SO_4$	19.4	23.1	22.7	—	—
	钾盐镁矾	$MgSO_4 \cdot KCl \cdot 3H_2O$	16.2	13.9	18.2	—	—
	磷酸铵镁	$MgNH_4PO_4 \cdot H_2O$	26.0	—	—	—	5.7
	硝酸镁	$Mg(NO_3)_2 \cdot 6H_2O$	13.3	—	—	—	5.0(N)
含镁矿石	菱镁矿	$MgCO_4$	47.0	—	—	—	—
	方镁石	MgO	>85.0	—	—	—	—
	水镁石	$Mg(OH)_2$	68.0	—	—	—	—
	白云石	$MgCO_3 \cdot CaCO_3$	21.8	—	—	30.4	—
	蛇纹石	$3MgO \cdot 2SiO_2 \cdot 2H_2O$	43.6	—	—	3～5	—
加镁肥料	加镁过磷酸钙	—	3.5	—	—	—	15
	加镁硝酸铵钙	—	>8	—	—	>12	—
	加镁磷酸铵镁	—	4	—	—		3(水溶性)
	炉渣镁肥	—	>3	—	—		—
	钙镁磷肥	—	>20	—	—	>32	—
镁肥	EDTA 螯合镁	—	5.5	—	—	—	—

镁，常采用叶面补镁来矫治，一般可用 1%～2%硫酸镁或 1%的硝酸镁或 1500～3000 倍的EDTA 螯合镁进行喷施，连续喷 3～4 次，每次间隔 7～10 天，硝酸镁喷施效果优于硫酸镁。

注意事项　镁肥的肥效取决于土壤、作物种类和施肥。

(1) 主要施用在缺镁的土壤　一般认为高度淋溶的土壤，pH<6.5 的酸性土壤，有机质含量低、阳离子代换量低、保肥性能差的土壤易缺镁。另外，因施肥不合理，长期过量施用氮肥、钾肥、钙肥的土壤，也会因离子间的拮抗而出现缺镁。

(2) 用于需镁较多的作物上　不同作物对镁的需求不同，因此对镁肥的反应各异，作物对镁的需要量表现为：经济林木和经济作物>豆科作物>禾本科作物。蔬菜作物中果菜类和根菜类吸镁量一般比叶菜类大得多。豆科和油料作物施用镁肥，可提高产量和含油率。甘薯、马铃薯施镁肥增产比较显著。甘蔗、甜菜、柑橘施镁肥可以提高含糖量。橡胶树施用镁肥能增加乳胶产量，改善品质。

(3) 根据土壤条件施用镁肥　镁肥的施用效果与土壤供镁水平密切相关。作物吸收的镁主要是水溶性镁和交换性镁。土壤中水溶性镁含量很少，一般以交换性镁含量作为土壤供镁水平的指标。目前我国缺镁的土壤主要分布在南方各省，以片麻岩、花岗岩和浅海沉积物发育的土壤交换性镁含量最低，平均低于 40 毫克/千克。其次为玄武岩、第四纪红土、砂页岩和第三纪红砂岩发育的土壤，一般在 50～100 毫克/千克。当交换性镁含量小于 50 毫克/千克时，施用镁肥的增产效果较好。

一般在酸性砂土、高度淋溶和阳离子交换量低的石灰性土壤或过量施用石灰和钾肥的酸性土壤上，常发生缺镁病症。这种情况下，施用镁肥效果很好。若缺镁的土壤中施用铵态氮肥，由于 NH_4^+ 对 Mg^{2+} 有拮抗作用，将会加剧缺镁的程度。配施硝态氮肥（NO_3^-）可促进 Mg^{2+} 的吸收。在含镁量高的土壤上，镁肥的施用效果较差。

对中性及碱性土壤，宜选用速效的生理酸性镁肥，如硫酸镁；对酸性土壤，宜选用缓效性的镁肥，如白云石、氧化镁等。

(4) 因镁肥品种适用性而施用　水溶性镁肥宜作追肥，微水溶性镁肥宜作基肥使用。

(5) 镁肥的品种不同，它的化学性质也不同，施用时要注意土壤的酸碱度。接近中性或微碱性，尤其是含硫偏低的土壤以选用硫酸镁和氯化镁为好，而酸性土壤以选用碳酸镁、菱镁矿、白云石粉、石灰石粉、钾镁肥、钙镁磷肥等为好。

(6) 化学镁肥与农家肥配合施用往往效果好于单独施用。

1. 农业用硫酸镁

七水硫酸镁	一水硫酸镁
$MgSO_4 \cdot 7H_2O$，246.47	$MgSO_4 \cdot H_2O$，138.38

反应式

① 硫酸法。以菱苦土粉、白云石、蛇纹石等含镁矿物为镁源，用硫酸分解而得。在溶解槽中加入清水或母液，在搅拌的同时，按一定比例徐徐加入菱苦土粉，然后加入硫酸，先快后慢，直到颜色由土白色变为红色为止。将溶液 pH 值控制在 5 左右，充分反应 0.5 小时，反应如下：

$$MgO + H_2SO_4 + H_2O \longrightarrow MgSO_4 \cdot H_2O + H_2O$$

$$MgO + H_2SO_4 + 6H_2O \longrightarrow MgSO_4 \cdot 7H_2O$$

反应完成溶液保持在 80℃进行过滤，滤液打入结晶器，用硫酸调整 pH 值至 4，加入适量晶种，控制温度在 67.5℃上保温结晶，再经离心分离，制得一水硫酸镁；控制结晶温度在 30℃，得到七水硫酸镁晶体，经离心分离，干燥后得成品七水硫酸镁。七水硫酸镁在 161～169℃下干燥得一水硫酸镁，在 400～500℃下干燥脱水即得无水硫酸镁。

② 热溶浸法。原料是海水晒盐苦卤蒸发过程中析出的高低温盐，含硫酸镁（$MgSO_4$）在 30%以上，用氯化镁溶液（含 $MgCl_2$ 200 克/升）在 48℃左右浸溶，则硫酸镁几乎完全溶出，过滤分离，滤液冷却结晶（结晶温度 10～35℃），得到七水硫酸镁。

③ 副产法。用硫酸分解硼镁石制取硼酸时副产硫酸镁，反应式如下：

$$2MgO \cdot B_2O_3 + H_2O + 2H_2SO_4 \longrightarrow 2H_3BO_3 + 2MgSO_4$$

分离出硼酸后，母液中含有大量硫酸镁和少量硼酸，经蒸发浓缩，冷却结晶即得七水硫酸镁，因产品中还含有一定量的硼酸，所以又称为“晶体硼镁肥”。

硫酸镁（magnesium sulfate），又名硫苦、苦盐、泻利盐、泻盐。

理化性状 七水硫酸镁，为白色细小的斜状或斜柱状结晶，无臭、味苦。密度 1.68 克/厘米^3。易溶于水，微溶于乙醇和甘油。在 67.5℃溶于自身的结晶水中。在干燥空气中（常温）失去 1 分子结晶水；受热分解，加热至 70～80℃时，能失去 4 个结晶水；在 150℃时失去 6 分子结晶水；在 500℃时失去全部结晶水成无水物。硫酸镁主要用于工业、农业、食品、饲料、医药、肥料等方面。

质量标准 农业用硫酸镁（magnesium sulfate for agricultural use）执行国家推荐性标准 GB/T 26568—2011。

（1）分类 农业用硫酸镁分为一水硫酸镁（粉状）、一水硫酸镁（粒状）和七水硫酸镁三种类别，见表 2-8。

表 2-8 农业用硫酸镁的类别

类别	分子式	相对分子质量①
一水硫酸镁(粉状)	$MgSO_4 \cdot H_2O$	138.38
一水硫酸镁(粒状)		
七水硫酸镁	$MgSO_4 \cdot 7H_2O$	246.47

① 按 2007 年国际相对原子质量。

（2）要求

① 理化性能。应符合表 2-9 的要求。

表 2-9 农业用硫酸镁的理化性能要求

项目		一水硫酸镁(粉状)	一水硫酸镁(粒状)	七水硫酸镁
水溶镁(以 Mg 计)的质量分数/%	≥	15.0	13.5	9.5
水溶硫(以 S 计)的质量分数/%	≥	19.5	17.5	12.5
氯离子(以 Cl^- 计)的质量分数/%	≤	2.5	2.5	2.5
游离水的质量分数①/%	≤	5.0	5.0	6.0
水不溶物的质量分数/%	≤	—	—	0.5
粒度(2.00～4.00 毫米)/%	≥	—	70	—
pH 值		5.0～9.0	5.0～9.0	5.0～9.0
外观		白色、灰色或黄色粉末，无结块	白色、灰色或黄色颗粒，无结块	无色或白色结晶，无结块

① 游离水的质量分数以出厂检验为准。

注：指标中的“—”表示该类别产品的技术要求中此项不做要求。

② 生态指标要求。按 GB/T 23349 的规定执行。

③ 原料硫酸要求。如果使用硫酸为原料，应符合 GB/T 534 的要求。

该标准同时规范了标识、包装、运输和贮存要求。

① 产品包装容器正面应标明产品名称、类别、水溶镁含量、水溶硫含量，其余按 GB 18382 规定执行。包装容器背面应标明产品使用说明。

② 产品用塑料编织袋内衬聚乙烯薄膜袋或涂膜聚丙烯编织袋包装，按 GB 8569 对复混肥料产品的规定执行。产品每袋净含量分别为（50±0.5）千克、（40±0.4）千克、（25±0.25）千克，平均每袋净含量分别不应低于 50.0 千克、40.0 千克、25.0 千克。包装规格也可由供需双方商定。

③ 产品应贮存于干燥处。在运输过程中应防水、防包装袋破裂。

施用技术 宜与其他肥料一起配合施用，可作基肥、追肥和叶面肥。硫酸镁宜在碱性土壤施用。

（1）作基肥、追肥 要在耕地前与其他化肥或有机肥混合撒施或掺土后撒施。作追肥宜早施，采用沟施或对水冲施。每亩硫酸镁的适宜用量为 10～13 千克，折合纯镁为每亩 1～1.5 千克。一次施足后，可隔几茬作物再施，不必每季作物都施。柑橘等果树一般每株树可施用硫酸镁 250～500 克。

（2）叶面喷施 纠正作物缺镁症状效果较快的方法是采用根外追施，但肥效不持久，应连续喷几次。在作物生长前期、中期进行叶面喷施。不同作物及同一作物的不同生育时期要求喷施的浓度往往不同。一般硫酸镁水溶液叶面喷施浓度：果树为 0.5%～1.0%；蔬菜为 0.2%～0.5%；大田作物如水稻、棉花、玉米为0.3%～0.8%。镁肥溶液喷施量为每亩 50～150 千克。

2.硝酸镁

$Mg(NO_3)_2 \cdot 6H_2O$，256.40

反应式

① 氧化镁法。$MgO+2HNO_3 \longrightarrow Mg(NO_3)_2+H_2O$

② 碳酸镁法。含氧化镁 75%～85%的菱镁矿用工业硫酸处理，制得的溶液经过滤后，进行浓缩、冷却、结晶、甩干制得，主要反应为：

$$MgCO_3+2HNO_3 \longrightarrow Mg(NO_3)_2+H_2O+CO_2\uparrow$$

理化性状 六水硝酸镁（magnesium nitrate）为无色单斜晶体，极易溶于水、液氨、甲醇及乙醇。常温下稳定，密度 1.461 克/厘米^3，高于熔点（95℃）脱水生成碱式硝酸镁，加热到 300℃开始分解，至 400℃以上时完全分解为氧化镁及氧化氮气体。工业上用作浓硝酸的脱水剂、制造炸药、触媒催化剂及其他镁盐和硝酸盐原料、小麦灰化剂等。硝酸镁能同时给作物提供水溶性的硝态氮和水溶性镁，能给作物迅速补充镁，提高植物体内叶绿素的含量，促进光合作用；完全水溶，能迅速被植物吸收；不含硫元素和氯元素，能安全地用于各种作物，尤其适合幼苗。在农业上用于可溶性氮镁肥作无土栽培的肥料。

施用方法

① 作为特殊无土栽培或滴灌的基础原料肥，其高纯度和高溶解度，有助于防止滴管和滴头阻塞。

② 可以用作叶面肥料或者水溶性肥料的原料，也可用来生产各种液体肥料。

注意事项 不能和其他磷酸盐高浓度下混配使用，以免产生沉淀，降低肥效、堵塞滴头。

第三节 硫 肥

硫肥（sulfur fertilizer），是指具有硫（S）标明量的肥料。硫被认为是继氮、磷、钾之后的第四位重要营养元素，为作物所需的中量元素之一。硫肥能增加土壤中有效硫的含量和供给植物硫，兼能调节土壤酸度。

硫的营养作用

① 作物体内含硫量大致与磷相当，一般占干重的0.1%～0.8%。植物体内的硫90%存在于含硫氨基酸如蛋氨酸、胱氨酸、半胱氨酸中，这些氨基酸是合成蛋白质的主要成分。因此，缺硫将影响作物的生长发育，蛋白质合成减少，品质下降。

② 硫以硫氢基形式存在，它与许多有机化合物结合参与作物体内多种代谢过程，尤其是与氧化还原过程密切相关。硫也是多种酶的组成成分，如磷酸甘油醛脱氢酶、苹果酸脱氢酶、脲酶及木瓜蛋白酶等都含有硫氢基（—SH)，缺硫将会削弱这些酶的活性，影响作物呼吸作用、脂肪代谢、氮代谢以及淀粉的合成。

③ 硫还与叶绿素形成有关，缺硫时叶片呈淡绿色，严重时呈黄白色。

④ 硫还是作物体内许多重要化合物的组成成分。维生素H、维生素B，十字花科作物的芥子油和百合科的葱、蒜中的蒜油都属于硫酯化合物。这类硫酯化合物有特殊的气味，具有很高的营养或药用价值。缺硫将影响这些物质的合成。

⑤ 硫可增强某些作物的抗寒、抗旱能力。在深冬和早春季节大棚蔬菜增施硫肥能够提高蔬菜作物的抗寒能力。

随着世界环境保护事业的加强，高浓度化肥的发展和土壤中硫含量的日趋下降，人们对施用硫肥的认识也在不断提高。在作物中硫和磷的含量大致相同，而氮硫比约为15∶1。目前硫在化肥中的地位日益提高，过去尽管人们从理论上也认识到硫对农作物的重要性，但实际上对土壤中硫含量很少测定和控制，主要原因有：氮磷钾肥中多含有硫，不需另行再施；很多农药和杀菌剂以硫为原料；“酸雨”中富含硫。但目前土壤中的硫已大幅下降，主要原因是：虽然磷铵的使用量增加，但其中含硫少甚至不含硫，而含硫的普钙、硫酸铵等施用量大幅降低；含硫农药和杀菌剂使用量下降；“环境保护法”限制电厂和机动车燃料硫的排放，“酸雨”随之减少。除以上因素，作物产量愈增加，从土壤中带走的硫也愈多，如不及时补充必然会破坏正常的作物循环。

作物缺硫症状 作物缺硫，其症状类似缺氮，植株普遍失绿和黄化，但失绿出现的部位与缺氮不同，缺硫首先出现在顶部的新叶上，而缺氮是新叶老叶同时褪绿。不过，烟草、棉花和柑橘缺硫时，症状却是老叶先表现出来，从而易与缺氮症状相混淆。作物缺硫典型症状为：先在幼叶（芽）上开始黄化，叶脉先缺绿，遍及全叶，严重时老叶变黄，甚至变白，但叶肉仍呈绿色。茎细弱，根系细长不分枝，开花结实推迟，空壳率高，果少。供氮充足时，缺硫症状主要发生在蔬菜植株的新叶；供氮不足时，缺硫症状则发生在蔬菜的老叶上。豆科和十字花科蔬菜容易发生缺硫症状。几种作物的缺硫症状见表2-10。

表2-10 几种作物的缺硫症状

作物	硫营养缺乏症状
水稻	返青慢，不分蘖或少分蘖，植株瘦矮，叶片薄，幼叶呈淡绿色或黄绿色，叶尖有水浸状的圆形褐色斑点，叶尖焦枯，根系呈暗褐色，白根少，生育期推迟
小麦	幼叶黄化，叶片窄，植株矮小，茎韧性差，结实率低。与缺氮相似，但通常症状先出现于幼叶
大麦	植株呈淡绿色，幼叶失绿较老叶片更明显，严重缺硫时叶片出现褐色斑点
大豆	新叶淡绿色到黄色，失绿均一，生育后期老龄叶片也发黄失绿，并出现棕色斑点，植株细弱，根系瘦长，根瘤发育不良
菜豆	叶片发黄，症状最早出现在上部叶片
马铃薯	生长缓慢，叶片和叶脉普遍黄化，但叶片不提前干枯脱落，极度缺乏时叶片上出现褐色斑点
芹菜	整株呈淡绿色，但嫩叶显示特别的淡绿色
番茄	上部叶片黄化，茎和叶柄变红，节间短。老叶上的小叶叶尖和叶缘坏死，叶脉间出现紫色斑
大蒜	全株叶片黄白色。蒜头辛辣味较淡
甘薯	叶片呈灰绿色或灰黄色，幼叶尖端发黄，幼叶主脉及支脉呈绿色窄条纹，生长慢，但最后整株发黄枯死
花生	症状与缺氮类似，但缺硫时一般顶部叶片先黄化（或失绿），失绿均一，生育期延迟。而缺氮时多先从老叶开始黄化
玉米	前期缺硫时，新叶和上部叶片脉间黄化；后期缺硫，叶缘变红，然后扩展到整张叶片，茎基部也变红
油菜	植株初始呈现淡绿色，幼叶颜色较老叶浅；以后叶片逐渐出现紫红色斑块，叶缘向上卷曲；开花结荚延迟，花、荚色淡，根系短而稀
烟草	整个植株变成淡绿色，下部老叶易焦枯，叶尖常常卷曲，叶面上也发生一些突起的泡点
甘蔗	幼叶先失去浓绿的色泽，呈浅黄绿色；以后变为淡柠檬黄色，并略带淡紫色，老叶的紫色深
棉花	顶端叶片发黄，叶脉和下部老叶仍保持绿色，生育期推迟
柑橘	新叶全部发黄，随后枝梢也发黄，叶片变小，病叶提前脱落，而老叶仍保持绿色，形成明显的对比。在一般情况下，患病叶主脉较其他部位稍黄，尤以主脉基部和翼叶部位更黄，并易脱落，抽生的新梢纤细，多呈簇生状
荔枝	新叶失绿黄化，严重时产生枯梢，果实小而畸形、色淡、皮厚、汁少
龙眼	叶黄，果小，抑制氮、磷的吸收
香蕉	幼叶呈黄白色，接着叶缘出现斑块坏死
茶树	先表现为嫩叶失绿，后期下部老叶出现少量黄白色花斑，茎细、节短，根系发黑

我国北方土壤硫的供应量较高，缺硫现象较少见。南方由花岗岩、砂岩和河流冲积物等母质发育的质地较轻的土壤含全硫和有效硫均低，故南方地区硫不足现象相对较普遍，所以，南方要注意作物缺硫问题。另外，丘陵地区的冷浸田虽然全硫含量并不低，但因低温和长期淹水，影响土壤中硫的释放而导致有效硫含量低，在这些土壤中施用硫肥常有良好效果。但缺硫与缺氮的症状往往很难区别。油菜、苜蓿、三叶草、豌豆、芥菜、葱、蒜等都是需硫多、对硫反应敏感的作物。土壤缺硫，首先会在对硫反应敏感的作物上表现出症状。

作物过量施硫症状 旱地作物硫过量中毒现象少见，即使在亚硫酸气污染的工矿区及工业城市周围，旱地作物硫过量中毒也不多见。田间条件下施硫肥过多会引起植株非正常的生长和代谢，叶色暗红或暗黄，叶片有水渍区，严重时发展成白色的坏死斑点。

南方冷浸田和其他低湿、还原物质多的土壤经常发生硫化氢毒害，水稻根系变黑，根毛腐烂，叶片有胡麻斑病的棕褐色斑点。在空气中二氧化硫大于1毫克/升时，会使多种作物受害，水稻叶片出现许多白色或黄色斑点。

硫肥种类 生产上常用的含硫化肥主要有石膏、硫黄、普通过磷酸钙、硫硝酸铵、硫酸铵、硫酸镁、硫酸钾等（见表2-11）。但只有硫黄、石膏被专门作为硫肥使用。

表2-11 含硫肥料的植物营养含量 单位：%

分类	品名	营养成分				
		N	P_2O_5	K_2O	S	其他
含硫化合物	硫酸铝	0	0	0	14.4	11.4(Al)
	“磷酸二铵”复合肥料	11	48	0	4.5	—
	硫酸铵溶液	74	0	0	10	—
	亚硫酸氢铵	14.1	0	0	32.3	—
	亚硫酸氢铵溶液	8.5	0	0	17	—
	硝酸-硫酸铵	30	0	0	5	—
	磷酸铵“磷酸铵B”	16.5	20	0	15	—
	多硫化铵溶液	20	0	0	40	—
	硫酸铵	21	0	0	24.2	—
	硫酸-硝酸铵	26	0	0	12.1	—
	硫代硫酸铵(溶液)	12	0	0	26	—
	碱性炉渣(托马斯磷肥)	0	15.6	0	3	—
	硫酸钴	0	0	0	11.4	21(Co)
	硫酸铜	0	0	0	12.8	25.5(Cu)
	硫酸亚铁铵	0	0	0	16	16(Fe)

续表

分类	品名	营养成分				
		N	P_2O_5	K_2O	S	其他
含硫化合物	硫酸亚铁	0	0	0	18.8	32.8(Fe)
	硫酸亚铁(绿矾)	0	0	0	11.5	20(Fe)
	钾盐镁矾	0	0	19	12.9	9.7(Mg)
	无水钾镁矾	0	0	21.8	22.8	—
	硫灰(干的)	0	0	0	57	43(Ca)
	硫灰(溶液)	0	0	0	23～24	9(Ca)
	硫酸镁(泻盐)	0	0	0	13	9.8(Mg)
	硫酸锰	0	0	0	21.2	36.4(Mn)
	硫酸钾	0	0	50	17.6	—
	黄铁矿	0	0	0	53.5	46.5(Fe)
	亚硫酸钠(硝饼)	0	0	0	26.5	—
	硫酸钠	0	0	0	22.6	—
	“硫酸铵”复合肥料(造纸业副产品)	10	0	0	23	—
	硫酸钾镁	0	0	26	18.3	—
	硫酸(100%)	0	0	0	32.7	—
	硫酸(60 波美度 93%)	0	0	0	30.4	—
	硫黄	0	0	0	100	—
	二氧化硫	0	0	0	50	—
	普通过磷酸盐	0	20	0	13.7	—
	尿素-硫	17.3	0	0	14.8	—
	尿素-硫黄	40	0	0	10	—
	硫酸锌	0	0	0	17.8	36.4(Zn)
含硫矿物	天然石膏				18～19	
	硫铁矿					
加硫肥料	加硫尿素	制成 N：S=(1～20)：1 之间任何比例的产品				
	加硫重过磷酸钙	组成为 0-38-0-15(S)				
	加硫磷铵	以硫黄和磷酸铵为原料 组成 12-52-0-15(S) 或者 16-(9～20)-0-14(S)				
	加硫三元复混肥料	组成 10-20-30-3(S) 或者 12-24-24-3(S)				
硫基复合肥	硫酸钾型复合肥	组成 15-15-15 的粒状硫基 NPK 复合肥				
包硫肥料	在肥料外面包涂层硫的肥料，可以调节营养元素在土壤中的释放速度，改善颗粒质量，大大降低吸湿性，又称缓释肥料，主要品种有硫包涂尿素、氯化钾和硝酸钾以及复合肥					

施用方法

（1）硫肥选择　硫酸铵、硫酸钾及含微量元素的硫酸盐肥料，均含有硫酸根，这种含硫酸根的硫肥都是作物易于吸收的。普通过磷酸钙及石膏也是常用含硫肥料，在施用时着眼于硫的作用，同时要考虑带入的其他元素引起的营养不平衡问题。矿物硫（硫黄）虽元素单纯，但它需经微生物分解以后才能有效。因此，它的肥效快慢与高低受到土壤温度、酸碱度和硫黄颗粒大小的影响，一般颗粒细的硫黄粉效果较好。硫黄粉虽比硫酸盐肥料肥效慢，但其后效期长，一般只要用量充足，一次施硫黄粉，第二年可以不再施用，其后效与上年相似。

（2）施用时间　我国温带地区（黄河流域及黄河以北地区），硫酸盐类可溶性硫肥春季使用比秋季好。在热带、亚热带地区（长江以南的广东、广西、海南以及江西、湖南、福建等）则宜夏季使用，因为夏季温度高，作物生长旺盛，需硫量大，适时施硫肥，既可及时供应作物硫营养，又可补充雨季中硫的淋溶损失。

（3）施用方法　硫肥的施用方法视作物生长与需要而定。基肥于播种前耕耙时施入，通过耕耙使之与土壤充分混合并达到一定深度，以促进其分解转化。根外喷施硫肥可作为辅助性措施，矫正缺硫症还应施基肥。有人认为，在干旱、半干旱地区，可溶性硫酸盐溶于水喷施土面，比固体肥料撒施的肥效好。

（4）施用数量　施用量应根据土壤缺硫程度和作物需求量来确定，一般缺硫土壤每亩施1.5～3千克硫可以满足当季作物对硫的需要，每亩可施过磷酸钙20千克或硫酸铵10千克，也可以每亩施石膏粉10千克或硫黄粉2千克。硫肥可单独施用，也可以和氮、磷、钾等肥料混合，结合耕地施入土壤。

注意事项

（1）施用于缺硫土壤　气温高，雨水多的地区，有机质不易累积，硫酸根离子流失较多，为易缺硫地区。砂质土也容易发生缺硫现象。当土壤中有效硫的含量低于10毫克/千克时，植株极有可能发生缺硫。但土壤渍水通气不良，也可能发生硫元素的毒害现象。

（2）优先施用在需硫作物上　需硫较多的有十字花科、豆科作物以及葱、蒜、韭菜等，在缺硫时应及时供应少量硫肥。建议种植喜硫作物时，选用普钙作肥料，因为普钙兼有磷和硫的双重营养作用，也可以采用普钙与重钙轮换施用，这样可以解决缺硫问题。高产田和长期施用不含硫化肥的地块应注意增施含硫肥料。禾本科作物对硫敏感性较差，比较耐缺硫，需施硫较多才能显出肥效。

1.石膏

农用石膏（gypsum）既是肥料又是碱土改良剂。作物需要的16种营养元素中，有钙和硫，而石膏的主要成分是硫酸钙，石膏作肥料施入土壤，不仅能提供硫，还能提供钙，所以它也是一种肥料。由于土壤中钙和硫的来源广泛，相对数量也比其他营养元素多，一般情况下，石膏单独作为肥料施用的不多。当土壤有效硫低于10毫克/千克时，应使用石膏。南方丘陵山区的一些冷浸田、烂泥田、返浆田往往缺钙缺硫，施用石膏有明显的增产效果。

种类和性质 农用石膏有生石膏、熟石膏和含磷石膏三种。

(1) 生石膏 即普通石膏，俗称白石膏，主要成分为$CaSO_4 \cdot H_2O$，由石膏矿直接粉碎而成，含钙约23%，含硫18.6%，呈白色或灰白色，微溶于水。使用前应先磨细至能通过60目筛，以提高其溶解度。石膏粉末愈细，改土效果愈好，作物也较容易吸收利用。

(2) 熟石膏 也称雪花石膏，其主要成分为$CaSO_4 \cdot \frac{1}{2}H_2O$，含钙约25.8%，含硫20.7%，它由生石膏加热脱水而成。熟石膏容易磨细，颜色纯白，但吸湿性强。吸水后变为普通石膏，形成块状，所以应存放在干燥处。

(3) 含磷石膏 是硫酸分解磷矿粉制取磷酸后的残渣，主要成分是$CaSO_4 \cdot 2H_2O$，约占64%，含硫11.9%，含五氧化二磷2%左右，呈酸性，易吸湿。

施用方法

(1) 改碱施用 在改善土壤钙营养状况上，石膏被视为石灰的姊妹肥。在碱性土壤中，钙与磷酸形成不溶性的磷酸钙盐，因此碱性土壤中的钙和磷的有效性一般都很低。我国的干旱、半干旱地区分布着很多碱性土壤，土壤溶液中含较多的碳酸钠、重碳酸钠等盐类，土壤胶体被代换性钠离子饱和，钙离子较少，土壤胶体分散。这类土壤需要施用石膏来中和碱性，调节钠、钙比例。阳离子组成改变后，碱性土的物理结构也随之改善。所以，石膏对碱性土壤不仅是提供作物钙、硫养分，对于改善土壤性状作用更为重要。

(2) 改土施用 一般在pH=9以上时施用。含碳酸钠的碱性土壤中，每亩施100～200千克作基肥，结合灌水深翻入土。石膏后效长，除当年见效外，有时第二年、第三年的效果更好，不必年年施用。如与种植绿肥及农家肥、磷肥配合施用，效果更好。

(3) 作为钙、硫营养 一般水田可结合耕作施用或栽秧后撒施、塞秧根，每亩用量5～10千克；蘸秧根每亩用量2.5千克；作基肥或追肥每亩用量5～10千克。旱地基施撒于地表，再翻耕入土，也可以作基肥条施或穴施，一般用量为基施每亩15～25千克，种肥每亩施4～5千克。花生可在果针入土后15～30天施用石膏，每亩用量为15～25千克。

2.硫黄

S，32.065

理化性状 硫黄（sulfur）为淡黄色脆性结晶或粉末，有特殊臭味。密度2.07克/厘米^3（20℃），熔点115℃，沸点444.6℃，不溶于水，微溶于乙醇、醚，易溶于二硫化碳，稳定。作肥料或改良碱土时要求磨细，施入土壤后方可被硫杆菌属、贝氏硫细菌和丝硫细菌等微生物分解，逐步氧化为硫酸盐后，才能被作物吸收。

质量标准 执行GB/T 2449.1—2014和GB/T 2449.2—2015固体和液体工业硫黄标准。

（1）固体工业硫黄有块状、粉状、粒状和片状等，呈黄色或淡黄色。液体工业硫黄可在其凝固后，按固体工业硫黄判别。

（2）工业硫黄中不含有任何机械杂质。

（3）工业硫黄按产品质量分为优等品、一等品和合格品，工业硫黄技术指标应符合表2-12的规定。

表2-12 工业硫黄技术指标

项目			技术指标		
			优等品	一等品	合格品
硫(S)的质量分数/%		≥	99.95	99.50	99.00
水分的质量分数/%	固体硫黄	≤	2.0	2.0	2.0
	液体硫黄	≤	0.10	0.50	1.00
灰分的质量分数/%		≤	0.03	0.10	0.20
酸度[以硫酸(H_2SO_4)计]的质量分数/%		≤	0.003	0.005	0.02
有机物的质量分数/%		≤	0.03	0.03	0.80
砷(As)的质量分数/%		≤	0.0001	0.01	0.05
铁(Fe)的质量分数/%		≤	0.003	0.005	—
筛余物的质量分数①/%	粒度大于150微米	≤	0	0	3.0
	粒度为75～150微米	≤	0.5	1.0	4.0

① 表中的筛余物指标仅用于粉状硫黄。

该标准对标志、包装、运输和贮存的规定如下。

① 硫黄的包装容器上应有明显、牢固的标志，内容包括：生产厂名、厂址、产品名称、商标、等级、净质量、批号、生产日期、本标准编号和符合GB 190规定的“易燃固体”标志。

② 固体产品可用塑料编织袋或者内衬塑料薄膜袋进行包装，也可散装，其中包装块状硫黄可不用内衬塑料薄膜袋，散装产品应遮盖，但粉状硫黄不可散装。液体硫黄应使用专门容器设备储装。

③ 产品的运输按国家的有关规定执行。

④ 块状、粒状硫黄可贮存于露天或仓库内。粉状、片状硫黄贮存于有顶盖的场所或仓库内。

⑤ 袋装产品成垛堆放，堆垛间应留有不小于0.75米宽的通道。袋装产品不许放置在上下水管道和取暖设备的近旁。

施用方法 硫黄施用时应尽量与土壤混匀，只能作基肥使用，施用时期应比石膏早。硫黄在土壤中的氧化取决于硫黄的粒度、土壤温度、湿度、通气状况和微生物的数量等因素。一般来说，粒度小、土壤温度高、通气状况好，硫黄易转化为硫酸盐。为促进氧化过程，施用时应尽量与土壤混匀，扩大土壤和硫的接触面。

硫黄作基肥撒施，每亩用量为1～2千克；水稻蘸秧根时，每亩用硫黄粉0.5～1千克拌土杂肥调成泥浆蘸秧根，随蘸随插。

硫黄也可以用于改良碱土，其施用方法与石膏相同，只是用量应相应减少，其改土效果与石膏相当。

注意事项 硫黄多为粉状，难溶于水，刺激皮肤，容易着火，不宜加入混肥中。一般用膨润土造粒，在淋溶强度大的土壤中肥效好于干旱区土壤，在十字花科、豆科、鳞茎类蔬菜上的肥效好于禾本科蔬菜。

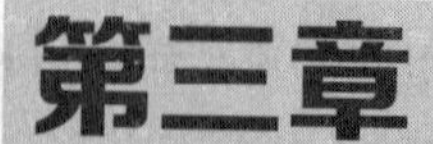

第三章 微量元素肥料

第一节 锌 肥

锌肥（zinc fertilizer），指具有锌标明量以提供植物养分为其主要功效的物料。锌是植物必需的微量元素之一。锌以阳离子 Zn^{2+} 形态被植物吸收。锌在植物中的移动性属中等。

锌肥的营养作用

（1）锌是许多酶的组分或活化剂　乙醇脱氢酶、铜锌超氧化物歧化酶、碳酸酐酶、RNA 聚合酶等都含有锌，锌通过酶的作用对植物碳、氮代谢产生广泛的影响。

（2）锌能促进作物的光合作用　锌是叶绿体内碳酸酐酶（锌金属酶）的专性活化离子，碳酸酐酶可以催化光合作用中二氧化碳的水合作用。同时，锌也是醛缩酶的激活剂，而醛缩酶是光合作用过程中的关键酶之一。

（3）锌能参与生长素吲哚乙酸的合成　由于锌能促进吲哚和丝氨酸合成色氨酸，而色氨酸则是生长素的前身，因此，锌间接影响着生长素的形成。缺锌时，作物体内生长素合成减少，特别是在芽和茎中的含量明显降低，作物生长发育出现停滞状态，叶片变小，节间缩短，形成小叶簇生等症状。

（4）锌能促进蛋白质的合成　锌与蛋白质合成密切相关，RNA 聚合酶中含有锌，它是蛋白质合成所必需的酶。同时，锌不仅是核糖核蛋白体的组成成分，也是保持核糖核蛋白体结构完整性所必需的物质。

（5）锌是稳定细胞核糖体的必要成分　作物缺锌还使核糖核酸和核糖体减少。近年来，发现正常的核糖体含有锌，缺锌时，这种细胞极不稳定，说明锌是稳定细胞核糖体的必要成分。

（6）锌对生殖器官的影响　在缺锌情况下，番茄花蕾呈长椭圆形，萼片表皮毛稀少。随着花蕾的生长，花药生长停滞，花药长度只相当于正常花药的 1/3 左右，花柱和子房比正常植株略粗壮，但花蕾不能开放，且开始脱落，花药中不能形成正常的花粉粒。

(7) 锌是一种重要的质量指标　人体中缺锌时往往影响身高和智力的发育。

作物缺锌症状　作物缺锌时，生长受阻，植株矮小，节间生长严重受阻，叶片脉间失绿或白化。新叶出现灰绿色或黄白色斑点。双子叶蔬菜缺锌，典型症状是：节间变短，植株生长矮化，叶片失绿，有的叶片不能够正常展开，根系生长差，果实少或变形。几种作物的缺锌症状见表3-1。

表3-1　几种作物的缺锌症状

作物	缺锌症状
玉米	玉米缺锌一般出现在出苗1～2周，大面积发生多在幼苗3～5叶期。幼苗老龄叶片出现细小的白色斑点，并迅速扩大形成局部的白色区，呈半透明的白绸状，风吹易折断。新生幼叶淡黄色至白色，特别是叶片近基部的1/3处更为明显，称“花白苗”或“花叶病”。随着幼苗的生长，叶片自叶舌至叶尖出现黄白与绿色相间并与主脉平行的条带，由于品种和品系的不同，有时在叶缘略带紫色。严重缺锌时，叶片上出现无色斑块，并逐渐连接成片，叶片变成紫褐色干枯死亡。缺锌植株生长矮小，节间缩短，有时出现叶枕错位现象。根系稀少，部分不定根变黑死亡。严重缺锌的植株往往不能抽穗
马铃薯	植株生长受抑制，节间短；顶部叶片小，向上直立，有灰色或棕色的斑点，叶缘呈棕色并向上卷曲，严重时叶柄及茎也有褐斑
番茄	植株中、上部叶片呈微黄色或灰褐色，并有不规则的青铜色斑点。植株矮小，嫩枝前端叶片小，向上直立，失绿明显，俗称“小叶病”。老叶叶缘呈水渍状并向内扩张，而后干枯死亡。果实小，果皮厚，口味差
茄子	老叶失绿，叶片变小，类似病毒病症状。种子产量受到很大影响
芹菜	叶易向外侧卷，茎秆上可发现色素
大豆	植株生长缓慢，叶片呈柠檬黄色，中肋两侧出现褐色斑点，继而脱落。严重缺锌时，植株在豆荚成熟前即死亡
烟草	下部叶片尖端及边缘发生水渍状失绿枯死，有时围绕叶缘一圈形成“晕轮”；叶片小、增厚；节间短
甘蔗	中下部叶片失绿，主脉两侧出现不规则的棕色斑点，蔗茎生长受阻，植株矮化
水稻	水稻缺锌症状的出现时期：移栽早稻在插秧后2～3周，晚稻在3～4周，直播稻在淹水后2～10天。一般症状表现为下部叶片出现褐色斑点和条纹，叶片变窄，新叶中脉特别是中脉的基部失绿，生长停滞，植株矮小，不分蘖或很少分蘖，老根变黑逐渐死亡，只发新根，有的地块叶枕有错位；小花不孕率增加，空秕率高，成熟推迟。严重缺锌时，植株矮化，僵苗枯死
小麦	小麦缺锌时麦苗返青迟，拔节困难，植株矮小，叶片主脉两侧失绿，形成黄绿相间的条带，条带边缘清晰，无颗粒状斑点及霉污。一般先从基部老叶开始失绿，逐渐向顶部蔓延直至旗叶下。下部老叶逐渐呈水渍状而干枯死亡。根系不发达，抽穗迟，穗小、粒少，千粒重降低，严重影响产量。严重缺锌时不能抽穗，根系变黑，麦苗干枯死亡
油菜	首先是叶缘褪绿变灰，随后向中间发展，叶肉呈黄白色，有病斑，中下部病叶外翻，叶尖下垂，根细小
甜菜	叶脉间失绿变成黄色，并出现棕色或灰色斑点，叶尖萎蔫，唯叶柄仍保持绿色
棉花	第一片真叶呈青铜色，叶脉间失绿，叶片厚而易碎，叶缘上卷，节间缩短，植株丛生，结铃推迟
柑橘	缺锌初期叶脉间出现失绿的斑块，失绿部分为浅绿色至黄绿色，叶脉及叶脉附近仍保持绿色。严重缺锌时植株生长受阻，树冠外围着生纤细短小枝条，这些枝条顶端的叶片小而狭长，向上直立，叶片失绿现象显著。由于节间缩短，许多叶片聚集在一起呈簇生状。有时顶端叶片脱落形成“顶枯”。果实小，皮厚，果汁少，果肉木质化，淡而无味。缺锌症状往往在向阳面较为严重

续表

作物	缺锌症状
苹果	缺锌最典型的症状是小叶病，即春季新梢顶端生长一些狭小而硬、叶呈黄绿色的簇生叶，而新梢其他部位较长时间不会长出叶片，或中、下部叶片的叶尖和叶缘变褐焦枯，从下而上早落，形成“光褪”现象。也有从顶端下部另发新枝，但仍表现为节间短，叶细小。花芽减少，花朵少而色淡，坐果率低。缺锌还会导致老树根系腐烂，树冠稀疏不能扩展，产量低
梨树	叶片狭小，叶缘向上或不伸展，叶呈淡黄色。节间缩短，细叶簇生成丛状。花芽减少，不易坐果。即使坐果，果小发育不良
桃树	早春新梢顶端生长的叶较正常叶小。新梢节间短，顶端叶片挤在一起呈簇状，形成一种病态，俗称“小叶病”。在初期阶段，叶脉间出现不规则的黄色或褪绿部位，这些隔离的褪绿部位逐渐融合成黄色伸长带，从靠近叶脉至叶缘，在叶缘形成连续的褪绿边缘。多数叶片沿着叶脉和围绕黄色部位有较宽的绿色部分。在夏梢顶端的叶片呈乳黄色，甚至沿着叶脉也只有很少的绿色部位。在这些褪绿部位有时出现红色或紫色污斑，后来枯死并脱落，形成空洞。缺锌树果实小、果形不整。在大枝顶端的果实显得果形小而扁。果实成熟时多破裂。在一棵树上，叶和果实症状只会出现在一个大枝或数个大枝上，而树的其余部分看起来似乎是健康的
葡萄	缺锌的症状依缺乏程度和葡萄品种而异，在夏初副梢旺盛生长时，常见叶斑驳，新梢和副梢生长量少，叶片稍微弯曲，叶肉褪绿而叶脉浓绿，叶片裂片发育不良，无锯齿或少锯齿，有些品种尚具有波状边缘。缺锌可严重影响坐果和果粒的正常生长，果穗往往生长散、不紧凑，果粒较正常少，果粒大小不一，有的正常，有的细小，有的非常细小
核桃	核桃缺锌症表现为新生枝条基部的叶片狭小、枝条纤细、节间缩短，形成簇生小叶。缺锌严重时，叶片从新梢的基部逐渐向上脱落，只留顶端上部几簇小叶。所结出的果实小
茶树	嫩叶出现黄色斑块，叶片狭小，叶片两边产生不对称卷曲或呈镰刀形。新梢发育不良，出现莲座叶丛，植株矮小，茎节短
香蕉	新叶沿叶脉出现条纹，叶背带红色，出现小叶病或叶斑病
龙眼	新梢枝弱，叶小丛生，节间短，果小，畸形
荔枝	新叶脉间失绿黄化，新梢节间缩短，小叶密生，小枝簇状丛生

我国缺锌土壤主要分布在北方的石灰性土壤（包括石灰性水稻土）中，如黄绵土、黄潮土、砂姜黑土、褐土、棕壤、暗棕壤、栗钙土、棕灰土、灰钙土、棕漠土、灰漠土以及黑色石灰土、碳酸盐紫色土等。在我国南方主要分布在石灰性和中性水稻土、沼泽土区和滨海盐土区的水稻土、石灰性的紫色土，以及花岗岩发育的土壤中。另外，过量施用磷肥的土壤和因某些恶劣环境条件而限制根系发育的土壤，也易发生缺锌。对锌反应敏感的作物有玉米、大豆、水稻、棉花、番茄、柑橘、葡萄、桃树、苹果树等。

作物过量施锌症状 植物锌中毒主要表现为根的伸长受阻，叶片失绿、新叶黄化，进而出现赤褐色斑点，严重时完全枯死。大豆锌过量时叶片黄化，中肋基部变赤褐色，叶片上卷，严重时枯死。小麦叶尖出现褐色的斑条，生长延迟，产量降低。蔬菜的耐锌能力较强，田间条件下锌中毒的机会很少。如果植株体内的含锌量大于400毫克/千克时，就会出现锌元素的中毒。锌过多时，叶色失绿，黄化，茎、叶柄、叶片下表皮呈赤褐色，干扰铁的吸收。

锌肥种类与特点 见表3-2。

表 3-2　锌肥的成分和性质

锌肥种类	主要成分	含锌量/%	主要特点
七水硫酸锌（锌矾、皓矾）	$ZnSO_4 \cdot 7H_2O$	21.3	白色或淡橘红色结晶，颗粒或粉末，相对密度1.97，熔点100℃。在干燥空气中易风化，易溶于水，易吸湿，应注意防潮。为最常用的锌肥，适合于各种施用方法
一水硫酸锌	$ZnSO_4 \cdot H_2O$	35～40	白色或淡红色结晶，相对密度3.31，易溶于水，微溶于醇，不溶于丙酮，水溶液近中性。与七水硫酸锌应用范围相同
氧化锌（锌氧粉、锌白）	ZnO	78	白色或淡黄色非结晶粉末，不溶于水，必须磨成细粒才能在水中溶解一部分，而且粒径越细，肥效越好。在空气中能缓慢吸收 CO_2 和水，生成碳酸锌。肥效长，施用一次，可长期有效。但当季利用率低，常配成悬浮液蘸根施用
氯化锌（锌氯粉）	$ZnCl_2$	48	白色结晶，易潮解，易溶于水，易溶于甲醇、乙醇、甘油、丙酮、乙醚等有机溶剂，适用于土壤施肥
碱式碳酸锌	$ZnCO_3 \cdot 2Zn(OH)_2 \cdot 2H_2O$	57	白色粉末，不溶于水和醇，微溶于氨水，能溶于稀酸和氢氧化钠，可作基肥、追肥和种肥
硝酸锌	$Zn(NO_3)_2 \cdot 6H_2O$	21.5	无色四方晶体，相对密度2.065，熔点36.4℃。溶于水和醇，水溶液呈酸性，易潮解，与有机物接触能燃烧爆炸。可作基肥、追肥、种肥和喷施
碱式硫酸锌	$ZnSO_4 \cdot 4Zn(OH)_2$	55	白色粉末，适于作基肥、追肥、蘸秧根等
尿素锌	未定	11.5～12	白色方晶或白色粉状微晶，不含针状晶体。适于作基肥、追肥和喷施
螯合态锌	$Na_2ZnEDTA$	14	易溶于水

注：此外，含锌工矿废渣、污泥以及一些有机肥料和草木灰等，也有少量锌，可补充部分锌施用。但要注意矿渣中的有害物质。

注意事项　锌肥在黄潮土、黄绵土、褐土、棕壤、暗棕壤、碳酸盐紫色土和石灰性土上施用锌肥效果最好。随土壤 pH 增加，土壤锌的有效性下降。土温过低、土壤通透性差、土壤可给态磷含量过高等会造成土壤有效锌含量下降。

对土壤施用锌肥，可以在播种前撒施或进行条施。施后翻入土壤比单纯施在土壤表面效果明显要好。撒施锌肥的用量要大于条施的，在黏性土壤以及石灰性土壤的用量应掌握在0.3～2.5千克/亩。锌肥后效稳定，一般可保持3年，种植需锌量少的蔬菜可保持5年以上。严格按规定掌握施用量，切忌过量，若每亩超过3千克，会造成蔬菜中毒，尤其是当季蔬菜。

作基肥施用的或一般缺锌田，可隔1～2年施一次。严重缺锌田或采用蘸秧根、浸种、拌种、根外喷施的，可年年施用。要与氮肥、磷肥配合施用。一般缺锌田，大多数同时缺磷，在施用锌肥时适当配施磷肥，能使两者发挥更大的增产效果。合理施用锌肥可以矫正作物缺锌症状。施锌可增产蔬菜15%～27%。

此外，锌肥还可辅助治疗病毒病。夏季高温干旱，番茄、黄瓜、辣椒等蔬菜容易侵染病毒，病毒病在数量上仅次于真菌病害，位居植物病害的第二位。病毒病很难治疗，并且病毒病传播途径多样，防不胜防。在病毒防治中切断传播途径、减少传染源、提高作物抗病性是非常重要的途径，同时抑制病毒复制也是预防病毒病发生的有效途径，据报道，锌肥就具有这种功能。锌不仅能促进植物体内生长素的合成，而且对植物体内物质水解、氧化还原过程以及蛋白质的合成等都具有重要作用。据研究，锌能影响病毒种传、症状变化、系统侵染以及对病毒其他基因表达等，故合理使用锌肥对防治病毒病能起到辅助的作用。在防治病毒时，可在防治病毒病农药（宁南霉素）中外加锌肥，不但补锌而且对病毒复制有抑制作用。

1.硫酸锌

七水硫酸锌　　　　　　　一水硫酸锌

$ZnSO_4 \cdot 7H_2O$，287.56　$ZnSO_4 \cdot H_2O$，179.47

反应式　$ZnO + H_2SO_4 \longrightarrow ZnSO_4 \cdot H_2O$（合成法）

$ZnO + H_2SO_4 + 6H_2O \longrightarrow ZnSO_4 \cdot 7H_2O$

硫酸锌（zinc sulfate），又名皓矾、锌矾。有一水硫酸锌和七水硫酸锌两种，七水硫酸锌含锌22.3%，一水硫酸锌含锌35%，均是目前最常用的锌肥，适用于各种施用方法。

理化性状

（1）七水硫酸锌　为无色正交晶体、颗粒或粉末状固体，有收敛性。熔点100℃。易溶于水，不溶于醇和丙酮，水溶液呈弱酸性。在干燥空气中易风化。加热到100℃时失去6个分子水；在280℃失去全部结晶水成为无水物；灼烧则分解为氧化锌和三氧化硫。贮存时应防潮防湿，不能与食品共贮混运。着火时可用水扑灭。

（2）一水硫酸锌　为白色流动性粉末。熔点100℃。易溶于水，微溶于醇，不溶于丙酮。水溶液呈弱酸性。加热到200℃以上时，失去水分，成为无水硫酸锌；770℃时则分解为氧化锌和三氧化硫。贮存时应防潮防湿，不能与食品共贮混运。一水流酸锌采用合成法制取，即用硫酸与氧化锌反应后过滤，加入锌粉置换除去杂质，经过滤，加高锰酸钾氧化，再经干燥、分离、浓缩、过滤、二次置换、压滤、筛分，制得一水硫酸锌。

质量标准　农业用硫酸锌执行化工行业标准HG 3277—2000（适用于以含锌物料与工业硫酸反应制得的一水硫酸锌和七水硫酸锌，用作微量元素锌肥）。

① 外观为白色或微带黄色的粉末或结晶。

② 农业用硫酸锌应符合表3-3的要求。

表3-3　农业用硫酸锌标准　　单位：%

指标名称	指标					
	$ZnSO_4 \cdot H_2O$			$ZnSO_4 \cdot 7H_2O$		
	优等品	一等品	合格品	优等品	一等品	合格品
锌(Zn)含量　≥	35.3	33.8	32.3	22.0	21.0	20.0

续表

指标名称		指标				
	$ZnSO_4 \cdot H_2O$			$ZnSO_4 \cdot 7H_2O$		
	优等品	一等品	合格品	优等品	一等品	合格品
游离酸(以 H_2SO_4 计)含量 ≤	0.1	0.2	0.3	0.1	0.2	0.3
铅(Pb)含量 ≤	0.002	0.010	0.015	0.002	0.005	0.010
镉(Cd)含量 ≤	0.002	0.003	0.005	0.002	0.002	0.003
砷(As)含量 ≤	0.002	0.005	0.010	0.002	0.005	0.007

该标准对包装、标识、贮存做了如下规定。

① 农业用硫酸锌应采用双层包装。外包装采用塑料编织袋，内包装采用聚乙烯塑料薄膜袋。每袋净含量（25±0.1）千克、（40±0.2）千克、（50±0.2）千克。每批产品每袋平均净含量不低于25千克、40千克或50千克。小于25千克的小包装的包装按GB/T 17420规定进行。

② 农业用硫酸锌包装袋上应有牢固清晰的标识，内容包括：生产厂名、生产厂址、产品名称、商标、品种、等级、锌含量、批号或生产日期、净含量和本标准号，以及按GB/T 191规定的“怕湿”标志，并附使用说明。

③ 农业用硫酸锌在运输过程中应防止雨淋、受潮和包装袋破裂。运输工具应清洁、干燥，不得与酸、碱物质混运。

④ 农业用硫酸锌应贮存于阴凉、干燥处，防止雨淋、受潮，防止日晒、受热，不得与酸、碱混贮。

简易识别方法

（1）颜色和形态　七水硫酸锌为无色斜方晶体，农用硫酸锌因含微量的铁而显淡黄色。七水硫酸锌在空气中部分失水而成为一水硫酸锌。一水硫酸锌为白色粉状。两种硫酸锌均不易吸收水分，久存不结块。

（2）气味　无臭，味涩。

（3）溶解性　本品在水中极易溶解，在甘油中易溶，在乙醇中不溶。水溶液无色、无味，水溶液呈酸性。

定性鉴定　将样品用蒸馏水溶解，分成2份试样，一份加入经硝酸酸化处理的硝酸钡溶液，以检验硫酸根离子。第二份加入氢氧化钠溶液，会生成沉淀而后逐渐溶解（氢氧化锌有两性），但也有可能是硫酸铝，我们需要再加入氢硫酸（硫化氢水溶液），生成硫化锌，烘干，置于空气中会生成硫酸锌，质量会增加，所以可以用称质量的方法看质量是否增加。

目前，硫酸锌的质量问题很多，农民在购买时一定要慎重。目前市场上大量销售的“镁锌肥”“铁锌肥”，含锌量只有真正锌肥的20%左右，是一种质量差、价格高、肥效低的锌肥，购买时一定要认清商品名称。

施用技术

（1）作基肥　玉米、小麦、棉花、油菜、甘薯、大豆、花生等旱地作物一般每亩用硫酸锌 1～2 千克，拌干细土 10～15 千克，经充分混匀后，均匀撒于地表，然后翻耕入土，也可条施或穴施。蔬菜每亩用硫酸锌 2～4 千克。

在水田可作早、中稻的耙面肥，每亩用 1～1.5 千克硫酸锌，加干细土 20～25 千克，充分拌匀后撒施，施后耙田插秧，也可与有机肥料或生理酸性肥料混合均匀后再撒施（不能与磷肥混合）。作秧田基肥时，每亩用 3 千克硫酸锌，于秧田播种前 3 天均匀撒于秧床面上。

（2）作追肥　追施可将锌肥直接施入土壤，最好集中施用，条施或穴施在根系附近，以利于根系吸收，提高锌肥的利用率。

① 玉米。在苗期至拔节期每亩用硫酸锌 1～2 千克，拌干细土 10～15 千克，条施或穴施。由于锌肥在土壤中不易移动，应尽量施于根系附近，但不能与根系直接接触。

② 小麦。于小麦返青至拔节期串施于小麦行间，每亩用硫酸锌 1～2 千克拌干细土 10～15 千克或与尿素掺混，深度 5～6 厘米。

③ 棉花。在苗期条施或穴施，每亩用硫酸锌 1 千克拌干细土 10～15 千克。

④ 甘薯。在团棵期穴施，每亩用硫酸锌 1 千克拌干细土 10～15 千克。

⑤ 水稻。在分蘖前期（移栽后 10～30 天内），每亩用硫酸锌 1～1.5 千克拌干细土后均匀撒于田面；也可作秧田的“送嫁肥”，即在拔秧前 2～3 天，每亩用硫酸锌 1.5～2.0 千克施于床面，移栽带肥秧。

（3）叶面喷施　各类作物、果树、蔬菜均可采用。

① 玉米。在苗期至拔节期用 0.1%～0.2%的硫酸锌溶液连续喷施 2 次，每次间隔 7 天，每次每亩喷施 50～75 千克溶液。玉米苗期用硫酸锌水溶液喷雾防治“花白苗”时，不能与磷酸二氢钾或过磷酸钙浸出液混合施用。

② 水稻。以苗期喷施为好，秧田从 2～3 片叶开始喷施，本田在分蘖期喷施，用 0.1%～0.3%的硫酸锌溶液连续喷施 2～3 次，每次间隔 7～10 天，每次每亩喷施 40～50 千克溶液。

③ 小麦。在拔节、孕穗期各用 0.2%～0.4%的硫酸锌溶液喷施一次，每次每亩喷液量为 50～75 千克。

④ 棉花。在苗期、现蕾期，用 0.2%硫酸锌水溶液各喷施一次，每次每亩喷液量为 50～75 千克。

⑤ 油菜。在苗期、抽薹期，用 0.1%硫酸锌水溶液各喷施一次，每次每亩喷液量为 70 千克。

⑥ 大豆、花生。在苗期和开花期，分别用 0.1%硫酸锌水溶液各喷施一次，每次每亩用液量为 50～75 千克。

⑦ 甘薯。在团棵期用 0.2%～0.3%硫酸锌水溶液喷施 2 次，每次间隔 7～10 天。

⑧ 果树。在早春萌芽前一个月喷施 3%～5%的硫酸锌溶液，萌芽后喷施浓度宜降至 1%～2%，或用 2%～3%的硫酸锌溶液涂刷一年生枝条 1～2 次。

⑨ 蔬菜。叶面喷施使用硫酸锌，浓度0.05%～0.1%，蔬菜生长前期喷施的效果较好，每次间隔7天，连续喷施2～3次，每次每亩喷施50～75千克溶液。对于豆科等敏感作物，施用浓度要降低。

(4) 浸种　将硫酸锌配成0.02%～0.05%的溶液，将种子倒入溶液中，溶液以淹没种子为度。水稻用0.1%的硫酸锌溶液，先将稻种用清水浸泡1小时，再放入硫酸锌溶液中，早、中稻种子浸48小时，晚稻种子浸24小时。玉米用0.02%～0.05%的硫酸锌溶液浸种6～8小时，捞出后即可播种。小麦用0.05%的硫酸锌溶液浸种12小时，捞出后即可播种，但需播种地墒情好，否则播种后种子失水影响出苗。

(5) 拌种　每千克种子用硫酸锌2～3克，以少量水溶解，喷于种子上，边喷边搅拌，用水量以能拌匀种子为宜，种子阴干后即可播种。用作蔬菜拌种、包衣、浸种和蘸根等方面，使用浓度一定要事先做过试验，以免伤苗。播种玉米时用硫酸锌作拌种肥，最好把磷肥掺在农家肥中作底肥施入，防止锌肥与磷肥接触。

(6) 蘸秧根　一般缺锌田，土壤有效锌含量为0.5～0.7毫克/千克，每亩用硫酸锌200～300克，加细干土配成0.5%～2.0%的硫酸锌泥浆，将水稻秧苗浸入泥浆中5～10秒，随即插秧。

注意事项　不可与过磷酸钙、重过磷酸钙、磷酸二铵和磷酸二氢钾等磷肥，碱性肥料或农家肥（如草木灰）混施，以免硫酸锌水解为氢氧化锌，影响作物吸收。

硫酸锌作叶面肥喷施时，浓度不能过高，以免引起作物锌中毒。为提高锌肥效益最好配施钼肥或尿素等肥料。

2.氧化锌

ZnO，81.384

反应式

① 间接法。 $2Zn+O_2 \longrightarrow 2ZnO$

② 直接法。 $2ZnO\text{（锌矿粉）}+C \longrightarrow 2Zn+CO_2\uparrow$

$$2Zn+O_2 \longrightarrow 2ZnO$$

③ 湿法。 $Zn+H_2SO_4 \longrightarrow ZnSO_4+H_2\uparrow$

$$ZnSO_4+Na_2CO_3 \longrightarrow ZnCO_3\downarrow+Na_2SO_4$$

$$ZnSO_4+2NH_3\cdot H_2O \longrightarrow Zn(OH)_2\downarrow+(NH_4)_2SO_4$$

$$ZnCO_3 \longrightarrow ZnO+CO_2\uparrow\text{（以碳酸锌为原料制得）}$$

$$Zn(OH)_2 \longrightarrow ZnO+H_2O\text{（以氢氧化锌为原料制得）}$$

④ 锌矿石法。以菱锌矿（主要成分$ZnCO_3$）为原料，与煤等还原剂一起焙烧生成锌蒸气，再用空气氧化成氧化锌，反应式为：

$$2ZnCO_3+C \longrightarrow 2Zn+3CO_2\uparrow$$

$$2Zn+O_2 \longrightarrow 2ZnO$$

氧化锌（zinc oxide），又叫锌氧粉、锌白。有效锌含量为78%。

理化性状　白色粉末或六角晶系结晶体。无臭无味，无砂性。受热变为黄色，冷却后又变为白色。密度 5.606 克/厘米^3。熔点 1975℃，加热至 1800℃时升华。溶于酸、碱、氯化铵和氨水，不溶于水、醇，是两性氧化物。氧化锌易从空气中吸收二氧化碳生成碳酸锌，能被碳或一氧化碳还原为金属锌。

质量标准　有直接法氧化锌（GB/T 3494—2012，适用于以锌精矿为原料经火法处理而得到的氧化锌，直接法氧化锌主要用于橡胶、涂料、电缆、玻璃、陶瓷、搪瓷、石油、化工等行业）和间接法氧化锌（GB/T 3185—1992，适于涂料、橡胶、医药、化工和轻工等工业用的氧化锌）两个标准。

(1) 间接法氧化锌（GB/T 3185—1992）标准如下。

① 产品分类。根据用途不同分为两类，BA01-05（Ⅰ型）橡胶用，优级品、一级品、合格品；BA01-05（Ⅱ型）涂料用，优级品、一级品、合格品。

② 技术要求。氧化锌的技术指标应符合表 3-4 的要求。

表 3-4　氧化锌技术指标

项目		指标					
		BA01-05(Ⅰ型)			BA01-05(Ⅱ型)		
		优级品	一级品	合格品	优级品	一级品	合格品
氧化锌(以干品计)/%	≥	99.70	99.50	99.40	99.70	99.50	99.40
金属物(以 Zn 计)/%	≤	无	无	0.008	无	无	0.008
氧化铅(以 Pb 计)/%	≤	0.037	0.05	0.14			
锰的氧化物(以 Mn 计)/%	≤	0.0001	0.0001	0.0003			
氧化铜(以 Cu 计)/%	≤	0.0002	0.0004	0.0007			
盐酸不溶物/%	≤	0.006	0.008	0.05			
灼烧减量/%	≤	0.2	0.2	0.2			
筛余物(45 微米网眼)/%	≤	0.10	0.15	0.20	0.10	0.15	0.20
水溶物/%	≤	0.10	0.10	0.15	0.10	0.10	0.15
105℃挥发物/%	≤	0.3	0.4	0.5	0.3	0.4	0.5
吸油量/(克/100 克)	≤	—	—	—	14	14	14
颜色(与标准样比)					近似	微	稍
消色力(与标准样比)/%	≥	—	—	—	100	95	90

(2) 直接法氧化锌（GB/T 3494－2012）标准如下。

氧化锌的分类、级别和牌号的规定见表 3-5。

表 3-5　氧化锌的分类、级别和牌号

类别	级别	牌号	主要用途
X	一级	ZnO-X1	主要用于橡胶等工业部门
	二级	ZnO-X2	
T	一级	ZnO-T1	主要用于涂料等工业部门
	二级	ZnO-T2	
	三级	ZnO-T3	
C	一级	ZnO-C1	主要用于陶瓷等工业部门
	二级	ZnO-C2	

各种牌号氧化锌的化学成分和物理性能应符合表3-6的规定。

表3-6 氧化锌的化学成分和物理性能

指标项目		ZnO-X1	ZnO-X2	ZnO-T1	ZnO-T2	ZnO-T3	ZnO-C3	ZnO-C3
氧化锌(以干品计)/%	≥	99.5	99.0	99.5	99.0	98.0	99.3	99.0
氧化铅(以Pb计)/%	≤	0.12	0.20	—	—	—	—	—
三氧化二铁(Fe_2O_3)/%	≤	—	—	—	—	—	0.05	0.08
氧化镉(CdO)/%	≤	0.02	0.05	—	—	—	—	—
氧化铜(以Cu计)/%	≤	0.006	—	—	—	—	—	—
锰(Mn)/%	≤	0.0002	—	—	—	—	—	—
金属锌		无	无	无	—	—	—	—
盐酸不溶物/%	≤	0.03	0.04	—	—	—	0.08	0.08
灼烧减量/%	≤	0.4	0.6	0.4	0.6	—	0.4	0.6
水溶物/%	≤	0.4	0.6	0.4	0.6	0.8	0.4	0.6
筛余物(45微米湿筛)/%	≤	0.28	0.32	0.28	0.32	0.35	0.28	0.32
105℃挥发物/%	≤	0.4	0.4	0.4	0.4	0.4	0.4	0.4
遮盖力/(g/100g)	≤	—	—	150	150	150	—	—
吸油量/(g/100g)	≤	—	—	18	20	20	—	—
消色力/%	≤	—	—	100	95	95	—	—
颜色(与标准样比)		—		符合标样				

注：如有特殊要求，由供需双方协商。

该标准对标志、包装、运输、贮存和质量证明书的规定如下。

① 氧化锌采用内衬塑料薄膜袋、外套塑料编织袋包装，必须保证密封严实、防潮。根据用户需要，每袋净重25千克或50千克。

② 包装袋外表应印有不褪色的标志，标明产品名称、生产厂名和厂址、商标、牌号、净重以及“严防潮湿、小心轻放”等明显字样，并附有产品合格证，注明批号、生产日期。

③ 产品搬运时应小心轻放，切勿碰撞跌落，严防破损。运输过程中不得与酸、碱等污染品接触，且必须有严密的防雨措施。

④ 产品必须放置于干燥、清洁处贮存，严防潮湿，必须与酸、碱等污染物品隔离。氧化锌有效贮存期为半年。

⑤ 每批产品应附有质量证明书，注明：生产厂名称、产品名称、牌号、批号、批重、袋数、各项分析结果及检验部门印记、本标准编号、出厂日期。

施用方法 氧化锌是常用的锌肥。它可作基肥、追肥，可叶面喷施和浸种用。由于溶解度小，移动性差，故肥效长，施用一次，可长期有效，但供当季作物吸收的锌少，常配成悬浮液蘸根用。在浸种、叶面喷施时，由于氧化锌不溶于水，需用非离子型的湿润剂，配成悬浮液，同时为保证效果，施用量比硫酸锌稍高。

水稻可在种子萌发时用1.0%～1.5%的氧化锌拌种（按干种子计算为1.0%氧化锌，湿种子为1.5%氧化锌）。

注意事项 产品常用牛皮纸袋或塑料编织袋装。贮存处应干燥，防止受潮，要注意与强酸隔离，着火时可用水扑救。

3.氯化锌

$ZnCl_2$，136.28

反应式

盐酸法：含锌物料和盐酸反应生成氯化锌溶液，经净化除杂、浓缩结晶即得氯化锌。反应式为：

$$ZnO + 2HCl \longrightarrow ZnCl_2 + H_2O$$

$$Zn + 2HCl \longrightarrow ZnCl_2 + H_2 \uparrow$$

氯化锌（zinc chloride），又叫锌氯粉，有效锌含量为40%～48%。

理化性状 氯化锌为白色六方晶系粒状结晶或粉末，密度2.91克/厘米^3（25℃），熔点283℃，沸点732℃，易溶于水，极易溶于甲醇、乙醇、甘油、丙酮、乙醚等含氧有机溶剂，易溶于吡啶、苯胺等含氮溶剂，不溶于液氨。氯化锌为潮解性强，能从空气中吸收水分而潮解。氯化锌为具有溶解金属氧化物和纤维素的特性。熔融氯化锌有很好的导电性能。氯化锌为灼热时有浓厚的白烟生成。氯化锌有腐蚀性，有毒。

质量标准 目前尚无农业用标准，原国家标准GB 1625—1979已作废，可参照现行工业标准HG/T 2323—2012，该标准规定了工业氯化锌的要求、试验方法、检验规则、标志、标签、包装、运输和贮存。该标准适用于固体氯化锌和氯化锌溶液。该产品主要用于电池、活性炭、焊药、造纸等工业，也可用作有机合成的脱水剂、缩合剂、木材防腐剂等。

(1) 产品分类 工业氯化锌分为三种型号：Ⅰ型主要为电池工业用固体氯化锌；Ⅱ型主要为一般工业用固体氯化锌；Ⅲ型为氯化锌溶液，主要用于电池和一般工业。

(2) 外观 Ⅰ型、Ⅱ型应为白色粉末或小颗粒；Ⅲ型应为无色透明的水溶液。

(3) 工业氯化锌应符合表3-7的要求。

表3-7 工业氯化锌的要求

项目		指标				
		Ⅰ型		Ⅱ型		Ⅲ型
		优等品	一等品	一等品	合格品	
氯化锌($ZnCl_2$)的质量分数/%	≥	96.0	95.0	95.0	93.0	40.0
酸不溶物的质量分数/%	≤	0.01	0.02	0.05		—

续表

项目	指标				
	Ⅰ型		Ⅱ型		Ⅲ型
	优等品	一等品	一等品	合格品	
碱式盐(以 ZnO 计)的质量分数/% ≤	2.0		2.0		0.85
硫酸盐(以 SO_4^{2-} 计)的质量分数/% ≤	0.01		0.01	0.05	0.004
铁(Fe)的质量分数/% ≤	0.0005		0.001	0.003	0.0002
铅(Pb)的质量分数/% ≤	0.0005		0.001		0.0002
碱和碱土金属的质量分数/% ≤	1.0		1.5		0.5
锌片腐蚀试验	通过		—		通过
pH 值	—		—		3～4

该标准对标志、标签、包装、运输、贮存规定如下。

① 工业氯化锌包装容器上应有牢固、清晰的标志，内容包括：生产厂名、厂址、产品名称、型号、等级、净含量、批号或生产日期、本标准编号、GB 190 中规定的“腐蚀品物质”标志、GB/T 191 中规定的“怕雨”标志以及符合 GB 15258 的安全标签。

② 每批出厂的工业氯化锌都应附有质量证明书，内容包括：生产厂名、厂址、产品名称、商标、型号、等级、净含量、批号或生产日期和本标准编号。

③ 工业氯化锌Ⅰ型、Ⅱ型产品采用双层包装。外包装应采用镀锌铁桶，也可采用塑料桶、纸板桶或复合塑料编织袋。内包装采用高密度聚乙烯袋。

包装时将内包装中的空气排净后，扎紧袋口，密封，外包装封口应牢固、密封。以每桶、袋为一个包装单元，每个包装单元净含量为 50 千克、25 千克或根据用户要求确定每个包装单元净含量。

工业氯化锌Ⅲ型产品采用塑料桶或内涂耐酸漆等防腐材料的钢制槽车包装。

④ 工业氯化锌在运输中应有遮盖物，防止雨淋受潮，保持包装密封，防止机械破损。

⑤ 工业氯化锌Ⅰ型、Ⅱ型产品和桶装Ⅲ型产品应贮存于干燥通风的库房内，避免露天存放。工业氯化锌Ⅲ型产品应贮存于专用钢制贮罐和槽车中。

⑥ 在符合本标准运输和贮存条件下，自生产之日算起，Ⅰ型、Ⅱ型桶装产品的保质期为 6 个月，袋装产品的保质期为 2 个月。Ⅲ型产品的保质期为 2 个月。

使用方法 氯化锌可作基肥、追肥，可叶面喷施和用于浸种。施用方法同硫酸锌。

注意事项

① 不可与磷肥、碱性肥料或农家肥（如草木灰）混施，以免硫酸锌水解为氢氧化锌，影响作物吸收。

② 贮存于通风干燥的库房中。不能与食品共贮混运。搬运时，防止溅入眼睛

和触及皮肤。如接触时，要立即用水冲洗干净，防止腐蚀。失火时可用水、砂土、泡沫灭火器扑救。

第二节　硼　肥

硼肥（boric fertilizer），是指具有硼标明量以提供植物养分为其主要功效的物料。硼是植物必需的营养元素之一。硼以硼酸分子（H_3BO_3）的形态被植物吸收利用，在植物体内不易移动。全国第二次土地普查结果显示，全国90%土壤缺硼，其中严重缺硼面积占70%以上。硼肥推广程度对我国农业的影响也越来越大。

硼的营养作用

① 参与作物体内糖的运输与代谢。硼可促进作物体内糖类的运输和代谢，增加蔗糖的合成量，加速蔗糖的转运，从而增加作物的结实率和果树的坐果率。缺硼时，作物体内的糖类代谢发生混乱，作物叶中糖累积而茎中糖减少，表明糖的运输受阻。缺硼时糖类不能运输至生长点，引起生长点死亡。

② 影响作物体内细胞伸长和分裂。硼参与半纤维素及有关细胞壁物质的合成，调节和稳定细胞壁结构。同时，还能促进细胞伸长和细胞分裂，有利于作物根系的生长和伸长。缺硼时核糖核酸明显降低，植株组织中果胶物质显著减少，而纤维素含量增加，细胞壁具有异样结构，韧皮部薄壁细胞和一般薄壁细胞壁增厚，使这些组织易于撕裂。木质素形成受阻，木质素的含量下降。

③ 促进生殖器官的形成和发育。硼能使作物花粉萌芽快，并使花粉管伸长迅速进入子房中，有利于受精和种子的形成。缺硼时，作物的生殖器官及开花结实受到的影响最为突出，不能形成或形成不正常的花器官，表现为：花药和花丝萎缩，花粉管形成困难，妨碍受精作用；籽实不能正常发育，甚至完全不能形成，严重影响作物的产量和品质。

④ 提高豆科蔬菜根瘤菌的固氮能力，增加固氮量。缺硼时，根瘤生长不良，甚至无固氮能力，作物的生长也受到限制。

⑤ 能增强作物的抗逆性。由于硼能促进糖类的合成和运输，提高蛋白质胶体的黏滞性，降低透性，增加胶体结合水的含量，调节酚的代谢和木质化作用，维持生物膜的正常功能，因而可以增强作物的抗寒、抗旱和抗病害的能力，保证作物正常生长发育。

⑥ 与作物体内生长素合成或利用有关。虽然没有证实硼在生长素代谢中起某种特别的作用，但是芳基硼酸（酚基硼酸的衍生物）对根的生长肯定有促进作用。硼还能间接控制作物体内吲哚乙酸的活性及含量，保持其促进生长的生理浓度。缺硼时会产生过量的生长素，抑制根系的生长。硼能抑制吲哚乙酸的活性，因而有利

于花芽的分化。

⑦ 与6-磷酸葡萄糖络合，抑制6-磷酸葡萄糖脱氢酶的活性。缺硼时，6-磷酸葡萄糖脱氢酶的活性增加，导致含酚化合物的积累，这些化合物的积累同作物组织出现的褐色坏死有关。作物缺硼时，出现顶芽褐腐病、根心腐病等。

⑧ 施硼可提高蔗糖含量，提高十字花科作物的产量及品质。

作物缺硼症状 作物严重缺硼影响作物的叶、花、果以及根和茎的正常生长，使其外部形态发生异常，根据这些异常，可以直观判断作物缺硼状况。不同种类的作物缺硼症状也不一样，但是有共同的特征，即生长点死亡，维管束受损，根系发育不良，有时只开花不结实，生育期推迟。

作物缺硼首先出现于幼嫩部分，新叶畸形、皱缩，叶脉间不规则褪绿，常出现烧焦状斑点。老叶叶片变厚变脆、畸形，并变成深黄绿色或出现紫红色斑点，枝条节间短，出现木栓化现象。根生长发育明显受阻，粗短，有褐色，根系不发达，生长点常死亡，如甜菜的心腐病、萝卜的溃疡病。蕾、花和子房发育受阻，脱落，果实、种子不充实，果实畸形，果肉有木栓化现象或干枯。几种作物的缺硼症状见表3-8。

表3-8 几种作物的缺硼症状

作物种类	缺硼表现
大豆	顶端枯萎，叶片粗糙增厚皱缩，植株矮缩，主根顶端死亡，侧根多而短，根瘤发育不正常，不开花或开花不正常，结荚少而畸形
蚕豆	茎秆扭曲，茎表皮破裂，顶部叶片卷曲，呈菊花状；花而不实
玉米	上部叶片脉间组织变薄，出现白色透明条纹，生长点受抑制，抽穗受阻。果穗短而弯曲畸形，顶端籽粒空秕，产量低
番茄	缺硼时幼苗子叶和真叶呈紫色，叶片硬而脆，茎生长点发黑、干枯。植株丛生状，顶部枝条内向卷曲、发黄而死亡。果实成熟期不齐，畸形，果皮有褐色侵蚀斑或黑疤
辣椒	顶端茎及叶柄折断，茎上有木栓状龟裂，对花器官发育有重要影响，花而不实、落花落蕾、花粉活力差；在叶柄上易出现肿胀环带，阻碍养分运输，叶片发黄，心叶生长慢，严重时老叶枯萎，心叶不长；根系生长差，严重时根腐烂变黑枯死
茄子	茄子缺硼时，心叶停止生长或发生畸形，茎和叶柄发生老朽。老温室不注意施用有机肥，或在酸性砂壤土上一次使用石灰过多，或在偏碱土壤上施用有机肥过少，或一次施用速效钾肥过多时，都可能发生缺硼
黄瓜	果实中心呈褐色，木栓化开裂
萝卜	萝卜对硼十分敏感，需求量是禾本科植物的几倍至十几倍。缺硼时，生长点死亡，植株生长矮化，叶片小而且少，并且畸形褪色。根不能正常发育，不但根小而且歪扭，根表皮粗糙，根心部呈褐色或产生空洞状，故又称"褐心病"，且带苦味，甜味差，根颈部出现许多黑褐色的纵向裂纹，品质变劣，产量下降，土壤中各元素不平衡会导致缺硼。其他根菜类也有类似症状
胡萝卜	根尖变黄，肉质根小，表皮粗糙，根中心颜色发白。胡萝卜对硼的忍耐程度较高
韭菜	中心叶黄化，产生生理障碍
花椰菜	花椰菜缺硼，先在叶缘部分产生很多黄色小斑点，然后在叶脉间向内扩展，同时叶变皱曲。茎、叶柄及主脉处的表皮木栓化，肉质茎心部褐化、开裂、出现空洞。主茎及构成花序的小茎中部出现小的、密集的水浸区域。严重缺硼时，头状花序的内部和外部都受到影响。整个头状花序呈青铜色或褐色，花序周围的较小叶片可能呈现畸形

续表

作物种类	缺硼表现
菜豆	生长点和芽顶端坏死，茎开裂
大蒜	新生叶产生黄化，严重时叶片枯死。植株生长停滞，解剖叶鞘可见褐色小龟裂
芹菜	芹菜缺硼症状称为"裂茎病"。缺硼芹菜的幼叶沿边缘出现褐色斑点，同时茎也变脆。表皮内维管束组织出现褐色条纹，以后在叶柄的表面上发生横向的裂缝，同时组织由裂口处向外卷曲，裂开的组织很快地变成深褐色。茎叶都有些歪扭。幼叶往往变褐而死，根也变成褐色，很多侧根死亡，并在尖端形成小的球状附属物。芹菜缺硼与缺钙有相似症状，但缺钙时茎部不出现横向裂纹
结球甘蓝	肉质茎心部褐化、开裂、出现空洞
大白菜	生长点萎缩死亡，叶片皱缩，扭曲畸形。叶球内叶中肋茎部呈褐色，出现龟裂
甜菜	幼叶卷曲和变形，凋萎或停止发育。上部叶片出现网状皱纹，叶色深绿，褶皱逐渐加重而破裂，最后凋萎。外部老叶和叶脉变黑，充满锈斑，最后凋萎。严重缺硼时，根茎腐烂和腐心，称为"心腐病"
油菜	发生花而不实症状。苗期根系生长缓慢，叶片皱缩、色暗，严重缺硼时根肿大，叶色紫红，茎生长点枯萎死亡；蕾薹期中、下部叶片有紫红色斑点，花蕾枯萎，株型矮化；花期花蕾失绿黄褐以至枯萎，花瓣枯干皱缩；角果期胚珠萎缩，角果脱落或畸形发育为节形角果，荚角粒数减少，可抽出丛生分枝，并继续开花，但不结实。由于顶芽或主花序死亡，腋芽抽出新的分枝，使植株呈丛生状，是缺硼的典型特征
棉花	在苗期、蕾期即有缺硼表现，叶片变厚增大、变脆，色暗绿无光泽，主茎生长点受损，腋芽丛生，上部叶片萎缩；至蕾铃期，蕾铃脱落严重，蕾而不花；棉桃畸形不展开，茎和叶柄呈现暗绿色或褐色环节
小麦	雄蕊发育不良，花药瘦小，不开裂，不散粉，花粉少，有时畸形无花粉；子房横向膨大，颖壳前期不闭合，后期枯萎；生育期延迟，有时边抽穗边分蘖，小穗不孕
甘薯	薯蔓细弱、较短、分枝少；旺长期新生长点枯黄不长，叶片提早脱落；薯块表皮有浅褐色水渍状斑块，薯块横切面具有黑色斑点，维管束破坏变褐
马铃薯	生长点及顶枝的尖端死亡，而侧芽的生长则得到促进；节间短，呈丛生状；叶片粗糙增厚，叶缘向上卷曲，叶柄提前脱落；块茎小，表皮溃烂，皮下维管束周围出现条状坏死组织，味苦
甘蔗	幼叶上出现一些小而长的水渍状斑点，其方向与叶脉平行，以后形成条状，叶的背面还常出现一些瘤状突起体，后期叶片病痕中部呈深红色
板栗	板栗缺硼时雌花数量一般较多，落花落果现象也不严重。但是总苞(刺苞)或球果在发育过程中途生长停滞，形成核桃大小的圆球形总苞，一直保持绿色。到板栗成熟期，正常的总苞由绿转黄，产生离层而脱落，而缺硼果实不易脱落，甚至比叶片脱落还晚，总苞中的栗子是干瘪的，只有蚕豆大小，而且有壳无肉，无食用价值
花生	花生缺硼，主茎和侧枝短粗，茎顶端生长的叶片易落，生长点逐渐焦枯坏死，株形矮，呈丛生状；茎部和根部有明显裂缝，心叶小而皱缩，老叶叶缘干枯，叶片厚而脆，根系发育不良。根尖褐色坏死。延迟开花进程，荚果发育受抑，造成籽仁空心，影响品质
烟草	节间短，顶端分生组织坏死，幼叶先失绿，并不断扩大到其他叶片，叶片变形，卷边或扭曲。新叶硬，易折并向下卷曲，叶面亮，肥厚，叶小，植株矮小。开花期花芽自行脱落
柑橘	新梢叶出现水渍状黄斑，随着叶龄的增长，黄色斑点增大，叶片反卷，失去光泽，脆而易折，叶脉发黄，主脉和侧脉增粗、木栓化，甚至纵向爆裂，呈暗褐色，叶易提前掉落；木栓化的枝条一般不再抽新梢，老叶脱落后出现枯梢秃顶现象，开花甚多，花粉生活力差，坐果率低，产生花而不实或花而少实。果实发僵，果皮粗糙增厚，果肉干瘪变硬，木栓化严重，果汁少，种子也很少形成，称为"石头果"

续表

作物种类	缺硼表现
苹果	植株最顶端的生长点停止生长发育，生长点附近的叶片萎缩，叶尖或叶缘逐渐枯死。新梢顶部皮层产生坏死斑，逐渐扩大，形成枯梢。树枝下部可长出许多细枝，形成丛枝。枝梢生长停滞，节间很短，在节上生出许多小而厚的叶片，形成簇叶。花器发育不好，花粉管生长慢，未受精而早落，坐果率低。果实生长期，形成畸形果、缩果，果面凹凸不平，果实外部和内部组织木栓化。果实症状可分为干斑型、木栓型和锈斑型
梨树	梨树缺硼时，多在果肉的维管束部位出现褐色或白色凹斑，组织坏死，味苦
桃树	桃树缺硼，幼叶发病，老叶不表现病症。发病初期，顶芽停长，幼叶黄绿，其叶尖、叶缘或叶基出现枯焦，并逐渐向叶片内部发展。发病后期，病叶凸起、扭曲甚至坏死早落；新生小叶厚而脆，畸形，叶脉变红，叶片簇生；新梢顶枯，并从枯死部位下方长出许多侧枝，呈丛枝状。花期缺硼会引起授粉受精不良，从而导致大量落花，坐果率低，甚至出现缩果症状，果实变小，果面凹陷、皱缩或变形。因此，桃树缺硼症又称“缩果病”
樱桃	樱桃缺硼时引起缩果症，在果实上可产生数个硬斑，硬斑处果肉发育缓慢，逐渐木栓化，或呈海绵状；正常部位生长迅速，因而果实生长发育不均衡，出现果实畸形。这种畸形果一直到采收时仍不脱落，严重影响樱桃的产量和品质
猕猴桃	新梢顶端的幼叶出现淡黄色小斑点，叶脉间组织变黄，最后变褐色枯死。花序小，花蕾数量少，花冠不裂开，而变成赤褐色。花粉发芽率低，授粉受精不良，落花落果严重
葡萄	新梢生长细瘦，节间变短，顶端易枯死。花序附近的叶片出现不规则淡黄色斑点，并逐渐扩展，重者脱落。幼龄叶片小，呈畸形，向下弯曲。开花后呈红褐色的花冠常不脱落，不坐果或坐果少，果穗中无籽小果增多
茶树	叶片表皮粗糙，叶尖、叶缘出现花白色病斑，逐渐向主脉和叶基部发展，后期叶柄主脉破裂，有环状突起，叶小节短
香蕉	新叶出现横穿叶脉的条斑，叶片不完全，畸形，产生花而不实或蕾而不花的症状
龙眼	梢枯，果畸形、落花落果

我国南方广泛分布着缺硼土壤，如红壤、砖红壤、黄壤和紫色土等，由花岗岩、片麻岩发育的土壤缺硼尤为突出。我国北方的黄绵土、褐土、棕壤等土壤有效硼也很低，作物也易缺硼。有机质贫乏、熟化度低的土壤易缺硼。持续干旱导致土壤有效硼含量降低，同时作物吸硼下降，促发缺硼。偏施氮肥，使 N/B 的比值过大，促进或加重缺硼。另外，酸性土壤过量施用石灰或含游离碳酸钙的石灰性土壤，以及排水不良的草甸上，因有机质对硼的吸附，作物也易缺硼。

缺硼症状在早期一般不易发现，内部的潜在性异常现象早已存在，到孕蕾和开花期最为显著。根作作物（如甜菜和萝卜）以及花椰菜、芹菜等都可作为土壤缺硼的指示作物。根据这些作物的生长情况，可以判断出土壤中硼的供给情况。

作物过量施硼症状　施硼过多，可能导致植株中毒，症状多表现在成熟叶片的尖端和边缘，叶尖发黄，脉间失绿，最后坏死。双子叶植物叶片边缘焦枯如镶金边；单子叶植物叶片枯萎早脱。一般桃树、葡萄、无花果、菜豆和黄瓜等对硼中毒敏感，所以施用硼肥不能过量，以防作物受害。幼苗含硼过多时，可通过叶片吐水方式向体外排出一部分硼。

硼肥种类 硼肥种类很多，常用的硼肥有硼砂、硼酸、硼镁磷肥、硼泥、含硼过磷酸钙等。此外，还有含硼石膏、含硼过磷酸钙、含硼黏土、含硼碳酸钙等。

（1）硼砂（$Na_2B_4O_7 \cdot 10H_2O$） 白色粉末状，半透明细结晶，主要是进行土壤施肥，含硼11%（以B计）。在冷水中的溶解度较低，易溶于40℃以上的热水中。饱和水溶液呈碱性，pH为9.1～9.3。

（2）硼酸（H_3BO_3） 白色细结晶或粉末，含硼17%（以B计），能溶于水，常采用叶面喷施。0.1摩尔/升的硼酸溶液pH为5.13，呈酸性。

（3）硼泥 是制硼砂和硼酸后的残渣，灰白色粉末，含硼1.5%～1.6%（以B_2O_3计），含氧化镁20%～30%。水溶液呈碱性。由于含硼量较少，只适合作基肥。

（4）含硼过磷酸钙 含硼0.1%～0.6%（以B计），灰黄色粉末，主要成分溶于水。宜基施。

（5）硼镁磷肥 含硼0.6%左右，含镁10%～15%，含有效磷6%左右，是一种含大、中量元素（磷、镁）和微量元素（硼）的复合肥料。

（6）晶体硼镁肥（$H_3BO_3 + MgSO_4 \cdot 7H_2O$） 含硼5%～12%（以$HBO_3$计）。

（7）多硼酸铵（$NH_4B_5O_8 \cdot 4H_2O$） 含硼51%～61%（以B_2O_3计）。

（8）硼钙镁磷肥 含硼0.17%～0.23%（以B计）。

此外，还有速乐硼、多聚硼、持力硼等水溶性固体硼肥，速溶，混配性好，常采用叶面喷施。

注意事项

① 红壤、黄棕壤、紫色土等酸性土壤中过量施用石灰，会导致缺硼。土壤干旱或地势低洼、排水不良，易导致土壤缺硼。

② 对硼肥敏感的作物主要为豆科和十字花科作物，其次为甜菜、番茄、黄瓜、花椰菜、芹菜、白菜、马铃薯、玉米等，施用硼肥反应较好。土壤施用硼肥的后效一般可维持2～3年，种植需硼不多的蔬菜作物可维持后效5年左右。一般当土壤水溶性硼含量少于0.5毫克/千克时，施用硼肥均有良好效果。

③ 水溶性硼肥含硼量高，为防止硼中毒，喷施浓度不要超过0.2%，对硼敏感的作物如菠萝、草莓、大麦、小麦、燕麦、大豆、豌豆、菜豆等，喷施浓度不要超过0.1%。

④ 为提高水溶性硼的喷施效果，配制时应搅拌均匀后再喷施。若与其他药、肥混喷，应以不产生沉淀为原则。

⑤ 作物盛花期或中午遇高温天气时不宜喷施水溶性硼，以免影响授粉。

1.硼砂

$Na_2B_4O_7 \cdot 10H_2O$，381.37

反应式

① 加压碱解法。$2MgO \cdot B_2O_3 + 2NaOH + H_2O \longrightarrow 2NaBO_2 + 2Mg(OH)_2$

$$4NaBO_2+CO_2 \longrightarrow Na_2B_4O_7+Na_2CO_3$$

② 碳碱法。$2(2MgO \cdot B_2O_3)+Na_2CO_3+2CO_2+xH_2O \longrightarrow Na_2B_4O_7+4MgO \cdot 3CO_2 \cdot xH_2O \downarrow$

③ 纯碱碱解法（井盐卤水）。$CaB_4O_7+Na_2CO_3 \longrightarrow Na_2B_4O_7+CaCO_3$

$$4H_3BO_3+Na_2CO_3 \longrightarrow Na_2B_4O_7+6H_2O+CO_2$$

④ 纯碱碱解法（钠硼解石）。$2(Na_2O \cdot 2CaO \cdot 5B_2O_3 \cdot 16H_2O)+Na_2CO_3+4NaHCO_3 \longrightarrow 5Na_2B_4O_7+4CaCO_3 \downarrow +CO_2 \uparrow +34H_2O$

硼砂（borax），也叫粗硼砂、硼酸钠、焦硼酸钠、十水合四硼酸二钠、四硼酸钠、月石砂，含硼 11.3%，在化学组成上，它是含有 10 个水分子的四硼酸钠（十水四硼酸钠）。

理化性状 工业硼砂为无色半透明晶体或白色单斜结晶粉末。无臭，味咸。密度 1.73 克/厘米^3。在 40℃热水中易溶解，微溶于酒精溶液后呈弱酸性。硼砂在空气中可缓慢风化。加热到 60℃时，失去 8 个结晶水；350～400℃时，失去全部结晶水。熔融时成无色玻璃状物质。硼砂有杀菌作用，口服对人有害。产品广泛用于玻璃、搪瓷、陶瓷、医药、冶金等工业部门，在农业上可用于微量元素肥料等方面。

质量标准 执行国家强制性标准 GB 537—2009。

（1）外观 白色细小结晶体。

（2）工业十水合四硼酸二钠应符合表 3-9 的要求。

表 3-9 硼砂的质量要求

项　目		指标	
		优等品	一等品
主含量($Na_2B_4O_7 \cdot 10H_2O$)/%	≥	99.5	95.0
碳酸盐(以 CO_3^{2-} 计)含量/%	≤	0.1	0.2
水不溶物含量/%	≤	0.04	0.04
硫盐酸(以 SO_4^{2-} 计)含量/%	≤	0.1	0.2
氯化物(以 Cl^- 计)含量/%	≤	0.03	0.05
铁(Fe)含量/%	≤	0.002	0.005

该标准对标志、标签、包装、运输、贮存的规定如下。

① 工业十水合四硼酸二钠包装上应有牢固清晰的标志。内容包括：生产厂名、厂址、产品名称、等级、净含量、批号（或生产日期）、本标准编号及 GB/T 191 中规定的“怕雨”标志。

② 每批出厂的产品都应附有质量证明书。内容包括：生产厂名、厂址、产品名称、等级、净含量、批号（或生产日期）、产品质量符合本标准的证明和本标准编号。

③ 工业十水合四硼酸二钠内包装采用聚乙烯塑料薄膜袋，外包装采用塑料编

织袋。每袋净含量 50 千克，也可根据用户要求的规格进行包装。

④ 工业十水合四硼酸二钠的包装采用尼龙绳扎口，或用与其相当的其他方式封口；外包装牢固封口。

⑤ 工业十水合四硼酸二钠在运输过程中应有遮盖物，防止雨淋、受潮。不得与酸混运。

⑥ 工业十水合四硼酸二钠应贮存在阴凉、干燥处，防止雨淋、受潮。不得与酸混贮。

简易识别方法

（1）颜色和形态　真品硼砂为白色细小晶体，看起来与绵白糖极像，而假冒品为白色柱状结晶颗粒，晶粒大小类似白砂糖，甚至比白砂糖粒还大，有的略带微黄色，挤压其假冒品包装会发出沙沙声。

（2）气味　味甜略带咸。

（3）溶解性　可溶于水，易溶于沸水或甘油中。取硼砂样品如花生粒大小，置于杯中，加水半杯。真品硼砂在冷水中溶解度极小，所以溶化速度很慢，而假冒品稍微搅拌便迅速溶解。还可用 pH 试纸测试硼砂溶液的酸碱性，硼砂为弱酸强碱盐，pH 值在 9～10，而假冒品 pH 值为 6～7。

（4）灼烧性　易熔融，初熔时体质膨大酥松似海绵，继续加热则熔化成透明的玻璃球状。

定性鉴定

（1）检查硼酸盐　取本品水溶液，加盐酸呈酸性后，能使姜黄试纸变成棕红色；放置干燥，颜色即变深，用铵试液湿润，即变为绿黑色。

（2）检查钠盐　取铂丝，用盐酸湿润后，蘸取样品粉末，在无色火焰中燃烧，火焰即呈鲜黄色。

施用方法

（1）作基肥　在中度或严重缺硼的土壤上基施效果最好。每亩用 0.5～0.75 千克硼砂，与干细土或有机肥料混匀后开沟条施或穴施，或与氮、磷、钾等肥料混均后一起基施，但切忌使硼肥直接接触种子（直播）或幼苗（移栽），以免影响发芽、出苗和幼根、幼苗的生长。不宜深翻或撒施，用量不能过大，若每亩条施硼砂超过 2.5 千克时，就会降低出苗率，甚至死苗减产。

（2）浸种　浸种宜用硼砂，一般先用 40℃的热水将硼砂溶解，再加冷水稀释成浓度为 0.01%～0.03%的硼砂溶液，将种子倒入溶液中，浸泡 6～8 小时，种、液比为 1∶1，捞出晾干后即可播种。

（3）叶面喷施　用 0.1%～0.25%的硼砂溶液，每亩每次喷施 40～80 千克溶液，6～7 天 1 次，连喷 2～3 次。苗期浓度略低一些，生长后期略高一些。田间已经出现缺硼症状的，必须尽快喷施 2～3 次。叶面喷施以下午为好，喷至叶面布满雾滴为度。如果喷后 6 小时内遇雨淋，应重喷一次。

作物不同，喷施时期也不同，棉花应选择苗期、初蕾期、初花期喷施；蚕豆以蕾期和盛花期喷施；果树以蕾期、花期、幼果期喷施；大、小麦以苗期、分蘖期、拔节期喷施；玉米以苗期、拔节期喷施为佳；水稻于孕穗期和开花期各喷1次；油菜在苗后期（花芽分化前后）、抽薹期（薹高15～30厘米）、花期各喷1次；甜菜于苗期、繁茂期、块根形成期各喷1次；甘蔗于苗期、分蘖期、伸长期各喷1次；烟草在苗期至旺长期喷施2～3次；芝麻在蕾期、花期各喷1次；向日葵在见盘至开花期喷施2～3次。

蔬菜喷施浓度一般以0.1%～0.2%为宜，番茄在苗期和开花期各喷1次；花椰菜在苗期和莲座期（或结球期）各喷1次；扁豆在苗期和初花期各喷1次；萝卜和胡萝卜在苗期及块根生长期各喷1次；马铃薯在蕾期和初花期各喷1次。每次每亩均为50～80升。其他蔬菜一般在生长前期喷施效果较好。

（4）作追肥　棉花在蕾期每亩用0.2～0.25千克硼砂，拌干细土10～15千克（或溶于50千克水中），在离棉株6～9厘米处开沟或开穴施下，随即盖土。

（5）土施　果树一般采用土施。苹果每株土施硼砂100～150克（视树体大小而异）于树的周围。缺硼板栗，以树冠大小计算，每平方米施硼砂10～20克较为合适，要施在树冠外围须根分布最多的区域。例如幼树冠10米^2，可施硼砂150克，大树根系分布广，要按比例多施些。但施硼量过多，如每平方米树冠超过40克，就会发生肥害。所以一定要掌握好施硼量。其他果树也可采用同样方法施硼。

注意事项　硼砂常用内衬牛皮纸或塑料袋的麻袋包装。在运输和贮存过程中，注意防潮，必须干燥和清洁。

2.硼酸

H_3BO_3，61.83

反应式

① 中和法。主要原料是工业硼砂和硫酸，两者之间发生中和反应生成硼酸和硫酸钠。

$$Na_2B_4O_7 \cdot 10H_2O + H_2SO_4 \longrightarrow 4H_3BO_3 + Na_2SO_4 + 5H_2O$$

② 碳氨法。以硼镁矿、氨水和二氧化碳为原料。硼镁矿经焙烧脱水（结构水）后粉碎，矿粉细度控制在90%以上通过160目标准筛。在配料罐内，矿粉、碳酸氢铵溶液（由氨水、二氧化碳反应制得）和分离硼酸的母液充分搅拌混合。混合均匀的料浆送入浸取釜，在一定的温度［(140±5)℃］和压力（反应压力<1.5～2兆帕）下进行浸取反应，生成硼酸铵，反应式为：

$$2MgO \cdot B_2O_3 + 2NH_4HCO_3 + H_2O \longrightarrow 2(NH_4)H_2BO_3 + 2MgCO_3$$

③ 盐酸法。用盐酸分解硼镁矿，使矿石中的三氧化二硼变成硼酸，反应式为：

$$2MgO \cdot B_2O_3 \cdot H_2O + 4HCl \longrightarrow 2H_3BO_3 + 2MgCl_2$$

硼酸（boric acid），别名：原硼酸、正硼酸，含硼17.5%。

理化性状　硼酸实际上是氧化硼的水合物（$B_2O_3 \cdot 3H_2O$），为带珍珠光泽的三斜晶体粉末，接触皮肤有滑腻手感，无臭味。溶于水，水溶液呈弱酸性。在水中的溶解度随温度升高而增大，并能随水蒸气挥发，在无机酸中的溶解度要比在水中的溶解度小，也溶于酒精、甘油、醚类及香精油中。密度1.435克/厘米^3（15℃）。加热至70～100℃时逐渐脱水生成偏硼酸，150～160℃时生成焦硼酸，300℃时生成硼酸酐（B_2O_3）。

质量标准 硼酸目前尚未有农业标准，可参考国家推荐性标准GB/T 538—2006。

（1）外观 工业硼酸应为白色粉末状结晶或三斜轴面的鳞片状带光泽结晶。

（2）工业硼酸的技术要求应符合表3-10的要求。

表3-10 工业硼酸的技术要求

项目		指标		
		优等品	一等品	合格品
硼酸(H_3BO_3)含量/%		99.6～100.8	99.4～100.8	≥99.0
水不溶物含量/%	≤	0.010	0.040	0.060
硫酸盐(以SO_4^{2-}计)含量/%	≤	0.10	0.20	0.30
氯化物(以Cl计)含量/%	≤	0.050	0.10	0.15
铁(Fe)含量/%	≤	0.0020	0.0030	0.0050
氨(NH_3)含量/%	≤	0.30	0.50	0.70
重金属(以Pb计)/%	≤	0.0010	—	—

注：1. 氨含量是碳氨法硼酸的必检项目，其他方法生产的硼酸免检。

2. 如果用户不要求，重金属项目可免检。

该标准对标志、标签、包装、运输和贮存要求规定如下。

① 工业硼酸包装袋上要有牢固清晰的标志。内容包括：生产厂名、厂址、产品名称、商标、等级、净含量、批号和生产日期、本标准编号及GB/T 191中规定的“怕雨”及“怕晒”标志。

② 每批出厂的工业硼酸都应附有质量证明书。内容包括：生产厂名、厂址、商品名称、商标、等级、净含量、批号或生产日期、产品质量符合本标准的证明和本标准编号。

③ 工业硼酸采用双层包装。内袋为：聚乙烯塑料薄膜袋，用维尼龙绳或其他质量相当的绳扎紧，或用与其相当的其他方式封口。外袋为：塑料编织袋，或采用覆膜塑料编织袋、防潮复合纸袋单层包装，用维尼龙绳或其他质量相当的线缝口，缝线整齐、针距均匀、无漏缝或跳线现象。如需特殊包装，供需双方另行协商。每袋净含量25千克或50千克。

④ 工业硼酸在运输过程中应防潮、防雨、防晒，并不得与酸性、易燃物、氧化剂或食品、饲料类货物混运。

⑤ 工业硼酸应贮存于阴凉、干燥的库房中，不得与氧化剂、强碱及碱金属同贮。

施用方法

(1) 作基肥　在中度或严重缺硼的土壤上基施效果最好。每亩用0.5～0.75千克硼酸与干细土或有机肥料混匀后开沟条施或穴施，或与氮、磷、钾等肥料混均后一起基施，但切忌使硼肥直接接触种子（直播）或幼苗（移栽），以免影响发芽、出苗和幼根、幼苗的生长。不宜深翻或撒施，用量不能过大，若每亩条施硼酸超过2.5千克时，就会降低出苗率，甚至死苗减产。

(2) 浸种　浸种宜用硼酸，一般先用40℃的热水将硼酸溶解，再加冷水稀释成浓度为0.01%～0.03%的硼酸溶液，将种子倒入溶液中，浸泡6～8小时，种、液比为1∶1，捞出晾干后即可播种。

(3) 叶面喷施　用0.1%～0.25%的硼酸溶液，每亩每次喷施40～80千克溶液，6～7天一次，连喷2～3次。苗期浓度略低一些，生长后期略高一些。田间已经出现缺硼症状的，必须尽快喷施2～3次。叶面喷施以下午为好，喷至叶面布满雾滴为度。如果喷后6小时内遇雨淋，应重喷一次。

注意事项　应贮存在清洁、干燥的库房内，不得露天堆放，应避免雨淋或受潮。不慎溅至眼睛及皮肤上时，则用水流冲洗眼睛，用肥皂及水彻底洗涤皮肤。应装在篷车、船舱或带篷的汽车内运输，不应与潮湿物品或其他有色的原料混合堆置，运输工具必须清洁干燥。硼酸对人体有毒，内服影响神经中枢。

3.硼泥

硼泥（boron mud）是生产硼酸、硼砂等产品产生的废渣。可溶性B_2O_3含量常在0.23%左右。为灰白色、黄白色粉状固体，因含有少量的碱常呈碱性。硼泥的堆存处置不仅占用大量土地，而且会使堆场附近的土壤碱化并引起硼的迁移转化，造成环境污染。由于硼是植物生长需要的微量元素，且硼泥含有的其他成分如镁、硅、钙、铁等，均对作物有一定的作用。

使用方法　硼泥可直接作为硼肥使用，一般作基肥，每亩用量25～30千克。含游离碱偏高的硼泥，应该用废酸或过磷酸钙中和，并与农家肥一起堆沤，然后施用。硼泥还可以作为原料制取硼镁肥、硼镁磷肥、硼镁氮肥、硼镁沉淀磷酸钙以及含硼复合肥。

4.速乐硼

速乐硼（solubor），是美国硼砂集团生产的浓缩速效速溶叶面喷施硼肥，它具有含硼量高、水溶性好、吸收速度快等优点，在油菜、棉花、花生等硼敏感作物上施用增产效果尤其明显。在施肥时需要了解作物营养以及土壤供硼特点，因地适宜地施用。一般土壤有效硼含量在0.8毫克/千克以下的都应适当施用硼肥，以保证作物的硼营养。

主要成分　纯硼含量≥20.5%，有效成分硼酸钠盐含量大于98%。

施用范围

（1）蔬菜类作物　胡萝卜、芹菜、马铃薯、萝卜、洋葱、菠菜、大白菜、番茄等。

（2）经济类作物　油菜、棉花、花生、甜玉米、大豆等。

（3）果树类作物　苹果、柑橘、葡萄、梨、桃、板栗、香蕉、橄榄、椰子、龙眼、樱桃、芒果、荔枝等。

（4）大田类作物　玉米、水稻、小麦、大麦等作物上施用，能提高作物产量，改善作物品质，并提高作物抗逆性。

产品特点

（1）快速溶解　即使在低温下，也能快速湿化并迅速溶解到水或更黏稠的液体中。

（2）高溶解度　产品颗粒细微达200目（<70纳米），溶解度高，且不受水温影响。

（3）施用方便安全　可在任何温度下快速溶解喷雾施用，对土壤、农作物不留残毒。

（4）速效吸收性　施用后能迅速被植物吸收利用，对作物肥效明显。

（5）混配性好　水溶液接近中性，适合与化学农药或叶面肥混合使用，减少施用成本。

（6）增产效果明显　土壤缺硼时，施用本产品，可明显增加作物产量，提高作物品质。

施用方法

（1）叶面喷施　速乐硼直接与水混合配成0.05%～0.07%（1500～2000倍）水溶液，即15克包装1包速乐硼对水20～30千克，每次每亩施用30克，每次每亩用水量45～60千克，在作物苗后期、蕾期、初花期等生育期选择喷施2次，每次喷施间隔14天左右。

（2）随水追肥及与除草剂、杀虫剂、杀菌剂混合施用　速乐硼施用浓度0.05%～0.07%。

注意事项

① 我国各种土壤缺硼程度不一，速乐硼施用剂量可根据当地缺硼情况和施用作物不同适当增加或减少。速乐硼为浓缩速效叶面喷施肥，为防止硼中毒，速乐硼喷施浓度不应超过0.1%（1000倍），每次每亩施用量不超过50克。

② 速乐硼宜存放在阴凉干燥处。

③ 避免速乐硼污染食品和动物饲料，不可吞食，不要让儿童接触到速乐硼。

5. 多聚硼

多聚硼（speedfol-B SP），是由SQM欧洲公司在比利时安特卫普研发基地历时多年开发的以硼酸为载体，含Q因子（SQM专用配方）等多种化合聚合物的配方硼肥。它是一种配方硼肥，溶解性极强，可被植物直接吸收，对作物肥效非常显著，可作为各种叶面肥、喷施肥、滴灌肥的添加剂，并且可以与农药混合使用且不影响肥效与药效。

主要成分 其元素硼含量17%。

产品特点

（1）唯一性 世界上唯一的酸性配方硼肥。

（2）增效性 酸化水溶液，增强与农药的混配性。

（3）安全性 不含氯、钠等有害离子。

（4）渗透性 独有Q因子，耐雨水冲刷，遇雨不需补喷。

施用方法 多聚硼一般用量为1500～2500倍，可适用于任何田间喷洒（表3-11）。

表3-11 多聚硼在作物上的应用

作物名称	最大浓度/（克/100升）	剂量/（千克/公顷）	施用时期及方法
棉花	200	1	在花蕾和第一次花期之间全面喷施本产品，两周后喷施第二次
苹果	65	1	在作物开花前期，而且只能在作物开花之前使用2次
梨树	130	2.6	在刚刚采收后和采收后一段时间叶面施肥，以增加第二年的营养储备
葡萄	150	2	开花期和开花盛期使用
枣	150	2	花期和幼果期使用
樱桃树	130	2	只能在历年中坐果能力差的果园，以及缺硼的果园和前1年收获后没有进行硼肥补充的果园，在10%的花开放后使用
桃树	130	2	只能在历年中坐果能力差的果园，以及缺硼的果园和前1年收获后没有进行硼肥补充的果园，在花蕾期使用
花生	650	2	开花前喷洒1次，并根据需要隔3周再次喷洒
玉米	200	1	只在开花之前使用1次
番茄	100	0.5	始花期开出第1朵花时喷施
小麦	200	1	在花穗形成期和抽穗期间进行全面喷洒
草莓	200	2.6	苗期，始花期开出第1朵花时喷洒，果实膨大期，采摘后全面喷洒
黄花菜	200	0.8	蕾期和花期每隔7～10天喷洒1次

6.持力硼

持力硼（granubor），美国硼砂集团生产的白色大颗粒状的土壤施用硼肥，其纯硼含量≥15%。持力硼已在世界各地推广使用达几十年之久，施用持力硼能迅速纠正作物的缺硼症状，显著提高产量，改善品质，并增强作物的抗逆性，确保氮、磷、钾肥料不会流失。国外施用结果表明：土壤缺硼时，施用持力硼能有效防止作物硼缺乏，提高作物产量，改善作物品质。持力硼与速乐硼配合使用效果更佳。2001年，持力硼被美国华盛顿州农业部批准为有机食品的登记硼肥产品。近几年来，在中国登记作物油菜上持力硼进行广泛施用，取得了良好的经济效益和社会效益。

主要成分 纯硼含量15%，有效营养成分聚合硼酸钠盐含量大于95%。

产品特点

(1) 肥效长 硼元素释放均匀，保持时间较长，具有相对长的肥效。

(2) 植物易吸收 易溶于土壤水溶液中，并可快速被作物吸收。

(3) 颗粒一致 圆球颗粒大小一致，使其十分适合与氮、磷、钾肥复混。

(4) 颗粒坚硬 在产品运输、土壤施用、工业操作过程中不易破碎，产品外观始终如一。

(5) 优良的分散性 不论是直接作为土壤基施硼肥或是与氮、磷、钾肥配制成复混肥，均可在土壤中具有良好的分散性。完全解决基施硼砂后硼在土壤中积累，造成硼中毒的现象。

施用范围

(1) 蔬菜类作物 甘蓝、绿菜花、花椰菜、胡萝卜、芹菜、马铃薯、芜菁、萝卜、洋葱、菠菜、大白菜、番茄等。

(2) 经济类作物 苜蓿、油菜、咖啡、甜菜、茶、向日葵、可可、烟草、亚麻、棉花、花生、甜玉米、油棕、甘蔗、大豆等。

(3) 果树类作物 苹果、柑橘、葡萄、梨、桃、板栗、橄榄、椰子、龙眼、樱桃、芒果、荔枝等。

(4) 大田类作物 玉米、水稻、小麦、大麦、高粱等；花卉类：菊花、康乃馨、剑兰、玫瑰花、郁金香等。

(5) 园林类 在松树、桉树、桦树、杨树等作物上施用，能提高作物产量，改善作物品质，并提高作物抗逆性。

施用方法

(1) 土壤基施 每亩用持力硼200～250克单独或与氮、磷、钾肥料及有机肥料混合均匀，采用条施、沟施、撒施等方法在作物播种前施入土壤中。持力硼是完全可溶性硼肥，其圆球颗粒状的物理结构，使得其在土壤施用中十分具有优势。它具有相对长效，硼不易淋失，不易造成土壤硼中毒的优点。

(2) 土壤追施 在土壤未基施持力硼或其他硼肥前提下，可在作物苗后期向土壤每亩追施持力硼200克。持力硼可单独或与氮、磷、钾肥料及有机肥料混合均匀采用条施、沟施、撒施等方法对作物进行追施，追后浇水。

(3) 持力硼与速乐硼配合施用 一般土壤施用一次持力硼（土壤基施或土壤追施，两者施用方法只可任选其一），作物开花前喷施1～2次速乐硼。

(4) 果树施用方法 每棵树施持力硼5～10克（每亩40棵树左右），单独或与氮、磷、钾肥料及有机肥料混合均匀，在果树采收后或树芽萌发前后施于土壤中。

注意事项

① 持力硼土壤施用时，应撒施均匀，不要与作物种子、根接触，以免造成硼

中毒。

② 持力硼土壤施用硼肥。作物生产一季，只需向土壤施用一次（土壤基施、土壤追施只可任选其一）。土壤施用持力硼后，除了花前或花初期和幼果期叶面喷施速乐硼 1～2 次外，不必再施用任何其他硼肥。

③ 我国各地土壤缺硼程度不一，持力硼施用剂量可根据当地已知土壤硼含量情况适当增加或减少。但持力硼施用在对硼敏感的作物上，如菠萝、草莓等水果类，大麦、小麦、燕麦、水稻等大田类作物，豌豆、菜豆等豆类作物，施用剂量不应超过持力硼推荐施用剂量。

④ 避免造成持力硼污染食物或动物饲料。

⑤ 持力硼宜存放在阴凉干燥处；持力硼不可吞食；不要让儿童接触到持力硼。

7.活力硼

活力硼（energy boron），广东佛山植宝有限公司生产。

主要成分 硼酸钠盐含量≥99.9%，纯硼含量≥15%。

产品特点

(1) 高纯度、高含量 硼酸钠盐含量 99.9%以上，纯硼含量高达 15%以上。

(2) 均效 硼元素释放均匀，流失少，残留少。

(3) 易吸收 为水溶解型硼化合物，能根据作物不同生产阶段有效释放养分，满足作物平衡吸收。

(4) 分散性好 颗粒较为整齐一致，具有优良的分散性，不易造成作物硼中毒。

(5) 混合性好 颗粒为圆形，与市场上的 BB 肥、复混肥粒形相近，宜混合施用。

产品功效 见表 3-12。

表 3-12 活力硼在几种作物上的施用效果

作物名称	施用功效
油菜、油葵、向日葵	防止“花而不实”，增加角果，提高结实率和干粒重，提高油含量
大豆	增加花数，提高结实率及粒重，防止大豆的“芽枯病”
棉花	防止蕾铃脱落，增加花蕾数，提高纤维含量，提高产量与品质
水稻、小麦、玉米	提高结实率，降低空瘪率
西瓜、甜瓜	提高产量，改善品质，预防“龙抬头”的发生
柑橘、苹果、梨、板栗	提高产量与果实含糖量，降低含酸量，防止“缩果病”
黄瓜、番茄	提高坐果率与产量，防止畸形果
甜菜	提高产量和含糖量，预防“心腐病”的发生
烟草	提高单叶量，增加产量
花生	减少落花落荚，提高产量
花卉、园林	促进花芽分化，培育花蕾，防止落果

使用方法

(1) 土壤基施　每亩取活力硼200～400克，单独或与其他肥料混合均匀，在作物播种或移栽前采用沟施、条施或者穴施的方法施于土壤中，撒施时适当增加用量。

(2) 土壤追施　在作物生长期，视作物缺硼情况，采用条施、沟施、垄施或雨后撒施等方法向每亩土壤追施活力硼200～400克。

注意事项

① 土壤施用时，应均匀施入土壤。

② 视各地土壤的缺硼情况适当增加用量。

③ 本品应存储于阴凉、干燥处，如有少量板结现象不影响继续使用。

8. 稼加硼

稼加硼是武汉克瑞斯农业科技有限公司生产的颗粒基施缓释型硼肥。纯硼(B)含量≥10%，内含有生物促生素、养分平衡因子。一次施用可以满足作物整个生育期对硼的需求，还能增强作物对各种病害的抵御能力，显著提高产量和品质。

产品特点

(1) 稳定性强　硼元素按作物营养吸收规律均匀释放，不易流失，肥效长。

(2) 增产明显　在缺硼的作物上施用，可增产20%～35%。

(3) 施用方便　可单独施用，也可与任何基施肥料混合施用。

(4) 使用安全　不含任何激素和有毒物质，对作物安全，是优质农业生产的首选产品。

产品作用　硼是作物的重要营养成分之一，它参与细胞壁的形成、核糖和蛋白质的合成，促进授粉和结实等生理和生化功能。硼能促进其他营养元素在作物体内转移和吸收，提高作物的光合性能，使其抗逆能力增强。果树施用稼加硼防止果而不良、落果缩果、果实畸形等，提高坐果率，增加产量，长期使用可延缓果树衰老，延长果园收获期；经济作物和蔬菜类作物施用稼加硼可有效防止棉花蕾铃脱落；油菜花而不实、茎秆纵裂；花生有果无仁、瘪粒空壳；甜菜腐心病、芹菜茎折病；叶菜叶片焦枯、着色不匀等症状。长期施用亦可改良土壤，减轻土壤板结，抗重茬。

适用作物

(1) 大田作物　水稻、小麦、玉米。

(2) 果树类　柑、橙、柚、苹果、梨、香蕉、芒果、荔枝等。

(3) 经济作物　棉花、油菜、甜菜、花生、甘蔗、大豆等。

(4) 蔬菜类　番茄、辣椒、甘蓝、花椰菜、萝卜、芹菜、马铃薯、大白菜等。

使用方法

(1) 基施　果树类作物根据树龄的大小，每棵施用稼加硼20～30克；经济作物、大田作物和蔬菜类作物每亩施用稼加硼200～400克。

(2) 追施　未施用“稼加硼”的田块，在作物苗期至开花前均可施用，用量同基施；也可与其他追肥混合使用，追施后浇水。

9.埃施得无水硼砂

埃施得无水硼砂，浙江勿忘农生物科技有限公司生产，以进口精品硼酸（含量99%）、氢氧化钠为主要原料，配以优良的生产方式精制而成。

主要成分　有效成分硼酸钠盐含量≥98%，纯硼含量≥21%。

产品特点

① 水溶性好，杂质少。产品为白色粉末，易溶于水，且不受水温限制。常温（20℃）下，其溶解度是普通硼砂的3.6倍。

② 酸碱适中，混配性好。其水溶液呈微碱性，可与任何叶面肥和化学农药混用，喷施肥力均匀持久。

③ 良好的分散性。分散性好、叶面停留时间长，能被作物叶片快速吸收。

④ 绿色环保，施用安全。依其高溶解度、高效吸收、完全营养的特点，对土壤、作物无残留，不会导致土壤板结，也不会使土壤性能变差或肥力下降。

产品功效　促进作物体内糖的运输与代谢；加速作物体内生长素的合成和利用；刺激作物体内细胞伸长和分裂；促进作物生殖器的生成和发育；加强豆科作物根瘤菌的固氮作用；可有效防止棉花出苗后子叶小、植株矮、生长点生长受阻、蕾而不花、花而不实、落花落铃；防止油菜花而不实，即油菜不断开花而不结籽；防止果树落花落果、缩果、畸形；防止豆类作物荚而不实；防止花生荚而不仁。

适宜范围　不同的作物品种吸肥特点不一，对硼有着不同要求，硼肥的效果也不一样。一般十字花科、豆科植物如油菜、大豆等对硼的要求较高，对施硼有良好反应。各种根茎作物如甜菜、马铃薯、纤维作物、果树等对硼的需求量也很大。禾本科粮食作物需硼较少。硼肥的最佳施用期是作物生长前期和由营养生长转入生殖生长的时期。

(1) 需硼较多的作物　有苜蓿、甜菜、油菜、红三叶草、萝卜、芹菜、甘蓝、花椰菜、向日葵、苹果、葡萄等。

(2) 需硼中等的作物　有棉花、烟草、番茄、甘薯、花生、胡萝卜、莴苣、桃、梨等。

(3) 需硼较少的作物　有水稻、大麦、小麦、燕麦、荞麦等。

使用方法

(1) 喷施　使用0.1%的水溶液，即埃施得无水硼砂15克对水15千克。每亩用水50～80千克，于油菜苗后期、抽薹期、花期各喷1次；棉花蕾期、初花期、花铃期各喷1次；豆科作物苗期、开花期喷2～3次；甜菜苗期、繁茂期、块根期各喷1次；烟草苗期、旺长期喷2～3次；向日葵见盘至开花期喷2～3次；果树花蕾期、开花期各喷1次；蔬菜以叶喷为主，苗期、花期或结球期各喷1次。

（2）冲施　每亩 45 克浇根或随灌水冲入田中。

10. 黄金硼

黄金硼（gold boron），河南省普朗克生化工业有限公司生产，属氨基酸水溶肥料（水剂）。

主要成分　氨基酸≥1000 克/升，Cu+Mn+Zn+B≥20 克/升。

质量标准　执行行业标准 NY 1429—2010。

产品特点

（1）超高浓度　采用英国优质超浓缩螯合液态硼。

（2）吸收极佳　吸收率是硼砂的 100 倍以上，含少量展着剂、吸收剂、传导剂，作物吸收快，可在作物体内自由传导。

（3）安全性好　纯度高，无杂质，无激素，使用倍数 500～3000 倍，对各种作物都安全。

（4）使用方便　对水立即溶解，不需加热，与农药混配性好。

（5）耐雨冲刷　喷后 2 小时下雨，不必补喷。

使用功效

（1）促花保果　促进果树花粉形成，花粉管拉长，提高雌花比例，预防花而不实，提高坐花坐果率。

（2）减少落果　提供果树坐果关键养分，大大减少落果。

（3）防畸形果　预防果树缺硼导致的畸形果、缩果病等。

（4）改善外观　促进果实对钙的吸收，减少裂果，改善果皮品质。

（5）提高品质　可提高果实糖分、维生素含量，提高果品档次。

（6）提高产量　避免油菜、果树、蔬菜、大田作物因缺硼导致低产。

使用方法　见表 3-13。

表 3-13　黄金硼在几种作物上的使用方法

作物	使用倍数	使用时期及方法
柑橘、荔枝、龙眼、芒果、枇杷、杨梅	1500～2000 倍	花芽露白时至开花前喷 1～2 次，谢花期开始喷 2～3 次，间隔 10～14 天
香蕉、菠萝、胡椒、咖啡、猕猴桃	2500～3000 倍	营养生长期、花蕾期、谢花后各喷一次
苹果、梨、桃、李、杏、枣	2000～2500 倍	粉芽期、初花期、落花期各喷一次
葡萄、草莓、黑莓、蓝莓、树莓	1500～2000 倍	绿芽期至白芽期喷 2 次，间隔 10～14 天，初花期喷 1 次
番茄、茄子、辣椒、甜椒	1500～2000 倍	4～6 叶期喷 1 次，隔 10～14 天再喷 1 次
西瓜、洋香瓜、黄瓜、苦瓜、丝瓜等	1500～2000 倍	出苗后 15 天喷 1 次，开花前喷 1 次，谢花后再喷一次
豆类(大豆、菜豆、豇豆等)	1500～2000 倍	10～15 厘米高时喷 1 次，隔 10～14 天再喷一次
白菜、甘蓝、菜花、青花菜	1500～2000 倍	4～6 叶期喷 1 次，隔 10～14 天再喷 1 次

续表

作物	使用倍数	使用时期及方法
芹菜、西芹、菠菜、生菜	1500～2000倍	定植后10天和30天左右各喷一次
萝卜、胡萝卜、生菜、大蒜	1500～2000倍	10～15厘米高时喷一次，隔10～14天再喷一次
芦笋、菜心、芥蓝、韭菜	1500～2000倍	茎伸长期喷2次，间隔7～14天
花卉(玫瑰、百合、菊花等)	1500～2000倍	10～15厘米高时喷1次，隔10～14天再喷一次
茶树、茉莉花	2000～2500倍	采摘季节喷1次，隔1个月再喷1次
甜玉米、玉米、甘蔗	2000～2500倍	4～8叶期喷1次，隔10～14天再喷1次
烟叶	1500～2000倍	移栽后3～4叶期开始喷2次，间隔10天

对水：喷雾前应按上述浓度对水混匀，一般一瓶可对水100～200千克。

注意事项

① 按推荐剂量和使用时期，可根据实际情况加大用量，但使用倍数不要低于300倍。

② 黄金硼可与大多数农药混配使用，并可加强农药的药效（但不能与波尔多液、石硫合剂、铜制剂、硫黄制剂和机油乳剂混用）。

③ 避免在极度干旱、大雨或霜冻时使用。

④ 贮存在通风干燥且儿童接触不到的地方，避免接触牲畜。

第三节 钼 肥

钼肥（molybdate fertilizer），是指具有钼标明量以提供植物养分为其主要功效的肥料。钼肥有钼酸铵和钼酸钠。三氧化钼、二硫化钼、含钼玻璃等也可作为钼肥。钼是植物必需的微量营养元素之一。

钼的营养作用

（1）钼能促进氮代谢　钼在作物体内最主要的生理功能是影响氮的代谢过程。作物将硝态氮吸入体内，必须首先在硝酸还原酶等的作用下，转化成铵态氮以后，才能参与蛋白质的合成。而在这一转化过程中，钼又是硝酸还原酶中不可缺少的组分。因此，在缺钼的情况下，硝酸还原反应将受到阻碍，植株叶片内的硝酸盐便会大量积累，给蛋白质的合成带来困难。

（2）钼能参与根瘤菌的固氮作用　钼作为固氮酶的成分，是固氮微生物，特别是与豆科作物共生的根瘤菌固定空气中的氮时所必需的，它不仅直接影响根瘤菌的活性，也影响根瘤的形成和发育。

（3）钼能增强叶片的光合作用强度，促进维生素C的合成　作物缺钼时，维生素C的浓度显著降低。

（4）钼与作物的磷代谢有密切关系　钼酸盐影响正磷酸盐和焦磷酸酯类的化学水解作用，也影响作物体内有机磷和无机磷的比例。促进有机含磷化合物的合成，有助于繁殖器官的生成，提高蛋白质含量和质量。

（5）钼参与糖类的代谢过程　钼在光合作用中的直接作用还不清楚，但缺钼会引起光合作用水平降低，糖的含量特别是还原糖的含量降低，这表明钼也参与糖类的代谢过程。

（6）钼是一些酶的活化剂和抑制剂　钼能促进过氧化氢酶、过氧化物酶和多酚氧化酶的活性，是酸式磷酸酶的专性抑制剂。

（7）钼还参与繁殖器官的建成，在受精和胚胎发育中有特殊作用　植株缺钼时，花的数量减少，花粉的生活力减退。

（8）儿童长期食用含钼量低的蔬菜会患有龋齿。

作物缺钼症状　作物缺钼时的症状主要有两种：一种是脉间叶色发黄，出现斑点，叶缘焦枯内卷呈萎蔫状，一般老叶先显症状，定型叶片尖端有褐色或坏死斑点，叶柄和叶脉干枯；另一种是十字花科植物常见的症状，即叶瘦长畸形、扭曲，老叶变厚、焦枯。蔬菜缺钼，植株矮小，易受病虫危害，生长缓慢，叶片失绿，有大小不等的黄色或橙黄色斑块，严重缺钼时叶缘萎蔫，有的叶片扭曲成杯状，老叶变厚、呈蜡质焦枯，最后整株死亡。蔬菜缺钼主要发生在酸性土壤上，故植株缺钼常伴随着锰中毒或铝中毒。几种作物的缺钼缺症状见表 3-14。

表 3-14　几种作物的缺钼症状

作物	缺钼症状
豆科蔬菜	根瘤不发育，根瘤小而少，有效分枝和结荚数减少，百粒重下降，缺钼最先表现在老叶或茎中部的叶片上失绿，并向幼叶及植株生长点发展，最后遍及全株。严重缺钼时叶缘部位出现坏死组织
番茄	老叶明显黄化和出现杂色斑点，叶脉仍保持绿色，小叶叶缘向上卷曲，尖端皱缩和死亡，叶片逐渐枯落，新生叶片也逐渐失绿
黄瓜	叶片主脉间呈黄绿色至黄色，主脉周围有不规则的绿色斑点，叶基部及叶缘出现绿色花斑，叶尖向内卷曲
大白菜	叶片有浅黄色斑块，由脉间扩展至全叶，叶缘为水渍状，向内卷曲，严重时叶缘坏死脱落，只有主脉附近有残叶
花椰菜	缺钼症状称为“鞭尾病”。其症状是叶片出现浅黄色失绿叶斑，由叶脉间发展到全叶。叶缘为水渍状或膜状，部分透明，迅速枯萎，叶缘向内卷曲，有时在叶缘发病以前，叶柄先行枯萎，在全叶枯萎时仍不脱落，老叶呈深绿至蓝绿色，严重时叶缘全部坏死脱落，只余下主脉和靠近主脉处有少量叶肉，残余的叶肉使叶片成为狭长的畸形叶，并且起伏不平
萝卜	植株叶片脉间组织失绿，呈浅黄绿至黄色，叶缘内卷近似杯状，严重时灼伤焦枯，有时失绿症状只发生在叶片基部和叶缘部分
甘蓝	叶片边缘向上卷曲成杯状，叶缘为水渍状，叶脉常呈绿色，叶肉则为橄榄绿色。叶片向四周伸张而不易包心。幼叶褐色坏死，叶缘变形
苜蓿	叶片呈淡绿色，生长受到抑制。叶片焦枯而脱落，下部叶片失绿现象严重，叶色与缺氮相似
甜菜	叶片上出现水渍状斑块，继而扩大成为圆形失绿斑点，呈黄色，分散在叶脉间，严重时坏死，叶背面有褐色胶状物突起
柑橘	叶脉间失绿变黄，或出现橘黄色斑点，出现典型的“黄斑叶”，严重时，叶缘卷曲，萎蔫而枯死

续表

作物	缺钼症状
大麦	在一般情况下，禾本科作物不易出现缺钼症状，严重缺钼时，表现为茎软弱、叶丛淡绿、叶尖和叶缘呈现灰色、开花延迟
小麦	苗期黄叶以至死苗，分蘖盛期以后顶端新叶呈淡绿色，上卷而变黄；老叶变软，叶舌弯曲，叶身干枯；灌浆差，成熟延迟，籽粒不饱满
油菜	叶片凋萎或焦枯，通常呈螺旋状扭曲，老叶变厚，分枝丛生
棉花	开始叶脉间失绿，随后发展到脉间加厚，叶片表面光滑，叶片呈杯状，最后边缘出现灰白色或灰色的坏死斑点，棉铃不正常，类似于田间的"硬铃"
花生	根瘤少而且小，固氮能力弱或者不固氮。生长受到抑制，植株矮小，叶片失绿
龙眼	叶有黄斑，继而枝叶枯死
茶树	顶芽和新叶出现淡而规则的黄棕色花斑，病斑中央有锈色圆点，小而密集，由小变大，由浅变深

我国容易发生缺钼的土壤主要有：全钼含量和有效钼含量均偏低的土壤，如北方的黄土和黄河冲积物发育的各种石灰性土壤；土壤条件不适导致的缺钼土壤，如南方酸性红壤，全钼含量虽高，但pH过低，铁、铝含量高，导致有效钼含量低而缺钼；淋溶作用强的砂土及有机质过高的沼泽土和泥炭土；硫酸根及锰含量高的土壤，抑制作物对钼的吸收。

各种作物需钼的情况不一样，对钼肥也有不同的反应。在各种作物中，豆科和十字花科作物对钼肥的反应最好。由于钼与固氮作用有密切关系，豆科作物对钼肥有特殊的需要，所以钼肥应当首先施用在豆科作物上。豆科和十字花科作物对钼肥反应敏感，缺钼时容易发生缺钼症，但豆科作物的缺钼症状与缺氮症状相似，缺乏专一性，要注意避免混淆。十字花科作物则有特殊的缺钼症状，其中以油菜和花椰菜对钼反应明显，可作为缺钼的指示作物。

作物过量施钼症状 钼过量也会引起植物中毒，但症状不多见，因为植物对钼的忍耐力很强。蔬菜的耐钼能力很强，在钼含量大于100毫克/千克的情况下，绝大多数蔬菜不会发生不良反应，有的长势还很好。番茄只有当植株中的钼浓度达到1000～2000毫克/千克时，才会在叶片上表现出明显的中毒症状，表现为叶片呈鲜明的金黄色。花椰菜叶片呈深紫色。马铃薯小枝呈金黄或红黄色。

钼肥种类

① 钼酸铵［$(NH_4)_6Mo_7O_{24} \cdot 4H_2O$］，是仲钼酸铵的通称，白色或微黄色粉末，含钼49%～54%，稳定性很好，溶于水，其水溶液呈弱酸性。为最常用的钼肥。可作基肥、追肥、种肥或叶面喷施用。

② 钼酸钠（$Na_2MoO_4 \cdot 2H_2O$），含钼36%～39%。白色结晶粉末，易溶于水。为常用钼肥，可作基肥、追肥或拌种、叶面喷施用。

③ 三氧化钼（MoO_3），含钼66%，难溶于水，很少单独施用，一般制成含钼过磷酸钙施用。

④ 二硫化钼（MoS_2），含钼58%～58.8%，白色或略有色泽的结晶粉末，溶

于水。

⑤ 钼玻璃，含钼30%，浅绿色或淡黄色粉末，微溶于水。

⑥ 含钼过磷酸钙，含钼0.1%～0.15%，黑灰色稍带银灰光泽粉末，枸溶性的缓效钼肥。

⑦ 钼渣，含钼9%～18%，杂色，难溶于水。可作基肥或种肥施入土壤，施用量依含钼量多少来确定，一般每亩施钼25～50克。其肥效一般可持续2～4年。

施用方法 豆科作物和十字花科作物需钼较多，对钼肥反应良好，如大豆浸种或喷施，可增产17.1%～23.1%。对番茄、黄瓜等作物也有一定的增产效果。钼肥一般用来拌种、浸种和根外喷施。拌种时平均1千克种子用肥量为2～6克；浸种用0.05%～0.1%的钼肥溶液；根外追肥0.01%～0.1%。

注意事项

① 施钼肥时，要严格控制用量，不能过多，否则会产生毒害作用，甚至引起人畜钼中毒。

② 在全钼含量较高的酸性土壤上施用石灰或对留种植物喷用钼使种子含钼增高，然后播种这些"高钼"种子，都能起到缓解甚至克服缺钼现象，与含磷肥料混合施用有促进植物吸收钼的效果，与含硫肥料混施有抑制植物吸收钼的作用。

③ 用钼处理过的种子，不能食用，也不能作饲料，以免中毒。

④ 注意施用周期，作基肥施用的田块，肥效持续时间可达2～4年，因此，可隔2～3年施一次钼肥，浸种、拌种或叶面喷施的则可年年施用。

1.钼酸铵

$(NH_4)_6Mo_7O_{24}\cdot 4H_2O$ 或 $3(NH_4)_2O\cdot 7MoO_3\cdot 4H_2O$，1235.96

反应式

① 氨浸法。以钼精矿、氨水、硝酸为原料制备四水钼酸铵，反应式如下：

$$2MoS_2+7O_2 \longrightarrow 2MoO_3+4SO_2+9.57\times 10^5\text{ 焦}$$

$$MoO_3+2NH_4OH \longrightarrow (NH_4)_2MoO_4+H_2O$$

$$4(NH_4)_2MoO_4+6HNO_3 \longrightarrow (NH_4)_2Mo_4O_{13}\cdot 2H_2O+6NH_4NO_3+H_2O$$

$$2[(NH_4)_2Mo_4O_{13}\cdot 2H_2O]+4NH_4OH \longrightarrow (NH_4)_6Mo_7O_{24}\cdot 4H_2O+(NH_4)_2MoO_4+2H_2O$$

② 碱浸法。用纯碱溶液取代氨水，浸取氧化焙烧后的钼精矿粉，生成钼酸钠溶液于浸取液中。加热后，用盐酸中和使钼酸钠转化为钼酸。分离出氯化钠溶液，用氨水溶解钼酸生成钼酸铵，此时溶液pH值为7.5，再加盐酸调整pH值为5.5，则析出四水钼酸铵结晶，经离心分离脱水、干燥得成品。主要反应方程式如下：

$$2MoS_2+7O_2 \longrightarrow 2MoO_3+4SO_2\uparrow$$

$$MoO_3+Na_2CO_3 \longrightarrow Na_2MoO_4+CO_2$$

$$Na_2MoO_4+2HCl \longrightarrow H_2MoO_4+2NaCl$$

$$H_2MoO_4 + 2NH_4OH \longrightarrow (NH_4)_2MoO_4 + 2H_2O$$

$$7(NH_4)_2MoO_4 + 8HCl \longrightarrow (NH_4)_6Mo_7O_{24} \cdot 4H_2O + 8NH_4Cl$$

钼酸铵（ammonium molybdate)，又称仲钼酸铵、七钼酸铵。钼酸铵是最常见的钼的化合物的商品和生产纯三氧化钼的半成品。钼酸铵既是钼肥又含有氮，是高浓度复合肥料。据测定，土壤中含有微量的钼就可以刺激植物生长，尤其对豆科植物的作用更为显著。钼酸铵还用于试剂、陶瓷器的颜料、色淀、织物防火（起协同与消烟作用)、高分子化合物的催化剂等。高纯钼酸铵还开拓了在电子工业中的重要应用。钼酸铵的生产方法有氨浸法和碱浸法两种。

理化性状 相对密度 2.498（20℃），无色或略带浅绿色的菱形晶体。组成不固定，放置空气中即风化，并失去一部分氨。加热至 170℃分解为氨、水和三氧化钼。溶于水、强酸和强碱溶液，不溶于乙醇、丙酮。在空气中稳定，它的水溶液呈弱酸性，在 20℃和 80～90℃水溶液中的溶解度分别等于 300 克/升和 500 克/升。在加热时会分解，在 90～110℃下，会脱去四个水分子。

质量标准 执行国家推荐性标准 GB/T 3460—2007（适用于生产仲钼酸铵和生产钼粉、钼制品业用材及其他行业所需钼酸铵)。

（1）产品分类 按化学成分和用途不同，分为 MSA-0、MSA-1、MSA-2、MSA-3 四个牌号；MSA-0 和 MSA-1 主要用作特殊用途，MSA-2 主要用于生产加工钼材产品，MSA-3 主要用于炼钢用钼产品。

（2）化学成分 化学成分应符合表 3-15 的规定。

表 3-15 钼酸铵产品化学成分 单位：%

产品牌号		MSA-0	MSA-1	MSA-2	MSA-3
钼含量(质量分数)(以 MoO_3 计)		二钼酸铵、四钼酸铵中钼含量不小于 56，七钼酸铵中钼含量不小于 54			
杂质含量(质量分数)(以 MoO_3 为基) ≤	Al	0.0005	0.0005	0.0006	0.0010
	Bi	0.0005	0.0005	0.0005	0.0006
	Ca	0.0008	0.0008	0.0010	0.0020
	Cd	0.0005	0.0005	0.0005	0.0006
	Cu	0.0003	0.0003	0.0005	0.0006
	Fe	0.0006	0.0006	0.0008	0.0010
	Mg	0.0006	0.0006	0.0006	0.0010
	Ni	0.0003	0.0003	0.0005	0.0008
	Na	0.0010	0.0010	0.0030	0.0050
	P	0.0005	0.0005	0.0005	0.0010
	Pb	0.0005	0.0005	0.0005	0.0006
	Sn	0.0005	0.0005	0.0005	0.0006
	Si	0.0005	0.0005	0.0010	0.0020
	Sb	0.0005	0.0005	0.0005	0.0006
	Mn	0.0003	0.0003	0.0006	0.0008
	K	0.010	0.010	0.040	0.080
	W	0.015	—	—	—
	As	0.0005	—	—	—

（3）物理性能

① 产品的松装密度为0.6～1.4克/厘米^3。

② 产品粒度应不大于400微米的筛网。若有特殊要求，供需双方协商解决。

（4）外观质量　产品呈白色结晶，无目视可见的夹杂物，无明显的潮解、结块现象。

该标准对标志、包装、运输、贮存规定如下。

① 产品外包装上应注明：供方名称、产品名称和牌号、批号、净重，并附有“防潮”等字样或标志。

② 每批产品应提供产品质量证明书，其上注明：供方名称、地址、邮编、产品名称、牌号、批号、净重、本标准编号、各项分析检验结果和质量监督部门印记、检验员号、检验日期。

③ 外包装用塑料编织袋，内包装用塑料袋，严密封口。或采用供需双方确定的方法包装。每件重量由供需双方协商确定。

④ 产品运输时，应防止潮湿，不得剧烈碰撞。

⑤ 产品应存放于干燥、通风之处，存放期不宜超过三个月。

⑥ 订货单（或合同）内容：产品名称、产品牌号、技术要求、产品净重、本标准编号及其他。

施用方法

（1）作基肥　钼肥可以单独施用，也可以与有机肥料或其他化肥混合施用。单独施用，可拌干细土10千克，搅拌均匀后施用，或撒施后耕翻入土，或开沟条施或穴施。基施时用量为：钼酸铵每亩施50～100克，最多不应超过120克。施钼肥的优点是肥效可以持续3～4年。但由于钼肥价格昂贵，一般不采用基施方法。

（2）土壤追肥　在作物生长前期每亩用10～50克钼酸铵与常量元素肥料混合条施或穴施，也能取得较好效果，并有后效。因钼肥价格昂贵，一般也不采用土壤追肥。

（3）拌种　拌种适用于吸收溶液量大而快的种子，如豆类。每千克种子用钼酸铵2～3克。先用少量40℃热水溶解，再用冷水稀释成0.2%～0.3%的溶液，将种子放入容器内搅拌，使种子表面均匀沾上肥料，晾干后播种。或将种子摊开在塑料布上，用喷雾器喷施在种子上，边喷边搅拌，溶液不宜过多。拌好后，将种子阴干即可播种。若种子还要进行农药处理，应等种子阴干后进行。拌肥后的种子人畜均不可食用，防止中毒。

（4）浸种　浸种适用于吸收溶液少而慢的种子，如稻谷、棉子、绿肥种子等。用0.05%～0.1%的钼酸铵溶液，种、液比1∶1，浸泡不超过12小时，捞出后阴干即可播种。用浸种方法施肥时，土壤墒情要好，否则在土壤很干燥的情况下，会使发芽受到影响，出苗不齐。一般浸种还需结合叶面喷施才能取得良好效果，否则因肥料量太少，增产效果不明显。

（5）叶面喷施　叶面喷施是钼肥最常用的方法。一般在作物生长期内出现缺钼症状时，先用少量温水溶解钼酸铵，再用冷水稀释成0.02%～0.2%的溶液，每亩用钼酸铵25克左右；在作物苗期和初花期喷施，每次每亩喷50～75千克，连续喷施2～3次。各种作物喷施时期与喷施浓度见表3-16。

表3-16 各种作物喷施钼酸铵的时期与浓度

作物名称	喷施时期	喷施浓度/%
草子	苗期、初花期	0.02～0.03
棉花	花蕾期	0.05
大豆	苗期、初花期	0.05～0.1
蚕豆	苗期、初花期	0.05～0.1
麦类	分蘖末期	0.05～0.1
玉米	拔节期	0.05～0.2
油菜	苗期、薹期	0.1～0.2
西瓜	花蕾期、膨果期	0.2
黄瓜	苗期、幼果期	0.2
番茄	苗期、幼果期	0.2
柑橘	花蕾期、膨果期	0.2
苹果	花蕾期、膨果期	0.2
桑树	春梢萌发开始喷2～3次，每次隔10天左右	0.05

注意事项

① 钼酸铵应先用少量热水溶解后，再配成施用浓度。

② 用于豆科作物时，如与根瘤菌肥配合施用，效果更好。用于麦类、玉米、瓜类、油菜等作物时，配合喷施硼肥、锌肥等则效果也佳。

2.钼酸钠

$Na_2MoO_4 \cdot 2H_2O$，241.95

反应式

$$2MoS_2 + 7O_2 \longrightarrow 2MoO_3 + 4SO_2 \uparrow$$

$$2MoO_3 + 4NaOH \longrightarrow 2Na_2MoO_4 + 2H_2O$$

钼酸钠（sodium molybdate），别名：二水合钼酸钠、二水钼酸钠。

理化性状 白色或略有色泽的结晶性粉末，溶于水，不溶于丙酮，含量为35%～39%。5%水溶液在25℃时，pH为9～10。相对密度3.28。熔点687℃。在100℃或较长时间加热时失去全部结晶水而成为无水物。有毒。

质量标准 二水钼酸钠目前没有国家或行业标准，仅有企业标准供参考，产品质量标准见表3-17。

表 3-17 二水钼酸钠的企业标准

指标名称	指标		
	一级品	二级品	三级品
钼酸钠($Na_2MoO_4 \cdot 2H_2O$)含量/%	98	98	95
铁(Fe)含量/%	0.01	0.01	0.01
氨(NH_4)含量/%	0.005	0.005	0.005
铅(Pb)含量/%	0.05	0.05	0.05
水不溶物含量/%	0.2	0.2	0.2

施用方法 多做种子处理，浸种浓度为0.05%～0.1%；拌种每千克种子用2～6克。

注意事项 贮存于阴凉通风仓内，保持容器密封，防止受潮和雨淋。专人保管。应与氧化剂、酸类、食用化工原料分类存放。不能与粮食、食物、种子、饲料、各种日用品混装、混运，操作现场不得吸烟、饮水、进食，搬运时要轻装轻卸，防止包装和容器损坏。

3.三氧化钼

MoO_3，143.94

反应式 $2MoS_2+7O_2 \longrightarrow 2MoO_3+4SO_2$

三氧化钼（molybdenum trioxide)，又叫氧化钼、钼酸酐。主要用作石油工业的催化剂，也用于制金属钼、瓷釉颜料和药物等。

理化性状 常温时是白色粉末，状如滑石粉，加热时呈鲜黄色，为层状斜方晶系。在空气中很稳定。600℃时开始升华，当达到熔点795℃时显著升华。无水三氧化钼几乎不溶于水，但溶于氢氧化钠、纯碱和氨的溶液中，生成钼酸盐。也能溶于盐酸、磷酸、硝酸、硫酸以及硝酸和硫酸的混合物中。三氧化钼有一特殊的反应，即通入干燥的氯化氢，加热升华为淡黄色针状结晶。三氧化钼有一水化合物（$MoO_3 \cdot H_2O$）和二水化合物（$MoO_3 \cdot 2H_2O$)，均能溶于水。一水化合物在温度低于60℃时生成α-变体钼酸，二水化合物在高于60℃时生成β-变体钼酸。α、β-变体钼酸分别在高于220℃和115℃时失水，变成无水三氧化钼。

施用方法 三氧化钼很少单独施用，常将三氧化钼加到过磷酸钙中制成含钼过磷酸钙施用。

第四节 锰 肥

锰肥（manganese fertilizer)，是指具有锰标明量以提供植物养分为其主要功效的肥料。锰是植物必需营养元素之一。锰以 Mn^{2+} 的形态被植物吸收。在植物体内锰的移动性较小，但比钙、硼、铜容易移动。

锰的营养作用

（1）锰能直接参与光合作用　叶绿体中含有锰，它是维持叶绿体结构所必需的元素，以结合态直接参与作物光合作用中的氧化还原过程，促进水的光解，加速光合作用的进行，维持叶绿体膜的正常结构。若作物锰不足，常常引起叶片失绿，使光合作用减弱；锰供应充足，能减少中午阳光对光合作用的抑制，从而使光合作用得以正常进行，有利于作物体内的碳的同化。

（2）锰是许多酶的活化剂　首先，锰是作物体内三羧酸循环中许多酶的活化剂，因此，能提高植株的呼吸强度，增加 CO_2 的同化量。其次，锰是氮代谢中许多酶的组分或活化剂，参与硝态氮还原成氨的过程，促进蛋白质的合成，也能促进肽水解生成氨基酸，并输送到新生器官和生殖器官中，再在这些组织中合成蛋白质。

（3）能调节植物体内氧化还原作用，参与氮的代谢　锰是作物体内羟胺还原酶的组分，参与硝酸还原过程。缺锰时，硝态氮的还原受阻，叶片中游离氨基酸有所累积，并影响蛋白质的合成。

（4）促进种子萌发和幼苗生长　加速花粉发芽和花粉管伸长，提高结实率；能提早幼龄果树的结果年限，对维生素 C 的生成及加速茎的机械组织生长都有良好影响。

（5）降低作物病害　缺锰时，作物往往易感染某些病害；锰充足，可以增强作物对某些病害的抗性。施锰可以大大降低大麦及黑麦对黑穗病的感染率，提高马铃薯对晚疫病、甜菜对立枯病和黑斑病的抗性。锰肥作亚麻的种肥，可以减轻亚麻对立枯病、炭疽病和细菌病的感染。用高锰酸钾溶液对冬黑麦种子进行处理，可提高冬黑麦对锈病的抵抗力。

作物缺锰症状　在成熟叶片中锰元素的含量降到 10～20 毫克/千克时，即开始产生作物缺锰症状。植株矮小，缺绿病态。典型症状为：幼叶的叶肉黄白，叶脉保持绿色，显白条状，叶上常有斑点。茎生长势衰弱，黄绿色，多木质。花少，发育不良，果实重量减轻。缺锰的作物也比较容易受冻害袭击。几种作物的缺锰症状见表 3-18。

表 3-18　几种作物的缺锰症状

作物	缺锰症状
豌豆	出现杂斑病，并在成熟时导致种子坏死，子叶的表面出现凹陷
玉米	叶片柔软下披，新叶脉间出现黄绿色条纹，与叶脉平行，长度与叶长相同，根纤细，长而灰白
大豆	新叶变淡绿色，叶脉保持绿色，严重时老叶易早落，叶面皱缩，出现枯焦的褐色斑点
马铃薯	叶脉间失绿，品种不同可呈淡绿色、黄色和红色，严重缺乏时，叶脉间显白色。症状先从新生小叶开始，后沿叶脉出现棕色小斑，小斑从叶面枯死、脱落，叶面残破不全

作物	缺锰症状
番茄	下部叶片变为浅绿色，后发展到幼叶。叶脉间失绿，叶脉保持绿色，以后叶片出现褐色小斑点，后变黄出现花斑。严重时生长受阻，不开花结实
茄子	茄子缺锰时，叶脉间叶肉变薄，老叶呈青色，甚至新叶全部变白，失去生机。砂壤土中的锰容易淋失，土壤中过多地施用石灰、草木灰或碱性肥料时，或在有机质低时土壤上过量施用过磷酸钙，都可能发生缺锰
胡萝卜	叶片黄化。缺锰对根系影响很大，根畸形，并且根上长满须根
黄瓜	植株顶端及幼叶失绿有浅黄色斑纹，初期末梢仍保持绿色，呈现明显的网纹状，并在脉间出现下陷坏死斑，老叶白化最重，并最先死亡，芽生长严重受抑，新叶细小
芹菜	叶缘部的叶脉间呈淡绿色至黄白色
甜菜	初期在叶脉间出现小的失绿叶斑，随着缺锰的程度加剧，失绿的叶斑由黄绿色变成浅黄色或浅绿色，叶脉和叶脉附近仍然保持绿色，称为“黄斑病”
小麦	叶片柔软下披，新叶叶脉间呈条纹状，叶色黄绿或黄色；中、下部叶片有黄棕色病斑，叶片呈浅绿色，叶尖焦枯，叶片易折断扭曲
燕麦	叶片出现与叶脉平行的失绿条纹，由黄色到黄绿色，叶脉仍为绿色。有时叶片呈浅绿色，黄色条纹扩大成杂色斑点，叶尖也会变成黑色，在老叶上出现灰色条纹，称为“灰斑病”。失绿现象首先在幼苗的第三和第四叶片上出现，同时叶片上出现一条组织变弱的横线，像一条褶痕，在这个褶痕的位置上叶片弯曲，叶尖下垂。燕麦幼叶的横线出现在靠近叶片基部1/3处，老叶的横线则位置较高
花生	早期缺锰，脉间呈灰黄色，后期缺锰，绿色部分呈青铜色，叶脉仍保持绿色，芽生长受到抑制
烟草	幼叶绿色变淡，脉间的组织变为灰绿色以至白色，并出现坏死斑点，这种斑点不像缺钾那样局限在叶尖和叶缘，而是分布于整个叶片上
棉花	幼叶首先在叶脉间出现浓绿与淡绿相间的条纹。叶片的中部比尖端更为明显。叶尖初呈淡绿色，以后逐渐变为白色，叶脉为绿色。在白色条纹中同时出现一些小块枯斑，以后连接成条的干枯组织，并使叶片纵裂
甘蔗	幼叶首先在脉间出现浓绿与淡绿相间的条纹，叶片的中部比尖端更为明显，叶尖初呈浅绿色，以后转变为白色，叶脉为绿色，在白色的条纹中同时出现一些小块枯斑，以后联合成长条的干枯组织，并沿叶片的纵断面裂开。甘蔗的缺锰症被称为“甘蔗白症”
水稻	新叶脉间失绿，上部叶有小褐斑，严重时斑点连成条纹
柑橘	幼叶为淡绿色并呈现细小网纹，随着叶片老化，网纹变为深绿色，严重时，脉间出现许多不透明的白色斑点，使叶片呈灰白色，继而病斑枯死
苹果	脉间失绿呈浅绿色，兼有斑点。严重时，脉间变褐并坏死，叶片全部为黄色
板栗	幼叶的叶脉呈深绿色，呈网纹状，叶脉之间呈黄绿色或淡黄色，叶脉间出现坏死斑块，脱落成穿孔状
枣树	一般多从新梢中部叶片开始失绿，并向上下两个方向扩展。叶片叶脉间失绿后，沿主叶脉显示一条绿带，即呈肋骨状失绿
桃树	主脉和中脉邻近组织呈绿色，而叶脉间和叶缘组织褪绿。叶片长大前一般不会出现褪绿。随着生长季节的进程，老叶的色泽变得更深。只在极为严重的情况下新梢生长才矮化，叶片才出现坏死斑点或穿孔
茶树	叶脉间形成杂色或黄色的斑块，成熟新叶轻微失绿，叶尖、叶缘出现棕褐色斑点，色斑中央有红色坏死点，周围有黄色晕轮，斑块逐渐向主脉和叶基延伸扩大，叶尖、叶缘开始向下卷曲，易破裂
荔枝	新叶的脉间失绿，呈淡黄绿色，严重时为苍白色；但叶脉仍为绿色或暗绿色，有时有褐斑；叶片变薄，提早脱落，形成秃枝或枯梢；根尖坏死。果实畸形
葡萄	最初在主脉和侧脉间出现淡绿色至黄色，黄化面积扩大时，大部分叶片在主脉之间失绿，而侧脉之间仍保持绿色

我国容易发生缺锰的土壤是富含碳酸盐、pH>6 的石灰性土壤，特别是质地较松的石灰性土壤，成土母质富含钙的冲积土和沼泽土，以及施用石灰过多的酸性土壤和干湿交替频繁的土壤均易发生作物缺锰。作物缺锰的一般症状有早期和后期两个阶段，后期为严重缺锰阶段。对锰敏感、可作为锰供给情况的指示作物的有燕麦、小麦、豌豆、甜菜、柑橘、苹果等。

作物过量施锰症状 施锰过多，可诱导植物出现缺铁症状。一般植物中含锰量超过 600 毫克/千克时，就有可能发生锰中毒。当土壤 pH 下降，锰的溶解度增加，不少植物都可能发生锰中毒，其最普遍的症状是幼叶失绿，根部变褐。但与缺铁失绿不同，谷类作物锰中毒时，失绿的叶片、叶鞘和茎上出现微小褐斑，叶缘部发白，变紫色，幼叶卷曲；豆科作物对锰很敏感，锰中毒时叶片边缘出现褐色或紫色斑点，斑点上有氧化锰的沉淀物。菜豆锰中毒还诱发植株缺钙，发生皱叶病。莴苣锰中毒时老叶呈青色。

锰肥种类 锰肥有硫酸锰、氯化锰、碳酸锰、氧化猛、含锰的玻璃肥料及含锰的工业废渣等。我国常用的锰肥主要是硫酸锰，其他锰肥品种很少使用。

① 硫酸锰（$MnSO_4 \cdot H_2O$），含锰 24%～28%，粉红色结晶，易溶于水，能直接被作物吸收利用。农业生产中常用硫酸锰。可作基肥、追肥和种肥。

② 氯化锰（$MnCl_2 \cdot 4H_2O$），又叫氯化亚锰，有效锰含量 27.0%。粉红色结晶，易溶于水。可作基肥、追肥。

③ 碳酸锰（$MnCO_3$），又叫碳酸亚锰、锰白。有效锰含量 43%。粉红色结晶，难溶于水，稍溶于含 CO_2 的水中。溶于稀无机酸，微溶于普通有机酸，不溶于液氨。可作基肥。

④一氧化锰（MnO），又叫氧化亚锰，有效锰含量 62%。粉红色结晶，难溶于水，能溶于酸。可作基肥。

⑤ 硝酸锰，又叫硝酸亚锰 [$Mn(NO_3)_2 \cdot 4H_2O$]，有效锰含量 21%，氮含量 10%。淡玫瑰色晶体，单斜晶系。熔点 25.8℃。沸点 129.5℃。易潮解。极易溶于水，也溶于醇。

⑥ 硫酸铵锰 [$3MnSO_4 \cdot (NH_4)_2SO_4$]，有效锰含量 26%，氮含量 4.4%。浅粉红色粉末。可溶于水。赤热时其中硫酸铵全部损失。在湿空气中有潮解现象。该肥在缺锰地区可以以拌种、浸种和根外追肥等方式施用。由于含有硫酸铵，更适合在水田施用。

⑦ 螯合态锰，含锰 12%，易溶于水。

注意事项 水溶性锰肥可作基肥、追肥、种肥和根外追肥。难溶性锰肥只宜作基肥，不宜用于拌种和叶面喷施。当土壤有效锰含量低于缺锰临界值（10 毫克/千克）时，施用锰肥增产效果明显。在玉米、马铃薯、大豆、豌豆等作物上施锰效果较好。

硫酸锰

$MnSO_4 \cdot H_2O$，169.02

反应式

① 软锰矿法。将软锰矿和煤粉（按质量比 10∶2）混合，于 800～850℃下进行还原焙烧，生成一氧化锰，冷却后用硫酸酸解，硫酸浓度为 15%～20%。滤除杂质，静置沉降除钙，清液蒸发浓缩、冷却结晶、热风干燥而得硫酸锰。主要反应式为：

$$2MnO_2 + C \longrightarrow 2MnO + CO_2 \uparrow$$

$$MnO + H_2SO_4 \longrightarrow MnSO_4 \cdot H_2O$$

② 菱锰矿法。以菱锰矿为原料，生产硫酸锰的化学反应式为：

$$MnCO_3 + H_2SO_4 \longrightarrow MnSO_4 \cdot H_2O + CO_2 \uparrow$$

③ 两矿法。两矿是指软锰矿（MnO_2）和硫铁矿（FeS_2）。将软锰矿、硫铁矿分别粉碎后，直接与硫酸和水在 90℃下反应，然后调整 pH 值，除重金属，滤除杂质后，再浓缩、结晶、分离、干燥得成品硫酸锰。

硫酸锰（manganous sulfate），含锰 26%～28%。

理化性状 白色或微红色细小结晶体。无臭，味苦。密度 2.95 克/厘米^3。加热到 200℃以上开始失去结晶水，500℃左右变为无水物。易溶于水，不溶于醇。农业上是重要的微量元素肥料，也是植物合成叶绿素的催化剂。

质量标准 农业用硫酸锰执行国家农业行业标准 NY/T 1111—2006（适用于作为肥料使用的用于补充作物锰营养元素的一水硫酸锰和三水硫酸锰）。

（1）外观 应为白色或略带粉红色的结晶粉末。

（2）理化指标 应符合表 3-19 的要求。

表 3-19 农业用硫酸锰的理化指标

项目		指标	
		一水硫酸锰 $MnSO_4 \cdot H_2O$	三水硫酸锰 $MnSO_4 \cdot 3H_2O$
Mn/%	≥	30.0	25.0
水不溶物/%	≤	2.0	
pH 值		5.0～6.5	
镉(Cd)/(毫克/千克)	≤	20	
砷(As)/(毫克/千克)	≤	20	
铅(Pb)/(毫克/千克)	≤	100	
汞(Hg)/(毫克/千克)	≤	5	

该标准对标识、包装、运输、贮存的规定如下。

① 农业用硫酸锰包装上应有牢固、清晰的标志，内容包括生产厂名、厂址、

产品名称（农用 x 水硫酸锰）、商标、净含量、锰含量、本标准编号。

② 每批出厂的产品都应有质量保证书，内容包括生产厂名、厂址、产品名称（农用 x 水硫酸锰）、商标、净含量、锰含量、批号和生产日期、产品质量符合本标准的证明和本标准编号。

③ 农业用硫酸锰采用塑料编织袋包装，内衬一层聚乙烯薄膜袋，厚度不小于 0.07 毫米。外袋为聚乙烯塑料编织袋。每袋净含量（25±0.1）千克、（50±0.2）千克。小于 25 千克的小包装按 GB 17420 规定进行。

④ 内袋用维尼龙绳或与其质量相当的绳人工扎口，或用与其相当的其他方式封口；外袋在距袋边不小于 30 毫米处折边，在距袋边不小于 15 毫米处用维尼龙线或其他质量相当的线缝口，针距均匀，无漏缝和跳线现象。

⑤ 农业用硫酸锰产品运输和贮存时应防止日晒、雨淋，不应与有毒有害物质混运、混贮。

适用作物 小麦、玉米、豌豆、土豆（洋芋）、棉花、西瓜、苹果、桃、梨、杏、葡萄、油菜、甜菜、花卉等各类作物。

施用方法

（1）作基肥 用硫酸锰作基肥，一般每亩用 1～2 千克。蔬菜基肥亩施 2 千克，果树基施每株 100～200 克。掺入干细土 10～15 千克或与有机肥料混合施用，或与生理酸性肥料混合施用，这样可以减少土壤对锰的固定，有利于提高肥效。

（2）浸种 用 0.05%～0.2%的硫酸锰溶液浸种，不超过 12 小时，种、液比例为 1∶1。如用 0.05%～0.15%的硫酸锰浸种能有效提高马铃薯产量、改善品质；用 0.05%的硫酸锰浸苦荞种子，可提高种子发芽势、发芽率和活力指数；小麦用 0.05%～0.1%硫酸锰溶液浸种 12～24 小时（或浸泡过夜）捞出晾干即可播种。可在试验基础上同时加入其他药剂浸种，达到一浸多效的目的，捞出阴干即可播种。

（3）拌种 小麦等禾谷类作物拌种，每千克种子用 4～8 克硫酸锰，拌种前先用少量温水将硫酸锰溶解，然后喷洒到种子上，边喷洒边翻动种子，使种子上均匀地布满肥料溶液，待阴干后即可播种。油料作物一般不用拌种和浸种方法施锰。

（4）叶面喷施 用 0.05%～0.1%的硫酸锰溶液，每次每亩用液量为 30～50 升，以叶片两面均匀喷湿为度，从苗期开始，每隔 7～10 天喷一次，连续喷施 2～3 次。一般另加 0.15%的熟石灰，以免烧伤植株。

注意事项

① 一般土壤中不缺锰，但在泥炭土和有机质含量高的砂土、冲积土、石灰性土壤和过量施用石灰的碱性土壤中容易发生缺锰现象。大麦、小麦、玉米、柑橘、苹果、桃等对缺锰敏感，喷施锰肥常有较好效果。在缺锰土壤上合理施用锰肥，可获得较好的增产效果。如大豆可增产 11%，豌豆可增产 28%。

② 叶面喷施的溶液浓度不能过高，否则会引起作物叶面灼伤；在炎热天气，特别是中午高温时不宜进行叶面喷施，以免影响授粉或灼伤叶片。

③ 不可与碱性化肥或碱性农药混合施用。

第五节 铁肥

铁肥（iron fertilizer），是指具有铁标明量以提供植物养分为主要功效的肥料。土壤中的三价铁在植物根细胞膜的外表面还原成二价铁而被植物吸收。铁在植物体内移动性不强。铁也是植物必需的微量营养元素之一。

铁的营养作用

① 铁是形成叶绿素的元素，与作物光合作用有密切关系。铁不是叶绿素分子的组分，但铁对叶绿素的形成是必需的。缺铁时，叶绿体的片层结构发生很大变化，严重时甚至使叶绿体发生崩解，可见铁对叶绿体结构的形成是必不可少的。作物缺铁时，叶绿素的形成受到影响，叶片便发生失绿现象，造成“缺绿症”，严重时叶片变成灰白色，尤其是新生叶更易出现这类失绿病症。

② 铁参与作物体内氧化还原反应和电子传递。铁是一些重要的氧化还原酶催化部分的组分。在作物体内，铁与血红蛋白有关，铁存在于血红蛋白的电子转移键上，在催化氧化还原反应中铁可以成为氧化或还原的形式。

③ 促进氮的代谢。铁和铜一样，在硝态氮还原成铵态氮的过程中起着促进的作用。在缺铁的情况下，亚硝酸还原酶和次亚硝酸还原酶的活性显著降低，使这一还原过程变得相当缓慢，蛋白质的合成和氮的代谢便受到一定影响。铁对豆科作物固氮也有重要作用。缺铁时生物固氮量减少，豆科作物氮供应受到影响，植株矮小。

④ 铁参与植物的呼吸作用。铁是作物体内许多氧化酶的组成成分，处于酶结构的活性部位上，因此，它与作物的呼吸作用密切相关。作物缺铁时，呼吸作用受阻。

⑤ 铁也是磷酸蔗糖合成酶最好的活化剂，作物缺铁时，会导致作物体内蔗糖形成减少。

⑥ 铁参与核酸和蛋白质的合成。

⑦ 增强抗病力。保证作物的铁营养，有利于增强作物的抗病力。有人用氯化铁溶液对冬黑麦种子进行处理，提高了植株对锈病的抗性。施铁肥能使大麦和燕麦对黑穗病的感染率显著降低。铁盐还可大大增强柠檬对真菌病的抗性。

⑧ 瓜菜产品中的铁是人类体内铁的重要供给源。

作物缺铁症状　作物缺铁，表现为植株矮小，失绿。失绿症状首先表现在顶端幼嫩部分，典型症状为：在叶片的叶脉之间和细网组织中出现失绿症，在叶片上明显可见叶脉深绿、脉间黄化，黄绿相间很明显。严重时叶片上出现坏死斑点，并逐渐枯死。茎、根生长受阻，根尖直径增加，产生大量根毛等，或在根中积累一些有机酸。

果树长期缺铁时，顶部新梢死亡，果实小。几种作物的缺铁症状见表3-20。

表3-20　几种作物的缺铁症状

作物	缺铁症状
玉米	幼叶叶脉间失绿呈条纹状，中、下部叶片出现黄绿色条纹，老叶呈棕色，茎秆和叶梢呈紫红色。严重时整个新叶失绿发白
大豆	上部叶片脉间黄化，叶脉仍保持绿色，并有轻微卷曲，严重时新叶失绿呈白色，并逐渐扩大呈褐色斑点直至坏死
马铃薯	幼叶失绿，并有规则地扩展到整株叶片，严重时变为黄色或白色，向上卷曲，下部叶片为棕黄绿色，叶缘卷曲
番茄	幼叶黄色，叶片基部出现灰黄色斑点，沿叶脉向外扩展，有时脉间焦枯坏死，症状从顶部向茎叶发展
辣椒	幼叶和新叶呈黄白色，叶脉残留绿色，在土壤酸性、多肥、多湿的条件下，容易发生缺铁
茄子	植株顶部嫩叶黄化是缺铁的典型症状
结球甘蓝	幼叶脉间失绿呈淡黄色至黄白色，细小的网状叶脉仍保持绿色，严重缺铁时叶脉也会黄化
芹菜	嫩叶的叶脉间变黄白色，接着叶色变为白色
白菜	缺铁时，叶绿素合成受阻，叶片呈现均匀黄化，病健部交界不明显，顶部叶片黄化严重(缺铁时不表现为斑点状黄化或叶缘黄化)
甜菜	新生叶片比较小，并有失绿的花斑叶，中下部叶片呈黄绿色，老叶则呈微红色，严重缺乏时叶脉也会黄化
烟草	顶端嫩叶叶脉间呈淡白绿色，严重时整个顶芽变成白色，叶脉同时失绿
甘薯	叶片中度褪色，严重时叶片发白
水稻	水稻缺铁，下部叶片能保持绿色，而嫩叶上出现失绿症。叶脉间断失绿，出现棕褐色小斑点；严重时斑点连成条状，扩大成斑块，呈条纹花叶，症状越近心叶越明显；再严重时心叶不出，植株生长不良，萎缩，生育延迟，以致不能抽穗
小麦	症状发生在上部叶片，叶绿素形成受阻，叶片发生黄化或白化
花生	全株叶色褪绿，严重时叶片灰白易脱落
甘蔗	幼叶出现灰色条纹，条纹贯穿整个叶脉，中部叶片也有浅色条纹，但条纹长短不一，中下部老叶则呈深绿色
棉花	新叶表现为叶脉间失绿，常呈黄白色，每一片叶均比下一片叶稍变黄，叶脉仍保持绿色，并与失绿部分有显著的差异，失绿部位为黄白色，最后叶缘向上卷曲，但不呈杯状
柑橘	新叶变薄，呈淡灰色，但叶脉保持绿色，网状脉纹很明显，严重时全叶灰白，仅主脉基部保持绿色，新梢顶叶脱落后变成枯梢，果小且硬、畸形、色泽淡
桃树	缺铁症主要表现在新梢的幼嫩叶片上。开始叶肉先变黄，而叶脉两侧仍保持绿色，致使叶面呈绿色网纹状失绿；随病势发展，叶片失绿程度越来越重，叶片整叶变为白色，叶缘枯焦，引起落叶；严重缺铁时，新梢顶端枯死。缺铁树所结果实仍为绿色。由于铁元素在植物体内难以转移，所以缺铁症状多从新梢顶端的幼嫩叶开始表现出来
苹果	新梢顶端的幼嫩叶先变黄绿，然后再变黄白色，叶脉仍为绿色，呈绿色网纹状。全叶发白，从叶缘开始出现枯褐色斑。严重时，新梢顶端枯死，出现“枯梢”现象
梨树	多从新梢顶部嫩叶开始发病，初期先是叶肉失绿变黄，叶脉两侧仍保持绿色，叶片呈绿网纹状，较正常叶小。随着病情加重，黄化程度愈加发展，致使全叶呈黄白色，叶片边缘开始产生褐色焦枯斑。严重者叶焦枯脱落，顶芽枯死

续表

作物	缺铁症状
李树	自新梢顶端的嫩叶开始变黄，叶脉仍保持绿色，呈网络状
樱桃	新梢顶端的幼叶先失绿变黄，叶脉仍为绿色。严重时，叶片失绿呈黄白色，失绿部分呈铁锈色焦枯
葡萄	幼叶黄化，但叶脉呈绿色且经久不褪，脉纹清晰可见，叶柄基部有紫色或红褐色斑点，且有坏死部位。缺铁严重时，更多的叶面变黄，甚至变为白色。叶片严重褪绿部位常变褐色和坏死，叶片小而薄。严重受影响的新梢生长减少，花穗和穗轴变浅黄色，坐果不良。当葡萄植株从暂时缺铁状态恢复为正常时，新梢生长亦转为绿色。较早失绿的老叶，色泽恢复比较缓慢
核桃	先从新梢顶端的幼嫩叶片开始出现黄叶症状，初期叶肉先为黄色，叶脉呈绿色，严重时，全叶变为黄白色，叶缘呈焦枯状
枣树	顶端新梢叶片失绿呈黄绿色，叶脉绿色呈网纹状
荔枝	新叶失绿(漂白)。同一枝梢上叶的症状自上而下加重；叶脉绿色，且与叶肉界限清晰呈网状花纹
香蕉	幼叶呈黄白色
茶树	初期表现为顶芽淡黄，嫩叶花白而叶脉仍为绿色，形成网眼黄化。然后叶脉失绿，顶端芽叶全变黄，甚至白色，下部老叶仍呈绿色
草莓	典型症状为新叶叶脉为绿色，叶脉间为黄白色

缺铁多发生在多年生的作物上。果树如苹果、梨、桃、杏、柑橘、李等都常常发生缺铁现象。对于一年生作物来说，则多发生于高粱、蚕豆、花生、玉米、甜菜、菠菜、黄瓜、马铃薯、花椰菜、甘蓝、燕麦等上。在石灰性土壤、盐碱土，以及通气良好的旱地土壤上的作物，常常容易缺铁。

作物过量施铁症状　铁素过多易导致植株中毒。植物铁中毒往往发生在通气不良的土壤上，由于氧化还原电位低，铁离子（Fe^{2+}）浓度增高，使作物体内积累过多的亚铁而引起中毒。铁中毒常与缺锌相伴而生。铁中毒症状因植物种类而异。亚麻表现为叶片变为暗绿色，地上部及根系生长受阻，根变粗；烟草叶片脆弱，呈暗褐至紫色，品质差；水稻下部老叶叶尖、叶缘脉间出现褐色斑点，逐步向叶片扩展，最后上部叶片也出现症状，严重时下部叶片变为灰白色或白色，根发黑或腐烂，称之为“青铜病”。

铁肥种类　铁肥可分为无机铁肥、有机铁肥和螯合铁肥三类。硫酸亚铁和硫酸铁是常用的无机铁肥。有机铁肥的主要代表品种有尿素铁络合物（三硝酸六尿素合铁）、黄腐酸二胺铁（由尿素、硫酸亚铁和黄腐酸制得）。螯合铁肥有NaFeEDTA、NaFeEDDHA和NaFeDTPA。其他无机铁肥有氧化铁、硫酸亚铁铵、碳酸亚铁、一水合磷酸亚铁铵等。

（1）硫酸亚铁［$FeSO_4 \cdot 7H_2O$］　俗称铁矾、黑矾、绿矾，为常用铁肥。含铁19％～20％，含硫（S）11.5％，淡绿色结晶，易溶于水，在潮湿空气中吸湿。性质不稳定，极易被空气氧化成黄色或铁锈色，氧化后不宜再作铁肥使用，特别是在高温和光照强烈的条件下更易被氧化。因此，须将硫酸亚铁放置于不透光的密闭容器中，并置于阴凉处存放，防潮。

(2) 硫酸亚铁铵［$FeSO_4 \cdot (NH_4)_2SO_4 \cdot 6H_2O$ 或 $(NH_4)_2Fe(SO_4)_2 \cdot 6H_2O$］，又叫莫尔盐。含铁 14%，含氮 7%。淡绿色结晶，易溶于水，不溶于醇。可作基肥、种肥、追肥及叶面喷施。价格贵于硫酸亚铁。

(3) 有机络合态铁　常用的有乙二胺四乙酸铁（EDTA-Fe），含铁 9%～12%；二乙三胺五醋酸铁，含铁 10%，两者均溶于水。施入土壤或作喷施的效果显著高于无机铁肥。乙二胺四乙酸铁在酸性土壤上适宜，稳定而有效，但对 pH 高的土壤不适用，当 pH 大于 7.5 时，最好用二乙三胺五醋酸铁。一般用于喷施。

(4) 三氯化铁（$FeCl_3 \cdot 6H_2O$）　含铁（Fe）20.6%，含氯（Cl）39.3%。外观为深黄色结晶，易溶于水，有吸湿性，易结块。作物对 Fe^{3+} 的利用率较低，而且营养液的 pH 较高时，三氯化铁易产生沉淀而降低其有效性。现较少单独使用三氯化铁作为营养液的铁源。

(5) 氧化亚铁（FeO）　有效铁含量为 77%。黑色立方晶系结晶或粉末。溶于酸，不溶于水和碱溶液。国内很少利用氧化亚铁作铁肥，国外有作基肥施用的报道。

(6) 黄腐酸二铵铁（黄腐酸铁）　分子式、分子结构目前尚未研究清楚，主要组分为氮、铁的络合有机物，含铁 0.2%～0.4%。黄棕色液体，易溶于水，作喷施用。

(7) 尿素铁络合物（三硝酸六尿素络合铁）　分子式为 $Fe[(NH_2)_2CO]_6 \cdot (NO_3)_3$，含铁 9.2%，含氮 34.8%。呈固体，天蓝色颗粒，吸湿性小，不易挥发，易溶于水，在空气中稳定，便于贮藏运输。适于作基肥、追肥和叶面喷施。

(8) 羟基羧酸盐肥　包括氨基酸铁肥、柠檬酸铁、葡萄糖酸铁等。氨基酸铁肥、柠檬酸铁肥土施，可提高土壤铁的溶解吸收，促进土壤钙、磷、铁、锰、锌的释放，提高铁的有效性。氨基酸铁、柠檬酸铁成本低于 EDTA 铁类，可与许多农药混用，对作物安全。

注意事项

① 土壤缺铁比较普遍，尤其是在石灰性土壤上。酸性土壤中过量施用石灰或锰的含量过高都会出现植株的诱发性缺铁。栽培土壤的水、气状况严重失调，温度不适，也会影响植物根系对铁的吸收。

② 铁肥多采用叶面喷施，较少基施。一般在土壤有效铁小于 10 毫克/千克时，施铁有不同程度的增产效果，大于 10 毫克/千克时，施铁基本无效。

③ 对铁较敏感的作物有蚕豆、大豆、玉米、马铃薯等，如在缺铁土壤上对玉米施用铁肥，增产幅度可达 5.8%～12.9%。

④ 由于铁肥在叶片上不易流动，不能使全叶片复绿，只是喷到肥料溶液处复绿（呈斑点状复绿），因此需要多次喷施。

⑤ 应避免在高温时进行喷雾。

硫酸亚铁

$FeSO_4 \cdot 7H_2O$，278.01

反应式

① 废铁硫酸法。用废铁与硫酸反应生成，所用原料为废铁丝、铁丝等，溶解于硫酸时生成硫酸亚铁，反应式如下：

$$Fe + H_2SO_4 \longrightarrow FeSO_4 + H_2 \uparrow$$

② 钛白副产法。钛铁矿用硫酸分解时，生成 $FeSO_4$ 及 $Fe_2(SO_4)_3$，其中，三价铁用废铁皮、铁丝还原，经冷却结晶，可获得副产品 $FeSO_4 \cdot 7H_2O$，反应式如下：

$$5H_2SO_4 + 2FeTiO_3 \longrightarrow 2FeSO_4 + TiOSO_4 + Ti(SO_4)_2 + 5H_2O$$

$$Fe_2O_3 + 3H_2SO_4 \longrightarrow Fe_2(SO_4)_3 + 3H_2O$$

$$Fe_2(SO_4)_3 + Fe \longrightarrow 3FeSO_4$$

该法生产硫酸亚铁成本低，每吨钛白粉可副产 3 吨硫酸亚铁，在硫酸亚铁中含有少量钛，因钛为农作物的有益元素，使用时无需分离。

硫酸亚铁（ferrous sulfate），又称黑矾、绿矾、铁矾、皂矾，含铁 16.5%～18.5%。是常用的铁肥。

理化性状 天蓝色或绿色单斜晶体，或结晶性粉末。密度 1.8987 克/厘米^3，熔点 64℃。无臭，有收敛性。暴露在空气中易风化，表面变为白色粉末，在湿空气中易氧化，表面生成棕黄色的碱式硫酸铁，溶于水和甘油，不溶于醇。有还原作用。在 56.6℃由七水合成物转变为四水合物，在 64.6℃变为一水合物，在 90℃时失去六个结晶水，在 300℃时失去全部结晶水而成无水物。有腐蚀性。在干燥空气中发荧光。无水物为白色粉末，与水作用则变为蓝绿色。

质量标准 目前尚无农用标准，可参考水处理剂硫酸亚铁国家标准 GB 10531—2006（除适于饮用水和工业用水处理外，也可作为铁系水处理剂的生产原料使用）。

① 外观。淡绿色或淡黄绿色结晶。

② 水处理剂硫酸亚铁应符合表 3-21 的要求。

表 3-21 水处理剂硫酸亚铁的要求

项目	指标	
	Ⅰ型①	Ⅱ型②
硫酸亚铁（$FeSO_4 \cdot 7H_2O$）的质量分数/% ≥	90.0	90.0
二氧化钛（TiO_2）的质量分数/% ≤	0.75	1.00
水不溶物的质量分数/% ≤	0.50	0.50
游离酸（以 H_2SO_4 计）的质量分数/% ≤	1.00	—
砷（As）的质量分数/% ≤	0.0001	—
铅（Pb）的质量分数/% ≤	0.0005	—

① 强制性标准，适应饮用水处理用及铁系水处理剂的生产原料用。

② 推荐性标准，适应工业用水、废水和污水处理用。

该标准对标志、标签和包装规定如下。

① 用内衬塑料袋、外套编织袋的双层包装，内袋扎口（或热合），外袋应牢固封口。也可散装。

② 包装袋上应标明生产厂名称、产品名称、类别、生产日期、批号、净质量、商标和本标准编号。每袋净质量 50 千克。散装产品应在装货清单上注明以上内容。

③ 装运过程中应小心轻放，防止包装破损，不得日晒、雨淋，禁止与有毒有害物质混贮、共运。

简易识别方法

（1）颜色和形态　硫酸亚铁为绿中带蓝色的单斜晶体，在空气中渐渐风化和氧化而呈黄褐色，此时的铁已变成三价，大部分植物不能直接吸收三价铁。

（2）气味　无臭，味咸、涩；具有刺激性。

（3）溶解性　可溶于水中，水溶液为浅绿色，水溶液呈酸性。

（4）灼烧性　将硫酸亚铁放在坩埚内，置于电炉上加热，真品硫酸亚铁首先失去结晶水，变成灰色粉末，继续加热，则硫酸亚铁被氧化成硫酸铁粉末变成土黄色，高热时放出刺鼻气味。否则，样品为假冒硫酸亚铁。

定性鉴定

（1）亚铁离子的检验　将样品溶于水中，取少许溶液置于试管中，加 1 滴冰乙酸，再加 10%铁氰化钾溶液 1 滴，若出现蓝色沉淀，则表明溶液含有亚铁离子。

（2）硫酸根离子的检验　检验方法与硫酸铵相同。

施用方法

（1）叶面喷施　果树缺铁可用 0.2%～1%的硫酸亚铁溶液在果树叶芽萌发后喷施，每隔 10 天左右喷施一次，连续 2～3 次，直至变绿为止，叶片老化后喷施效果较差。若用 0.5%～1%的尿素铁溶液或 0.1%的黄腐酸铁溶液叶面喷施，则效果优于硫酸亚铁溶液。

禾本科作物缺铁可用 3%～4%的硫酸亚铁喷施，一般失绿在苗期喷施一次即可，严重失绿可连续喷 2～3 次，每次间隔 10～15 天。溶液应现配现用，在喷液中加入少量的湿润剂，可增加在叶面上的附着力，提高喷施效果。

蔬菜缺铁，叶面喷施 0.2%～0.5%的硫酸亚铁，喷施后适量地喷点水，避免烧叶现象，如果浓度超过 0.5%易出现药害。

（2）注射法　采用注射器将 0.3%～1%的硫酸亚铁溶液快速注射于树干内，然后将输液瓶挂在树上，让树体慢慢吸收，此法见效快，3 天后即可见效。

（3）树干埋藏法　本方法只能用于多年生木本作物，如果树、林木等。在树干中部用直径 1 厘米左右的木钻，钻深 1～3 厘米向下倾斜的孔，穿过形成层至木质层，向孔内放置 1～2 克固体硫酸亚铁，孔口立即用油灰或橡皮泥封固，没有油灰或橡皮泥用黄泥也可，外面再涂一层蜡，以防止雨水渗入、昆虫产卵和病菌滋生。每株树钻 1 个施肥孔即可。但钻过孔的树干易受病菌感染。

（4）基施法　每株成龄大树用 2～2.5 千克硫酸亚铁喷洒在 50～100 千克有机

肥中，充分拌匀后，沿树冠外围挖8～10个穴，施入混合肥，然后覆土，也可沿树冠外围挖环状沟施入。小麦直接用土壤施肥，每亩施用30千克，可有效补充土壤中的铁含量，防治病虫害、疏松土壤，防止土壤板结、小麦黑穗病，可促进根系发育，抗倒伏。叶绿、体壮，明显增加产量，小麦每亩可增产60～80千克，尤其适用于碱性土壤，增产效果更加明显。硫酸亚铁与有机肥料混施，可以减少土壤对铁的固定，提高肥效。

注意事项

① 本品可与中性、酸性农药混合使用，在喷洒时加入0.1%的中性洗衣粉，效果更好。

② 果树在果实期，蔬菜在幼苗期，不要直接喷洒。

③ 喷施应避开烈日高温天气，宜在清晨或下午4时以后进行。

④ 产品常用内衬塑料袋的编织袋包装，贮存于低温、干燥库房中，同时注意包装的密闭，防止风化。贮存时间过久，易氧化成高价态铁而变成黄色。在运输过程中要防潮防湿。着火时，可用水和灭火器扑救。

第六节　铜　肥

铜肥（copper fertilizer），是指具有铜标明量以提供植物养分为主要功效的物料。铜是植物必需营养元素之一。铜以阳离子（Cu^{2+}）的形态被植物吸收。

铜的营养作用

① 铜是作物体内许多氧化酶的成分或酶的活化剂，与作物体内氧化还原反应和呼吸作用有关。在脂肪代谢中，脂肪酶的去饱和作用和羟基化作用都需要含铜的酶起催化作用。由于铜在作物的主要物质代谢过程中起主要作用，所以施铜可以明显改善作物的生长状况，达到高产的目的。

② 铜是叶绿体中类脂的成分，与有机物结合构成铜蛋白，参与光合作用，增强叶绿素和其他植物色素的稳定性，促进叶绿素的形成。作物缺铜，叶绿素含量减少。

③ 铜参与蛋白质和糖类的代谢过程，能促进氨基酸活化和蛋白质的合成，影响根瘤菌的共生固氮作用。

④ 铜能促进花器官的发育。铜作为亚硝酸还原酶和次亚硝酸还原酶的活化剂，参与作物体内硝酸还原过程，铜也是胺氧化酶的还原剂，起催化氧化脱胺作用，影响蛋白质的合成。在作物生殖生长过程中，铜还能促进营养器官中的含氮化合物向生殖器官转运。缺铜时明显影响禾本科作物的生殖生长。麦类缺铜时因主茎丧失顶端优势，而分蘖明显增加，导致秸秆产量较高，但不能结实。

⑤ 铜在木质素合成中起着重要作用。作物缺铜，会导致木质素合成受阻，厚壁组织和输导组织发育不良，支持组织软化，作物体内水分运输恶化。铜可促进作物细胞壁的木质化和聚合物合成，从而增加植株抵抗病原侵入的能力。

作物缺铜症状 作物缺铜时，植株矮小，出现失绿现象，易感染病害。典型症状为：幼嫩叶尖端呈白色。果树顶叶成簇状，严重时顶梢枯死，并逐渐向下扩展；禾本科作物叶尖失绿而黄化，以后干枯、脱落，严重时不能抽穗，种子不能形成；蔬菜体内的含铜量小于 4 毫克/千克时，就有可能发生缺铜，明显的特征是很多蔬菜花的颜色发生褪色现象，如蚕豆缺铜时，花朵颜色由原来的深红褐色褪成白色。缺铜严重时，叶片或果实均褪色，顶梢发白枯死并向下蔓延。几种作物的缺铜症状见表 3-22。

表 3-22 几种作物的缺铜症状

作物	缺铜症状
玉米	叶失绿呈灰色，弯曲，叶片反转，新叶叶尖坏死
大豆	植株生长缓慢，叶片淡绿，叶缘呈黄色，下部叶片变棕色
黄瓜	节间短，植株丛生，幼叶小，老叶叶脉间出现失绿，失绿从老叶向幼叶发展，后期叶片呈褐色、枯萎坏死
番茄	植株生长缓慢，叶片向内卷曲，失绿，茎叶丧失坚实性，不能形成花芽，枝条生长受抑制，根系发育不良
茄子	茄子缺铜老叶失绿，幼叶卷曲，叶片瘦长，整个叶片失绿，但程度不同
芹菜	叶色淡绿，在下部叶片上易发生黄褐色斑点
洋葱	生长缓慢，叶呈灰黄色，球茎松散，鳞片较薄，不紧实
莴苣	叶片失绿变白，从顶端叶和叶缘开始，叶片凹陷，生长停滞
豌豆	茎秆顶端萎蔫，分枝伸长，花粉败育，不结实
甜菜	幼叶呈蓝色，老叶从尖端开始呈大理石纹状失绿，叶缘呈焦灼状，继而整个叶片脉间失绿，叶脉仍保持绿色。受害组织干枯，幼叶皱缩，块根灰白细长
亚麻	植株生长停滞，顶端叶片形成丛生状态，常常发黄而枯死，不能结实
烟草	植株上部叶片柔软，易凋萎，开花期间烟草的主轴不能直立，种子数量少
水稻	分蘖期上部叶片发黄，新叶和叶尖卷筒，抽穗延迟，不孕率高，有时整株白穗
大麦	叶尖枯萎灰白，叶片弯曲反转，新叶叶尖枯死，有时大量分蘖而不抽穗，种子不易形成，有时出现“穗而不实”症
小麦	顶部幼叶先发病失绿、叶尖变白，叶呈曲状，边缘呈灰黄色，抽穗困难
柑橘	枝条瘦长并曲折畸形，尖端呈 S 形，叶形不整齐，叶脉向上弯曲；严重缺铜时，部分细枝产生“枯梢”现象，老株叶片扭曲甚至呈畸形，树皮破裂，流出树汁。果实凹陷，果皮有红褐色瘤，幼果易破裂
桃树	新梢顶枯。夏初，新梢顶端生长停止，叶片出现斑驳和褪绿。新梢顶端叶尖和边缘变褐，新梢外观似萎蔫，最后许多顶叶脱落，新梢向下枯死
苹果、梨	叶片失绿畸形，嫩枝弯曲下垂，树皮上出现水泡状皮疹。严重时发生顶梢枯死，称为顶枯病
葡萄	上部枝条软，叶片暗绿，老枝上的叶片大而暗绿、弯曲以至畸形，果皮上和果穗轴上带有胶质瘤
茶树	成熟新叶上出现形状、大小不等的玫瑰色小圆点，中央白色。后期病叶严重失绿，病斑扩大
香蕉	中肋弯曲下垂，枯萎
草莓	新叶的叶脉间失绿，出现花白斑

我国常见的原发性缺铜土壤主要有砂质土、铁铝土、铁锈土、碱性土及石灰性土壤。然而在多数情况下，植物缺铜不是因为土壤中铜的绝对量少，而是某些因素限制了铜的有效性。如泥炭土和沼泽土及腐殖土，所含有机质对铜有强烈的吸附作用而降低了铜的有效性；土壤干旱缺水，会使有机质分解慢，也可诱发缺铜。

一般农作物的缺铜症状不如缺乏其他微量元素那样具有专一性。不同作物缺铜症状的差异很大，作物种类之间的差异大于土壤类型的影响。一般单子叶蔬菜对铜元素比较敏感，双子叶蔬菜差一些，但胡萝卜施用铜肥效果好。禾本科作物和果树缺铜，危害最大，有明显的症状，容易辨认，可作为判断是否缺铜的依据。

作物过量施铜症状 植物对铜元素的忍耐能力有限，当植株内的含铜量大于20毫克/千克时，就可能发生铜中毒。铜中毒的外部特征与缺铁很相似，首先表现在根部，主根的伸长受阻，侧根变短，侧根和根毛数量减少，根的质膜结构遭到破坏，根内大量物质外溢。新叶失绿，老叶发生坏死，叶柄和叶背出现紫红色斑块。

铜肥种类 五水硫酸铜是最主要的铜肥。一水硫酸铜、碱式碳酸铜、氯化铜、氧化铜、氧化亚铜、铜烧结体、铜矿渣、螯合铜等均可作为铜肥使用。

① 硫酸铜。含铜量为25%～35%，深蓝色结晶或蓝色颗粒粉末，溶于水。可用作基肥、叶面喷施和种子处理等。撒施时必须耕入土施匀才有较好效果。目前，在果树上应用较为广泛。不宜与大量营养元素肥料同时混施，以免降低肥效。

② 氧化铜（CuO）。含铜75%，难溶于水。晶体类型有黑色立方晶体和三斜体两种。不溶于水和醇，溶于稀酸、氰化钾、氯化铵和碳酸铵溶液，在氨液中缓慢溶解。在1026℃时分解。只能作基肥，一般施入酸性土壤为好，每亩施用量为0.4～0.6千克，每隔3～5年施用1次。

③ 氧化亚铜（Cu_2O）。又叫一氧化二铜，含铜89%。暗红色或橙黄色粉末。不溶于水和醇。溶于浓碱、三氯化铁溶液。溶于浓氨水成无色溶液，在空气中会迅速变蓝。氧化亚铜在干空气中稳定，在潮湿空气中逐渐氧化成黑色氧化铜。氧化亚铜有毒。它难溶于水，只能用作基肥，每亩施0.3～0.5千克，每隔3～5年施1次。

④ 碱式碳酸铜［$CuCO_3 \cdot Cu(OH)_2$ 或 $CuCO_3 \cdot Cu(OH)_2 \cdot xH_2O$］。又名碳酸铜，碱式碳酸铜有10多个品种，按 $CuO : CO_2 : H_2O$ 的比值不同而异。工业品含 CuO 为71.9%，也可在66.2%～78.6%的范围内。碱式碳酸铜有毒。浅绿色细小颗粒无定形粉末，是铜金属表面上所生成的绿锈的主要成分。不溶于冷水和醇。溶于酸，并形成相应的铜盐。也溶于氰化物、氨水、铵盐和碱金属碳酸盐的水溶液而形成铜的配合物。在碱式金属碳酸盐溶液中煮沸时，形成褐色的氧化铜。

⑤ 氯化铜（$CuCl_2 \cdot 2H_2O$）。含铜36.5%，绿色斜方晶体，在湿空气中易潮解。加热到110℃时，失去结晶水，无水物为棕黄色粉末，有吸湿性。熔点为498℃，在993℃分解成氯化亚铜。氯化铜有毒，可溶于水、醇、醚、丙酮和氯化铵中。从氯化铜水溶液生成结晶时，在15℃以下得到四水盐，在15～25.7℃时得到三水盐，在26～42℃时得到二水盐，在42℃以上得到一水盐。

⑥ 硝酸铜 [$Cu(NO_3)_2 \cdot xH_2O$]。有三水、六水、九水 3 种水合物，商品为三水物。暗蓝色三棱形晶体。熔点 114.5℃。有毒。易潮解。极易溶于水和醇，其溶液呈酸性。溶于浓氨水中，形成二硝酸四氨铜的络盐 [$Cu(NH_3)_4(NO_3)_2$]，加热此络盐即发生爆炸。硝酸铜为强氧化剂，浸过硝酸铜酒精溶液的纸，干燥后能自燃。加热到 114.5℃，分解生成难溶解的碱盐 [$Cu(NO_3)_2 \cdot 2Cu(OH)_2$]。继续强烈灼烧则转变成氧化铜。

⑦ 氯化亚铜（CuCl）。白色立方体结晶。熔点 430℃。熔融时呈铁灰色，露置空气中迅速氧化成碱式盐，呈绿色。遇光变褐色。氯化亚铜不溶于水、硫酸、稀硝酸和醇中，溶于氨水、浓盐酸及碱金属氯化物溶液中，并生成配合物。氯化亚铜在热水中迅速变为红色，生成氧化铜水合物；与强酸缓慢反应；能吸收一氧化碳而生成复合物。

⑧ 碱式硫酸铜 [$CuSO_4 \cdot 3Cu(OH)_2$ 或 $CuSO_4 \cdot 3Cu(OH)_2 \cdot xH_2O$]。含铜 15%～53%。蓝色无定形粉末。溶于无机酸，不溶于水。只适用于作基肥施于酸性土壤，每亩施 0.5～1 千克。

⑨ 硫化铜（CuS）。含铜 65.2%，黑色粉末或蓝黑色结晶体。熔点 1100℃，沸点 2200℃（分解）。在潮湿的空气中可缓慢氧化成硫酸铜。硫化铜能溶于硝酸、氰化钾水溶液中，但不溶于水、醇和碱类物质。

⑩ 硫化亚铜（Cu_2S）。含铜 79.8%，难溶性铜肥。

⑪ 磷酸铵铜 [$Cu(NH_4)PO_4 \cdot H_2O$]。含铜 32%，难溶于水。

⑫ 螯合态铜。含铜 13%，易溶于水。

⑬ 铜矿废渣。各种含铜矿尾矿、粉矿和焙烧的硫铁矿，含铜 0.3%～1%，经磨碎到细度达 80 目即得成品。难溶于水，也可当作铜肥使用，每亩施 30～40 千克，于秋耕或春耕时施入，对改良泥炭土和腐殖质湿土效果显著。但若含有大量镉、铅、汞等元素，应先加工处理，去掉镉、铅、汞等有害物质后，再施用。

注意事项

① 铜肥极易毒害作物，因此，只有在有资质的检测机构确诊为缺铜时方可施用，用量宁少勿多，浓度宁稀勿浓。土壤有效铜缺乏的临界指标是 0.2 毫克/千克，每亩菜田土壤的硫酸铜施用量最多不超过 900 克。对缺铜敏感的作物主要有玉米、洋葱、菠菜等，土壤缺铜时施用量应适当增加。

② 在过量施用石灰的酸性土壤（如砖红壤、赤红壤等），或供肥能力弱的土壤（如石灰岩土、黄壤等）上大量施用氮肥和磷肥，易发生缺铜症状，应注意施用。

③ 砂质土壤一般应少施，铜肥后效期长，一般每隔 3～5 年基施 1 次即可。

④ 叶面喷施铜肥是矫治作物缺铜的常用方法，硫酸铜喷施浓度为 0.05%～0.1%，螯合铜喷施浓度为 0.03%～0.04%。由于铜在植物体内移动性差，所以喷施铜肥不能只喷 1 次，而且以在植物生长前期及后期喷施效果较好。小麦一般在苗期、倒三叶展开时各喷 1 次，番茄、洋葱等在苗期及生长中、后期各喷 1 次。

⑤ 叶面喷施的铜肥溶液不要随意增加浓度，且避免在强光照和高温下喷施，以免灼伤作物叶片。

硫酸铜

$CuSO_4 \cdot 5H_2O$，249.7

反应式

① $CuO+H_2SO_4$（稀）$+4H_2O \longrightarrow CuSO_4 \cdot 5H_2O$（氧化铜-稀硫酸法）

② $Cu+2H_2SO_4$（浓）$\longrightarrow CuSO_4+2H_2O+SO_2\uparrow$（铜与浓硫酸加热反应）

③ $CuS+2O_2 \longrightarrow CuSO_4$（含铜黄铁矿氧化）

$$CuSO_4+5H_2O \longrightarrow CuSO_4 \cdot 5H_2O$$

硫酸铜（copper sulfate），又称胆矾、蓝矾、铜矾。含铜25%～35%。硫酸铜可以用于杀灭真菌。与石灰水混合后生成波尔多液，用于控制柠檬、葡萄等作物上的真菌。稀溶液用于水族馆中灭菌以及除去蜗牛。由于铜离子对鱼有毒，用量必须严格控制。大多数真菌只需非常低浓度的硫酸铜就可被杀灭。硫酸铜也可用来控制大肠杆菌。硫酸铜水溶液有强烈的杀菌作用，农业上主要用于防治果树、麦芽、马铃薯、水稻等上的多种病害，效果良好，但对锈病、白粉病作用差。同时，硫酸铜会对植物产生药害，所以仅在对铜离子药害忍耐力强的作物上或休眠期的果树上使用。它是一种预防性杀菌剂，需在发病前使用。它也可用于稻田、池塘除藻。它也是一种微量元素肥料，是常用的铜肥。

理化性状 深蓝色块状结晶或蓝色颗粒状粉末，无臭，带金属涩味。密度2.286克/厘米^3（15.6℃）。加热至45℃失去2个结晶水，110℃失去4个结晶水，250℃失去全部结晶水而成为绿白色粉末。无水物密度2.606克/厘米^3，熔点200℃，650℃分解成氧化铜和二氧化硫。在干燥空气中慢慢风化，表面变为白色粉末状。溶于水和氨液，在0℃水中的溶解度为31.6克/100升，不溶于无水乙醇。水溶液呈酸性。

质量标准 执行国家标准GB 437—2009［硫酸铜（农用）］（适用于由含5个结晶水的硫酸铜及其生产中产生的杂质组成的硫酸铜）。

（1）外观 蓝色或蓝绿色晶体，无可见外来杂质。

（2）技术指标 应符合表3-23的要求。

表3-23 硫酸铜控制项目指标

项目		指标	项目		指标
硫酸铜（$CuSO_4 \cdot 5H_2O$）质量分数/%	≥	98.0	镉质量分数①/（毫克/千克）	≤	25
砷质量分数①/（毫克/千克）	≤	25	水不溶物质量分数/%	≤	0.2
铅质量分数①/（毫克/千克）	≤	125	酸度（以H_2SO_4计）/%	≤	0.2

① 正常生产时，砷质量分数、镉质量分数和铅质量分数，至少每3个月测定一次。

该标准对标志、标签、包装、贮运、安全规定如下。

① 硫酸铜的包装材料可采用铁桶、不燃烧的塑料桶、内衬双层塑料袋的纸桶，严格密封，防止吸潮，也可以根据用户要求或订货协议采用其他形式的包装。

② 硫酸铜包装件应贮存在通风、干燥的库房中。

③ 贮运时，严防潮湿和日晒，不得与食物、种子、饲料混放，避免与皮肤、眼睛接触，防止由口鼻吸入。

简易识别方法

(1) 颜色和形态　硫酸铜为蓝色三斜晶体，若含钠、镁等杂质，其晶块的颜色随杂质含量的增加而逐渐变淡。如果含铁，其结晶颜色常为蓝绿色、黄绿色或者淡绿色，色泽不等。观察时可用质量较好的硫酸铜作参照。

(2) 气味　无臭。

(3) 溶解性　溶于水，水溶液具有弱酸性。

(4) 灼烧性　加热至110℃时，失去4个结晶水变为蓝绿色，高于150℃时形成白色易吸水的无水硫酸铜。加热至650℃，可分解变为黑色氧化铜并有刺鼻气味放出。

定性鉴定

(1) 方法一　第一步，将少量样品放入瓷碗中，加20倍左右样品体积的水进行溶解，溶化后观察颜色是天蓝色还是蓝绿相间，后者含铁杂质。第二步，如果溶液是天蓝色，将一根普通铁丝放入其中，静置1天后取出铁丝冲洗后观察，如铁丝表面有一层颜色均匀、手感平滑的黄红色金属，即证明了该物品为真的硫酸铜。

(2) 方法二　第一步，取预先研细的待测样品和纯品硫酸铜各1克左右（花生米大小），分别放入2只水杯中，加洁净水100毫升，摇动几分钟，使晶块完全溶解。第二步，量取上述浑浊液各5毫升左右，分别置于2只玻璃杯中，均加入碳酸氢铵约0.5克，摇动1～2分钟，使其充分反应，显色，放置10分钟后，进行观察比较。若两种溶液的颜色相同，不产生沉淀和沉淀物很少，则证明样品质量合格；若待测样品溶液的蓝色比纯品明显淡时，说明其有效成分含量较低，可能含有部分钠、镁、钾等杂质；若样品中出现大量沉淀，则表明样品中含有较多的铁、铝、锌或钙等杂质，沉淀越多，其有效成分越低。

施用方法　可用作基肥、叶面喷施和种子处理等。撒施时必须耕入土中，施匀才能有较好效果。不宜与大量营养元素肥料同时混施，以免降低肥效。还可用作杀菌剂。

(1) 作基肥　每亩施用硫酸铜1.0～1.5千克，与10～15千克干细土混合均匀后，撒施、条施或穴施。条施的用量要少于撒施的用量。也可与农家肥或氮、磷、钾肥混合基施。在质地砂性的土壤上，最好与农家肥混施，以提高保肥能力。一般铜肥后效较长，每隔3～5年施1次。几种作物施硫酸铜的建议用量见表3-24。

表 3-24 几种作物施硫酸铜的建议用量

作物	施用量/(千克/亩)	备 注
柑橘	0.46	5 年 1 次
油桐	0.46	5 年 1 次
小粒谷物	0.40	最初施用
玉米	0.40	最初施用
大豆	0.20～0.40	最初施用
菜用玉米	0.15～0.45	最大量每亩 1.5～3.0 千克
蔬菜	0.30～0.45	最大量每亩 2.3 千克
小麦	0.50～1.00	5 年 1 次

(2) 拌种　每千克种子用硫酸铜 0.3～0.6 千克，先将肥料用少量水溶解后，用喷雾器均匀地喷洒在种子上，拌匀，阴干后播种。

(3) 浸种　种子用 0.01%～0.05%的硫酸铜溶液浸泡 24 小时左右，阴干后播种。

(4) 叶面喷施　在蔬菜上使用最好在苗期进行，用 0.02%～0.04%的硫酸铜溶液喷施，每亩喷 50～60 千克。7～10 天一次，连续喷施 2 次。叶面喷施采用较高浓度时，应加入 0.15%～0.25%的熟石灰，以免药害，配好后应去渣，防止堵塞喷雾器的喷孔。

在烤烟漂浮育苗过程中，在烤烟播种后 20 天，营养池中施用浓度为 50 毫克/升的硫酸铜，可促进烤烟出苗和生根、控制蓝绿藻的发生和蔓延、促进根系健壮生长和苗期烟株生长发育。

(5) 用作杀菌剂　防治瓜类枯萎病、辣椒疫病、茄子黄萎病、番茄青枯病、大白菜软腐病等，在发病初期施用硫酸铜能快速杀死病菌，刺激伤口愈合。方法是：在定植时每亩用硫酸铜 2 千克加碳酸氢铵 11 千克，混匀，堆闷 15～20 小时后撒施在定植穴内；或每千克硫酸铜加水 500 千克灌根，每株用 0.3～0.5 千克药液；或定植后每亩用硫酸铜 2～3 千克随水浇施。

注意事项

① 硫酸铜溶液对铁制容器有腐蚀作用，所以不能用铁制喷雾器喷雾，喷雾器用后应彻底清洗。

② 硫酸铜对鱼类毒性高，喷施残渣不能倒入鱼塘，喷雾器也不能在鱼塘内清洗，以防止鱼类受毒害。

第七节　氯　肥

氯是一种比较特殊的矿质营养元素，它普遍存在于自然界并且容易被植物吸收，在7种必需的微量元素中，植物对氯的需要量最多。例如，番茄的需氯量是钼的几千倍。许多植物体内氯的含量很高，含氯10%的植物并不少见。大多数作物的生长过程中无明显缺氯症状，然而氯对许多作物有生长效应。实践证明，某些作物施用氯化钾的产量常优于施用硫酸钾。

在植物体中，氯以Cl^-的形式存在，移动性很强。大多数植株吸收Cl^-的速度很快，而且数量也不少。植物吸收Cl^-的速度主要取决于介质中氯的浓度。研究表明，植物吸收Cl^-受代谢的影响，其中对温度的变化和代谢抑制剂尤为敏感。植物对氯的吸收属逆化学梯度的主动吸收过程。由于光合磷酸化作用中所形成的ATP可提供主动吸收所需的能量，所以光照有利于氯的吸收。氯在体内的运输可能是以共质体途径为主。

氯易于透过质膜而进入植物组织。但是，当介质中Cl^-浓度很高时，液泡膜变成渗透的屏障，阻止Cl^-进入液泡，保护植物免受损害。因此，植物吸收的大量Cl^-只能积聚在细胞之中。植物体内Cl^-的移动与蒸腾量小的器官（如小麦穗部）含氯量极低。氯的分布特点：茎叶中多，籽粒中少。

氯的生理功能

① 参与光合作用。在光合作用中，氯作为锰的辅助因子参与水的光解反应。水的光解反应是光合作用最初的一个光化学反应。

② 调节叶片气孔运动。氯对叶片气孔的开张和关闭有调节作用，从而增强抗旱能力。此外，氯具有束缚水的能力，有助于作物从土壤中吸取更多的水分。

③ 抑制病害的发生。施用含氯化肥能抑制多种作物病害的发生。据报道，至少有10种作物的15个品种，可通过增施含氯的肥料，使其叶根病害程度明显减轻。例如，冬小麦的条锈病、大麦的根腐病、玉米的茎枯病等。

④ 促进营养吸收。氯的活性很强，非常容易进入植物体，并能促进植物对铵离子和钾离子的吸收。

总的说来，氯在作物体内有多种生理作用，主要是少部分氯参与生化反应，而大部分氯以离子状态维持各种生理平衡。

作物缺氯症状 由于氯的来源广，大气、雨水中的氯远超过作物每年的需要量。因此，大田生产条件下一般不容易发生缺氯症。作物缺氯时，幼叶失绿和全株萎蔫是两个最常见的症状。

棉花缺氯，叶片凋萎，叶色暗绿，严重时叶缘干枯、卷曲，幼叶发病比老叶重。

玉米缺氯，容易发生茎腐病，病株易倒伏，影响产量与品质。

大麦缺氯，萎蔫呈卷筒状，与缺铜症状相似。

番茄缺氯，表现为叶片的小叶尖端首先萎蔫，明显变窄，生长受阻。继续缺氯，萎蔫部分坏死，小叶不能恢复正常，有时叶片出现青铜色细胞质凝结，并充满细胞间隙。根缩短变粗，侧根生长受抑制。

作物氯过剩症状 从农业生产实际来分析，氯过剩比缺氯严重得多。氯过剩主要表现为生长缓慢，植株矮小，叶片小，叶面积小，叶色发黄，严重时叶尖呈灼烧状，比如叶焦枯，并向上卷曲，老叶和根尖死亡。另外，氯过剩时，种子吸水困难，发芽率降低。氯过剩主要的影响是增加土壤水的渗透压，降低水对植物的有效性。一些木本植物，包括大多数果树及浆果类植物、蔓生植物、观赏植物对氯特别敏感，当含氯量达到干重的0.5%时，植物会出现叶烧病症状，烟草、马铃薯叶片变厚且开始卷曲，对马铃薯块茎、烟叶生长都有不利影响。

作物对氯的敏感性 耐氯力强，对氯离子不敏感的作物：水稻、玉米、小麦、高粱、谷子、菠菜、番茄、黄瓜、油菜、茄子、棉花、红麻、甜菜、菜花、豌豆、甘蓝、水萝卜等。氯对粮食作物、棉花和麻类作物等不仅没有不良影响，而且还有好的作用，这些作物被称为喜氯作物。

耐氯力中等，对氯离子中等敏感作物：花生、大豆、蚕豆、柑橘、葱、芥末、草药、甘蔗、亚麻等。

耐氯力低，对氯离子敏感的作物：烟草、马铃薯、甘薯、白菜、辣椒、莴苣、苋菜、苹果、葡萄、茶、西瓜等。

含氯化肥的施用技术 由于氯的来源极为广泛，仅大气、雨水带给土壤的氯，就远远超过作物每年的需要量，因此，一般在大田作物生产中很少施用氯肥。对于一些对氯不敏感或者是喜氯作物，施用含氯化肥则有很好的增产提质效果，例如，水稻、棉花等。需提出的是，施用含氯化肥对抑制部分作物病害的发生有良好的作用。据报道，目前已经知道的有10种作物的15个品种，其叶和根的病害可通过增施含氯化肥而明显减轻。有研究者认为，Cl^-和NO_3^-存在吸收上的竞争，施用含氯化肥可降低作物体内的NO_3^-浓度，而NO_3^-含量低的作物很少发生严重的茎腐病和根腐病。

第四章 有益元素肥料

第一节 硅 肥

硅肥（silicate fertilizer），包括以炼铁炉渣、黄磷炉渣、钾长石、海矿石、赤泥、粉煤灰等为主要原料，以有效硅（SiO_2）为主要标明量的各种肥料。硅肥有水溶性硅肥和枸溶性硅肥两大类。目前，我国以枸溶性硅肥为主，少量生产水溶性硅肥。枸溶性硅肥是一种以枸溶性硅酸钙为主的玻璃体矿质肥料。硅肥中通常还含有钙、镁等，故也称为硅钙肥或硅钙镁肥。由于许多工业炉渣都含有大量可溶性硅酸钙，因而世界上普遍直接利用硅酸钙炉渣，如炼铁高炉炉渣、黄磷炉渣、热电厂锅炉煤渣、铝厂赤泥等，加工制取硅肥。另外还有含可溶性硅的硅胶、硅酸盐水泥等也可作为硅肥施用。

理化性状 硅肥是一种碱性或中性肥料，不溶于水，可溶于酸。其外观根据原料的不同，成品为白色、灰白色、灰褐色或灰黑色玻璃状粉末。硅肥具有无味、无毒、无腐蚀、不吸潮、不结块、不变质和不易流失等特性。其密度为2500～3000千克/米^3。其组成主要为无定形的玻璃体，枸溶率高的硅肥则是完全的玻璃体。

硅肥无明确的分子式和相对分子质量，其主要组分是$CaSiO_3$（偏硅酸钙）、Ca_2SiO_4（正硅酸钙）、Ca_2SiO_5、Mg_2SiO_4、$Ca_3Mg(SiO_4)_2$等。

硅肥的功效 硅肥在水稻上施用效果好，硅是水稻生长的必需营养元素。硅的主要生理功能有以下几点。

（1）提供营养，增加产量 硅是作物重要营养元素之一。日本、朝鲜等东亚生产水稻的国家已将硅列入增产的四大主要营养元素，即氮、磷、钾、硅。据研究，生产1吨稻谷，需从土壤中吸收二氧化硅200～300千克，超过水稻吸收氮、磷、钾量的总和。甘蔗吸收硅的数量也超过了它吸收氮、磷、钾量的总和。硅肥的主要营养作用有如下表现。

提高水稻、玉米、甘蔗、大麦、番茄等作物根系的活力。施用硅肥后，这些作物的根系生长良好，根量增加，根系氧化力和呼吸效率显著提高，能为作物的新陈代谢作用提供更多的能量。

提高水稻等作物同化二氧化碳的能力，大幅度提高单位面积产量。吸入作物体内的硅，大部分累积在角质层下的表皮细胞中，形成“角质硅质双层”，使茎硬叶挺，开展度小，光透射率增大，叶片厚度增加，叶片寿命延长，从而提高了同化二氧化碳的能力，尤其是下部叶片，光合生产率的提高使作物增产5.3%～13.4%，而且在稻瘟病暴发或者严重倒伏时增产50%甚至更多。

改善作物的磷营养。施用硅肥后，生物有效磷明显增加。据研究，增施硅肥后，大麦和饲用蚕豆的植株体内含磷量分别增加了29%和38%，并促进植株体内的磷向籽粒内转移。研究证明，硅能促进玉米的生长和发育，增进其对营养元素的吸收。基施硅肥能促进棉花早发，现蕾、开花、吐絮提前。硅对草莓的生长发育有良好的作用，对苹果的生长、产量乃至品质均有良好的促进作用，还能加快树体的生长发育。

（2）平衡养分，改善品质　在平衡养分供给方面，硅具有独特的作用。研究表明，硅可调节氮、磷等各种营养元素的供给，被称为“调节性元素”。通过硅肥在植物体内调节某些营养成分，可以改善作物品质，并使谷物的淀粉、瓜果类的糖分和维生素、小麦的蛋白质等含量均明显提高。

在水稻方面，一般水稻要求硅氮比为3∶1，若硅不足而氮过多，则因细胞柔软而易倒伏，并发生贪青等现象，所产稻谷口感也不好；增施硅肥后，稻米品质得到改善。

在甘蔗方面，硅元素能加速甘蔗茎中糖的合成速率，显著提高蔗茎中蔗糖的积累系数，不施硅时为-0.05，而施硅时为1.25。同时，硅能使甘蔗茎中10种营养元素（氮、磷、钾、钙、镁、铁、锰、锌、钼、硼）由成熟部分向生长部分转移，提高了这些营养元素的再利用率，有利于甘蔗的增产增糖。甘蔗糖分能增加0.1%～0.33%。

在烟叶方面，增施硅肥能增大烟叶的叶面积，提高叶面积指数，同时可改善烟叶化学组成，含钾量、总糖量、蛋白质氮、施木克值（水溶性糖类和蛋白质含量之比，用以衡量烟叶的质量。在一定范围内，晒烟或以晒烟为主的卷烟产品的施木克值越高，则质量越好；施木克值越低，则质量越差）及醇和度比值等均处于优质烟要求的范围，从而提高烟叶的中上等烟比例。

（3）调理土壤，提高肥力　硅肥对红壤和盐碱地的土壤有改良作用。这主要是由于硅肥中所含的钙与红壤中大量积累的铁、铝离子和盐碱地中大量积聚的钠离子发生转换反应，形成新的化合物，减少有害成分，同时补充作物生长急需的硅、钙、镁离子。其次，硅肥中氧化钙可调节土壤酸度，改善作物生长环境，而钙、镁离子可促进土壤形成稳定的团粒结构，增加土壤养分的吸收量，从而提高土壤保水、保肥能力。

(4) 抗旱抗倒，减少病虫害 硅被作物吸收后，能够形成硅化细胞，使表层细胞膜硅质化，茎叶表皮细胞壁加厚，角质增强，有助于细胞群的有序排列组合，使植株健壮，从而增强作物的抗逆能力，因此，硅又被称为“健康元素”。

抗旱。植株细胞能有效地调节叶面气孔开闭及水分蒸发，抑制水分散失，增强作物的抗旱、抗风、抗寒和抗低温的能力。

抗倒伏。植株体内较高的含硅量可提高细胞壁的机械强度和保持叶片的直立性，有利于在高产栽培条件下增强作物的抗倒伏能力。

抗病。硅在表皮沉积使其硅质化，能防止病菌菌丝的入侵。

抗虫。硅肥可以使水稻产生较强硬的硅化细胞，使昆虫不易咬动。

(5) 减轻污染，产品安全 增施硅肥，可以减轻镉、铅、铜、铝等重金属对作物的危害。如通过施用硅肥可使土壤中易被水稻吸收的活性镉与硅酸根形成较牢固的结构，使土壤镉含量明显下降，从而抑制水稻对土壤镉的吸收。

作物缺硅特征 由于硅未肯定是植物营养的必需元素，因而研究作物种类的扩大受到一定影响。目前，对作物缺硅的形态特征与缺硅指标只停留在稻、麦、甘蔗等一些嗜硅作物上，几种作物的缺硅特征见表 4-1。

表 4-1 作物的缺硅特征

作物	缺硅特征
水稻	缺硅时生长受阻，根与地上部分都较短矮，抽穗迟，每穗小穗数、饱满谷粒和粒重都减少，叶片和谷壳有褐色斑点。叶下披呈“垂柳叶”状是水稻缺硅的典型症状。植株矮小易凋萎或早衰，分蘖少，茎叶软弱，叶片下垂，剑叶微有纵卷，叶片呈黄绿色，易感染病害(如稻瘟病)。结实率下降，穗部干重仅为正常穗的1/2或1/3。中、后期则整株叶片发黄，叶尖干枯；抽穗困难，颖壳白化，谷粒呈樱花瓣状，不易结实，谷粒上还产生褐色斑点，不仅品质差，而且减产
麦类	大麦、小麦、黑麦和燕麦，缺硅时遇到寒流下部叶片都会发生下垂，甚至叶茎枯萎，叶片有时出现黑褐色斑点
甘蔗	甘蔗缺硅时，出现叶斑病，首先在蔗叶上出现小而细长的黄色斑点，继而变红，变褐坏死，病斑逐渐扩大，叶片很早枯死。光合作用强度下降。干物质产量降低。蔗茎中蔗糖积累速度变慢，成熟期推迟，蔗茎组织发育受阻，薄壁细胞直径变小，维管束数目小。蔗叶衰老速度加快，蔗叶软垂易倒伏，易受虫害，缺硅蔗叶发生褐斑症
番茄	虽然番茄需硅和含硅量很低，但番茄缺硅时也表现出症状，于第一花序开花期生长点停止生长，新叶出现畸形小叶，叶片黄化，下部叶片出现坏死部分，并逐渐向上部叶片发展，坏死区扩大，叶脉仍保持绿色，而叶肉变褐，下位叶片枯死。花药退化，花粉败育，开花而不受孕
花生	植物生长不整齐，病害多，最终表现为毛根增加，单粒种仁及粗细不匀的果粒多，不能成熟的空秕粒增多
黄瓜	缺硅时，会长出葫芦状一头粗一头细的果实，且表面粗糙、残次品多，产量降低，品质下降
茭白	茭白缺硅时，生长前期叶片边缘开始发黄，逐渐蔓延至整株。特别是中后期易感染白叶枯病，会加速干枯，提早衰亡，明显减产

注：其他如大蒜、薯类等作物，由于缺硅而使生长延缓，叶片下披，结实变小或不匀，不但影响外观，而且质量下降，特别是瓜果类产品，易变质腐烂，不利于贮藏运输。

土壤中的含硅量因母质类型而异。由红色砂岩、花岗岩、片麻岩、浅海沉积物和第四纪红色黏土母质发育的土壤，以及质地较轻、土层薄、淋溶强烈的水稻田，有效硅含量均较低，水稻等作物容易发生缺硅。毛竹、水稻、燕麦、甘蔗、黄瓜等作物需硅较多，应注意硅肥的使用。

硅肥的种类和性质 硅肥按其溶解性质，可分为两大类。

(1) 水溶性硅肥 水溶性硅肥亦称高效硅肥，全溶于水，具有速效、有效养分含量高、运输费用低、方便农民使用、单位耕地面积用量少（每亩 10 千克以下）等特点，但成本较高，较难推广。

成品主要成分为：过二硅酸钠、偏硅酸钠的混合物，其化学式为 $Na_2O \cdot nSiO_2$。白色粉状结晶，有效成分含水溶性硅（以 SiO_2 计）高达 50%以上，不含有毒物，对环境与作物无污染。市场上的氨基酸硅肥、腐殖酸硅肥，不但提高了水溶性硅肥的肥效，更有利于农作物的叶面喷施。

(2) 枸溶性硅肥 因原料不同，枸溶性硅肥可分为以下三类。

① 以硅石（结晶型 SiO_2）与石灰石（$CaCO_3$）为原料，在高温条件下反应生成非结晶型的硅酸盐，从而使不溶性硅转变成为易被作物吸收的枸溶性硅。

② 以冶炼行业中炉渣（如高炉渣、黄磷炉渣、锰铁炉渣、碳化煤球渣等）为原料制成的熔渣类硅肥，这类硅肥除含有二氧化硅外，还含有钙、镁等，一般耕地每亩使用量为 50 千克。这是目前国内外大面积推广使用的硅肥品种。

③ 以熔渣类硅肥加入添加剂而制成的硅肥。枸溶性硅肥中的二氧化硅在土壤中不可移动，作物吸收比较慢。而施肥的效果主要是取决于作物能否有效地利用施入土壤的肥料，所谓有效，首先是施入土壤的肥料要移动到作物的根圈内，或者说作物的根系能够接触到肥料（主要依靠养分离子扩散和质流）；其次是作物从土壤中吸收的养分，能够进入作物根系细胞体内被吸收利用（养分吸收机制和动力学）。如果不具备这两个条件，施肥量再大也是无用的。因此，对不同的土壤类型和不同的作物，可以在熔渣类硅肥中加入相应的硅肥添加剂（如络合物等）来解决硅肥可以有效地被作物吸收利用的问题。硅肥添加剂的作用是：促进硅肥在土壤中的移动，尽快进入植物根圈，接触根系；创造一个有利于渗透到根系细胞内的环境；平衡植物根圈内养分；稳定硅肥肥效等。

这类硅肥无明确的分子式与相对分子质量，是一种微碱性的枸溶性肥料，不溶于水，可溶于酸（如柠檬酸、碳酸），具有无味、无毒、无腐蚀、不吸潮、不结块、不变质和不易流失等特性，主要成分为：$CaSiO_3$、Ca_2SiO_4、Mg_2SiO_7、$Ca_2Mg(SiO_4)_2$、Ca_2SiO_7 等。

外观：根据所用原料不同，成品呈白色、灰褐色或黑色粉末。

密度：2500～3000 千克/米^3。

矿物形态：经 X 射线衍射仪测定，主要为无定形的玻璃体，枸溶率高的则是完全的玻璃体，我国几种常见硅肥的化学组成见表 4-2。

表 4-2　我国几种硅肥的化学组成　　单位：%

硅肥种类	SiO_2	CaO	Al_2O_3	Fe_2O_3	MgO	P_2O_5	K_2O	有效 SiO_2
炼铁高炉渣硅肥	36.41	42.69	9.72	0.68	0.85	—	2.58	28.5
电炉钢渣硅肥	23.33	83.03	3.43	—	5.41	0.40	—	12.3
增钙粉煤灰硅肥	38.24	29.65	24.19	3.93	1.83	—	—	26.5
黄磷煤球造气炉渣硅肥	38.21	46.30	4.79	0.53	6.17	1.91	0.93	24.5
碳化煤球造气炉渣硅肥	20.73	37.87	13.23	2.03	3.05	0.15	0.38	13.2

此外，石灰石粉、磷矿粉、钙镁磷肥、钢渣磷肥、窖灰钾肥、钾钙肥、粉煤灰、厩肥等中也含有一定量的二氧化硅。

质量标准　执行农业行业标准 NY/T 797—2004（适用于以炼铁炉渣、黄磷炉渣、钾长石、海矿石、赤泥等为主要原料，以有效硅为主要标明量的各种肥料）。

（1）外观　灰白色或暗灰色粉末。

（2）硅肥的要求应符合表 4-3 的规定。

表 4-3　硅肥的要求

项　　目	合格品指标
有效硅（以 SiO_2 计）含量/%	≥20.0
水分含量/%	≤3.0
细度（通过 250 微米标准筛）/%	≥80

注：硅肥还应符合国家标准 GB/T 23349—2009《肥料中砷、镉、铅、铬、汞生态指标》。

该标准对包装、标识、贮存与运输作出了如下规定。

① 硅肥用塑料编织袋内衬聚乙烯薄膜袋或复合塑料编织袋包装，每袋净重（10±0.1）千克、（25±0.25）千克、（40±0.4）千克、（50±0.5）千克，每批产品平均每袋净重不得低于 10 千克、25 千克、40 千克、50 千克。

② 包装袋上应标明：商标、产品名称、产品等级、主要养分含量、净含量、本标准编号、生产厂名称、厂址、电话号码。

③ 应贮存在场地平整、干燥通风、阴凉的仓库中，防晒、防雨淋、防受潮、防湿。堆高不宜大于 7 米。

④ 在搬运、运输过程中，均应防晒、防雨淋、防受潮、防湿和防包装袋破损。

施用方法

（1）在水稻、小麦上使用

① 基肥。一般宜作基肥。水稻在分蘖至拔节前施用。结合作物种类和栽培方式，可以撒施、条施或穴施，在耕地前均匀地撒施于地表后耕翻入土。不能和种子直接接触，以免影响发芽。如果秋天施硅肥与稻草、农家肥、绿肥等有机肥一起施入，翻地时一起翻入土中，可以加速稻草等的腐烂和有机肥的分解，硅的标准用量

为每亩1～1.3千克。有机肥分解腐烂时，放出的二氧化碳和各种有机酸又能够提高硅肥的有效性，使硅肥增产效果更佳。硅肥作底肥，在劳力不紧张时，应该早施，因为，硅肥不容易流失。

② 追肥。作物吸收硅和吸收氮、磷、钾肥的规律不同。作物在生育中期（营养生长旺期）吸收氮、磷及钾最多，而后期吸收二氧化硅最多。因此，硅肥也可以作追肥，效果也较好。水稻、小麦在幼穗形成的前期（即抽穗前30天）追肥效果最好。

③ 根外追肥。水溶性的高效硅肥也可作根外追肥，如水稻在分蘖期至孕穗期可用3%～4%的溶液喷施。

（2）在蔬菜上使用　番茄、茄子、黄瓜、丝瓜、扁豆、白菜、甘蓝、莴苣等蔬菜作物，在生长前期喷施水溶性硅肥对蔬菜前期营养生长有促进作用，但对中后期产量影响不大。施用量以每次每亩根外喷施200克左右为宜（稀释700倍）。

① 黄瓜。在黄瓜播种时土壤基施中性硅酸钠和在黄瓜生长期叶面喷施水溶性多效硅肥，茎叶表皮形成硅化细胞使细胞壁加厚，能明显增强黄瓜对白粉病菌的抗性能力。土壤每亩施用硅肥以4千克效果最好；叶面喷施水溶性多效硅肥以每亩133克效果最好。黄瓜叶面喷施水溶性多效硅肥以后，可增产、改善黄瓜的外观与品质、增加糖分。施用了硅肥的黄瓜植株茎叶挺立，可提高叶面的光合作用，有利于有机物的积累，最终增加产量。

② 番茄。番茄每平方米施用硅肥116.7克，可增产11.37%。塑料大棚种植的番茄施硅肥，可使番茄增产增收、抗病性好及商品性良好。

③ 大白菜、芥菜。大白菜、芥菜生长中期每亩叶面喷施水溶性多效硅肥100克，能促进蔬菜生长，延长叶片寿命，提高光合作用，有利于大白菜结球充实和芥菜生长，具有显著的增产效果，增产率分别为11.8%与10.1%。

④ 高山大白菜和萝卜。大白菜每亩施用锰硅肥15千克和30%氮磷钾复合肥150千克增产效果最好；萝卜每亩施用锰硅肥100千克和30%氮磷钾复合肥，增产效果最好。两种蔬菜施用锰硅肥对提高品质，减少病害有一定的作用。利用废锰硅矿渣开发新型肥料在大白菜、萝卜的生产上应用，有广阔的增产增收前景。

（3）硅肥在果园上的施用方法　目前各地果园（苹果、桃、梨等）产量都较低，其原因之一就是没有做到高效施肥和平衡施肥，特别是我国果园基本上没有施用过硅肥。事实上果园需要施硅肥。果园硅肥的施用应根据果树品系的生理特性和生产情况进行，为了确保幼龄果树生长快，成龄果树高产、稳产，应采用适宜的硅肥施用方法。

① 穴施法。在树干1米外的树下，均匀挖10～20个深度为40～50厘米、上口直径为30厘米、底部直径为10厘米的锥形穴。穴内填有机肥和硅肥，用塑料布盖口，追肥、浇水均在穴内。此法应用于保水保肥差的砂地果园效果最好。

② 环状沟施法。在树冠外围挖一条30～40厘米宽、30～45厘米深的环状沟，然后将硅肥和基肥混合后施入沟内覆土。此法用于幼龄果树园。

③ 放射状沟施法。在树干1米远的地方，挖6～8条放射状30～60厘米宽、30～45厘米深的沟，长度达树冠外缘，将硅肥与有机肥混合后倒入沟中覆土。此法适用于成龄果树园。

④ 条状沟施法。在果树行间或株间，挖1～2条宽50厘米、深40～50厘米的条形沟，将硅肥与有机肥混合后施入沟中覆土。此法适用于成龄果树园。

⑤ 全园施肥法。将硅肥与有机肥混合后均匀撒布全园，然后翻耕入土，深度以25厘米为宜。此法适用于根系满园的成龄果树园或密植型果树园。

注意事项

① 土壤供硅能力是确定是否施用硅肥的重要依据。土壤缺硅程度越大，施肥增产的效果越好。因此，硅肥应优先分配到缺硅地区和缺硅土壤上。硅肥一般为碱性，对于酸性缺硅土壤施用效果特好。不同作物对硅需求程度不同，喜硅作物施用硅肥效果明显。由于硅肥具有改良土壤的作用，硅肥应施用在受污染的农田以及种植多年的保护地上。

② 硅肥不易结块、不易变质、稳定性好，也不会有下渗、挥发等损失，具有肥效期长的特点。因此，渣类迟效硅肥不必年年施，可隔年施用。其可以与有机肥和氮、磷、钾肥一起作基肥施用；养分含量高的水溶态的硅肥既可以作基肥也可作追肥，但追肥时期应尽量提前些。例如，在水稻生产中应在水稻孕穗之前施用。

③ 硅肥不能代替氮、磷、钾肥，氮、磷、钾、硅肥科学配合施用，才能获得良好的效果。可以与有机肥，氮、磷、钾肥一起作基肥施用，但不能与碳酸氢铵混合或同时施用，因硅肥会使碳酸氢铵中的氨挥发，降低氮肥的利用率，造成不必要的浪费。

④ 硅肥应该存放在干燥的地方，防止雨淋。如遇到吸潮结块，可粉碎后再施用，仍不失肥效。

⑤ 细度在80目以上的硅肥施用时尘粉容易飞扬，将硅肥与适量的湿土混合起来，即可避免。目前生产的硅肥有粉剂、颗粒和沙粒等多种，可以自由选择。

第二节 稀 土

稀土元素（rare earth）是镧（La）、铈（Ce）、镨（Pr）、钕（Nd）、钷（Pm）、钐（Sm）、铕（Eu）、钆（Gd）、铽（Tb）、镝（Dy）、钬（Ho）、铒（Er）、铥（Tm）、镱（Yb）、镥（Lu），以及与镧系的15个元素密切相关的两个元素——钪（Sc）和钇（Y）共17种元素的统称，简称稀土（RE或R），常用代号“RE”“TR”或“P_3”表示。在一定条件下施用稀土，能促进农作物生长发育，提高生理活性，增加产量和改善品质。

理化性状 各个稀土元素都是具有一般金属性能的金属元素，其物理性质和化学性质十分相近。稀土金属银白带灰色，质地较软，表面有光泽，延展性好，有顺磁性和多种色光，为超良导体；其化学性质十分活跃，几乎与所有的非金属都起作用，生成稳定的氧化物、卤化物、硫化物、氮化物、氢化物和碳化物；有很强的还原性，是优良的还原剂，在稀盐酸、硝酸和硫酸中生成相应的稀土盐。

稀土的种类 我国农用稀土品种主要有氯化稀土、硝酸稀土和络合稀土等。

营养作用

(1) 稀土能促进种子萌发，提高出苗率 应用稀土浸种，种子萌发速率加快，而且在一定浓度范围内，种子发芽率随稀土浓度的提高而增加，一般促进效果在10%左右。

(2) 稀土能促进根系生长 作物施用适量稀土后，苗期根的数量增加20%～35%，根长增加4%～10%，根重增加16.6%～66.6%；同一生育阶段根系的体积也明显增加，增长幅度为2.5%～21.7%。

(3) 稀土能提高根系活力，促进作物对营养元素的吸收 水稻施用稀土后，根系氧化能力增强，脱氢酶活性提高20.01%，叶片衰老速度减慢，功能期延长。同时，根系吸收养分的能力也提高，对氮吸收的促进率为16%左右，对磷吸收的促进率为12%左右，对钾吸收的促进率平均为8.5%。

(4) 稀土能提高叶片中叶绿素的含量 一般可提高大豆叶绿素含量25.1%，花生5.76%，水稻2.98%，棉花13.4%，葡萄4.4%～38.6%，紫云英30%。在外观上也可明显看到叶色普遍加深。

(5) 稀土能增强光合作用 施用稀土后，可提高作物叶片中叶绿体的光还原活性，增强光合作用强度，提高光合效率。施用稀土后，甘蔗光合强度提高12%，花生提高10%～36%，水稻提高7%～16%。

(6) 稀土能提高多种酶的活性 稀土对提高作物根系脱氢酶，体内硝酸还原酶、固氮酶等的活性有显著作用，因而可促进作物的物质代谢，特别是氮代谢，增加作物体内氨基酸、蛋白质及总氮含量。

(7) 稀土能促进作物生长发育，改善经济性状 作物施用稀土后，可促进叶片生长，增大叶面积，提高出叶速度，增加地上部株高和分枝（分蘖）数，延长叶片寿命，提早开花时间，增加开花数，提高结实率，促进早熟，增加果粒重等。水稻在孕穗期喷施稀土，可提早3天左右抽穗，经济性状也得到明显改善，有效穗一般增加3.3%～6.1%，每穗实粒数多4.5%～4.8%，空秕率降低10%～15%，千粒重增加1.2%～1.5%。

(8) 稀土能增强作物的抗逆性能 由于稀土可使作物细胞膜结构稳定或提高细胞膜的保护功能，因而能增强作物抵御不良环境的能力，提高抗病性能，如对水稻的稻瘟病、僵苗病和纹枯病等有较好的防治效果。

农作物施用稀土的效果

（1）提高产量　水稻、玉米、小麦等粮食作物的增产幅度一般为4%～10%，大多数为7%左右；花生、大豆、油菜等油料作物增产10%左右；棉花、麻类等纤维作物增产6%～16%；茶叶喷施稀土增产可达20%～30%，一般多在10%以上；甘蔗和甜菜等糖料作物的增产效果和增糖效果均在10%左右；茄科、十字花科、百合科、豆科等蔬菜的增产幅度一般在10%以上，高的达20%以上。

（2）改善品质　对稻谷的出米率、整米率、蛋白质含量和胶稠度均有所提高，糊化温度降低、直链淀粉和垩白粒等减少；小麦中赖氨酸增加；烤烟的中、上等烟所占比重明显增加，品质指标提高；茶叶标准芽明显增加，对夹叶大为减少，生化指标有所提高；糖料作物和水果的糖分绝对值提高0.4%～0.8%；豆类和油料作物中的蛋白质含油量有所增加。

施用方法

（1）水稻　宜采用叶面喷施，一般喷施两次，第一次在移栽前7～10天或移栽后分蘖始期进行，喷施浓度为100～300毫克/千克；第二次在破口至始穗期进行，喷施浓度为300毫克/千克左右。但不宜在插秧后未成活分蘖时喷施，否则会抑制秧苗生长；也不宜在分蘖盛期以后喷施，以免造成不必要的无效分蘖。

（2）小麦　可采用拌种、浸种和叶面喷施等方法，其中以拌种和喷施的效果较好。拌种时，每亩用稀土氧化物15克，用水量为种子量的1/30，先把稀土用适量水溶解，再用喷雾器均匀喷于种子上，边喷边翻动种子，阴干后即可播种。叶面喷施时，第一次在小麦分蘖始期进行，浓度以100～200毫克/千克为宜；第二次在拔节至始穗期，浓度以300～400毫克/千克为好。

（3）玉米　宜叶面喷施。一般在六叶期喷施一次即可，浓度以300毫克/千克为佳。

（4）甘薯　可采用浸苗或叶面喷施。浸苗时，先将薯苗放在100～200毫克/千克的稀土溶液中浸苗10分钟左右，然后再进行栽插。叶面喷施时，第一次在成苗期，浓度为200毫克/千克；第二次在结薯期（或块根盛长期），浓度为300毫克/千克。

（5）油菜　多采用叶面喷施，第一次在移栽前或移栽后进行，稀土液浓度以100毫克/千克为宜；第二次在抽薹始蕾期进行，浓度一般为300毫克/千克。有条件的地方应该喷施2次，在劳力紧张或稀土不足的地方应抓住抽薹始蕾期喷施一次。

（6）花生　可采用拌种、叶面喷施、拌种加叶面喷施等方法。拌种时，每亩用稀土20～30克，置入400毫升的稀泥浆水中，充分搅拌成溶液，然后边喷边翻动种子，直至每粒种子粘满稀土液，晾干后即播种。力求做到快拌晾干，随拌随播随覆土，尽量避免种子吸水膨胀。叶面喷施时，第一次在分枝始期，喷100毫克/千克的稀土液；第二次在始花期，喷300毫克/千克的稀土液。也可在盛苗至始花期以300毫升/千克的稀土液只喷一次。

(7) 大豆　可采用浸种、拌种和叶面喷施三种方法。稀土溶液浸种，增产不稳定，往往因播种后天气干旱或低温阴雨而影响出苗，容易烂种，造成减产，所以很少应用。拌种时，每千克大豆种子拌稀土2克左右。先用少量水把稀土溶解，再用喷雾器均匀喷于种子上，边喷边拌，阴干后播种。叶面喷施时，第一次在苗期，浓度为100～150毫克/千克，每亩喷液量40千克；第二次在始花期，浓度为300毫克/千克，每次每亩喷液量50千克。也可采用拌种加始花期喷施一次的方法。

(8) 甘蔗　可采用叶面喷施或蘸种茎的方法。叶面喷施时，宜在分蘖始期以300毫克/千克的浓度喷施一次。蘸种茎时，以300毫克/千克的稀土溶液蘸种茎。也可采用100毫克/千克的稀土溶液蘸种茎加拔节伸长期叶面喷施300毫克/千克的稀土液。

(9) 烟草　宜在叶面喷施，第一次在烟苗移栽前10天喷施100毫克/千克的稀土溶液，每亩喷40千克；第二次在烟株团棵前10天喷施300毫克/千克的稀土溶液，每亩喷50千克。

(10) 棉花　可采用拌种、叶面喷施、拌种与叶面喷施相结合等三种方法。拌种一般是每千克种子拌稀土2克左右。叶面喷施时，第一次在苗期，浓度为100毫克/千克；第二次在始蕾期，浓度为300毫克/千克；第三次在始花期，浓度为300毫克/千克。也可先用2克左右的稀土拌1千克棉种，再在始蕾期和始花期分别喷施300毫克/千克的稀土液。

(11) 茶叶　在发芽期前后喷施300毫克/千克左右的稀土溶液，每亩茶园喷液50～60千克，若在稀土液中加入150克尿素，则喷施效果更好。喷施次数应重点抓住春茶一次喷施，有条件的地方可以在夏茶、秋茶萌芽期再喷施稀土。

(12) 柑橘　宜叶面喷施，第一次在花芽萌动至始蕾期，浓度为300毫克/千克；第二次在幼果膨大始期，浓度为500毫克/千克；第三次在采收前35天左右，浓度为500毫克/千克。

(13) 西瓜　宜叶面喷施，第一次在苗期（始藤至始花前），浓度为100～300毫克/千克；第二次在始花期或幼果膨大始期，浓度为300～400毫克/千克。一般前期每亩用液量30千克，后期每亩用液量50千克左右。若只喷一次，一般在始花期进行，浓度以300～400毫克/千克为好。

(14) 大白菜　宜根外喷施，第一次在莲座期，每亩用30克左右的稀土对水40～50千克喷施；第二次在包心初期，每亩用40～50克稀土对水50千克喷施。

(15) 辣椒　一般在移栽前10天左右或移栽成活进入快长期之前喷施100～200毫克/千克的稀土液，再在始花期喷施300毫克/千克的稀土液，还可在秋花始开前以300毫克/千克的溶液再喷一次，以提高秋辣椒产量。

注意事项

① 喷施溶液的pH值以5～5.5为佳，如果pH值过高，溶液会产生沉淀，降

低肥效。农用稀土化合物遇碱性溶液即生成不溶于水的氢氧化稀土 $RE(OH)_3$，会降低或失去施用效果，因此，在配制稀土溶液时不能用碱性的水。配液用水也不宜用含矿物质多的泉水或井水，以免矿物质与稀土产生化学作用而降低效果。一般在配制时每 10 千克溶液加入 25 克左右的食醋效果较好。

② 农作物施用稀土，一般以根外喷施为主。作基肥或追肥施于土壤中，容易受土壤物理化学性质的影响而被固定，施用效果较差，且施用量大，不经济，一般不采用。

③ 要掌握好喷液时间。移栽的作物不在移栽后未成活或刚成活时喷施，因为作物在这个时候还不能很好地吸收利用稀土，不但起不到促进生长的作用，反而容易抑制生长。一次开花的作物，不能在盛花期喷施。喷液不要在晴天中午的烈日下进行，以免影响叶片吸收，应在下午喷施，或在阴天喷施。

④ 农作物施用稀土，都有一个适宜的浓度范围，使用浓度不同，效果也不一样。作物一般均表现出低浓度下的促进作用和高浓度下的抑制作用，所以应掌握好适宜的施用浓度。每亩作物喷液量一般为 40～60 千克，应根据作物群体结构的叶面积大小和成雾质量来确定喷液量。

⑤ 混喷。可与酸性农药混喷，如多菌灵、井冈霉素、乐果等，但不能与碱性农药及化肥混喷，也不能与磷酸二氢钾、过磷酸钙混喷，因为混喷会产生沉淀而降低肥效。

第五章 复合肥料

第一节 复混肥料（复合肥料）

复混肥料［compound fertilizer（comptex fertilizer）］，是复合肥料和混合肥料的统称，由化学方法和物理方法加工而成。生产复混肥料可以物化施肥技术，提高肥效，减少施肥次数，节省施肥成本。复混肥料是当前肥料行业发展最快的肥料品种，也是产品质量较差的肥料品种之一。

复混肥料的有关定义

复混肥料按其制造工艺可分为复混肥料、复合肥料、掺合肥料、有机-无机复混肥料等。

（1）复混肥料　是指氮、磷、钾三种养分中，至少有两种养分标明量的由化学方法和（或）掺混方法制成的肥料。它是采用两种或多种单质肥料在化肥生产厂家经过一定的加工工艺重新造粒而成的，含有多种元素。通常所说的复混肥多指这种配成的复合肥料。

（2）复合肥料　是指氮、磷、钾三种养分中，至少有两种养分标明量的仅由化学方法制成的肥料，是复混肥料的一种。也称化成复合肥料，如磷酸二氢钾。

（3）掺合肥料　是指氮、磷、钾三种养分中，至少有两种养分标明量的由干混方法制成的肥料，是复混肥料的一种。也称混成复合肥料，在加工过程中只是简单的机械混合，而不发生化学反应，如氮磷铵是由氯化铵和磷酸铵混合而成。

（4）有机-无机复混肥料　是指含有一定量有机质的复混肥料。

质量标准　目前所执行的标准为 GB 15063—2009，属于强制执行的标准范围。[适用于复混肥料（包括各种专用肥料以及冠以各种名称的以氮、磷、钾为基础养分的三元或二元固体肥料）。已有国家标准或行业标准的复合肥料，如磷酸一铵、磷酸二铵、硝酸磷肥、磷酸二氢钾、农业用硝酸钾、钙镁磷肥及有机-无机复混肥料、掺混肥料等应执行相应的产品标准。缓释复混肥料同时执行相应的标准。]

（1）外观　粒状、条状或片状产品，无机械杂质。

（2）复混肥料（复合肥料）产品的技术指标应符合表5-1的要求，同时应符合包装容器上的标明值。

表5-1　复混肥料（复合肥料）的主要技术指标　　单位：%

项目		指标		
		高浓度	中浓度	低浓度
总养分($N+P_2O_5+K_2O$)的质量分数①	≥	40.0	30.0	25.0
水溶性磷占有效磷的百分率②	≥	60	50	40
水分(H_2O)的质量分数③	≤	2.0	2.5	5.0
粒度(1.00～4.75毫米或3.35～5.60毫米)④	≥	90	90	80
氯离子的质量分数⑤	未标明“含氯”的产品 ≤	3.0		
	标识“含氯(低氯)”的产品 ≤	15.0		
	标识“含氯(中氯)”的产品 ≤	30.0		

① 组成产品的单一养分含量不得低于4.0%，且单一养分测定值与标明值负偏差的绝对值不得大于1.5%。

② 以钙镁磷肥等枸溶性磷肥为基础磷肥并在包装容器上注明为“枸溶性磷”时，“水溶性磷占有效磷的百分率”项目不做检验和判定。若为氮、钾二元肥料，“水溶性磷占有效磷的百分率”项目不做检验和判定。

③ 水分为出厂检验项目。

④ 特殊形状或更大颗粒（粉状除外）产品的粒度可由供需双方协议确定。

⑤ 氯离子的质量分数大于30.0%的产品，应在包装袋上标明“含氯（高氯）”，标识“含氯（高氯）”的产品氯离子的质量分数可不做检验和判定。

该标准对产品包装袋上的标识、包装、运输和贮存规定如下。

① 标识

a. 产品如含硝态氮，应在包装容器上标明“含硝态氮”。

b. 以钙镁磷肥等枸溶性磷肥为基础磷肥的产品应在包装容器上标明“枸溶性磷”。

c. 如产品中氯离子的质量分数大于3.0%，应根据标准要求的“氯离子的质量分数”，用汉字明确标注“含氯（低氯）”“含氯（中氯）”或“含氯（高氯）”，而不是标注“氯”“含Cl”或“Cl”等。标明“含氯”的产品，包装容器上不应有忌氯作物的图片，也不应有“硫酸钾（型）”“硝酸钾（型）”“硫基”等容易导致用户误认为产品不含氯的标识。有“含氯（高氯）”标识的产品应在包装容器上标明产品的适用作物品种和“使用不当会对作物造成伤害”的警示语。

d. 含有尿素态氮的产品应在包装容器上标明以下警示语：“含缩二脲，使用不当会对作物造成伤害”。

e. 产品外包装袋上应有使用说明，内容包括：警示语（如“氯含量较高、含缩二脲，使用不当会对作物造成伤害”等）、使用方法、适宜作物及不适宜作物、建议使用量等。

f. 每袋净含量应标明单一数值，如50千克。

g. 其余应符合GB 18382。

复混肥料产品外包装标识式样如下：

复混肥料

（商品名）

$N+P_2O_5+K_2O \geqslant *\%$

--*

含氯、含硝态氮、含枸溶性磷

执行标准：GB 15063—2009

生产许可证号：

肥料登记证号：

净含量： 千克

厂名：

厂址：

电话：

注：1.“*%”表示养分含量，按实际填写（取整数）。

2.“*—*—*”为配方式。

3. 黑体字部分根据需要标注。

4.“商品名”以登记时批准内容为准，没有则不标注。

② 包装、运输和贮存。包装规格为50.0千克、40.0千克、25.0千克或10.0千克，每袋净含允许范围分别为：（50±0.5）千克、（40±0.4）千克、（25±0.25）千克、（10±0.1）千克。每批产品平均每袋净含量不得低于50.0千克、40.0千克、25.0千克、10.0千克。

在标明的每袋净含量的范围内，产品中有添加物时，必须与原物料混合均匀，不得以小包装形式放入包装袋内。

在符合规定的前提下，宜采用经济实用型包装。

产品应贮存于阴凉、干燥处，运输和贮存过程中应防潮、防晒、防包装袋破裂。

主要特点

（1）养分全面、含量高　农民习惯上多施用单质肥，特别是偏施氮肥，这很少施用钾肥，这极易导致土壤养分不平衡。复混肥料含有两种或两种以上的营养元素，能比较均衡地、长时间地同时供给作物所需要的多种养分，并充分发挥营养元素之间的相互促进作用，提高施肥的效果。复混肥料的化学成分虽不及复合肥料均一，但同一种复合肥的养分比是固定不变的，而复混肥料可以根据不同类型土壤的养分状况和作物的需肥特征，配制成系列专用肥，产品的养分比例多样化，针对性强，可以根据需要选择和施用。从而避免某些养分的浪费，提高肥料的增产效果。肥料利用率和经济效益都比较高。

（2）物理性能好，便于施用　复混肥料颗粒一般比较坚实、无尘，粒度大小均匀，吸湿性小，便于贮存和施用，特别适合于机械化施肥。

（3）有利于施肥技术的普及　测土配方施肥是一项技术性强、要求高而面广量大的工作，将配方施肥技术通过专用复混肥这一物化载体，可以真正做到技物结合，从而可以大大加速配方施肥技术的推广应用。

（4）节省成本　由于复混（合）肥中副成分少，有效成分含量一般比单一元素肥料高，所以能节省包装及贮存和运输费用。如磷酸铵不含任何无用的副成分，其阴、阳离子均为可被作物吸收的主要营养元素；每贮运 1 吨磷酸铵，约等于贮运过磷酸钙及硫酸铵共 4 吨。

（5）复混肥料存在的缺点　所含养分同时施用，有的养分可能与作物最大需肥时期不相吻合，易流失，难以满足作物某一时期对养分的特殊要求；养分比例固定的复混肥料，难以同时满足各类土壤和各种作物的要求，要用单质肥料补充调节。

复混肥料的种类

（1）根据营养元素种类划分

① 二元复合肥。含有氮、磷、钾 3 种元素中的两种元素，根据农作物需肥规律合理匹配，复混后加工成的商品肥料。如氮磷复混肥、氮钾复混肥、磷钾复混肥。

② 三元复合肥。含有氮、磷、钾 3 种元素，根据农作物需肥规律合理匹配，复混后加工成的商品肥料。通常以专用型的三元复混肥施用效果最好。

（2）根据氮、磷、钾养分总含量划分　复混肥中的氮、磷、钾比例一般氮以纯氮（N）、磷以五氧化二磷（P_2O_5）、钾以氧化钾（K_2O）为标准计算。例如氮：磷：钾＝15：15：15，表明在复混肥中纯氮含量占总物料量的 15%，五氧化二磷占 15%，氧化钾占 15%，氮、磷、钾总含量占总物料的 45%。根据总养分含量可分为 3 种不同浓度的复混肥。

① 高浓度复混肥。氮、磷、钾养分总含量大于 40%，一般生产过程中总含量为 45%的占多数。高浓度复混肥的特点是养分含量高，适宜机械化施肥。但由于高浓度复混肥养分含量高、用量少，采用人工撒施不容易达到施肥均匀。高浓度复合肥中氮、磷、钾占的比例大，一些中、微量元素含量低，长期施用会造成土壤中的中、微量元素含量不足。

② 中浓度复混肥。氮、磷、钾养分总含量在30%～40%。中浓度复混肥是对高浓度和低浓度复混肥的调节，它的施用量介于二者之间。一般的播种机稍加改造就可以将所需肥料数量施足，而且可以达到较高的均匀程度。它还含有相当数量的钙、镁、硫等中量元素。一般在果树和蔬菜上施用中浓度复混肥比较普遍。

③ 低浓度复混肥。氮、磷总含量大于20%的二元复混肥和氮、磷、钾总含量大于25%的三元复混肥。低浓度复混肥养分含量低，施用量大，采用一次性播种施肥方式时不容易将肥料全部施入土壤中，人工撒施劳动量也比施高浓度复混肥要多。它的优点是由于用量大，施起来容易均匀。低浓度复混肥生产原料选择面比较宽，可选用硫酸铵、普通过磷酸钙等用以增加复混肥中量元素钙、镁、硫的含量。一般低浓度复混肥适宜在蔬菜和瓜类作物上应用。

(3) 根据复混肥的成分和添加物划分

① 无机复混肥。原料是化学肥料。用尿素、硫酸铵、重钙磷酸铵、氯化钾等按照一定比例，经混合造粒，生成二元复混肥、三元复混肥和各种专用复混肥。

② 有机-无机复混肥。以无机原料为基础，增加有机物为填充物所形成的复混肥。这些有机-无机复混肥的生产一般是以无机肥料为主要原料，填充物采用烘干鸡粪等有机物以增加肥料中的有机物质。有机-无机复混肥的基本特点是：速效养分含量能够满足作物当季生长的要求，同时又向土壤补充了部分有机肥料，可以起到培肥地力的作用，也向土壤提供了部分有机的缓效养分。

简易识别要点

(1) 看包装标识　看包装是否标明产品名称、生产许可证号、肥料登记证号、执行标准号、养分总含量及养分配合式、使用方法、净重、生产企业名称、地址、联系方式；包装袋内是否有产品合格证等。标识不全就有可能是伪劣产品。要注意的是复混肥料的总养分含量是氮、磷、钾含量之和，其他元素的含量不能计入总养分含量。

(2) 看形态外观　复混肥料的形状多为颗粒状，也有的为条状或片状。颜色多为灰色、灰白色、杂色、彩色等。用手抓半把复混肥搓揉，手上留有一层灰白色粉末并有黏着感的，质量优良；若碾碎其颗粒，可见细小白色晶体，则表明质量优良。劣质复混肥多为灰黑色粉末，无黏着感，颗粒内无白色晶体。

(3) 闻气味　复混肥料一般无异味，如有异味是伪劣复混肥。

(4) 看溶解性　优质复混肥水溶性好，在水中大部分能溶解，即使有少量沉淀物也较细小；而劣质复混肥难溶于水，沉淀粗糙坚硬。

(5) 看燃烧情况　取少量复混肥置于铁皮上，放在火上灼烧，有氨味说明含有氮，出现紫色火焰说明含有钾。且氨味越浓、紫色火焰越长，表明氮、钾含量越高，即为优质复混肥；反之则为劣质复混肥。

定性鉴定　复混肥料是由多种单质肥料的物理混合而成的，而且在生产过程中加入填充物、黏结剂、防结块剂等多种成分，一般不能完全溶于水，在成分检验时必须过滤。另外，有些复混肥料溶散性差，颗粒放入水中不能自行溶散，需要研磨成粉后才能进行检验。具体操作方法是：取肥料样品 3～5 克，放在研钵中碾成粉状，将粉碎后的肥料样品放在烧杯中，加水 50 毫升，用玻璃棒搅动 5～10 分钟，过滤到另一个玻璃烧杯中备用。然后，取 10 毫升滤液，按碳酸氢铵中铵离子的检验方法，检验铵态氮的存在。或取 4～5 毫升滤液，按硝酸铵中硝酸根的检验方法，检验硝态氮的存在。或取 4～5 毫升滤液，按过磷酸钙中水溶性磷的检验方法，检验水溶性磷的存在。或取 10 毫升滤液，按氯化钾中钾离子的检验方法，检验钾的存在。由于混合肥料中含有的铵态氮和钙、镁离子会干扰钾的检验，所以在加四苯硼酸钠之前应加几滴甲醛以消除铵离子的干扰，加几滴 EDTA 溶液以消除钙、镁离子的干扰，然后再加四苯硼酸钠。

枸溶性磷的检验。检验枸溶性磷的存在应另做提取液，即取肥料样品 1 克，在研钵内碾成粉状，放入烧杯中加 2% 柠檬酸溶液 10 毫升。用玻璃棒搅动 5～10 分钟后过滤。取滤液 5～6 毫升放入试管中，用钙镁磷肥中磷的检验方法，检验枸溶性磷的存在。

合理施用原则

(1) 根据作物类型施用　根据作物种类和营养特点的不同确定选用复混肥料中养分的形态及配比，对充分发挥肥效，保证作物高产优质具有重要作用。一般粮食作物对养分需求为：氮＞磷＞钾，所以宜选用高氮低磷钾型复混肥；而经济作物多以追求品质为主，对养分需求：钾＞氮＞磷，如足量的钾可增加烟草叶片厚度，改善烟草的燃烧性和香味，宜选用不含氯的高钾中氮低磷的复混肥料；油菜则需磷较多，一般可选用低氮高磷低钾的三元复混肥料。

此外，在轮作中，上下茬作物适宜施用的复混肥品种也应有所不同。如在南方稻轮作中，同样在缺磷的土壤上，磷肥的肥效往往是施于早稻好于晚稻，而钾肥的肥效则在晚稻上施用好于早稻。而在“小麦-玉米”轮作制中，玉米生长处于高温多雨季节，土壤释放的磷相对较多，而且又可利用小麦茬中施用磷肥的后效，因此可选用低磷复混肥；反之，小麦则需选用含磷较高的复混肥。

(2) 根据土壤特点施用　一般水田优先选用氯磷铵钾，其次是尿素磷铵钾、尿素普钙钾系，不选用硝酸磷肥系复混肥料。旱地则优先选用硝酸磷肥系复混肥，也可选用氯磷铵系、尿素普钙系、尿素磷铵系等复混肥。

在石灰性土壤上，应选用酸性复混肥，如氯铵重钙、尿素重钙、硝酸磷肥系等，而不选用氯铵钙镁磷肥系等。在养分水平供应较高的土壤上，则可选用养分含量低的复混肥。

在我国南方，土壤缺钾的面积不断扩大，缺磷程度有所缓和，宜施用氮钾为主的复混肥料；北方多数地区磷肥效果显著，钾肥暂不显效，以施用氮磷为主的复混肥料为宜。但在经济作物和高产地区应提倡施用氮磷钾三元复混肥料，增产效果更为显著。

（3）根据养分形态施用　复混肥料中的氮有铵态氮、硝态氮和酰胺态氮。含铵态氮、酰胺态氮的品种在旱地和水田都可施用，但应深施覆土，以减少养分损失；含硝态氮的品种宜施于旱地，在水田和多雨地区少施或不施，以防止淋失和反硝化脱氮。

复混肥料中磷以水溶性磷为主的，在各种土壤上均可施用，而含枸溶磷的复混肥料更适合在酸性土壤上施用。

施用方法　复混肥料一般用作基肥和追肥，一般不宜用作种肥和叶面追肥，防止烧苗现象发生。

（1）作基肥　复混肥料中有磷或磷钾养分，同时肥料大多呈颗粒状，比单质化肥分解缓慢，因此，作基肥较好。作基肥可以深施，有利于中后期作物根系对养分的吸收，满足作物中后期对磷、钾养分的最大需要，克服中后期追施磷、钾肥的困难。据试验，在作物生长前期或中期附加单质氮肥作追肥的情况下，不论是二元还是三元复混肥料均以基施为好，采用基肥、追肥各半明显减产，减产幅度在6%以上。

（2）作追肥　复混肥料作追肥会导致磷、钾资源的浪费，因为磷、钾肥施在土壤表面很难发挥作用，当季利用率不高。如果基肥中没有施用复混肥料，在出苗后也可适当追施，但最好开沟施用，并且施后要覆土。

（3）作冲施肥　黄瓜、辣椒、番茄等多次采收的蔬菜，每次采收后冲施复混肥料可以补充适当的养分，应选用氮、钾含量高，全水溶性的复混肥。一般蔬菜大棚的土壤速效磷含量极高，没有必要用三元复混肥料作冲施肥。

（4）作种肥　原则上复混肥料不能作种肥，因为高浓度肥料与种子混在一起容易烧苗。如果一定要作种肥，必须做到肥料与种子分开，相隔5厘米为宜，以免烧苗。一些价格贵的复混肥料大量施用代价太高，也可用作种肥，如磷酸二氢钾。种肥主要能满足苗期对养分的需求。如苗期作物根系吸收能力较弱，但又是磷营养的临界期，这时缺磷造成的损失是以后再补充磷也不能挽回的。对严重缺磷的土壤或种粒小、储磷量少的作物，如油菜、番茄、苜蓿等施用磷钾复混肥作种肥，有利于苗齐苗壮。

注意事项

① 肥料品种。不同复混肥料养分含量和配比不同，不同作物需肥规律也不相同，要根据作物种类选择适宜的复混肥料。

② 施肥量。由于复混肥料含有相当数量的磷、钾及副成分，施肥量较单一氮肥大。一般大田作物每亩施用50千克左右，经济作物施用100千克左右。

③ 施肥时期。为使复混肥料中的磷、钾（尤其是磷）充分发挥作用，作基肥施用要尽早。一年生作物可结合耕耙施用，多年生作物（如果树）则较多集中在冬春施用。若将复混肥料作追肥，也要在早期施用，或与单一氮肥一起施用。

④ 施肥深度。施肥深度对肥效的影响很大。应将肥料施于作物根系分布的土层，使耕作层下部土壤的养分得到较多补充，以促进平衡供肥。随着作物的生长，根系将不断向下层土壤伸展，早期作物以吸收上部耕层养分为主，中晚期从下层吸收较多。因此，对集中作基肥施用的复混肥作分层施肥处理，较一层施用可提高肥效。

⑤ 产品包装袋上注明“含氯”字样的复混肥料。忌氯作物和盐碱地应尽量少用，最好不用。它最适合施用于水稻等水田作物，因为氯离子能随水淋失到下层，不会在土壤中累积。

⑥ 产品包装袋上未注明“含氯”字样的复混肥料。未注明“含氯”的复混肥料，产品中不含氯化铵和氯化钾，产品的售价较高。适合施用于经济效益较高或忌氯的作物上，包括果树、烟草和块根作物等。盐碱地应用该系列的复混肥料效果较好。

⑦ 产品包装袋上注明“枸溶性磷”，说明产品中水溶性磷的含量很低。该产品适合施用在长江以南的酸性土壤上。

⑧ 产品包装袋上没有标明“枸溶性磷”，说明产品中水溶性磷的含量较高。该复混肥料适合施用在我国的绝大多数土壤和作物上。

⑨ 产品包装袋上标明“含硝态氮”。该复混肥料不适合施用在水田土壤上，因此种植水生作物时尽量不要选用“含硝态氮”标识的复混肥料。一般来说，“含硝态氮”复混肥料的价格一般高于同等氮含量的其他复混肥料，因此含有“硝态氮”的复混肥料适宜施用在经济效益较高的经济作物上，例如烟草、蔬菜等。

⑩ 产品包装袋上没有标明“含硝态氮”。该复混肥料适合施用于水田和旱地作物上。

1. 尿素-过磷酸钙-氯化钾复混肥

这类产品是以尿素［$CO(NH_2)_2$］、过磷酸钙［$Ca(H_2PO_4)_2 \cdot H_2O$］、氯化钾（KCl）为主要原料生产的氮磷钾三元系列复混肥料，总养分在28%以上，还含有钙、镁、铁、锌等中量和微量元素。它是目前我国复混肥料的代表品种之一。产品执行国家标准GB 15063—2009。

基本性质 本品为灰色或灰黑色颗粒状肥料，不起尘，不结块，便于装卸和施肥，在水中会发生崩解。易吸潮，能缓慢溶解于水。

施用技术 宜作基肥施用，应深施盖土，切忌将肥料施在表面，一般每亩基施50～60千克。适用于稻、麦、玉米、棉花、油菜、豆类、瓜果等农作物。除忌氯作物外均可施用。

2. 氯化铵-过磷酸钙-氯化钾复混肥

这类产品是以氯化铵、过磷酸钙、氯化钾为主要原料生产的氮磷钾三元双氯系列复混肥料。产品执行国家标准GB 15063—2009。

基本性质 氯化铵、过磷酸钙、氯化钾系列复混肥料系具有生理酸性的三元复混肥料，施于水田时，硝态氮淋失和反硝化作用造成的损失较少。氯化铵系列复混肥中的磷、钾由于被氯化铵活化而利于植物吸收。氯化铵系列复混肥料克服了过磷酸钙易结块、难粉碎、施用不便的缺点，克服了氯化铵单独施用时容易造成局部短时间氯过量的缺点，加入过磷酸钙后的混合肥含有硫、镁、硅等营养元素。

施用技术 可作基肥和追肥，应深施盖土，施肥深度应在各种作物的根系密集层。作基肥配合施用，一般每亩施用本品40～60千克，作追肥一般每亩每次施用20～30千克。

该产品的物理性状较好，但有吸湿性，贮存过程中应注意防潮结块。这类产品含氯离子较多，适用于耐氯作物如水稻、小麦、玉米、高粱、棉花、麻类等作物。甘薯、马铃薯、甜菜、烟草等作物对氯离子比较敏感，施用时应严格控制用量。长期施用这类产品，土壤容易变酸，因此在南方酸性土壤上连续施用时应适当配施石灰和有机肥料。这类产品可作基肥和追肥施用，但不宜作种肥施用，以免影响种子发芽、出苗。南方用于水稻肥效更为显著，因为氯离子对硝化细菌有抑制作用，可减少氮的损失，而且氯离子易随水排走，不会有过多的残留。盐碱地区以及干旱缺雨地区，氯化钙易在土壤中积累，使土壤溶液浓度增加，对种子发芽和幼苗生长不利，所以在这些土壤上最好少用该产品。

3. 尿素-磷酸铵-硫酸钾复混肥

这类产品是以尿素、磷酸铵、硫酸钾为主要原料生产的复混肥系列产品，属无氯型氮磷钾三元复混肥，其氮、磷、钾总含量可达54%，水溶性P_2O_5大于80%。产品执行国家标准GB 15063—2009。

基本性质 粉状复混肥料外观为灰白色或灰褐色均匀粉状物，不易结块，除了部分填充料外，其他成分均能在水中溶解。粒状复混肥料外观为灰白色或黄褐色粒状，pH=5～7，不起尘，不结块，便于装、运和施肥，在水中会发生崩解。

施用技术 可作基肥、追肥（含冲施、根外追肥），适用于各种作物，可作为烟草、甘蔗、果树、西瓜等忌氯作物的专用肥料。针对烟草、甘蔗等不同忌氯作物的生长特点设计各种专用肥料。作基肥用，应与有机肥配合施用，一般每亩施本品30～50千克，施后立即翻入土内。追肥可条施、穴施，施后覆土，并浇水。也可用水溶化后随浇水冲施，一般每亩每次施20～30千克。如用于根外追肥，可将产品加100倍水溶解，过滤后将滤液喷于作物叶面至湿润而不滴流为宜，一般每亩每次用水溶液40～60千克。

4. 含锰复混肥料

产品成分 含锰复混肥料是用尿素磷铵钾、硝磷铵钾和高浓度无机混合肥等混合，造粒前加入硫酸锰，或将硫酸锰事先与其中一种肥料混合，再与其他肥料混合，经造粒而制成。其营养成分见表5-2。

表5-2　以尿素磷铵为基础的含锰复混肥料的成分

肥料	$N:P_2O_5:K_2O:Mn$	营养成分含量/%			
		N	P_2O_5	K_2O	Mn
尿素磷铵钾	1∶1∶1∶0.07	18	18	18	1.5
硝磷铵钾	1∶1∶1∶0.07	17	17	17	1.3
无机混合肥料（尿素、磷酸铵、氯化钾）	1∶1∶1∶0.06	18	18	18	1.0
磷酸一铵	1∶4∶0∶0.25	12	52	—	3.0

施用方法　在缺锰的土壤上施用各种剂型的含锰综合肥料，对农作物均有效果。含锰复混肥料可作基肥，播前耕翻土壤时施入，一般亩用量为15～25千克；条施一般为每亩4～8千克。对谷类作物和糖用甜菜采用穴施或条施最为合适。

5.含硼复混肥料

产品成分　含硼复混肥料是将硝磷铵钾、尿素磷铵钾、磷酸铵及高浓度的无机混合肥在造粒前加入硼酸，或将硼酸事先与其中一种肥料混合而成，其营养成分见表5-3。

表5-3　以磷铵和尿素为基础的含硼复混肥料的成分

肥料	$N:P_2O_5:K_2O:B$	营养成分含量/%			
		N	P_2O_5	K_2O	B
硝磷铵钾	1∶1∶1∶0.01	17	17	17	0.17
尿素磷铵钾	1∶1∶1∶0.01	18	18	18	0.20
无机混合肥料（尿素、磷酸铵、氯化钾、硼酸）	1∶1.5∶1∶0.05	16	24	16	0.20
磷酸一铵	1∶1∶1∶0.01	18	18	18	0.17

施用方法　在有效硼缺乏的土壤上施用含硼复混肥料，可使亚麻子实，糖用甜菜、蔬菜和荞麦产量明显提高。

对大多数作物可以施用1∶1∶1∶0.1剂型的含硼综合肥料；糖用甜菜种子田、饲料作物、食用块根作物、蔬菜作物，以1∶1.5∶1∶0.01剂型更为合适。

含硼复混肥料可作基肥使用，一般亩施20～27千克，作追肥时可穴施，每亩4～7千克。

6.含钼复混肥料

产品成分　该肥料是硝磷铵钾和磷-钾肥（重过磷酸钙＋氯化钾或普钙＋氯化

钾）与钼酸铵的混合物。含钼硝磷铵钾肥是向磷酸中添加钼酸铵进行中和，或者氨化、造粒而成的。在制造磷-钾-钼肥时，需事先把过磷酸钙或氯化钾同钼酸铵一起进行浓缩，含钼复混肥的成分见表 5-4。

表 5-4　含钼复混肥料的成分

肥料	$N:P_2O_5:K_2O:Mo$	营养成分含量/%			
		N	P_2O_5	K_2O	Mn
硝磷铵钾肥	1：1：1：0.01	17	17	17	0.05
双料普钙＋氯化钾	0：1：1：0.003	—	27	27	0.009
普钙＋氯化钾	0：1：1：0.003	—	15	15	0.05

施用方法　在砂壤土和壤质土施含钼硝磷铵钾肥比施普通肥料使甘蓝、莴苣产量显著提高。在许多情况下，施含钼综合肥比播种前单用钼处理种子，效果更为明显，而且所有的试验结果基本一致。

含钼硝磷铵钾肥适合于蔬菜作物、一年生和多年生牧草、食用豆科作物等。含钼复混肥料作基肥，用量为每亩 17～20 千克，穴施为每亩 3.5～6.7 千克。

7.含铜复混肥料

对于栽培在低洼泥炭沼泽土壤上的前茬作物应施含铜复混肥料。因为这类土壤缺铜，谷类作物几乎不能形成籽粒，饲料作物、蔬菜作物、亚麻和牧草的产量也很低。对于严重缺乏有效铜的生草灰化土壤，更应该施用含铜的复混肥料。

在确定含铜复混肥料的成分时，应考虑到新开垦的干燥泥炭沼泽土上种的头茬作物。施用铜必须在氮、钾的基础上（钾用量要超过氮）。在生草灰化土壤上，铜与这些大量元素的配合要合理。已开垦的缺磷泥炭土壤也必须在施用磷、钾肥的基础上施铜。但是，在泥炭土上施用补充磷的含铜复混肥料，可能引起铜效果大幅度降低。

以尿素、氯化钾和硫酸铜为原料所制取的氮-钾-铜复混肥料是一种高效颗粒状的含铜复混肥料，含有效成分 N 14%～16%、K_2O 34%～40%、Cu 0.6%～0.7%。这种复混肥料中铜的效果较好，其他剂型的含铜颗粒复混肥料效果较差。这是由于氮-钾-铜已成为氨化复混肥料的组成成分，在溶液中容易分解，所以植物能很好地吸收。

氮-钾-铜肥料作为一种含铜的复混肥可用于泥炭土和其他某些缺铜的土壤上。肥料中的氮、钾和铜之间的比例对需铜的所有作物都是适合的。作基肥或播种前作种肥，其用量均为每亩 14～34 千克。

8.含锌复混肥料

产品成分　以磷酸铵为基础制成的氮-磷-锌肥和氮-磷-钾-锌肥对需锌作物是有

效的。这些肥料含 N 12%～13%、P_2O_5 50%～60%、Zn 0.7%～0.8%或 N 18%～21%、P_2O_5 18%～21%、K_2O 18%～21%、Zn 0.3%～0.4%。仅锌就能提高作物产量，例如在石灰性的生草灰化砂壤土上，玉米产量提高显著，种植在灰钙土上的苜蓿子实产量也大幅度提高。施用含锌肥料对其他作物（菜豆、花卉类）也表现出同样的效果。

施用方法 含锌的复混肥料适用于所有的需锌作物。既可撒施作基肥，也可穴施。尤其对谷类作物、玉米和糖用甜菜，施用磷酸铵时采用穴施更为合适。

含锌的复混肥料对浆果类作物更有效果。因为在这种肥料中既有速效态锌，也有缓效态锌，可以在许多年内满足浆果类作物对锌元素的需要。

第二节 掺混肥料

掺混肥料（bulk blending fertilizer），是指氮、磷、钾三种养分中，至少有两种养分标明量的由干混方法制成的颗粒状肥料，也称 BB 肥。尤其特指由粒形与表观密度相似的几种颗粒状物料散装掺混成的肥料。成品可散装或袋装，但以散装居多。用于掺混的物料，可以是几种单一肥料，也可以是单一肥料和某种化成复合肥料。所用各种基础物料的比例，完全取决于施用作物和土壤状况所需的养分比例。最常用的掺合基础物料是磷酸二氢铵（MAP）、磷酸氢二铵（DAP）、重过磷酸钙、氯化钾、硝酸铵、尿素和硫酸铵。掺混肥料对基础肥料的要求较高，如物料水分超标或受潮时，须事先脱水；物料如经长期贮运，掺混前要过筛，目的都是要使物料保持均一的坚硬粒子。由于尿素与硝酸铵掺混后会降低两种肥料的吸湿点，因此，尿素或尿素的复肥一般不与硝酸铵或含硝酸铵的复肥掺混，尿素与普通过磷酸钙、重过磷酸钙易反应脱出结晶水，普通过磷酸钙或重过磷酸钙如事先不干燥，一般也不掺合。

由于大颗粒尿素的生产和颗粒钾肥的进口，使我国掺混肥料得以迅速发展。

质量标准 掺混肥料应执行国家强制性标准 GB 21633—2008。适用于氮、磷、钾三种养分中至少有两种养分标明量的由干混方法制成的冠以各种名称的肥料；适用于缓释型、控释型及有机质量分数未超过 20%的掺混肥料；适用于干混补氮和（或）磷和（或）钾肥料颗粒的复混肥料或复合肥料；不适用于在复混肥料或复合肥料基础上仅干混有机颗粒和（或）生物制剂颗粒和（或）中微量元素颗粒的产品。

① 外观。颗粒状，无机械杂质。

② 掺混肥料产品应符合表 5-5 的要求，同时应符合包装容器上的标明值。

表 5-5　掺混肥料的要求

项　　目		指　　标
总养分($N+P_2O_5+K_2O$)质量分数①/%	≥	35.0
水溶性磷占有效磷的百分率②/%	≥	60
水分(H_2O)的质量分数/%	≤	2.0
粒度(2.00～4.00毫米)/%	≥	70
氯离子的质量分数③/%	≤	3.0
中量元素单一养分的质量分数(以单质计)④/%	≥	2.0
微量元素单一养分的质量分数(以单质计)⑤/%	≥	0.02

① 组成产品的单一养分质量分数不得低于4.0%，且单一养分测定值与标明值负偏差的绝对值不得大于1.5%。

② 以钙镁磷肥等枸溶性磷肥为基础磷肥并在包装容器上注明为“枸溶性磷”，可不控制“水溶性磷占有效磷的百分率”指标。若为氮、钾二元肥料，也不控制“水溶性磷占有效磷的百分率”指标。

③ 包装容器标明“含氯”时不检测本项目。

④ 包装容器标明含钙、镁、硫时检测本项目。

⑤ 包装容器标明含铜、铁、锰、锌、硼、钼时检测本项目。

该标准对标识、包装、运输和贮存规定如下。

(1) 标识

① 产品名称应使用“掺混肥料”或“掺混肥料（BB肥）”。

② 标称硫酸钾（型）、硝酸钾（型）、硫基等容易导致用户误认为不含氯产品的掺混肥料产品不应同时标明“含氯”。对于含氯肥料应用汉字明确标注“含氯”，而不能标注“氯”“含Cl”或“Cl”等。

③ 包装容器上标有缓控释字样或标称缓控释掺混（BB）肥料时，应同时执行标明的缓控释肥料的国家标准或行业标准。

④ 产品使用说明书应印刷在包装容器上或放在包装容器内，其内容包括：产品名称、总养分含量、配合式、使用方法、贮存及使用注意事项等。

⑤ 使用硝酸铵产品为原料时，应在产品包装袋正面标注硝酸铵在产品中所占的质量分数，应在包装容器适当位置标注贮运及使用安全注意事项，且应同时符合国家法律法规或标准关于安全性能方面的要求。

⑥ 若加入中量元素、微量元素，应按中量元素、微量元素（以元素单质计）两种类型分别标明各单养分含量，不应将中量元素、微量元素含量计入总养分。中量元素单养分含量低于2.0%、微量元素单养分含量低于0.02%的不应标明。

掺混肥料（BB肥）产品外包装标识式样如下：

掺混肥料（BB肥）

（商品名）

$N+P_2O_5+K_2O \geq *\%$

--*

单一中量元素含量≥*%

单一微量元素含量≥*%

含氯、含枸溶性磷

执行标准：GB 21633—2008

生产许可证号：

肥料登记证号：

净含量：　　　　千克

厂名：

厂址：

电话：

（2）包装、运输和贮存

① 每袋净含量只允许标注包括单袋净含量允许差的单一数值，如（50±0.5）千克，不应将计入净含量范围的添加物未经混合均匀以小包装形式放入包装袋中。

② 掺混肥料用编织袋内衬聚乙烯薄膜袋或内涂膜聚丙烯编织袋包装。每袋净含量（1000±10）千克、（50±0.5）千克、（40±0.4）千克、（25±0.2）千克、（10±0.1）千克，平均每袋净含量分别不应低于1000千克、50.0千克、40.0千克、25.0千克、10.0千克。

③ 掺混肥料应贮存于阴凉、干燥处，在运输过程中应防潮、防晒和防破裂。产品可以包装或散装形式运输。

④ 掺混肥料长距离运输和长期贮存会增加物料分离，使用前要上下颠倒4～5次。

主要特点

（1）掺混肥料是根据作物养分需求规律、土壤养分供应特点和平衡施肥原理，经过机械均匀掺混而成的复混肥料，是科学平衡施肥的理想载体。可根据作物养分需求和土壤的养分供应特点等，设计可灵活调整的配方，符合化肥专用化的发展趋势。

（2）掺混肥料养分浓度可高达50%以上，符合化肥高浓度化的发展趋势；可添加中微量元素、农药、除草剂等，符合化肥多功能化的发展趋势。

（3）掺混肥料因含测土配方施肥技术，易于开展农化服务，可满足农化服务水平提升的要求。

（4）掺混肥料还有省时省工、真假易辨等优点。农民从肥料中能明显地看到氮、磷、钾的肥料颗粒，不易因造假而遭受损失。

（5）掺混肥料生产成本和使用成本低，生产过程中无化学反应，可满足化肥发展节能环保的需求。

（6）掺混肥料的主要缺点。一是对基础原料要求较高，即原粒粒径大小、密度应均匀一致。二是易吸潮、结块，掺混肥料中的氮都是以颗粒尿素为主，含尿素的掺混肥料因具有吸水性而容易结块。三是易于发生分离，掺混肥料原料密度不一，颗粒大小不一，易于离析分层。尤其是运输搬运过程中分层，导致使用时各元素的不均衡，从而影响施肥效果与作物的产品质量。四是如不加入黏合剂，少量微量元素在混合物中难以混合均匀。

施用方法　掺混肥料可作基肥和追肥，宜条施和穴施，肥料要距种子和作物根系3～5厘米，施后盖土。具体施用方法可参考复混肥料。

注意事项

① 掺混肥料一般要求当天掺混当天施用，尽量不要存放。

② 要在了解作物需肥特性、土壤肥力状况、肥料增产效应的基础上，制定合理的养分配比。

③ 原料颗粒的粒径大小要一致，以免肥料分层。

④ 在存放过程中要防止吸湿，尤其要防止不同物料的分离和某一物料的偏集。如将氮磷物料已有分离的掺混肥料条施，则以后作物的长势会明显不均匀，施用偏集氮肥的那一段会生长过旺，而偏集磷的那一地段的作物长势则明显变差，甚至出现黄苗。因此，不论采用手工还是机械施用掺混肥料，都要尽量防止基础肥料在施用过程中的分离和偏集。

第三节　复合肥料

复合肥料（compound fertilizers）是指在一定的工艺条件下，经过化学反应而制成的，含有氮、磷、钾中两种或两种以上元素，具有固定的养分含量和配比的肥料。它们的养分含量和配比决定于生产过程中的化学反应及化合物的分子式化学组成。常见的复合肥料种类主要包括磷酸一铵、磷酸二铵、磷酸二氢钾、硝酸钾和硝酸磷肥等。

复合肥料的主要优点

① 含有两种或两种以上作物需要的元素，养分含量高，能比较均衡和长时间

地供应作物需要的养分，提高施肥的增产效果。

② 复合肥料多为颗粒状，一般吸湿小、不结块、物理性状好，可以改善某些单质肥料的不良性状，也便于贮存，特别是利于机械化施肥。

③ 复合肥料既可以作基肥和追肥，又可以作种肥，适用的范围比较广。

④ 复合肥料副成分少，在土壤中不残留有害成分，对土壤性质基本不会产生不良影响。

复合肥料的主要缺点

① 氮、磷、钾养分比例相对固定，不能适用于各种土壤和各种作物对养分的需求，所以在复合肥料施用过程中一般要配合单质肥料施用，才能满足各类作物在不同生长阶段对养分种类、数量的要求，达到作物高产时对养分的平衡需求。

② 复合肥料是不同的单质肥料和复合肥料经过化学作用合成的，这样在肥料施用过程中难以满足作物对不同养分施肥技术的要求，不能发挥本身所含各养分的最佳施用效果。

1.磷酸一铵

$NH_4H_2PO_4$，115.03

反应式 $H_3PO_4+NH_3 \longrightarrow NH_4H_2PO_4$

磷酸一铵（monoammonium phosphate），中文别名：磷酸铵、磷酸二氢铵、工业磷酸一铵、MAP。含有氮、磷两种养分，属于氮磷二元型复合肥料，是我国发展最快、用量最大的复合肥料。

理化性状 白色粉状或颗粒状物（粒状产品具有较高的颗粒抗压强度），密度约1.803克/厘米^3（19℃），堆密度约960～1040千克/米^3，熔点190℃。溶解于水，水溶液呈酸性，微溶于乙醇，不溶于丙酮、醋酸。常温下较稳定，100℃时有小部分分解，加热到130℃以上逐步分解失去氨和水，而形成偏磷酸铵和磷酸的混合物。粉状产品有一定吸湿性。

质量标准 磷酸一铵的质量执行国家强制性标准GB 10205—2009。其技术要求根据生产工艺的不同而不同。

（1）传统法粒状磷酸一铵　采用磷酸浓缩法，以氨中和磷酸或采用料浆浓缩法以外的方法制成的磷酸一铵。

① 外观。颗粒状、无机械杂质。

② 技术指标见表5-6。

（2）料浆法粒状磷酸一铵　采用料浆浓缩法，以氨中和磷酸制成的粒状磷酸一铵。

① 外观。颗粒状、无机械杂质。

② 技术指标见表5-7。

表 5-6 传统法粒状磷酸一铵的要求　　单位：%

项　目		磷酸一铵		
		优等品 12-52-0	一等品 11-49-0	合格品 10-46-0
总养分($N+P_2O_5$)的质量分数	≥	64.0	60.0	56.0
总氮(N)的质量分数	≥	11.0	10.0	9.0
有效磷(P_2O_5)的质量分数	≥	51.0	48.0	45.0
水溶性磷占有效磷的百分率	≥	87	80	75
水分(H_2O)的质量分数①	≤	2.5	2.5	3.0
粒度(1.00～4.00毫米)	≥	90	80	80

① 水分为推荐性要求。

表 5-7 料浆法粒状磷酸一铵的要求　　单位：%

项　目		料浆法磷酸一铵		
		优等品 11-47-0	一等品 11-44-0	合格品 10-42-0
总养分($N+P_2O_5$)的质量分数	≥	58.0	55.0	52.0
总氮(N)的质量分数	≥	10.0	10.0	9.0
有效磷(P_2O_5)的质量分数	≥	46.0	43.0	41.0
水溶性磷占有效磷的百分率	≥	80	75	70
水分(H_2O)的质量分数①	≤	2.5	2.5	3.0
粒度(1.00～4.00毫米)	≥	90	80	80

① 水分为推荐性要求。

(3) 粉状磷酸一铵　未经造粒的磷酸一铵分为两类：以优质磷矿为原料，采用磷酸浓缩法制成的为Ⅰ类产品；以镁、铁、铝含量较高的中低品味磷矿为原料，采用料浆浓缩法制成的为Ⅱ类产品。

① 外观。粉末状，无明显结块现象，无机械杂质。

② 产品的技术指标见表 5-8。

表 5-8 粉状磷酸一铵的要求　　单位：%

项　目		Ⅰ类		Ⅱ类		
		优等品 9-49-0	一等品 8-47-0	优等品 11-47-0	一等品 11-44-0	合格品 10-42-0
总养分($N+P_2O_5$)的质量分数	≥	58.0	55.0	58.0	55.0	52.0
总氮(N)的质量分数	≥	8.0	7.0	10.0	10.0	9.0
有效磷(P_2O_5)的质量分数	≥	48.0	46.0	46.0	43.0	41.0
水溶性磷占有效磷的百分率	≥	80	75	80	75	70
水分(H_2O)的质量分数①	≤	3.0	4.0	3.0	4.0	5.0

① 水分为推荐性要求。

该标准对产品的包装、运输和贮存要求规定如下。

① 磷酸一铵产品应用塑料编织袋内衬聚乙烯薄膜袋或内涂膜聚丙烯编织袋包装。

② 产品每袋净重（50±0.5）千克、（40±0.4）千克、（25±0.25）千克，平均每袋净含量分别不应低于50.0千克、40.0千克、25.0千克。

③ 产品应标明产品类别（如传统法、料浆法、Ⅰ类、Ⅱ类等）。应以配合式形式标明总氮、有效五氧化二磷含量。应以单一数值标明每袋净含量。

④ 产品在符合GB 8569规定的前提下，宜使用经济实用型包装。产品应贮存于阴凉、干燥处。可以散装或包装形式运输。在运输和贮存过程中，应防雨、防潮、防晒、防包装袋破裂。

简易识别要点

（1）看外观　多数磷酸一铵为颗粒，部分国产磷酸一铵为粉末状。

（2）看颜色　磷酸一铵呈灰色、灰白色或灰褐色。

（3）观察溶解性试验　利用尿素一节中介绍的方法，发现磷酸一铵很容易全部溶解于水。

（4）测量pH　利用pH广泛试纸检测磷酸一铵溶液的pH，磷酸一铵溶液使pH试纸呈红色，溶液呈酸性。

（5）观察铁片灼烧　将铁片烧红后，取少量的磷酸一铵放于其上，能观察到磷酸一铵颗粒变小，并放出刺激性的氨味。

施用方法　磷酸一铵适用于水稻、小麦、玉米、高粱、棉花、瓜果、蔬菜等各种粮食作物和经济作物。广泛适用于红壤、黄壤、棕壤、黄潮土、黑土、褐土、紫色土、白浆土等土质，特别是碱性土壤和和缺磷较严重的地方，尤其适合于干旱少雨地区施用。施用磷酸一铵应先考虑磷的用量，不足的氮可用单质氮肥补充，磷酸一铵可作基肥、追肥和种肥。

（1）作基肥　通常在整地前结合耕地，将肥料施入土壤。旱地也可在播种后开沟施入，施入量一般为每亩10～15千克，施用时配合碳酸氢铵、尿素施用。

（2）作追肥　可采用根外追肥的方式，喷施浓度为0.5%～1.0%。

（3）作种肥　要控制用量，一般为每亩3～5千克，但不宜与种子直接接触，防止影响发芽和引起烧苗。

注意事项

① 磷酸一铵易溶于水，它适合施用于各种土壤和农作物上，水田和旱田均可施用。

② 前期施用磷酸一铵的作物，一般中后期只要补充氮肥即可，不需补施磷肥。施用磷酸一铵时，一般需要配施氮肥。

③ 磷酸一铵在储藏和运输时，应避免与碱性的肥料或物质混放。碱性肥料（物质）包括氨水、液氨、氰氨化钙、碳酸氢铵、窑灰钾肥、草木灰、南方改良土壤用的石灰等。

2.磷酸二铵

$(NH_4)_2HPO_4$，132.056

反应式 $3NH_3+H_3PO_4 \longrightarrow (NH_4)_3PO_4$

$(NH_4)_3PO_4 \longrightarrow (NH_4)_2HPO_4+NH_3\uparrow$

磷酸二铵（diammonium phosphate），又称磷酸氢二铵（DAP），简称二铵，是一种高浓度含氮、磷两种营养成分的速效复合肥，适用于各种作物和土壤，特别适用于喜铵需磷的作物，作基肥或追肥均可，宜深施，使用效果很好，作物的增产效果明显。

理化性状 呈灰白色或深灰色颗粒，密度 1.619 克/厘米^3。易溶于水，溶解后固形物较少，不溶于乙醇。有一定吸湿性，在潮湿空气中易分解，挥发出氨变成磷酸二氢铵。25℃下 100 克水中能溶解 72.1 克。生成热 203.06 千焦/摩尔。25℃、100℃、125℃下的氨蒸气压力依次为 119.99 帕、666.6 帕、3999.66 帕。0.1 克/升溶液的 pH 值为 7.8。与尿素、硝酸铵、氯化铵可混性好。

质量标准 磷酸二铵和磷酸一铵的质量标准是同一个国家标准，其标准代号为 GB 10205—2009，属于强制性标准的范围。其技术要求根据生产工艺的不同而不同。

（1）传统法粒状磷酸二铵 采用磷酸浓缩法，以氨中和磷酸或采用料浆浓缩法以外的方法制成的磷酸二铵。

① 外观。颗粒状、无机械杂质。

② 技术指标见表 5-9。

表 5-9 传统法粒状磷酸二铵的要求 单位：%

项目		磷酸二铵		
		优等品 18-46-0	一等品 15-42-0	合格品 14-39-0
总养分($N+P_2O_5$)的质量分数	≥	64.0	57.0	53.0
总氮(N)的质量分数	≥	17.0	14.0	13.0
有效磷(P_2O_5)的质量分数	≥	45.0	41.0	38.0
水溶性磷占有效磷的百分率	≥	87	80	75
水分(H_2O)的质量分数①	≤	2.5	2.5	3.0
粒度(1.00～4.00 毫米)	≥	90	80	80

① 水分为推荐性要求。

（2）料浆法粒状磷酸二铵 采用料浆浓缩法，以氨中和磷酸制成的粒状磷酸二铵。

① 外观。颗粒状、无机械杂质。

② 技术指标见表 5-10。

表 5-10 料浆法粒状磷酸二铵的要求 单位:%

项目		料浆法磷酸二铵		
		优等品 16-44-0	一等品 15-42-0	合格品 14-39-0
总养分($N+P_2O_5$)的质量分数	≥	60.0	57.0	53.0
总氮(N)的质量分数	≥	15.0	14.0	13.0
有效磷(P_2O_5)的质量分数	≥	43.0	41.0	38.0
水溶性磷占有效磷的百分率	≥	80	75	70
水分(H_2O)的质量分数①	≤	2.5	2.5	3.0
粒度(1.00～4.00毫米)	≥	90	80	80

① 水分为推荐性要求。

该标准对磷酸二铵产品的包装、运输和贮存规定同磷酸一铵。

简易识别要点

(1) 看外观 磷酸二铵均为颗粒状，颗粒外观稍有半透明感，表面略光滑，是不规则颗粒。真的磷酸二铵油亮而不渍手，有些假磷酸二铵油得渍手。真的磷酸二铵很硬，不易被碾碎，有些假的磷酸二铵容易被碾碎。

(2) 看颜色 磷酸二铵呈灰色、灰白色或灰褐色，也有的磷酸二铵为浅黄色。受潮后颗粒颜色加深，无黄色和边缘透明感，湿过水后颗粒同受潮颗粒表现一样，并在表面泛起极少量粉白色。

(3) 气味 无特殊气味。

(4) 观察溶解性 溶于水。磷酸二铵溶解摇匀后，静置状态下可长时间保持悬浊液状态；而有些假磷酸二铵溶解摇匀后，静置状态下很快出现分离、沉淀且液色透明。合格磷酸二铵的水溶性磷达90%以上，溶解度高，只有少许沉淀；而不合格的磷酸二铵水溶性磷含量低，溶解度也低，沉淀也相对较多。

(5) 测量pH 利用pH广泛试纸检测磷酸二铵溶液的pH，磷酸二铵溶液使pH试纸呈蓝色，溶液呈碱性。

(6) 灼烧 磷酸二铵在烧红的木炭上灼烧能很快熔化并放出氨气。真的磷酸二铵因含氮（氨）加热后冒泡，并有氨味溢出，灼烧后只留下痕迹较少的渣滓，有些假磷酸二铵烧后渣滓较多。真磷酸二铵因含磷量高而易被“点燃”，假的磷酸二铵不易被“点燃”。将铁片烧红后，取少量的磷酸二铵放于其上，能观察到磷酸二铵颗粒变小，并放出刺激性的氨味。

定性鉴定

磷酸二铵，含有水溶性磷和枸溶性磷。所以，磷酸二铵中磷的检验，既要检验水溶性磷，也要检验枸溶性磷。磷的检验方法与磷肥相同。铵离子的检验方法与碳酸氢铵相同。

目前，磷酸一铵、磷酸二铵均为大中型企业生产，正规企业的产品质量有保证。但是目前农资市场上已经出现了这两种肥料的假冒伪劣品。农民朋友可利用以上的简易方法初步识别磷酸一铵和磷酸二铵。假如对所购买的磷酸一铵、磷酸二铵的质量有怀疑或施用的效果不理想，就要检验产品中的有效磷和全氮含量等指标，应尽快将样品送交专业的质量检验单位进行鉴定。

施用技术

（1）作基肥　磷酸二铵作基肥，能保证生育中后期瓜果壮、籽粒重、产量高。磷在土壤中的移动性很弱，极易被土壤固定，因此用磷酸二铵作基肥时，施在作物根系分布较多的土层效果最好。不同作物施底肥的深度应有所区别，特别是果树要求施到40～60厘米，蔬菜20厘米，粮食作物20～30厘米。基肥施用量因作物种类和前茬施肥状况不同而异，例如施了有机肥的农田可少施；年年施磷铵的地块可少施或改施种肥。一般粮食作物底肥磷酸二铵的适宜推荐用量在每亩8～10千克左右，大豆亩均8～12千克，棉花亩均12～16千克。也可分层施用，施用时配合碳酸氢铵、尿素施用。

（2）作追肥　切忌撒施在表面，应穴施或开沟深施，追施深度在10厘米左右，并覆土埋肥。追肥也可采用根外追肥的方式，喷施浓度为0.5%～1%。

（3）作种肥　因磷酸二铵在潮湿的环境中容易分解产生氨气，影响种子发芽和幼苗生长，故一般不作种肥。如无其他肥料可用，必须作种肥时不仅要深施，而且要做到施在种子斜下方2～3厘米，与种子隔层或错位施，不可让肥料与种子接触，以免造成种子氨中毒。此外，种肥用量要严格控制在每亩2.5～5千克。

注意事项

① 不能将磷酸二铵与草木灰、石灰等碱性肥料混合施用，否则会造成氮的挥发，同时还会降低磷的肥效。

② 已经施用过磷酸二铵的作物，在生长的中、后期，一般只需补适量的氮肥，不再需要补施磷肥。

③ 除豆科作物外，大多数作物直接施用时需配施氮肥，调整氮磷比。

④ 切忌用磷酸二铵作冲施肥，使磷被地面径流带走，而作物根系根本够不着。

3.硝酸磷肥

$CaHPO_4 \cdot NH_4H_2PO_4 \cdot NH_4NO_3 \cdot Ca(NO_3)_2$

反应式

第一步　$Ca_5(PO_4)_3F + 10HNO_3 \longrightarrow 3H_3PO_4 + 5Ca(NO_3)_2 + HF\uparrow$

第二步　$3H_3PO_4 + Ca(NO_3)_2 + 4NH_3 + 2H_2O \longrightarrow CaHPO_4 \cdot 2H_2O + 2NH_4H_2PO_4 + 2NH_4NO_3$（冷冻法）

$3H_3PO_4 + 5Ca(NO_3)_2 + 10NH_3 + 2CO_2 + 2H_2O \longrightarrow 3CaHPO_4 + 10NH_4NO_3 + 2CaCO_3\downarrow$（碳化法）

$2Ca_5(PO_4)_3F + 12HNO_3 + 4H_2SO_4 \longrightarrow 4CaSO_4\downarrow + 6H_3PO_4 + 6Ca(NO_3)_2 + 2HF\uparrow$（混酸法）

$6H_3PO_4 + 5Ca(NO_3)_2 + 11NH_3 \longrightarrow 5CaHPO_4 + 10NH_4NO_3 + NH_4H_2PO_4$

硝酸磷肥（nitrophosphate），又名高效氮磷复合肥，是用硝酸分解磷矿粉，再用氨来中和多余的酸而加工制成的氮磷比约为 2∶1 的复合肥料。硝酸磷肥是兼含有水溶性磷和枸溶性磷的肥料。代表性产品为 20-20-0（含 N%、含 P_2O_5 20%，不含 K_2O）、28-14-0 或 26-13-0、16-23-0。

理化性状 一般为灰白色颗粒，有一定吸湿性，部分溶于水，水溶液呈酸性。硝酸磷肥的主要成分有：硝酸铵（NH_4NO_3）、硝酸钙［$Ca(NO_3)_2$］、磷酸一铵（$NH_4H_2PO_4$）、磷酸二铵［$(NH_4)_2HPO_4$］、磷酸一钙［$Ca(H_2PO_4)_2$］和磷酸二钙（$CaHPO_4$）。硝酸磷肥中的铵态氮在氮含量中占一半，另一半为硝态氮。硝酸磷肥中的磷形态与其制造方法有关。用碳化法制得的硝酸磷肥中，磷均为枸溶性磷；用冷冻法制得的硝酸磷肥中，五氧化二磷的水溶率达 30%～90%，受冷冻温度所决定，冷冻温度愈低，五氧化二磷的水溶率愈高；混酸法制得的硝酸磷肥中，五氧化二磷的水溶率一般在 30%～50%，但有时也可高达 90%，这决定于加入硫酸或磷酸的数量。

质量标准 硝酸磷肥现行有效的标准是国家推荐性标准 GB/T 10510—2007（适用于主要以硝酸分解磷矿石后加工制得的氮磷比约为 2∶1 的肥料以及在其生产过程中加入钾盐而制得的肥料），企业也可以根据自身的实际情况，制定企业标准并到属地技术监督部门备案。

① 外观。颗粒状，无机械杂质。

② 硝酸磷肥的技术指标应符合表 5-11 的要求，同时应符合标明值。

表 5-11 硝酸磷肥的技术要求 单位：%

项目		指标		
		优等品 27-13.5-0	一等品 26-11-0	合格品 25-10-0
总养分($N+P_2O_5+K_2O$)的质量分数	≥	40.5	37.0	35.0
水溶性磷占有效磷的百分率	≥	70	55	40
水分(游离水)的质量分数	≤	0.6	1.0	1.2
粒度(1.00～4.00 毫米)	≥	95	85	80

注：单一养分测定值与标明值负偏差的绝对值不得大于 1.5%。

硝酸磷肥企业标准的技术指标，需要查看已经备案的企业标准。

该标准对产品的包装、运输和贮存规定如下。

① 非硝酸分解磷矿石制得的肥料不应标注硝酸磷肥。硝酸磷肥产品用编织袋内衬聚乙烯薄膜袋或内涂膜聚丙烯编织袋包装。

② 产品每袋净重（50±0.5）千克、（40±0.4）千克、（25±0.25）千克。平均每袋净含量分别不应低于 50.0 千克、40.0 千克、25.0 千克。

③ 产品的运输和贮存过程中，应防雨、防潮、防晒、防破裂。

简易识别要点

（1）看形状 硝酸磷肥为颗粒状，光滑明亮，硬度较大，一般不能用手捏碎。

(2) 看颜色　硝酸磷肥呈灰色、灰白色或乳白色。

(3) 气味　无特殊气味。

(4) 溶解性　观察硝酸磷肥的溶解性，发现肥料部分溶解于水，部分沉淀于杯(碗)底。

(5) 测量pH　利用广泛试纸测量硝酸磷肥溶液的pH，试纸变红，说明硝酸磷肥的水溶液呈酸性。

(6) 观察铁片上的燃烧现象　将少量硝酸磷肥放在已经烧红的铁片上灼烧，能闻到刺激性氨气味并能看到棕色烟雾。

(7) 观察吸湿性　在空气湿度大时（例如雨天），将肥料放置白瓷碗底一晚上或放在手心握一会儿，能够观察到肥料的表面已经“化了”。

根据硝酸磷肥的这些特点，可以初步识别某些肥料是否是硝酸磷肥。如果要进一步检查硝酸磷肥是否合格，需要检测产品的氮含量、有效磷含量和水分含量等，这需要肥料质量检验部门来完成。我国国内硝酸磷肥的生产企业数量很少，并且均属于大中型企业，产品质量比较有保证。

定性鉴定

(1) 铵离子的检验　用试管1支加入10毫升水，取肥料样品0.5～1克放入水中，加入1～2粒氢氧化钠溶解、摇匀，在酒精灯上加热即会产生氨气。用湿的pH试纸放在试管口上，试纸显蓝色（碱性）。

(2) 磷的检验　硝酸磷肥成分复杂，它既含有水溶性磷也含有枸溶性磷。所以，对硝酸磷肥中磷的检验，既要检验水溶性磷，也要检验枸溶性磷。具体方法与磷肥中磷的检验方法相同。

(3) 硝酸根的检验　取试管1支加入10毫升水，取肥料样品0.5克放入水中，溶解、摇匀、过滤。取滤液4毫升放入另一试管中，加1毫升乙酸-铜离子混合试剂，摇匀，加一小勺硝酸试粉（0.1～0.2克），摇动后溶液立即呈现紫红色。

(4) 钙离子的检验　在试管中加入10毫升水，取肥料样品0.5～1克，在水中溶解后，加入0.2克固体草酸铵和4～5滴氨水，摇动，产生白色草酸钙沉淀。加乙酸5滴，白色沉淀不溶解。

施用方法

① 宜旱地施用。硝酸磷肥兼有硝态氮和氨态氮，硝态氮以阴离子形式存在，在肥料溶解后对作物直接有效，即使在土壤含水量低的情况下也是如此。因此，硝酸磷肥最适宜在旱地施用，但是，在严重缺磷的旱地上施用，应选择高水溶率（P_2O_5 的水溶率大于50%）的硝酸磷肥。水田施用硝酸磷肥易引起硝态氮的损失，其肥效往往不如尿素磷铵系列等复混肥料，故不宜在南方特别是水田上施用。

② 宜作基肥和种肥，也可以一部分作基肥，一部分作追肥。在一般情况下，用作基肥时，每亩用量为15～30千克。用作种肥时，每亩用量为5～10千克，但不能与种子直接接触。作追肥时应避免根外喷施。

③ 硝酸磷肥在其生产过程中加入氯化钾或硫酸钾，可以制作不同规格的氮、

磷、钾三元复合肥，称为硝磷钾肥，其代表产品有15-15-15。含硫酸钾的硝磷钾三元复合肥，特别适合烟草施用。

注意事项

① 硝酸磷肥含有硝酸根，容易助燃和爆炸。在贮存、运输和施用时应远离火源，硝酸磷肥吸湿性强，应注意防潮。如果肥料出现结块现象，应用木棍将其击碎，不能使用铁锹拍打，以防爆炸伤人。

② 硝酸磷肥呈酸性，适宜在北方石灰质的碱性土壤上单独施用。

③ 硝酸磷肥含硝态氮，硝态氮容易随水流失，水田作物上应尽量避免施用该肥料。

④ 硝酸磷肥所含氮、磷养分比例不适合作物需要时，可用单一磷肥或单一氮肥调节氮磷比例至适合要求后施用。

⑤ 配施钾肥。

4.硝酸磷钾肥

硝酸磷钾肥（potassium nitrophosphate），是以硝酸分解磷矿石并加入钾盐加工制得的肥料。

质量标准 硝酸磷钾肥执行的质量标准与硝酸磷肥为同一个标准，代号为GB/T 10510—2007。

（1）外观 颗粒状产品，无机械杂质。

（2）硝酸磷钾肥产品质量应符合表5-12的要求，同时应符合标明值。

表5-12 硝酸磷钾肥的技术要求 单位：%

项目		指标		
		优等品 22-10-10	一等品 22-9-9	合格品 20-8-10
总养分($N+P_2O_5+K_2O$)的质量分数	≥	42.0	40.0	38.0
水溶性磷占有效磷的百分率	≥	60	50	40
水分(游离水)的质量分数	≤	0.6	1.0	1.2
粒度(1.00～4.00毫米)	≥	95	85	80
氯离子(Cl^-)的质量分数	≤	3.0	3.0	3.0

注：1. 单一养分测定值与标明值负偏差的绝对值不得大于1.5%。

2. 如硝酸磷钾肥产品氯离子含量大于3.0%，并在包装容器上标明“含氯”，可不检验该项目；包装容器未标明“含氯”时，必须检验氯离子含量。

硝酸磷钾肥产品的标识、包装、运输和贮存应符合如下要求。

① 如产品中氯离子的质量分数大于3.0%，应在包装容器上标明“含氯”，非硝酸分解磷矿石制得的肥料不应标注硝酸磷钾肥。硝酸磷钾肥产品用编织袋内衬聚乙烯薄膜袋或内涂膜聚丙烯编织袋包装。

② 产品每袋净重（50±0.5）千克、（40±0.4）千克、（25±0.25）千克。平

均每袋净含量分别不应低于 50.0 千克、40.0 千克、25.0 千克。

③ 产品的运输和贮存过程中，应防雨、防潮、防晒、防破裂。

施用方法

① 适用于各种土壤和作物，主要作追肥使用，也可作基肥。普通大田作物一般用作基肥使用；经济作物作追肥，并在各生长期内尽量采用少量多次的方法施用，以提高肥料的利用率。施用时应深施覆土，基肥深施，追肥沟施或穴施，避免与种子或根系直接接触。施用后不宜立即灌水，避免养分被淋洗至深层，使肥效降低。

② 施肥用量。大田作物 30～50 千克/亩，经济作物 40～70 千克/亩。作种肥时，一般亩施 5～8 千克，且要避免和种子直接接触，一般应距种子 5 厘米左右。几种作物各时期施用用量见表 5-13。

表 5-13 几类作物各时期硝酸磷钾肥施用量 单位：千克

作物	亩用量	基肥	苗肥	旺盛生长期	花期/结果期
水稻	31～46	25～30		6～13	—
小麦	40～51	30～35		10～16	—
玉米	26～36	20～26		6～10	—
棉花	40～50	20～30		15～20	
果树	40～60	20～30		—	20～30
茄果类	50～70	20～25	10～20		20～25
根茎类	45～60	20～25	15～20		10～15
瓜果类	45～60	10～15	20～25		15～20
叶菜类	30～45	10～20	20～25		
花卉	40～50	10～15	20～25		10～20

注：表中施肥用量以 40%（22-9-9）为例。

注意事项

① 本推荐施肥方法和用量仅供参考，各地土壤及施肥习惯不同，用户应根据实际施用情况调节，以找到最适方法和最佳用量。

② 硝酸磷钾肥可以在大棚蔬菜上施用，但应控制好用量，用量过大会导致蔬菜中硝酸盐含量过大。在大棚蔬菜上施用硝酸磷钾肥不会对后茬作物造成不良影响。

5. 多磷酸铵

$(NH_4)_{n+2}P_nO_{3n+1}$

反应式 $nH_3PO_4+(n-1)CO(NH_2)_2 \longrightarrow (NH_4)_{n+2}P_nO_{3n+1}+(n-4)NH_3\uparrow+(n-1)CO_2\uparrow$

多磷酸铵（ammonium polyphosphate）也称聚磷酸铵，是用磷酸与氨反应或者正磷酸铵脱水而制得的。其主要品种有焦磷酸铵（NH_4，$H)_4P_2O_7$、三聚磷酸铵（NH_4，$H)_5P_3O_{10}$和（或）四聚磷酸铵（NH_4，$H)_6P_4O_{13}$与正磷酸铵盐的混合物。

理化性状 易溶于水，溶解度大于正磷酸铵，还可以螯合金属阳离子，如铜、铁、锰、锌等多种微量元素，使之保留在溶液中。并能阻止肥料中的铁、铝杂质在溶液中沉淀。因此，它比正磷酸铵更适合制取液体复合肥料，包括二元和三元的液体复合肥料。

目前国外生产的多磷酸铵既有固态的，又有液态的。多磷酸铵也是一种氮磷二元复合肥，而且养分含量高（$N+P_2O_5=70\%\sim76\%$），特别适合于制造掺合复混肥料。例如，以 15-60-0 的多磷酸铵与硝酸铵、氯化钾相配，可以得到 12-24-24、10-20-30、9-27-27 等一系列高浓度的复合肥料。

施用方法 多磷酸铵的肥效与磷酸铵相似，但施用时要注意其两个基本特点：一是浓度比正磷酸铵高，且更易溶解，因此不宜作种肥。作基肥或追肥时，使用量应适当减少。二是施入土壤后，其中的多种多磷酸铵，首先发生水解反应，形成正磷酸铵后被作物吸收。多磷酸铵一般不以单一肥料形态出售和使用，大都用作固体掺合肥料或液体复合肥料的基础肥料。在美国，较多地用于配制液体复肥。

6. 农业用硝酸钾

KNO_3，101.10

反应式 $NaNO_3+KCl \longrightarrow KNO_3+NaCl$ （硝酸钠-氯化钾转化法）

$NH_4NO_3+KCl \longrightarrow KNO_3+NH_4Cl$ （硝酸铵-氯化钾转化法）

$K_2SO_4+Ca(NO_3)_2 \longrightarrow 2KNO_3+CaSO_4\downarrow$ （硫酸钾-硝酸钙反应法）

硝酸钾（potassium nitrate）也称为钾硝石、盐硝、火硝、土硝，由硝酸钠和氯化钾一起溶解，重新结晶而制成。农业用硝酸钾（potassiumnitrate for agricultural use）肥料为100%植物养分，全部溶于水，是无氯的钾、氮复合肥，植物营养素钾、氮的总含量可达 60%，不残留有害物质，具有良好的物理化学性质。主要用于花卉、蔬菜、果树等经济作物的叶面喷施肥料等。

理化性状 无色透明斜方晶系结晶或白色粉末。味辛辣而咸，有凉感。微吸湿，吸湿性比硝酸钠小。含氮（N）12%～15%，含钾（K_2O）45%～46%，不含副成分。相对密度 2.109（16℃），熔点 334℃。约 400℃时分解放出氧，并转变成亚硝酸钾，继续加热则生成氧化钾。易溶于水、稀乙醇、甘油，不溶于无水乙醇和乙醚。水溶液 pH 值约为 7。在空气中不易潮解，为强氧化剂，与有机物接触能燃烧爆炸，并放出有刺激性气味的有毒气体。与碳粉或硫黄共热时，能发出强光并燃烧。在水中的溶解度随水温上升而剧烈增大。

质量标准 农业用硝酸钾执行国家推荐性标准 GB/T 20784—2013（代替 GB/T 20784—2006），该标准规定了农业用硝酸钾的要求、试验方法、检验规则、标识、包装、运输和贮存。适用于各种工艺生产的固体农业用硝酸钾产品，分为粉状和粒状两种类别。

① 外观。白色或浅色的结晶粉末或颗粒，无肉眼可见（机械）杂质。

② 农业用硝酸钾产品应符合表 5-14 的要求，同时应符合标明值。

表 5-14 农业用硝酸钾的要求 单位：%

项目			优等品	一等品	合格品
氧化钾(K_2O)的质量分数		≥	46.0	44.5	44.0
总氮(N)的质量分数		≤	13.5		
氯离子(Cl^-)的质量分数		≤	0.2	1.2	1.5
水分的质量分数		≤	0.5	1.2	2.0
粒度①(*d*)	1.00～4.75 毫米	≥	90		
	1.00 毫米以下	≤	3		

① 结晶粉末状产品，粒度指标不做规定。

该标准对产品标识、包装、运输和贮存规定如下。

（1）标识

① 粉状产品包装袋上应标明氧化钾含量、总氮含量或产品等级、产品类别和 GB 190—2009 中标签 5 的“氧化性物质”标识，其余应符合 GB 18382 的规定。

② 粒状产品包装袋上应标明氧化钾含量、总氮含量或产品等级、产品类别和 GB 190—2009 中标签 5 的“氧化性物质”标识。若产品通过有资质的第三方检测机构的测试表明不属于氧化性物质的可不标“氧化性物质”。

③ 产品的安全性方面的标签、标识应符合相关的化学品法律、法规、强制性标准的要求。

④ 应以单一数值标明产品的净含量。

⑤ 其余应符合 GB 18382 的规定。

（2）包装、运输和贮存

① 产品用塑料编织袋内衬聚乙烯薄膜袋或涂膜聚丙烯编织袋包装，按 GB 8569 规定执行。产品每袋净含量（50±0.5）千克、（40±0.4）千克、（25±0.25）千克、（10±0.1）千克，每批产品平均每袋净含量相应不得低于 50.0 千克、40.0 千克、25.0 千克、10.0 千克。如需特殊包装或其他规格，供需双方另行协商。

② 产品不得与有机物、还原剂及易燃品等物质混运混贮。

③ 产品应按其物质安全技术说明书（MSDS 或 SDS）中的贮存条件进行贮存，在运输过程中应防潮、防晒、防破损。

简易识别方法

① 颜色和形态。无色透明斜方晶系结晶或白色粉末。

② 气味。味辛辣而咸，有凉感。

③ 溶解性。易溶于水。

④ 灼烧性。将一定量的木炭和硝酸钾固体混合加热，现象为：硝酸钾固体溶解，木炭剧烈燃烧，同时放出大量的白烟。硝酸钾放在灼红的木炭上会爆出火花。将少量硝酸钾放在铁片上加热时，会释放出氧气，这时如果用一根擦燃后熄灭但还带有红火的火柴放在上方，熄灭的火柴会重新燃烧。

定性鉴定

（1）钾离子的检验　方法与氯化钾相同。

（2）硝酸根的检验　方法与硝酸铵相同。

（3）其他特征　如将硝酸钾放在酒精灯上，可发出紫色火焰。与亚硝酸钴钠溶液作用，生成黄色沉淀物。

施用方法

（1）施用方便　硝态氮在任何条件下都能迅速提供养分，适用于四季作物，不会在土壤中造成盐类的积累。由于没有挥发性，可直接施于土壤表面而不需覆盖。它所含硝态氮和钾均为农作物生长所必需的大量元素，两者间具有良好的协调作用，可互相促进被作物吸收并促进其他营养元素的吸收，其所含的氮钾比为1∶3（一般作物都以此比例吸收氮、钾），农业上也常将其作为高浓度钾肥，可在作物需肥高峰期均衡迅速地被作物吸收利用。

（2）适作追肥　农用硝酸钾肥料无氯无钠，盐指数低，水溶性好但不吸湿，养分含量高，肥效作用迅速。使用农用硝酸钾可提高产量，改善品质，提早成熟，增强抗病力，延长保鲜期。广泛用于各种粮食作物、经济作物。硝酸钾施入土壤后较易移动，适宜作追肥，尤其是作中晚期追肥或作为受霜冻为害作物的追肥。但不宜作基肥和种肥。

宜施用于旱地，而不宜施用于水田。一般常规品种每亩施肥量在10～15千克之间。硝酸钾适合作根外追肥，浓度为0.6%～2%。

浸种时，一般可采用浓度为0.2%的硝酸钾水溶液浸种和拌种。

（3）对氯离子敏感作物施用硝态氮比铵态氮更为有利　如烟草、柑橘、葡萄、甜菜以及其他对氯离子敏感的作物，因为硝酸钾中的硝态氮能阻止作物吸收土壤中的氮。烟草既喜钾，又喜硝态氮，硝酸钾施用于烟草具有肥效高、易吸收、促进幼苗早发、增加烟草产量、提高烟草品质的重要作用，主要作烟株追肥使用。大田生产上分3次以上追肥，第一次追肥在栽后7天左右浇施起苗肥；15天左右烟株开盘前进行第二次浇施；团棵前（25～30天）结合大培土进行第三次追肥；遇天气干旱年份，可在第三次追肥时用硝酸钾对水浇施补肥、补水，通过以水调肥，促进烟株旺长。

（4）可作混肥或配肥　硝酸钾除可单独施用外，也可与硫酸铵等氮肥混合或配合施用。用它代替氯化钾配制混肥，可明显降低混合肥料的吸湿性。如用氯化钾制成的16-0-16氮钾混合肥料，则不吸湿。

（5）硝酸钾也是叶面营养液和灌水肥料的主要氮钾源　随着设施栽培滴灌、肥灌的发展和我国烤烟生产中硝酸钾用量的增加，对硝酸钾的需求与日俱增。

注意事项

① 不可视作硫酸钾肥，误作纯钾肥施用，以免造成氮肥施用过量。

② 硝酸钾作基肥施用时不能与过磷酸钙、新鲜有机肥混合施用，避免造成氮损失。

③ 硝酸钾所含氮全部是硝态氮，易被水淋失，不宜在水田使用。

④ 施用硝酸钾的烟田，叶色浅，落黄集中，分层落黄不十分明显，不要误认为缺氮再增施氮，容易造成氮肥过量。

⑤ 硝酸钾也是制造火药的原料，贮运时要特别注意防燃烧、防高温、防爆炸，切忌与易燃物质接触。

7. 农业用硝酸铵钙

$NH_4NO_3 \cdot CaCO_3$，181.14

农业用硝酸铵钙（calcium ammonium nitrate for agriculture），又名石灰硝铵，简称CAN，是硝酸铵的改性产品，是硝酸铵与硝酸钙组成或与碳酸钙混合共熔而成的一种复合肥料。由于钙元素的存在，使硝酸铵钙肥料中的含氮量要低于普通的硝酸铵，约为26%。但CAN是一种具有良好物化特性的优质氮肥，氨挥发损失、吸湿性要低于普通硝酸铵，从而改善了硝酸铵的结块性和热稳定性，贮存和运输中也不易发生火灾和引起爆炸，是一种比硝酸铵更为安全的硝态氮肥。目前在国外，尤其在西欧国家已广泛使用。产品中氮是以硝酸根和氨离子的形式同时存在的，因此，其肥效比其他仅含硝酸根的氮肥（如硝酸钙和硝酸钠）高。

国内由于对硝酸铵钙肥料的性能及肥效认识不足，加之生产企业较少和无相关的国家产品标准，因此发展较为缓慢。近年来由于农业硝酸铵不能作为化肥生产和销售，硝酸铵钙作为硝酸铵的改良产品，已日益受到重视和关注。近期国家也颁布了硝酸铵钙的行业标准NY 2269—2012。

理化性状 硝酸铵钙一般为灰色、浅黄色颗粒，因含$CaCO_3$（有时还有1%～3%的陶土、硅藻土等调理剂涂敷在外），其水溶液呈弱碱性并有沉淀。含氮20%～27%，其中铵态氮与硝态氮各一半，含氧化钙12%。产品吸湿性小、不易分解、不结块。养分可被作物直接吸收利用，生理酸性较低，肥效快，因挥发而产生的氮损失少，热稳定性好，容易贮存和搬运。

质量标准 执行农业部行业标准NY 2269—2012，该标准规定了农业用硝酸铵钙登记要求、试验方法、检验规则、标识、包装、运输和贮存，适用于作为肥料使用的农业用硝酸铵钙，产品为以硝酸、液氨、石灰石或石灰等为主要原料并经化合、造粒工艺加工而成的水溶化合物。

① 外观。白色或灰白色，均匀颗粒状固体。

② 农业用硝酸铵钙产品技术指标应符合表5-15的要求。

表 5-15　农业用硝酸铵钙产品的要求

项目	指标	项目	指标
总氮(N)含量/%	≥15.0	水不溶物含量/%	≥2.0
硝态氮(N)含量/%	≥14.0	水分含量(H_2O)/%	≤3.0
钙(Ca)含量/%	≥18.0	粒度(1.00～4.75毫米)/%	≥90
pH值(1∶250倍稀释)	5.5～8.5		

③ 农业用硝酸铵钙中汞、砷、镉、铅、铬限量指标应符合 NY 1110 的要求。

④ 抗爆试验要求。农业用硝酸铵钙抗爆试验应符合 WJ 9050 的要求。

⑤ 毒性试验要求。农业用硝酸铵钙毒性试验应符合 NY 1980 的要求。

该标准对标识、包装、运输和贮存的规定如下。

(1) 标识。

① 产品质量证明书应载明：企业名称、生产地址、联系方式、肥料登记证号、产品通用名称、执行标准号、剂型、包装规格、批号或生产日期。

② 产品包装标签应载明：总氮含量的最低标明值；硝态氮含量的最低标明值；钙含量的最低标明值；pH 的标明值；水不溶物含量的最高标明值；水分含量的最高标明值；粒度的最低标明值；汞、砷、镉、铅、铬元素含量的最高标明值。

总氮含量的最低标明值。总氮标明值应符合总氮含量要求；总氮测定值应符合其标明值要求。

硝态氮含量的最低标明值。硝态氮标明值应符合硝态氮含量要求；硝态氮测定值应符合其标明值要求。

钙含量的最低标明值。钙标明值应符合钙含量要求，钙测定值应符合其标明值要求。

pH 的标明值。pH 测定值应符合其标明值正负偏差 pH±1.0 的要求。

水不溶物含量的最高标明值。水不溶物标明值应符合水不溶物含量要求，水不溶物测定值应符合其标明值要求。

水分含量的最高标明值。水分标明值应符合水分含量要求，水分测定值应符合其标明值要求。

粒度的最低标明值。粒度标明值应符合粒度要求，粒度测定值应符合其标明值要求。

汞、砷、镉、铅、铬元素含量的最高标明值。

③ 其余按 NY 1979 的规定执行。

(2) 包装、运输和贮存。

① 产品销售包装应按 GB 8569 的规定执行。净含量按定量包装商品计量监督管理办法的规定执行。

② 产品运输和贮存过程中应防潮、防晒、防破裂。警示说明按 GB 190 和 GB/T 191 的规定执行。

产品特点　硝酸铵钙是一种含氮和速效钙的新型高效复合肥料，可以改良土壤，增加团粒结构使土壤不结块。硝酸铵钙中的氮90%以上为硝态氮，其余为铵态氮，含水溶性氧化钙25%。具有许多优势。

（1）安全性能好，易贮存和搬运　硝酸铵钙作为硝酸铵的替代品，是一种比硝酸铵更为安全的硝态氮肥。硝酸铵钙由于有钙元素的存在，其吸湿性低于普通硝酸铵，从而改善了结块性和热稳定性，在贮存和搬运过程中都不易发生火灾和爆炸。

（2）氮、钙元素农作物不可缺少　据有关专家分析，不少农作物对钙的需求量仅次于氮和钾，而高于磷。硝酸铵钙是一种含氮和速效钙的新型高效化学肥料。硝酸铵钙含大量的硝态氮，和铵态氮、酰胺态氮相比不用转换，可被植物直接吸收利用。钙是农作物生长发育必需的营养元素之一，在农作物的成长过程中起着重要的作用。多种植物出现的病害，如苹果的苦味斑，番茄和辣椒的脐腐病，马铃薯的褐斑病，花生的叶锈病和芹菜的黑心病等都与缺钙有关。施用硝酸铵钙肥料后可以中和作物代谢过程中形成的有机酸，调节作物体内的pH值，防止细胞病菌侵入，促进钾的吸收，避免酸性土壤中因铝离子、氯离子和钠离子过多而造成的盐害，从而提高作物抗病害能力。此外，钙对盐的胁迫有缓解作用。含钙量高的土壤中的钙常被钠所置换，通过施用含钙肥料，可使硬质土壤变得疏松，这特别是在盐碱土的治理方面有很大的应用前景。

（3）挥发损失小，利用率高　据国内外有关资料报道：尿素和碳酸氢铵在贮存和使用过程中的氮损失在40%～50%。我国每年因氮的流失造成的环境污染也相当严重。因此，提高化肥的利用率和保护环境已成为我国农业发展至关重要的问题。硝酸铵钙含的硝态氮无需土壤转化即能被农作物直接吸收，氮的挥发损失小（约可降低10%的氮损失率），作基肥和追肥时其肥效快，可以对作物进行快速补氮。所以，作为一种高效环保型肥料，硝酸铵钙极具推广和应用的价值。

施用方法　由于硝酸铵钙是中性肥料，适合于多种土壤，特别是酸性土壤。可以改良土壤，增加团粒结构，使土壤不结块。在种植经济作物、花卉、水果、蔬菜等农作物时，施用硝酸铵钙可延长花期，促进作物根、茎、叶的正常生长代谢，使果实颜色鲜艳，增加果实糖分和维生素C的含量，改善和提高作物的品质。

（1）大田作物　每亩用20～25千克，作基肥或追肥使用。

（2）温室种植　施肥量按吸收量的2倍计算，全部使用液肥，每亩冲施10～15千克。

（3）花木作物　用1%～2%的硝酸铵钙溶液施入土中，以每升土壤0.1～0.5千克为宜。

8.氨化硝酸钙

$5Ca(NO_3)_2 \cdot NH_4NO_3 \cdot 10H_2O$，1440.75

氨化硝酸钙（amide lime nitrate），俗称富铵钙，是硝酸铵与硝酸钙的一种复盐，是以冷冻法硝酸磷肥副产的四水硝酸钙为原料，加入氨气调整分子比后，经蒸发、造粒、包裹制成的。其肥效快，有快速补氮的特点，广泛用于温室和大面积农田。可以改良土壤，增加团粒结构使土壤不结块。在种植经济作物、花卉、水果、蔬菜等农作物时，该肥料可延长花期，促使根、茎、叶正常生长，保证果实颜色鲜艳，增加果实糖分。它是一种高效环保的绿色肥料。

理化性状 白色圆形粒状，易溶于水。

质量标准 执行化工行业标准 HG/T 3733—2004。

① 外观。颗粒状、无机械杂质。

② 氨化硝酸钙产品应符合表 5-16 的要求，同时应符合包装标明值的要求。

表 5-16 氨化硝酸钙的要求

项目		指标	项目		指标
总氮(N)的质量分数/%	≥	14.5	游离水(H_2O)的质量分数/%	≤	3.5
水溶性钙(Ca)的质量分数/%	≥	18.0	粒度(1.00～4.75 毫米)/%	≥	80

该标准对标识、包装、运输和贮存的规定如下。

① 应在包装袋上标明总氮含量、水溶性钙含量，可标识产品俗名“富铵钙”。

② 每袋净含量（50±0.5）千克、(40±0.4）千克、(25±0.25）千克和(10±0.1）千克，平均每袋净含量不得低于 50.0 千克、40.0 千克、25.0 千克和 10.0 千克。

③ 产品应贮存于阴凉、干燥处，在运输过程中应防潮、防晒、防包装袋破损。

其产品特点和施用方法，同硝酸铵钙。

9. 氨化过磷酸钙

$NH_4H_2PO_4$、$CaHPO_4$、$(NH_4)_2SO_4$（主要成分）

反应式 $Ca(H_2PO_4)_2 \cdot H_2O + NH_3 \longrightarrow NH_4H_2PO_4 + CaHPO_4 + H_2O$

$$H_3PO_4 + NH_3 \longrightarrow NH_4H_2PO_4$$

$$H_2SO_4 + 2NH_3 \longrightarrow (NH_4)_2SO_4$$

氨化过磷酸钙（ammoniated superphosphate），又叫“氮化普钙”或“氨化过石”。为了清除过磷酸钙中游离酸的不良影响，通常在过磷酸钙中通入一定量的氨制成氨化过磷酸钙，是一种物理性质较好的氮磷二元复合肥料。它的主要成分是磷酸二氢铵（$NH_4H_2PO_4$）、磷酸一钙（$CaHPO_4$）和少量硫酸铵［$(NH_4)_2SO_4$］，其中含氮（N）2%～3%，含磷（P_2O_5）13%～15%。由于将氨通入过磷酸钙后能使其中的游离酸得到中和，所以，过磷酸钙的吸湿性、结块性、腐蚀性和退化作用都大为降低，贮存、运输和施用均较方便，同时又增加了氮养分。因氨化反应是放热反应，所以氨化还能蒸发掉一部分水分，也能改善成品的物理性质。

理化性状 氨化过磷酸钙为白色或浅灰色粉末或粒状，干燥、疏松，大部分能溶于水（磷为弱酸溶性），小部分只溶于 2%柠檬酸溶液中。不含游离酸，没有腐蚀性，吸湿性和结块性都弱，物理性状好，性质比较稳定。氨化过磷酸钙的肥效稍好于过磷酸钙。适合于各类作物。

施用方法 过磷酸钙通过氨化处理后，物理性能良好，干燥、疏松、溶于水，施用比较方便，作基肥、追肥和种肥均可，尤其对玉米、高粱、小麦、棉花、油菜、大豆、花生作种肥施用，效果最好。氨化过磷酸钙，增加了氮成分，比施等量过磷酸钙增产效果显著；过磷酸钙氨化后，游离酸与碳酸氢铵挥发出来的氨气结合生成磷酸铵，起到了以磷保氮的作用；氨化过磷酸钙中的磷，大部分为水溶性，施后肥效迅速且持久。

氨化过磷酸钙的配制方法如下。

（1）湿制 将碳酸氢氨对水（肥与水的比例是1∶1），稀释成碳酸氢铵溶液，洒入过磷酸钙反复搅拌，达到微酸性，堆闷几天，使过磷酸钙充分氨化即可施用。

（2）干制 为防止成品过湿，也可用固体碳酸氢铵。将过磷酸钙和碳酸氢铵分别粉碎、过筛，然后充分混合。制作时，关键要掌握碳酸氢铵和磷肥的比例。一般为1∶(4～6)，即1千克碳酸氢铵拌入4～6千克过磷酸钙，使其达到微酸性。肥料干燥时，二者混合互不作用，施入土壤后，通过吸湿方可氨化。如果肥料潮湿，混拌时会发出吱吱响声，并散发出二氧化碳气体，这是正常反应。

注意事项

① 碳酸氢铵与过磷酸钙的配合比例要适宜。一定要使酸碱度保持在微酸性至中性，不可呈碱性，以免过磷酸钙中的水溶性磷在碱性环境中转化为难溶性磷而降低肥效。

② 氨化过磷酸钙的氮磷比约为1∶6，是一种氮少磷多的复合肥，要着重施用在缺磷土壤上或需磷较多的作物上，并配合增施氮肥，才能充分发挥其肥效。这种肥料不宜与碱性物质混合贮存或施用，以免引起氨的挥发和有效磷的退化。因其含氮量低，故应配施其他氮肥。

③ 氨化过磷酸钙最好随配随用，以免随着反应产生的二氧化碳大量挥发，增加未转变成稳定态的碳酸氢铵的挥发。

10.磷酸二氢钾

KH_2PO_4，136.09

反应式

（1）中和法 $H_3PO_4+KOH \longrightarrow KH_2PO_4+H_2O$

（2）复分解法 $H_3PO_4+KCl \longrightarrow KH_2PO_4+HCl$

$NH_4H_2PO_4+KCl \longrightarrow KH_2PO_4+NH_4Cl$

$NaH_2PO_4+KCl \longrightarrow KH_2PO_4+NaCl$

（3）直接法 $3[Ca_3(PO_4)_2 \cdot CaF_2]+7H_2SO_4+5KHSO_4+SiO_2+22H_2O \longrightarrow 3KH_2PO_4+3H_3PO_4+12[CaSO_4 \cdot 2H_2O]\downarrow+K_2SiF_6\downarrow$

磷酸二氢钾（potassium dihydrogen phosphate），简称MKP，是含磷和钾的高浓度、速效、二元型复合肥料。磷酸二氢钾含有效成分P_2O_5约52%，含K_2O约

35%，养分表达式为0-52-35。烤烟需磷、钾量大，特别是需钾量大。磷酸二氢钾是用于烤烟的一种较为理想的新型肥料。磷酸二氢钾用在棉花上能够控制棉花徒长，增加植株花苞数量。磷酸二氢钾广泛运用于滴灌、喷灌系统中，常用于根外施肥或作无土栽培的营养液。磷酸二氢钾产品广泛适用于各类经济作物、粮食、瓜果、蔬菜等几乎全部类型的作物，具有显著增产增收、改良优化品质、抗倒伏、抗病虫害、防治早衰等许多优良作用，并且具有克服作物生长后期根系老化吸收能力下降而导致的营养不足的作用。

理化性状 其纯品含 K_2O 34.61%、P_2O_5 52.16%，为白色或灰白色结晶体，密度2.338克/厘米^3。熔点252.6℃。吸湿性小，物理性状好，易溶于水，在20℃时每100千克水可溶解23千克，水溶液的pH值为3～4，呈酸性。不溶于甲醇和乙醇。加热至400℃时熔化而成透明的液体，冷却固化为不透明的玻璃状偏磷酸钾。

质量标准 执行化工行业标准HG 2321—1992（适用于工、农业用的磷酸二氢钾。在农业上作为肥料）。

① 外观。磷酸二氢钾为白色或微黄色结晶或粉末。

② 磷酸二氢钾的各项技术指标应符合表5-17的要求。

表5-17 农业用磷酸二氢钾的技术指标

项目		一等品	合格品
磷酸二氢钾（KH_2PO_4 以干基计）含量/%	≥	96.0	92.0
水分含量/%	≤	4.0	5.0
pH值		4.3～4.7	
氧化钾（K_2O 以干基计）含量/%	≥	33.2	31.8

该标准对包装、标志、贮存和运输规定如下。

① 磷酸二氢钾应用内衬聚乙烯袋的编织袋包装，包装质量应符合表5-18的要求。

表5-18 磷酸二氢钾包装质量的规定 单位：千克

包装规格	包装质量允许差	包装规格	包装质量允许差
0.5	±0.025	25	±0.25
1.0	±0.050	50	±0.50

② 磷酸二氢钾的包装袋上应印刷：生产单位名称、地址、产品名称、等级、净重、商标、生产日期或批号、本标准号。

③ 产品在贮存和运输过程中应避免雨淋，仓库应清洁、阴凉、干燥。

目前，磷酸二氢钾的包装标志很乱。一些厂家采用欺骗手法，以磷酸二氢钾铵或混合肥料冒充磷酸二氢钾，其手法如下：其一，把“磷酸二氢钾”几个字写得很大，“铵”字写得很小；其二，在包装袋右上方标上小字“高效复合肥Ⅰ（Ⅱ）型”，中间则用大字标上磷酸二氢钾；其三，磷酸二氢钾Ⅱ型。这3种情况，在说明中均标明了该肥料由氮、磷、钾组成。众所周知，磷酸二氢钾只含磷、钾，并不含氮，国家标准中磷酸二氢钾没有Ⅰ、Ⅱ型之分。

简易识别要点

(1) 看外观　磷酸二氢钾一般为结晶体或粉末，所以产品外观是小结晶体或结晶粉末都属正常，但不能以此判断产品真假。值得注意的是：不能以外观确定和判断产品的优劣——晶体形状好的不一定是正品，有些黑心不法商贩用硫酸镁直接分装冒充磷酸二氢钾。有的客户喜欢颗粒状的结晶，而有的客户又喜欢绵柔针状的细长结晶，因此，无论产品的外观如何，归根到底根据产品的实际养分含量数据才能确定产品品质。

(2) 看颜色　磷酸二氢钾的颜色多为白色、浅黄色或灰白色。

(3) 气味　磷酸二氢钾没有特殊气味。

(4) 观察溶解性　磷酸二氢钾完全溶解于水，没有沉淀，并且溶解的速率很快。

(5) 检查溶液的酸碱性　利用 pH 广泛试纸检查磷酸二氢钾溶液的酸碱性，发现 pH 广泛试纸变红，说明溶液呈酸性。

(6) 灼烧性　磷酸二氢钾灼烧时，能发现钾离子特有的紫色火焰。在铁片上燃烧没有反应。将磷酸二氢钾放在铁片上加热，肥料会熔化为透明的液体，冷却后凝固为半透明的玻璃状物质——偏磷酸钾。

(7) 看含量　磷酸二氢钾含量（以干基计）按 HG 2321—1992 标准规定农用合格品≥92%，农用一级品≥96%，但目前市场流通的绝大多产品标注≥98%。请购买时注意以下几点。

① 真正的正品应该是标明磷酸二氢钾含量（以干基计）≥96%，而不能是标明其他各种元素总含量≥98%，或者其他总物质含量≥98%等等。

② 有些产品即便是磷酸二氢钾含量达到了 98%，但其实严格地说也属不合格产品，因为按照磷酸二氢钾产品的标准中规定，产品中氧化钾含量（K_2O）必须满足：K_2O≥33.2%。因为夹杂了其他含磷物质，表面上含磷量达到了，但其钾（K_2O）含量一般都存在偏低的现象，而钾含量达标与否是磷酸二氢钾施用效果的关键。

③ 正品磷酸二氢钾由于其有效养分含量很高，价格相对也比较高，如果售价很低的产品一定是假冒产品，购买时务必注意。这类假货很容易仿冒，虽然不会对作物造成很大的危害，但却收不到增产增收的效果。

④ 磷酸二氢钾按照国家的肥料登记管理办法，不需要办理肥料登记证。

根据磷酸二氢钾的这些特性，可初步识别出某些肥料是否为磷酸二氢钾。目前农资市场上不断发现假冒伪劣的磷酸二氢钾产品。这些产品多伪造厂家、地址、商标等，包装较为简单和粗糙，售价相对要低。如果想知道所购买的磷酸二氢钾产品是否合格，就要确认产品中磷酸二氢钾的含量等，单靠所介绍的简易识别方法是不行的，应去有关肥料的专门检验机构进行鉴定。

定性鉴定

(1) 磷的检验　磷酸二氢钾中的磷全部是水溶性磷，磷的检验方法与过磷酸钙相同。由于磷酸二氢钾能完全溶于水，没有不溶物，所以可以省去过滤的步骤，用磷酸二氢钾溶液直接进行磷的检验。取3～5克样品放入试管中，加入20毫升蒸馏水，再加入5%酒石酸15毫升，充分搅拌，再加入10%钼酸铵溶液10毫升。如果出现黄色沉淀，那么样品里边一定含有磷酸根；如果没有出现黄色沉淀，那就是假的磷酸二氢钾。

(2) 钾离子的检验　方法与氯化钾相同。钾的特点是：钾离子在中性或醋酸(HAc)溶液中与亚硝酸钴钠[$Na_3Co(NO_2)_6$]反应生成黄色结晶沉淀。为了排除干扰，要事先灼烧样品到不冒白烟，溶解后取上清液，加入亚硝酸钴钠，若有黄色结晶形沉淀产生，则样品中一定含钾，否则就是假的。

(3) 其他特征　磷酸二氢钾肥料溶液中加氯化钡后生成的白色沉淀为磷酸钡，易溶于盐酸。肥料溶液中加硝酸银后生成黄色磷酸银沉淀，易溶于硝酸。肥料水溶液中加硫酸钼酸铵和氯化亚锡溶液后，显蓝色。其他和硫酸钾、氯化钾相同。

施用方法　磷酸二氢钾可以用作基肥、种肥、追肥，也可浸种。

(1) 叶面肥　由于价格较贵，目前多用于作物根外追肥，特别是用于果树、蔬菜，此外也可用于瓜类和小麦中的根外追肥。多数作物每亩喷施0.1%～0.2%的磷酸二氢钾溶液50～75千克，连续喷施2～3次，可增产10%左右。在茄果类蔬菜上作用，喷施浓度为0.3%，喷施时间：第一次在初花期，第二次在初果期，第三次在第二次喷后7天进行。与喷尿素及不喷肥处理相比，番茄表现为株高、茎粗增加，叶片数和花蕾数增多；辣椒表现为株高、株幅、叶长增加，分枝数增多；茄子表现为株高、株幅增加，叶片变长；降低了番茄病果率、提高了辣椒对软腐病和茄子对绵疫病的抗病能力，增强其品质。几种作物作叶面肥的施用技术见表5-19。

表5-19　磷酸二氢钾作叶面肥的施用技术

作物	喷施时期	喷施浓度
水稻	始穗期、齐穗期、灌浆期各喷1次	0.5%～1%
麦类	拔节期、抽穗期、灌浆期各喷1次	0.5%～1%
玉米	授粉后	0.5%
棉花	蕾期、始花期、结铃期各喷1次	0.5%
薯类	收获前40～45天喷2～3次，每次间隔10～15天	0.3%～0.5%
柑橘	坐果期	0.3%或在100千克0.3%磷酸二氢钾溶液中加入0.2千克尿素后喷施
葡萄	新梢生长期、浆果膨大期喷2～3次	0.2%～0.3%
西瓜	每次采瓜后喷施	0.5%
茄果类蔬菜	全生育期喷3～5次	0.2%～0.5%
根茎类蔬菜	全生育期喷3～5次	0.3%～0.5%

喷施时要避开正午的阳光，阴雨天不宜喷施，勿与碱性农药混用。

(2) 浸种　磷酸二氢钾也可用于作种肥。在播种前，将种子在浓度为0.2%～

0.5%的磷酸二氢钾水溶液中，浸泡18～20小时捞出晾干即可播种。浸种用过的溶液仍可用于叶面喷施或灌根。

(3) 基肥　按每亩3～5千克，用细土拌匀，播种时施用，可代替其他磷钾肥作基肥。

(4) 拌种　1%～2%水溶液用喷雾器或弥雾机均匀喷洒于种子上，稍晾即可播种，每千克溶液拌种10千克左右。

(5) 蘸根　用0.5%水溶液蘸根。

(6) 灌根　在块根、块茎作物上，可用1500倍液的磷酸二氢钾水溶液进行灌根，每株灌150～200克，有明显的增产效果。大棵作物如高粱、玉米可适当多灌。

注意事项　磷酸二氢钾用于追肥，通常是采用叶面喷施的办法进行的，然而叶面喷施是一种辅助性的施肥措施，它必须在作物前期施足基肥，中期用好追肥的基础上，抓住关键，及时喷施，才能收到较好的效果。它不能替代任何其他肥料的作用。

11.氮磷钾三元复合肥

氮磷钾三元复合肥，准确地说，是指含有氮、磷、钾三个养分的一类复合肥料(三元肥料)，而不是一个品种。

氮磷钾三元复合肥料中的养分比例，理论上可以任意配制，生产千百个品种。但事实上，限于原料、工艺流程、销售要求和作物追肥的需要，固体剂型较稳定的三元复合肥料商品，达到批量的只有几十种。

三元复合肥料的基本类型有三个：硫磷钾型、尿磷钾型和硝磷钾型。生产这些三元复合肥料的磷源相似，大都采用磷酸铵、重过磷酸钙或普通过磷酸钙，主要差别是氮源。上述三类复合肥料的氮源分别是硫酸铵（常配硫酸钾作钾源）、尿素(一般配氯化钾）和硝酸铵（一般配氯化钾）。我国还有以氯化铵（配氯化钾作钾源）作主要氮源的三元复合肥料，称之为氯磷钾型，因其中有两个组分含氯（氯化铵和氯化钾)，故也称双氯复肥。一般限于在一定地区的粮食作物上施用。我国农民对以硫酸钾作钾源的三元复合肥料简称“硫三元”，以氯化钾作钾源的三元复合肥料简称“氯三元”。

(1) 15-15-15型复合肥料　又称“三个15复肥”。这是一种氮、磷、钾养分相等的1∶1∶1型复合肥料。其特点如下。

① 粒形一致，外观较好，粒径以1.5～3毫米居多。

② 养分含量高达45%，所有组分都能水溶。

③ 氮一般由硝态氮和铵态氮两部分组成，各占50%左右。

④ 磷酸中既有水溶性磷，也有枸溶性磷，一般水溶性磷较少，占30%～50%，枸溶性磷较高。

⑤ 多数产品的钾以氯化钾形态加入，所以产品中含有约12%的氯。只有注明用于忌氯作物的产品，才用硫酸钾作钾源，但价格较贵。

⑥ 产品中一般不添加微量元素养分。

这种三元复合肥料我国习惯上称为通用型复肥，即可以通用于所有土壤和作物。当将三元复合肥料用于有特殊要求的作物时，可以按施肥要求用单一肥料调节其养分比例。这种复肥的生产量很大，世界各国几乎都有使用。

(2) 其他三元复合肥料　15-15-15以外的三元复肥，批量生产的有几十种。其中属1∶1∶1型的，除三个15的以外，还有如8-8-8、10-10-10、14-14-14和19-19-19等多种。更多的产品属氮、磷、钾养分的含量不相等的，大都用于有相应营养要求的对象作物，实际上就是通常所说的专用复合肥料。

此外，还有一些特殊类型的三元复合肥料，如配有缓释氮肥（长效氮肥）的三元复肥，添加某种有针对性农药的三元复肥等。

12.高氮复合肥

目前市场上有各种类型的高氮复合肥（high N compound fertilizer)，其共同特点是含氮量高，适合一次性施用或作为玉米的追肥。高氮复合肥，为隆平高科种粮专业合作社、湖南省农科院土壤肥料研究所与隆科肥业共同研发而成。对粮、棉、油、豆、麻类作物具有显著增产效果。

产品特点

(1) 测土配方、平衡施肥、经济高效　氮、磷、钾的比例为22∶11∶12，比进口同等含量复合肥（15∶15∶15）更为经济有效，可以有效避免普通复合肥料中磷钾过高产生拮抗作用。

(2) 生产工艺先进、产品质量优良　采用先进的喷浆造粒技术，能保证颗粒大小均匀，每粒肥料养分含量均匀一致。

(3) 采用最新科研成果，肥料利用率高　采用湖南省土壤肥料研究所的科研成果——可降解膜肥料缓控释技术，能保证肥料释放既充分又持久，养分利用率高。

施用方法　水稻每亩用本产品25～35千克，配以5～10千克的追肥，可保证水稻在生长过程中所需要的养分；玉米及经济作物（棉花、油菜、芝麻）每亩用35～40千克，配以15～20千克追肥为宜；蔬菜平均每亩施用量60～100千克，基肥占40%，其余分2～3次追肥。

注意事项　高氮复合肥一般是铵基或尿基复合肥，在生产过程中容易形成缩二脲，如果一次施肥过多，极易造成烧苗，所以，施用高氮复合肥要避免出现烧苗现象。高氮复合肥作基肥施用时要与种子隔开3～5厘米；作追肥施用时最好是苗期或拔节期在玉米行间开沟深施覆土。

第四节　有机-机复混肥料

有机-无机复混肥料（organic-inorganic compound fertilizer)，是指以畜禽粪

便、动植物残体等富含有机质的副产品资源为主要原料，经发酵腐熟后，添加无机肥料制成的肥料。也指含有一定有机肥料的复混肥料。

有机肥与无机物配合施用，既是我国特有的施肥经验，也是适合我国国情特点的施肥制度。试验表明，与单施有机肥或单施无机肥相比，有机、无机肥配合使用使地力得到培育，肥料利用率得到提高，农作物获得增产，作物品质得到改善，因而是优良的施肥制度。这样可起到长短互补、缓急相济、有机与无机相互促进、营养与改土相结合的施肥效果。有机-无机复混肥是有机、无机肥配施的一种形式，复混肥中有机、无机相结合的方式，不仅可以以无机促有机，而且以有机保无机，减少了肥料养分的流失。有机-无机复混肥不但含有大量营养元素，而且还含有微量营养元素，以及生理活性物质，肥效长，效果好。

质量标准 执行国家标准 GB 18877—2009。

① 外观。颗粒状或条状产品，无机械杂质。

② 有机-无机复混肥料技术指标应符合表 5-20 的要求，并应符合标明值。

表 5-20 有机-无机复混肥料的技术指标

项目①		指标		
		Ⅰ型	Ⅱ型	Ⅲ型
总养分[氮+有机磷(P_2O_5)+钾(K_2O)]的质量分数②/%	≥	15.0	25.0	30.0
水分(H_2O)的质量分数③/%	≤	12.0	12.0	8.0
有机质的质量分数/%	≥	20	15	8
总腐植酸的质量分数④/%	≥	—	—	5
粒度(1.00～7.75 毫米或 3.35～5.60 毫米)⑤/%	≥	70		
酸碱度(pH 值)		3.0～8.0		
蛔虫卵死亡率⑥/%	≥	95		
大肠菌值⑥	≥	10^{-1}		
氯离子的质量分数⑦/%	≤	3.0		

① 砷、镉、铅、铬、汞及其化合物的质量分数的要求见 GB/T 23349—2009《肥料中砷、镉、铅、铬、汞生态指标》。

② 标明的单一养分含量不得低于 3.0%，且单一养分测定值与标明值负偏差的绝对值不得大于 1.5%。

③ 水分以出厂检验数据为准。

④ 对于在包装容器上标明含腐植酸的产品，需采用本标准规定的方法测定总腐植酸的质量分数。

⑤ 指出厂检验结果。当用户对粒度有特殊要求时，可由供需双方协商解决。

⑥ 对于有机质来源仅为腐植酸的有机-无机复混肥料可不测定蛔虫卵死亡率、大肠菌值。

⑦ 如产品氯离子含量大于 3.0%，并在包装容器上标明"含氯"，该项目可不做要求。

该标准对标识、包装、运输和贮存规定如下。

(1) 标识

① 应在产品包装容器正面标明产品类别（如Ⅰ型、Ⅱ型、Ⅲ型等)，应标明有机质含量（对于Ⅲ型中的腐植酸肥则应在包装容器上标明腐植酸含量)，当 pH 值

低于3.0时应标明pH值。

② 产品如含硝态氮，应在包装容器上标明“含硝态氮”。

③ 标称硫酸钾（型）、硝酸钾（型）、硫基等容易导致用户误认为不含氯的产品不应同时标明“含氯”。含氯的产品应用汉字明确标注“含氯”，而不是“氯”“含Cl”或“Cl”等。标明“含氯”的产品的包装容器上不应有忌氯作物的图片。

④ 每袋净含量应标明单一数值，如50千克。

（2）包装、运输和贮存。

a. 产品用塑料编织袋内衬聚乙烯膜袋或涂膜聚丙烯编织袋包装，宜使用经济实用型包装。产品每袋净含量（50±0.5）千克、（40±0.4）千克、（25±0.25）千克、（10±0.1）千克，平均每袋净含量分别不应低于50.0千克、40.0千克、25.0千克、10.0千克。当用户对每袋净含量有特殊要求时，可由供需双方协商解决，以双方合同规定为准。

b. 在标明的每袋净含量范围内的产品中有添加物时，必须与原物料混合均匀，不得以小包装形式放入包装袋中。

c. 产品应贮存于阴凉干燥处，在运输过程中应防雨、防潮、防晒、防破裂。

主要特点

（1）养分供应平衡，肥料利用率高　有机-无机复混肥既含有化肥成分又含有有机质，具有比无机肥和有机肥更全面的性能。既能实现一般无机肥的氮、磷、钾养分平衡，还能实现有机-无机平衡。有机-无机复混肥中来源于无机化肥的速效性养分，由于有机肥的吸附作用，肥效较一般的无机肥料慢，克服了一般无机肥料肥效过猛的缺点，而其中有机肥要经过微生物的分解才能被作物利用，属于缓效性养分，能保证有机-无机复混肥养分持久供应。使其具有缓急相济、均衡稳定的供肥特点，既避免了化肥养分供应大起大落的缺点，又避免了单施有机肥造成前期养分供应不足，或者需要大量施用有机肥费工费时的弊端。而且，有机-无机复混肥保肥性能强，肥料损失少。磷和微量元素容易被土壤固定，利用率低，而复混肥中的有机成分，能减少它们的固定，因此，肥料利用率高。

（2）兼顾改土培肥与养分供应　只施无机复混肥，很难提高土壤有机质，无法改善土壤理化性质；有机肥改善土壤理化性质作用虽大，但施用量大，人工成本高，而且肥效缓慢，作物的前期养分供应往往不足。有机-无机复混肥则兼有用地养地功能。因为有机-无机复混肥中通常含有占总质量20%～50%的有机肥，含相当数量的有机质，有一定改善土壤理化性质的作用。

（3）具有生理调节作用　有机-无机复混肥中本身含有或其中的有机物经过分解可生成一定数量的生理活性物质，如氨基酸、腐植酸和酶类物质。它们有独特的生理调节作用，例如，腐植酸的稀溶液能促进植物体内糖代谢、加强作物的呼吸作用、增加细胞膜的透性，从而提高植物对养分的吸收能力等。另外，有机-无机复混肥可增强土壤中微生物的数量与活性，有利于土壤中的养分循环，另外有机质分解产生的有机酸对磷也有明显的活化作用。

主要种类 按配方比例分类，可分为通用型有机-无机复混肥与专用型有机-无机复混肥。按有机物料品种分类，可分为以腐熟型畜禽粪便生产的有机-无机复混肥、以垃圾堆肥生产的有机-无机复混肥、以工业有机废料生产的有机-无机复混肥、腐植酸型有机-无机复混肥和以混合型有机物料生产的有机-无机复混肥。

（1）通用型有机-无机复混肥 配方的应用对象是某一地区对养分（主要指氮、磷、钾）需求差异不太悬殊的多种作物。实践表明，通用型有机-无机复混肥适用范围广，在等氮或等重施用条件下，增产效果比一般无机复混肥高而成本降低。在某些情况下（砂质土、瘦土），甚至还优于专用型有机-无机复混肥。

（2）专用型有机-无机复混肥 这是针对那些对氮、磷、钾需求较特殊、差异较大的作物而生产的。例如，香蕉和烟草对钾的需求很高，对氮的供应需有一定的限制，以防止质量受损。而茶树对氮的需求量很高，对磷、钾则需控制在一定范围内。一般的通用肥，难以满足这些特殊需求，而且，这类作物经济价值高，也是配制专用复混肥的一个重要原因。

专用型有机-无机复混肥配方的特殊性，不仅表现在三要素比例及其形态，而且还表现在对中、微量元素的调节。例如，叶菜类蔬菜需加入钙、镁；而一些有机物料如滤泥，钙、硫含量较高，故这类原料可填充作物有机物料。实践表明，通过废物原料细水长流地补充中微量元素可维持土壤-作物养分供求平衡，对于减少作物的生理性和病原性病害有很明显的效果。

（3）以腐熟型畜禽粪便生产的有机-无机复混肥 人畜禽粪含有丰富的有机杂肥，也含有一定数量的氮、磷、钾等植物生长所需的养分。人畜禽粪自古以来就作为农家肥广泛使用于各类作物上，具有肥效长等优点。随着饲养业的发展，机械化饲养家禽已成为今天饲养业的主体，畜禽粪的集中使用已成为急需解决的问题。这也为生产有机复混肥提供了优良的原料。其生产主要工序为脱水、干燥、粉碎、混合、造粒、干燥、过筛、成品。人畜粪便生产的复混肥具有养分齐全、速效、长效等优点，适宜于各种作物，可作基肥、追肥使用。

（4）以垃圾堆肥生产的有机-无机复混肥 生活垃圾随着城市建设和发展以及人们生活水平的提高而发生组成和性质的变化。生活垃圾是各种病源微生物的滋生地和繁殖场，如果长期不处理，不仅会侵占大量土地，而且会对土壤及人类生存环境造成各种污染。由于垃圾中含有重金属、微生物病菌，有些来源的垃圾还含有放射性物质，所以垃圾农用必须进行筛分和无害化处理。重金属元素、病菌、寄生虫、杂物等的数量均需符合城镇垃圾农用控制标准中的规定，镉、汞、铅、铬、砷含量分别应小于3毫克/千克、5毫克/千克、100毫克/千克、300毫克/千克、30毫克/千克，杂物含量应小于3%，蛔虫卵死亡率为95%～100%，大肠菌值为10^{-3}～10^{-2}。垃圾虽然成分复杂，粗细不等，但含有大量可利用的有机物和氮、磷、钾及微量元素。所以经过人为分拣后，可发酵处理的有机物组合会大量增加。

经发酵处理的垃圾，制成有机复混肥或改土剂施用，肥效和经济效益均优于直接施用。

（5）以工业有机废料生产的有机-无机复混肥　甘蔗糖厂废料、味精厂麸酸离交的尾液中含有丰富有机物料及植物生长需要的各种养分，经过必要处理后，生产复混肥料，不仅提高糖厂与味精厂效益，回收资源，而且减少废料排出，解决环保问题。用废料生产复混肥料也必须根据各地土壤特点和作物的需求量进行配方。同时也要视不同糖厂和味精厂废料营养元素多少，考虑添加多少氮、磷、钾肥。

（6）腐植酸型有机-无机复混肥　腐植酸是由死亡的动植物经微生物和化学作用分解而形成的一种无定形高分子化合物，广泛存在于泥炭土、泥煤和褐煤中。腐植酸含芳香基、羧基、羟基、羰基、甲氧基等活性基团，这决定了腐植酸具有酸性、亲水性、阳离子交换性及生理活性等性能。腐植酸含有作物需要的氮、硫、磷等重要元素，因此可以用其来加工成相应的有机肥料。经过加工的含腐植酸物料，如泥炭土、风化煤等，加入适宜的氮、磷、钾养分，可以生产出含多种养分的腐植酸型复混肥，如腐植酸氮、腐植酸磷、腐植酸钾等。这类肥料既提供了腐植酸，刺激作物生产，培肥土壤，又可提供大量氮、磷、钾养分，弥补泥炭、褐煤等原料氮、磷、钾养分低的不足。

（7）以混合型有机物料生产的有机-无机复混肥　这类有机肥使用多种有机物料，包括饼肥、鱼粉、风化煤等，在充分发酵的基础上，与商品氮、磷、钾肥料按一定比例混合，然后进入造粒机进行造粒。这种有机肥含有丰富的有机蛋白，经土壤微生物分解成简单的氨基酸分子后，部分可被植物根系吸收，该肥料兼有上述有机复混肥的优点，是一种品位较高的有机复混肥。

简易识别办法

（1）看外包装标识　是否规范标注了肥料产品名称、氮磷钾总养分含量、有机质含量、执行标准、生产许可证号、肥料登记证号、生产厂家、生产地址、联系电话、使用方法、生产日期、净重等。一般可通过外包装上以上几项是否齐全来鉴别肥料是否为正规产品。

（2）看外观　有机-无机复混肥料一般为均匀的颗粒状或条状，无机械杂质，颗粒的色泽一般较深，没有明显的氨味或其他异味。如果有恶臭，则产品在生产工艺及除臭水平上没有达到有关质量标准的要求。有机-无机复混肥料密度比复混肥料小，质地松散，与等量复混肥料相比所占的体积更大。

（3）看价格　有机-无机复混肥料质量和价格是成正比例关系的，氮磷钾总养分含量和有机质含量均高的产品一般价格也较高，所以在选择购买此类肥料时不能仅考虑价格便宜。

施用方法

（1）施用方法　一般可作基肥，也可作追肥和种肥。但作种肥，特别是在条施、点施和穴施时要避免与种子直接接触，避免有机物降解以及化肥对种子发芽产生不良影响。

(2) 施用量　在施用有机-无机复混肥料时必须同时考虑土壤、作物等因素。虽然有机-无机复混肥料含有一定数量有机质和氮、磷、钾养分，具有一定的改土培肥作用和养分释放作用，但其作用有限，因此要注意有机肥的投入和化肥补充。要根据肥料中的有效成分含量和比例，根据土壤养分、作物种类和作物生长发育情况，确定合理用量。

对于粮食作物，基肥占全生育期肥料用量一半以上。

经济作物种类很多，营养特性复杂，对基肥的要求也不同，所以在确定复混肥的种类和施肥量时要因作物种类而异。但这些作物对氮的要求是多次施入，基肥中氮只占全生育期用量的 30%～40%，因而在肥料品种上应选用低氮、高磷、高钾的复混肥料。

果树一般在秋后施 1/3，春季施 2/3，其他时期可适量补充一些速效化肥。

总体而言，氮、磷、钾总养分在 20%的有机复合肥，一般作物亩施 100～150 千克，果树亩施 200～250 千克。

注意事项　有机-无机复混肥不同于纯有机肥，它在制造的过程中添加了一些化肥。化肥中的氯离子对有些作物是有害的，在选择肥料时要注意其外包装上是否标注“含氯”，以免含氯肥料造成作物的减产或绝收。

有机-无机复混肥有许多优点，但它的作用与无机复混肥相比究竟有多占优势，还是个有争议的问题。虽然大多数人持肯定态度，试验证明了有机-无机复混肥与普通无机复混肥相比的优势，但也有相反的结论。有人认为有机-无机复混肥只加入了少量的有机质，其作用是有限的。而且有机-无机复混肥的成分复杂，在推广使用时要注意它的实际效果，不要盲目想信厂家的宣传。特别要注意以下几点。

一是有机-无机复混肥料中的有机部分的肥效。目前大多数有机-无机复混肥料的有机部分含量在 20%～50%之间。若以 50%计，即使单位面积施用 100 千克有机-无机复混肥料，施入的有机物质只有 50 千克。有机物料所含养分浓度很低，鸡粪是很好的有机肥，但干鸡粪 $N+P_2O_5+K_2O$ 总量也不超过 5%，50 千克所含养分不超过 2.5 千克，加上三种养分平均利用率不足 50%，真实提供给作物的养分总量只有 1 千克多点，而一季粮食作物需要的总养分大概在 20～30 千克，所以有机部分带来的养分是有限的。许多经验表明，每亩施入有机肥 1500 千克才有效。由此可见，有机-无机复混肥料施入的有机质在有机-无机复混肥料中最大的作用可能是对无机养分的吸附。有机物质是分散的多孔体，会吸收一部分化肥养分。有机-无机复混肥料施入土壤后，化肥一部分被水溶解，一部分被作物吸收，一部分被有机物吸收，对化肥的供应强度起到一定的缓冲作用。有机质对减少磷和微量元素的固定也有一定的作用，许多有机-无机复混肥料的肥效都表现出 10%左右的增产效果（与等量无机养分相比），可能就是这个原因。另外，从土壤学的基本知识可知，施用少量的有机物，对提高土壤有机质作用很有限，所以它对土壤的培肥作用也有人质疑。

二是有的生产厂家在有机-无机复混肥中加入微生物。微生物的作用也值得怀疑，因为众所周知，微生物在一定环境下才有活性，而且这个环境要求是很高的。化学肥料大多数是盐类，溶解度很高，对微生物的活性肯定会起杀灭或抑制作用。有机-无机复混肥料加工过程中化肥采用的是干物料，对微生物的活性也会起抑制作用。这种肥料施入土壤后，水分充足，高浓度的肥料溶液不可能复活加入的微生物，还有可能将加入的微生物杀死，所以活性有机-无机复混肥和生物有机复混肥的肥效不能肯定。

所以在施用有机-无机复混肥料时，首先要注意肥料中的 N、P、K 的含量和比例，同时要考虑价格。由于加入了有机物质，有机物质的费用及其加工量增加的费用都会附加到有机-无机复混肥料的单位养分价格上，使这种肥料的单位养分价格高于一般复混肥料，这也是施用有机-无机复混肥料时应当注意的。

第六章 微生物肥料

微生物肥料（microbial fertilizer）俗称细菌肥料，简称菌肥。它是用从土壤中分离的有益微生物，经过人工选育与繁殖后制成的菌剂，是一种辅助性肥料。施用后通过菌肥中微生物的生命活动，借助其代谢过程或代谢产物，以改善植物生长条件，尤其是营养环境。如固定空气中的游离氮，参与土壤中养分的转化，增加有效养分，分泌激素刺激植物根系发育，抑制有害微生物活动等。制品中活微生物起关键作用。在我国，微生物肥料又被称为接种剂、菌肥、生物肥料。

产品特点 微生物肥料主要是提供有益的微生物群落，而不是提供矿质营养养分。

人们无法用肉眼观察微生物，所以微生物肥料的质量只能通过分析测定。

合格的微生物肥料对环境污染小。

微生物肥料用量少，每亩通常使用500～1000克微生物菌剂。

微生物肥料作用的大小，容易受到微生物生存环境的影响，例如：光照、温度、水分、酸碱度、有机质等。

细菌有期限，微生物肥料保质期限通常为3个月至一年。

产品分类 微物肥料行业近年来得到快速发展，新的产品种类不断增加。现将微生物肥料产品划分为两类，即菌剂类产品（农用微生物制剂）和菌肥类产品（复合微生物肥料和生物有机肥）。其中菌剂类产品，按所含微生物种类或功能特性分为根瘤菌菌剂、固氮菌菌剂、解磷类微生物菌剂、硅酸盐细菌菌剂、光合细菌菌剂、有机物料腐熟剂、促生菌剂、菌根菌剂、生物修复菌剂。产品按剂型分为液体、粉剂和颗粒剂。

（1）根瘤菌肥料　能在豆科植物上形成根瘤（或茎瘤），同化空气中的氮气，供应豆科植物的氮营养。用根瘤菌属或慢生根瘤菌属的菌株制造。

（2）固氮菌肥料　在土壤和很多作物根际中同化空气中的氮气，供应作物氮营养；又能分泌激素刺激作物生长。用下列菌种之一制造：固氮菌属，氮单胞菌属，固氮根瘤菌属，根际联合固氮菌中的固氮螺菌属、阴沟肠杆菌经鉴定为非致病菌、粪产碱菌经鉴定为非致病菌、肺炎克氏杆菌经鉴定为非致病菌以及其他经过鉴定的用于固氮菌肥料生产的菌种。这些菌的主要特征是在含一种有机碳源的无氮培养基中能固定分子态氮。

(3) 解磷类细菌肥料　是一类既能把土壤中难溶性的磷转化为作物可以利用的有效磷营养，又能分泌激素刺激作物生长的活体微生物制品。按菌种及肥料的作用特性可分为有机磷细菌肥料和无机磷细菌肥料。有机磷细菌菌剂是由能在土壤中分解有机态磷化物（卵磷脂、核酸和植素等）的有益微生物经发酵制成的微生物肥料，此类细菌主要有芽孢杆菌和类芽孢杆菌属的菌株；无机磷细菌菌剂也是由有益微生物经发酵制成的，此类菌能把土壤中难溶性的不能被作物直接吸收利用的无机态磷化物溶解转化为作物可以吸收利用的有效态磷化物，主要有假单胞菌属、产碱菌属、硫杆菌属中的菌株。

(4) 硅酸盐细菌肥料　由于目前应用和研究的主要是硅酸盐形态的解钾细菌，所以也称为解钾细菌菌剂。是一类能对土壤中云母、长石等含钾的铝硅酸盐及磷灰石进行分解，释放出钾、磷与其他灰分元素，改善作物的营养条件，由有益微生物经发酵制成的活体微生物肥料制品。此类细菌主要有胶冻样芽孢杆菌或环状芽孢杆菌。该菌在含钾长石粉的无氮培养基上有一定的解钾作用，菌体内和发酵液中存在刺激植物生长的生长素。

(5) 光合细菌肥料　以紫色非硫细菌中的一种或多种光合细菌为菌种，采用有机、无机原料，经发酵培养而成的光合细菌活菌制品。能利用光能作为能量来源的细菌，统称为光合细菌（photo synthetic bacteria，简称 PSB）。根据光合作用是否产氧，可分为不产氧光合细菌和产氧光合细菌；又可根据光合细菌碳源利用的不同，将其分为光能自养型和光能异养型，前者是以硫化氢为光合作用供氢体的紫硫细菌和绿硫细菌，后者是以各种有机物为供氢体和主要碳源的紫色非硫细菌。光合细菌菌剂应用于农作物不仅可以改善植物营养，而且能明显刺激土壤微生物的增殖，从而进一步改善土壤的生物肥力。

(6) 有机物料腐熟剂　能加速各种有机物料（包括农作物秸秆、畜禽粪便、生活垃圾及城市污泥等）分解、腐熟的微生物活体制剂有腐杆灵、酵素菌、上海四季 SA 生物制剂等。其特点如下：一是能快速促进堆料升温，缩短物料腐熟时间；二是有效杀灭病虫卵、杂草种子，除水，脱臭；三是腐熟过程中释放部分速效养分，产生大量氨基酸、有机酸、维生素、多糖、酶类、植物激素等多种促进植物生长的物质。

(7) 农用微生物菌剂　是指目标微生物（有效菌）经过工业化生产扩繁后加工制成的活菌制剂。它具有直接或间接改良土壤、恢复地力，维持根际微生物区系平衡，降解有毒、有害物质等作用；应用于农业生产，可以通过其中所含微生物的生命活动，增加植物养分的供应量或促进植物生长、改善农产品品质及农业生态环境。

(8) 增产菌　属芽孢杆菌，是依据植物微生态学原理研制出的一种微生态制剂。

(9) 复合微生物肥料　由特定微生物与营养物质复合而成，能提供、保持或改善植物营养，提高农产品产量或改善农产品品质的活体微生物制品。常见的有以下几种。

① 微生物与营养物质复合的微生物肥料。采用的方式有“菌＋大量元素”“菌＋微量元素”以及“菌＋其他营养物质”。无论采用何种方式，都要考虑到营养物质的特性对微生物的影响。

② 多种微生物复合的微生物肥料。这种微生物肥料综合了2种或2种以上微生物的特点，适应作物的种类和区域较广。但是这一类产品对技术要求高，质量仍不够稳定，是目前微生物肥料研究和应用需要解决的迫切问题。

(10) 生物有机肥　是指特定功能微生物与主要以动植物残体（如畜禽粪便、农作物秸秆等）为原料并经无害化处理、腐熟的有机物料复合而成的一类兼具微生物肥料和有机肥效应的肥料。生物有机肥根据功能微生物的不同可分为固氮生物有机肥、解磷生物有机肥、解钾生物有机肥、复合生物有机肥等。其特点：有机质含量≥25%，有效活菌数≥0.2亿个/克。

主要剂型　目前生产的微生物肥料，其剂型一般只有固体和液体两种。常见的有以下品种。

(1) 固体粉状草炭（或其他代用品）剂型　这是最常用的一种。草炭（或代用品）要求细度在80目以上，细度愈大，吸附能力愈强，微生物肥料的质量也愈好。

(2) 液体剂型　用发酵液直接分装，使用方便，可以直接拌种。但其缺点是微生物在液体中继续生长繁殖，迅速将其中的营养消耗殆尽，以致活菌数很快下降，尤其是贮存温度高时，菌数下降更为明显。也有在分装后在液体上部用矿油封面。矿油封面能否降低微生物的活动而延长保存时间，目前尚未确定。

(3) 颗粒剂型　为了避免粉状剂型拌种时与杀菌剂、化学肥料直接接触，同时为了提高微生物肥料的接种效果，有的生产工艺将粉状微生物肥料压粒，颗粒大小与种子大小相当，或比种子略小，与种子一起混播。这种剂型的用量比粉状剂型和液体剂型的用量大得多。

(4) 冻干剂型　其制备方法是将发酵液浓缩或者不浓缩，加入适量保护剂，再经过真空冷冻干燥而成。其优点是体积小，易于保存、运输，使用也方便。但其成本可能较高，冻干过程中活菌数有明显的降低。

(5) 干粉剂型　用吸附剂制成的干菌粉。

主要功效

(1) 增加土壤肥力　这是微生物肥料的主要功效。如各种自生、联合、共生的固氮微生物肥料，可以增加土壤中的氮来源；多种解磷、解钾微生物的应用，可以将土壤中难溶的磷、钾分解出来被作物吸收利用，从而改善作物生长的土壤环境中营养元素的供应状况，同时增加土壤中有机质含量，提高土壤肥力。许多微生物能够产生大量的多糖物质，其与植物黏液、矿物胶体和有机胶体结合在一起，可改善土壤团粒结构，增强土壤的物理性能，保护作物的根免受病原微生物的入侵和减少土壤颗粒的损失。

（2）制造营养和协助作物吸收营养　微生物肥料中最重要的品种之一是根瘤菌肥，通过生物固氮作用，将空气中的氮气转化成氨，进而转化成谷氨酰胺和谷氨酸类等植物能吸收利用的氮化合物。VA 菌根是一种土壤真菌，可以与多种植物根共生，其菌丝伸长到离根部很远的区域，可以吸收更多的营养（如磷、锌、铜、钙等）供给植物吸收利用，其中对磷的吸收最明显。VA 菌根对锌、铜、钙等在土壤中活动性差、移动缓慢的元素也有加强吸收的作用。

（3）产生植物激素类物质刺激作物生长　许多用微生物肥料的微生物可产生植物激素类物质，能刺激和调节作物生长，使植物生长健壮，营养状况得到改善。

（4）对有害微生物的生物防治作用　由于在作物根部接种微生物肥料，微生物在作物根部大量生长繁殖，作为作物根际的优势菌，限制其他病原微生物的繁殖机会。同时，有的微生物对病原微生物还具有拮抗作用，起到了减轻作物病害的功效。

（5）预防土传病害侵染　当有害菌在土壤中大量滋生时，作物往往出现较严重的病害，其中土传病害是威胁作物生长的最大因素，严重的土传病害会导致作物绝产绝收。在自然条件下，抑制土壤有害菌依靠的是有益菌对其产生的抵抗作用。也就是说当土壤中的有益菌占上风时，土传病害就会减少。有的农民会利用含化学成分的土壤处理剂肃清土壤，虽然杀死了有害菌但同时也杀死了有益菌，而土壤处理以后如果及时补充有益菌，扩大有益菌在土壤中的数量，就能够保持土壤处理后的优势，把土传病害控制在不发生或轻微发生的范围内。

（6）减少化肥用量　施用微生物肥料，能够适量减少化肥用量。另外与化学肥料相比，微生物肥料生产所消耗的能源少，生产成本低，且微生物肥料用量相对较少，有利于生态环境保护。

（7）使土壤持续“年轻”　土壤“年轻”可以理解为健康富有活力，不健康的土壤往往表现得死气沉沉，如蚯蚓等有益生物难得看见。从某个方面来说，有益微生物是土壤代谢的动力所在，有机物的分解、矿质元素的转化等都需要微生物的参与。当不合理施肥及土壤养护不当，有益微生物减少后，土壤就会出现富营养化、盐渍化、板结等不良状况，土壤的供肥能力大大降低，严重的甚至不能用于栽培作物。

（8）保护和促生根系　土壤中有益的微生物不仅是土壤养护的动力，同时其繁殖和代谢能够给蔬菜等作物带来正面的辅助效果。如在根系周围的有益微生物数量大时，有害菌很难接触根系，自然就不能侵染作物。有益微生物的代谢物还能够被直接吸收利用，从而直接促进根系生长。

（9）调控生长提升品质　有益微生物的代谢物中，含有一定量的生物激素，如生长素、吲哚乙酸、维生素、氨基酸等等，与蔬菜等作物生长中自身产生的产物相同，根系可以直接吸收利用这些产物，满足自身生长的需求，使植株的生长更加健壮。土壤中的有益代谢物越是丰富，植株生长就越均衡，因而所生产的果实品质越高。

另外，有益微生物在利用时百利而无一害，因而被看作是生产绿色有机作物最好的一类肥料。

主要优点

(1) 节约能源、减少污染　工业生产合成氨需要消耗大量能源，才能将空气中的氮和氢转化成氨。按全国的合成氨生产量，每年就要排放300多亿吨二氧化碳。这些二氧化碳将导致全球的“温室效应”，我国现已成为世界上二氧化碳排放量的第二大国。而固氮菌在常温常压下就可将气态氮转化成植物可吸收利用的氮，因而可以大量节约能源、减少废气排放。

(2) 无毒无污染　合格的微生物肥料对环境污染小。同时，微生物肥料多采用优质有机肥原料作载体，有利于改善土壤质量。由于生物菌肥和生物有机肥的原料是优质有机肥和微生物菌种，因此它们不含有人工合成的化学物质，可以符合严格的绿色食品肥料甚至是有机食品肥料的要求。目前我国大量生产A级绿色食品，其生产中可在生物菌肥和生物有机肥中限量加入少量无机肥。

(3) 培肥地力，提高化肥利用率　据测定，固氮菌每亩每年能固定45千克氮，磷细菌每亩每年能释放出五氧化二磷30千克，钾细菌每亩每年能释放出氧化钾45千克。通过综合分析，可减少化肥用量10%～30%。可以培肥地力，改善作物生长环境，刺激和调控作物生长，降低或减少植物病虫害，提高作物抗旱、抗逆能力。

(4) 改善作物品质、口感和口味　生物肥料施入到土壤中，既可以提供有机质，又能提供大量有益微生物，为植物创造良好的生长环境，从而改善作物生长状况，提升产品品质。据测定，生物肥料能提高大豆蛋白质含量，以及蔬菜中维生素C、糖分、氨基酸的含量，同时还能提高烟叶品质，使作物硝酸盐含量降低。

质量标准　执行农业行业标准NY 227—1994。

① 成品技术指标见表6-1。

表6-1　成品技术指标

项目				剂型		
				液体	固体	颗粒
外观				无异臭味液体	黑褐色或褐色粉状、湿润、松散	褐色颗粒
有效活菌数	根瘤菌肥料	慢生根瘤菌/(亿个/毫升)	≥	5	1	1
		快生根瘤菌/(亿个/毫升)	≥	10	2	1
	固氮菌肥料/(亿个/毫升)		≥	5	1	1
	硅酸盐细菌肥料/(亿个/毫升)		≥	10	2	1
	磷细菌肥料	有机磷细菌/(亿个/毫升)	≥	5	1	1
		无机磷细菌/(亿个/毫升)	≥	15	3	2
	复合微生物肥料/(亿个/毫升)		≥	10	2	1

续表

项目	剂型		
	液体	固体	颗粒
水分含量/%	—	20～35	10
细度/毫米	—	粒径0.18	粒径2.5～4.5
有机质(以C计)含量/% ≥ (以蛭石等作为吸附剂不在此列)		20	25
pH值	5.5～7	6.0～7.5	6.0～7.5
杂菌数/% ≤	5	15	20
有效期	不得低于六个月		

注：在产品标明的失效期前有效活菌数应符合指标要求，出厂时产品有效活菌数必须高于本指标30%以上。

② 成品无害化指标见表6-2。

表6-2 成品无害化指标

参数	标准极限
蛔虫卵死亡率/%	95～100
大肠菌群值	10^{-1}
汞及其化合物(以Hg计)含量/(毫克/千克)	≤5
镉及其化合物(以Cd计)含量/(毫克/千克)	≤3
铬及其化合物(以Cr计)含量/(毫克/千克)	≤70
砷及其化合物(以As计)含量/(毫克/千克)	≤30
铅及其化合物(以Pb计)含量/(毫克/千克)	≤60

该标准对包装、标志、运输与贮存规定如下。

① 微生物肥料固体菌剂内包装材料用聚乙烯薄膜袋，外包装用纸箱。液体菌剂小包装用玻璃质疫苗瓶或塑料瓶，外包装用纸箱。颗粒菌剂用编织袋内衬塑料薄膜袋包装，袋口须密封牢固。

② 包装箱（袋）上应印有产品名称、商标、标准号、生产许可证号、生产厂名、厂址、生产日期、有效期、批号、净重及防晒、防潮、易碎、防倒置等标志。内包装袋上应印有产品名称、商标、标准号、有效细菌含量，研制、生产单位，产品性能及使用说明。

③ 每箱（袋）产品中附有产品合格证和使用说明书。

④ 适用于常用运输工具，运输过程中应有遮盖物，防雨淋、防日晒及35℃以上高温。气温低于0℃时需用保温车（8～10℃）运输。轻装轻卸，避免破损。

⑤ 微生物肥料应贮存在常温、阴凉、干燥、通风的库房内，不得露天堆放，以防雨淋和日晒，防止长时间35℃以上高温。码放高度≤130厘米。

简易识别要点

(1) 外包装标识　是否规范标识以下内容：肥料名称、有效菌种类及含量、养分含量、执行标准、肥料登记证号、生产厂家、生产地址、生产日期、有效期、适用作物、使用方法、净重等。

(2) 外观鉴别　微生物肥料一般分为液体、粉剂和颗粒，粉剂产品应松散，颗粒产品应无明显机械杂质，大小均匀，具有稀释性。

(3) 生物有机肥和一般有机肥的简易区别　生物有机肥和一般有机肥可以根据包装不同、色泽不同、气味不同加以简单区别。生物有机肥外包装比其他有机肥要精致，外包装标注有效成分、含有效活菌数等指标。生物有机肥在有益微生物作用下，发酵腐熟充分，外观呈褐色或黑褐色，色泽比较单一，而一般有机肥因生产操作不同，产品颜色各异。生物有机肥没有异味，一般有机肥可能由于发酵不彻底，带有臭味。

施用方法　为了规范微生物肥料使用的基本原则和技术要求，现执行农业行业标准 NY/T 1535—2007（肥料合理使用准则——微生物肥料，适用于各类微生物肥料使用）。

(1) 通用技术要点

① 产品选择。应选择获得农业部登记许可的合格产品；根据作物种类、土壤条件、气候条件及耕作方式，选择适宜的微生物肥料产品。对于豆科作物，在选择根瘤菌菌剂时，应选择与之共生结瘤固氮的产品。

② 产品贮存。产品应贮存在阴凉、干燥的场所，避免阳光直射和雨淋。

③ 产品使用。应根据需要确定微生物肥料的施用时期、次数及数量；微生物肥料宜配合有机肥施用，也可与适量的化肥配合使用，但应避免化肥对微生物产生不利影响；应避免在高温或雨天施用；应避免与酸性、强碱性肥料混合使用；避免与对目的微生物具有杀灭作用的农药同时使用。

(2) 产品使用要求

① 液体菌剂

a. 拌种。将种子与稀释后的菌液混拌均匀，或用稀释后的菌液喷湿种子，待种子阴干后播种。

b. 浸种。将种子浸入稀释后的菌液中 4～12 小时，捞出阴干，待种子露白时播种。

c. 喷施。将稀释后的菌液均匀喷施在叶片上。

d. 蘸根。幼苗移栽前将根部浸入稀释后的菌液中 10～20 分钟。

e. 灌根。将稀释后的菌液浇灌于农作物根部。

② 固体菌剂

a. 拌种。将种子与菌剂充分混匀，使种子表面附着菌剂，阴干后播种。

b. 蘸根。将菌剂稀释后，幼苗移栽前将根部浸入稀释后的菌液中 10～20

分钟。

c. 混播。将菌剂与种子混合后播种。

d. 混施。将菌剂与有机肥或细土（细砂）混匀后施用。

③ 有机物料腐熟剂。将菌剂均匀拌入腐熟物料中，调节物料的水分、碳氮比等，堆置发酵并适时翻堆。

④ 复合微生物肥料和生物有机肥

a. 基肥。播种前或定植前单独或与其他肥料一起施入。

b. 种肥。将肥料施于种子附近，或与种子混播。对于复合微生物肥料，应避免与种子直接接触。

c. 追肥。在作物生长发育期间采用条施、沟施、灌根、喷施等方式补充施用。

d. 常用微生物肥料的施用量和方法见表6-3。

表6-3 常用微生物肥料的施用量和方法

微生物肥料	适用作物	施用方法	使用剂量	备注
根瘤菌菌剂	豆科和其他结根瘤植物	拌种（随拌随播）	30～40克/亩	避免和速效氮肥及杀菌剂同时使用
固氮菌菌剂	大田作物、经济作物、果树、蔬菜类等	基肥、追肥、种肥	液体菌剂100毫升/亩，固体菌剂200～500克/亩，冻干菌剂500～1000亿个活菌/亩	避免和杀菌剂同时使用
硅酸盐细菌菌剂	大田作物、经济作物、果树、蔬菜类等	拌种、蘸根、种肥、追肥等	1000～2000克/亩	避免和杀菌剂同时使用
解磷类微生物肥料	大田作物、经济作物、果树、蔬菜类等	拌种、蘸根、种肥、追肥等	1000～2000克/亩	避免和杀菌剂同时使用，也不能和石灰氮、过磷酸钙、碳酸氢铵混合使用
复合微生物肥料	大田作物、经济作物、果树、蔬菜类等	基肥、种肥、蘸根、追肥、冲施等	1000～2000克/亩	避免和杀菌剂同时使用
生物有机肥	大田作物、经济作物、果树、蔬菜类等	基肥、追肥	100～150千克/亩	避免和杀菌剂同时使用，不能与碳酸氢铵等碱性肥料和硝酸钠等生理碱性肥料混合使用

使用微生物肥料的几个误区

① 一种说法认为微生物肥料肥效很大，属万能肥料，甚至可以完全取代化肥；一种说法认为微生物肥料根本不是肥料。这两种说法都不正确。合理使用微生物肥料对作物有增产效果，但不能单施微生物肥料，一定要与化肥和有机肥配合施用，既能保证增产，又减少了化肥成本，还能改善土壤、作物品质，保护生态环境。

② 微生物肥料施用后又用杀菌剂灌根。有些菜农定植时，用了微生物肥料，可是定植一段时间后，又用杀菌剂灌根防止根部病害。微生物肥料中含有的放线

菌、芽孢杆菌、毛壳菌等有益微生物会被灌根的药剂全部杀灭，结果施用微生物肥料基本没有效果。只要没有发现严重的根部病害就不要用药灌根。最好是先用杀菌剂处理，待杀菌剂过了有效期（如半个月以后），再施用微生物肥料。

③ 拿微生物肥料当药用。有的菜农定植时施了微生物肥料，发生死棵现象后，以为继续冲施微生物肥料可防止死棵，结果死棵现象还是非常严重。现在不少微生物肥料中含有能够杀菌抑菌的有益菌，但这些有益菌分泌的杀菌物质可能只对一种或一类病菌起作用，如木霉菌对韭菜的白绢病和果树的根腐病有良好的抑制作用，使用后可减少土壤中病原菌的密度，降低发病概率，但对其他病害作用有限。而且，有益菌释放的杀菌物质，如链霉素、井冈霉素等浓度很低，相对于人工提取的工业化产品作用有限。另外，微生物肥料中有益菌需要等菌群扩大后才能起到抑菌作用。所以，在病害发生较多的菜地里，翻地时普施微生物肥料，定植前用药剂拌种或蘸根，定植后进行灌根，综合防治才是防止死棵的有效手段。当植株出现病害时，用微生物肥料来防治是不可取的。

④ 用微生物肥料代替肥料。有的微生物肥料中含有解磷解钾菌，这些菌种能释放有机酸等物质，将土壤中的无效态磷、钾活化，适于植物根系吸收，提高了肥料利用率。但植株生长需要的营养还是主要靠施用有机肥和化学肥料来满足，使用微生物肥料只是起到辅助作用，帮助植株吸收土壤中的养分。用了微生物肥料就大量减少有机肥和化肥用量的做法是不正确的。

⑤ 施用微生物肥料后未及时搅拌土壤、定植蔬菜，晾晒时间过长。有的菜农在定植蔬菜时，提前挖穴、施肥，第二天再定植，遇到光照好的天气，微生物肥料在阳光下时间太长，微生物被阳光大量杀死，施用效果明显降低。微生物“怕光”，阳光中的紫外线具有强烈的杀菌作用，微生物肥料施用后需要立即翻入土壤，不能任其暴露在阳光下。

⑥ 土壤条件恶劣，生物菌不能存活。微生物肥料施用后作用不明显，很重要的因素就是土壤条件不适于生物菌的大量繁殖。微生物存活并大量繁殖时，需要消耗较多的有机质、氧气等。土壤板结，有机肥用量少，化肥施用过多，土壤盐渍化加重，都会使微生物菌的繁殖受到很大影响。因此，微生物肥料最好与腐熟好的有机肥一起使用，减少化学肥料用量。还可通过合理的农业技术措施，改善土壤温度、湿度和酸碱度等环境条件，保持土壤良好的通气状态（即耕作层要求疏松、湿润），保证土壤中能源物质和营养供应充足，从而促使有益微生物的大量繁殖和旺盛代谢。

⑦ 施用量不足，施用方式单一。定植后，蔬菜根系受伤，抗病性降低，正是最需要有益生物菌发挥作用的时候，若定植时施用量不足，微生物肥料发挥的效果也不明显。因此，穴施时一定要注意用量充足，定植后也要注意追施微生物肥料。

⑧ 多种微生物肥料混用。不同的微生物肥料中含有的有益微生物种类是不同的，不同的微生物之间容易产生拮抗作用，争夺有机质、氧气、氮等养分。因此，微生物肥料施用过程中，最好不要多种微生物肥料同时施用，施用微生物肥料，并

不是种类越多越好。

注意事项 微生物肥料是生物活性肥料，施用方法比化肥、有机肥严格，有特定的施用要求，使用时要注意施用条件，严格按照产品使用说明书操作，否则难以获得良好的施用效果。施用时应注意以下几点：

① 微生物肥料对土壤条件要求相对比较严格。微生物肥料施入到土壤后，需要一个适应、生长、供养、繁殖的过程，一般15天后可以发挥作用，见到效果，而且长期均衡地供给作物营养。

② 微生物肥料适宜施用的时间是清晨和傍晚或无雨的阴天，这样可以避免阳光中的紫外线将微生物杀死。

③ 微生物肥料应避免高温干旱条件下使用。施用微生物肥料时要注意温、湿度的变化，在高温干旱条件下，微生物生存和繁殖会受到影响，不能充分发挥其作用。要结合盖土浇水等措施，避免微生物肥料受阳光直射或因水分不足而难以发挥作用。

④ 微生物肥料不能长期泡在水中，在水田里施用应采取干湿灌溉，以促进生物菌活动。以好气性微生物为主的产品，则尽量不要用在水田。严重干旱的土壤会影响微生物的生长繁殖，微生物肥料适合的土壤含水量为50%～70%。

⑤ 微生物肥料可以单独施用，也可以与其他肥料混合施用。但微生物肥料应避免与未腐熟的农家肥混用。与未腐熟的有机肥混用，会因高温杀死微生物，影响肥效。同时也要注意避免与强酸、强碱性肥料混合使用。

⑥ 微生物肥料应避免与农药同时使用。化学农药都会不同程度地抑制微生物的生长和繁殖，甚至杀死微生物。不能用拌过杀虫剂、杀菌剂的工具装微生物肥料。

⑦ 微生物肥料不宜久放，拆包后要及时施用，一次用完。包装袋打开后，其他菌就可能侵入，使微生物菌群发生改变，影响其使用效果。

⑧ 避免盲目施用微生物肥料。微生物肥料主要是提供有益的微生物群落，而不是提供矿质营养养分，微生物肥料不可能完全代替化肥。任何一种类型的微生物肥料，都有其适用的土壤条件、作物种类、耕作方式、施用方法、施用量及相应的化肥施用状况等，只有掌握了这些技术，才能取得最好的增产效果。

⑨ 注意微生物肥料效果的影响因素。微生物肥料肥效的发挥既受其自身因素的影响，如肥料中所含有效菌数、活性大小等质量因素；又受到外界其他因子的制约，如土壤水分、有机质、pH等影响，因此微生物肥料的选择和应用都应注意合理性。

1.农用微生物菌剂

农用微生物菌剂（microbial inoculantsin agriculture），是指目标微生物（有效菌）经过工业化生产扩繁后加工制成的活菌制剂。它具有直接或间接改良土壤、恢复地力，维持根际微生物区系平衡，降解有毒、有害物质等作用；应用于农业生产，通过其中所含微生物的生命活动，增加植物养分的供应量或促进植物生长、改善农产品品质及农业生态环境。

产品分类

① 按内含的微生物种类或功能特性分为根瘤菌菌剂、固氮菌菌剂、解磷类微生物菌剂、硅酸盐微生物菌剂、光合细菌菌剂、有机肥料腐熟剂、促生菌剂、菌根菌剂、生物修复菌剂。

② 产品按剂型分为液体、粉剂、颗粒型。

质量标准 执行国家标准 GB 20287—2006（适用于农用微生物菌剂类产品）。

(1) 菌种 生产用的微生物菌种应安全、有效。生产者应提供菌种的分类鉴定报告，包括属及种的学名、形态、生理生化特性及鉴定依据等完整资料。生产者应提供菌种安全性评价资料。采用的生物工程菌，应具有允许大面积释放的生物安全性有关批文。

(2) 产品外观（感官） 粉剂产品应松散；颗粒产品应无明显机械杂质、大小均匀、具有吸水性。

(3) 农用微生物菌剂产品的技术指标见表 6-4，其中有机物料腐熟剂产品的技术指标按表 6-5 执行。

表 6-4 农用微生物菌剂产品的技术指标

项 目		剂 型		
		液体	固体	颗粒
有效活菌数(cfu)①/(亿/克或亿/毫升)	≥	2.0	2.0	1.0
霉菌杂菌数/(个/克或个/毫升)	≤	3.0×10^6	3.0×10^6	3.0×10^6
杂菌率/%	≤	10.0	20.0	30.0
水分含量/%	≤	—	35.0	20.0
细度/%	≥	—	80	80
pH 值		5.0～8.0	5.5～8.5	5.5～8.5
保质期②/月	≥	3	6	

① 复合菌剂，每一种有效菌的数量不得少于 0.01 亿/克或 0.01 亿/毫升；以单一的胶质芽孢杆菌制成的粉剂产品中有效活菌数不少于 1.2 亿/克。

② 此项仅在监督部门或仲裁双方认为有必要时检测。

表 6-5 有机物料腐熟剂产品的技术指标

项 目		剂 型		
		液体	固体	颗粒
有效活菌数(cfu)/(亿/克或亿/毫升)	≥	1.0	0.50	0.50
纤维素酶活①/(国际单位 U/克或国际单位 U/毫升)	≤	30.0	30.0	30.0

续表

项目		剂型		
		液体	固体	颗粒
蛋白酶活[2]/(国际单位U/克或国际单位U/毫升)	≤	15.0	15.0	15.0
水分含量/%	≤	—	35.0	20.0
细度/%	≥	—	70	70
pH值		5.0～8.5	5.5～8.5	5.5～8.5
保质期[3]/月	≥	3	6	

① 以农作物秸秆为腐熟对象测定纤维素酶活。

② 以畜禽粪便为腐熟对象测定蛋白酶活。

③ 此项仅在监督部门或仲裁双方认为有必要时检测。

（4）农用微生物菌剂产品中无害化指标见表6-6。

表6-6 农用微生物菌剂产品的无害化技术指标

参数		标准极限
粪大肠菌群数/(个/克或个/毫升)	≤	100
蛔虫死亡率/%	≥	95
砷及其化合物(以As计)含量/(毫克/千克)	≤	75
镉及其化合物(以Cd计)含量/(毫克/千克)	≤	10
铅及其化合物(以Pb计)含量/(毫克/千克)	≤	100
铬及其化合物(以Cr计)含量/(毫克/千克)	≤	150
汞及其化合物(以Hg计)含量/(毫克/千克)	≤	5

该标准对包装、标识、运输和贮存规定如下。

① 根据不同产品剂型选择适当的包装材料、容器、形式和方法，以满足菌剂产品包装的基本要求。产品包装中应有产品合格证和使用说明书，在使用说明书中标明使用范围、方法、用量及注意事项等内容。

② 标识所标注的内容，应符合国家法律、法规的规定；应标明国家标准、行业标准已规定的产品通用名称，商品名称或者有特殊用途的产品名称，可在产品通用名下以小一号字体予以标注；国家标准、行业标准对产品通用名称没有规定的，应使用不会引起用户、消费者误解和混淆的商品名称；企业可以标注经注册登记的商标；应标明产品在每一个包装物中的净重，并使用国家法定计量单位，标注净重的误差范围不得超过其明示量的±5%；应标明有效的产品登记证号；应标明经依法登记注册并能承担产品质量责任的生产者名称、地址、邮政编码和联系电话，进口产品可以不标生产者的名称、地址，但应当标明该产品的原产地（国家/地区），以及代理商或者进口商或者销售商在中国依法登记注册的名称和地址；应在生产合格证或产品包装上标明产品的生产日期或生产批号；用“保质期____个月（或若干

天、年）”表示。

③ 运输过程中应有遮盖物，防止雨淋、日晒及高温。气温低于0℃时采取适当措施，以保证产品质量。轻装轻卸，避免包装破损。严禁与对微生物菌剂有毒、有害的其他物品混装、混运。

④ 产品应贮存在阴凉、干燥、通风的库房内，不得露天堆放，以防日晒雨淋，避免不良条件的影响。

简易识别要点 具有下列任何一条款者，均为不合格产品。

① 有效活菌数不符合技术指标。

② 霉菌杂菌数不符合技术指标。

③ 杂菌率不符合技术指标。

④ 粪大肠菌群不符合技术指标。

⑤ 蛔虫卵死亡率不符合技术指标。

⑥ As、Cd、Pb、Cr、Hg 任一含量不符合技术指标。

⑦ 有机物料腐熟剂产品中所测酶活不符合技术指标。

⑧ 在外观、水分、细度、pH 值等检测项目中，有两项（含）以上不符合要求的。

施用方法

（1）作基肥、追肥和育苗肥　固态菌剂每亩 2 千克左右与 40～60 千克有机肥混合均匀后使用，可作基肥、追肥和育苗肥用。

（2）拌土　在作物育苗时，将固态菌剂掺入营养土中充分混匀制作营养钵，也可在果树等苗木移栽前，混入稀泥浆中蘸根。

（3）拌种　播种前将种子浸入 10～20 倍菌剂稀释液或用稀释液喷湿，使种子与液态生物菌剂充分接触后再播种。或将种子用清水或小米汤喷湿，拌入固态菌剂充分混匀，当所有种子外覆有一层固态生物肥料时便可播种。

（4）浸种　菌剂加适量水浸泡种子，捞出晾干，种子露白时播种。或将固态菌剂浸泡 1～2 小时，用浸出液浸种。

（5）蘸根、喷根　蘸根：液态菌剂稀释 10～20 倍，幼苗移栽前把根部浸入蘸湿后立即取出即可。喷根：当幼苗很多时，可用 10～20 倍稀释液喷湿幼苗根部即可。

（6）灌根、冲施　按 1∶100 的比例将菌剂稀释，搅拌均匀后灌根或冲施。

（7）叶面喷施　在作物生长期内可以进行叶面追肥，把菌剂稀释 500 倍左右或按说明书要求的倍数稀释后，选择阴天无雨的日子或晴天下午以后，均匀喷施在叶子的背面和正面。

有关注意事项，参照上述微生物肥料的注意事项。

值得注意的是，目前关于微生物菌剂的标准除了国家标准 GB 20287—2006（适用于农用微生物菌剂类产品）外，还有以上提及的农业行业标准 NY 227—1994 及农业行业推荐标准 NY/T 1535—2007（肥料合理使用准则——微生物肥料，适用于各类微生物肥料的使用），均为现行标准，产品的质量应与该产品包装上标注的相应标准一致。

2. 根瘤菌肥

根瘤菌肥料料（rhizobium fertilizer），是指用于豆科作物接种，使豆科作物结瘤、固氮的接种剂。

复合根瘤菌肥料以根瘤菌为主，加入少量能促进结瘤、固氮作用的芽孢杆菌、假单胞细菌或其他有益的促生微生物的根瘤菌肥料，称为复合根瘤菌肥料。加入的促生微生物必须是对人畜及植物无害的菌种。

目前我国较广泛应用根瘤菌肥料的作物主要有花生、大豆、苕子、紫云英等。正确使用根瘤菌剂的都能获得显著而稳定的增产效果。大豆、花生平均可增产10%～20%，豌豆增产15%，蚕豆增产17%。

根瘤菌肥料的作用机理 根瘤菌肥中含有大量的根瘤菌，其最大特点是能与豆科植物共生固氮，即根瘤菌肥施入土壤后，根瘤菌遇到相应的豆科植物，就侵入根内，形成根瘤。瘤内的根瘤菌利用豆科植物宿主提供的能量将空气中的氮分子转化成氨，进而转化成谷氨酸类植物能吸收利用的优质氮化合物，供豆科作物利用，而豆科作物制造的糖类，则作为根瘤菌生命活动的能源，两者形成相互依赖的共生关系。研究表明，平均每亩豆科植物的根瘤菌从空气中固定的氮可达到3～12千克，相当于15～60千克硫酸铵的肥效。地球上根瘤菌与豆科植物的年共生固氮量约为5500万吨，约占整个生物固氮量的1/3，超过了全世界合成氮的年产量，在生物固氮中占有重要的地位。

分类与特性 根瘤菌肥料按形态分为液体根瘤菌肥料和固体根瘤菌肥料。按寄主种类的不同，根瘤菌肥料分为菜豆根瘤菌肥料、大豆根瘤菌肥料、豌豆根瘤菌肥料、花生根瘤菌肥料、三叶草根瘤菌肥料、苜蓿根瘤菌肥料、紫云英根瘤菌肥料和羽扇豆根瘤菌肥料等。根瘤菌对它共生的豆科植物具有专一性、侵染力和有效性，专一性是指某种根瘤菌只能使一定种类的豆科作物形成根瘤，因此用某一族的根瘤菌制造的根瘤菌肥，一定要注意互接的种族关系（表6-7）。豆科植物-根瘤菌互接种族是指根瘤菌和豆科植物之间的特异性“识别”和侵染、结瘤关系，即一种根瘤菌只在某一种或某几种豆科植物上结瘤；反过来，一种豆科植物只允许一种或几种根瘤菌在其根部结瘤，这种组成即“互接种族”。侵染力是指根瘤菌侵入豆科作物根内形成根瘤的能力，有效性是指它的固氮能力。生物固氮具有成本低廉、优质、利用率高、不污染环境等优点。

表6-7 豆科植物-根瘤菌互接种族

种族	根瘤菌	豆科植物
苜蓿族	苜蓿根瘤菌	紫花苜蓿、黄花苜蓿、草木樨、葫芦巴等
三叶草族	三叶草根瘤菌	红三叶、白三叶、地三叶、绛三叶等

续表

种族	根瘤菌	豆科植物
豌豆族	豌豆根瘤菌	各种豌豆、蚕豆、毛叶苕子等
菜豆族	菜豆根瘤菌	菜豆、扁豆等
羽扇豆族	羽扇豆根瘤菌	各种羽扇豆
大豆族	慢生大豆根瘤菌、费氏中华根瘤菌	各种大豆、野生大豆等
豇豆族	豇豆根瘤菌	豇豆、花生、绿豆、赤豆等
紫云英族	紫云英根瘤菌	紫云英和沙打旺

质量标准 根瘤菌肥料应符合国家农业行业标准 NY 410—2000。

(1) 菌种的有效性 用于生产根瘤菌肥料的菌种系属于根瘤菌属、慢生根瘤菌属、固氮根瘤菌、中慢生根瘤菌等各属中的不同的根瘤菌种，这些菌种必须是经过鉴定的菌株，或用两年多田间试验获得显著增产的菌株。该菌种必须在菌肥生产一年内经无氮营养液盆栽接种试验鉴定，结瘤固氮性能优良，接种植株干重比对照显著增加。

(2) 菌体特征特性 短杆状，无芽孢，革兰氏染色阴性。

(3) 菌落的形态特征 圆形、边缘整齐、稍突起，在含有刚果红的甘露醇-酵母培养基平板上呈乳白色或无色半透明。

(4) 其产品技术指标分为液体根瘤菌肥料技术指标（表 6-8）和固体根瘤菌肥料技术指标（表 6-9）。

表 6-8 液体根瘤菌肥料技术指标

项目	指标	备 注
外观、气味	乳白色或灰白色均匀混浊液体，或稍有沉淀。无酸臭气味	
根瘤菌活菌个数/(亿个/毫升)	≥5.0	
杂菌率/%	≤5	
pH 值	6.0～7.2	用耐酸菌株生产的菌液，pH 值可以大于 7.2
寄主结瘤最低稀释度	10^{-6}	此项仅在监督部门或仲裁检验双方认为有必要时才检测
有效期/月	≥3	此项仅在监督部门或仲裁检验双方认为有必要时才检测

表 6-9 固体根瘤菌肥料技术指标

项目	指标	备 注
外观、气味	粉末状、松散、湿润无霉块，无酸臭味，无霉味	
水分含量/%	25～50	
根瘤菌活菌个数/(亿个/毫升)	≥2.0	

续表

项目	指标	备注
杂菌率/%	≤10	
pH 值	6.0～7.2	
吸附剂颗粒细度	大粒种子(大豆、花生、豌豆等)用的菌肥，通过孔径 0.18 毫米标准筛的筛余物≤10% 小粒种子(三叶草、苜蓿、紫云英)用的菌肥，通过孔径 0.15 毫米标准筛的筛余物≤10%	
寄主结瘤最低稀释度	10^{-6}	此项仅在监督部门或仲裁检验双方认为有必要时才检测
有效期/月	≥6	此项仅在监督部门或仲裁检验双方认为有必要时才检测

该标准对包装、标识、运输和贮存规定如下。

① 液体肥料小包装用塑料瓶或玻璃瓶，大包装用塑料桶。固体肥料用不透明聚乙烯塑料包装。外包装采用纸箱，箱外用尼龙打包带加固。

② 每箱（袋）产品中附有产品合格证和使用说明书，在使用说明中标明使用方法、用量及注意事项。

③ 在包装箱（袋）上印有产品名称、商标、标准编号、肥料登记号、生产单位、厂址、生产日期、批号和净重，并印有防晒、防潮、防冻等标记，若有必要还要加印易碎、防倒置等标记。内包装上有产品名称、商标、标准编号、肥料登记号、有效菌含量、生产日期、有效期、产品性能、使用说明书及生产单位、厂址等。

④ 根瘤菌肥料的产品名称与产品中根瘤菌的名称应符合。例如：用大豆根瘤菌生产的肥料，其产品名称为大豆根瘤菌肥料。

⑤ 在产品性能中应标明产品可接种的豆科寄主名称。

使用方法

（1）拌种　根瘤菌肥料作种肥比追肥好，早施比晚施效果好，多用于拌种。根据使用说明，选择类型适宜的根瘤菌肥料，将其倒入内壁光洁的瓷盆或木盆内，加少量新鲜米汤或清水调成糊状，放入种子混匀，捞出后置于阴凉处，略风干后即可播种。最好当天拌种，当天种完，也可在播种前一天拌种。也可拌种盖肥，即把菌剂对水后喷在肥土上作盖种肥用。根瘤菌的施用量，因作物种类、种子大小、施用时期和菌肥质量而异，一般要求大粒种子每粒粘 10 万个、小粒种子每粒粘 1 万个以上根瘤菌为标准。质量合格的根瘤菌肥（每克菌剂含活菌数在 1 亿～3 亿个以上），每亩施用量为 1～1.5 千克，加水 0.5～1.5 千克混匀拌种。为了使菌剂很好地黏附在种子上，可加入 40%阿拉伯胶或 5%羧甲基纤维素等黏稠剂。正确使用根瘤菌肥料可使豆科蔬菜增产 10%～15%，在生茬和新垦的菜地上使用效果更好。

在种植花生时，使用花生根瘤菌肥料拌种，是一项提高花生产量的有效技术措施。据田间试验测试，用根瘤菌肥料拌种的平均亩产 282.5 千克，未拌菌肥的对照组为241千克，平均每亩净增产41.5千克。

（2）种子球法　先将根瘤菌剂黏附在种子上，然后再包裹一层石灰，种子球化可防止菌株受到阳光照射，降低农药和肥料对预处理种子的不利影响。常用的包衣材料主要是石灰，还可以混入一些微量元素和植物包衣剂等。具体方法为：将100克阿拉伯胶溶于225毫升热水中，冷却后将70克菌剂混拌在黏着剂中，包裹28千克大豆种子，然后加入3.4千克细石灰粉，迅速搅拌1～2分钟，即可播种。18℃以下可贮藏2～3周。

（3）土壤接种　颗粒接种剂配合磷肥、微肥同时使用，不与农药和氮肥同时混用，特别是不可与化学杀菌剂混施。种子萌发长出的幼根接触到菌剂，为提高接种菌的结瘤率和固氮效率，研究表明，将拌种方式改为底施，特别是将菌剂施用在种子下方5～7厘米处，增产幅度超过拌种，有的是拌种增产的2倍以上。

（4）苗期泼浇　播种时来不及拌菌或拌菌出苗20多天后没有结瘤的可补施菌肥，即将菌剂加入适量的稀粪水或清水，一般1千克菌剂加水50～100千克，苗期开沟浇到根部。补施菌肥用量应是拌种的量的4～5倍。泼浇要尽量提早。

根瘤菌肥供应不足的可用客土法。客土法是在豆科作物收割后取表土放入瓦盆内，下次播种时每亩用此客土7.5千克，加入适量的磷肥、钾肥拌匀后拌种。

注意事项

① 拌种时及拌种后要防止阳光直接照射菌肥，播种后要立即覆土。

③ 根瘤菌是喜湿好气性微生物，适宜于中性至微碱性土壤（pH为6.7～7.5），应用于酸性土壤时，应加石灰调节土壤酸度。

③ 土壤板结、通气不良或干旱缺水，会使根瘤菌活动减弱或停止繁殖，从而影响根瘤菌肥效果。应尽量创造适宜微生物活动的土壤环境，如良好的湿度、温度、通气条件等，以促进豆科作物和根瘤菌生长的共生固氮作用。

④ 应选与播种的豆科作物一致的根瘤菌肥料，如有品系要求更需对应，购买前一定要看清适宜作物。如大豆根瘤菌肥只能用于大豆，用于豌豆无效；反之亦同。

⑤ 可配合磷肥、钾肥、微量元素（钼、锌、钴等）肥料同时使用，不要与农药、速效氮肥同时使用，特别是不可与化学杀菌剂混施。

⑥ 根瘤菌肥的质量必须合格。除了检查外包装外，还要检查是否疏松，如已结块、长霉的根瘤菌肥不能使用。另外，还要检查是否有检验登记号、产品质量说明、出厂日期、合格证等。

3.固氮菌肥料

固氮菌肥料（azotobacter fertilizer），是指含有益的固氮菌，能在土壤和多种作物根际中固定空气中的氮气，供给作物氮营养，又能分泌激素刺激作物生长的活体制品。它是以能够自由生活的固氮微生物或与一些禾本科植物进行联合共生固氮的微生物作为菌种生产出来的。

品种与类型 按菌种及特性分为自生固氮菌、共生固氮菌和根际联合固氮菌。

(1) 自生固氮菌 是指一类不依赖于其他生物共生而能独立在土壤里固定空气中的氮，供给作物氮营养，又能分泌激素刺激作物生长的微生物，如自生固氮菌属的圆褐固氮菌。

(2) 共生固氮菌 是指必须与其他生物共生才能进行固氮的微生物，如与豆科植物共生结瘤的各种根瘤菌。

(3) 根际联合固氮菌 是既依赖根际环境生长，又在根际中固定空气中的氮气，对作物的生长发育产生积极作用的微生物。联合固氮菌微生物生活在植物的根内、根表，可以利用一些禾本科植物，尤其是 C_4 植物根分泌的一些糖类繁殖、固氮，也能进行自生固氮，如固氮螺菌、雀稗固氮菌等。

用于固氮菌肥料生产的菌株主要采用圆褐固氮菌属、氮单胞菌属的菌种。根际联合固氮菌可采用下列菌种：固氮螺菌、阴沟肠杆菌、粪产碱菌和肺炎克氏杆菌。

按剂型不同分为：液体固氮菌肥料、固体固氮菌肥料和冻干固氮菌肥料。

固氮菌肥料的作用机理 据研究，已经确定明显具有生物固氮功能的微生物有细菌、放线菌和蓝细菌。它们都是原核微生物，分布在50多个属中的200多个种，其中部分种可用作生产固氮菌肥料的菌种。

(1) 自生固氮微生物 自生固氮微生物在土壤中独立生活，不与植物共生，利用它们自己具有的固氮酶将大气中的分子态氮固定为氨，供作物吸收。它们因对氧气和能源需求特性不一，可分为不同的类型。有的要在有氧环境中生长和固氮，如棕色固氮菌、贝式固氮菌等；有的只在无氧或缺少化合态氮的环境中生长和固氮，如巴斯德梭菌等；有的在无氧环境中生长固氮，但在有氧环境中只生长不固氮，为兼性厌氧微生物，如肺炎克氏杆菌等；还有的要在无氧有光时才能固氮，如深红红螺菌等；还有一类仅依靠无机化合物氧化还原提供能量就能固定大气中的氮元素，如氧化亚铁硫杆菌等。自生固氮微生物固氮效率不高，而且只有在不含氮肥的贫瘠土壤中才能固氮。

(2) 共生固氮微生物 有些固氮微生物与其他植物共生，宿主植物向固氮微生物提供生长和固氮所需的能源和碳源等营养物质，固氮微生物向宿主植物提供所需的氮。最常见的共生固氮微生物就是与豆科植物共生的根瘤菌。它是目前农业生产中最具有实际利用价值的固氮微生物。

(3) 联合固氮微生物 某些固氮微生物生活在禾本科植物根部的表面和周围，不形成根瘤菌结构，但可利用植物根分泌的有机酸进行生长固氮，并产生一些植物激素。

(4) 内生固氮微生物 有些固氮微生物生活在其他生物体内，也有固氮能力。如在甘蔗体内生长的固氮醋酸杆菌利用甘蔗体内丰富的糖分，经过固氮供甘蔗生长所需要的氮源。

特点与特性 其最大特点是不与高等植物共生，独立生存于土壤中，能固定空气中的氮，并能将其转化成植物可利用的氮化合物。固氮菌对磷、钾需要量较大，既能利用空气中的分子态氮，又能利用土壤中的化合态氮。对土壤酸性反应敏感，适宜的 pH 值为 7.4～7.6，酸度增加时，固氮能力降低。对土壤湿度要求较高，当土壤湿度为田间最大持水量的 25%～40%时才开始繁殖，60%时繁殖最旺盛。固氮菌属中温性细菌，最适宜的生长温度为 25～30℃。固氮菌所固定的氮量较少，大大低于根瘤菌的固氮量，但固氮菌在生长繁殖过程中，能产生多种植物激素类物质。

质量标准　国内的产品剂型有固体固氮菌肥料、液体固氮菌肥料和冻干固氮菌肥料。质量标准为农业行业标准，代号为 NY 411—2000。

(1) 菌种　在含一种有机碳源的无氮培养基中能固定分子氮，并具有一定的固氮效能。菌体一般为短杆状（固氮螺菌属菌体呈螺旋状），革兰氏染色阴性。

① 自生固氮菌。用固氮菌属、氮单胞菌属的菌种，也可用茎瘤根瘤菌和固氮芽孢杆菌菌株。

②根际联合固氮菌。可用固氮螺旋菌；阴沟肠杆菌经鉴定为非致病菌的菌株；粪产碱菌经鉴定为非致病菌的菌株，肺炎克氏杆菌经鉴定为非致病菌的菌株。

使用以上规定之外的菌种生产固氮菌肥料时，菌种必须经过鉴定。生产固氮微生物肥料所使用的菌种，必要时还要进行菌种染色鉴别和菌种固氮效能测定。

(2) 成品技术指标　见表 6-10。

表 6-10　成品技术指标

项　目		不同剂型指标		
		液体	固体	冻干
外观、气味		乳白或淡褐色液体，混浊，稍有沉淀，无异臭味	黑褐色或褐色粉状，湿润、松散，无异臭味	乳白色结晶，无味
水分含量/%		—	25.0～35.0	3.0
pH 值		5.5～7.0	6.0～7.5	6.0～7.5
细度，过孔径 0.18 毫米标准筛的筛余物/%	≤	5	20.0	
有效活菌数/(个/毫升、个/克、个/瓶)	≥	5.0×10^{8}	1.0×10^{8}	5.0×10^{8}
杂菌率①/%	≤	5.0	15.0	2.0
有效期②/月	≥	3	6	12

① 其中包括 10^{-6} 马丁培养基平板上无霉菌。

② 此项仅在监督部门或仲裁检验双方认为有必要时才检测。

该标准对包装、标识、运输和贮存规定如下。

① 液体肥料小包装用塑料瓶或玻璃瓶，大包装用塑料桶。固体肥料用不透明聚乙烯塑料包装。冻干菌剂用玻璃指形管真空干燥。外包装采用纸箱，箱外用尼龙打包带加固。

② 每箱（袋）产品中附有产品合格证和使用说明书，在使用说明中标明使用

方法、用量及注意事项。

③ 在包装箱（袋）上印有产品名称、商标、标准编号、肥料登记号、生产单位、厂址、生产日期、批号和净重，并印有防晒、防潮、防冻等标记，若有必要还要加印易碎、防倒置等标记。内包装上有产品名称、商标、标准编号、肥料登记号、有效菌含量、生产日期、有效期、产品性能、使用说明书及生产单位、厂址等。

④ 适用于常用运输工具，运输过程中应有遮盖物，防止雨淋、日晒及35℃以上高温。气温低于0℃时采取保温措施，防止菌肥冻冰。运输过程中轻装轻卸，避免包装破损。

⑤ 产品贮存在阴凉、干燥、通风的库房内，最适温度为10～25℃，不得露天堆放，以防雨淋和日晒，避免冻冰及长时间35℃以上高温。

使用方法 固氮菌适用于各种作物，特别是禾本科作物和蔬菜中的叶菜类，可作种肥、基肥和追肥。如与有机肥、磷肥、钾肥及微量元素肥料配合施用，能增强固氮菌的活性，固体菌剂每亩用量250～500克，液体菌剂每亩100毫克，冻干菌剂每亩500亿～1000亿个活菌。合理施用固氮菌肥，对作物有一定的增产效果，增产幅度在5%左右。土壤施用固氮菌肥后，一般每年每亩可以固定1～3千克氮。

（1）拌种　作种肥使用，在菌肥中加适量的水，倒入种子混拌，捞出阴干即可播种。随拌随播，随即覆土，避免阳光照射。

（2）蘸秧根　对蔬菜、甘薯等移栽作物，可采用蘸秧根的方法。

（3）基肥　可与有机肥配合施用，沟施或穴施，施后立即覆土。薯类作物施用固氮菌剂时先将马铃薯块茎或甘薯幼苗用水喷湿，再均匀撒上菌肥与肥土的混合物，在其未完全干燥时就栽培。

（4）追肥　把菌肥用水调成糊状，施于作物根部，施后覆土，或与湿肥土混合均匀，堆放三五天，加稀粪水拌和，开沟浇在作物根部后盖土。

注意事项

① 固氮菌属中温性细菌，在25～30℃条件下生长最好，温度低于10℃或高于40℃时生长受到抑制。因此，固氮菌肥要保存于阴凉处，并要保持一定的湿度，严防暴晒。

② 固氮菌对土壤湿度要求较高，当土壤湿度为田间最大持水量的25%～40%时，固氮菌才开始繁殖，至60%时繁殖最旺盛。因此，施用固氮菌肥时要注意土壤水分条件。

③ 固氮菌对土壤酸性反应敏感，适宜的pH为7.4～7.6。酸性土壤在施用固氮菌肥前应结合施用石灰调节土壤酸度。过酸、过碱的肥料或有杀菌作用的农药，都不宜与固氮菌肥混施，以免发生强烈的抑制。

④ 固氮菌只有在糖类丰富而又缺少化合态氮的环境中，才能充分发挥固氮作用。土壤中碳氮比低于（40～70）∶1时，固氮作用迅速停止。土壤中适宜的碳氮比是固氮菌发展成优势菌种、固定氮最重要的条件。因此，固氮菌最好施在富含有

机质的土壤上，或与有机肥料配合施用。

⑤ 应避免与速效氮同时施用。土壤中施用大量氮肥后，应隔10天左右再施固氮菌肥，否则会降低固氮菌的固氮能力。但固氮菌剂与磷、钾及微量元素肥料配合施用，则能增强固氮菌的活性，特别是在贫瘠的土壤上。

⑥ 固氮菌肥料多适用于禾本科作物和蔬菜中的叶菜类作物，有专用型的，也有通用型的，选购时一定要仔细阅读使用说明书。

⑦ 在固氮菌肥料不足的地区，可自制菌肥。方法是选用肥沃土壤（菜园土或塘泥等）100千克、柴草灰1～2千克、过磷酸钙0.5千克、玉米粉2千克或细糠3千克拌和在一起，再加入厂制的固氮菌剂0.5千克作接种剂，加水使土堆湿润而不黏手，在25～30℃中培养繁殖，每天翻动一次并补加些温水，堆制3～5天，所得成品即为简法制造的固氮菌肥料。自制菌肥用量每亩为10～20千克。

4.抗生菌肥

抗生菌肥料（antagonistic fertilizer），是指用能分泌抗菌素和刺激素的微生物制成的肥料制品。其菌种通常是拮抗性微生物——放线菌，我国应用多年的“5406”属于此类菌肥。5406菌种是细黄链霉菌。此类制品不仅有肥效作用而且能抑制一些作物的病害，刺激和调节作物生长。过去的生产方式主要是逐级扩大，以饼土（各种饼肥与土的混合物）接种菌种后堆制，通过孢子萌发和菌丝生长，转化饼土中的营养物质和产生抗生物质、刺激素。发酵堆制后的成品可拌种，也可作基肥使用，在多种作物上应用后均收到了较好的效果。但这种生产方式不便，产品质量难以控制，应用面积逐年下降。近年来，发展为工业发酵法生产，发酵液中含有多种刺激素，浸种、喷施于粮食作物、蔬菜、水果、花卉和名贵药材，均获得较好的增产效果，应用面积有所扩大。

基本特征 抗生菌肥料是一种新型多功能微生物肥料，抗生菌在生长繁殖过程中可以产生刺激物质、抗生素，还能转化土壤中的N、P、K元素，具有改进土壤团粒结构等功能。有防病、保苗、肥地、松土及刺激植物生长等多种作用。

环境因素对抗生菌生长和繁殖的影响：

（1）温度　抗生菌生长最适温度为28～32℃，超过32℃或低于28℃生长减弱，超过40℃或低于12℃几乎停止生长。

（2）湿度　含水量在25%左右最为适宜。

（3）通气　要求有充分的通气条件。

（4）营养　抗生菌对营养的要求较低，一般用土10份，豆饼0.5～2份，加玉米面、米糠和麦麸即可提高刺激素的产量，增加孢子数量。

（5）酸碱度　最适pH为6.5～8.5，但土壤加过磷酸钙使pH达5.0，也不会影响抗生菌的生长。一般土壤过酸时可用石灰调节，过碱时用过磷酸钙进行调节。

作用机制 国内外的抗生菌肥料绝大部分为放线菌中的链霉菌属。绝大多数链霉菌属都可产生抗生素，对植物病原真菌、寄生性菌如镰刀菌有很好的拮抗作用。其作用机理主要体现在以下几个方面。

（1）提高农作物对养分的吸收，改善土壤物理性能　研究表明，5406可提高作物对肥料中营养元素的吸收能力。抗生菌肥料在水旱田有松土作用，凡是施用5406菌肥的土壤，水稳性团粒结构有所增加，增加幅度5%～30%，土壤空隙和通气度增加1%左右。

（2）转化土壤和肥料的营养元素　5406抗生菌肥料能把植物不能吸收利用的N、P、K元素转化成可利用的状态。接种5406抗生菌肥料使有效磷的转化都有不同程度的增加，其中增加最高的是棕黄土，最低的是黄绵土。试验证明，抗生菌肥料可提高水解氮、速效磷和速效钾含量。

（3）促进土壤有益微生物的活动　施用抗生菌肥料能促进某些有益微生物生长，抑制某些有害微生物生长。

（4）可提高土壤微生物的呼吸强度和对纤维素的分解强度　抗生菌肥料施入土壤后，土壤微生物的呼吸强度提高8%～20%，纤维素的分解强度提高6%～30%。

（5）刺激作物生长　在5406抗生菌的代谢产物中含有不同类型的刺激素，这些成分可使作物愈伤组织明显增重，促进植物细胞分裂。主要表现为提前出苗1～3天，苗齐、苗壮，分蘖数增多，叶绿素含量增加；可提早发根，缓苗快，成活率高，根系发达；促进作物提前抽穗、开花，提早成熟3～6天，生育期缩短，千粒重增加。

（6）防病保苗作用　抗生菌能产生壳多糖酶，可分解真菌的细胞壁，抑制或杀死真菌，还可产生抗生素。对水稻烂秧、小麦烂种有明显的防治效果，并对多种植物病原菌有抑制作用。

特点与特性　“5406”菌肥中的抗菌素能抑制某些病菌的繁殖，对作物生长有独特的防病保苗作用，而刺激素能促进作物生根、发芽和早熟。“5406”抗生菌还能通过其生命活动，产生有机酸，将根际土壤中作物不能吸收利用的氮、磷养分转化为有效氮和有效磷，提高作物对养分的吸收能力。

施用方法　“5406”抗生菌肥可用拌种、浸种、浸根、蘸根、穴施、追施等。合理施用“5406”抗生菌肥，能获得较好的增产效果，一般可使作物增产20%～30%。

（1）作种肥　用“5406”菌肥1.5千克左右，加入棉籽饼粉3～5千克、碎土50～100千克、钙镁磷肥5千克，充分拌匀后覆盖在种子上，保苗、增产效果显著。

（2）浸种、浸根或拌种　用0.5千克“5406”菌肥加水1.5～3.0千克，取其浸出液作浸种、浸根用。也可用水先喷湿种子，然后拌上“5406”菌肥。

（3）穴施　在作物移栽时每亩用抗生菌肥10～25千克。

（4）追肥　作物定植后，在苗附近开沟施肥，覆土。

（5）叶面喷肥　用抗生菌肥浸出液进行叶面喷施，主要是对一些蔬菜作物和温室作物施用。施用量按产品说明书，用水浸出后进行叶面喷施，一般每亩喷施30～60千克浸出液。

注意事项

① 掌握集中施、浅施的原则。

②“5406”抗生菌是好气性放线菌，良好的通气条件有利于其大量繁殖。因此，使用该菌肥时，土壤中的水分既不能太少，又不可过多，控制水分是发挥“5406”抗生菌肥效的重要条件。

③ 抗生菌适宜的土壤 pH 为 6.5～8.5，酸性土壤上施用时应配合施用石灰，以调节土壤酸度。

④“5406”抗生菌肥可与杀虫剂或某些专性杀真菌药物等混用。但不能与杀菌剂混后拌种。

⑤“5406”抗生菌肥施用时，一般要配合施用有机肥料、磷肥，但切忌与硫酸铵、硝酸铵、碳酸氢铵等化学氮肥混施，但可交叉施用。此外，抗生菌肥还可以与根瘤菌、固氮菌、磷细菌、钾细菌等菌肥混施，一肥多菌，可以相互促进，提高肥效。

5.磷细菌肥料

磷细菌肥料（phosphate bacteria fertilizer），是指能把土壤中难溶性的磷转化为作物能利用的有效磷营养，又能分泌激素刺激作物生长的活体微生物制品。这类微生物施入土壤后，在生长繁殖过程中会产生一些有机酸和酶类物质，能分解土壤中的矿物态磷、被固定的磷酸铁、磷酸铝和磷酸钙等难溶性磷以及有机磷，使其在作物根际形成一个磷供应较为充分的微区域，从而增强土壤中磷的有效性，改善作物的磷营养，为农作物的生长提供有效态磷元素，还能促进固氮菌和硝化细菌的活动，改善作物氮营养。目前，磷细菌肥料的解磷机理还不十分明确，对此类微生物施入土壤后的活动和消长动态以及解磷作用发挥的条件也不十分了解，加上菌剂质量不能保证，因而磷细菌肥料在生产应用时受到很大限制。

产品类型 按菌种及肥料的作用特性，可将磷细菌肥料分为有机磷细菌肥料和无机磷细菌肥料。

(1) 有机磷细菌肥料 是指能在土壤中分解有机态磷化物（卵磷脂、核酸和植素等）的有益微生物经发酵制成的微生物肥料。分解有机态磷化物的细菌有芽孢杆菌属中的种和类芽孢杆菌属中的种。有机磷细菌：芽孢杆菌属的细菌为革兰染色阳性，能产生抗热的芽孢，有椭圆形或柱形周生或侧生鞭毛，能运动，能产生接触酶。

(2) 无机磷细菌肥料 是指能把土壤中难溶性的不能被作物直接吸收利用的无机态磷化物溶解，转化为作物可以吸收利用的有效态磷化物。分解无机态磷化物的细菌有假单胞属中的种、产碱菌属中的种和硫杆菌属中的种。

按剂型不同分为液体磷细菌肥料、固体粉状磷细菌肥料和颗粒状磷细菌肥料。

目前采用最多的菌种有巨大芽孢杆菌、假单胞菌和无色杆菌等。

磷细菌肥料的作用机理

① 产生各类有机酸（如乳酸、柠檬酸、草酸、甲酸、乙酸、丙酸、琥珀酸、酒石酸、α-羟基酸、葡萄糖酸等）和无机酸（如硝酸、亚硝酸、硫酸、碳酸等），降低环境的pH值，使难溶性磷酸盐降解为有机磷；或认为有机酸可螯合闭蓄态Fe-P、Al-P、Ca-P，使之释放有机磷。

② 产生胞外磷酸酶，催化磷酸酯或磷酸酐等有机磷水解为有效磷。磷酸酶是诱导酶，微生物和植物根对磷酸酶的分泌与正磷酸盐的缺乏程度是正相关的，缺磷时其活性成倍增长。

③ 微生物通过呼吸作用放出二氧化碳，能降低它周围的pH值，从而引起磷酸盐的溶解。研究还认为芽孢杆菌可产生植酸酶水解植酸；荧光假单胞细菌、解磷巨大芽孢杆菌产生的多酚氧化酶可分解腐植酸。

产品特性 通过施用磷细菌肥料，使固定在土壤中的难溶性磷和有机磷化物转化成作物能吸收利用的有效磷，改善作物磷营养；同时，解磷细菌生命活动分泌的维生素、异生长素和类赤霉酸一类的刺激性物质促进作物生长；对环境无污染，有利于提高产品品质。

质量标准 磷细菌肥料的质量标准为国家农业行业标准，代号为：NY 412—2000。

(1) 菌种的有效性 用于生产磷细菌肥料的菌种，必须是从国家菌种中心或国家科研单位引进的，并经过鉴定对动物和植物均无致病作用的非致病菌菌株。这些菌株在含有卵磷脂或磷酸三钙的琼脂平板上培养，能观察到明显的溶磷圈；发酵培养后解磷量与不接菌对照比较有显著差异（$P \leqslant 0.05$）。

① 有机磷细菌。芽孢杆菌属的细菌为革兰氏染色阳性，能产生抗热的芽孢，有椭圆形或柱形周生或侧生鞭毛，能运动，能产生接触酶。

② 无机磷细菌。假单胞菌属中的细菌为革兰氏染色阴性杆菌，有极生的单鞭毛或丛鞭毛，能运动，接触酶阳性。此属中的部分菌株为致病菌，必须进行严格的菌种鉴定后才能用于生产。产碱菌属的细菌，细胞呈杆状，有1～4根周生鞭毛，能运动，革兰氏染色呈阴性，接触酶阳性。硫杆菌的菌为革兰氏染色阴性小杆菌，有单根极生鞭毛，能运动，严格自养。

(2) 产品的技术指标 有液体磷细菌肥料技术指标（表6-11）、固体（粉状）磷细菌肥料技术指标（表6-12）和固体（颗粒）磷细菌肥料技术指标（表6-13）。

表6-11 液体磷细菌肥料技术指标

项　目		指　标
外观、气味		浅黄或灰白色混浊液体，稍有沉淀，微臭或无臭味
有效活菌数/(亿个/毫升)	有机磷细菌肥料	≥2.0
	无机磷细菌肥料	≥1.5

续表

项　　目	指　　标
杂菌率①/%	≤15
pH 值	4.5～8.0
有效期/月	≥6

① 杂菌率包括在选择培养基上的杂菌数和在马丁培养基上的霉菌数。其中对霉菌数的规定为：一般磷细菌肥料的霉菌数要求少于 30.0×10^5 个/毫升（克），拌种剂磷细菌肥料霉菌数要求少于 10.0×10^4 个/毫升（克）。

表 6-12　固体（粉状）磷细菌肥料技术指标

项　　目		指　　标
外观、气味		粉末状、松散、湿润、无霉菌块，无霉味，微臭
水分含量/%		25～50
有效活菌数/(亿个/毫升)	有机磷细菌肥料	≥1.5
	无机磷细菌肥料	≥1.0
细度(粒径)		通过孔径 0.20 毫米标准筛的筛余物≤10%
pH 值		6.0～7.5
杂菌率/%		≤10
有效期/月		≥6

表 6-13　固体（颗粒）磷细菌肥料技术指标

项　　目		指　　标
外观、气味		松散、黑色或灰色颗粒，微臭
水分/%		≤10
有效活菌数/(亿个/毫升)	有机磷细菌肥料	≥0.5
	无机磷细菌肥料	≥0.5
细度(粒径)		全部通过 2.5～4.5 毫米孔径的标准筛
pH 值		6.0～7.5
杂菌率/%		≤20
有效期/月		≥6

该标准对包装、标识、运输和贮存规定如下。

① 液体肥料小包装用塑料瓶或玻璃瓶，大包装用塑料桶。固体肥料用不透明聚乙烯塑料包装。颗粒磷细菌肥料亦可用编织袋包装。外包装采用纸箱，箱外用尼龙打包带加固。

② 每箱（袋）产品中附有产品合格证和使用说明书，在使用说明中标明使用方法、用量及注意事项。

③ 磷细菌肥料的标识、运输和贮存规定同固氮菌肥料。

使用方法 磷细菌肥料可以用作种肥（浸种、拌种）、基肥和追肥，使用量以产品说明书为准。

（1）拌种 固体菌肥按每亩1～1.5千克，加水2倍稀释成糊状，液体菌肥按每亩0.3～0.6千克，加水4倍稀释搅匀后，将菌液与种子拌匀，晾干后即可播种，防止阳光照射。也可先将种子喷湿，再拌上磷细菌肥，随拌随播，播后覆土，若暂时不用，应在阴凉处覆盖保存。

（2）蘸秧根 水稻秧苗每亩用2～3千克的磷细菌肥，加细土或河泥及少量草木灰，用水调成糊状，蘸根后移栽。处理水稻秧田除蘸根外，最好在秧田播种时也用磷细菌肥料。

（3）作基肥 每亩用2千克左右的磷细菌肥，与堆肥或其他农家肥料拌匀后沟施或穴施，施后立即覆土。也可将肥料或肥液在作物苗期追施于作物根部。

（4）作追肥 在作物开花前施用为宜，菌液要施于根部。

注意事项

① 磷细菌适宜生长的温度为30～37℃，适宜的酸碱度为pH7.0～7.5，应在土壤通气良好，水分适当，温度适宜（25～37℃），pH6～8条件下施用。

② 磷细菌肥料在缺磷但有机质丰富的高肥力土壤上施用，或与农家肥料、固氮菌肥、抗生菌肥配合施用效果更好；与磷矿粉合用效果较好。

③ 与不同类型的解磷菌（互不拮抗）复合使用效果较好；在酸性土壤中施用，必须配合施用大量有机肥料和石灰。

④ 磷细菌肥料不得与农药及生理酸性肥料（如硫酸铵）同时施用。

⑤ 贮存时不能暴晒，应放于阴凉、干燥处。

⑥ 拌种时应使每粒种子都沾上菌肥，随用随拌，若暂时不播，放在阴凉处覆盖好等待再用。

6.硅酸盐细菌肥料

硅酸盐细菌肥料（silicate bacteria fertilizer），是一种生物肥料，也叫生物钾肥、钾细菌肥料。在土壤中通过其生命活动，增加植物营养元素的供应量，刺激作物生长，抑制有害微生物活动，有一定的增产效果。能对土壤中云母、长石等含钾的铝硅酸盐及磷灰石进行分解，释放出钾、磷与其他灰分元素，改善作物的营养条件。各种农作物接种硅酸盐细菌肥料后，菌体细胞就在根际或根表生长增殖，减少了土壤中速效钾的固定，大大提高了对钾元素的吸收效率。使用硅酸盐细菌肥料的土壤，其每克土根际钾含量比对照要高出3毫克，蔬菜产量明显增加12%～19%，且硅酸盐细菌肥料还具有活化土壤、培肥地力的功能，对土壤无污染。目前应用的硅酸盐细菌有中国科学院微生物研究所的1153号菌株、上海农科院分离的硅酸盐细菌308号菌株等。

产品类型 硅酸盐细菌肥料按剂型不同分为液体菌剂、固体菌剂和颗粒菌剂。

质量标准 硅酸盐细菌肥料质量标准执行国家农业行业标准NY 413—2000。

(1) 菌种

① 非致病菌，能在含钾的长石粉、云母及其他矿石的无氮培养基上生长，菌体内和发酵液中存在钾及刺激植物生长的激素物质。

② 菌种用胶冻样芽孢杆菌的一个变种菌株或环状芽孢杆菌及其他经过鉴定用于硅酸盐细菌肥料生产的菌种，严格控制各种遗传工程微生物菌种的使用。凡使用其他菌种必须经过鉴定。

③ 菌体大小为（4～7）微米×（1～1.2）微米，长杆状，两端钝圆，胞内常有1～2个大脂肪颗粒，革兰氏染色呈阴性，有荚膜，有椭圆形芽孢。

④ 在无氮培养基上生长的菌落黏稠，富有弹性，呈圆形，边缘整齐、光滑，有光泽，隆起度大，无色透明。

⑤ 在牛肉膏蛋白胨培养基上基本不生长。

(2) 成品技术指标（见表6-14）

表6-14 成品技术指标

项目		不同剂型指标		
		液体	固体	颗粒
外观、气味		无异臭味	黑褐色或褐色粉状，湿润、松散，无异臭味	黑色或褐色颗粒
水分含量/%		—	20.0～50.0	<10.0
pH值		6.5～8.5	6.5～8.5	6.5～8.5
细度筛余物/% 孔径0.18毫米 孔径5.0～2.5毫米		 — —	 ≤20 —	 — ≤10
有效期内有效活菌数/[亿个/毫升(克)]		5	1.2	1.0
杂菌率①/%	≤	5.0	15.0	15.0
有效期②/月	≥	3	6	6

① 其中包括 10^{-6} 马丁培养基平板上无霉菌。

② 此项仅在监督部门或仲裁检验双方认为有必要时才检测。

该标准对包装、标识、运输和贮存规定如下。

① 液体肥料小包装用塑料瓶或玻璃瓶，大包装用塑料桶。固体肥料用不透明聚乙烯塑料包装。颗粒硅酸盐细菌肥料亦可用编织袋包装。冻干菌剂用玻璃指形管真空干燥。外包装采用纸箱，箱外用尼龙打包带加固。

② 每箱（袋）产品中附有产品合格证和使用说明书，在使用说明中标明使用方法、用量及注意事项。

③ 硅酸盐细菌肥料的标识、运输和贮存要求同固氮菌肥料。

增产机理

(1) 增加土壤中硅酸盐细菌数量　施用硅酸盐细菌肥料后，土壤中硅酸盐细菌数量和微生物总数增加。在微生物生命活动中速效磷、钾的含量提高，植株吸收的磷、钾量亦随之增多，从而提高了作物产量。

(2) 增强作物的抗病能力　施用硅酸盐细菌肥料后，由于土壤中硅酸盐细菌的增殖活动，从多方面改善了作物营养条件，特别是增加了作物可吸收的钾、磷、硅等元素，有利于作物生长和增强抗病能力。对玉米叶斑病，大豆灰斑病，水稻稻瘟病，黄瓜、西瓜、甜瓜、辣椒等作物枯萎病、白粉病、茎根腐烂病等都有明显的防治和抑制作用。同时有显著的防早衰、耐寒、防倒伏的效果。小麦施用硅酸盐细菌肥料后减少了赤霉病的发生。施用硅酸盐细菌肥料使棉花黄叶枯茎病的发生率下降24%左右，棉株衰老期比对照延迟20多天。

(3) 促生效应　硅酸盐细菌菌体和发酵液中存在生长素和赤霉酸类物质，赤霉酸可促进植物生长发育。

施用方法　硅酸盐细菌肥料可以作基肥、追肥和拌种或蘸根用。

(1) 基肥　每亩用1～1.5千克颗粒硅酸盐细菌肥与有机肥（或潮细土）15千克左右拌和，均匀撒于地面后整地或耘田覆盖。与农家肥混合施用效果更好，因为硅酸盐细菌的生长繁殖同样需要养分，有机质贫乏时不利于其生命活动的进行。

(2) 拌种　棉花、玉米、花生、小麦、水稻、油菜、芝麻等作物均可采用拌种方法，菌剂用量按每亩用种量施0.5～0.8千克。具体方法是：0.5千克菌剂对250～300毫升水化开，加入种子拌匀（在室内或棚内）阴干后即可播种。

(3) 穴施、蘸根　甘薯、烤烟、西瓜、番茄、草莓、茄子、辣椒等移栽时采用此法。按每亩用1～2千克菌剂与细肥土14～20千克混合，施于穴内与土壤混匀后移栽幼苗。水稻、大葱等移栽或插秧时蘸秧施用，用500克硅酸盐细菌肥料加水15～20千克，化开后混匀蘸根。

(4) 沟施　果树施用硅酸盐细菌肥料，一般在秋末（10月下旬至11月上旬）或早春（2月下旬至3月上旬），根据树冠大小，在距树身1.5～2.5米处环树挖沟（深、宽各15厘米），每亩用菌剂1.5～2千克混细土20千克，施于沟内后覆土即可。

(5) 追肥　按每亩用菌剂1～2千克对水50～100千克混匀后进行灌根。

注意事项

(1) 不能暴晒　拌种要在室内或棚内进行，拌好菌剂的种子应在阴凉处晾干。因太阳光中的紫外线可杀死硅酸盐细菌肥料中的细菌，所以不要在阳光下暴晒。晾干后应立即播种、覆土。

(2) 提前施用　因为硅酸盐细菌肥料施入土壤以后，以细菌繁殖到从土壤矿物中分解释放出钾、磷需要一个过程，为了保证有充足的时间完成这个过程，并从幼苗期就能提供钾、磷养分，所以必须提前施用。在整地前基施、拌种、蘸根或在移苗时施用效果较好。如果是追肥，宜在苗期早追为好。

(3) 近施、均施　硅酸盐细菌肥料与其他肥料不同，它安全性高，不会烧苗，施在根系的周围，效果更好。均匀施用则有利于菌剂充分发挥作用。

(4) 土壤不能过酸、过碱　硅酸盐细菌适宜生长的pH为6～8，当土壤pH小于6时，硅酸盐细菌的活性会受到抑制。因此，在施用前应施用生石灰调节土壤酸度。不可与草木灰等碱性物质混合使用，以免杀死菌体细胞，影响肥效。

（5）注意与有机肥的混合　作基肥时，硅酸盐细菌肥料最好与有机肥料配合施用。因为硅酸盐细菌的生长繁殖同样需要养分，有机质贫乏时不利于其生长繁殖。

（6）注意与农药的混合　硅酸盐细菌肥料可与杀虫、杀真菌病害的农药同时配合施用（先拌农药，阴干后拌菌剂），但不能与杀细菌农药接触。苗期细菌病害严重的作物，菌剂最好采用底施，以免耽误药剂拌种。

（7）注意外部环境条件　有机质、速效磷丰富的壤质土地上施用效果好；土壤速效钾含量在26毫克/千克以下时，不利于解钾功能的发挥，在土壤速效钾含量为50～75毫克/千克的土壤上施用，解钾能力达到高峰；湿润的土壤条件施用效果好，在干旱的土壤中，硅酸盐细菌肥料中的细菌活体不能正常生长繁殖，效果不明显。

（8）注意存放　硅酸盐细菌肥料应存放在阴凉处，避免阳光直射。

7.光合细菌菌剂

能利用光能作为能量来源的细菌，统称为光合细菌（photo synthetic bacteria，PSB）。根据光合作用是否产氧，可分为不产氧光合细菌和产氧光合细菌；又可根据光合细菌碳源的不同，将其分为光能自养型和光能异养型，前者是以硫化氢为光合作用供氢体的紫硫细菌和绿硫细菌，后者是以各种有机物为供氢体和主要碳源的紫色非硫细菌。

产品特点

（1）光合细菌能促进土壤物质转化，改善土壤结构，提高土壤肥力，促进作物生长　光合细菌大都具有固氮能力，能提高土壤氮水平，通过其代谢活动能有效地提高土壤中某些有机成分、硫化物和氨态氮的含量，并促进有害污染物如农药等的转化。同时能促进有益微生物的增殖，使之共同参与土壤生态的物质循环。此外，光合细菌产生的丰富的生理活性物质如脯氨酸、尿嘧啶、胞嘧啶、维生素、辅酶Q、类胡萝卜素等都能被作物直接吸收，有助于改善作物的营养，激活作物细胞的活性，促进根系发育，提高光合作用和生殖生长能力。

（2）光合细菌能处理有机废水　主要利用红螺菌科的大多数属种（通常称为紫色非硫菌群）。它们不仅能在厌氧光照条件下，以低级脂肪酸、醇类、糖类、芳香族化合物等低分子有机物作为电子供体进行光能异养生长，而且能在好氧黑暗条件下以有机物为呼吸基质进行好氧异养生长，可有效净化高浓度有机废水。处理废水后，生成无机物如CO_2、H_2O，菌体污泥还可作资源利用，不会产生二次污染，具有所需设备简单、投资少、节省能源的优点。

（3）光合细菌能用于水产养殖及禽畜饲养业　光合细菌菌体中含有丰富的蛋白质、维生素及各种生物活性物质，干物质中约含70%的蛋白质，比酵母、小球菌及其他细菌中的蛋白质抽出率高6%以上。光合细菌菌体蛋白具有与鱼粉等动物蛋白相近的性质，B族维生素的种类和含量不亚于酵母，尤其是维生素 B_{12}、生物素含量相当多，还含有相当多的类胡萝卜素和辅酶Q。因此，光合细菌在水产养殖、禽畜饲养业中具有很高的饲料价值，用于水产养殖能提高鱼苗的成活率并能净化水质，防治鱼病，促进鱼类的生长发育。

(4) 光合细菌能增强作物抗病防病能力　光合细菌含有抗细菌、抗病毒的物质，这些物质能钝化病原体的致病力以及抑制病原体生长。同时光合细菌的活动能促进放线菌等有益微生物的繁殖，抑制丝状真菌等有害菌群生长，改善植物根际的微生物群，从而有效地抑制某些病害的发生与蔓延，对克服连作障碍和真菌病害均有一定效果。基于光合细菌具有抗病防病作用，现有研究者将其开发为瓜果等的保鲜剂。

产品种类　光合细菌的种类较多，目前主要根据它所具有的光合色素体系和光合作用中是否能以硫为电子供体将其划为4个科：红螺菌科（或称红色无硫菌科）、红硫菌科、绿硫菌科和滑行丝状绿硫菌科，进一步可分为22个属、61个种。与生产应用关系密切的主要是红螺菌科的一些属、种，如荚膜红假单胞菌、球形红假单胞菌、沼泽红假单胞菌、嗜硫红假单胞菌、深红红螺菌、黄褐红螺菌等。红螺菌的细胞呈螺旋状，极生鞭毛，革兰氏阴性，含有菌叶绿素a和类胡萝卜素，为厌氧的光能自养菌，多数种在黑暗、微好氧下进行氧化代谢，细菌悬液呈红到棕色。红假单胞菌形态从杆状、卵形到球形，极生鞭毛，能运动，革兰氏阴性，含有菌绿素a、b和类胡萝卜素，没有气泡。厌氧光能自养菌某些种在黑暗中微好氧或好氧进行氧化代谢，细菌悬液呈黄绿到棕色和红色。

产品分类

(1) 液体菌剂　以有机、无机原料培养液接种光合细菌，经发酵培养而成的光合细菌菌液。

(2) 固体菌剂　由某种固体物质作为载体吸附光合细菌菌液而成。

质量标准　光合细菌菌剂执行农业行业标准NY 527—2002。

(1) 菌种　生产光合细菌菌剂所使用的菌种，都应经过农业部认定的国家级科研单位的鉴定，包括菌种属及种的学名、形态、生理生化特性及鉴定依据、活性、安全性等完整资料，以杜绝一切植物检疫对象、传染病病原菌作为菌种生产的产品。

(2) 产品指标　有产品技术指标（表6-15）和五种重金属限量指标（表6-16）。

表6-15　光合细菌肥料技术指标

项　目	剂　型		
	液体	粉剂	颗粒
外观、气味	紫红色、褐红色、暗红色、棕红色、棕黄色等液体，略有沉淀、略具清淡的腥味	粉末状，略具清淡的腥味	颗粒状，略具清淡的腥味

续表

项　　目		剂　型		
		液体	粉剂	颗粒
pH 值		6.0～8.5	6.0～8.5	6.0～8.5
水分/%		—	20.0～35.0	5.0～15.0
细度,筛余物/% 孔径 0.18 毫米 孔径 1.00～4.75 毫米		 — —	 ≤20 	 ≤20
有效活菌数/(个/毫升或个/克)	≥	5×10^8	2×10^8	1×10^8
杂菌率/%	≤	10	15	20
霉菌杂菌/[10^6/克(毫升)]	≤	3.0	15.0	20.0
有效期/月	≥	6	6	6
蛔虫卵死亡率/%		95		
粪大肠菌群/[个/克(毫升)]	≤	100		

注：有效期仅在监督部门或仲裁双方认为有必要时才检验。

表 6-16　五种重金属限量指标

参　　数	标准极限
汞及其化合物(以 Hg 计)含量/(毫克/千克)	≤5
镉及其化合物(以 Cd 计)含量/(毫克/千克)	≤10
铬及其化合物(以 Cr 计)含量/(毫克/千克)	≤150
砷及其化合物(以 As 计)含量/(毫克/千克)	≤75
铅及其化合物(以 Pb 计)含量/(毫克/千克)	≤100

注：液体菌剂可免作重金属检测。

(3) 包装、标识、运输与贮存的规定同固氮菌肥料。

施用方法　生产的光合细菌肥料一般为液体菌剂，用于农作物的基肥、追肥、拌种、叶面喷施、秧苗蘸根等。

① 作种肥使用，可增加生物固氮作用，提高根际固氮效应，增进土壤肥力。

② 叶面喷施，可改善植物营养，增强植物生理功能和抗病能力，从而起到增产和改善品质的作用。

③ 作果蔬保鲜剂，能抑制病菌引起的病害，对西瓜等的保存有良好的作用，光合细菌防止病害的主要原因是它具有杀菌作用，能抑制其他有害菌群及病毒的生长。

此外，畜牧业上应用于饲料添加剂，在畜禽粪便的除臭，有机废物的治理上均有较好的应用前景。

由于光合细菌应用的历史比较短，许多方面的应用研究还处在初级阶段，还有大量的、深入的研究工作要做。尤其是这一产品的质量、标准以及进一步提高应用效果等方面的基础薄弱，有待进一步加强。目前的研究和试验已显示出光合细菌作为重要的微生物资源，其开发应用的前景是广阔的，必将具有不可替代的应用市场，在人类活动中必将发挥越来越大的作用。

8.复合微生物肥料

复合微生物肥料（compound microbial fertilizers），是指由特定微生物与营养物质复合而成，能提供、保持或改善植物营养，提高农产品产量或改善农产品品质的活体微生物制品。

主要类型

（1）两种或两种以上微生物复合　两种或两种以上微生物复合的微生物菌剂（肥）可以是同一个微生物种复合，如大豆根瘤菌的不同菌素（或血清组、DNA同源组）分别发酵，吸附时混合，在不同大豆基因型的地区使用；也可以是不同微生物菌种，如固氮菌、解磷菌和解钾菌分别发酵、混合后吸附，以增强微生物菌剂（肥）的功效。采用两种或两种以上微生物复合，其间必须无拮抗关系，而且必须分别发酵，然后混合。

（2）一种微生物与各种营养元素或添加物、增效剂复合　采用的复合方式为向菌剂中添加大量营养元素，即菌剂和一定量的氮、磷、钾或其中1～2种复合；菌剂添加一定量的微量元素；菌剂添加一定量的稀土元素；菌剂添加一定量的植物生长激素；用无害化畜禽粪便、生活垃圾、河湖污泥作为主要基质。总之，无论哪一种方式，必须考虑到复合物的量、复合制剂的pH值和盐浓度对微生物有无抑制作用。常见的有以下几种。

① 微生物-微量元素复合生物肥料。微量元素在植物体内是酶或辅酶的组成成分，对高等植物叶绿素、蛋白质的合成，光合作用以及养分的吸收和利用起着促进和调节的作用。如元素铝、铁等是固氮酶的组成成分，是固氮作用不可缺少的元素。

② 联合固氮菌复合生物肥料。由于植物的分泌物和根的脱落物可以作为能源物质，固氮微生物利用这些能源生活和固氮，因此称为联合固氮体系。我国科学家从水稻、玉米、小麦等禾本科植物的根系分离出联合固氮细菌，并开发研制微生物肥料，具有固氮、解磷、激活土壤微生物和在代谢过程中分泌植物激素等作用，可以促进作物生长发育，提高小麦单位面积产量。

③ 固氮菌、根瘤菌、磷细菌和钾细菌复合生物肥料。这种生物肥料可以供给作物一定量的氮、磷和钾元素。选用不同的固氮菌、根瘤菌、磷细菌和钾细菌，分别接种到各种菌的富集培养基上，在适宜的温度条件下培养，达到所要求的活菌数后，再按比例混合，制成菌剂，其效果优于单株菌接种。

④ 有机-无机复合生物肥料。单独施用生物肥料满足不了作物对营养元素的需要，生物肥的增产效果是有限的。而长期大量使用化肥，又致使土壤板结，作物品质下降、口感不好。因此，有机-无机复合生物肥料成为人们关注的一种新型肥料。

⑤ 多菌株多营养生物复合肥。这种生物肥料是利用微生物的各种共生关系，以廉价的农副产品或发酵工业的下脚料为原料，通过多种有益微生物混合发酵制成的微生物肥料。由于微生物的种类多，可以产生多种酶、维生素及其他生理活性物质，其可直接或间接促进作物的生长。

复合微生物肥料作用机理

① 全营养型。不仅给作物提供生长所需的氮、磷、钾和中微量元素，还能为作物提供有机质和有益微生物活性菌。

② 肥效具有缓释的功效，提高肥料的利用率。在生产过程中，部分无机营养元素溶解后被有机质吸附络合在一起，形成有机态氮、磷、钾，进入土壤不易流失和被固定，化学肥料利用率可提高 10%～30%，肥效可持续 3～4 个月。

③ 疏松土壤，溶磷解钾，培肥地力。肥料进入土壤后，微生物在有机质、无机营养元素、水分、温度的协助下大量繁殖，减少了有害微生物群体的生存空间，从而增加了土壤中有益微生物菌的数量，微生物菌产生大量的有机酸可以把多年沉积在土壤中的磷、钾元素部分溶解释放出来供作物吸收利用，长期使用土壤将会变得越来越疏松和肥沃。

④ 微生物菌在肥料中处于休眠状态，进入土壤萌发繁殖后，分泌大量的几丁质酶、胞外酶和抗生素等物质，可以有效裂解有害真菌的孢子壁、线虫卵壁和抑制有害菌的生长，有效地控制土传性病虫害的发生，起到防病防虫和抗重茬的功效。

⑤ 生根壮苗，降低亚硝酸盐含量，提高品质，增产增收。微生物菌在土壤中繁殖后，产生大量的植物激素和有机酸，刺激根系生长发育，增强农作物的光合强度，使作物根深叶茂，可有效提高作物果实的糖度，降低作物产品中硝酸盐及其他有害物质的含量，提高品质，农作物可增产 10%～30%。

⑥ 加速土壤中有机质的降解。微生物菌不仅为农作物生长提供更多有机营养物质，提高农作物的抗逆性；同时还可以减少土壤中一些病原菌的生存空间。

质量标准 复合微生物肥料执行农业部行业标准 NY/T 798—2015（代替 NY/T 798—2004）。该标准规定了复合微生物肥料的术语和定义、要求、试验方法、检验规则、标志、包装、运输及贮存。适用于复合微生物肥料。

（1）菌种 使用的微生物菌种应安全、有效。生产者应提供菌种的分类鉴定报告，包括属及种的学名、形态、生理生化特性及鉴定依据等完整资料，以及菌种安全性评价资料。采用的生物工程菌，应具有获准允许大面积释放的生物安全性有关批文。

（2）外观（感官） 均匀的液体或固体。悬浮型液体产品应无大量沉淀，沉淀轻摇后分散均匀；粉状产品应松散；粒状产品应无明显机械杂质、大小均匀。

（3）技术指标 复合微生物肥料的各项技术指标应符合表 6-17 的要求。产品剂型分为液体和固体，固体剂型包含粉状和粒状。

表 6-17　复合微生物肥料产品技术指标

项　　目	剂　型	
	液体	固体
有效活菌数(cfu)①/[亿/克(毫升)]	≥0.50	≥0.20
总养分($N+P_2O_5+K_2O$)含量②/%	6.0～20.0	8.0～25.0
有机质(以烘干基计)含量/%	—	≥20.0
杂菌率/%	≤15.0	≤30.0
水分含量/%	—	≤30.0
pH 值	5.5～8.5	5.0～8.5
有效期③/月	≥3	≥6

①含两种以上有效菌的复合微生物肥料，每一种有效菌的数量不得少于 0.01 亿/克（毫升）。

②总养分应为规定范围内的某一确定值，其测定值与标明值正负偏差的绝对值不应大于 2.0%；各单一养分值应不少于总养分含量的 15.0%。

②此项仅在监督部门或仲裁双方认为有必要时才检测。

（4）无害化指标　复合微生物产品的无害化指标应符合表 6-18 的要求。

表 6-18　复合微生物肥料产品无害化指标要求

项　　目	限量指标
粪大肠菌群数/[个/克(毫升)]	≤100
蛔虫卵死亡率/%	≥95
砷(As)(以烘干基计)含量/(毫克/千克)	≤15
镉(Cd)(以烘干基计)含量/(毫克/千克)	≤3
铅(Pb)(以烘干基计)含量/(毫克/千克)	≤50
铬(Cr)(以烘干基计)含量/(毫克/千克)	≤150
汞(Hg)(以烘干基计)含量/(毫克/千克)	≤2

该标准对包装、标识、运输和贮存的规定如下。

① 包装。根据不同产品剂型选择适当的包装材料、容器、形式和方法，以满足产品包装的基本要求。产品包装中应有产品合格证和使用说明书，在使用说明书中标明使用范围、方法、用量及注意事项等内容。

② 标识。标识所标注的内容，应符合国家法律、法规的规定。

产品名称及商标：应标明国家标准、行业标准已规定的产品通用名称，商品名称或者有特殊用途的产品名称可在产品通用名下以小号字体予以标注。国家标准、行业标准对产品通用名称没有规定的，应使用不会引起用户、消费者误解和混淆的商品名称。企业可以标注经注册登记的商标。

产品规格：应标明产品在每一个包装物中的净重，并使用国家法定计量单位。标注净重的误差范围不得超过其明示量的±5%。

产品执行标准：应标明产品所执行的标准编号。

产品登记证号：应标明有效的产品登记证号。

生产者名称、地址：应标明经依法登记注册并能承担产品质量责任的生产者名称、地址、邮政编码和联系电话。进口产品可以不标生产者的名称、地址，但应当标明该产品的原产地（国家/地区），以及代理商或者进口商或者销售商在中国依法登记注册的名称和地址。

生产日期或生产批号：应在生产合格证或产品包装上标明产品的生产日期或生产批号。

保质期：用“保质期______个月（或年）”表示。

③ 运输。运输过程中应有遮盖物，防止雨淋、日晒及高温。气温低于0℃时采取适当措施，以保证产品质量。轻装轻卸，避免包装破损。不应与对微生物肥料有毒、有害的其他物品混装、混运。

④ 贮存。产品应贮存在阴凉、干燥、通风的库房内，不应露天堆放，以防日晒雨淋，避免不良条件的影响。

简易识别要点 具有下列任何一条款者，均为不合格产品。

① 有效活菌数不符合技术指标。

② 杂菌率不符合技术指标。

③ 在pH值、水分、细度、外观等检测项目中，有两项以上（含）不符合技术指标。

④ 有效养分含量不符合技术指标。

⑤ 粪大肠菌群值不符合技术指标。

⑥ 蛔虫卵死亡率不符合技术指标。

⑦ As、Cd、Pb、Cr、Hg中任一含量不符合技术指标。

施用方法 适合经济作物类、大田作物类、果树蔬菜类等。

（1）基肥、追肥 每亩用复合微生物肥料1～2千克，与农家肥、化肥或细土混匀后沟施、穴施、撒施均可。

（2）沟施、穴施 幼树采取环状沟施，每棵用200克；成年树采取放射状沟施，每棵用500～1000克，可拌肥施，也可拌土施。

（3）蘸根、灌根 每亩用1～2千克，对水3～4倍，移栽时蘸根或于栽后其他时期灌于根部。

（4）拌苗床土 每平方米苗床土用复合微生物肥料200～300克与之混匀后播种。

（5）园林盆栽 花卉草坪，每千克盆土用复合微生物肥料10～15克追肥或作基肥。

（6）冲施 根据不同作物，每亩用复合微生物肥料1～2千克与化肥混合，再用适量水稀释，灌溉时随水冲施。

（7）叶面喷施 在作物生长期内进行叶面追肥，稀释500倍左右或按说明书要求的倍数稀释后，进行叶面喷施。

注意事项

① 不能与杀菌剂、除草剂混用，并且前后必须要间隔 7 天以上施用。

② 最好在雨后或灌溉后施用，肥料用前要充分摇匀，现配现用。

③ 保存时切忌进水，保存于阴凉干燥处，并不宜直接在地面存放。

9. 增产菌

增产菌（yield-inceasing bacteria），属芽孢杆菌，是依据植物微生态学原理研制出的一种微生态制剂。增产菌有适用于小麦、玉米、水稻等单子叶禾谷类作物的“稻麦增产菌”，有适用于棉花、花生和蔬菜等双子叶作物的“广谱增产菌”，以及西瓜、油菜、甜菜、苹果等专用增产菌。增产菌粉剂选用内生共生芽孢杆菌为菌种，经过工业化生产的粉剂剂型，使用方法有拌种、浸种、包衣、蘸根（秧）或者叶面喷雾。这些方法是将增产菌接种在植物体内，使其定殖、繁殖、转移，调节植物个体微生态系统，达到增加产量、改进品种、提高抗性的目的。

质量标准　执行农业行业标准 NY 334—1998。

① 外观。灰白色或带色泽粉末。

② 增产菌粉剂应符合表 6-19 的要求。

表 6-19　增产菌粉剂的要求

名称		指　标
含菌量/(亿个/克)		300±30
悬浮度/%	≥	82
细度(通过 0.09 毫米孔径筛)/%		100
水分含量/%	≤	5
杂菌量/%	≤	1

该标准对标志、包装、运输和贮存规定如下。

① 每批出厂的产品都应附有合格证，其外包装上应印有产品名称、生产厂家、厂址、电话、批号、净重、生产日期、标准编号、微生态制剂登记号。内包装上应印有产品名称、生产厂家、净重、登记号、使用说明书和合格证。

② 产品装入聚乙烯袋，每小塑料袋重（20±0.5）克，每大袋装 50 袋，每箱装 10 大袋，每箱净重（10±0.1）千克。

③ 运输过程中避免高温日晒、受潮、雨淋、撞击等，搬运时小心轻放。

④ 贮存时产品应置于阴凉、干燥处，不得与杀细菌剂混放。

⑤ 在符合以上贮运条件下保存期为 3 年。

施用方法　增产菌的使用方法应符合国家农业行业标准 NY 337—1998（适用于芽孢杆菌粉剂在多种作物上的使用）。其技术要求、使用方法及操作规程分别见表 6-20、表 6-21。

表 6-20 技术要求

使用方法	使用时间	产品规定/(亿个/克)	每公顷用量
拌种	播种前	300	150～225 克
浸蘸根苗	移栽前	300	150～225 克
喷雾	生长过程	300	150～225 克
包衣	播种前	300	150～225 克

表 6-21 使用方法及操作规程

作物	使用菌剂	使用方法	使用量(粉剂)/(克/公顷)	使用时间	使用次数	间隔时期/天	使用要点说明
水稻	稻麦增产菌	拌种	早稻:1500 中稻:1500 晚稻:1500	催芽种子破皮露白时	1		将干种子喷水或浸湿,将菌剂撒入种子中,翻动数次,使菌剂均匀地附着于种子表面,晾干种子表面水分,即可播种
		喷雾	75～150	插秧前1～3天	3	15	菌剂加 10～20 千克水,稀释搅匀,用双层纱布过滤后使用
		蘸秧	150～300	插秧前	1		菌剂加 15～20 千克水,稀释搅匀,浸蘸秧后,稍晾干即可使用
小麦	稻麦增产菌	拌种	75～150	选种后	1		将干种子喷水或浸湿,将菌剂撒入种子中,使菌剂均匀地附着于种子表面,稍晾干种子表面水分,即可播种
		喷雾	150～225	越冬前 起身后	3	15	菌剂加 10 千克水,稀释搅匀,苗期使用,拔节后菌剂加 15～20 千克水,稀释搅匀,用双层纱布过滤后使用
玉米	稻麦增产菌	拌种	150～225,和包衣剂一起使用	播种催芽后	1		将干种子喷水或浸湿,将菌剂撒入种子中,使菌剂均匀地附着于种子表面,稍晾干种子表面水分,即可播种
		包衣	75～150	播种前	1		用糖衣包衣机或专用包衣机进行包衣处理或人工包衣
		喷雾	75～150	定苗后	3	15	菌剂加 15～20 千克水,稀释搅匀,用双层纱布过滤后使用
大豆	广谱式(大豆专用型)	拌种	75～150	播种前	1		将干种子喷水或浸湿,将菌剂撒入种子中,翻动数次,使菌剂均匀地附着于种子表面,晾干种子表面水分,即可播种
		喷雾	75～150	开花前	1		菌剂加 10～15 千克水,稀释搅匀,用双层纱布过滤后使用

续表

作物	使用菌剂	使用方法	使用量(粉剂)/(克/公顷)	使用时间	使用次数	间隔时期/天	使用要点说明
棉花	广谱式(棉花专用型)	拌种	75～150	播种前	1		将干种子喷水或浸湿,将菌剂撒入种子中,翻动数次,使菌剂均匀地附着于种子表面,晾干种子表面水分,即可播种
		喷雾	75～150	出苗后、初花期、花铃期	3		菌剂加10～15千克水,稀释搅匀,苗期用;花铃期菌剂加15～25千克水,稀释搅匀,用双层纱布过滤后使用
油菜	广谱式(油菜专用型)	拌种	75～150	播种前	1		将干种子喷水或浸湿,将菌剂撒入种子中,翻动数次,使菌剂均匀地附着于种子表面,晾干种子表面水分,即可播种
		喷雾	75～150	定植成活开始	3	15	菌剂加10～15千克水,稀释搅匀,用双层纱布过滤后使用
甜菜	广谱式(甜菜专用型)	拌种	75～150	播种前	1		将干种子喷水或浸湿,将菌剂撒入种子中,翻动数次,使菌剂均匀地附着于种子表面,晾干种子表面水分,即可播种
		包衣	150～225,加入种子包衣剂中	播种前			用包衣机进行包衣处理或人工包衣
		喷雾	75～150	生育前期	2	15	菌剂加15千克水,稀释搅匀,用双层纱布过滤后使用
花生	广谱式(花生专用型)	拌种	150～225	播种前	1		将干种子喷水或浸湿,将菌剂撒入种子中,翻动数次,使菌剂均匀地附着于种子表面,晾干种子表面水分,即可播种
		喷雾	150～225	出苗后	3	15	菌剂加15千克水,稀释搅匀,用双层纱布过滤后使用
西瓜	广谱式(西瓜专用型)	拌种	150～225	播种前	1		将干种子喷水或浸湿,将菌剂撒入种子中,翻动数次,使菌剂均匀地附着于种子表面,晾干种子表面水分,即可播种
		包衣	150～225,加入西瓜种衣剂中处理	播种前	1		用包衣机进行包衣处理或人工包衣
		喷雾	150～225	第一片真叶长出后和西瓜果膨大期	3	15	菌剂加10千克水,稀释搅匀,用双层纱布过滤后使用

续表

作物	使用菌剂	使用方法	使用量(粉剂)/(克/公顷)	使用时间	使用次数	间隔时期/天	使用要点说明
甘薯	广谱式（甘薯专用型）	苗床蘸薯块	10～20 克/100 千克薯块	播种前	1		菌剂加 2～4 千克水，搅匀制成悬浮液，喷洒薯块，使菌液均匀沾于薯块上
		蘸秧	75～150	栽插前	1		菌剂加 80～100 倍水，搅匀制成悬浮液，将薯身白根剪断，插入菌液，浸泡 30 分钟
		喷雾	75～150	薯块出床前和定植成活后	2	15	菌剂加 10 千克水，稀释搅匀，用双纱布过滤后使用
马铃薯	广谱式（马铃薯专用型）	浸蘸块茎	300	播种前	1		菌剂加 10 千克水，搅匀制成悬浮液，浸块茎
		喷雾	150～225	苗期	2	15	菌剂加 15 千克水，稀释搅匀，用双层纱布过滤后使用
茶叶、苹果、樱桃、柑橘	广谱式（果树专用型）	喷雾	150～300	花芽萌发前、果树生长期、采收前 15 天	3	15	菌剂加 20 千克水，稀释搅匀，用双层纱布过滤后使用

注意事项

① 增产菌能同各种肥料、农药（杀细菌剂除外）混合使用，不会影响增产菌的使用效果。

② 增产菌能在植物体内、体表定殖、繁殖，对植物，对人、畜和环境没有毒害和污染作用。

10.有机物料腐熟剂

有机物料腐熟剂（organic matter-decomposing inoculant），是指能加速各种有机物料（包括农作物秸秆、畜禽粪便、生活垃圾及城市污泥等）分解、腐熟的微生物活体制剂，如腐杆灵、酵素菌、上海四季 SA 生物制剂等。按产品的形态不同可分为液体、粉剂、颗粒三种剂型。

产品特点

① 能快速促进堆料升温，缩短物料腐熟时间。

② 有效杀灭病虫卵、杂草种子，除水、脱臭。

③ 腐熟过程中释放部分速效养分，产生大量氨基酸、有机酸、维生素、多糖、酶类、植物激素等多种促进植物生长的物质。

秸秆腐熟的机理 在适宜的营养（特别是氮营养）、温度、湿度、通气量和 pH 值条件下，通过微生物的繁殖，使秸秆分解，把碳、氮、磷、钾和硫等分解矿化或使之形成简单的有机物和腐殖质。秸秆中纤维素、半纤维素占极大的比例，纤维素是葡萄糖的聚合物，由于其结构特殊，因此有抵抗各种氧化剂的能力，只能被浓酸水解。微生物对纤维素的作用，完全取决于微生物的功能和分解条件。纤维素的分解分两个阶段。第一阶段是在微生物分泌的纤维素酶的作用下水解，生成纤维糊精、纤维二糖，在纤维二糖酶的作用下生成葡萄糖。第二阶段是水解产物的发酵过程。第二阶段好气微生物和厌氧微生物的发酵产物有所不同。好气纤维分解菌能将纤维素完全分解，只产生二氧化碳、一些黏液物质、色素和大量微生物细胞物质，30%～40%分解的纤维素可以转变成纤维素分解菌的细胞物质；嫌气性纤维分解菌则发酵成各种有机酸（醋酸、丙酸、丁酸、蚁酸、乳酸和琥珀酸等）、醇类、二氧化碳和氢气。木质素是复杂的植物物质，是具有某些侧链的苯环结构，很难分解。一些细菌和高等真菌能把木质素的侧链及芳香环氧化，进而裂解木质素。在堆肥中有相当数量的木质素形成腐殖质，它是植物营养的储存库，也是土壤肥力的基础。半纤维素包括多种化合物，有多缩糖醛和多缩糖醛酸。在微生物的作用下，多糖水解成简单的单糖类（$C_6H_{12}O_6$、$C_5H_{10}O_5$）。多缩糖醛酸水解成糖醛酸或糖醛酸和糖的混合物。其主要被真菌和细菌所分解。半纤维素也是微生物细胞物质（荚膜）的重要组成部分。

质量标准 执行国家农业行业标准 NY 609—2002（适用于能分解各种有机物料的细菌、真菌、放线菌等多种微生物复合而成的生物制剂产品）。

（1）菌种 生产企业所使用的菌种应安全、有效，必须提供菌种的分类地位材料，包括菌落及菌体形态照片。

（2）产品技术指标 应符合表 6-22 的要求。

表 6-22 产品技术指标

项目		剂型		
		液体	粉剂	颗粒
外观		无异臭味的液体	粉状、湿润、松散	颗粒、无明显机械杂质
有效活菌数(cfu)/[亿/克(毫升)]	≥	1.0	0.50	0.50
水分含量/%	≤	—	35.0	20.0
纤维素酶活/(U/毫升)	≥	30.0	30.0	30.0
蛋白酶活/[U/克(毫升)]	≥	15.0	15.0	15.0
淀粉酶活/[U/克(毫升)]	≥	10.0	10.0	10.0
pH 值		5.0～8.5	5.5～8.5	5.5～8.5
有效期/月	≥	6	12	

注：根据所腐熟物料的种类测定相应的酶活。

（3）产品无害化指标 应符合表 6-23 的要求。

表 6-23 产品无害化指标

参数		标准极限
大肠菌群值/[个/克(毫升)]	≤	1000
蛔虫卵死亡率/%	≥	95

续表

参　数		标准极限
汞及其化合物(以 Hg 计)含量/(毫克/千克)	≤	5
镉及其化合物(以 Cd 计)含量/(毫克/千克)	≤	10
铬及其化合物(以 Cr 计)含量/(毫克/千克)	≤	150
砷及其化合物(以 As 计)含量/(毫克/千克)	≤	75
铅及其化合物(以 Pb 计)含量/(毫克/千克)	≤	100

注：粉剂、颗粒产品所用载体需测重金属指标，液体制剂产品不测重金属指标。

该标准对包装、标志、运输与贮存的规定，按 NY/T 411—2000 的要求。

在有机肥腐熟上常用的秸秆腐熟菌剂

(1) 福贝复合菌　云南省微生物研究所联合研究开发。由真菌、放线菌、细菌、酵母菌四大类 14 种菌株组成，可使土壤有机质增加、活性增强、作物明显增产。还可将秸秆、甘蔗渣、稻草、污水厂污泥等生产生活废料进行固体发酵后，使废料发酵、无臭、稳定、无害，做到废物的回收利用、增加秸秆还田数量和质量，从而达到保持农田生态环境的目的。

(2) HM 菌种　恒隆态环保生物技术研究所研发。将该菌种以万分之一的比例，掺入畜禽粪便、农作物秸秆中，迅速升温、快速发酵，加快腐熟，能有效杀灭发酵物中的有害病原菌、寄生虫卵、杂草种子等，消除恶臭，生产出富含有机质、速效养分含量高的生物有机肥。该肥能改善土壤团粒结构，抑制土壤板结，遏制土壤中的病虫害，培肥地力，可促进作物生长发育，提升作物品质。

(3)“满园春”生物发酵剂　北京中龙创科技有限公司开发生产的一种新型生物发酵剂。内含具有特殊功能的芽孢杆菌、丝状真菌、放线菌和酵母菌。能促使畜禽粪便、农作物秸秆、农产品加工下脚料和各类糟粕物料快速腐熟并消除异味，腐熟后的产品可满足无公害农产品生产的需要。

(4) 腐秆灵　广东省高明市绿宝科技有限公司引进先进生物工程技术开发生产的一种菌剂。其含有大量的分解纤维素、半纤维素、木质素的多种微生物菌群，既有嗜热、耐热的菌种，也有适应中温的菌种。处理水稻、小麦、玉米等作物秸秆，能加速茎秆腐烂，使其转化成优质的有机肥料。

(5) CM 菌　山东亿安生物工程有限公司应用益生菌共生发酵新技术研制的一种多功能复合菌剂，主要由光合菌、酵母菌、醋酸杆菌、放线菌、芽孢杆菌等组成，使用后，不仅能使作物秸秆等有机废弃物腐熟分解，同时还具有除臭作用。

(6) 催腐剂　山东文登市土肥站研究开发的用于发酵的一种微生物菌剂。根据微生物中钾细菌和磷细菌等有益微生物的营养要求，以有机物为主要原料，选用适合有益微生物营养要求的化学药品配制定量氮、磷、钾、钙、镁、铁、硫等营养的化学制剂。应用催腐剂堆腐秸秆，能加速有益微生物的生长，促进有机质腐解，并能定向培养钾细菌等有益微生物，增加堆肥中有益微生物数量，提高堆肥质量。

（7）酵素菌　河南三门峡龙飞生物工程有限公司引进日本的一种多功能菌种，是由能产生多种酶的好（兼）气性细菌、酵母菌和霉菌组成的有益微生物群体。其作用于农作物秸秆等有机物料，能在短时间内将有机物分解，尤其能够降解木屑等物质中的毒素，促进堆肥中放线菌的大量繁殖，从而改善土壤生态环境，创造农作物生长发育所需的良好环境。

（8）有机肥料发酵剂　北京神农采禾生物科技公司研制，可以作为发酵剂使用也可以作添加剂使用。可将各种作物秸秆、瓜藤、畜禽粪便、树叶杂草、糠醋渣、锯末、酒渣、醋渣、酱油渣、豆饼、食用菌渣、粉渣、豆腐渣、骨粉、蔗渣、屠宰场的下脚料及城乡生活垃圾等废弃物快速变成有机肥料。该肥既含作物所需的大、中、微量元素，同时还含有固氮、解磷、解钾功能菌，且无毒、无害、无污染，不烧根、不烧苗，能防止土壤板结、培肥地力，适用于各种土壤、各种作物，对提高产品品质、增加作物产量，均有显著效果。

使用方法　有机物料腐熟剂是微生物的活体制剂，它的施用注意事项与微生物肥料、生物有机肥料等以微生物活体起主要作用的肥料有许多相似之处。不同厂家的有机物料腐熟剂由于包含的菌株不同，其施用方法也随之不同，要严格按照说明书使用。以 CHM-2 为例，说明施用方法。

① 将禽畜粪便等用干的辅料（如谷壳糠等），按 7∶3 的比例，调制成含水量 55％～60％的混合料，每 1000 千克混合料接种 5 千克的微生态调节剂 CHM-2，并充分搅拌均匀，然后将物料堆制成高约 1.2 米的垛状。

② 当日或次日温度开始上升，温度达到 60～65℃并维持 3～5 天后便开始翻堆（将堆里和堆外对翻即可）。一般对物料进行 3～4 次翻堆后，物料松散、堆温降低、无异臭味时，表明堆料已腐熟，整个发酵周期为 15～20 天。

③ 发酵温度和周期会随环境温度、物料含水率、搅拌状况及原、辅料的变化有所变化。

11. 土壤酵母

土壤酵母（soil yeast），是最新研制的微生物肥，可以疏松土壤，提高土壤的透气性。菌株繁殖能产生大量抗菌素，对作物多种病害产生抗性，从而有效地防治作物病害，起到增加产量、改善品质的作用。土壤酵母能有效防治玉米粗缩病、大小叶斑病、疮痂病、软腐病，防治苹果、葡萄上各种斑点落叶病、霜霉病、炭疽病，并可推迟落叶 9～12 天。

主要功能

（1）促进作物生长，提高作物产量　有益菌分泌的代谢活性物质（如赤霉酸、细胞分裂素、生长素等）能刺激作物生长发育，抑制徒长，调整作物营养平衡吸收，平衡生长。使作物根系发达，叶面宽厚柔软、有韧性，光合作用增强，开花早，结果多，膨果均匀，增产增收。

(2) 诱导抗性基因的表达，提高作物抗病抗逆能力　一方面有益菌在作物根系周围大量繁殖，形成优势菌群，能有效地阻止病原菌侵染作物，减少作物发病机会。另一方面，有些代谢活性物质能诱导作物产生抗体，增强作物的抗病性、抗逆性，增强作物抗旱涝、抗低温的能力。

(3) 促进有效物质合成，改善农产品品质　有效地改善农产品的外观，促进氨基酸、可溶性糖、维生素等营养元素的合成，降低硝酸盐、重金属等有害物质含量，使农产品口感好，保鲜时间长、耐储存，提高商品价值。

(4) 改善土壤结构，增进土壤肥力　有益菌在作物根系周围大量繁殖，分泌的胶性物质有利于土壤团粒结构形成，使土质疏松、透气、保水、保肥。能有效地分解被土壤固定的 N、P、K 等物质，转化为能被作物直接吸收利用的营养，提高化肥的利用率。

使用方法

(1) 拌种　可以使苗齐、苗壮、根系发达，预防病毒侵害，作物整个生长期都受益。小麦、玉米、水稻、棉花等种皮不易划伤的种子拌种时，按 1 千克菌剂拌 20 千克种子的比例，将种子喷少许清水润湿种皮，再撒上菌剂，翻拌均匀、晾干，即可播种。花生、大豆、生姜、马铃薯、山药等易划伤种皮的种子，可用 1 千克菌剂拌 10～20 千克细湿土，再与种子混拌，然后分离出种子播种。

(2) 作蔬菜营养土　按菌剂、湿土 1∶50 的比例制作营养菌土。育苗时，用作苗床土或盖种土；移苗定植时，可作窝肥；播种时，用作盖种土。

(3) 蘸根　移苗定植时，直接用根蘸菌剂定植。采用营养钵育苗的，用土坨底部蘸菌剂定植，可使苗根健壮，成活率高。扦插育苗时，按菌剂、细土 1∶20 的比例，加适量清水做成泥浆，将作为根部的部位蘸取泥浆后扦插，可促进切口处愈合，防止病菌从切口感染，促进生根，提高扦插成活率。

(4) 用作基肥　与充分腐熟的畜禽粪便、作物秸秆、饼肥等有机肥以及土杂肥等混匀，作基肥使用。每亩用 3～6 千克。土传病害、地下虫害严重的地块，可以加大菌剂用量。

(5) 用作果树追肥　结合果树追施有机肥，将菌剂拌有机肥施用。每亩用 4～8 千克，根据果树大小可适当增减用量。果树追施菌剂，树势旺盛，病害少，坐果率高，畸形果少，着色好，果实糖度和维生素含量提高，口感好，耐储藏。

注意事项

① 在施用时增施饼肥、杂草、秸秆等，效果更好。

② 勿与碳酸氢铵等碱性肥料混用。

③ 避免与杀菌剂混拌使用。

12. 生物有机肥

生物有机肥（microbial organic fertilizers），是指由特定功能微生物与主要以动植物残体（如畜禽类粪便、农作物秸秆等）为来源，并经无害化处理、腐熟的有机物复合而成的一类兼具微生物肥效和有机肥效应的肥料。

质量标准 执行农业部行业标准 NY 884—2012（替代 NY 884—2004），该标准规定了生物有机肥的要求、检验方法、检验规则、包装、标识、运输和贮存。适用于生物有机肥。

(1) 菌种 使用的微生物菌种应安全、有效，有明确来源和种名。菌株安全性应符合 NY 1109 的规定。

(2) 外观（感官） 粉剂产品应松散、无恶臭味；颗粒产品应无明显机械杂质、大小均匀、无腐败味。

(3) 技术指标 生物有机肥产品的各项技术指标应符合表 6-24 的要求，产品剂型包括粉剂和颗粒两种。

表 6-24 生物有机肥产品技术要求

项目	限量指标	项目	限量指标
有效活菌数(cfu)/(亿/克)	≥0.20	粪大肠菌群数/[个/克(毫升)]	≤100
有机质(以干基计)含量/%	≥40.0	蛔虫卵死亡率/%	≥95
水分含量/%	≤30.0	有效期/月	≥6
pH 值	5.5～8.5		

(4) 生物有机肥产品中 5 种重金属限量应符合表 6-25 的要求。

表 6-25 生物有机肥产品 5 种重金属限量技术要求 单位：毫克/千克

项目	限量指标	项目	限量指标
总砷(As)(以干基计)含量	≤15	总铬(Cr)(以干基计)含量	≤150
总镉(Cd)(以干基计)含量	≤3	总汞(Hg)(以干基计)含量	≤2
总铅(Pb)(以干基计)含量	≤50		

该产品对包装、标识、运输和贮藏的规定同 NY/T 798—2015。

生物有机肥的种类 这里是指商品化生产的生物有机肥。

(1) 按成分分 一种是单纯的生物肥料，它本身基本不含营养元素，而是以微生物生命活动的产物改善作物的营养条件，活化土壤潜在肥力，刺激作物生长发育，抵抗作物病虫危害，从而提高作物产量和质量。因而单纯生物肥不能单施，要与有机肥、化肥配合施用才能充分发挥它的效能。如根瘤菌、固氮菌剂、磷活化剂、生物钾肥等。另一种是生物有机-无机复合肥，它是生物菌剂、有机肥、无机肥（化肥）结合的肥料制品，既含有营养元素，又含有微生物，它可以代替化肥供农作物生长发育。如目前市场上销售的各类生物有机复合肥、绿色食品专用肥，都是在制造过程中，添加生物菌剂，缩短有机肥生产周期，增加其速效成分。商品化生产的生物有机肥多指后者。

(2) 按肥料配方及适用对象分 分为果树专用生物有机肥、蔬菜专用生物有机肥、花卉专用生物有机肥、粮油专用生物有机肥、甘蔗专用生物有机肥、桑树专用生物有机肥、烟草专用生物有机肥及其他专用生物有机肥。

① 果树专用生物有机肥。果树的种类和品种很多，但它们的基本生长发育规律相似，在营养特性及施肥上也有许多相同之处。果树无论是树体还是果实生长均是氮、钾的吸收量大于磷，果树对氮、磷、钾的养分吸收比例的变化范围为1∶(0.3～0.5)∶(0.9～1.6)。

果树专用生物有机肥是充分结合果树需肥特性，以发酵腐熟的有机物料为主要原料，吸附多种抑制果树病害和促进生长的有益微生物精制而成的生物有机肥料。果树专用生物有机肥中生物的主要成分为拮抗菌、植物促生菌、乳酸菌等。

果树专用生物有机肥能产生多种植物促生物质，促进果树生长发育，能改善土壤结构，有效抑制土传病害，提高土壤的保水保肥性能，使植株生长健壮、改善品质，提高坐果率、降低化肥使用量，保护生态环境，是生产绿色有机果品的首选肥料。

②蔬菜专用生物有机肥。蔬菜主要以叶片、叶柄或茎部供人们食用。其生产特点是根系浅、生长迅速，对肥料需求量大，尤其喜好氮肥。

蔬菜专用生物有机肥根据不同蔬菜（花菜、叶菜、茎菜、果菜、根菜）的生长特性和对养分的需求特点及无污染的要求，有针对性地调整活性生物菌、有机质及微量元素的含量，使其肥效快速且持久，并使微生物与有机营养、有机质与特效菌融为一体，共显肥效的特殊功能肥料新产品。

蔬菜专用生物有机肥能够均衡地提供营养物质，改善蔬菜根际微环境，具有肥效高、营养合理、适用性广的特点以及能减少病虫害、提高农产品的产量和明显改善品质等作用。

③ 花卉专用生物有机肥。花卉和其他植物一样，需要大量元素（氮、磷、钾)、中量元素（钙、镁、硫)、微量元素（硼、锰、铜、锌、钼、氯）等元素。不同种类的花卉在不同生长阶段需肥有所不同。

花卉专用生物有机肥是根据木本和草本花卉（观花、观叶、观茎、观果、观根）的生长特性和对养分的需求特点及无污染、无公害、无异味的要求，有针对性地调整活性生物菌、有机质及微量元素等的含量，使其肥效快速且持久，并使微生物与有机营养、有机质与特效菌融为一体，共显肥效的特殊功能新型花肥。

花卉专用生物有机肥不仅可为花卉提供充足的有机养分，而且还可以通过花卉根系对微生物分解物及其代谢产物的吸收与利用，刺激和促进花卉生长，使之抗旱涝、耐寒热。通过有益微生物在土壤中大量繁殖，发挥其固氮、解磷、解钾作用，可增加土壤有机氮含量，促进磷、钾在土壤中的活性和有效性，提高肥料利用率。有益微生物大量繁殖，能降解土壤异味，抑制土壤中有害病菌的生长传播，提高花卉的抗病能力。

④ 粮油专用生物有机肥。粮油作物就是粮食和油料作物的统称，其需肥量大。粮油专用生物有机肥是以发酵腐熟的优质有机物料为主要原料，吸附从粮油作物根际分离筛选的多种抑制作物病害和促进生长的有益微生物精制而成的生物有机

肥料。

粮油专用生物有机肥能产生多种植物促生物质，有效提高作物光合效率，增加作物分蘖数，有利于粮油作物营养成分的定向积累；可防止病害的侵入，从而有效地防止各种病害的发生；能提高粮油作物产量，改善农产品质量。

⑤ 甘蔗专用生物有机肥。甘蔗生长期长，产量高，整个生育期吸收养分多，是需肥量比较大的作物之一。尤其对钾的需求多。甘蔗专用生物有机肥是根据农业微生物特点及甘蔗需肥规律而研制生产的一种集生物菌肥、有机肥、无机肥于一体，形成"三合一"的新型肥料产品。甘蔗专用生物有机肥内含有大量具有固氮、解磷、解钾、解碳、抗病、驱虫、促长、防腐、防衰功能的有益微生物。其可在甘蔗根系或根际土壤中迅速生长繁殖，产生代谢产物，源源不断地供给甘蔗生长所需的营养素及生长刺激素，并将土壤中的纤维素、碳元素、无效磷和钾元素等转化为甘蔗能吸收利用的形式。同时可抑制病原微生物入侵和定植，干扰病虫害生长，起到防病抗病、克服重茬障碍等作用。尤其对克服甘蔗的褐条病、黑穗病、赤腐病、叶斑病、蔗节短小等土传病害有明显效果。

⑥ 桑树专用生物有机肥。桑树是多年生植物，栽培的主要目的是采摘桑叶。桑树所需要的肥料，主要有氮肥、磷肥、钾肥。氮主要是促进枝叶生长和叶片中蛋白质的合成；磷促进根茎的生长，增进树体的强健，增加叶片中糖类的含量，促进桑叶成熟；钾促进桑树根的生长，充实枝条，强健树体，增强植物的生活力和抗逆性。施肥时氮、磷、钾应配合施用以提高桑树产量质量。

桑树专用生物有机肥是根据桑树的生长习性及各生育期需肥特性，研制的一种含有有益活性微生物菌、丰富的有机质、大量单质养分及微量元素的新型生物有机肥料。

桑树专用生物有机肥可促进桑树生长旺盛、根系发达；提高桑树质量，如叶色深绿、叶片厚，提高桑叶总可溶性糖和粗蛋白质的含量，从而提高产茧率、茧层量、茧丝率；改良土壤，培肥地力，提高桑树防病抗病、抗寒、抗旱性。

⑦ 烟草专用生物有机肥。烟草是以烟叶为收获物的一种作物，需要平衡且充足地供给各种养分。烟草对氮、磷、钾的吸收比例在大田前期为 5∶1∶(6～8)，现蕾期为 (2～3)∶1∶(5～6)，成熟期为 (2～3)∶1∶5。也就是说烟草对氮和钾的吸收量较大，而磷稍低，且喜硝态氮的氮肥。

烟草专用生物有机肥是根据烟草需肥特性，以充分发酵腐熟的优质有机物料为主要原料，并吸附从烟草根际分离筛选的抑制病害和促进生长的有益微生物，经提纯复壮，通过现代生物工程技术精制而成的专用新型生物肥料。其主要成分为乳酸菌、拮抗菌、促生菌、有机质等。

烟草专用生物有机肥能诱导产生多种抗菌物质、促生物质，具有促生长、抑病害、提品质等功效，是生产有机绿色烟草的最佳选择。

⑧ 其他专用生物有机肥。根据区域土壤状况和各种作物的需肥特点，将氮、磷、钾和中微量元素等营养元素进行科学配比，并合理添加益生菌，供某区域作物

专门使用的肥料还有很多。如八角专用生物有机肥、木薯专用生物有机肥、桉树专用生物有机肥、葱蒜专用生物有机肥、土豆专用生物有机肥、草坪专用生物有机肥、茶叶专用生物有机肥、中药材专用生物有机肥等。

产品特点 含有微生物菌群，菌群的环境适应性强，易发挥菌群优势；营养功能强，根际促生效果好，肥效高；富含有机养分、无机养分，体积小，便于施用，能满足规模化生产的使用要求；富含生理活性物质；安全无害。

主要作用

(1) 改善土壤结构 生物有机肥料是最好的土壤改良剂，能够促进土壤团粒结构的形成，改善土壤的物理性状，主要是使非毛管孔隙度增大，大小稳性团粒增加。在改善土壤结构的同时，土壤的通气性和透水性也能增强。

(2) 增加土壤养分 生物有机肥料含有作物生长所必需的养分，其养分特点：一是有机质吸附量大，养分不易流失；二是养分齐全，易分解，容易被作物吸收利用。施用生物有机肥料不但补充了土壤养分，还能活化土壤养分。生物有机肥料分解产生的有机酸或某些有机物基团与铁、铝螯合或络合，能减少土壤对磷的固定。生物有机肥料分解，尤其是在淹水条件下分解，可提高土壤的还原性，使铁、铝呈还原态而提高磷的溶解度。生物有机肥料提高了土壤微生物的活性，增强了二氧化碳在土壤中的渗透性，在一定程度上调节了土壤的pH值；增加了土壤中微量元素如锌、锰、铁等的有效性。

(3) 提高土壤的生物活性 各种生物有机肥料都含有丰富的有机物质，为土壤微生物提供了充足的养分和能源，加速了微生物的生长和繁殖，不仅使其数量增加，而且使其活性提高，在有机质的矿化、营养元素的累积、腐殖质的合成等方面起着重要作用。在微生物的作用下，有机养分不断分解转化为植物能吸收利用的有效养分，同时也能将土壤固定的一些养分释放出来。微生物可以分解含磷化合物，把土壤固定的磷释放；硅酸盐细菌可以提高土壤中钾的活性；微生物还能固定土壤中的易流失养分。

(4) 提高作物产量和改善作物品质 生物有机肥料经微生物分解转化产生的维生素、腐植酸、激素等具有刺激作用，能促进作物根系旺盛生长，提高其对养分尤其是磷、钾元素的吸收能力；同时还可增强作物的光合作用，使作物根系发达，干物质积累增多，成穗率提高，穗部性状改善，产量提高。生物有机肥料养分全面，既含有多种无机元素，又含有多种有机养分（如氨基酸、糖类、核酸分解物等），还含有大量的微生物和酶，具有任何化学肥料都无法比拟的优越性，对改善农产品品质、保持其营养风味具有特殊作用。

(5) 增强作物抗逆性 生物有机肥料能改善土壤结构，增强土壤蓄水、保水能力，减少水分的蒸发，提高保湿效果，从而提高了作物抗旱、抗寒和抗冻能力，使其在恶劣的气候条件下，能较好地保持其内在和外观品质。施用生物有机肥料提高了土壤微生物的活性，增加了抗生物质，从而促进作物健壮生长，提高其抗病性。生物有机肥料养分齐全，在作物生长发育期间协调供应常量元素和微量元素，避免了作物因缺乏某种元素而引起的病害（如马铃薯因缺钾而引起黑斑病，甜菜因缺锌而发生烂心病等），从而改善了作物品质。

（6）提高经济效益　由于生物有机肥料明显地增加了作物产量，在减少化肥用量75%的条件下施用生物有机肥料仍能增加蔬菜产量。生物有机肥料对作物品质的改善主要表现在维生素C和β-胡萝卜素的增加、硝酸盐含量的降低，特别是口味和外观品质更好，因而能取得较显著的经济收益。由于生物有机肥料还有明显的改土培肥效果，提高肥料利用率和保护环境等功能，因此，它具有良好的社会效益和生态效益。

简易识别要点　生物有机肥是新型肥料中技术含量最高的产品之一，近年来以其特有的促进生长、防病抗病效果得到认可。生物有机肥因其技术太强，一般肥料“行政监管部门”检测技术跟不上，导致市场上鱼目混珠现象严重，农民难以分辨清楚。南京农业大学资环学院“克服土壤连作障碍”研究团队根据经验设计了一套辨别方法。

（1）看包装是否规范

① 产品登记证。具有农业部微生物肥料登记证证号（注：省级部门无登记权）。正确方法：“微生物肥（登记年）临字（编号）号”或“微生物肥（登记年）准字（编号）号”。

② 产品技术指标。有效活菌数（cfu）登记时农业部只允许标注≥0.2亿/克、≥0.5亿/克（严格规定，在保存期的最后一天必须要达到这个数值）。一些企业为了迎合市场，刻意标成几十亿，这是不科学的（目前的技术很难达到），是错误的。

③ 产品有效期。国家规定大于6个月。但因为生物有机肥的特殊功能菌种是活的、有生命的，随着产品保存时间的延长，特殊功能菌种的有效活菌数会不断下降，把有效期标注太长都是不负责任的。

（2）检查肥料外观是否正常

① 看含水量。生物有机肥料的关键作用是靠“特殊功能微生物菌种”达到的，产品含水量太高或太低均不利于菌种存活，所以从含水量参考判断比较直接。判断方法：抓一把肥料在阳光下观察物料是否阴潮，抛起来看是否起灰尘。阴潮结团、干燥成灰都为非正常产品。

② 闻气味。在生物有机肥料中所使用的有机肥载体是由多种有机营养物质组成的“套餐”（如：菜粕、黄豆粉等发酵制成），即是多种原料的组合，在光线下观察应该能看到多种原料组成的痕迹，或者能闻到原料的特殊气味。因此在晴天选购时较易分辨。

（3）看效果是否高效　生物有机肥料的特殊作用是通过“特殊功能的微生物菌种”体现的，假如产品中没有“特殊功能的微生物菌种”或者含量不高、能力不强将会影响使用效果。

判断方法：一是取少量产品加一点自来水调成面团状，放在冰箱里冻成冰块，第二天拿出来融化，这样经过至少3次反复冻融，肥料中的菌种将会被冻死（细胞结冰，形成冰针刺破细胞），数量将会大幅度减少，通过菌种所起的作用也就基本消除了。二是将原产品与反复冻融过的肥料，在相同的田块或者小盆钵里进行试验（用量根据说明），定期观察比较两者差异。如果差异不明显，则说明该生物有机肥产品中的“特殊功能的菌种”的功能不强或者数量不够，甚至没有，建议放弃使用。

需要注意的是，在效果试验中，即使原产品与反复冻融的肥料相比田间生长效果更好，但彼此之间差异不明显，也只能理解为厂商为了提高效果在肥料生产过程中可能添加了一些促进生长的物质，而不是功能微生物菌种的作用。这种肥料作用效果有限，不能作为生物有机肥。

（4）鉴别有机肥、生物有机肥优劣的方法

① 操作方法。取30～50克有机肥或生物有机肥，放入玻璃杯或其他透明杯中，倒入100毫升清水，用玻璃棒或细木棒搅拌1分钟，放在明亮处静置10分钟。

② 观察和判断。通过观测杯中的沉淀来区分有机肥或生物有机肥中杂质含量，沉淀在杯底浅灰色区的是泥砂石；中间区域褐色部分为有机物料；最上层的是草、烟丝等。通过观察水溶液来区分有机肥或生物有机肥的腐熟程度和肥效，水溶液颜色越浅肥效越差（浅色、浅黄色肥效低；褐色肥效佳）。1小时内水溶液完全变成褐色说明该有机肥或生物有机肥腐熟过头，肥料有速效而无后效，作物生长中后期会脱劲；1天后水溶液变化不大、颜色浅说明该有机肥或生物有机肥肥效差；水溶液慢慢变深，1天后完全变成褐色，说明该有机肥或生物有机肥迟速效兼备，肥效好。

除此之外，一些用户的经验（一看二泡三火燎）也可借鉴。

一看：优质生物有机肥一般以优质鸡粪为原料，养分较高，比较松散，颜色呈黑褐色；劣质生物有机肥一般呈黑色，并且不够松散。

二泡：正宗的颗粒有机肥会在短时间内溶解在水中，颜色灰黑，但没有杂质；假的会有大量不溶解于水的杂质。

三火燎：将少量有机肥放在铁板上，将铁板置于火源上，在短时间内真品会起烟、焦化，很少有残留物；假的会留下大量残留物。

生物有机肥的生产方法 生物有机肥是采用腐熟的天然有机物质（如腐植酸土）、植物的秸秆、籽壳、饼类以及动物的粪便等为主要原料，加上土壤有益生物菌，经机械科学加工而成的肥料。生物有机肥的生产能就地取材，充分利用农村家庭养殖所产的畜禽粪便及农作物秸秆等其他有机废料，通过少量的投入不仅提高了肥效、节约了时间，也给使用及生产都带来了诸多益处，确保了用肥的质量。

（1）利用畜禽粪便生产生物有机肥 畜禽粪便含有丰富的有机杂肥，也含有一定数量的氮、磷、钾等植物生长所需的养分，是生产生物有机肥的优质原料。

用畜禽粪便来生产生物有机肥，先用草炭、稻糠等调节干、湿度和碳氮比。向畜禽粪便中添加草炭、稻糠，将物料湿度调到50%左右，剔除鸡毛等不会发酵的杂物，再加入功能性微生物（菌剂），拌混均匀。堆0.8米高，长短随畜禽粪便量而定，宽2米，以方便生产为宜，粪堆上插温度计。当温度超过50℃时开始进行第一次翻倒，待温度升到60℃以上时（2～3天后），进行下一次翻倒，当温度再次超过55℃时，进行第三次翻倒，即发酵过程完成。气温20℃以上的情况下，7～10天后物料松散无臭味则已达到腐熟标准。之后晾干、粉碎，再分筛去杂，造粒，包装即成生物有机肥。

（2）利用有机废弃物生产生物有机肥　有机废弃物是指城乡生活垃圾中含有机物成分的废弃物，主要是农作物秸秆、纤维、竹木、废纸、厨房残余物等。这些有机废弃物如不及时处理会成为环境的污染源，如散发恶臭、传播病原物、污染水体等。因此，必须尽可能地将其科学合理地制成有机肥料加以利用，既可避免由于本身的堆积、分解带来的不良后果，又可明显地减少化肥大量施用而引起的环境污染问题。

对有机废弃物经过预处理后，加入农作物秸秆，调整有机废弃物的碳氮比，然后调节待腐熟废弃物水分含量，接种速腐复合微生物菌接种剂，高温发酵，经过腐解后，中温干燥，加入造粒剂造粒，然后进一步烘干、过筛、包装即成生物有机肥料。

（3）利用糖厂有机废弃物生产生物有机肥　甘蔗糖厂的废料含有丰富有机物及植物生长需要的各种养分，也是生产有机肥的优良原料之一。主要采用符合国家农业部第16号《肥料登记资料要求》的菌种，利用糖厂榨季生产过程中产生的滤泥、渣灰及酒精废液作为原材料，按提供的工艺操作技术，经过发酵沤制、风控、温控及翻料等一系列操作，将有机废弃物转化成优质高标准的生物有机肥。既解决了糖厂生产对环境造成的严重污染问题，又实现了资源良性循环，符合可持续发展的要求。

施用方法

（1）施用原则　生物有机肥施用时应该采用增产、节支、科学使用的原则。

① 入土层不宜过深。生物有机肥依靠其生物活性来分解有机质，其活性必须在一定温度、湿度、透气性、有机物质的条件下才能实现，而施入太深势必影响生物肥的活性。因此生物有机肥施在地表下10～15厘米处为宜。

② 施用时不宜与单一化肥混施。单一化肥因其成分单一，施入土壤中常引起土壤酸碱度变化，如果大量施用，势必影响生物有机肥的生物活性。因此，生物有机肥最好单独施用（或根据作物不同生育时期加施不同配方化肥）。

③ 与农家肥、复合肥合理配比。施肥的原则是生物肥要优质，有机肥要腐熟，化肥要元素全（根据不同作物种类合理配比）。生鸡粪盐过多，磷酸二铵磷过多（18%氮、46%磷），复合肥氮、磷、钾配比为15∶15∶15或16∶16∶16或17∶17∶17。如果选用时，一定要先计算，再配比，后施用。

④ 穴施效果更好。穴施生物有机肥，一方面可快速促进土壤活跃，提高土壤透气性，促进根系快速生长发育；另一方面可缓解因有机肥不腐熟、化肥没分解形

成的养分空缺，及时供给根系养分，给根系提供一个良好的生长环境，促进团根尽早形成。

（2）生物有机肥的施用技术　生物有机肥既可作基肥，又可以拌种，还可作追肥。

① 果树专用生物有机肥的施用。果树施肥分两大时期：一是施基肥，多在春、秋两季施；二是施果实膨大肥，在果实膨大时期施用。果树施肥应以基肥为主，最好的施肥时间为秋季。基施的施用量占全年施肥量的60%～70%，最好在果实采收后立即进行。果树专用生物有机肥的施用方式可以采用以下3种。

条状沟施法：葡萄等藤蔓类果树，在距离果树5厘米处开沟施肥。

环状沟施法：幼年果树，距树干20～30厘米，绕树干开一环状沟，施肥后覆土。

放射状沟施：成年果树，距树干30厘米处，按果树根系伸展情况向四周开4～5个50厘米长的沟，施肥后覆土。

常用果树专用生物有机肥作基肥可按每产50千克果施入2.5～3千克。

注意事项：勿与杀菌剂混用；施肥后要及时浇水。

② 蔬菜专用生物有机肥的施用。蔬菜多为一二年生植物，根系不深，主要分布在土壤耕层内。蔬菜又分为绿叶类蔬菜、根菜类蔬菜、瓜类蔬菜、葱蒜类蔬菜等，各类蔬菜施肥有一些差异，但对于蔬菜专用生物有机肥的施用基本一致。一般蔬菜定植前要施足基肥，并适当施些硼和钙等微量肥。施用方法如下。

作基肥使用：每亩用量40～80千克（与土杂肥及其他有机肥混合使用）。

沟施：移栽前将本品撒入沟内，移栽后覆土即可。每亩施用量40～80千克。

穴施：移栽前将本品撒入孔穴中，移栽后覆土即可。每个孔穴10～20克，每亩施用量40～80千克。

育苗：将本品与育苗基质（或育苗土）混合均匀即可。每立方米育苗基质施用量为10～20千克。

注意事项：不要与杀菌剂混合使用，于阴凉处存放，避免雨水浸淋。

③ 花卉专用生物有机肥的施用。花卉是指有观赏价值的草本植物和灌木，是近年来栽培量大、经济附加值较高的植物类型。随着花卉业的快速发展，花卉的营养土与施肥管理也日益突出。科学施肥要因地制宜，根据花卉种类、生育阶段、长势长相和不同季节，选用适宜的花肥，适时、适地、适量地投入。观叶类的以氮维持，观花果的以磷、钾维持，球根茎则多施钾肥，促进地下部的生长。花卉专用生物有机肥的施用方法如下。

基地花卉施用：每亩施用量为100～150千克，肥效可维持300天左右；可穴施、沟施、地面撒施及拌种施肥；施肥后覆盖2～5厘米土，然后浇水加速肥料分解，便于花卉吸收；配方施肥时可适当减少其他肥用量。

盆景花卉施用：作追肥，20～30厘米盆用量30～40克，40～50厘米盆用量50～100克，将肥浅埋入土中浇水，3个月追肥一次。作基肥，栽培花卉时将肥料与土壤混合使用或将肥料放入盆中部使用，肥土混合使用比例为1∶5，一年不用追肥。

④ 粮油专用生物有机肥的施用。生物有机肥在粮油作物上一般采用拌种或基肥混施两种方法，与化肥配合施用。拌种是将生物有机肥4千克与亩用种子混拌均匀，而化肥采取深耕时作基肥施入。基肥混施是将25千克生物有机肥与亩用化肥混合均匀后，在播种深耕时一次施入土壤，施肥深度在距土表15厘米左右。同时必须看天、看地、看苗，提高施用技巧，做到适墒施肥、适量施肥。

⑤ 甘蔗专用生物有机肥的施用。甘蔗是一种重要的经济作物，是制糖工业的主要原料之一。我国种蔗地80%为旱坡地，土壤大多较瘠薄，有机质含量低。因此，增施有机质含量丰富的肥料作基肥，对提高产量和改良土壤的效果十分良好。

甘蔗基肥应以生物有机肥为主，配施氮、磷、钾肥。一般甘蔗高产田块，亩施生物有机肥200～300千克作基肥。施基肥时，先开种植沟，将生物有机肥施于沟底，沟两侧再施无机肥。

甘蔗追肥分苗肥、分蘖肥、攻茎肥三个时期施用。生物有机肥冲施、灌根、喷施均可。前期（3片真叶时）施苗肥，促苗壮苗，保全苗；生长中期（出现5～6片真叶时）施分蘖肥，促进分蘖，保证有效茎数量；生长后期（伸长初期）施攻茎肥，促进甘蔗发大根、长大叶、长大茎，确保优质高产。

⑥ 桑树专用生物有机肥的施用。桑树是养蚕的必需饲料。桑树专用生物有机肥料是有机肥料中专用于桑树生长的新品种。桑树专用生物有机肥主要作基肥和追肥使用。

基肥：在桑树进入休眠期（11月中下旬）进行，离树头（根部）40厘米处开沟，每亩施60千克左右，覆土。

追肥：第一次追肥在春季，即采第一次桑叶后进行施肥，离树头40厘米处开沟，每亩施30千克左右，覆土。第二次追肥在第一次追肥后30天左右进行施肥，离树头40厘米处开沟，每亩施30千克左右，覆土。

⑦ 烟草专用生物有机肥的施用。烟草是茄科烟草属一年生草本植物，叶片含烟碱（尼古丁），是世界性栽培的嗜好类工业原料作物。种植烟草是以收获优质烟叶为目的，施肥较其他作物复杂，必须根据烟草的不同类型、品种，栽培的环境条件和自身的营养特点来确定。烟草专用生物有机肥的施用方法如下。

作基肥：每亩用量40～50千克。在烟草移栽时，进行穴施，每株烟使用35～40克。先将烟苗放入穴中，然后将生物有机肥均匀撒在烟草根部及周围，覆土。

育苗：按基质量的10%将生物有机肥掺入基质中即可。

⑧ 其他专用生物有机肥的施用。其他各类专用生物有机肥则要根据具体作物的需肥规律和生产区域情况进行科学合理的选择和施用。

注意事项 选用质量合格的生物有机肥。质量低下、有效活菌数达不到规定指标、杂菌含量高或已过有效期的产品不能施用。

生物有机肥贮存时放在阴凉处，避免阳光直接照射，亦不能让雨水浸淋。

施用时尽量减少肥料中微生物的死亡。应避免阳光直射生物肥，拌种时应在阴凉处操作，拌种后要及时播种，并立即覆土。

创造适宜的土壤环境。在酸性土壤中施用应中和土壤酸度后再施。土壤过分干燥时，应及时灌浇。大雨过后要及时排除田间积水，提高土壤的通透性。

因地制宜推广应用不同的生物有机肥料。如含根瘤菌的生物肥料应在豆科作物上广泛施用，含解磷、解钾类微生物的生物有机肥料应施用于养分潜力较高的土壤。

避免开袋后长期不用。开袋后长期不用，其他细菌就可能侵入袋内，使肥料中的微生物菌群发生改变，影响其使用效果。

避免在高温干旱条件下使用。生物肥料中的微生物在高温干旱条件下，生存和繁殖会受到影响，不能发挥良好的作用。因此，应选择阴天或晴天的傍晚施用，并结合盖土、盖粪、浇水等措施，避免微生物肥料因受阳光直射或因水分不足而难以发挥作用。

避免与未腐熟的农家肥混用。与未腐熟的有机肥混用，会因高温杀死微生物，影响生物肥料特有功效的发挥。

不能与杀虫剂、杀菌剂、除草剂、含硫化肥、碱性化肥等混合施用，否则易杀灭有益微生物。

在有机质含量较高的土壤上施用效果较好，在有机质含量少的瘦地上施用效果不佳。

不能取代化肥，与化肥相辅相成，与化肥混合施用时应特别注意其混配性。

第七章
有机肥料

有机肥又称农家肥，主要是来自农村和城市可用作肥料的有机物，包括人粪尿、畜禽粪尿、作物秸秆、绿肥等，它是我国传统农业的物质基础。有机肥来源广泛、品种多，几乎一切含有有机物质并能提供多种养分的物料都可以称之为有机肥。有机肥料除了能提供作物养分、维持地力外，在改善作物品质、培肥地力等方面也起着重要作用，实行有机肥与化肥相结合的施肥制度十分必要。随着农业的发展，工厂化生产有机肥的企业也大量涌现，有机肥已超出农家肥的局限向商品化方向发展。国家质量监督检验检疫总局于2009年4月发布了有机-无机复混肥料国家强制标准GB 18877—2009，农业部于2010年5月发布了肥料合理使用准则行业标准NY/T 1868—2010，2012年3月发布了有机肥料行业标准NY 525—2012，2012年6月发布了生物有机肥标准NY 884—2012。

肥料合理使用准则行业标准NY/T 1868—2010规定了有机肥料合理使用的原则和技术，适用于各种有机肥料。以下是该标准部分内容摘要。

来源和种类　有机肥料主要来源于人畜粪便和动植物残体，不包括含有重金属、抗生素、农药残留等有毒有害物质的城市垃圾和污泥等。主要种类有人畜粪尿、秸秆、绿肥、堆沤肥、沼气肥、腐植酸肥、其他杂肥等，以及由这些物料加工的商品肥料。

有机肥料的性质

(1) 养分全面　有机肥料通常含有多种矿质营养元素，糖、氨基酸、蛋白质、纤维素等有机成分，以及各种微生物及其代谢产物。

(2) 释放缓慢　有机肥料中的营养元素多数呈与有机碳相结合的状态，需经分解转化后才能被作物吸收利用，养分释放慢，肥效缓长。

(3) 成分复杂　有机肥料种类繁多，成分复杂，有的含有病原菌、寄生虫卵、重金属、抗生素、农药残留等有害物质，有的散发恶臭。

(4) 碳氮比不同　不同种类有机肥料的碳氮比不同，其腐解速率、养分的释放或固定也有较大差异。

有机肥料的作用

(1) 提供营养物质　有机肥料既含矿质营养元素，又含有机成分，有利于提高农作物产量，改善农产品品质。

(2) 提高土壤肥力　施用有机肥料能够增加土壤有机质含量，改善土壤理化性质，提高土壤生物多样性，提高土壤保水保肥能力等。

(3) 保护生态环境　合理利用有机肥料资源，可以维持物质（养分）良性循环，减少有机废弃物对环境的不良影响，保护生态环境，同时节约化肥用量，减少能源消耗和环境污染。

有机肥料合理使用原则　依据土壤性质、作物需肥规律、肥料效应和有机肥料品种特性，有效、合理、安全、经济地使用有机肥料，提高农作物产量和品质，培肥土壤，保护生态环境。

(1) 长期施用有机肥料　充分挖掘有机肥料资源，坚持长期施用，维持和提高土壤肥力。

(2) 有机无机相结合　有机肥料养分含量低，释放缓慢，应与无机速效肥料配合使用，长短互补、缓急相济，充分发挥其作用，满足农作物生长需要，实现用地与养地相结合。

(3) 提高有机肥料品质　一般情况下，有机物料应经过充分腐熟，以提高肥效。在积制、保存和施用过程中，应防止肥料养分特别是氮养分的损失。

(4) 强化无害化处理　有机肥料在积制过程中，要求彻底杀灭对作物、畜禽和人体有害的病原菌、寄生虫卵、杂草种子等，清除薄膜等杂物，严格控制重金属、抗生素、农药残留等有害物质的含量，保证农产品的安全生产，达到对环境卫生无害。

有机肥料合理施用要点　根据有机肥料本身的性质（养分含量、C/N、腐熟程度）、作物种类、土壤肥力水平和理化性状、气候条件等选择有机肥料品种，合理安全施用有机肥料。

(1) 因作物施用　多年生作物和生育期较长的晚熟作物及块根块茎类作物，可施用腐熟程度较低的有机肥料。生育期较短的早熟作物及禾谷类作物，宜施用腐熟程度较高、矿化分解速度较快的有机肥料。

(2) 因土壤施用　有机质含量较低的土壤应多施有机肥料。质地黏重的土壤透气性较差，宜施用腐熟程度较高、矿化分解速度较快的有机肥料；质地较轻的土壤则可施用腐熟程度较低的有机肥料。水田使用腐熟程度较低的有机肥料应注意用量，防止作物有机酸和硫化氢中毒。

(3) 因气候施用　在气温低、降雨少的地区，宜施用腐熟程度较高、矿化分解速度较快的有机肥料，在温暖湿润的地区可施用腐熟程度较低的有机肥料。

(4) 采用合理的施肥方法　有机肥料一般宜作基肥施用。秸秆直接还田、绿肥翻压等应注意通过配施化肥等方式调节碳氮比，并注意温度、湿度、酸碱度等条件，促进微生物活动，加速有机物料分解。

（5）安全施用　用于粮、棉、油及蔬菜水果等作物的有机肥料应严格控制重金属、抗生素、农药残留等有毒有害物质含量，防止污染农产品和生态环境。在有机肥料使用过程中，应防止因使用过量、过于集中而造成的污染。

1.人粪尿

人粪尿是一种养分含量高、肥效快，适于各种土壤和作物的有机肥料，常被称为精肥、细肥。为流体肥料，易流失或挥发，同时还含有很多病菌和寄生虫卵，若使用不当，易传播病菌和虫卵。

主要成分和性质

（1）人粪　是食物经消化未被吸收利用而排出体外的残渣。其中含70%～80%的水分，20%左右为纤维素、半纤维素、脂肪、脂肪酸、蛋白质及其分解的中间产物等有机质。5%为钙、镁、钾、钠的硅酸盐、磷酸盐和氯化物等矿物质。含氮1%、磷0.5%、钾0.37%。此外，还有少量粪臭质、吲哚、硫化氢、丁酸等臭味物质和大量微生物，有时还有寄生虫卵。新鲜人粪一般呈中性。

（2）人尿　是食物经消化吸收参加新陈代谢后，排出体外的废液。含有95%的水分、5%左右的水溶性有机物和无机盐类。其中尿素占1%～2%、氯化钠约1%，并含有少量尿酸、马尿酸、肌酸酐、氨基酸、磷酸盐、铵盐及微量生长素和微量元素等。新鲜人尿因含有酸性盐和多种有机酸，故呈弱酸性。但贮存后尿素水解产生碳酸铵而呈弱碱性。

人粪中的养分主要呈有机态，需经分解腐熟后才能被作物吸收利用。但人粪中氮含量高，分解速度比较快。人尿成分比较简单，70%～80%的氮以尿素状态存在，磷、钾均为水溶性无机盐状态，其肥效快，均为速效养分，含氮多，含磷、钾少。所以人们常把人粪尿当作氮肥施用。

腐熟和贮存　人粪尿必须经过贮存、腐熟后才适宜施用，因为其中含的养分多是有机态的，作物难以吸收。新鲜人粪含多种寄生虫卵和病菌，经过贮存发酵，既可以使养分转化成速效性的肥料供作物吸收，又可以在腐熟过程中杀死虫卵和病菌。人粪尿的腐熟是在贮存过程中完成的。

（1）密闭沤制　密闭沤制可以减少肥分损失。在密闭嫌气条件下，经过半个月到1个月，大部分虫卵、病菌将被杀死。常用的密闭沤制容器有加盖密闭的粪缸，密封的化粪池，以及沼气发酵池等。最好放入沼气池中，既能保氮又能杀灭病菌虫卵，坑内的发酵液和残渣是优质肥。

（2）高温堆制腐熟　可利用人粪尿制作高温堆肥，如将人粪尿和碎土按一定比例，分层堆积成大粪土，或按一定比例加入作物秸秆、土和家畜粪尿制作高温堆肥，堆温高达55～75℃。在堆制过程中用泥浆封堆，既可以防止水分、养分溢出，又可保持一定高温，杀死虫卵和病菌。

施用方法　人粪尿可作种肥、基肥和追肥，最适用于作追肥。作基肥一般每亩施用500～1000千克。旱地作追肥时应用被水稀释3～4倍，甚至10倍的稀薄人粪尿液浇施，然后盖土。水田施用时，宜先排干水，将人粪尿对水2～3倍后泼入田中，结合中耕或耘田，使肥料为土壤所吸附，隔2～3天再灌水。人尿可用来浸种，有促进种子萌发、出苗早、苗健壮的作用，一般采用5%的新鲜人尿溶液浸种2～3小时。

注意事项 腐熟时，在沤制和堆腐过程中，切忌向人粪尿中加入草木灰、石灰等碱性物质，这样会使氮变成氨气挥发损失。向沤制、堆制材料中加入干草、落叶、泥炭等吸收性能好的材料，可使氮损失减少，有利于养分保存。不宜将人粪尿晒制成粪干，因为在晒制粪干的过程中，会有约40%以上的氮损失掉，同时也会污染环境。

人粪尿是以氮为主的有机肥料。它腐熟快，肥效明显。由于数量有限，目前多集中用于菜地。人粪尿用于甘蓝、菠菜等蔬菜作物增产效果尤为显著。人粪尿含有机质不多，且用量少，易分解，所以改土作用不大。人粪尿是富含氮的速效肥料，但是含有机质、磷、钾等养分较少，为了更好地培养地力，应与厩肥、堆肥等有机肥料配合施用。人粪尿适用于各种土壤和大多数作物。但在雨量少，又没有灌溉条件的盐碱土上，最好对水稀释后分次施用。人粪尿中含有较多的氯化钠，对氯敏感的作物（如马铃薯、瓜果、甘薯、甜菜等）不宜过多施用，以免影响产品的品质。

新鲜人尿宜作追肥，但应注意，在作物幼苗生长期，直接施用新鲜人尿有烧苗危害，需经腐熟对水后施用。在设施蔬菜上施用，一定要施用腐熟的人粪尿，以防蔬菜氨中毒和传播病菌。

2. 厩肥

以家畜粪尿为主，混以各种垫圈材料及饲料残渣等积制而成的肥料统称厩肥，又称土粪、圈粪、草粪、棚粪等。各种牲畜在圈（或棚、栏）内饲养期间，经常需用各种材料垫圈。垫圈材料主要是有机物（如秸秆、枯枝落叶等）。垫圈的目的在于保持圈内清洁，有利于牲畜健康，同时也利于吸收尿液和增加积肥数量。

成分和性质 不同的家畜，由于饲养条件不同和垫圈材料的差异，可使厩肥的成分特别是氮含量有较大的差异，平均含有机质25%左右，含氮约0.5%，含五氧化二磷约0.25%，含氧化钾约0.6%。每吨厩肥平均含氮5.5千克，含磷2.2千克，含钾6千克，相当于尿素12千克，过磷酸钙11千克，硫酸钾7千克。在使用同样垫圈材料的情况下，养分含量为羊厩肥最高，马厩肥其次，猪厩肥第三，牛厩肥第四（表7-1）。

新鲜厩肥中的养分主要是有机态的，施用前必须进行堆腐。厩肥腐熟后，当季氮的利用率为10%～30%，磷的利用率为30%～40%，钾的利用率为60%～70%。故厩肥对当季作物，氮供应状况不及化肥，而磷、钾供应却超过化肥。厩肥因含有较丰富的有机质，所以有较长的后效和良好的改土作用，尤其对促进低产田的土壤熟化有十分明显的作用。

表 7-1 厩肥中的养分含量　　单位：%

肥料种类	水分	有机质	氮(N)	磷(P_2O_5)	钾(K_2O)
猪粪	72.4	25	0.45	0.19	0.6
牛粪	77.5	20.3	0.34	0.16	0.4
马粪	71.3	25.4	0.58	0.28	0.53
羊粪	64.6	31.8	0.83	0.23	0.67

厩肥的积制　各种家畜的生活习性和饲养方法不同，积肥方式各有特点。牛、马、骡、驴等大家畜经常是放牧或使役，其积肥方式是以圈外积肥为主；猪主要是圈养，是以圈内积肥为主。

(1) 深坑式圈内积肥法　在圈内挖 0.6～1 米深的坑，圈内经常保持潮湿，垫料在积肥坑中经常被牲畜踩踏，经过 1～2 个月的嫌气分解，然后起出堆积，腐烂后即成厩肥。此法虽有利于保肥，但起圈时费劳力，而且牲畜长期处于湿臭环境下，影响健康。多在北方采用。

(2) 平底式圈内积肥法　地面用石板或水泥砌成，或用土夯紧实，一般每日垫圈，每日或隔数日清除，厩肥运到圈外堆沤腐熟。此法最合乎卫生积肥，适于地下水位较高，雨量大，不宜采用深坑圈的地区。

(3) 浅坑式圈内积肥法　在圈内挖 15～20 厘米深的浅坑，并开排水沟通到外面，在牲畜脚下铺草或其他垫料吸收尿液，随时更换垫料或褥草以保温吸湿。由于厩肥在圈内堆积时间较短，腐熟程度差，必须经过圈外堆积以利腐熟。

(4) 紧密堆积圈外积肥法　从畜舍取出厩肥，在 2～3 米宽、长度不限的土地上层层堆积，随堆积随压紧，堆至 1.5～2 米高，然后用泥浆或塑料薄膜密封，以保持嫌气状态并防止雨水淋溶。紧密堆积是在嫌气条件下分解、腐熟，温度不高，一般保持 15～30℃，氮和有机质损失少，但堆腐时间长，3 个月才达到半腐熟，6 个月才完全腐熟。此法积制的厩肥腐殖质含量高，保肥力强，养分损失少，但只能杀死部分病菌、虫卵、杂草种子，且腐熟时间长，如果肥料不急用可采用此法。

(5) 疏松堆积圈外积肥法　堆积方法与上述情况相似，但在堆积过程中不压紧，一直保持通气状态，产生较高温度（60～70℃）。厩肥在高温条件下分解，病菌、寄生虫卵、杂草种子大部分可以被杀死，同时使厩肥在短时间内腐熟。这种堆积方法，分解较彻底，但腐殖质积累少，厩肥中有机质和氮损失很多，除了特殊情况需要高温杀灭传染病菌和虫卵外，一般用得不多。适于在急需用肥时采用。

(6) 疏松紧密交替圈外堆积法　先将厩肥疏松堆积，以利分解，同时浇粪水调节分解速度，2～3 天后，堆内温度达 60～70℃，可杀死大部分病菌、虫卵和杂草种子。温度稍降后，踏实压紧，然后再加新鲜厩肥，处理和以前一样。如此层层堆积，一直到 1.5～2 米高为止。然后用泥浆或塑料薄膜密封，以达到保温并防止雨水淋洗肥分。1.5～2 个月可达半腐熟，4～5 个月后可以完全腐熟。堆积时间短，有机质和养分损失少，消灭有害物质比较彻底，生产上普遍采用此法堆积。

厩肥的施用 厩肥中大部分养分是迟效性的，养分释放缓慢，因此一般作基肥用，可全面撒施或集中施用。撒施的优点是便于施肥机械化，有利于改良土壤，对种植窄行密植作物是很适宜的；缺点是施肥量要多，肥效不如集中施肥好。条施或穴施等集中施肥，对中耕作物是经济有效的施肥方法。腐熟的优质厩肥，也可作追肥，但肥效不如作基肥效果好。厩液在腐熟后即可作追肥，肥效较高。厩肥当季氮利用率不高，一般只有20%～30%。

施用的厩肥不一定全部是完全腐熟的。一般应根据作物种类、土壤性质、气候条件、肥料本身的性质以及施用的主要目的而有所区别。块根、块茎作物，如甘薯、马铃薯和十字花科的油菜、萝卜等，生育期较长的番茄、茄子、辣椒、南瓜、西瓜等作物，对厩肥的利用率较高，可施用半腐熟厩肥。质地黏重、排水差的土壤，应施用腐熟厩肥，且不宜耕翻过深；砂质土壤可施用半腐熟厩肥，翻耕深度可适当加深。早熟作物因其生长期短，应施用腐熟程度高的厩肥，而冬播作物生长期长，对肥料腐熟程度的要求不太严格。由于大多数蔬菜作物生长期短，生长速度快，其产品的卫生条件要求严格，使用厩肥时要求充分腐熟。降雨少的地区或旱季，应施用完全腐熟的厩肥，翻耕可深些；温暖而湿润地区或雨季，可施用半腐熟的厩肥，翻耕应浅些。厩肥用作种肥、追肥时，则应完全腐熟。

注意动物粪便不要施在土壤表面，否则易发臭、生虫，经处理的粪便可减少此缺点，但乃需施用后覆土或翻土盖住。蔬菜田使用有机肥料需注意卫生及安全，防止寄生虫及病菌滋长。

3.家畜粪尿

家畜粪尿是指家畜（猪、马、牛、羊等）的排泄物。

家畜粪尿的成分 家畜粪和尿的成分不同，粪是饲料经过牲畜的消化器官消化后没有吸收的残余物，它主要是半腐解的植物性有机物质，成分是蛋白质（包括蛋白质的分解产物）、脂肪、糖类、纤维素、半纤维素、木质素、有机酸、胆汁、叶绿素、酶以及各种无机盐等。尿是饲料中的营养成分被消化吸收，进入血液经新陈代谢后排出的部分，成分比较简单，全部是水溶性物质，主要有尿素、尿酸、马尿酸以及钾、钠、钙、镁等无机盐类。畜粪中含有机质和氮较多，磷和钾较少，畜尿中含磷很少。各种家畜每年的排泄量也相差甚大。牛的排泄量最大，羊最少，马、猪介于其间。

家畜粪尿的特性 各种家畜粪尿除养分含量有差异外，由于家畜的饲料成分、饮食习惯、消化能力等的差别，致使粪质粗细和含水量不同，影响畜粪的分解速率、发热量以及微生物种类等。

(1) 猪粪 猪的饲料范围广而多样化，因此猪类的性质差异也较大。猪饲料一般比其他家畜的饲料精细，养分含量比较高。猪粪的质地比较细，碳氮比范围较窄，且含有较多的氨化微生物，一般较易分解，分解后形成的腐殖质也比较多。但猪粪中含纤维素分解菌较少，粪中难消化的残渣分解慢，其为性质柔和而有后劲的有机物。为加速猪粪分解，混合少量马粪，用以接种纤维素分解菌，可促其分解，提高肥效。

（2）牛粪　牛是反刍动物，消化力强，对饲料咀嚼较细，食物在胃中反复消化，因而牛粪质地致密。牛饮水较多，牛粪中含水也多，故通气性差，分解缓慢，发酵温度低，肥效迟缓，故称牛粪为“冷性肥料”。牛粪中养分含量是家畜粪中数量最低的，尤其是氮含量。氮含量少，碳氮比范围较宽，分解缓慢，为加速分解，可将鲜粪稍晾干，再加入马粪混合堆积。如能混入磷矿粉，则质量更高。可接种纤维素分解菌，促其分解，提高肥效。

（3）马粪　马对饲料的咀嚼不如牛细致，消化力也不及牛强。马粪中纤维素含量高，粪的质地粗，疏松多孔，水分易蒸发，含水分少，粪中含有大量高温纤维素分解菌，能促进纤维素分解，因此，马粪腐熟较快。马粪在堆积中，发出的热量多，最高可达60～70℃，常称为“热性肥料”。马粪可作温床的酿热材料，可提高苗床温度，促使幼苗提早移栽。如在沼气池中加入马粪，可提高肥堆温度，促进堆肥腐熟。由于马粪质地粗，对改良土壤也有显著效果。驴粪、骡粪也有类似特性。

（4）羊粪　羊也是反刍动物，对饲料咀嚼细，但饮水少，所以羊粪质地细密而干燥，肥分浓厚。羊粪是家畜粪中养分（尤其有机质和全氮）含量最高的一种，分解时散发的热量比马粪低，但比牛粪高，易于发酵分解，也属热性肥料。羊粪宜与含水分较多的猪粪、牛粪混合堆积。

此外，家畜类中的兔粪，其氮、磷、钾含量比羊粪高，性质与羊粪很相似，也是一种优质高效的有机肥料。各种家畜尿的性质都相似，一般均呈碱性，但含有不同数量的尿酸和马尿酸。几种家畜尿相比，只有牛尿分解较慢，肥效迟缓，不宜直接单独施用，其他三种均可较快分解。一般最后积攒起来的肥料已经不是单纯某一种家畜的粪尿，而是家畜粪尿与垫圈材料的混合物，即厩肥（也称圈肥）。

积存方法　家畜粪尿的积存过程是一个营养成分变化腐熟的过程，但容易造成易挥发养分的损失，积存时一定要采取保肥措施。常有的积存方法有以下三种。

（1）垫圈积存　畜舍内用干土、秸秆、泥炭、草皮土或草炭进行垫圈，吸收粪尿，减少臭气，保持干燥清洁的环境，有利家畜的健康。粪土比一般为1∶（3～4）为宜。畜栏垫圈要掌握勤起勤垫的原则，起出的畜粪掺入人粪尿再加1%～2%的过磷酸钙和少量泥土，进行圈外混合堆积，外层糊封泥土，可起到腐熟保肥的作用。

（2）冲圈积存　适合于集体饲养的畜群和大型养猪场。冲圈畜舍的地面多用水泥或砖砌成，并向一侧倾斜，以利于粪尿液流入外面所设的粪池。畜舍内每天用水把粪便冲洗到舍外的粪池里，在嫌气条件下，沤成水粪。粪池搭棚加盖，或覆盖秸秆、青草等，以减少氨气挥发损失。粪水也可引入沼气池作为沼气发酵用。

（3）冲垫结合　冬季及早采用垫圈，其他季节采用冲圈，既有利于家畜的卫生，又能积制较好的肥料。冲圈肥可作追肥，垫圈积肥可作基肥。

使用方法　猪粪尿有较好的增产和改土效果，可作基肥、追肥，适用于各种土壤和作物。腐熟好的粪尿可用作追肥，但没有腐熟的鲜粪尿不宜作追肥。没有腐熟的鲜粪尿施到土壤以后，经微生物分解会放出大量二氧化碳，并产生发酵热，消耗土壤水分，大量施用对种子、幼苗、根系生长均有不利影响。此外，生粪下地还会导致短期内土壤里有限的速效养分被微生物消耗，发生“生粪咬苗”现象。腐熟后的马粪适用于各种土壤和作物，用作基肥、追肥均可。由于马粪分解快，发热大，一般不单独施用，主要用作温床的发热材料。牛粪尿多用作基肥，适于各种土壤和农作物。羊粪尿同其他家畜粪尿一样，可作基肥、追肥，适用于各种土壤和作物。羊粪由于较其他家畜粪浓厚，在砂土和黏土地上施用均有良好的效果。

4.禽粪

禽粪是鸡粪、鸭粪、鹅粪、鸽粪等家禽粪的总称，有机质和氮、磷、钾养分含量都比较高，还含有1%～2%氧化钙和其他微量元素成分，其养分含量远远高于家畜粪便。如鸡粪的氮、磷、钾养分含量是家畜粪便的3倍以上，可以说禽粪是一种高浓度天然复合肥料。

禽粪的成分与积存 家禽的排泄量虽然不多，但禽粪含养分浓厚。禽粪中氮、磷养分含量几乎相等，而钾稍偏低。4种禽粪相比，鸽粪养分含量最高，鸡、鸭粪次之，鹅粪最差（表7-2）。因为鹅是草食动物，而鸽、鸡、鸭是杂食动物，尤其是鸽和鸡，均以谷物饲料为主，而且饮水少，所以养分含量高于各种牲畜粪尿。禽粪是很容易腐熟的有机肥料。禽粪中的氮以尿酸形态为主。尿酸盐不能直接被作物吸收利用，而且对农作物根系生长有害，所以禽粪必须腐熟后才能施用。禽粪在堆腐过程中能产生高温，属于热性肥料。

近年来，为了解决大城市蛋品的供应问题，又发展了不少大型养鸡场，一般饲养量都在万只到十万只左右，因此禽粪也是一项不可忽视的肥源。养禽场是禽粪的积存场所，应经常垫入干细土或粉碎好的干草炭，并定期清扫。禽粪中的尿酸态氨比较容易分解，应注意积存过程中的保管。积存过程中易腐熟并产生高温，造成氮的损失。如保管不当，禽粪经2个月，氮可损失一半。禽粪中的氮对当季作物的肥效相当于化学氮肥的50%，但禽粪有明显的后效。

表7-2 新鲜禽粪的养分含量

种类	水分/%	有机质/%	氮(N)/%	磷(P_2O_5)/%	钾(K_2O)/%	每只家禽年泄量/千克
鸡粪	50.5	25.5	1.63	1.54	0.85	5～7.5
鸭粪	56.6	26.2	1.1	1.4	0.62	8～10
鹅粪	67.1	23.4	0.55	0.5	0.95	12～15
鸽粪	51	30.8	1.76	1.78	1.0	2～3

禽粪腐熟方法（以鸡粪为例）

（1）堆制自然腐熟 将要腐熟的鸡粪在水泥地上或覆盖塑料膜的泥地上，将鸡粪堆成高1.5～2米、宽1.5～3米的长条状，长度视场地大小和鸡粪多少而定。加入适量水（使含水量达55%左右），然后再盖上塑料薄膜，使堆肥自然发热达50℃以上，杀灭病原菌、寄生虫卵。注意粪堆不要太密闭，这样缺少氧气，微生物无法大量繁殖。可以在腐熟时，掺入一定量的锯末、砻糠或稻草、小麦、玉米等作物秸秆，并使薄膜与粪堆有一定的间隙，以提高透气性，补充氧气，促进微生物的快速、大量繁殖。还可在鸡粪内撒入过磷酸钙、沸石、生土等吸附剂，吸附发酵过程中产生的臭气。

(2) 生物制剂腐熟　如上法，但在腐熟前，将腐熟剂如激抗菌968、肥力高均匀喷洒到鸡粪上，再堆制或翻入土壤，可快速除臭、腐熟。这种方法腐熟鸡粪速度快、效果好。

(3) 大棚内腐熟池腐熟　在大棚的一端靠棚口处建一个体积为2米^{3}左右的池子，把鸡粪放入其中，加入肥力高等生物腐熟剂腐熟后再冲施蔬菜等农作物。但在大棚里腐熟要注意不要在严冬期和阴雪天气棚内通气受限的情况下进行，以免腐熟过程中产生的氨气等有害气体在棚内积累过多，引发气害。此法主要是针对鸡粪在腐熟过程中，会释放出热量和二氧化碳，这些都是冬季棚内蔬菜最需要的，可谓一举多得。

(4) 塑料袋腐熟　将周长为7～8米的塑料筒，一端用细绳子扎紧，放在蔬菜等作物行间。从另一端装入鸡粪150～200千克，袋中要留出适当的空隙，不能太满。然后，往里灌水，水量以淹没鸡粪为宜，再扎紧口发酵，5～6天即可完全腐熟。要注意两端一定要扎紧口，以其中的水不流出来为宜。如果要加快腐熟的速度和防止腐熟不彻底，可在其中加入肥力高等腐熟剂。此法简单易操作，腐熟速度快，不会对棚里的农作物造成气害。

(5) 蚯蚓处理　向盛装鸡粪的装置内放入经过专门饲养的蚯蚓，经其消化排出的蚯蚓粪，可直接用作肥料，无须发酵。该法可节省能源，利用自然界的生态循环，使鸡粪达到无害化，但处理量少，处理过的鸡粪含水量高。

禽粪的施用　禽粪适用于各种作物和土壤，不仅能增加作物的产量，而且还能改善农产品品质，是生产有机农产品的理想肥料。新鲜禽粪易招引地下害虫，因此必须腐熟。因其分解快，宜作追肥施用，如作基肥可与其他有机肥料混合施用。精制的禽粪有机肥每亩施用量不超过2000千克，精加工的商品有机肥每亩用量300～600千克，并多用于蔬菜等经济作物。

未腐熟禽粪造成农作物烧根熏苗的处理办法　农作物特别是蔬菜地里施用没腐熟或腐熟程度不够的禽粪，如果出现了烧苗等现象，可采用如下措施。

(1) 冲施腐熟剂　如果禽粪没腐熟好，蔬菜定植后2～3天就可出现烧苗症状，此时应及时冲施有机物腐熟剂，加快禽粪腐熟。如每亩每次冲施肥力高2千克，能达到快速腐熟的目的。

(2) 加强通风　冬季棚室相对密闭，禽粪在腐熟过程中产生的氨气挥发不出去，很容易熏坏蔬菜。因此，在发现禽粪没腐熟好出现烧苗现象时，应增加放风次数和时间，以便把棚内的氨气及时排出棚外，从而避免气害的发生。

(3) 增施生物菌肥　生物菌肥不仅具有改良土壤结构、提高土壤肥力、抑制根部病害的作用，对促进禽粪的腐熟效果也很显著。因此，当禽粪出现烧苗现象时，可每亩每次用大源一号等菌肥 25～30 千克随水冲施，也可冲施适量的微生物制剂。

5. 沤肥

沤肥，又称草塘泥、窖肥等，是以作物秸秆、青草、树叶、绿肥等植物残体为主要原料，混合人畜粪尿、泥土，在常温、淹水的条件下，由微生物进行厌气分解而成。一般在水源方便的场地，如田头地角、村边住宅旁，挖坑 1 米深，放入沤制的材料，灌粪水、污水。在淹水厌气条件下，由厌气微生物群落为主进行矿质化和腐殖质化作用。温度变化比较平稳，一般为 10～20℃，pH 值变化也平稳，普遍在 6～7 之间，分解腐熟时间较堆肥长，腐殖质积累多，养分损失少，氮损失一般只有 5%，而堆肥的氮损失高达 29%。沤肥的成分随沤制材料的种类及物料配比的不同而异。据分析，沤肥的成分与厩肥相近。草塘泥的 pH 大多在 6～7，全氮量为 0.21%～0.40%，全磷量为 0.14%～0.26%。

沤制条件

(1) 浅水沤制　保持 4～6 厘米浅水。有机物处于低温厌气条件下分解，如果水层太深、温度低，则不易分解。坑内不应时干时湿，否则易生成硝态氮而遭受淋洗或反硝化脱氮。

(2) 材料合理配比　如果碳氮比大，作物秸秆、杂草等应加入适量人粪尿，pH 值为 6～7。

(3) 定植翻堆　每半个月翻 1 次，主要使上下物料受热一致，分解均匀。

沤制方法与施用　以草塘泥为例：以塘泥为主，搭配稻草、绿肥和猪厩肥，塘泥占 65%～70%，稻草占 2%～3%，豆科绿肥占 10%～15%，猪厩肥占 20%左右，有时也可加入脱谷场上的有机废弃物等。冬、春季节取河泥，拌入切成 20～30 厘米长的稻草，堆放田边或河边，风化一段时间。在田边、地角挖塘，塘的大小和深度根据需要而定，挖出的泥作塘埂，增大塘的容积，并防止肥液外流或雨水流入。塘底及土埂要夯实防漏。经风化的稻草、河泥按比例加入绿肥或猪厩肥等材料，于 3～4 月间运到塘中沤制，混合肥上要保持浅水层。经过 1～2 个月后，当塘的水层由浅色变成红棕色并有臭味时，沤制的肥料已经腐熟，可施用。

腐熟的沤肥，颜色墨绿，质地松软，有臭气，肥效持久。沤肥的养分含量因材料种类和配比不同，变幅较大，用绿肥沤制比草皮沤制的养分含量高。沤肥多用于水田作基肥，在蔬菜上大都用作基肥，每亩 1600～2600 千克。在定植前结合整地撒施后耕翻，防止养分损失。

6. 沼气发酵池肥

沼气发酵池肥也称沼气发酵肥料。它是作物秸秆、杂草、树叶、生活污水、人畜粪尿等在密闭条件下进行嫌气发酵，制取沼气后的沉渣和沼液，残渣约占 13%，沼液占 87%左右。沼气发酵过程中，原材料有 40%～50%的干物质被微生物分解，其中的碳大部分分解产生沼气（即甲烷）被用作燃料，而氮、磷、钾等营养元素，除氮有一部分损失外，绝大部分保留在发酵液和沉渣中，其中还有一部分被转化成腐植酸类的物质，是一种缓速兼备又具有改良土壤功能的优质肥料。制取沼气后的沉渣，其碳氮比明显变小，养分含量比堆肥、沤肥高。沉渣的性质与一般有机肥料相同，属于迟效性肥料，而沼液的速效性很强，能迅速被作物吸收利用，是速效性肥料。其中铵态氮的含量较高，有时可比发酵前高 2～4 倍。一般堆肥中速效氮含量仅占全氮的 10%～20%，而沼液中速效氮可占全氮量的 50%～70%，所以沼液可看作是速效性氮肥。

成分和性质 沉渣含全氮 0.5%～1.2%、碱解氮 430～880 毫克/千克、速效磷 50～300 毫克/千克、速效钾 0.17%～0.32%，沉渣的碳氮比为 12.6～23.5，质量较高。

沼液含全氮 0.07%～0.09%、铵态氮 200～600 毫克/千克、速效磷 20～90 毫克/千克、速效钾 0.04%～0.11%。此外，还含有硼、铜、铁、锰、锌、钙等元素，以及大量的有机质、多种氨基酸和维生素等。

沼肥的施用 发酵池内的沉渣宜作基肥；沼液宜作追肥，也可作叶面喷肥，还可用于浸种、杀蚜；燃烧沼气还可增温、释放二氧化碳。

（1）作基肥、追肥使用 二者的混合物作基肥时，每亩用量 1600 千克，作追肥时每亩 1200 千克。沼液作追肥时每亩 2000 千克。一般可结合灌水施用。旱地施用沼液时，最好是深施沟施 6～10 厘米，施后立即覆土，防止氨的挥发。实践证明，在施肥量相同的条件下，深施比浅施可增产 10%～12%，比地表施用增产 20%。在栽培条件相同的情况下，施用沼气肥的蔬菜作物比施用普通粪肥的蔬菜作物增产 10%以上，而且还可减少病虫害的发生。

① 西瓜。可配制营养土：取充分腐熟（3 个月以上）的沼渣 3 份与 7 份砂壤土拌和，用手捏成团，落地能散，然后装入纸杯，装至一半时压实，再填入一层松散的营养土至杯口 1 厘米时，播种后覆土，用沼渣配制的营养土育苗，能有效地防治蔬菜立枯病、枯萎病、猝倒病及地下害虫；用 1 份沼液加 2 份清水喷洒瓜苗作基肥，移栽前一周，可将沼渣肥施入瓜穴，每亩施沼渣 2500 千克；从花蕾期开始，每 10～15 天 1 次，每次施沼液 2000 千克作大田追肥。

② 大蒜。作基肥时，每亩用沼渣 2500 千克撒施后，立即翻耕。

作面肥时，于播种时，在床面上开 10 厘米宽、3～5 厘米深的浅沟，沟间距 15 厘米，沼液浇于沟中，浇湿为宜，然后播蒜，覆土。

作追肥时，于越冬前每亩用沼液 1500 千克，加水泼洒，可进行 2 次，但在立春后不可追施沼液。

③ 石榴。以每亩栽植 60 株的 7 年生的甜籽石榴为例。3 月底开始，以后每隔 30 天施 1 次沼液，共施 4 次。每次施肥均采用环状沟施法，在树冠滴水线处挖

40～60 厘米深的环状沟，施入沼液后覆土。

④ 蘑菇。沼渣富含营养物质，且养分全面，质地疏松，保墒性能好，酸碱度适中，沼渣中的有机质、腐植酸、粗蛋白、氮、磷、钾以及各种矿物质，能满足蘑菇的生长要求，是人工栽培食用菌的好培养料。

⑤ 露地花卉。作基肥时，提前半个月，结合整地，按每平方米施沼渣 2 千克，拌匀。若为穴施，视树大小，每穴 1～2 千克，覆土 10 厘米，然后栽植。名贵品种最好不放底肥，而改以疏松肥土垫穴，活后根基抽槽施肥。

追肥应根据需要从严掌握，不同的花卉品种其需肥吸肥能力不完全相同。因此，使用沼肥应有不同。生长较快的花卉、草木花卉、观叶性花卉，可 1 月施 1 次沼液，浓度为 3 份沼液 7 份清水。生长较慢的花卉、木本花卉、观花观果花卉，按其生育期要求，1 份沼液加 3 份清水追肥。穴施时，可在根梢处挖穴，采用沼液、沼渣混施，依树大小，0.5～5 千克不等。

⑥ 盆栽花卉。配制培养土：腐熟 3 个月以上的沼渣与分化较好的山土拌匀，比例为鲜沼渣 1 千克、山土 2 千克，或者干沼渣 1 千克、山土 9 千克。

换盆：盆花栽培 1～3 年后，需换土、扩钵。一般品种可用上法配制的培养土填充，名贵品种需另加少许山土降低沼肥含量。凡新植、换盆花卉，不见新叶不追肥（20～30 天）。

追肥：盆栽花卉一般土少树大，易导致其营养不足，需要人工补充。茶花类（山茶为代表）要求追肥稀、少，即浓度稀、次数少，每年 3 月至 5 月每月追施 1 次沼液，浓度为 1 份沼液加 1～2 份清水；季节花（月季花为代表）可 1 月追施 1 次沼肥，比例同上，至 9～10 月停止。沼肥培育盆花，应计算用量，切忌性急，过量施肥。若施肥后，老叶纷落，视为浓度偏高，应及时水解或换土；若嫩叶边缘呈水渍状脱落，视为水肥中毒，应马上脱盆换土，剪枝、遮阴养护。

⑦ 梨。应根据不同生育期确定不同的施肥量和施肥方法。

a. 幼树。生长季节，可实行一个月施用一次沼肥，每次每株施沼肥 10 千克，其中春梢肥每株应深施沼渣 10 千克。

b. 成年挂果树。以产定肥，基肥为主，用量按每生产 1000 千克鲜果需氮 4.5 千克、磷 2 千克、钾 4.05 千克的要求计算（利用率 40%）。

基肥：占全年用量的 80%，一般在初春梨树休眠期进行，方法是：在主干周围开挖 3～4 条放射状沟，沟长 30～80 厘米，宽 30 厘米，深 40 厘米，每株施沼渣 25～50 千克，补充复合肥 250 克，施后覆土。

花前肥：开花前 10～15 天，每株施沼液 50 千克加尿素 50 克，撒施。

壮果肥：一般有两次，一次在花后 1 个月，每株施沼渣 20 千克或沼液 50 千克，加复合肥 100 克，开槽深施。第二次在花后 2 个月，用法用量同第一次，并根据树况树势，有所增减。

还阳肥：根据树势，一般在采果后进行，每株施沼液 20 千克，加入尿素 50 克，根部撒施。还阳肥要从严掌握，控制好用肥量，以免引起秋梢秋芽生长。

梨树属大水大肥型果树，沼渣、沼液肥虽富含氮、磷、钾，但对于梨树来说，还是偏少。因此，沼渣、沼液肥种梨要补充化肥或其他有机肥。如果有条件实行全沼渣、沼液肥种梨，每株成年挂果树，需沼渣沼液 250～300 千克（鲜沼渣占 60%）。若采用叶面喷沼液的方法施肥，效果更好。

（2）叶面喷施　沼液富含多种作物所需的营养物质，因而适宜作根外追肥，其效果比化肥好。沼液喷施在作物生长季节都能进行，特别是当农作物以及果树进入花期、孕育期、灌浆期和果实膨大期，喷施效果明显。对水稻、麦类、棉花、蔬菜、瓜类、果树都有增产作用。沼液既可单施，也可与化肥、农药、生长剂等混合施。叶面喷施沼液，可调节作物生长代谢，补充营养，促进生长平衡，增强光合作用，尤其是施用于果树，有利于花芽分花，保花保果，果实增重快，光泽度好，成熟一致，商品果率提高等。

用沼液进行叶面喷肥，收效快，利用率高，24 小时内叶片可吸收附着喷量的 80%左右。沼液要取正常产气 1 个月以上的沼气池内的沼液，澄清后用纱布过滤，以防堵塞喷雾器。浓度不能过大，以 1 份沼液加 1～2 份清水即可，每亩用量 40 千克。喷施时，要选在早晨 8～10 点露水干后进行，夏季以傍晚为好，中午高温及暴雨前不要喷施，尽可能喷于叶片背面。一般可 7～10 天喷 1 次。

① 西瓜。初伸蔓开始，每亩施用 10 千克沼液加入 30 千克清水；初果期，每 15 千克沼液加入 30 千克清水；后期每 20 千克沼液加入 20 千克清水。可增强西瓜的抗病能力，提高产量，对有枯萎病的地方，效果更显著。

② 蘑菇。从出菇后开始，每平方米施用 500 克沼液加 1～2 倍清水，每天喷 1 次，可提高菇质，增加产量，增产幅度为 37%～140%。

③ 梨树。从初花期开始，结合保花保果，7～10 天施 1 次，至叶落前为止。用 1 份沼液加 1 份清水。可保花保果，促进果实一致，光泽度好，成熟期一致。采果后，还可坚持施 3～4 次，有利于花芽分化和增强树体抗寒能力。

④ 水稻、小麦。喷施从抽穗开始，至灌浆结束，10 天 1 次，1 份沼液加 1 份清水，可增加实粒数，提高千粒重。

⑤ 葡萄。展叶期开始，至落叶期结束，7～10 天 1 次，1 份沼液加 1 份清水，可使果实膨大一致，增产 10%左右，兼治病虫害。

⑥ 棉花。全生育期均可进行，现蕾前沼液清水比为 1∶2，现蕾后为 1∶1，10 天 1 次，可增强其抗病力，提高产量，兼治红蜘蛛、棉蚜。

⑦ 芦荟。如果芦荟长势瘦小，说明肥力不足，要及时追肥，按每亩 1500 千克沼液，采用随水追施和叶面喷施的方法，一般 15 天追施 1 次，夏季配合喷施（喷施用沼液总量的 5%）。追施采用沼液∶水为 1∶2，喷施采用沼液∶水为 1∶1，10 天 1 次（喷施用沼液需静置 1～2 小时取上层澄清液）。

（3）沼液浸种　沼液浸种就是将农作物种子放在沼液中浸泡后再播种的一项种子处理技术。由于沼液中富含多种活性、抗性和营养性物质，利用沼液浸种具有明显的催芽、抗病、壮苗和增产作用。各地试验证明：沼液浸种对棉花炭疽病和玉米大小斑病具有较强的抑制作用。由于沼气池出料间的料液温度一般稳定在8～16℃，pH在7.2～7.6，有利于种子新陈代谢，因而经沼液浸种后可使作物芽齐芽壮，成苗率高，根系发达。据对比试验材料表明：沼液浸种可使玉米增产5%～10%，小麦增产5%～7%。

① 沼液浸种注意事项

a. 沼液浸种要求选用上年生产的纯度高和发芽率高的新种，最好不用陈种。

b. 用于沼液浸种的沼气池，一定要正常产气1个月以上，长期未用的沼气池中的沼液不能浸种用。

c. 浸种时间随地区、品种、温度差别灵活掌握，浸种时间不可过长，以种子吸足水分为好。

d. 沼液浸过的种子，都应用清水淘净，然后播种或者催芽。沼液浸种会改变某些种壳的颜色，但不会影响发芽。

e. 注意安全，沼气池池盖应及时还原，以防人畜掉入池内。

② 沼液浸种技术要点

a. 晒种。为了提高种子的吸水性，沼液浸种前，将种子晒1～2天，清除杂物，以保证种子的纯度和质量。

b. 装袋。选择透水性好的编织袋或布袋将种子装入，每袋装15～20千克，并留出适当空间，以防种子吸水后涨破袋子。

c. 清理沼气池出料间。将出料间浮渣和杂物尽量清除干净，以便于浸泡种子。

d. 浸种。准备好一根木杠和绳子，将木杠横放在水压间上，再将绳子一端系住口袋，另一端固定在木杠上，使种袋放入水压间并保证整个袋子能被沼液淹没。要注意农户使用沼气后水压间液面要下降，此时沼液也能淹没种子。有些浸泡时间较短（12小时以内）的，可以在盛有沼液的容器中进行。

e. 清洗。沼液浸种结束后，应将种子放在清水中淘净，然后播种或者催芽。

小麦浸种：小麦沼液浸种适宜在土壤墒情较好时应用。浸种12小时后用清水洗净，即可播种。若抗旱播种（土壤墒情差），则不应采用沼液浸种。

玉米浸种：玉米沼液浸种12～16小时，用清水洗净，晾干后即可播种。

棉花浸种：包衣种不必采用沼液浸种，非包衣种浸种18～24小时。浸种时注意在种子袋内放石头，以防种袋浮起。浸好后取出，沥去水分，用草木灰拌和并反复轻搓，使其成为黄豆粒状即可用于播种。

甘薯、马铃薯浸种：甘薯、马铃薯沼液浸种4小时，也可将种子装入缸、桶等容器中，取沼液浸泡，液面超过上层种子6厘米。浸种结束后，用清水洗净，然后催芽或者播种。

花生浸种：花生沼液浸泡4～6小时，用清水洗净，晾干后即可播种。

瓜类、豆类浸种：瓜类、豆类沼液浸泡2～4小时，用清水洗净，晾干后播种或者催芽。

（4）沼液防治病虫害　沼液中含有多种生物活性物质，如氨基酸、微量元素、植物生长刺激素、B族维生素和某些抗生素等。其中有机酸中的丁酸和植物激素中的赤霉素、吲哚乙酸以及维生素 B_{12} 对病菌有明显的抑制作用。沼液中的氨和铵盐、某些抗生素对作物的虫害有着直接作用。

沼液防治病虫害无污染、无残毒、无抗药性，被称为“生物农药”。实验表明，沼液对粮食、蔬菜、水果等13种作物中的23种病害和4种害虫有防治作用，有的单用沼液就已达到或超过药物的功效，有的加大强化了药物的防治效果。沼液防治农作物病虫害主要通过沼液浸种、施用沼肥作底肥和追肥实现。

① 防治果树螨、蚧和蚜虫。取沼液50千克，用双层纱布过滤，直接喷施，10天1次，发虫高峰期，连喷2～3次，若气温在25℃，应在下午5时后进行。如果在沼液中加入1∶(1000～3000)的甲氰菊酯，灭虫卵效果更为显著，且药效持续时间在30天以上。

② 防治玉米螟。用沼液50千克，加入2.5%溴氰菊酯乳油10毫升搅匀，灌玉米心叶。

③ 防治蔬菜蚜虫。每亩取沼液30千克，加入煤油50克、洗衣粉10克，喷雾，也可在晴天温度较高时直接泼洒。

④ 防治麦蚜。每亩取沼液50千克，加入乐果数滴，晴天露水干后喷洒。若6小时以内遇雨，则应补喷1次。蚜虫28小时失活，40～50小时死亡，杀虫率90%。

⑤ 防治豆类蚜虫。准备洗净粪桶两只、喷雾器一个、煤油2.5克、洗衣粉50克。先将50克洗衣粉充分溶于500克水中，然后将溶好的洗衣粉水和2.5克的煤油倒入喷雾器中，再取过滤沼液14千克倒入喷雾器中，充分搅拌后，就成了沼气复方治虫剂。将此剂均匀地喷在有蚜虫危害的豆类作物上，每亩喷35千克。如遇蚜虫危害严重时，第二天再喷1次，注意选择晴天治虫，效果更佳。

(5) 大棚升温促长　冬春时节在蔬菜大棚内直接燃烧沼气，可有效地提高大棚内的温度和二氧化碳浓度，促进作物生长。其所释放出的热量一般可提高棚内温度2～4℃。在大棚内燃烧每立方米沼气约可释放出23000千焦的热量，每立方米空气温度升高1℃约需1千焦的热量。如果大棚长20米、宽7米、高1.5米，其容积为210米^3，温度提高10℃左右，理论上需要沼气量为 $210\times1\times10\div23000\approx0.1$ 米^3。但是，由于大棚内保温材料质量的差异，大部分热量会散失，所以通常在大棚内每10米^{3}需设计安装一盏沼气灯，或在每50米^{3}放一个沼气灶。在增温时要求沼气灯一直点着，不但可以产生热量，还增加了棚内光照，加强了棚内农作物在阳光不足时的光合作用，有利于提高产量。沼气灶则是在需要快速提高棚内温度时才使用。在棚内用沼气灶加温时，最好在沼气灶上烧些开水，利用水蒸气升温效果更好。利用沼气为大棚升温，要控制好棚内的温度、湿度。例如：大棚内栽培黄瓜和番茄，在日出时就要点燃沼气，温度要控制在28～30℃，相对湿度控制在50%～60%，夜间相对湿度可以再高一些，但不要超过90%。大棚采用沼气升温，应该注意升温时间，最好选在凌晨低温情况下进行，另外时间不要过长，以防温度过高对蔬菜等农作物生产产生不利影响。

(6) 向大棚内的农作物供应二氧化碳“气肥” 利用沼气燃烧后排放二氧化碳的特性，可向大棚内的农作物供应二氧化碳“气肥”，促进增产。

温室蔬菜增施二氧化碳气肥后，可以促进蔬菜的营养生长。可使黄瓜的雌花增多，坐果率增加，结果率可提高27.1%，总产量可增长31%；番茄和青椒在定植后开始增施二氧化碳气肥，番茄较对照可平均增产21.5%，青椒较对照增产36%。同时，蔬菜的品质也得到改善。经对黄瓜和番茄果实进行分析，果实中维生素C和可溶性糖的含量均有显著增加。

燃烧1米^{3}的沼气可产生0.97米^{3}的二氧化碳气体。燃烧沼气释放二氧化碳和升温，一般是每100米^{2}设置一个沼气灶，或者每50米^{2}设置一盏沼气灯。日光温室内燃烧沼气要经过脱硫处理。在植株叶面积系数较大的温室内需要长时间通风的情况下，应在日出后30分钟左右点燃沼气灯，沼气点燃释放二氧化碳的平均速度为每小时0.5米^{3}左右，据此计算出不同体积温室增施二氧化碳所需燃烧沼气的时间。一般采取断续释放的方法，每释放10～15分钟，间歇20分钟。在放风前30分钟停止释放。

“四位一体”(北方“四位一体”能源生态模式是把沼气池、厕所、猪舍和日光温室优化组合，使之相互依存，优势互补，实现农业生产良性循环的一种生产模式)模式利用沼气进行二氧化碳施肥的具体技术是：以沼气灯作为施气工具，春冬两季每天日出后30分钟，在日光温室内点沼气灯1小时，待室温升到25～30℃时即开棚放风。一个长度为30～50米的温室，可点沼气灯6盏(1小时后，室内二氧化碳浓度可提高500～1000毫克/千克)。

在温室中使用沼气应注意以下几点：一是点燃沼气灯、沼气灶应在凌晨气温较低时进行；二是释放二氧化碳气肥后，蔬菜光合作用加强，水肥管理必须及时跟上，这样才能取得较好的增产效果；三是沼气灶在棚内燃烧时间不能太长，否则过多的二氧化碳气肥反而会对作物生长不利；四是不能在温室大棚内堆沤沼气发酵原料，否则释放氨气等对作物有毒害的气体；五是在日光温室内燃烧沼气要经过脱硫处理。

注意事项 沉渣、沼液出池后不要立即施用。沼气肥的还原性强，出池后若立即施用，会与作物争夺土壤中的氧气，影响种子发芽和根系发育，导致作物叶片发黄、凋萎。沼气肥出池后，一般先在贮粪池中存放5～7天后再施用。

沼液不能直接作追肥。沼液不宜对水直接施在作物上，尤其是用来追施幼苗，这样会使作物出现烧伤现象。作追肥时，要先兑水，一般兑水比例为1∶1。

不要表土撒施。沼肥施于地表，两天后不覆土，铵态氮损失达50%以上，故应提倡深施，施后覆土。水田应开沟深施使泥肥混合，旱作可用沟施或穴施，以防肥效损失。

不要过量施用。施用沼气肥的量不能太多，一般要少于普通猪粪肥。若盲目大量施用，会导致作物徒长、行间郁闭，造成减产。

不能与草木灰、石灰等碱性肥料混施。草木灰、石灰等碱性较强，与沉渣、沼液混合，会造成氮肥的损失，降低肥效。

7.堆肥

堆肥是利用作物秸秆、杂草、树叶、绿肥、泥炭、河泥、垃圾以及其他废弃物为主要原料，加进家畜粪尿进行堆积或沤制而成的。在人工控制下，在一定的温度、湿度、碳氮比和通风条件下，利用自然界广泛分布的细菌、放线菌、真菌等微生物的发酵作用，人为地促进可生物降解的有机物向稳定的腐殖质生化转化的微生物学过程，即人们常说的有机肥腐熟过程。粪便经过堆沤处理后，可有效地杀死粪便中的病原菌、寄生虫卵及杂草种子等，防止了病虫草害的发生。

堆肥的成分与特性 新鲜的堆肥含水量大约在60%～65%，含氮量在0.4%～0.5%，含磷0.18%～0.3%，含钾0.45%～0.67%，碳氮比约为（16～20）∶1，有机质含量为15%～25%。堆肥分为普通堆肥和高温堆肥两种。高温堆肥的养分含量、有机质含量比普通堆肥高；腐熟堆肥颜色为黑褐色，有臭味，堆肥的性质基本上与厩肥类似。

制造堆肥的条件

（1）水分 堆肥的适宜含水量为原材料湿重的60%～70%，即用手紧握时稍有液体挤出为宜，可采用秸秆进行调节。升温阶段水分不宜过多，高温阶段水分消耗较多，要及时补充，降温和后熟阶段要有较多的水分，以利腐殖质的积累。

（2）通气 保持适量的空气，有利于好气性微生物的繁殖与活动，促进有机质分解。若通气不良，好气性微生物的活动会受到抑制，堆肥温度不易升高，发酵迟缓；若通气过旺，好气性微生物繁殖过快，有机质大量分解，腐殖质系数低，氮损失大。一般堆制初期要创造较为好气的条件，以加速分解并产生高温，堆制后期要创造较为嫌气的条件，以利腐殖质的形成和减少养分损失。适宜的通气性可以通过控制材料内的水分、堆积松紧程度以及设置通气沟或通气筒、翻堆（每天翻动1～2次）等方法调节。

（3）温度 前低、中高、后降。温度不能太高，高时为50～60℃。各种微生物都有适于活动的温度范围：嫌气性微生物为25～35℃，好气性微生物为40～50℃，好热性微生物为60～65℃。通常要接种好热性纤维分解菌（加入骡马粪、羊粪、禽粪等）以利升温，适当加大肥堆体积以利保温。通过调节水分和通气状况，以及冬季进行人工升温等措施，也能控制温度。一般在50～65℃高温下，堆肥只要5～6天即可达到无害化要求。过低的温度将大大延长堆肥达到腐熟的时间，而过高的堆温（≥70℃）将对堆肥微生物产生不利影响。

（4）调节碳氮比 微生物为了进行活动，对堆肥材料中含碳和氮的比例有一定要求，这个比例叫碳氮比，一般是25∶1。普通堆肥材料如秸秆等，碳氮比为（60～100）∶1，必须加入含氮高的物质，如人畜粪尿、鸡粪、无机氮肥（如尿素）、豆科绿肥、饼肥等，使堆肥材料的碳氮比例降为（40～50）∶1。

（5）调节酸碱度　中性和微碱性条件，有利于堆肥中微生物活动，能加速腐熟，减少养分损失。pH 大于 8.5 和小于 5.3 都不利。在堆制时要加入一些石灰、草木灰等碱性物质。石灰或草木灰用量约为 2%～3%。

（6）接种剂　向堆料中加入接种剂（微生物菌剂）可以加快堆腐物料的发酵速度。向堆肥中加入分解较好的厩肥或加入占原始物料 10%～20%的腐熟堆肥，能加快发酵速度。

（7）堆肥原料尺寸　因为微生物通常在有机颗粒的表面活动，所以降低颗粒物尺寸，增加表面积，将促进微生物的活动并加快堆腐速度；另外，若原料太细，又会阻碍堆层空气的流动，将减少堆层中可利用的氧气量，反过来又会减缓微生物活动的速度。为了加快发酵过程，应在保证空气通透的前提下尽量减小堆肥原料的尺寸。

堆肥堆制方法　堆肥有多种堆制方法，其中高温堆肥是在好气条件下，通过加入骡、马粪接种好热性纤维分解菌，产生高温，可以彻底消灭病菌、虫卵等有害物质，加速堆肥材料的腐熟，高温堆肥又分为地面式和半坑式两种。腐熟的堆肥，颜色为褐色或黑褐色，汁液呈浅棕色或无色，有氨臭味或基本无臭味。堆制后材料已有很大变化，不易辨认。湿时柔软而有弹性，干时很脆，容易拉断。有的堆内物料带有白色菌丝。如果取腐熟堆肥，加清水搅拌后［肥、水比例 1∶(5～10)］，放置 3～5 分钟，其浸出液呈淡黄色。堆肥体积比刚堆时缩小 1/2～2/3。

（1）地面式高温堆肥　以玉米秸秆为例，堆制地点应选在背风、向阳及近水源处。材料配比是风干玉米秆 500 千克，新鲜骡、马粪 300 千克，人粪尿 100～200 千克，水 750～1000 千克（加水多少随原材料干湿而定）。堆制时，先将玉米秸秆铡成 3～5 厘米长的碎料，摊在地面上，按比例掺入骡、马粪及人粪尿和水，随掺随堆，搅拌均匀，堆成长方形，宽 3.3～4.0 米，高 1.3～2.0 米，长度以材料多少而定。堆后覆土，厚度 4～8 厘米。一般在 5 天后堆温逐渐上升，最高可达 70℃以上，过一段后堆温下降，此时应进行翻堆，并酌情补充水分或人粪尿，重新覆土堆积，直至腐熟。整个腐熟期要 2～3 个月左右。

（2）半坑式高温堆肥　多用于干旱和寒冷的地区和季节。坑有圆形和长方形两种，挖在背风、向阳、近水源处。一般坑深 1 米左右，取出的土做埂，埂高出地面 65～100 厘米。如为圆形坑，坑底直径约 2 米，坑口直径 2.6 米，坑底开出深和宽约为 16～17 厘米的十字形通气沟，并顺坑壁斜沟通至地面。坑底和壁面通气沟用玉米和高粱秸秆纵横各铺一层，以防堆制时被堵塞。堆肥材料及比例与地面高温堆制基本相同，坑底最好先铺一层老堆肥，然后层层放入堆积材料，顶部用土封严。堆后 2～3 天温度逐渐上升，通常可达 65℃以上并维持 5～6 天，随后温度下降，待降到 40℃以下时，再翻堆，并酌情加入水或粪尿肥，堆后 1～2 个月就可腐熟，腐熟后压紧封泥备用。

（3）平地堆置　在发酵棚中将调配好的原料堆成 2 米宽、1.5 米高的长垄，每天翻 1～2 次，35～60 天腐熟。此种形式的特点是投资较少，操作简单。

（4）活性堆肥　在油渣、米糠等有机质肥料中加入山土、黏土、谷壳等，经混合、发酵制成肥料。用此堆法堆制的肥料较一般堆肥具有高活性、营养丰富的特点。在堆肥效果上表现为：植株叶变厚，节间变短，果菜类蔬菜坐果稳定，果实光泽好，糖分增加，耐贮藏，不易受病虫害的危害等。活性堆肥的原料包括有机质、土和微生物材料。

堆肥的施用　腐熟后的堆肥富含有机质，碳氮比范围窄，肥效稳，后效长，养分全面，是比较理想的有机肥料品种。此外，优质的堆肥中还含有维生素、生长素以及各种微量元素养分。长期施用堆肥可起到培肥改土的作用。蔬菜作物由于生长期短，需肥快，应施用腐熟堆肥。堆肥的施用与厩肥相同。一般作基肥结合耕翻时施入，使土肥相融，以便改良土壤结构和增加土壤养分。堆肥适用于各类土壤结构和各种作物。堆肥的施用量每亩为1500～2500千克。

8.秸秆肥

秸秆是作物收获后的副产品，秸秆的种类和数量丰富，如稻草、麦秸、玉米秸、豆秸等，是宝贵的有机质资源之一。秸秆还田能增加土壤有机质含量，改善土壤结构，使土壤疏松，空隙度增加，容量减轻，促进土壤微生物的活力和农作物根系的发育。秸秆还田增肥增产作用明显，但若方法不当，也会导致土壤病菌增加，作物病害加重及缺苗、僵苗等不良现象。菜地秸秆直接还田主要采取将秸秆粉碎翻压还田的方式。秸秆还田量不宜过大或过小，过大时秸秆不易腐烂，造成土壤跑墒及耕作质量不高，严重时导致减产，过小时达不到培肥地力的目的，一般每亩还田量应在200～300千克。但切忌将病虫秸秆直接还田，因为秸秆直接还田没有经过高温发酵，未杀死病菌虫卵，可能会引起病害虫灾蔓延，所以必须将带病菌、虫卵的秸秆清除出园，其可作堆肥。

秸秆中含有大量的有机质和氮（N）、磷（P）、钾（K）、钙（Ca）、镁（Mg）、硫（S）、硅（Si）、铜（Cu）、锰（Mn）、锌（Zn）、铁（Fe）、钼（Mo）等营养元素，主要作物秸秆的营养元素含量见表7-3。

表7-3　主要作物秸秆的营养元素含量（烘干物）

种类	大量及中量元素/(克/千克)							微量元素/(毫克/千克)					
	N	P	K	Ca	Mg	S	Si	Cu	Zn	Fe	Mn	B	Mo
稻草	9.1	1.3	18.9	6.1	2.2	1.4	94.5	15.6	55.6	1134	800	6.1	0.88
小麦秸	6.5	0.8	10.5	5.2	1.7	1.0	31.5	15.1	18.0	355	62.5	3.4	0.42
玉米秸	9.2	1.5	11.8	5.4	2.2	0.9	29.8	11.8	32.2	493	73.8	6.4	0.51
高粱秸	12.5	1.5	14.2	4.6	1.9	1.9	143	46.6	254	127	7.2	0.19	—
甘薯秸	23.7	2.8	30.5	21.1	4.6	3.0	17.6	12.6	26.5	1023	119	31.2	0.67
大豆秸	18.1	2.0	11.7	17.1	4.8	2.1	15.8	11.9	27.8	536	70.1	24.4	1.00
油菜秸	8.7	1.4	19.4	15.2	2.5	4.4	5.8	8.5	38.1	442	42.7	18.5	1.03

续表

种类	大量及中量元素/(克/千克)							微量元素/(毫克/千克)					
	N	P	K	Ca	Mg	S	Si	Cu	Zn	Fe	Mn	B	Mo
花生秸	18.2	1.6	10.9	17.6	5.6	1.4	27.9	9.7	34.1	994	164	26.1	0.60
棉秆	12.4	1.5	10.2	8.5	2.8	1.7	—	14.2	39.1	1463	54.3	—	—

秸秆还田的作用

(1) 秸秆是重要的有机资源　秸秆中含有大量的有机质和氮、磷、钾及微量元素，是农业生产的重要有机肥料源。利用秸秆加工有机肥料，按目前的秸秆产量计算，6亿吨秸秆中氮、磷、钾养分含量相当于400多万吨尿素、700多万吨过磷酸钙和700多万吨硫酸钾。相当于我国目前化肥施用量的1/4。如果通过各种方式还田，若每年有50%的秸秆能够归还土壤，相当于投入化肥约900多万吨。

(2) 改良土壤结构及维持土壤养分平衡　秸秆还田是补充和平衡土壤养分、改良土壤结构的有效方法。据报道，每亩还田玉米秸秆500千克后，相当于施用土杂肥2500千克或碳酸氢铵11.7千克、过磷酸钙6.2千克、硫酸钾4.75千克，还有一定数量的中、微量元素养分和有机质补充到土壤中。一年后土壤有机质含量相对提高0.05%～0.23%，全磷平均提高0.03%，速效钾增加31.2毫克/千克。土壤容重一般下降0.1～0.16克/厘米^3，土壤孔隙度提高1.75%～7%。连续多年秸秆还田的耕地，不仅可提高磷肥的利用率、补充土壤钾的不足，地力亦可提高0.5～1个等级。

秸秆还田对钾元素的循环利用尤其重要，一些地方因为缺钾限制了农业生产的发展。我国钾资源有限，目前我国钾肥主要靠进口。秸秆是有机肥料中含钾量最多的，如果能把秸秆通过多种方式归还到土壤中去，使钾得到自然循环利用，可以起到减缓土壤中钾大量亏损的局面，这是解决我国钾肥资源不足的一项重要措施。

秸秆对土壤有机质和理化性状及土壤微生物等都有良好的影响。一般认为，土壤中直径大于0.25毫米的微团聚体对土壤物理性状及营养条件具有良好作用。

(3) 促进土壤微生物的活动　秸秆还田后，微生物获得了大量的能源，使微生物的数量激增。在土壤水分含量适宜时，一般能使土壤微生物增加0.5～3倍。微生物的活动可促进土壤有机质的分解和养分的释放，特别是对老化腐殖质中养分的分解有一定的作用。秸秆在土壤中的分解也是有机物分解的过程。它的分解主要有以下几个阶段：首先在白霉菌和无芽孢细菌为主的微生物作用下，分解水溶性糖和淀粉；然后在以芽孢细菌为主的微生物作用下，分解蛋白质、果胶类物质和纤维素等；最后再以放线菌和某些真菌为主，分解木质素、单宁、蜡质等。一般秸秆在土壤中，要经过4个月的时间才能被分解，分解最快的月份为6～8月。如果碳氮比、水分、温度合适，经过2～3个月就可以腐熟完全。

秸秆还田的技术要求和方法

(1) 秸秆的施用量　秸秆的施用量是确定的秸秆还田量。一般秸秆还田量以每亩 200～300 千克为宜，在数量较多时，应配合相应耕作措施并增施适量速效氮肥。

（2）翻耕技术和方法　翻耕时以粉碎的秸秆还田为最好，因为容易腐解。可在作物收获后，用重型农田机械切碎，耕埋翻入土中，耕埋的深度一般在 15～22 厘米为最好。秸秆收获后应及时耕埋，因为这时的含水量比较高，及时耕埋有利于秸秆在土壤中的腐解。

（3）碳氮比的调节　碳氮比的调节，首先是估算秸秆的还田量，再折算成干物质、全碳量、全氮量。然后再确定碳氮比的调节量，一般碳氮比以 25∶1 最为适宜。最后计算应加入的氮肥量。

秸秆的施用要均匀，如果不均匀，则厚处很难耕翻入土，使田面高低不平，易造成作物生长不齐、出苗不匀等现象。适量施入速效氮肥来调节适宜的碳氮比。一般禾本科作物秸秆含纤维素较高（30%～40%），秸秆还田后土壤中含碳物质会陡增，一般要增加 1 倍左右。因为微生物的增长是以碳为能源、以氮为营养的，而有机物对微生物的分解适宜的碳氮比为 25∶1，有些秸秆的碳氮比高达 75∶1。这样秸秆腐解时，由于碳多氮少而失衡，微生物就必须从土壤中吸取氮以补不足，也就造成了与作物共同争氮的现象。因此，秸秆还田时，增施速效氮肥显得尤为重要，它可以起到加速秸秆腐熟及保证作物苗期生长旺盛的双重功效。

（4）还田方式及注意事项　采取深旋耕时可选择高留茬，即留茬高度在 15～20 厘米，并使秸秆均匀撒在地表，以利于耕作。采取少免耕田块，可选择留矮茬，将作物秸秆均匀撒于地面，这样既省力又有利于作物出苗。各类作物秸秆收获后要及时耕翻入土，避免水分损失而不易腐解，在水田上更要注意。秸秆还田后，在腐解过程中会产生许多有机酸，在水田中易积累，浓度大时会造成危害。因此，在水田水浆管理上应采取“干湿交替、浅水勤灌”的方法，并适时搁田，改善土壤的通气性。另外，要使用无病健壮的作物秸秆还田，以防止传播病菌，加重下茬作物病害。

秸秆堆制的作用

（1）利用秸秆堆肥技术可以提高土壤养分含量　秸秆中含有丰富的营养元素，可以使土壤有机质不断得到更新、补充和积累；同时，秸秆分解时产生的有机物，能促进土壤中难溶性磷酸盐转化为弱酸可溶性磷酸盐，大大提高了它的有效性；另外，因土壤肥力的提高，蓄水保墒的效果进一步增强，很适合蚯蚓的生长和繁殖，从而有利于土壤进一步熟化。

（2）增强保水能力　秸秆打碎后，既能增加降雨入渗，又能减少太阳辐射引起的土壤水的扩散、汽化和棵间蒸发，对合理利用水资源有重要意义。

（3）增加土壤的松散度，防止土壤板结　目前，绝大部分地区一般仍采用大水漫灌的灌溉方式。由于水流的冲击和水的渗实作用，常常破坏表层土壤结构，使地表板结空隙减少，影响土壤通气性。施用秸秆堆肥后，增加了土壤的松散度，减少了地表径流。

（4）抑制杂草的生长　由于作物秸秆堆积在土壤表层，减弱了光照强度，影响了杂草的光合作用，减少了田间杂草生长量和并降低了其生长强度。

秸秆堆制的方法

（1）普通堆制　普通堆制，指堆内温度不超过50℃，在自然状态下缓慢堆制的过程。方法是：选择地势较高、运输方便、靠近水源的地方，先整平夯实地面，再铺10～13厘米厚的细草或泥炭。然后铺15～25厘米厚的作物秸秆，加适量水（至堆料用手挤压有水滴出为止）和石灰（调节酸碱度为pH＝7左右），再盖上一层细土和粪尿。如此层层堆积到2米左右高，表面再用一层泥或细土封严，下雨天可盖塑料薄膜或遮雨棚遮雨。30天后翻一次堆，重新堆好，再用土或泥盖严。在夏季需60天左右，冬季需90～120天即可完全腐熟。

（2）高温堆制　高温堆制，即采用接种高温纤维分解菌（粪尿水中有），并设置通气装置提高堆肥温度，可加快腐熟过程，并杀灭病菌、虫卵、草籽等有害物质。方法是：选择背风向阳、运输方便、靠近水源的地方，先整平夯实地面，再铺10～13厘米厚的细草或泥炭。把秸秆切碎成5厘米左右长，摊在地上加马粪、人粪尿和适量水，使堆内水分占原材料湿重的50%左右，混合均匀，再堆积成2米左右高，在堆的表面盖上一层细土。7～10天后，将堆推翻，视干湿程度加入少量人粪尿和水，混匀，重新堆积盖土。反复3～4次，堆肥材料已近黑、烂、臭程度时，即完全腐熟，应压紧盖土，保存备用。

（3）草塘泥积制　在冬春季节取河泥，将稻草切成15～30厘米的段，拌入泥中，放在河边或空塘内。也可在田边地角挖长方形、方形或圆形的塘，塘底要捶实，以防漏水漏肥。稻草河泥于翌年二三月份间加入猪粪移入塘中，或在三四月份将稻草河泥、猪粪、青草（绿肥）及适量水分次分层加入。每加一层，都要踩踏，使配料混匀，塘面保持浅水层。精制后3～5天即有大量甲烷及二氧化碳等气体逸出，中间突起为馒头状。当水层由浅棕色变为红棕色，并有臭味即已腐熟。

（4）凼肥积制　冬季在田头地角有水源处，挖深50～80厘米，宽30厘米，高15～30厘米的凼埂，防止大雨时肥液溢出。将沤制材料倒入坑中，保持浅水层，翌年3～4月运入大田中使用。

9.饼肥

饼肥是油料作物籽实榨油后剩下的残渣，大豆、花生、芝麻、油菜、桐籽、茶籽、棉籽、菜籽、向日葵榨油后的种种渣质都可做成饼肥，是一种优质的有机肥料。

饼肥的成分和性质　饼肥含氮1.11%～7.00%、五氧化二磷0.37%～3.00%、氧化钾0.85%～2.13%、有机质75%～85%，还含有蛋白质及氨基酸、微量元素等。菜籽饼和大豆饼中还含有粗纤维6%～10.7%，钙0.8%～11%，胆碱0.27%～0.70%，此外，还有一定数量的烟酸及其他维生素类物质。不同饼肥的养分含量不尽相同（表7-4）。

饼肥中的氮主要是以蛋白质形态为主的有机态氮存在着，蛋白质含量在20%～

50%之间，磷以植素、卵磷脂为主，钾大都是水溶性的，用热水浸提可提取油饼中96%以上的钾。此外，饼肥含有一定的油脂和脂肪酸化合物，吸水性慢。其中有机态的氮和磷只有被微生物分解后，作物才能吸收利用，所以饼肥是一种迟效性有机肥。用饼肥作肥料时，一定要经过微生物的发酵分解后，并注意正确的使用方法，才能达到最好的效果。

表 7-4　主要饼肥中养分的含量参考值　　单位：%

饼肥名称	氮(N)	磷(P_2O_5)	钾(K_2O)
大豆饼	7.00	1.32	2.13
芝麻饼	5.80	3.00	1.30
花生饼	6.32	1.17	1.34
棉籽饼	3.41	1.63	0.97
棉仁饼	5.32	2.50	1.77
菜籽饼	4.60	2.48	1.40
杏仁饼	4.56	1.35	0.85
蓖麻籽饼	5.00	2.00	1.90
椰籽饼	3.74	1.3	1.96
柏籽饼	5.16	1.89	1.19
茶籽饼	1.11	0.37	1.23
桐籽饼	3.60	1.30	1.30
胡麻饼	5.79	2.81	1.27
大麻饼	5.05	2.40	1.35
柏籽饼	5.16	1.89	1.19
苍耳籽饼	4.47	2.50	1.47
葵花籽饼	5.40	2.70	—
大米糠饼	2.33	3.01	1.76
花椒籽饼	2.06	0.71	2.50
苏籽饼	5.84	2.04	1.17
椿树籽饼	2.70	1.21	1.78

发酵方法　饼肥经发酵后施用，可以避免油饼的有害作用，这是因为饼肥富含有机质，发酵分解时产生的蚁酸、醋酸、乳酸等对种子发芽和幼根发育有妨碍，尤其施用于砂质土和旱地土壤上更为严重，经发酵后施用，可以避免这种现象；有些饼肥含油脂（用压榨方法取油，残渣尚有不少油分）10%左右，在土壤中分解非常迟缓，减少土壤水分的含量，阻止植物根系的吸收；饼肥中所含的植物营养元素都是有机态，要经过发酵后才变为有效性；饼肥在发酵分解过程中能产生高温，属热性肥料，如施用不当，特别是作种肥时，会引起烧根或影响种子发芽，因此某些饼

肥如茶子饼、杏仁饼等要经发酵后才能施用。

饼肥发酵方法为：先将饼肥捣碎，然后把它与堆肥或厩肥共同堆积 2～3 周，或将腐熟的人畜粪尿与碎饼肥混合，加入一定的水分，共同沤制 2～3 周即可。肥堆要适当遮盖，以免发臭后招引苍蝇。

使用方法 饼肥是一种养分丰富的有机肥料，肥效高并且持久，适用于各种土壤和作物，一般多用在蔬菜、花卉、果树等附加值高的园艺作物上，可作基肥和追肥。

（1）饼肥可作基肥，也可作追肥 施用前应打碎，作基肥时，可直接用也可沤制发酵后再用，在定植前 5～7 天施用好。以施在土壤 10～20 厘米深为宜，不要施在地表，也不可过深。饼肥作种肥时必须充分腐熟，因为在发酵过程中要发热，会烧根而影响种子发芽，或者与堆沤过的有机肥一同施入土中作基肥，这样比较安全。作追肥时，也应经过发酵，没有经过发酵的饼肥，肥效很慢，会失去追肥的最佳时机。

（2）施用方法 在植株定植时使用，先挖好定植穴，每穴施入腐熟的饼肥 100 克左右，与土壤混合均匀后再定植。据调查，这种施肥方法，可使蔬菜产量增加 10%～20%，而且产出的蔬菜商品性好、品质佳，尤其在黄瓜、番茄上使用增产效果很显著。此外，还可以与基肥一起混施，其用量根据作物、土壤肥力而定，土壤肥力低和耐肥品种宜适当多施；反之，应适当减少施用量。一般中等肥力的土壤，黄瓜、番茄、甜（辣）椒等每亩施 100 千克左右。

（3）施用时期 作瓜类、茄果类基肥宜在定植前 7～10 天施用，作追肥一般可在结果后 5～10 天在行间沟施或穴施，施后盖土。

（4）综合利用 大豆饼、花生饼、芝麻饼等含有较多的蛋白质及一部分脂肪，营养价值较高，可将其作为牲猪饲料，通过养猪积肥，既可发展养猪业，又可提供优质猪粪肥。还有些油饼含有毒素，如菜籽饼、茶籽饼、桐籽饼、蓖麻籽饼，不宜作饲料，但可以用作工业原料。如茶籽饼含有 13.8%的皂素，而皂素在工业上可作为洗涤剂和农药的湿润剂，茶籽饼应先提取皂素后再作肥料。茶籽饼的水溶液能杀死蚜虫，也可先作农药后肥田。

注意事项 最好与生物菌肥混用；生物菌肥中的有机态氮、磷更有利于被作物吸收利用；由于饼肥中营养元素比较单一，而且为迟效性肥料，因此，在使用时，应注意配合施用适量的有机肥，尽量不要与化肥混用，以免引起植物徒长或植物烧根；饼肥数量有限时，应优先用于瓜菜和经济作物上。

10. 绿肥

凡是利用绿色植物体制成的肥料，都称为绿肥。绿肥按照来源可分为栽培绿肥和野生绿肥；按照植物学科分可分为豆科绿肥、非豆科绿色；按照生长季节可分为冬季绿肥、夏季绿肥；按照生长期长短可分为一年生或越年生和多年生绿肥；按照生长环境可分为水生绿肥和旱生绿肥。

绿肥的养分含量 主要的绿肥种类有紫云英、苕子、紫花苜蓿、草木樨等。其养分含量见表 7-5。

表 7-5 几种主要绿肥的养分含量

绿肥类别	鲜重/%				干重/%		
	水分	氮(N)	磷(P_2O_5)	钾(K_2O)	氮(N)	磷(P_2O_5)	钾(K_2O)
紫云英	88	0.33	0.08	0.23	2.75	0.66	1.19
光叶紫花苕	84.8	0.50	0.13	0.42	3.12	0.83	2.60
毛叶苕子		0.47	0.09	0.45	2.35	0.48	0.25
黄花苜蓿	83.3	0.54	0.14	0.40	3.23	0.81	2.38
蚕豆	80.0	0.55	0.12	0.45	2.75	0.60	2.25
箭筈豌豆		0.54	0.06	0.32			
紫穗槐	60.9	1.32	0.30	0.79	3.36	0.76	2.01
田菁	80.0	0.52	0.07	0.15	2.60	0.54	1.68
绿萍	94.0	0.24	0.02	0.12	2.77	0.35	1.18
水花生		0.15	0.09	0.57	2.15	0.84	3.39
水葫芦		0.24	0.07	0.11			
水浮莲		0.22	0.06	0.10			

绿肥的作用

① 绿肥作物一般适应性较强，生长迅速，可充分利用荒山荒地种植，利用自然水面或水田放养，利用空茬地进行间种、套种、混种、播种，成本低，见效快，不像化肥受投资、能源、原料设备等条件的限制，可就地种植，就地施用，有利于改良新菜地的土壤肥力，绿肥耕翻后的当季有明显增产效果，而且其后效一般可以延续到三季以上，因此发展绿肥是解决肥源的重要途径。

② 绿肥是培肥土壤、改良土壤、改良生态环境的有效措施。绿肥能够增加耕层土壤养分，能够改良土壤理化性状、改良低产田，能够覆盖地面，防止水土流失，改善生态环境，还能够绿化环境、净化环境、净化污水等。

施用方式

(1) 直接翻耕 绿肥直接翻耕以作基肥为主，间、套种的绿肥也可就地掩埋作为主作的追肥。翻耕前最好将绿肥切短，稍经暴晒，让其萎蔫，然后翻耕。先将绿肥茎叶切成 10～20 厘米长，然后撒在地面或施在沟里，随后翻耕入土，一般入土 10～20 厘米深，砂质土可深些，黏质土可浅些。

(2) 堆沤 加强绿肥分解，提高肥效，蔬菜生产上一般不直接用绿肥翻压，而是将绿肥作物堆沤腐熟后施用。

(3) 作饲料用 绿肥绿色体中的蛋白质、脂肪、维生素和矿物质，并不是土壤中不足而必须施给的养料，甚至绿色体中的蛋白质在没有分解之前不能被作物吸收，而这些物质却是动物所需的营养，利用家畜、家禽、家鱼等进行过腹还田后，可提高绿肥利用率。

收割与翻耕适期 多年生绿肥作物一年可收割几次，翻耕应掌握在鲜草产量最高和肥分含量最高时进行。翻耕过早，虽易腐烂，但产量低，肥分总量也低；翻耕过迟，腐烂分解困难。一般豆科绿肥植株适宜的翻压时间为盛花期至谢花期，禾本科绿肥最好在抽穗期翻压，十字花科绿肥最好在上花下荚期。间、套种绿肥作物的翻压时期，应与后茬作物需肥规律相吻合。

翻埋深度与施肥量 耕翻深度应考虑微生物在土壤中旺盛活动的范围，一般以耕翻入土10～20厘米较好，旱地15厘米，水田10～15厘米，盖土要严，翻后耙匀，并在后茬作物播种前15～30天进行。还应考虑气候、土壤、绿肥品种及其组织老嫩程度等因素。土壤水分较少、质地较轻、气温较低、植株较嫩时，耕翻宜深，反之宜浅。

施用量要根据作物产量、作物种类、土壤肥力、绿肥的养分含量等确定。一般每亩1000～1500千克基本能够满足作物的需要，施用量过大，可能造成作物后期贪青迟熟。

防止毒害作用 绿肥在分解过程中产生的有害作用有如下几点。

一是绿肥在分解时需要消耗大量水分，如在干旱季节或干旱土壤施用绿肥，施后往往易使作物因缺水而呈枯萎状态。

二是绿肥在分解过程中会产生某些有害的有机酸等物质，并容易使土壤缺氧，影响种子发芽和根系的生长，特别是幼苗根系的生长。水生蔬菜田施用过多的绿肥，常使水生蔬菜在生育初期受害，导致叶色发黄，根部生长受阻，严重时根系发黑腐烂，绿肥施后的2周内容易对作物产生毒害，应引起注意。

三是在绿肥分解过程中，微生物需要吸收一定的氮来组成它自身的细胞体，因此可能发生微生物与作物争夺氮的现象，致使作物得不到足够的氮。

因此，绿肥用量不宜过大，特别是排水不良的水生蔬菜田尤应注意控制用量，提高翻耕质量，犁翻后精耕细耙，形成土肥相融，有利于绿肥分解。配合施用石灰，加强绿肥分解。若已出现中毒性发僵时，每亩可施用石膏粉1.5～2.5千克。

11.草木灰

K_2CO_3，138.20

植物（草本和木本植物）燃烧后的残余物，称草木灰（plant ash）。因草木灰为植物燃烧后的灰烬，所以凡是植物所含的矿质元素，草木灰中几乎都含有。

理化性状 其中含量最多的是钾元素，一般含6%～12%，其中90%以上是水溶性的，以碳酸盐形式存在；其次是磷，一般含1.5%～3%；还含有钙、镁、硅、硫和铁、锰、铜、锌、硼、钼等微量营养元素。不同植物的灰分，因组织、部位、年龄等不同，其养分含量不同，如幼嫩组织的灰分含钾、磷较多，衰老组织的灰分含硅、钙较多。以向日葵秸秆的含钾量为最高。常见草木灰的主要营养元素含量见表7-6。

表 7-6　草木灰的主要营养元素含量　　单位：%

种类	氧化钾(K_2O)	五氧化二磷(P_2O_5)	氧化钙(CaO)
小杉木灰	10.95	3.10	22.09
松木灰	12.44	3.41	25.18
小灌木灰	5.92	3.14	25.09
禾本科草灰	8.09	2.30	10.72
棉籽壳灰	5.80	1.20	5.92
稻草灰	8.09	0.59	1.92
芦苇灰	1.75	0.24	—
棉秆灰	2.19	—	—
麻秆灰	1.10	—	—
小麦秆灰	13.80	6.40	5.90
花生壳灰	6.45	1.23	—
牛羊粪灰	5.61	1.95	9.54
烟煤灰	0.70	0.60	56.0
垃圾灰	1.98	1.67	—

草木灰因燃烧温度不同，其颜色和钾的有效性也有差异。燃烧温度过高，钾与硅酸熔融在一起，形成溶解度较低的硅酸钾，灰呈灰白色，其水溶性钾比黑色的灰要少，肥效亦较差；低温燃烧的灰呈黑灰色或黑色，肥效较高。草木灰中的磷一般为弱酸溶性的钙镁盐形态，对作物是有效的。

草木灰是一种碱性肥料，因它含有碳酸钾和氧化钙，其质地疏松；含有碳，色泽较深，吸收太阳热强。在等钾量施用草木灰时，肥效好于化学钾肥。所以，它是一种来源广泛、成本低廉、养分齐全、肥效明显的无机农家肥。

积存方法

(1) 仓贮　建一个永久性的草木灰仓，每天把灰倒入仓内，以便积攒。灰仓要有遮雨棚，地面要高（避免积水），要硬化，要防潮。

(2) 袋装　将草木灰及时用塑料袋装起来密封保存。

(3) 单存　要严格避免与其他农家肥混合堆放。一些农民习惯于将草木灰倒进水坑里与有机肥、秸秆等混合堆沤，还有的用草木灰垫厕所或与人粪尿、厩肥混合堆放。这样做是非常错误的。由于草木灰为碱性，与其他农家肥混合堆放会造成有机肥中氮的挥发、降低肥效。采用单存积存草木灰，不但不会造成肥料浪费，还会减轻环境污染。

施用方法

(1) 作基肥　一般每亩用量 300 千克左右。以集中施用为宜，采用条施和穴施均可，深度 8～10 厘米，施后覆土。施用前先拌 2～3 倍的湿土或以少许水喷湿后再用，但水分不能太多，否则会使养分流失。甘薯、马铃薯用草木灰作底肥，可增产15%左右。

(2) 作追肥　于甘薯、马铃薯的膨大期穴施，可增产10%～15%；对于部分移栽作物（辣椒、甘薯）可在移栽时按草木灰：水为1∶3的比例拌匀后蘸根，可增加产量5%～10%；用新的草木灰2～3千克加水50千克拌均匀，浸泡8～12小时，取澄清液喷西瓜叶蔓，可增产10%以上，糖度可提高0.8～1度；在油菜、甘薯、马铃薯生长的中后期，每亩用草木灰50～75千克，制成15%～20%浸出液喷施，可增产15%～20%。叶面撒施要选用新鲜且过筛的草木灰，叶面喷施要选用新鲜的草木灰澄清液，以提高肥效增加药效。

(3) 作盖种肥　在蔬菜育苗时，把适量新鲜的草木灰撒于苗床上，可提高地温2～3℃，减轻低温引起的烂苗现象，促进早出苗，出壮苗。作盖种肥时，肥量不能过大并应与种子隔离，以防烧种。亩用量一般以50～100千克为宜。

(4) 防治病虫害

① 防治蚜虫、菜青虫。用10千克草木灰加水50千克，浸泡一昼夜，取滤液喷洒，可防治蔬菜上的蚜虫。露水未干时在蔬菜上追撒新鲜草木灰可有效防治蚜虫、菜青虫等害虫。

② 防治韭菜、大蒜根蛆、蛴螬。发现韭菜、大蒜有根蛆危害时，将草木灰撒在叶上可防治其成虫。葱、蒜、韭菜行距较宽的，在根的两侧开沟，深度以见到根为限，将草木灰均匀地撒入沟内；行距较窄的，草木灰可施于地表，然后用钉齿锄耕锄，使草木灰与土充分混合，不但能有效地防治根蛆，而且又增施了钾肥，可提高产量。栽种马铃薯时，将薯块蘸草木灰后再下地，对蛴螬有较好的防治作用。

(5) 贮藏保鲜

① 保鲜辣椒。在竹筐或其他贮藏器具的底层放一层草木灰再铺一层牛皮纸，然后每放一层辣椒就放一层草木灰，放在比较凉爽的屋里贮藏（注意：贮存过程中不能有水浸入草木灰），保鲜期可达四五个月。

② 贮藏种子。把瓦罐、瓦缸等贮具准备好，洗净擦干，然后用草木灰垫在底部，上面铺一层牛皮纸，把种子放在牛皮纸上，装好后用塑料薄膜封口，贮存效果良好，有利齐苗、全苗、壮苗。也可将甜瓜、黄瓜、辣椒等剖开后，将瓜子扒出与干净的草木灰做成1∶4的灰饼（瓜子∶草木灰=1∶4）贴在墙上。

③ 贮藏薯类。用干燥新鲜的草木灰覆盖芋头或马铃薯，可有效地防止腐烂，贮藏保鲜期可达半年。方法是：先将无伤口的芋头或马铃薯放在悬空的木板或木排上，厚度不能超过45厘米，然后用草木灰覆盖，草木灰厚度不能小于5厘米，干燥的草木灰吸水性和吸收二氧化碳性强，又具有良好的散热性，加之碱性强，可以杀死细菌，防止腐烂。

④ 贮藏西瓜。在收西瓜时留3个以上蔓节，在剪断蔓节时及时沾上草木灰，能防止细菌从切口侵入，有利于西瓜保鲜。

(6) 处理种子

① 拌种。用草木灰拌种，既能为苗期提供钾养分，又有抗倒伏、防治病虫害

的作用。方法是：先将种子用水喷湿，然后按每100千克种子加5千克草木灰的比例拌匀种子，使每粒种子表面都粘有草木灰即可播种。

② 种子消毒。马铃薯栽培时将薯块切好后拌上草木灰，然后下种，既能杀菌消毒，又能防止地下害虫。甘薯育苗时，将薯种用10%的草木灰浸出液浸种0.5～1小时，能防止在畦内烂种。瓜类及豆类蔬菜种子在育苗或播种前用10%的草木灰浸出液，浸种1～2小时，能杀灭病原菌，使种子发芽快，出苗齐，生长健壮。

(7) 在大棚蔬菜生产中应用　当棚内湿度过大时，可撒一层草木灰吸水降湿；在大棚内撒施草木灰，能为蔬菜直接提供养分；蔬菜生长期，用10%的草木灰浸出液叶面喷施，有利于增强植株的抗逆性；大棚蔬菜施用草木灰，能抑制蔬菜秧苗猝倒病、立枯病、沤根等，还能有效防治芹菜斑枯病、韭菜灰霉病等多种病害；大棚蔬菜连作时间过长，土壤易板结，增施草木灰可疏松土壤，防止板结，增加土壤肥力。

(8) 中和土壤酸性及调节沼液pH值　草木灰含氧化钙5%～30%，在微酸性和酸性土壤上施用草木灰，不仅补充了植物的钾养分，而且中和了土壤中的有害酸性物质，增加了土壤钙含量，有利于恢复土壤结构；新建沼气池和沼气池大换料时，经常会出现沼气池内料液偏酸，产生的气体不能燃烧，此时，可用pH试纸查出偏酸的程度，可视酸性程度加适量的草木灰，很快就会运转正常。

(9) 覆盖平菇培养基　早春播种平菇，因气温低，菌丝发育慢，易被杂菌污染。若在培养基表面撒一层草木灰，能加强畦床的温室效应，促进菌丝发育；草木灰还能为菌丝提供一定养分，并能成为抑制杂菌生长的一道屏障。早春播种用草木灰覆盖，可使出菇期提早10天，增产20%左右。

注意事项

(1) 宜单独施用　草木灰不能与铵态氮肥、腐熟的有机农家肥（人粪尿、家禽粪、厩肥、堆沤肥等）混用，也不能倒在猪圈、厕所中贮存，以免造成氮挥发损失；草木灰含氧化钙和碳酸钾，呈碱性，不宜在盐碱地施用，适宜在酸性土壤中施用，特别是酸性土壤上施于豆科作物，增产效果十分明显。

(2) 应用优先作物　草木灰适用于各种作物，尤其适用于喜钾或喜钾忌氯蔬菜，如马铃薯、甘薯、油菜、甜菜等。草木灰用于马铃薯，不仅能用于土壤施用，而且能用于沾涂薯块伤口，这样，既可当种肥，又可防止伤口感染腐烂。

12. 土杂肥

土杂肥是以杂草、垃圾、灰土等沤制的肥料，主要包括各种土肥、泥肥、糟渣肥、骨粉、草木灰、屠宰场废弃物及城市垃圾等。土杂肥一般很少单用，往往都是与其他农家肥料混合施用。生产实践证明，土杂肥只要施用得当，也有一定的增产效果。

熏土

熏土也叫熏肥，是用枯枝落叶、草皮、稻根、秸秆等燃料在适宜温度、少氧的情况下，由富含有机质的土块熏制而成。

（1）成分与性质　在适宜温度（不超过200℃）下，土块经烟熏受热，土壤有机质少量分解，一部分含氮有机物分解成铵态氮吸附于土块表面，使熏土的速效氮含量有所增加。同时，一部分有机态磷和矿物态钾转变为作物易吸收的形态，从而使熏土中速效磷、钾的含量增加。

质地黏重的水田施用熏土后土壤质地由紧变松，不仅耕作方便，而且有利于作物出苗和根系发育。同时，熏土对生土熟化也有一定作用，还可消灭一部分杂草种子、作物病菌和虫卵。

（2）施用方法　熏土的肥分比一般肥土高，是一种含速效氮、磷、钾较高的肥土。因此，可作基肥、追肥。施用前要先加水将土块焖酥，打碎后再施到地里。熏土施用后，应及时覆土，最好结合灌水，以便更好地发挥肥效。

熏土有机质含量少，而且土中部分有益微生物经熏烧而死亡，所以熏土应与含有机质和有益微生物多的有机肥料（如堆肥、厩肥等）配合作基肥用，也可将熏土与人畜粪尿混合，堆制数日，作追肥用。

熏土养分含量不太高，一般每亩需用1000～1500千克。

泥肥

（1）成分和性质　由浅水动植物的残体、排泄物和由高地冲下的土粒、杂质经沉积、腐烂、分解和混合而成，是河、塘、沟、湖中肥沃淤泥的统称。其成分比较复杂，除含有一定数量的有机质外，还含有氮、磷、钾等多种养分。

由于泥肥形成的条件不同，养分含量差别很大，而且泥肥长期处在嫌气条件下，分解程度较低，因此多属于迟效性肥料。

（2）施用方法　泥肥可作基肥和追肥。大量施用泥肥，不仅可以供给作物养分，而且还可以增厚耕作层，改良土壤的物理性状，提高土壤的保肥能力。

须将泥肥挖起后日晒冬冻，待风干后经过捣碎才能施用。

泥肥为迟效性肥料，应与化肥配合施用。南方有些地方将泥肥与绿肥或稻草沤制成草塘泥，可提高氮的利用率。

屠宰废弃物

直接用作肥料的屠宰废弃物主要有从胃肠洗刷下来的粪便、废血、碎毛的混杂物和废水等，以废水数量最多。将这些废弃物用专门的场地或坑池积存起来，加以处理，既可改善环境，又有利于农业生产。

屠宰废弃物的平均pH值为7.5，烘干后粗有机物为79.40％、全氮（N）1.94％、全磷（P）0.29％、全钾（K）0.83％。屠宰废弃物属迟效肥料，可与厩肥混合堆沤，充分腐熟后作基肥使用。废水可积于池内，经过暴晒发酵后，再掺水浇灌。

13.泥炭

泥炭，又称草炭、草煤、泥煤等，是古代沼泽植物埋葬于地下，在一定气候、水文、地质条件下形成的。在我国分布较广，蕴藏量颇为丰富。泥炭是一类重要的有机肥源，也是制造腐植酸肥料的重要原料。合理开采和利用泥炭，在扩大肥源、提高土壤肥力、增加植物产量等方面具有重要意义。

主要类型 泥炭主要由未完全分解的植物残体、腐殖质和矿物质等三类物质组成。按泥炭存在形态可分为现代泥炭和埋葬泥炭。前者泥炭层大多露出地面，其泥炭形成过程尚在进行，如大兴安岭、小兴安岭、三江平原、青藏高原北部和东部及四川阿坝草原等地的泥炭属于此类型。埋葬泥炭是古代沼泽植物埋葬于地下，在一定气候水文、地质条件下，植物残体经地质作用形成的。覆盖层厚度一般为 1～3 米，厚的在 10 米以上；泥炭层厚达 1～5 米，个别达 20 米以上。我国海河、淮河、长江、珠江等河流中下游，成都平原、云贵高原等地发现的多为埋葬泥炭。

根据泥炭的形成条件、植物群落特性和理化性质，可将其分为低位泥炭、高位泥炭和中位泥炭三种类型。

（1）低位泥炭 一般分布于地势低洼、排水不良并常年积水的地区，水源主要靠富含矿质养分的地下水补给，这些地区生长着需要矿质养分较多的低位型植物如苔属、芦苇属、赤杨属、桦属等，低位泥炭就是由这些植物残体积累而成的，一般分解速率快，氮和灰分元素含量较高，呈中性或酸性，持水量较小，稍风干后即可使用。目前，我国出产的泥炭多属低位泥炭。

（2）高位泥炭 又称贫营养型泥炭。多分布在高寒山区森林地带的分水岭，水源主要靠含矿质养分少的雨水补给，这些地区生长着对营养条件要求较低的高位型植物，如水藓属、羊胡子属等，高位泥炭就是由这些植物残体积累而成的。这类泥炭分解速度慢，氮和灰分元素含量低，但酸度高，呈酸性或强酸性，不宜直接作肥料。但其吸收水分和气体的能力较强，故适宜作垫圈材料。此类泥炭在我国分布面积约占泥炭总面积的 5%。

（3）中位泥炭 介于低位泥炭和高位泥炭间的中间类型，其下层与低位泥炭相同，上层与高位泥炭相似。

泥炭的成分与性质 自然状态下泥炭含水量在 50%以上，干物质中主要含纤维素、半纤维素、木质素、树脂、蜡质、脂肪酸、沥青和腐殖质等有机物，另含磷、钾、钙等灰分元素。泥炭的成分和性质决定着其使用价值和方式。

（1）富含有机质和腐植酸 泥炭中有机质含量一般为 400～700 克/千克，高者达 850～950 克/千克，最低为 300 克/千克；腐植酸含量为 200～400 克/千克，其中胡敏酸（黑腐酸）居多，富里酸（黄腐酸）次之，吉马多美郎酸（棕腐酸）最少。由于泥炭含有机质和腐殖质，使其具有有机肥料的特性，能改良土壤，供给养分和促进植物生长。

（2）养分含量不均 泥炭虽含所有必需的营养元素，但其比例很不均衡。在三要素中，以氮最多，钾次之，磷最低。泥炭全氮含量为 7～35 克/千克，高位泥炭含氮 7～15 克/千克，低位泥炭含氮 20～35 克/千克；泥炭中氮大部分为有机氮，铵态氮含量少，所以需向泥炭中加入粪肥、厩肥等含氮物质进行堆腐后方可施用。

泥炭全磷量的2/3是柠檬酸溶性的，表明泥炭中磷有部分是有效态的；泥炭中钾的含量（干重）为0.5～2克/千克，近1/3能被水浸取，为有效态钾。

（3）酸度较大　泥炭大多呈酸性或微酸性（pH＝4.5～6.0）。东北、西北和华北地区的泥炭酸度为pH＝4.6～6.6；南方各地泥炭酸性较强，pH＝4.0～5.5，故在酸性土壤地区施用泥炭应注意配施石灰。pH＜5的泥炭常含活性铝，我国泥炭中的活性铝含量不高，一般低于5毫摩/千克，对植物影响不大。

（4）吸水、吸氨力强　泥炭富含腐植酸，是吸收性很强的有机胶体。一般风干的泥炭能吸收300％～600％的水分，吸氨量可达0.5％～3.0％；有机质越多、酸性越强的泥炭，吸氨量越大。所以，泥炭是垫圈保肥的好材料。

（5）分解程度较差　不同的泥炭有不同的碳氮比，因此，其分解程度有明显差异。低位泥炭碳氮比为（16～22）∶1，分解较易，分解程度较高；中位泥炭碳氮比为（20～25）∶1，稍难分解，分解程度较低。泥炭分解程度高于25％的可直接作肥料使用，分解程度低于25％时，宜垫圈或堆沤后方可施入田间。

泥炭在农业上的应用

（1）直接作基肥　选择分解程度高、养分含量高、酸度较小的泥炭，挖出后经适当晾晒，使其还原性物质得以氧化，粉碎后直接作基肥施用。与化肥混合施用可提高肥效。在蔬菜上应用，一般每亩菜地施用5000～10000千克。泥炭酸度较大，在酸性土壤地区施用泥炭应注意配施石灰。

（2）泥炭垫圈　泥炭用作垫圈材料可充分吸收粪尿和氨，故能制成质量较好的圈肥，并能改善牲畜的卫生条件。垫圈用的泥炭要预先风干打碎，含水量在30％为适宜，过干泥炭碎屑易于飞扬，过湿其吸水吸氨能力降低。

（3）泥炭堆肥　畜粪尿与泥炭混堆制粪肥能提供有机氮，为微生物创造分解有机碳、氮的有利条件，并能降低泥炭的酸度。而泥炭具有较高的有机质，能保持粪肥的肥水和氨态氮。高、中、低位泥炭都可以与粪肥混合制成堆肥。两者比例随堆制时期和粪肥质量而定。秋冬堆制质量高的泥炭堆肥，宜按1∶1配比；夏季堆制，以1份粪肥加3份泥炭堆制。

（4）制造腐植酸混合肥料　由于泥炭含大量的腐植酸，其速效养分较少。将泥炭与碳铵、氨水、磷钾肥或微量元素等制成粒状或粉状混合肥料，可以减少挥发性氮肥中氨的损失。氨化腐植酸，既可增加泥炭中磷及微量元素成分，又可防止磷和某些微量元素在土壤中的固定，以提高肥效。

（5）配制泥炭营养钵　目前，国内外在蔬菜生产上大力推广的工厂化育苗就是以泥炭为培养基质的。在设施蔬菜栽培中，用泥炭代替马粪育苗，可刺激根系生长，增加茎粗和叶片的鲜重及干重，移苗后不需缓苗。泥炭有一定的黏结性和松散性，并有保水、保肥和通气、透水等特点，有利于幼苗根系生长，生产上常将泥炭制成营养钵育苗。一般利用中等分解度的低位泥炭可制成育苗营养钵。将肥料充分拌匀后，加入适量水分（以手挤不出水为宜），然后压制成不同的营养钵或营养盘。育苗营养钵的材料配比为：泥炭（半干）60％～80％，腐熟人畜粪肥10％～20％，泥土10%～20%，过磷酸钙0.1%～0.4%，硫酸铵和硝酸铵0.1%～0.2%，草木灰和石灰1.0%～2.0%。

（6）作为微生物菌肥的载菌体　将泥炭风干、粉碎，调整其酸度，灭菌后即可接种制成各种菌剂。如豆科根瘤菌剂、固氮菌剂、磷细菌和“5406”菌肥等，都可用泥炭作为扩大培养或施用时的载菌体。

（7）制作泥炭营养土　泥炭营养土由泥炭经破碎、添加少量矿质营养物质混合而成，为灰黑色粉剂或颗粒状，不溶于水，但有较好的吸水和保水能力，pH值在6.0左右。泥炭营养土是一种理想的植物培养基质，其密度仅为自然土壤的一半，代换量、持水性和耐肥力却比普通土壤高1倍，缓冲性能强，pH值较稳定，能使多数植物正常生长。

制作方法：将选用的泥炭除去机械杂物，进行干燥、破碎，然后在混合机中与添加的无机养分混合，化肥与泥炭一般控制在1∶200（质量比）。生产中应注意混合均匀后再装袋。产品质量指标见表7-7。

表7-7　普通型泥炭营养土质量指标

指标名称	指标	指标名称	指标
pH值	5.5～6.5	密度/(吨/米^3)	0.5～0.6
水分/%	25～30	含N/%	3～6
有机质含量(干基)/%	30～35	含P_2O_5/%	3～5
灰分(干基)/%	65	含K_2O/%	5～7
腐植酸含量(干基)/%	5～10	Fe、Mn、Zn、Cu、B、Co	适量

泥炭营养土可以单独或与适量的自然土、砂、蛭石等掺混施用，主要用于蔬菜、花卉等作物栽培的营养土。适合大多数花卉，尤其是喜酸花卉。在蔬菜等作物育秧方面，其pH值和营养条件更适合秧苗生长，与石灰性土壤相比，秧苗的生长远比后者优越。在设施蔬菜施用，不仅可以提高温室利用率，还可以节约劳动力，经济价值提高约40%。与常规方法相比，可增产20%～30%，还能提早上市。

14.商品有机肥

商品有机肥料（organic fertilizer），主要来源于植物和（或）动物，是经过发酵腐熟的含碳有机物料，其功能是改善土壤肥力、提供植物营养、提高作物品质。

质量标准　商品有机肥料执行农业部行业标准NY 525—2012。该标准规定了有机肥料的技术要求、试验方法、检验规则、标识、包装、运输和贮存。适用于以畜禽粪便、动植物残体和以动植物产品为原料加工的下脚料为原料，并经发酵腐熟后制成的有机肥料。不适用于绿肥、农家肥和其他由农民自积自造的有机粪肥。

① 外观颜色为褐色或灰褐色，粒状或粉状，均匀，无恶臭，无机械杂质。

② 有机肥料的技术指标应符合表7-8的要求。

表 7-8　有机肥料技术指标

项目	指标
有机质的质量分数(以烘干基计)/%	≥45
总养分(氮+五氧化二磷+氧化钾)的质量分数(以烘干基计)/%	≥5.0
水分(鲜样)的质量分数/%	≤30
酸碱度(pH 值)	5.5～8.5

③ 有机肥料中重金属的限量指标应符合表 7-9 的要求。

表 7-9　有机肥料中重金属的限量指标　　单位：毫克/千克

项目	指标	项目	指标
总砷(As)(以烘干基计)含量	≤15	总镉(Cd)(以烘干基计)含量	≤3
总汞(Hg)(以烘干基计)含量	≤2	总铬(Cr)(以烘干基计)含量	≤150
总铅(Pb)(以烘干基计)含量	≤50		

④ 蛔虫卵死亡率和粪大肠菌群数指标应符合 NY 884 的要求。

⑤ 包装、标识、运输和贮存。有机肥料用覆膜编织塑料编织袋衬聚乙烯内袋包装。每袋净含量（50±0.5）千克、（40±0.4）千克、（25±0.25）千克、（10±0.1）千克。

有机肥料包装袋上应注明：产品名称、商标、有机质含量、总养分含量、净含量、标准号、登记证号、企业名称、厂址。其余按 GB 18382 的规定执行。

有机肥料应贮存于干燥、通风处，在运输过程中应防潮、防晒、防包装袋破裂。

有机肥料产品外包装标识式样如下：

有机肥料

（商品名）

$N+P_2O_5+K_2O \geq * \%$

--*

有机质≥＊%

执行标准：NY 525—2012

肥料登记证号：

净含量：　　　　千克

厂名：

厂址：

电话：

商品有机肥料的特点　有机肥料是富含有机物质，能够提供作物生长所需养分，又能培肥改良土壤的一类肥料。过去有机肥料主要是农民就地取材、就地积造的自然肥料，所以也叫农家肥。近年来工厂化加工的有机肥料大量涌现，有机肥料已经走出农家肥的局限，形成商品有机肥料。其作用有以下几个方面。

(1) 提供作物所需养分　有机肥料富含作物生长所需养分，能源源不断地供给作物生长。提供养分是有机肥料的最基本特征，也是其最主要的作用。同化肥比较，有机肥料有以下显著特点。

① 养分全面。不仅含有作物所需要的16种营养元素，还含有其他有益于作物生长的元素，可全面促进作物生长。

② 养分释放均匀长久。有机肥所含的养分多以有机态形式存在，通过微生物分解转变为作物可利用的形态，可缓慢释放，长久供应作物养分。比较而言化肥所含养分多为速效养分，施入土壤后肥效快但有效供应时间短。

③ 养分含量低。使用时应配合化肥，以满足作物旺盛生长期对养分的大量需求。

(2) 改良土壤结构，增强土壤肥力　提高土壤有机质含量，更新土壤腐殖质组成，培肥土壤。施入土壤的有机肥料，在微生物作用下，分解转化成简单的化合物，同时经过生物化学的作用又重新组合成新的、更为复杂的、比较稳定的土壤特有大分子高聚有机化合物，即腐殖质。腐殖质是土壤中稳定的有机质，对土壤肥力有重要作用。

改善土壤物理性状。施用有机肥能够降低土壤的容重，改善土壤通气状况，使耕性变好，有机质保水能力强，比热容较大，导热性小，较易吸热，调温性好。

增加土壤保水保肥能力，为植物生长创造良好的土壤环境。

(3) 提高土壤的生物活性，刺激作物生长　有机肥料是微生物能量和养分的主要来源，施用有机肥料，有利于土壤微生物活动，促进作物生长发育。微生物的代谢产物不仅有氮、磷、钾等无机养分，还含有多种氨基酸、维生素、激素等物质，可为植物生长发育带来巨大的影响。

(4) 提高解毒作用，净化土壤环境　有机肥料能够提高土壤阳离子的代换量，增加对重金属的吸附，有效地减轻重金属离子对作物的毒害，并阻止其进入植株中。

简易识别要点

(1) 看外包装标识　是否规范标识了肥料的产品名称、氮磷钾总养分含量、有机质含量、执行标准号、肥料登记证号、生产厂家、生产地址、联系电话、使用方法、生产日期、净重等。可首先通过外包装标注的以上几项是否齐全来辨别该肥料产品是否为规范、合法的肥料产品。

(2) 看外观　有机肥料一般为褐色或灰褐色，粒状或粉状，无木棍、砖石瓦块等机械杂质，质量较好的有机肥颗粒均匀，粉末疏松。

(3) 闻味道　开袋后有明显恶臭且带酸味的，说明发酵不充分，产品不合格。

合格的产品应发酵充分，无臭味和酸味。

（4）看水分　用手抓一把肥料握紧后松开，肥料应该不结块，有明显膨胀弹性，如果松开后肥料成团，说明水分含量明显超标。还要观察是否发霉，有机肥料的水分含量一般比其他肥料要高，但一些劣质的有机肥料由于水分太高而使得产品发霉，因此在选购有机肥产品时不要选购已发霉的产品。

有机肥料是一种比较易于加工、制作的肥料，因此有一部分规模较小的企业进行手工作坊式生产，这样的有机肥料产品质量难以得到保证。应尽量选择规模比较大、信誉比较好的生产厂家的产品。

商品有机肥料生产方法

（1）以畜禽粪便为原料生产商品有机肥

① 高温快速烘干法。用高温气体对干燥滚筒中搅动、翻滚的湿鸡粪进行烘干造粒。此法的优点：降低了恶臭味，杀死了其中的有害病菌、虫卵，处理效率高，易于工厂化生产。缺点：腐熟度差，杀死了部分有益微生物菌群，处理过程能耗大。

② 氧化裂解法。用强氧化剂（如硫酸）把鸡粪进行氧化、裂解，使鸡粪中的大分子有机物氧化裂解为活性小分子有机物。该法的优点：产品的肥效高，对土壤的活化能力强。缺点：制作成本高、污染大。

③ 塔式发酵加工法。畜禽粪便接种微生物发酵菌剂，搅拌均匀后经输送设备提升到塔式发酵仓内。在塔内翻动、通氧，快速发酵除臭、脱水通风干燥，用破碎机将大块破碎，再分筛包装。该工艺的主要设备有发酵塔、搅拌机、推动系统、热风炉、输送系统、圆筒筛、粉碎机、电控系统。该产品有机物含量高，有一定数量的有益微生物，有利于提高产品养分的利用率和促进土壤养分的释放。

④ 移动翻抛发酵加工法。该工艺是在温室式发酵车间内，沿轨道连续翻动拌好菌剂的畜禽粪便，使其发酵、脱臭，牲畜禽粪便从发酵车间一端进入，出来时变为发酵好的有机肥，并直接进入干燥设备脱水，成为商品有机肥。该生产工艺充分利用光能、发酵热，设备简单，运转成本低。其主要设备有翻抛机、温室、干燥筒、翻斗车等。

⑤ 连续池式发酵加工法。以畜禽粪便为原料，以秸秆、谷糠等有机废弃物为辅料，配以多功能发酵菌种剂，通过连续池式好氧发酵，使之在5～7天内除臭、腐熟、脱水，最终成为高效活性生物有机肥。该法的技术要点：首先要结合畜禽养殖场或处理厂实际情况，因地制宜修建连续发酵池，发酵池必须具有耐腐蚀的特性，并适应畜禽粪便处理集中、量大和连续的特点；其次在发酵过程中添加有益微生物菌群发酵，有效消除畜禽粪便处理过程中的臭味和异味。

（2）以农作物秸秆为原料生产商品有机肥的方法

① 微生物堆肥发酵法。将粉碎的秸秆拌入促进秸秆腐熟的微生物，堆腐发酵制成。此法优点：工艺简单易行，质量稳定。缺点：生产周期长，占地面积大，不易形成规模生产。

② 微生物快速发酵法。用可控温度、湿度的发酵罐或发酵塔，通过控制微生物的群体数量和活度对秸秆进行快速发酵。此法的优点：产品生产效率高，易形成工厂法。缺点：发酵不充分，肥效不稳定。

(3) 以风化煤为原料生产商品有机肥的方法

① 酸析氨化法。主要用于生产钙镁含量较高的以风化煤为原料的商品有机肥。生产方法：把干燥、粉碎后的风化煤经酸化、水洗、氨化等过程制成腐植酸铵。该法的优点：产品质量较好，含氮量高。缺点：耗酸、费水、费工。

② 直接氨化法。主要用于生产腐植酸含量较高的以风化煤为原料的商品有机肥。生产方法：把干燥、粉碎后的风化煤经氨化、熟化等过程制成腐植酸铵。该法的优点：制作成本低。缺点：熟化过程耗时过长。

(4) 以海藻为原料提炼商品有机肥的方法　为尽可能保留海藻天然的有机成分，同时便于运输和不受时间限制，用特定的方法将海藻提取液制成液体肥料。其生产过程大致为：筛选适宜的海藻品种，通过各种技术手段使细胞壁破碎，内容物释放，浓缩形成海藻精浓缩液。海藻肥中的有机活性因子对刺激植物生长起重要的作用，集营养成分、抗生物质、植物激素于一体。

(5) 以糠醛为原料生产商品有机肥的方法　该技术的特点是利用微生物来进行高温堆肥发酵处理糠醛废渣，同时还利用微生物发酵后产生的热能来处理糠醛废水。废渣、废水经过生物菌群的降解后，成为优质环保有机肥。在生物堆肥过程中选料配比要合理，采用高温降解复合菌群、除臭增香菌群和生物固氮、解磷、解钾菌群分步发酵处理废渣，在高温快速降解糠醛废渣的同时，还能有效控制堆肥现场的臭味，使发酵的有机肥料没有臭味，并使肥料具有生物肥料的特性，品位得到极大的提高。

(6) 以污泥为原料生产商品有机肥的方法　将含水率为80%的湿污泥，加工为含水率为13%的干污泥。加入有益微生物，经过圆盘造粒、低温烘干和冷却筛分，最后包装入库。

此外，还有利用沼气、酒糟、泥炭、蚕沙等为原料生产商品有机肥的相关报道。

商品有机肥与粪肥的不同之处　商品有机肥和粪肥同样能够补充有机肥，促进团粒结构的形成。但从农业生产的可持续发展方面来说，商品有机肥更有优势。这是因为商品有机肥与粪肥有很多不同之处。

(1) 商品有机肥比粪肥“无害”　两种肥料的区别重点在于“腐熟”和“无害”。与商品有机肥相比，粪肥存在许多缺陷：一是含盐分较多，容易使土壤盐渍化，如鲜鸡粪、猪粪等使用后，若翻耕不到足够的深度，会导致定植后的农作物生根慢，甚至不扎根，在高温天气下容易导致农作物死亡；二是粪肥带有大量的病菌、虫卵，易引发病虫草害；三是粪肥养分“含量”不稳定，不能做到合理补肥；四是粪肥内若含有害物质和重金属时，仅凭借高温发酵不能去除。

(2) 商品有机肥改良土壤效果更迅速　若是土壤出现了不良状况，使用商品有机肥改良比粪肥更加快速。这是因为商品有机肥具有洁净性和晚熟性两大特点。商品有机肥在制作过程中不仅进行高温杀菌杀虫，通过微生物完全发酵，并且很好地控制氧气和发酵温度，使有机物质充分分解成为直接形成团粒结构的腐殖质等，同时产生的氨基酸和有益代谢产物得以保留。使用后不会产生对农作物有负面影响的物质。

（3）商品有机肥的养分配比更合理　商品有机肥中的各类养分是可调整的，可以针对不同的土壤状况使用不同养分含量的产品。比如土壤中有机质极少而矿物质超标时，可选择较高有机质含量的商品有机肥；在农作物生长中后期，既需要补充土壤有机质又要满足农作物生长所需要的矿物质，这就需要使用含有一定的大、中、微量元素的商品有机肥。与单纯使用粪肥相比，商品有机肥与其他肥料配合使用可达到“1＋1＞2”的效果。

土壤改良选择商品有机肥的方法　商品有机肥的品种很多，而用于制作商品有机肥的原料更多，因此在改良土壤的时候应选择合适的商品有机肥。用于制造商品有机肥的原料；一是自然界中的有机物，如森林枯枝落叶；二是农业作物或废弃物，如绿肥、作物秸秆、豆粕、棉粕、食用菌菌渣；三是畜禽粪便，如鸡鸭粪、猪粪、牛羊马粪、兔粪等；四是工业废弃物，如酒糟、醋糟、木薯渣、糖渣、糠醛渣等发酵过滤物质；五是生活垃圾，如餐厨垃圾等。另外，河道、下水道淤泥也可作为生产有机肥的原料。

经过无害化处理以后，这些原料生产的商品有机肥都可用于农作物生产。但原料不同，其生产成本也不一样。而考虑到优质农产品生产，土壤改良应选择采用自然界有机物质、农业作物或废弃物以及禽畜粪便为原料制作的商品有机肥。

而商品有机肥根据功能不同又分为很多种类，在补充有机质的基础上添加甲壳素、生物菌等不同的功能物质，使得商品有机肥的效果又大大提升。较好的功能性有机肥有两类，一是含有甲壳素的有机肥。甲壳素的功能很多，在有机肥中添加甲壳素，在改良土壤的同时可利用甲壳素抑制霉菌等有害菌的滋生，提高放线菌等有益菌的数量减少土传病害的发生。当农作物定植后，甲壳素养根护根的作用也可充分发挥出来，真正达到改土防病养根护根的效果。二是含有生物菌的有机肥。生物菌与有机肥配合作用，能更快更好地改良土壤。它富含有益微生物菌群，环境适应性强，易发挥出种群优势；富含生理活性物质，如吲哚乙酸、赤霉素、多种维生素以及氨基酸、核酸、生长素等。

应特别注意，有些商品有机肥添加了氮、磷、钾的化学肥料以增加肥效，这种商品有机肥不是纯有机肥，是不能应用于有机食品生产的。

商品有机肥不同于粪肥的使用方法　商品有机肥与粪肥同样能够改良土壤，但使用方法不一样。

（1）底肥要足量　商品有机肥已经过无害化处理，不会像粪肥那样产生烧根熏苗的情况。因此，使用商品有机肥时要使用足够的数量。有机肥施用要适量，应根据土壤肥力、作物类型和目标量确定合理的用量，一般用量为每亩300～500千克。

有机肥养分含量低，在含有多种营养元素的同时还含有多种重金属元素，过量施用也会产生危害，主要表现为烧苗、土壤养分不平衡、重金属等有害物质积累污染土壤和地下水等，也会影响农产品品质。

（2）穴施、沟施要正确　有机肥料可以作追肥。由于有机肥肥效长，养分释放缓慢，一般应作基肥使用，结合深耕施入土层中，有利于改良和培肥土壤。穴施或沟施商品有机肥要与植株根系保持一定的距离。若有机肥沟施以后植株定植在有机肥的正上方，随着根系的下扎，根系遇到肥料集中的地方就被烧坏，导致植株生长不正常。因此，当商品有机肥采取穴施或沟施等集中施用的方式时，应与根系保持一定的距离。比如在两行蔬菜的中间沟施，也可在两棵植株间穴施。

（3）有机、无机合理搭配施用　有机肥与化肥之间以及有机肥料品种之间应合理搭配，才能充分发挥肥料的缓效与速效结合的优点。有机肥料中虽然养分含量较全，但含量低，而且肥效慢，与速效性的化肥配合施用，可以互为补充，使作物整个生育期都有足够的养分供应，而不会产生前期营养供应不足或后期脱肥的现象。

此外，在有机食品生产中使用商品有机肥时要注意：市场上的商品有机肥很多，据了解，许多均不是名副其实的。对于外购的商品有机肥用于有机食品生产，有机标准是有规定的，要通过有机认证或经认证机构许可。对于未经认证的商品有机肥的使用，必须首先获得认证机构的认可，申请者往往在使用时会忽视事先申报，因此，检查员在检查时会将外购商品肥作为重点检查对象之一。凡是氮、磷、钾含量过高，一般情况下如果总量超过6%，特别是超过8%的，必须调查清楚其成分，尤其要了解是否是掺有化肥的复合肥。对于农场向邻近农民或养殖场购买的非商品化有机肥（农家肥或堆肥）的成分和堆制过程是否符合标准的规定，一则需要生产者自己注意控制，二则检查员在检查现场也可依据认证机构的评估规定进行判断。

第八章 叶面肥料及水溶性肥料

第一节　叶面肥料

叶面施肥（foliar fertilizer），又叫根外施肥，是将一种无毒、无害并含有各种营养成分的有机物或无机物水溶液按一定剂量和浓度喷施在农作物的叶面上，起到直接或间接地供给养分的作用。叶面施肥是作物吸收养分的一条有效途径，已成为重要的高产栽培管理措施之一。与土壤施肥相比，叶面施肥具有养分吸收快、用量少、养分利用率高、对土壤污染轻等特点。尤其在作物生长后期，根系活力降低，吸肥能力下降；或在胁迫条件下，如土壤干旱、养分有效性低，通过叶面施肥可以及时补充养分。另外叶面施肥可以改善农产品品质。如苹果果实内钙含量是影响果实品质的重要因素，通过将钙营养液直接喷施于果实上，对防治生理性缺钙和提高果实硬度，延长储藏时间具有良好效果。

作物生长发育过程中，由于土壤中微量元素的含量以及不同作物对微量元素营养敏感程度不同，常需喷施含有微量元素养分的肥料。叶面施肥通过叶面喷洒来补充植物所需的营养元素，可以起到调节植物生长、补充所缺元素、防早衰和增加产量的作用。采用叶面施肥可直接迅速地供给养分，避免养分被土壤吸附固定，提高了肥料利用率；用量少，适合于微肥的施用，增产效果显著。作物对微量营养元素需要的量少，在土壤中微量元素不是严重缺乏的情况下，通过叶面喷施能满足作物的需要。然而，作物对氮、磷、钾等大量元素需要量大，叶面喷施只能提供少量养分，无法满足作物的需求。因此，为了满足作物所需的养分，还应以根部施肥为主，叶面施肥只能作为一种辅助措施。

用于叶面施肥的肥料称为叶面肥料，简称叶面肥。

叶面施肥特性

① 叶面施肥不受土壤因素的影响，肥料利用率高。由于养分是直接喷施到叶

面上，不需要通过土壤，避免了传统施肥面临的养分（如 Fe、Mn、P、Zn、Cu、Mo 等）被土壤吸附固定、不同元素间的拮抗、养分流失与分解损失问题，因此肥料利用率高。叶面肥直接施于植物表面，接触面积大、吸收点多。据统计，施用的叶面肥约有 70%附着于叶片表面，30%则落在地上，附着于叶面的约有 80%以上可通过叶片被作物吸收，因而约有总施用量的 60%被吸收利用。叶面施肥与土壤施肥相比，用于叶面施肥的量仅为土壤施肥的 1/10～1/5。因此，叶面施肥具有省肥的优点，而且避免了养分在土壤中被固定和淋溶。

② 叶面施肥可快速补充作物生育期间所需养分。如尿素施于土壤一般需 4～5 天才能见效，而叶面施肥 1～2 天就能有明显效果。喷施 2%浓度的过磷酸钙浸提液，5 分钟后便可以转送到植株各个部位（表 8-1）。当作物呈现某种缺素症状时，喷施含有该元素的叶面肥，其相应的缺素症状能很快地得到改善。

表 8-1　植物叶面吸收养分的速度

营养元素	喷施作物	吸收 50%量所需的时间
氮（尿素）	柠檬	1～2 小时
	菠萝、苹果	1～4 小时
	甘蔗	24 小时
	烟草	24～36 小时
	香蕉、豆类、番茄、玉米、黄瓜、马铃薯、芹菜	1～6 小时
磷	豆类	6 天
	甘蔗	15 天
钾	豆类、南瓜	1～4 天
钙	豆类	4 天
硫	豆类	8 天
氯	豆类	1～2 天
铁	豆类	8%，24 小时
锰	豆类	1～2 天
锌	豆类	1 天
钼	豆类	4%，1 天

③ 叶面施肥可增强植物体的代谢功能，促进根系吸收养分。主要表现在显著提高光合作用强度和大大提高酶的活性。如大蒜喷洒叶面肥，根、茎、叶等部位酶的活性提高达 15%～31%。在植物生长初期与后期根部吸收能力较弱时，叶面施肥可及时对植物补充营养进而提高产品的质量和产量。

④ 满足特殊性需肥。为解决某种作物生理性营养问题和对某种肥料的特殊需要而进行叶面施肥。如葡萄缺镁能引起茎部枯萎和果实凋落，只有叶面喷施镁才有效。

⑤ 叶面施肥可避免土壤中大量施肥淋溶后造成的地下水污染问题。

⑥ 有些叶面肥可与农药配合施用，降低用工成本。

叶面肥简易识别方法

（1）假冒伪劣产品的基本特征　一般劣质叶面肥的典型特征为：肥料登记证号不全或不标注；有的产品随意编造登记证号；不标注厂家地址及联系方式；有效成分标识不明确；过分夸大功效，使用农业部禁止的商品名称。

（2）主要鉴别方法　主要从外包装、产品外观进行鉴别。

① 鉴别包装。检查商品是否是农业部门登记的产品，有无肥料登记证号，产品商标（注册）、主要成分、使用范围、厂名厂址与农业部门的文件通告是否一致，如果有明显不同，则是假冒产品；如果没有肥料登记证号，则属非法生产、销售的产品，不能推广应用。

② 外观观察。对液体肥料来说，产品说明中标称含硫酸亚铁的液体肥料应发绿；含黄腐酸的液体肥料应呈棕褐色；含腐植酸的液体肥料应呈黑褐色。如果已标明分别含有上述各种成分，但与上述各颜色不符的即是假冒品；如果颜色相符，但沉淀过多，则是劣质品。

一般工艺的固体叶面肥料主要由各种基础肥料复混配成，可按上述单元素肥料、复合肥料等的鉴别方法采用观察其颜色、晶体形状等方法加以识别，但外观要求均匀一致，即使有杂色，也应当是均匀的混杂（例如，添加硫酸铜的肥料中均匀混杂蓝色颗粒）。粉末状固体肥料倾倒时流动性要好，类似细砂。

③ 看田间效果。按照使用说明上的方法进行喷施操作，3～5 天后作物的叶色和生长情况应有明显的变化，含锌的肥料产品其叶色的变化应更为明显；而按照上述方法操作后 1 周左右仍无变化的就是假冒伪劣产品。

④ 通过互联网查证。叶面肥料全部由农业部颁发肥料登记证，有效期内的登记信息可以在国家化肥质量监督检验中心（北京）的网站上进行查询。有条件的经销商或使用者可以登录该中心网站查询，网址是 www. fernet. cn。通过该网站可以查到登记证号码、企业名称、登记指标、适宜作物、商品名称等。

作用机理　通过对叶片结构的分析及同位素示踪等一系列的研究证明，叶面也具有吸收营养的功能，其吸收养分的机理与根系有些相似。营养物质通过叶面气孔直接进入叶肉细胞或通过自由扩散作用渗透入叶面表皮的角质层和纤维素壁，因此气孔多、角质层薄、蜡质少的表皮就容易使离子渗透入叶面。叶面喷施的营养物质通过纤维素壁通道与角质层分子间隙，以及外突原生质纤丝，移向原生质膜表面，再通过原生质膜吸收到细胞，这个过程是在细胞能量消耗的基础上进行的主动吸收。吸收到表皮细胞内的物质，通过胞间连丝又可向叶肉细胞移动，而在体内其他部位，主要是通过筛管来移动的。所以，棉花、甘薯、马铃薯、油菜等叶面积较大的植物，角质层较薄，喷施的叶面肥易透入，效果较好。而水稻、小麦等，则由于叶面积较小，角质层较厚，喷施的液体难于渗入，因此有时要加入少量湿润剂促其渗入。

叶面吸收的营养物质主要向生长中心转移：在作物营养生长阶段，主要向新生叶转移；在生殖生长时期，主要向结实器官（花、果实）转移。这些均已用同位素示踪试验给予了证实。

叶面肥的种类

（1）按主要剂型划分　可以分为水剂、乳剂、粉剂、油剂等。水剂是最普通的一种类型，营养物质的浓度常以体积分数、质量分数或物质的量浓度表示；乳剂有利于养分同叶面的亲和而有利于养分的叶面吸收，所以其效果要比水剂更好些；油剂是一种羊毛脂制剂，是研究试验时常用的一种剂型。

（2）按物理性状划分　可分为固体叶面肥和液体叶面肥两大类，目前后者占60%以上。

（3）按主要功能划分　可将叶面肥分为通用型、专用型和多功能型三类。

① 通用型。适用的作物和地区范围较为广泛，但针对性差，具体到某一地区、某一作物时可能出现有的养分过剩而有的养分缺乏或不足的现象。

② 专用型。针对特定地区、某种作物的供肥需肥特点而对养分进行了合理的配比，针对性强，肥效好，经济效益较高，但适应范围有限。

③ 多功能型。兼有调节作物生长、防虫、治病、除草等功效，目前占叶面肥一半以上。多功能型叶面肥中绝大部分为植物营养调节型，常见的品种有：氨基酸复合营养液类、腐殖质多元素叶面肥类、稀土多元素复合叶面肥类、各种激素与无机元素复配类、微量元素螯合物以及其他有调节作物生长功效的各类叶面肥。

（4）按主要成分划分

① 营养型叶面肥。又称水溶肥料，以氮、磷、钾及微量元素等养分为主，主要功能是为作物提供各种营养元素，改善作物的营养状识，尤其是适宜于作物生长后期各种营养的补充。产品有的为无机肥料的简单混合，有的为高浓度螯合态。使用的配位体有：EDTA（乙二胺四乙酸）、氨基酸、腐植酸、柠檬酸、木质素、聚磷酸盐及聚酚酸等。目前市场上的主要品种类型有微量元素水溶肥料、含氨基酸水溶肥料、大量元素水溶肥料、中量元素水溶肥料、含腐植酸水溶肥料。

② 调节型叶面肥。调节型叶面肥含有调节植物生长的物质，如生长素等激素类成分，主要功能是调控作物的生长发育等，适于植物生长前期、中期使用。调节剂有赤霉素、2,4-滴、缩节胺、乙烯利、芸薹素内酯等。

③ 复合型叶面肥。复合型叶面肥种类繁多，复合混合形式多样。其功能有多种，既可提高营养，又可刺激生长调控发育。

影响叶面吸收的因子

（1）作物类型　一般双子叶植物如大豆、花生、油菜、马铃薯等叶面积较大，叶片平展，表面角质层薄，溶液容易渗透，养分易被植物吸收转运，故对此类作物叶面喷施效果要比叶面积小的单子叶植物（如稻、麦等）的效果好。从多年的试验结果来看，叶面肥用于经济作物的增产效益要优于粮食作物，而且经济作物的价值也高于粮食作物。因此，要尽量把叶面肥用于经济作物上。

(2) 喷施部位　一般植物叶片的背面比正面气孔多，且正面细胞排列紧密，肥水不易进入，而背面多为海绵组织，细胞排列疏松，吸收养分能力强。所以，喷施时要求正面和背面都要喷，多喷叶片背面效果会更好。此外，对于铁等移动性差的养分要喷在新叶上才会有较好的效果。

(3) 叶面的附着能力　降低溶液的表面张力，增加溶液与叶面接触的时间，可以提高叶片对养分的吸收量。因此，在喷施时加入适量中性肥皂粉等黏性物质，可改善喷施液与叶面的接触，降低雾滴的表面张力，使肥料液滴在叶面上均匀分布，扩大吸收面积，提高肥效。

(4) 叶面肥的成分与浓度　叶面肥料的形态、成分、pH值以及浓度都对喷施效果具有一定的影响。如叶片吸收钾肥的速率顺序为氯化钾>硝酸钾>磷酸二氢钾，微量元素肥料中加入尿素可以促进叶片对微量元素的吸收。不同作物对不同肥料具有不同的浓度要求，适宜的浓度有利于植物对养分的吸收。如尿素的浓度以0.5%～1%为宜，微量元素常用的浓度是0.01%～0.2%。具体用量还应随作物种类、植株大小而定。若浓度过高溶液易干，干后产生的高渗透压会烧伤叶片，很容易发生肥害，造成不必要的损失；浓度过低，作物吸收的营养少，达不到应有的效果，特别是微量元素肥料，更要严格控制使用浓度。

(5) 环境条件与喷施时期　环境条件如温度和光照会影响叶面施肥的效果，温度和光照影响叶面养分的渗透及在植物体内的传导和运转。一般夏季喷施比冬季效果好，因为夏季温度高、蒸腾作用和光合作用强度大，有利于水分及同化产物的运转，有利于养分的吸收利用。影响叶面追肥效果的另一个因素是肥液在叶面上的湿润时间，湿润时间越长，叶面吸收的越多，效果也就越好。选择合适的喷施时间，避免喷施液很快变干，可以起到提高喷施效果的作用。因此，叶面追肥最好在傍晚无风的天气进行，雨天或雨前不能进行叶面追肥，因为养分易被雨水淋失，起不到应有的作用。

(6) 叶面肥施用量　尿素在蔬菜上的喷施浓度一般不超过0.8%，在禾本类和果树类作物上可高些。在一定范围内，叶面喷施的用量多，作物吸收的也多，但过多时反而会影响产量。叶面肥的试验表明，用量与产量之间一般呈一元二次方程模型。

施用技术

(1) 选择适宜的品种　在作物生长初期，为促进其生长发育，应选择调节型叶面肥；若作物营养缺乏或生长后期根系吸收能力衰退，应选用营养型叶面肥。叶面施肥的目的可概括为：补充微量元素、补充一定量的大量元素，以调节作物生理功能，增强抗逆性。生产上常用的叶面肥品种有尿素、磷酸二氢钾、硫酸钾、过磷酸钙、硼砂、钼酸铵、硫酸锌、稀土、光合微肥、喷施宝等。目前，用尿素作为氮肥叶面追肥效果较为理想。对于微量元素，每种作物的需求有所不同，所以在各个地区的表现也有所不同。如水稻施用锌肥可防止水稻僵苗，大豆喷施含钼叶面肥可以提高含油率和蛋白质含量，喷施硼肥对大多数作物都有比较好的效果。在基肥施用不足时，可以选用氮、磷、钾含量相对较高的叶面肥进行喷施。作物在遭受低温、干旱等逆境威胁，已造成明显危害时，可选择一些内源性的植物生长调节剂。

（2）喷施浓度和次数要合理　由于不同作物和品种对叶面施肥的反应不同，因此一定要根据叶面肥、不同作物、同一作物的不同时期选用不同喷施浓度，尤其是微量元素肥料，作物营养从缺乏到过量之间的临界范围很窄，更应严格控制；含有生长调节剂的叶面肥，亦应严格按浓度要求进行喷施，以防调控不当造成危害。一般大中量元素（氮、磷、钾、钙、镁、硫）使用浓度为500～600倍，微量元素中铁、锰、锌500～1000倍，硼3000倍以上，铜、钼6000倍以上。

作物叶面追肥的浓度一般都比较低，每次的吸收量是很少的，与作物的需求量相比要低得多，因此叶面追肥的次数一般不应少于2～3次。至于在作物体内移动性小或不移动的养分如铁、硼、钙、磷等，更要注意适当增加喷洒次数，每次喷施要有足够的喷洒量。同时，间隔期至少应在一周以上，喷洒次数不宜过多，防止造成危害。喷洒量要根据作物种类及生育时期来确定，一般以肥液将要从叶片上滴下而又未滴下时为好。

（3）叶面肥适宜施用时期　作物营养临界期和最大效率期是喷施叶面肥的关键时期。这两个时期养分的满足程度对作物产量影响极大，根据不同的作物选择不同的喷施时期喷施效果较好。作物营养临界期一般处于作物幼苗期，最大效率期一般处于营养生长旺盛时期或营养生长与生殖生长并进的时期。磷营养临界期都在幼苗期，如玉米在5叶期、水稻在3叶期；氮营养临界期，玉米在幼穗分化期、水稻在3叶期和幼穗分化期。氮最大效率期，玉米在喇叭口期至抽雄初期、水稻在第一枝梗和第二枝梗时期；磷最大效率期，水稻在3叶期和灌浆期；水稻钾最大效率期也在灌浆期。如果在作物营养临界期和最大效率期这两个关键时期喷施叶面肥，对于增产将会起到决定的作用。

在下述情况下可喷施叶面肥：一是基肥不足，作物出现脱肥现象；二是为促进越冬作物提早返青和分蘖，促三类苗追二类苗，促二类苗追一类苗；三是作物根系损伤，根系生长弱；四是高度密植的作物，不便于开沟追肥；五是当作物刚出现缺素症状时，针对性地喷施；六是果树、林木等深根作物用传统的施肥方法难以奏效时；七是温室或大棚种植的蔬菜。

（4）喷施要均匀、细致、周到　喷施要对准有效部位。叶面施肥要求雾滴细小，喷施均匀，尤其要注意喷洒在生长旺盛的上部叶片和叶的背面，将肥着重喷施在植物的幼叶、功能叶片背面上，因为幼叶、功能叶片新陈代谢旺盛，叶片背面的气孔比上面多若干倍，能较快地吸收溶液中的养分从而提高养分利用率。只喷叶面不喷叶背，只喷老叶而忽略幼叶的做法是不妥当的，会大大降低肥效。

（5）喷施时间要适宜　叶面肥液滴以扩散和渗透的方式进入叶片质膜，因此延长肥料湿润叶面的时间，有利于吸收养分，即肥液在叶片上停留时间越长则吸收越多，效果越好。一般情况下保持叶片湿润时间在30～60分钟为宜，因此，叶面施肥最好在傍晚无风的天气进行。在有露水的早晨喷肥，会降低溶液的浓度，影响施肥的效果。雨天或雨前也不能进行叶面追肥，因为养分易被淋失，达不到应有的效果。若喷后3小时遇雨，待晴天时补喷一次，但浓度要适当降低。

(6) 最好不要使用叶面肥的时期　有以下几种。

① 花期。花朵娇嫩，易受肥害。

② 幼苗期。

③ 一天之中的高温强光期。

几种作物叶面肥施用方法　分别见表8-2～表8-5。

表8-2　大田作物叶面肥施用方法

作物	叶面肥	施用方法和作用
水稻	硫酸锌	秧田2～3片真叶期或本田分蘖期喷施2～3次0.1%硫酸锌溶液，每7～10天喷1次；直播田在3叶期和5叶分蘖期各喷1次，可防缩苗病
	磷酸二氢钾	分蘖拔节期喷1～2次0.3%磷酸二氢钾溶液，能促使苗壮和成穗
	尿素加磷酸二氢钾	孕穗后喷1～2次0.3%～0.5%磷酸二氢钾与0.5%～1%尿素混合液能增加粒数和粒重
小麦	尿素与磷酸二氢钾	前期喷施磷酸二氢钾可抗旺苗倒伏；后期喷施尿素、磷酸二氢钾可防止干热风和早衰；抽穗后喷2～3次1%～2%尿素和/或0.2%～0.4%磷酸二氢钾溶液，每4～5天喷1次，可增加粒重和蛋白质含量
	硫酸锰、硫酸锌	如缺锰，可在分蘖期、拔节孕穗期喷施2～3次0.1%～0.5%硫酸锰溶液；缺锌可喷施0.2%～0.4%硫酸锌溶液
	硼肥	小麦缺硼会发生不稔症，可在分蘖和拔节期喷施0.1%～0.2%硼酸或硼砂溶液进行防治
玉米	硫酸锌、氧化锌	在苗期至拔节期喷施2～3次0.1%～0.2%硫酸锌溶液或0.03%～0.05%的氧化锌溶液，每7天1次，可防治缺锌。加入少量石灰能提高施用效果
	尿素加磷酸二氢钾	抽雄穗后出现脱肥或为优质高产可喷施1～2次0.5%～1%尿素溶液和0.2%～0.4%磷酸二氢钾溶液
	尿素加过磷酸钙	0.5%尿素与2%～3%过磷酸钙浸液配合喷施，可防止后期脱肥和增加玉米粒重。喷时要避开中午强光，如遭雨淋要补喷
高粱	磷酸二氢钾	后期若生长过旺，有贪青晚熟可能，可喷施0.1%～0.2%磷酸二氢钾溶液
谷子	磷酸二氢钾	籽粒灌浆期喷施0.2%～0.3%磷酸二氢钾溶液能增加粒重
大豆	硫酸镁	如缺镁可叶面喷施0.5%～1%的硫酸镁溶液
	钼酸铵	苗期至初花期喷施2～3次0.05%～0.1%钼酸铵溶液能促使根瘤固氮
	硫酸亚铁	在苗期至花期喷施浓度为0.3%～0.5%的硫酸亚铁溶液，7天左右1次，共3～4次，可防治缺铁
	硫酸锰	如缺锰，可在花前至初花期喷施2～3次0.5%～1%硫酸锰溶液
	尿素、磷酸二氢钾、硼酸、硫酸锌	分枝至初花期单独或配合分次喷施0.5%～1%尿素、0.2%～0.4%磷酸二氢钾、0.1%硼酸(或硼砂)、0.05%～0.1%硫酸锌溶液，有助于防止脱肥，实现优质高产

续表

作物	叶面肥	施用方法和作用
绿豆	磷酸二氢钾	鼓粒期喷施1～2次0.3%磷酸二氢钾溶液，能提高产量
花生	尿素、磷酸二氢钾	结荚初期，喷施0.5%～1%尿素和0.2%～0.3%磷酸二氢钾溶液，可补磷增氮，优质高产
	铁肥	花生易缺铁，新叶黄化，从花针期开始，喷施1%～3%硫酸亚铁或螯合铁(FeEDTA)，每1～2周喷1次，共2～3次，可防治缺铁
	硼肥	缺硼有时外观无症状，在花针期喷施0.1%～0.25%硼酸或硼砂溶液，可防治缺硼
	硫酸锌	土壤pH>7或含磷量过高时容易缺锌，缺锌与缺铁常常并发。可在花针期喷施0.1%～0.2%硫酸锌和0.3%～0.5%的硫酸亚铁溶液防治
	钼肥	酸性土易缺钼，可喷施0.1%～0.2%钼酸铵或钼酸钠溶液
薏苡	磷酸二氢钾	开花初期喷施0.1%磷酸二氢钾能促进开花结实
油菜	硼肥	若植株出现缺硼症状，可在薹期和初花期分次喷施0.1%～0.2%硼酸或硼砂溶液
	尿素、过磷酸钙或磷酸二氢钾	初花期喷施1%尿素、0.3%～0.5%磷酸二氢钾或1%～2%过磷酸钙浸液，有利于壮苗，增加角数、粒数和粒重
芝麻	尿素、磷酸二氢钾、过磷酸钙	始花和盛花初期喷施0.5%～1%尿素、0.1%～0.5%磷酸二氢钾(或2%～3%过磷酸钙)、0.1%～0.2%硼砂溶液1～2次，能显著增产
甘薯	尿素、磷酸二氢钾、过磷酸钙、硫酸钾、草木灰	收获前40～45天，喷施0.5%尿素与0.2%～0.4%磷酸二氢钾溶液，或2%～5%过磷酸钙、1%硫酸钾(或5%～10%过滤草木灰)溶液，每7～10天喷1次，共2～3次，能防治脱肥，促进薯根膨大，有利于优质高产
马铃薯	磷酸二氢钾、草木灰、过磷酸钙	开花后期，喷施0.1%～0.5%磷酸二氢钾溶液，或将草木灰、过磷酸钙和水按1∶10∶10的比例配制，取其滤液每隔8～15天喷施1次，连续2～3次，可促薯防衰
	尿素、过磷酸钙、硫酸钾、高锰酸钾	若出现缺氮，可喷施少量尿素；对中、晚熟品种，现蕾至开花期喷施1%过磷酸钙、0.2%硫酸钾、0.1%高锰酸钾溶液，能防治脱肥并显著增产
	硼肥	若缺硼可喷施0.05%～0.1%硼肥
	硫酸锰	如缺锰，可在块茎膨大期喷施2～3次0.1%～0.3%硫酸锰溶液
棉花	硼肥	棉花缺硼时叶柄有环带，在苗期、现蕾至初花期喷施2～3次0.1%～0.15%硼酸或硼砂溶液，可防治缺硼
	硫酸锌	如缺锌，可在蕾期喷施0.1%～0.2%硫酸锌，也可与杀虫剂一起混喷
	硫酸锰	如缺锰，可在盛蕾期到棉铃形成期，喷施2～3次0.1%～0.3%硫酸锰溶液
	磷酸二氢钾、尿素	现蕾至花铃期，脱肥时喷施2～3次0.5%～1%尿素、0.2%～0.3%磷酸二氢钾溶液；谢花后每隔7～10天1次，连喷3～4次0.5%～1%的磷酸二氢钾溶液，可防止脱肥早衰
	磷酸二氢钾及矮壮素	苗过旺可喷施2～3次0.2%～0.3%磷酸二氢钾溶液及适当浓度的矮壮素
	铁肥、硼肥、磷酸二氢钾	现蕾前7～10天喷施0.2%～0.5%硫酸亚铁或螯合铁肥溶液；花期叶面喷施0.1%硼肥和0.3%磷酸二氢钾混合溶液，能增加铃重
苎麻	尿素和硼、锰肥	旺长期喷施0.2%尿素和0.1%硼、锰肥，可增加株高和皮厚，提高麻产量
	磷酸二氢钾和硼肥	每季壮秆前喷施0.3%磷酸二氢钾溶液及0.1%～0.2%硼砂溶液可优质高产

续表

作物	叶面肥	施用方法和作用
甜菜	硫酸钾、过磷酸钙、磷酸二氢钾、硼砂、硫酸锌、硫酸锰、钼酸铵	在块根生长期和糖分累积期，可喷施0.5%～1%硫酸钾，2%～3%过磷酸钙溶液，或0.2%～0.3%磷酸二氢钾溶液及浓度为0.05%～0.1%的微量元素溶液，能提高甜菜的糖产量和品质。其中磷、钾肥在封垄前、后均可喷施，微肥主要在封垄前喷施
茶树	尿素	一年中，除地上部停止生长期外都可喷施叶面肥，春茶萌发前喷施1%的尿素溶液可促使春茶早发快发
	尿素、磷酸二氢钾	春、夏、秋茶在1芽1叶至1芽3叶期分别喷施1～2次0.5%尿素和0.3%磷酸二氢钾溶液或其他有机叶面肥，可增强茶树抗旱抗寒能力，提高茶叶产量和品质。在采茶前20～30天一定要停喷，以确保茶叶的食品安全
桑树	尿素、磷酸二氢钾	在桑叶旺长期喷施0.1%尿素与0.2%磷酸二氢钾的混合溶液，每5～6天喷1次，能提高桑叶的产量和品质，叶的正、背面都要喷到，以开始有多余液体下滴为好；在干旱季节可适当增加喷施次数

表8-3　几种蔬菜的叶面肥施用方法

作物	叶面肥	施用方法和作用
白菜	尿素、磷酸二氢钾	莲座始期至结球中期，每7～10天喷施1次0.5%～1%尿素和0.1%～0.5%磷酸二氢钾混合溶液，可优质高产
	氯化钙、糖醇钙	莲座后期喷施0.3%～0.5%氯化钙溶液或0.1%～0.2%糖醇钙溶液，或在收获前7～10天喷施0.7%氯化钙溶液4～5次，可防治贮藏期出现“干烧心”
花椰菜	磷酸二氢钾、硼砂、钼酸铵	现蕾前至花球形成期，叶面喷施2次0.3%磷酸二氢钾、0.05%～0.1%硼砂、0.01%钼酸铵溶液，能防早衰，促高产
芹菜	尿素、磷酸二氢钾、八硼酸钠(钾)	在苗期和生长旺盛期，喷施0.2%～0.5%尿素和磷酸二氢钾溶液，5～7天1次，连喷2～3次，有利于优质高产；喷施0.1%八硼酸钠(钾)溶液，可防治芹菜茎裂病
	氯化钙	在苗期和生长旺盛期，喷施0.3%～0.5%氯化钙溶液，5～7天1次，连喷2～3次，可防治心腐病(烧心病)
	过磷酸钙	生长期中，喷施1.5%过磷酸钙浸出液，可防治西芹缺钙烂心
菠菜	硫酸亚铁、柠檬酸铁	缺铁出现“黄化病”，可喷施0.1%～0.5%硫酸亚铁溶液或100毫克/千克柠檬酸铁溶液
	硼砂	缺硼时心叶卷曲、失绿、株矮，可喷施0.12%～0.25%硼砂或硼酸溶液
	钼酸铵、硫酸锰	缺钼可喷施0.05%～0.1%钼酸铵溶液；缺锰可喷施0.1%～0.2%硫酸锰溶液
番茄	尿素、磷酸二氢钾等	幼苗期交替喷施0.2%～0.3%尿素、0.1%～0.5%磷酸二氢钾溶液，或弱苗喷施尿素，徒长时喷施磷酸二氢钾，有助于壮苗；第一至第三穗果膨大期喷施2～3次0.3%～0.5%尿素或磷酸二氢钾及钙肥等中、微量元素溶液，有利于优质高产
	磷酸二氢钾加硼肥	开花结果期喷施0.1%～0.2%磷酸二氢钾加硼肥的溶液，能提高坐果率
	磷酸二氢钾、过磷酸钙	中后期喷施2～3次0.2%～0.3%磷酸二氢钾或1.5%过磷酸钙溶液，可提高果实品质，拉长结果期

续表

作物	叶面肥	施用方法和作用
茄子	尿素、磷酸二氢钾	移栽前喷施1次0.2%尿素与0.3%磷酸二氢钾混合溶液，可提高幼苗抗逆性；开花结果期，每15天喷施1次0.2%尿素或0.3%磷酸二氢钾混合溶液，配施微肥或专用肥，能促花促果；进入结果盛期，连喷2～3次0.2%～0.3%尿素、0.1%～0.5%磷酸二氢钾，可延缓植株衰老，提高产量和品质
辣椒、甜椒	尿素、磷酸二氢钾	开花结果期，多次喷施0.5%尿素和0.3%磷酸二氢钾溶液，可提高辣椒的产量和品质
	八硼酸钠(钾)	初花至结果盛期，喷施0.1%～0.2%八硼酸钠(钾)溶液2～3次，7～10天1次，可提高坐果率
	氯化钙、糖醇钙等螯合钙	初花至结果盛期，喷施0.3%氯化钙溶液或0.1%～0.2%糖醇钙等螯合钙2～3次，隔周1次，可防治果实缺钙腐烂病
	硫酸镁、硝酸镁	如缺镁可连喷几次1%～3%硫酸镁或硝酸镁溶液
	磷酸二氢钾	缺钾可喷施0.1%～0.5%磷酸二氢钾溶液
菜豆(芸豆)	磷酸二氢钾、硼砂、钼酸铵	结荚期喷施0.2%～0.5%磷酸二氢钾加0.1%硼砂和0.1%钼酸铵溶液2次，有助于固氮和增产
	八硼酸钠(钾)、尿素、磷酸二氢钾	开花结荚期喷施0.1%八硼酸钠(钾)、0.2%尿素、0.2%磷酸二氢钾混合溶液，可以保荚促熟和优质高产
荷兰豆	磷酸二氢钾	与土施追肥配合，在花前、开始采收和采收盛期，各喷施1～2次0.2%磷酸二氢钾溶液，有利于优质高产
黄瓜等瓜菜类	尿素、磷酸二氢钾	苗期喷施0.1%～0.5%尿素和0.2%磷酸二氢钾溶液，盛瓜期喷施0.2%尿素和0.3%磷酸二氢钾混合溶液，可延长采收期和优质高产
	磷酸二氢钾、硼肥	抽蔓期至结瓜期喷施0.1%～0.5%磷酸二氢钾和0.1%八硼酸钠(钾)2～3次，有利于优质高产
西瓜	磷酸二氢钾、尿素	为优质高产，可在抽蔓和开花坐果期喷施0.2%～0.3%磷酸二氢钾、0.5%尿素溶液
	磷酸二氢钾、钙肥	幼果膨大至果实成熟期喷施0.2%～0.5%磷酸二氢钾及0.1%螯合钙溶液各2～3次，可提高西瓜产量和品质。如果缺钙叶缘黄化、卷曲，可喷施2～3次氯化钙溶液或螯合钙肥矫正
	硫酸镁	缺镁中部叶片叶脉间黄化，可喷施2～3次0.2%硫酸镁
	硼肥	缺硼植株顶端翘立，节间缩短，叶片皱缩，可喷施2～3次0.2%硼砂溶液
洋葱、蒜苗	磷酸二氢钾、农药	对洋葱，在初花期，用0.3%～0.4%磷酸二氢钾溶液与稀释的农药混合喷施，可兼得抗病、促鳞茎膨大的药、肥综合效果
	磷酸二氢钾	对温室蒜苗，可在施足基肥的基础上，苗高约20厘米时喷施1次0.2%磷酸二氢钾溶液，促成壮苗
萝卜	钼酸钙、钼酸钠	为防治萝卜缺钙、缺硼空心和实现优质高产，可在幼苗期分别喷施0.02%～0.05%钼酸钙或钼酸钠、0.05%～0.1%硼砂或八硼酸钠(钾)溶液
	过磷酸钙、磷酸二氢钾	大型萝卜露肩后每周喷施1次2%～3%过磷酸钙浸液或0.1%～1%磷酸二氢钾溶液，有助于优质高产
胡萝卜	氯化钙	如缺钙，新生叶变褐枯死，可在直根膨大初期前后喷施0.3%～0.5%氯化钙溶液防治
	硼肥	如缺硼，新叶淡绿，叶顶外卷、畸形，可喷施1～2次0.1%～0.3%硼砂或八硼酸钠(钾)溶液
	钼酸铵	如缺钼，可喷施1～2次0.05%～0.1%钼酸铵溶液

续表

作物	叶面肥	施用方法和作用
山药	尿素、磷酸二氢钾	中后期,据长势酌情喷施0.5%尿素和0.2%磷酸二氢钾溶液,每10天1次,连喷3~4次,可防早衰,促高产
草莓	尿素、磷酸二氢钾、硼钼锌微肥	在生长中后期根据需要,喷施2~3次浓度为0.2%~0.3%的磷酸二氢钾或0.5%的尿素或0.01%~0.1%的硼钼锌微肥溶液可提高产量和品质

表8-4 几种果树叶面肥的施用方法

作物	叶面肥	叶面肥施用方法和作用
苹果	尿素	萌芽前喷施2%~3%尿素能促进萌芽,提高坐果率,对上一年秋季早期落叶树更加重要;萌芽后连续喷施2~3次0.3%尿素能促进叶片转化,提高坐果率;采收后至落叶前连续喷3~4次0.5%~2%尿素溶液,浓度前低后高,可延缓叶片衰老,提高贮藏营养
	磷酸二氢钾	果实发育后期连续喷施3~4次0.4%~0.5%磷酸二氢钾溶液,能增加果实含糖量,促进着色
	硫酸锌	萌芽前对易缺锌的果园喷施1%~2%硫酸锌溶液,能促进萌芽,提高坐果率;萌芽后和果实发育后期出现小叶病时,喷施0.3%~0.5%的硫酸锌溶液,可矫正小叶病
	硼砂	花期连续喷施2~3次0.3%~0.4%硼砂溶液,可提高坐果率;5~6月喷施0.3%~0.4%硼砂溶液,可防治缩果病;果实发育后期对易缺硼的果园喷施0.5%~2%硼砂溶液,可矫正缺硼症
	柠檬酸铁	新梢旺长期连续喷施2~3次0.1%~0.2%柠檬酸铁溶液,可矫正缺铁黄叶病
	硝酸钙	5~7月在果实套袋前连续喷施3次左右0.2%~0.5%硝酸钙溶液,可防治缺钙苦痘病,改善品质
梨	硼肥	始花和谢花后各喷1次0.1%硼肥溶液,能提高坐果率,增加果实维生素C和糖含量
	磷酸二氢钾、尿素	初花至盛花期,喷施0.1%~0.2%尿素、0.1%~0.5%磷酸二氢钾溶液或1%~2%过磷酸钙浸出液能提高坐果率;幼果坐住后喷施0.1%~0.5%磷酸二氢钾溶液2~3次,隔15~20天1次,能提高果品质量;果实膨大期,特别是晚熟品种,喷施0.2%磷酸二氢钾和0.3%尿素混合液,每10~15天1次,连喷4~5次,可防止早衰,恢复树势,采果后每隔10天再喷1~2次效果更好
	硫酸锌加尿素	喷施0.2%的硫酸锌与0.3%~0.5%尿素的混合液可矫正梨树缺锌小叶病;发芽前喷施6%~8%的硫酸锌溶液可预防梨树缺锌
	黄腐酸铁	缺铁时可喷施0.3%~0.5%黄腐酸铁溶液矫正
	钙型氨基酸肥料	盛花后喷施0.3%~0.5%钙型氨基酸水溶肥料可防治缺钙
葡萄	尿素、硝酸铵	移栽后喷施0.2%~0.3%尿素溶液,可提高成活率;新梢生长期喷施0.2%~0.3%尿素溶液或0.3%~0.4%硝酸铵溶液能促进新梢生长
	硼肥	开花前及盛花期喷施0.1%~0.3%硼砂溶液,可提高坐果率
	硫酸锌	开花前和开花后1~2周各喷施1次0.1%~0.2%硫酸锌溶液,可防治缺锌。如加入0.2%熟石灰水,可减免药害
	磷酸二氢钾、草木灰	坐果后到成熟前喷施3~4次0.1%~0.3%磷酸二氢钾或3%草木灰浸出液,能提高产量和品质;硬核期以后喷施0.1%~0.5%磷酸二氢钾溶液,连喷2~3次,隔7天1次,可促进果实着色,提高含糖量

续表

作物	叶面肥	叶面肥施用方法和作用
葡萄	硫酸锰	坐果前后喷施0.3%～0.5%硫酸锰溶液能增产和提高果实含糖量
	硝酸钙、醋酸钙、螯合钙	采收前1个月连续喷施2次0.5%～1%硝酸钙溶液或1%～1.5%醋酸钙溶液或0.1%～0.5%螯合钙溶液，能显著提高葡萄耐贮运性能
	硫酸镁	葡萄缺镁时新梢顶端呈水浸状，叶脉间黄化，浆果着色差，6月始，每10～15天喷1次2%～3%硫酸镁溶液，连喷3～4次，可以矫正
桃、杏	尿素	萌芽前、采果后各喷施1～2次0.3%～0.5%尿素溶液，有利于树体恢复，提高坐果率，增加产量
	硫酸钾、硝酸钾	生长季喷施2～3次0.2%硫酸钾或硝酸钾溶液可防治缺钾
	磷酸二氢钾、过磷酸钙、磷酸铵	土壤缺钾供应不足，可于生长期喷施0.1%～0.5%磷酸二氢钾溶液，或1%～3%过磷酸钙水溶澄清液，或0.5%～1%磷酸铵溶液
	硼肥	砂地桃园缺硼，叶小而扭曲、变厚呈革质，梢枯死，果畸形。可在秋季、萌芽前、花前或盛花期喷施0.1%～0.5%硼砂或硼酸或0.1%八硼酸钠(钾)溶液，可防治因缺硼而落花落果
	硫酸锌	发芽前喷施3%～5%的硫酸锌可预防缺锌；发芽后喷施0.1%硫酸锌，花后3周喷施0.2%硫酸锌加0.3%尿素的溶液可矫正缺锌
	硫酸亚铁	发芽前喷施3%～5%硫酸亚铁溶液可预防缺铁
	氯化钙、螯合钙、硝酸钙	幼果期叶面喷施0.1%～0.5%氯化钙或螯合钙溶液可防治缺钙；果实膨大期喷施0.2%～0.3%硝酸钙溶液可提高果实硬度
樱桃	尿素、磷酸二氢钾、硼砂	萌芽后至果实着色前喷施2～3次0.3%～0.5%尿素或0.2%～0.4%磷酸二氢钾溶液2～3次；盛花期喷施1～2次0.3%尿素、0.2%磷酸二氢钾和0.1%硼砂溶液能提高坐果率、果实产量和品质
枣	尿素、磷酸二氢钾	生长期间，每月喷施1次0.5%～1%尿素与0.3%磷酸二氢钾的混合溶液，能显著增产
	生长刺激素	花期喷洒10毫克/千克萘乙酸(NAA)溶液，3～5天1次，连喷2次，可减少落花落果，显著增产
核桃	硫酸锌、螯合锌	展叶后，叶长到标准大小3/4时，喷施0.5%硫酸锌或1%螯合锌(ZnEDTA)溶液2～3次，2～3周1次，可防治缺锌
	硫酸锰	展叶近标准大时喷施1.5%～2%硫酸锰溶液，可防治缺锰
	硼肥	缺硼枯梢，可喷施0.1%硼砂或硼酸溶液防治
	波尔多液	喷施波尔多液可灭菌兼有防治铜缺乏的作用
板栗	尿素、磷酸二氢钾	基部叶片转绿期喷施0.1%磷酸二氢钾+0.2%尿素溶液能促使叶片变绿；果实膨大期喷施0.2%磷酸二氢钾溶液可促进果实增长；采前1个月喷2次0.1%磷酸二氢钾溶液可增加果重
	硫酸锰、硫酸镁	5～7月份喷施0.05%硫酸锰和0.05%硫酸镁的混合溶液可防治缺锰缺镁
	硼砂	盛花期喷施0.1%～0.2%硼砂溶液有助于解决板栗空苞，但旱年慎用
山楂	尿素、过磷酸钙、硼酸	发芽期至开花前喷施1～2次0.3%～0.5%尿素溶液、1%～3%过磷酸钙水溶后滤液或澄清液、0.05%～0.1%硼酸溶液，能促生枝叶和促进开花坐果
	尿素、磷酸二氢钾	果实膨大前喷施1～2次0.3%～0.5%尿素和0.3%～0.5%磷酸二氢钾溶液，有助于提高果实的产量和品质
	磷酸二氢钾	果实膨大期喷施1～2次0.3%磷酸二氢钾溶液能使果实鲜亮

续表

作物	叶面肥	叶面肥施用方法和作用
柑橘	尿素、过磷酸钙、硫酸钾	花前喷施0.5%尿素溶液，2%过磷酸钙与0.5%硫酸钾的混合溶液可提高开花结实率；幼果膨大期喷施0.3%尿素，3%过磷酸钙，0.5%～1%硫酸钾溶液，可促进果实增长
	硼肥、尿素、过磷酸钙、2,4-D	花期喷施0.1%硼酸或硼砂与0.3%尿素的混合液，或1%～2%过磷酸钙加10毫升/千克的2,4-D溶液，可减少落花落果
	尿素、磷酸二氢钾	谢花后春梢叶片转绿时，喷施0.4%～0.5%尿素加0.2%～0.3%磷酸二氢钾的混合溶液，能提高坐果率
	过磷酸钙、硫酸钾、草木灰	8月喷施2%～3%过磷酸钙溶液、1%硫酸钾溶液或3%～5%草木灰浸出液，能使枝条健壮和提高果实的耐贮性
	硫酸锌	如缺锌，可在幼果期喷施0.1%～0.2%硫酸锌溶液，也可与杀虫剂一起喷
香蕉	磷酸二氢钾	抽蕾后喷施0.5%磷酸二氢钾溶液3～4次，7天左右1次，能促长果实
	硫酸亚铁	如发现缺铁黄化病株，可喷施1～3次0.2%硫酸亚铁溶液
	硼肥	土壤缺硼，前期可喷施2～3次0.1%硼砂或八硼酸钠(钾)溶液
菠萝	尿素、氯化钾	菠萝具有特殊的贮水结构和吸收性能，抽蕾开花后，除根际施肥外，每月用1%～2%尿素和1%～1.5%氯化钾溶液喷施或灌心1次，能提高果实产量和含糖量
	硫酸钾、草木灰、窑灰钾	谢花后，在5月、6月、7月的中旬各喷2～3次2%窑灰钾肥溶液，或2%硫酸钾溶液，或5%草木灰浸出液，也能提高果实含糖量
荔枝	尿素、磷酸二氢钾、三十烷醇	始花期、幼果期、果实膨大期各喷施1次0.5%尿素、0.2%磷酸二氢钾和1毫克/千克三十烷醇混合溶液，有利于优质高产。在后2次的追肥溶液中加入杀虫剂，还可收到肥、药兼备的效果
龙眼	尿素、硫酸镁	结果中后期叶面喷施0.3%尿素与0.1%硫酸镁的混合溶液，每7～10天1次，连喷3～5次，能补充树体营养，促进秋梢转绿
枇杷	尿素、过磷酸钙	幼果期喷施0.3%尿素溶液和3%过磷酸钙澄清液，能促进果实生长，提高果实产量和品质
芒果	硼砂、硫酸锌、硝酸钙	开花前喷施0.2%硼砂溶液、0.5%硫酸锌溶液、0.5%硝酸钙溶液，7天1次，连喷3次，能促进授粉
	赤霉素、细胞分裂素	生理落果期喷施2.5毫克/千克赤霉素、5毫克/千克细胞分裂素等保果剂溶液，15天1次，共喷2次，能提高坐果率

表8-5 几种中药材的叶面肥施用方法

作物	叶面肥	叶面肥施用方法和作用
人参	过磷酸钙	在蕾期、开花期、结果期喷施2%过磷酸钙溶液能显著增产
西洋参	过磷酸钙、磷酸二氢钾、尿素	6～8月生长盛期交替喷施2%过磷酸钙溶液、0.3%磷酸二氢钾溶液和0.3%尿素溶液，每月1次，可显著增产
白术	过磷酸钙	9月中下旬开花期，喷施1%过磷酸钙溶液，10天1次，共2～3次，可提高白术产量
西红花	磷酸二氢钾	第二年2月球茎膨大期，喷施0.2%磷酸二氢钾溶液2～3次，10天1次，可促进球茎膨大
	赤霉素	6～7月球茎休眠期和10月以后植株生长期，用100毫克/千克赤霉素溶液浸渍球茎或进行叶面喷洒，可促进球茎增大，花朵增多，产量增加

续表

作物	叶面肥	叶面肥施用方法和作用
菊花	磷酸二氢钾	花蕾期叶面喷施0.2%磷酸二氢钾溶液，能提高菊花的抗病力，促进开花整齐，优质高产
山茱萸	硼酸、磷酸二氢钾、尿素	5～8月盛花期及幼果期，每月中旬交替喷施0.1%硼酸、0.2%磷酸二氢钾、0.3%尿素溶液，能防止落花落果，促进枝叶和果实生长
马兜铃	磷酸二氢钾	盛花期喷施0.2%磷酸二氢钾溶液2～3次，可促进根系生长，提高坐果率
王不留行	磷酸二氢钾	第二年春季中耕除草后，喷施1～2次0.2%磷酸二氢钾溶液，有利于增产
补骨脂	磷酸二氢钾、尿素	从盛花期开始，每10天喷施1次0.3%磷酸二氢钾加0.2%尿素混合溶液，连续喷2～3次，有助于保花长果
栀子	硼砂、尿素、磷酸二氢钾、赤霉素、2,4-D	盛花期喷施0.15%硼砂溶液，谢花3/4时喷洒50毫克/千克赤霉素或8～10毫克/千克2,4-D加0.3%尿素、0.2%磷酸二氢钾混合溶液，每10～15天1次，连喷2次，可减少果柄离层形成，提高坐果率，促进栀子生长
银杏	尿素、磷酸二氢钾	花期开始，每隔1个月喷施1次0.3%尿素加0.2%～0.3%磷酸二氢钾配成的混合溶液，能提高坐果率，促进果实生长

注意事项

(1) 别把叶面肥当农药用　市场上叶面肥种类越来越多，大多数含有作物所必需的营养元素，可防止作物因缺素而引起的生理性病害。有些叶面肥含有腐植酸、生长助剂、生理活性物质，具有促进作物生长、增强抗逆性等作用。正确使用叶面肥，对改善作物质量和增加产量有一定效果。但多数叶面肥并不含杀菌剂、杀虫剂，对由真菌、细菌、病毒引起的侵染性病害，没有直接的防治作用。然而有些叶面肥厂家和经销商为了促销，便夸大其词，把产品说得无所不能，如能有效防治立枯病、锈病、黑穗病、软腐病、枯黄萎病等。因此，防治作物病虫害要选用相应的杀菌剂和杀虫剂，切莫把叶面肥当农药使用，以免造成损失。

(2) 叶面肥混用要得当　叶面追肥时，将两种或两种以上的叶面肥合理混用，可节省喷洒时间和用工，其增产效果也会更加显著。但肥料混合后必须无不良反应或不降低肥效，否则达不到混用目的。另外，肥料混合时要注意溶液的浓度和酸碱度，一般情况下溶液pH值在7左右，中性条件下利于叶部吸收。

(3) 叶面肥不能替代土壤施肥　应该认识到根是植物吸收矿质养分的主要途径。由于叶片吸收养分的量很有限，据估算，要10次以上叶面施肥才能达到根系吸收养分的总量，因而根外施肥只能是根部施肥的一种补充，不能代替根部施肥。只有在以下两种情况下，根外追肥才显得特别有意义：一是恶劣的环境等各种原因使土壤施肥不能及时发挥作用时；二是根系吸收能力差（如作物生长后期根系衰老），适时根外追施肥料才能及时改善作物的营养状况，促进作物旺盛生长，发挥其最大的效果。

(4) 叶面肥要随配随用　肥料的理化性质决定了有些营养元素容易变质，所以有些叶面肥要随配随用，不能久存。如硫酸亚铁叶面肥，新配制的应为淡绿色、无沉淀，如果溶液变成赤褐色或产生赤褐色沉淀，说明低价铁已经被氧化成高价铁，肥料有效性大大降低。为了减少沉淀生成，减缓氧化速度，可用已经酸化的水溶解硫酸亚铁。当然，也可以使用一些有机螯合铁肥（如黄腐酸铁、铁代聚黄酮类）来代替硫酸亚铁。

（5）叶面肥的溶解性要好　由于叶面肥是直接配成溶液进行喷施的，所以叶面肥必须溶于水。否则，叶面肥中的不溶物喷施到作物表面后，不仅不能被吸收，有时甚至还会造成叶片损伤。因此，用作喷施的肥料纯度应该较高，杂质应该较少。

（6）选择叶面肥要有针对性　作物主要是从土壤中吸收营养元素的，土壤中元素的含量对植物体的生长起着决定性作用。因此，在选择叶面肥种类前要先测定土壤中各元素的含量及土壤酸碱性，有条件的也可以测定植物体中元素的存在情况，或根据缺素症的外部特征，确定叶面肥的种类及用量。一般来说，在基肥不足的情况下，可以选用以氮、磷、钾为主的叶面肥；在基肥施用充足时，可以选用以微量元素为主的叶面肥；也可根据作物的不同需要选用含有生长调节物质的叶面肥。

第二节　水溶性肥料

水溶性肥料（water soluble fertilizer，简称 WSF），是指以氮、磷、钾为主的，完全溶解于水、用于滴灌施肥和喷灌施肥的二元或三元肥料，可添加大量元素、中量元素、微量元素等。因为水溶性肥料具有使用方法简单、使用方便等特点，因此它在全世界得到了广泛的应用。在国外，它被广泛用于温室中的蔬菜和花卉，各种果树以及大田作物的灌溉施肥，园林景观绿化植物的养护，高尔夫球场，甚至于家庭绿化植物的养护。一般水溶性肥料可以含有作物生长所需要的全部营养元素，如N、P、K、Ca、Mg、S以及微量元素等，其肥料利用率差不多是常规复合化学肥料的2～3倍（在我国，普通复合肥的肥料利用率仅为30%～40%）。水溶肥料是一类速效肥料，可以让种植者较快地看到肥料的效果和表现，随时可以根据作物不同长势对肥料配方作出调整。

随着国家化肥农药零增长战略的提出，高利用率将是化肥产业发展的方向，而水溶性肥料就是化学肥料当中最耀眼的一颗星。未来水溶肥的战场也将会从高含量向多功能性转变。

一是水溶肥的功能或功效得到极大的拓展。通过使用食品或园艺级别的原料生产水溶性肥料，就是为了能够添加更多的促进作物生长和提高作物抗性的各种氨基酸、腐植酸、海藻酸、维生素、糖醇等成分，同时保证产品的稳定性和使用效果。无论是固体水溶肥还是液体水溶肥，高级原料与先进生产工艺的相互配合可以让肥料中各种元素达到最佳组合，一方面使各种元素的吸收利用率大大提高，另一方面添加的各种新型物质能够起到刺激作物生长、改善土壤环境、预防各类病害的辅助作用。

二是各种新型助剂让效果发挥到极致。为了更多地添加各种营养物质及达到良好的使用效果，水溶性肥料当中常添加各类助剂，包括表面活性剂（渗透剂、促溶剂、黏着剂、分散湿润剂和增效剂）、添加剂等，使产品呈现多样化、稳定化、易用化、高效化。而这些助剂的添加需要有一定的空间，因此只有采用食品或园艺级别的原料才能够满足添加助剂的空间。若是使用价格较低的原料，不仅这些助剂加不进去，其他的一些功能因子也无法添加。

三是水溶性肥料形态趋于多样化。通过采用高级原料和先进工艺，水溶肥不局限于固态（颗粒、粉剂）类型，可以根据不同的目的而生产出液态（清液、悬浮液）产品。而液态水溶肥的制作工艺及生产技术要比固态要求更高。固态水溶肥性质稳定便于长途运输；液态水溶肥性质不稳定（易析出结晶等），但均匀度好便于使用。值得注意的是采取新工艺及高级别原料生产的新型全水溶肥料与普通的水溶肥料相比，其颗粒更加均匀；由于添加了多种维生素、糖醇、甘露醇、螺旋藻等添加剂，有一定的香味，先进的制作工艺保证了无刺激性氨味出现；溶解快、水溶性好，溶液澄清无残留；溶液摇晃后会有大量泡沫产生且长时间不消失，证明有高效表面活性剂和展着剂存在，一般不会吸湿结块。

质量要求　水溶性肥料执行化工部推荐性标准 HG/T 4365—2012，该标准规定了水溶性肥料的定义、要求、试验方法、检验规则、标识、包装、运输和贮存。适用于以水溶性的氮、磷、钾基础肥料为主要原料加工而成，用于滴灌施肥或喷灌施肥的二元或三元肥料。已有国家标准或行业标准的水溶性肥料执行相应的产品标准。

（1）外观　粒状固体、粉状固体或液体产品，无肉眼可见机械杂质。

（2）技术要求　产品应符合表 8-6 的要求，并应符合产品包装容器和质量证明书上的标明值。

表 8-6　水溶性肥料的要求

项目			指标	
			固体（粉状和粒状）	液体
总养分（总 N＋水溶性 P_2O_5＋K_2O）的质量分数①/%		≥	50	30
中、微量元素的质量分数②（以单质计）/%	标明的单一微量元素	≥	0.05	
	标明的微量元素总量		0.1～3.0	
	标明的单一中量元素	≥	2.0	
水不溶物的质量分数/%		≤	0.5	
pH 值			3.0～9.0	
水分（H_2O）的质量分数③/%		≤	2.0	不做要求
粒度（1.00～4.75 毫米或 3.35～5.60 毫米）④/%		≥	90	不做要求
砷的质量分数/%		≤	0.0010	
镉的质量分数/%		≤	0.0010	
铅的质量分数/%		≤	0.0050	

续表

项目			指标	
			固体(粉状和粒状)	液体
铬的质量分数/%		≤	0.0050	
汞的质量分数/%		≤	0.0005	
缩二脲的质量分数[⑤]/%		≤	0.5	
氯离子的质量分数/%	未标“含氯”的产品	≤	2.0	
	标识“含氯”的产品	≤	15.0	

① 产品应含氮、磷、钾中的至少两种养分，标明的单一养分应不少于4.0%，测定值与标明值负偏差的绝对值不应大于1.5%。不同形态氮的实测值与标明值负偏差的绝对值不应大于1.0%。

② 包装容器标明中量元素、微量元素时检测本项目。钼的含量应不高于0.5%。

③ 水分以出厂检验数据为准。

④ 粉状产品粒度不做要求。

⑤ 包装容器标明含有尿素态氮时检测本项目；未标明尿素态氮时本项目不做要求。

（3）安全性要求　含有尚无国家标准或行业标准的基础肥料或添加物原料的产品应进行陆生植物生长试验。

（4）标识

① 应在包装容器正面以质量分数标明总养分含量、单一养分含量，总养分含量标明值应为配合式中单养分含量之和。应分别标明各种形态的氮含量，总氮含量标明值应等于各种形态氮含量标明值之和。

② 应在包装容器正面标明水不溶物含量、pH值。pH值以单一数值标注，保留到整数。

③ 氯离子的质量分数大于2.0%的产品，应在包装容器正面用汉字明确标注“含氯”及氯含量，而不是标注“氯”“含Cl”或“Cl”等。标明“含氯”的产品，包装容器上不应有忌氯作物的图片，也不应有“硫基”等容易导致用户误认为产品不含氯的标识。有“含氯”标识的产品应在包装容器正面标明“使用不当会对作物造成伤害”的警示语。

④ 若添加了中量元素、微量元素，应按中量元素、微量元素（以元素单质计）各类型分别标明各单养分含量。标明微量养分为螯合态时，应标明螯合剂名称和螯合分数。

⑤ 产品中若添加了本标准中未规定检测方法的添加物，可在包装容器上标明相应含量，此时还应标明含有添加物检测方法的在备案有效期内的企业标准，企业标准中的方法应是国内、国外文献中的该添加物的权威检测方法。

⑥ 若声明除提供养分外的其他作用，应有充分可信的数据证明。

⑦ 应在包装容器上标明产品使用说明（参见使用说明示例），包括但不限于以下内容：适用区域、土壤、作物、生长阶段（也可标明不适用的区域、土壤、作物、生长阶段）；用法用量；与其他物料的相容性（参见相容性要求）、不相容的物质、对灌溉水质的特殊要求等；警示说明（使用上的、基于产品本身危险特性的）。

⑧ 每袋净含量应标明单一数值，如 10 千克。

⑨ 其余应符合 GB 18382。

(5) 包装、运输和贮存

① 50 千克、40 千克、25 千克、10 千克、5 千克规格固体产品的包装材料应按 GB 8569 中对复混肥料产品的规定进行。1000 克、500 克、250 克、50 克规格固体产品可用塑料袋外加纸盒或纸箱包装，允许的短缺量为净含量标明值的 1%，平均每袋（盒、箱）的净含量分别不低于 50 千克、40 千克、25 千克、10 千克、5 千克、1000 克、500 克、250 克、50 克。当用户对每袋净含量有特殊要求时，可由供需双方协商解决，以双方合同规定为准。

② 粉状或超微细粉末状产品，应采用铝塑复合袋热合封口，袋体热合宽度大于 15 毫米。

③ 液体产品包装的技术要求应符合 NY/T 1108 的规定。

④ 在标明的每袋净含量范围内的产品中有添加物时，必须与原物料混合均匀，不得以小包装形式放入包装袋中。

⑤ 产品应贮存于阴凉、干燥处，液体产品贮存温度不宜过低。在运输过程中应防潮、防晒、防破裂。

相容性要求 与其他肥料或物料混合施用时，应按表 8-7 选择与产品相容的肥料。

表 8-7 肥料相容性表

	尿素	硝酸铵	硫酸铵	硝酸钙	硝酸钾	氯化钾	硫酸钾	磷酸铵	铁锌铜锰的硫酸盐	铁锌铜锰的螯合物	硫酸镁	磷酸	硫酸	硝酸
尿素	√													
硝酸铵	√	√												
硫酸铵	√	√	√											
硝酸钙	√	√	×	√										
硝酸钾	√	√	√	√	√									
氯化钾	√	√	√	√	√	√								
硫酸钾	√	√	R	×	√	R	√							
磷酸铵	√	√	√	×	√	√	√	√						
铁锌铜锰的硫酸盐	√	√	√	×	√	√	R	×	√					
铁锌铜锰的螯合物	√	√	√	R	√	√	√	R	√	√				
硫酸镁	√	√	√	×	√	√	R	×	√	√	√			
磷酸	√	√	√	×	√	√	√	√	√	R	√	√		
硫酸	√	√	√	×	√	√	R	√	√	√	√	√	√	
硝酸	√	√	√	√	√	√	√	√	√	×	√	√	√	√

注：√＝相容；×＝不相容；R＝相容性下降。

主要特点

(1) 针对性强　水溶肥料可根据土壤养分丰缺状况、土壤供肥水平以及作物对营养元素的需求来确定肥料的种类，及时补充作物缺少的养分，减轻或消除作物的缺素症状。

(2) 吸收快　由于直接施用在作物叶面或根部，各种营养物质可直接进入植物体内，直接参与作物的新陈代谢和有机物质的合成，其速度和效果都比土壤施肥的作用来得快。

(3) 效果好　形成作物产量的干物质主要来自光合作用的产物，作物进行叶面施肥后，叶片吸收了大量的养分，促进了作物体各种生理过程，显著提高光合作用强度，有效促进作物有机物质的积累，提高坐果率和结实率，增加产量，改善品质。

(4) 用量省　叶面喷施由于喷施在叶面上，不直接与土壤接触，避免了养分在土壤中的固定、失效或淋溶损失。采用叶面喷施，通常用量极少，浓度很低，养分吸收后，直接被输送到作物生长最旺盛的部位，养分利用率高。

主要类型　水溶肥料主要有大量元素水溶肥料、中量元素水溶肥料、微量元素水溶肥料、含腐植酸水溶肥料、含氨基酸水溶肥料等。

简易识别方法

(1) 看外包装标识　是否规范标识了产品名称、有效成分名称和含量、生产企业和生产地址、肥料的登记证号、执行标准号、净重、生产日期、适用作物、使用方法等，首先从外观上进行简易识别。

(2) 看配方　水溶肥实际上就是配方肥，根据不同作物、不同土壤和不同水质配制不同的配方，以最大限度地满足作物营养需要、提高肥料利用率、减少浪费，所以配方是鉴别水溶肥好坏的关键。一看氮磷钾的配比。比如，常用的高钾配方，根据一般作物坐果期的营养需求，氮：磷：钾的配比控制在2：1：4效果最好，配比不同效果会有很大差异。二看微量元素全不全、配比是否合理。好的水溶肥，6种微量元素必须都含有，而且要有一个科学的配比，因为各营养元素之间有一个拮抗和协同的问题，不是一种或者几种元素含量高了就好，而是配比科学合理了才好。我国市场上有不少水溶肥，个别微量元素如硼、铁等含量比较高，实际上效果并不见得好，吸收利用率并不见得高。

(3) 看含量　好的水溶肥选用的是工业级甚至食品级的原材料，纯度很高，而且不会添加任何填充料，因而养分含量都是比较高的，100%都是可以被作物吸收利用的营养物质，氮磷钾含量一般可达60%甚至更高。差的水溶肥一般含量低，每少一个含量，成本就会有差异，肥料的价格也就会有不同；同时，低含量的水溶肥对原料和生产技术要求比较低，一般采用农业级的原材料，含有比较多的杂质和填充料，这些杂质和填充料，不仅对土壤和作物没有任何益处，还会对环境造成破坏。

（4）看水溶性　鉴别水溶肥的水溶液只需要把肥料溶解到清水中，看溶液是否清澈透明。如果除了肥料的颜色之外和清水一样，水溶性很好；如果溶液有浑浊甚至有沉淀，水溶性就很差，不能用在滴灌系统，肥料的浪费也会比较多。

（5）闻味道　作物和人一样，喜欢吃味道好的东西，有刺鼻气味或者其他异味的肥料作物同样也不喜欢。因此，可以通过闻味道来鉴别水溶肥的品质。好的水溶性肥料都是用高纯度的原材料做出来的，没有任何味道或者有一种非常淡的清香味。而有异味的肥料要么是添加了激素，要么是有害物质太多，这种肥料用起来见效很快，但对作物的抗病能力和持续的产量和品质没有任何好处。

（6）做对比　通过以上几点简易方法对水溶肥进行初步筛选后做田间对比，通过实际的应用效果确定选用什么水溶肥。好的肥料见效不会太快，因为养分有个吸收转化的过程。好的水溶肥用上两三次就会在植株长势、作物品质、作物产量和抗病能力上看出明显的不同，用的次数越多区别越大。

（7）看剂型和干燥度　目前市场上有固体和液体水溶肥两种类型，一般固体优于液体。固体又分颗粒状和粉状两种，颗粒状的要优于粉状的。因为颗粒状经过特殊工艺加工而成，具有施用方便、干燥程度高以及易于保存等优点。

施用方法　水溶性肥料的施用方法十分简便，它可以随着灌溉水包括喷灌、滴灌等方式进行灌溉时施肥，既节约了水，又节约了肥料，而且还节约了劳动力，这在劳动力成本日益高涨的今天效益是显而易见的。

（1）正确选择肥料品种　应根据土壤状况、作物需肥规律选择肥料类型。一般在基肥不足的情况下，可以选用大量元素水溶肥料或含腐植酸水溶肥料（大量元素型）；在基肥施用充足时，可以选用微量元素水溶肥料、含氨基酸水溶肥料、含腐植酸的水溶肥料（微量元素型）。

（2）合理的施用方法　可以叶面喷施、灌溉施肥、滴灌和无土栽培等。

① 叶面喷施。把水溶肥料溶解于水中进行叶面喷施，营养物质通过叶面气孔进入植物内部，可以极大地提高肥料吸收利用效率。水溶肥料多用于叶面喷施，为提高喷施的效果，选择合理的喷施时间和部位非常重要。一般选择在上午9～11时和下午3～5时喷施。喷施部位应选择幼嫩叶片和叶片背面，一般7～10天一次，连续3次。一般情况下喷施浓度可选择稀释800倍左右。此外，喷施应避免阴雨、低温或高温暴晒。要随配随用，不能久存，长时间存放产生沉淀，会降低肥料有效性。

② 灌溉施肥。在进行土壤浇水或者灌溉的时候，先行混合在灌溉水中，这样可以让植物根部全面地接触到肥料，通过根的呼吸作用把化学营养元素运输到植物的各个组织中。

③ 滴灌、喷灌和无土栽培。在一些沙漠地区或者极度缺水的地方，规模化种植的大农场，以及高品质高附加值经济作物种植园，人们往往用滴灌、喷灌和无土栽培技术来节约灌溉水并提高劳动生产效率。这叫作“水肥一体化”，即在灌溉的

时候，肥料已经溶解在水中，浇水的同时也是施肥的过程。这时植物所需要的营养可以通过水溶性肥料来获得，既节约了用水和肥料，又节省了劳动力。

（3）合理的施用浓度 要掌握好施用浓度，浓度过低施用效果不明显，浓度过高会对作物产生危害，并且造成浪费。应根据产品使用说明书、肥料类型、作物种类、作物生长发育情况确定施用浓度。一般情况下喷施浓度可选择稀释 800 倍左右。

（4）合理的施用时期 根据不同作物，选择关键的生长时期施用，以达到最佳效果。

（5）产品应贮存于阴凉、干燥处，运输过程中应防压、防晒、防渗、防破裂。

使用说明示例

（1）使用方法

① 灌根（喷灌、滴灌等）。兑水浓度：800～1500 倍。每亩用量：每次 1～2 千克。每隔 7～10 天施肥一次（漫灌适当加大用量）。

② 叶面喷施。兑水浓度：1000～2000 倍。每喷雾器水（15 升）加入 15～20 克。每隔 7～10 天喷施一次。

（2）适用作物及施肥指导（见表 8-8）

表 8-8 水溶性肥料适用作物及施肥指导（示例）

类别	推荐作物	使用时期	倍数及用法	作用
果	荔枝、龙眼、芒果、柿子、甘蔗	结果期	喷施： 1000～2000 倍 7～10 天一次 灌施： 800～1500 倍 7～10 天一次	防裂果、防脐腐病、促进果实着色、增甜、膨大、果色光亮
	香蕉、枇杷、莲雾、杨桃、猕猴桃			
	蜜橘、橘橙、砂糖橘、柚子			
	水蜜桃、李、梨、苹果、杏、枣、大樱桃、杨梅			
	罗汉果、葡萄、草莓			
瓜类及蔬菜	甜瓜、西瓜、冬瓜、丝瓜、黄瓜、西葫芦	生长中后期		
	番茄、辣椒、茄子			
	豇豆、菜豆、扁豆			
	菜心、通菜、西洋菜、菠菜、白菜、生菜、油菜等叶菜			
经济作物	烟叶、茶树、桑树、水稻、棉花、小麦、茉莉、花卉			
	人参、田七、山药、百合、川穹、铁皮石斛、土豆等			

注意事项

作物生长苗期或遇干旱、霜冻等不良环境时应酌情减少用量，增大稀释倍数。

本说明中稀释倍数指肥液通过毛管时的稀释浓度；叶面喷施应选择傍晚或阴天无风时进行。

可与多种农药混合使用，但避免与强碱性农药混合作用。

使用前，应取少量肥料与可能混用的物料、灌溉水等进行相容性检查。

开封后应尽快使用，如出现吸湿结块，质量不受影响，仍可继续使用。

本品对区域及土壤无特殊要求，因各地作物、土壤、气候及施肥习惯不同，用户应结合实际确定适宜的施肥量、施肥方法及施肥时期，如有疑问请参照当地土肥部门意见或拨打产品的服务热线。

第三节　大量元素水溶肥料

大量元素水溶肥料（water-soluble fertilizers containing，phosphorus and potassium），是指以大量元素氮、磷、钾为主要成分的，添加适量中量元素或微量元素的液体或固体水溶肥料。

质量标准　执行农业行业标准 NY 1107—2010（取代 NY 1107—2006，适用于大量元素氮、磷、钾为主要成分的，添加适量中量元素或微量元素的液体或固体水溶肥料）。

（1）外观　均匀的液体或固体。

（2）产品类型　按添加中量、微量营养元素类型将大量元素水溶肥料分为中量元素型和微量元素型。

（3）大量元素水溶肥料（中量元素型）固体产品技术指标应符合表 8-9 的要求。

表 8-9　大量元素水溶性肥料（中量元素型）固体产品技术指标

项　目	指　标	项　目	指　标
大量元素含量①/%	≥50.0	pH 值(1∶250 倍稀释)	3.0～9.0
中量元素含量②/%	≥0.5	水分(H_2O)含量/%	≤3.0
水不溶物含量/%	≤5.0		

① 大量元素含量指 N、P_2O_5、K_2O 含量之和。产品应至少包含两种大量元素。单一大量元素养分含量不低于 4.0%。

② 中量元素含量指钙、镁元素含量之和。产品应至少包含一种中量元素。含量不低于 0.1%的单一中量元素均应计入中量元素中。

（4）大量元素水溶肥料（中量元素型）液体产品技术指标应符合表 8-10 的要求。

（5）大量元素水溶肥料（微量元素型）固体产品技术指标应符合表 8-11 的要求。

（6）大量元素水溶肥料（微量元素型）液体产品技术指标应符合表 8-12 的要求。

表 8-10 大量元素水溶肥料（中量元素型）液体产品技术指标

项　目	指　标	项　目	指　标
大量元素含量①/(克/升)	≥500	水不溶物含量/(克/升)	≤50
中量元素含量②/(克/升)	≥10	pH 值(1∶250 倍稀释)	3.0～9.0

① 大量元素含量指 N、P_2O_5、K_2O 含量之和。产品应至少包含两种大量元素。单一大量元素养分含量不低于 40 克/升。

② 中量元素含量指钙、镁元素含量之和。产品至少包含一种中量元素。含量不低于 1 克/升的单一中量元素均应计入中量元素中。

表 8-11 大量元素水溶肥料（微量元素型）固体产品技术指标

项　目	指　标	项　目	指　标
大量元素含量①/%	≥50.0	pH 值(1∶250 倍稀释)	3.0～9.0
微量元素含量②/%	0.2～3.0	水分(H_2O)含量/%	≤3.0
水不溶物含量/%	≤5.0		

① 大量元素含量指 N、P_2O_5、K_2O 含量之和。产品应至少包含两种大量元素。单一大量元素养分含量不低于 4.0%。

② 微量元素含量指铜、铁、锰、锌、硼、钼元素含量之和。产品应至少包含一种微量元素。含量不低于 0.05%的单一微量元素均应计入微量元素中。钼元素含量不高于 0.5%。

表 8-12 大量元素水溶肥料（微量元素型）液体产品技术指标

项　目	指　标	项　目	指　标
大量元素含量①/(克/升)	≥500	水不溶物含量/(克/升)	≤50
微量元素含量②/(克/升)	2～30	pH 值(1∶250 倍稀释)	3.0～9.0

① 大量元素含量指 N、P_2O_5、K_2O 含量之和。产品应至少包含两种大量元素。单一大量元素养分含量不低于 40 克/升。

② 微量元素含量指铜、铁、锰、锌、硼、钼元素含量之和。产品至少包含一种微量元素。含量不低于 0.5 克/升的单一微量元素均应计入微量元素中。钼元素含量不高于 5 克/升。

（7）大量元素含量和微量元素含量均符合要求时，产品类型归为微量元素型。

（8）大量元素水溶肥料中汞、砷、镉、铅、铬限量指标应符合 NY 1110 的要求。

该标准对标识、包装、运输和贮存的规定如下。

① 产品质量证明书应载明以下内容。企业名称、生产地址、联系方式、肥料登记证号、产品通用名称（产品类型）、执行标准号、剂型、包装规格、批号或生产日期；大量元素含量的最低标明值和单一大量元素含量的标明值；中量元素含量和/或微量元素含量的最低标明值、单一中量元素含量和/或单一微量元素含量的标明值；硫、氯、钠元素含量的标明值；pH 的标明值；汞、砷、镉、铅、铬元素含量的最高标明值。

② 产品包装标签应载明以下内容。

大量元素含量的最低标明值和单一大量元素含量的标明值：单一大量元素标明

值之和应符合大量元素含量要求，各单一大量元素测定值与标明值负偏差的绝对值应不大于1.5%或15克/升。

中量元素含量和/或微量元素含量的最低标明值、单一中量元素含量和/或单一微量元素含量的标明值。

单一中量元素标明值之和应符合中量元素含量要求：当单一中量元素标明值不大于2.0%或20克/升时，各测定值与标明值负相对偏差的绝对值应不大于40%；当单一中量元素标明值大于2.0%或20克/升时，各测定值与标明值负偏差的绝对值应不大于1.0%或10克/升。单一微量元素标明值之和应符合微量元素含量要求。当单一微量元素标明值不大于2.0%或20克/升时，各测定值与标明值正负相对偏差的绝对值应不大于40%；当单一微量元素标明值大于2.0%或20克/升时，各测定值与标明值正负偏差的绝对值不大于1.0%或10克/升。

硫元素含量的标明值：当硫元素标明值为“硫（S）≤3.0%或30克/升”时，其测定值应不大于3.0%或30克/升；当硫元素标明值大于3.0%或30克/升时，其测定值与标明值正负偏差的绝对值应不大于1.5%或15克/升。

氯元素含量的标明值：当氯元素标明值为“氯（Cl）≤3.0%或30克/升”时，其测定值应不大于3.0%或30克/升；当氯元素标明值大于3.0%或30克/升时，其测定值与标明值正负偏差的绝对值应不大于1.5%或15克/升。

钠元素含量的标明值：当钠元素标明值为“钠（Na）≤3.0%或30克/升”时，其测定值应不大于3.0%或30克/升；当钠元素标明值大于3.0%或30克/升时，其测定值与标明值正负偏差的绝对值应不大于1.5%或15克/升。

pH的标明值：pH测定值应符合其标明值正负偏差pH±1.0的要求。

汞、砷、镉、铅、铬元素含量的最高标明值。

③ 其余按NY 1979的规定执行。

④ 固体产品最小销售包装每袋（瓶）净含量应不低于100克；若进行分量包装，应标明其净含量；其余按GB 8569的规定执行。液体产品包装按NY/T 1108的规定执行。净含量按《定量包装商品计量监督管理办法》的规定执行。

⑤ 在销售包装容器中的物料应混合均匀，不应附加其他成分小包装物料。

⑥ 产品运输和贮存过程中应防潮、防晒、防破裂，警示说明按GB 190和GB/T 191的规定执行。

产品特点 （以植宝素牌大量元素叶面肥料为例）植物喷施后营养元素能通过枝叶迅速渗透到植物体内，提高作物对养分的运输能力，使果实和叶片的养分增加，增强细胞活力和新陈代谢，主要功效表现为以下几点。

（1）促进发芽，加快生长　大量元素叶面肥料对茶树、果树、蔬菜等多种作物施用能增加芽苞、促进发芽，使茶叶采摘期缩短、产量增加、质量提高。能使瓜豆类、桑树、甘蔗、树苗、果苗及攀藤作物生长加快。

（2）壮枝绿叶，保花保果　植物用大量元素叶面肥料喷施后数天，其叶色嫩绿，叶面肥厚油润光亮。果树、瓜类、豆类等作物在开花前和结果后喷施，能防止败花落果，保花保果显著，此为本品的重要功效之一。

(3) 果大粒重，早熟高产　果树、瓜豆类等多种作物结果期喷施能增大果实，提早成熟；谷物在抽穗期或灌浆期喷施，能抽穗整齐，成熟一致，提早收获，其结实率和千粒重显著增加。

(4) 灾后康复，抵御病害　作物受旱、涝、虫、风灾后，喷施大量元素叶面肥料能迅速恢复生长，对某些农作物病虫害有防御作用，与农药混合喷施，病株恢复更快。

简易鉴别方法

(1) 选购大量元素水溶肥料只要完全溶于水就行，这是不准确的　不少厂家也抓住了农民的这一心理，出产的肥料完全溶于水，价格也较低，这样的肥料受到了一些农民的认可。其实，要想做到全水溶并不难，像硫酸镁加点激素，完全可以做到全水溶。这样的肥料拿来当大量元素水溶肥料销售，农民根本不知道，而真正的大量元素水溶肥料采用的原料是食物级的硝酸钾、磷酸二氢钾等，原料根本不在一个档次上。目前市面上大量元素水溶肥料中的钾主要有四种：氯化钾、硫酸钾、硝酸钾与磷酸二氢钾。一般来说，用氯化钾的肥料价位最低，主要用于大田作物；其次是硫酸钾；最好的是硝酸钾与磷酸二氢钾。由于硫酸钾及氯化钾肥料含大量的硫酸根离子及氯离子，长期施用易增加土壤溶液浓度，影响钙等中微量元素的有效性，加重裂果、生长点发育不良、黄叶乃至脐腐等生理性病害的发生。此外，长期使用含硫酸根离子及氯离子的肥料，会使硝态氮的吸收效率大大降低，土壤盐分富集加重，土壤板结，而不利于作物根系生长。而硝酸钾与磷酸二氢钾，这两种类型中的任一元素都能被作物吸收利用，不会出现盐分积累。

(2) 冲施一次就能看出效果的不一定是好肥料　用了马上能看出效果的，这往往不是好肥料，由于这类肥料为了看出使用效果，激素含量较高，连续使用害处极大。添加激素的肥料，冲一两次发现效果较好，若长期施用，会直接危害作物正常生长，叶片变硬，生长缓慢。农民想要检查肥料中是否含有激素，可以在选购肥料前让经销商打开包装袋，抓起一把闻一下，若发现有刺鼻的味道，说明肥料中激素含量较高，这类的肥料不要选购。

(3) 一定要仔细看包装　很多产品，不用打开包装，单从包装上就能看出是否是正规产品。尤其对于大量元素水溶肥料来说，需要仔细察看以下内容。

① 要看包装袋上大量元素与微量元素养分的含量。依据大量元素水溶肥料标准，氮、磷、钾三元素单一养分含量不能低于6%，三者之和不能低于50%。若在包装袋上看到大量元素中某一元素标注不足6%的，或三元素总和不足50%的，说明此类产品不是正规的全水溶性肥料。微量元素含量指铜、铁、锰、锌、硼、钼元素含量之和，产品应至少包含一种微量元素，含量不低于0.1%的单一微量元素均应计入微量元素含量中，且微量元素总含量不能低于0.5%。

② 看包装袋上各种详细养分的标注。高品质大量元素水溶肥料保证成分（包括大量元素和微量元素）标识非常清晰，而且都是单一标注。非正规厂家养分含量一般会用几种元素含量总和＞百分之几这样的字样表示。若这样标注，说明产品不正规。

③ 看产品配方和登记作物。大量元素水溶肥料是一种配方肥料，高品质的水溶肥料一般都有好几个配方，从苗期到采收都能找到适宜的配方使用。若包装袋上明确写着是某某作物的专用肥，一两个配方打天下，此类做法是不正规的。正规的肥料登记作物是某一种或几种作物，对于没有登记的作物需要有各地使用经验说明。

④ 看有无产品执行标准、产品通用名称和肥料登记证号。通常说的全水溶性肥料，实际上它的产品通用名称是大量元素水溶肥料，通用的执行标准是 NY 1107—2010，如果包装上出现的不是这个标准的，说明不是全水溶性肥料。有些全水溶性肥料包装上标注的是以“GB”开头的，说明此类产品不合格。另外，还要看其是否有肥料登记证号，如果对产品有怀疑，可以在网上查其肥料登记证号，合格的大量元素水溶肥料，肥料登记证号和生产厂家都能查到，若查不到，说明该产品是不合格的。

⑤ 看有无防伪标志。一般正规厂家生产的大量元素水溶肥料，在包装袋上都有防伪标识，它是肥料的“身份证”。每包肥料上的防伪标识都是不一样的，刮开后在网上或打电话输入数字后便可知肥料的真假。包装袋上有无防伪标志是判断肥料质量好坏重要的一项指标，很多不合格产品一般没有防伪标识。

⑥ 看包装袋上是否标注重金属含量。正规厂家出产的大量元素水溶肥料，重金属离子含量都是低于国家标准的，并且有明显的标注。若肥料包装袋上没有标注重金属含量的，请慎用。

（4）可将肥料拿到水中溶解　高品质的大量元素水溶肥料在水中溶解迅速，溶液澄清且无残渣及沉淀物。若肥料在水中不能完全溶解，有残渣的话说明肥料质量不是很好。

（5）看肥料的颗粒　质量好的水溶肥料产品颗粒均匀，呈结晶状，若碰见颗粒大小不一的，尤其类似复合肥粒子的，最好不要购买。

（6）可用火燃烧　若肥料用火燃烧后冒蓝紫色火焰，说明肥料质量较好。相反，若燃烧剧烈并冒红色火焰，肥料质量欠佳。

使用方法　见表8-13。

表 8-13　几种作物使用方法与效果

品种	稀释倍数	喷施期	功效表现
柑橘、荔枝、葡萄、苹果、梨、桃	800～1000	开花前、小果期各一次，生长期 2～3 次	多开花、保花保果、果实大
茶树	800	每次采摘后喷一次	发芽多、叶色嫩绿、品质提高、提早采摘、产量增加

续表

品种	稀释倍数	喷施期	功效表现
玉米、水稻、小麦	800	抽穗期、灌浆期各喷一次	抽穗整齐、提高结实率和千粒重、早熟高产
甘蔗	1200	每隔30天喷一次	生长快，茎粗、叶大、株高
瓜类(包括西瓜)	800～1200	花期前、结瓜后各喷一次	长势旺盛，花多，结瓜率高
叶菜、油菜	1200	幼苗期、生长期各喷一次	叶质嫩绿、油亮厚大早收、油菜籽多
花生	1200	花期前、落针后各喷一次	结实率高、产量增加
马铃薯、番薯等	1200	幼苗期、生长期各喷一次	促进生长、产量增加

注意事项

① 喷施宜于在下午3时后，喷药后6小时遇雨应补喷，喷施时要求肥料溶液均匀地洒在叶面和果实上。

② 本品按使用浓度稀释后，可与一般农药混喷，对康复病株效果更佳。

③ 植物盛花期，不宜喷施，以免影响授粉。

④ 如果使用浓度过高，可能会出现抑制作用，要多加注意。

第四节　中量元素水溶肥料

中量元素水溶肥料（water-soluble fertilizers containing calcium and magnesium），指以中量元素钙、镁为主要成分的固体或液体水溶肥料。

质量标准　执行农业部行业标准NY 2266—2012。

(1) 外观。均匀的固体或液体。

(2) 中量元素水溶肥料固体产品技术指标应符合表8-14的要求。

表8-14　中量元素水溶肥料固体产品技术指标

项　目	指　标	项　目	指　标
中量元素含量①/%	≥10.0	pH值(1∶250倍稀释)	3.0～9.0
水不溶物含量/%	≤5.0	水分(H_2O)含量/%	≤3.0

① 中量元素含量指钙含量或镁含量或钙镁含量之和。含量不低于1.0%的钙或镁元素均应计入中量元素含量中。硫含量不计入中量元素含量，仅在标识中标注。

(3) 中量元素水溶肥料液体产品技术指标应符合表8-15的要求。

表 8-15　中量元素水溶肥料液体产品技术指标

项　　目	指　标	项　　目	指　标
中量元素含量①/(克/升)	≥100	pH 值(1∶250 倍稀释)	3.0～9.0
水不溶物含量/(克/升)	≤50		

① 中量元素含量指钙含量或镁含量或钙镁含量之和。含量不低于 10 克/升的钙或镁元素均应计入中量元素含量中。硫含量不计入中量元素含量，仅在标识中标注。

(4) 若中量元素水溶肥料中添加微量元素成分，微量元素含量（微量元素含量指铜、铁、锰、锌、硼、钼元素含量之和。含量不低于 0.05%或 0.5 克/升的单一微量元素均应计入微量元素含量中）应不低于 0.1%或 1 克/升，且不高于中量元素含量的 10%。

(5) 中量元素水溶肥料中汞、砷、镉、铅、铬限量指标应符合 NY 1110 的要求。

该标准对标识、包装、运输和贮存的规定如下。

① 产品质量证明书应载明：企业名称、生产地址、联系方式、肥料登记证号、产品通用名称、执行标准号、剂型、包装规格、批号或生产日期；中量元素含量的最低标明值和单一中量元素含量的标明值；硫、氯、钠元素含量的标明值；pH 的标明值；水不溶物含量的最高标明值；汞、砷、镉、铅、铬元素含量的最高标明值。

② 产品包装标签应载明：中量元素含量的最低标明值和单一中量元素含量的标明值。

中量元素标明值应符合中量元素含量要求：钙含量或镁含量的测定值应符合中量元素标明值要求；钙和镁含量的测定值之和及其各单一中量元素测定值均应符合标明值要求。当单一中量元素标明值不大于 2.0%或 20 克/升时，各测定值与标明值负偏差的绝对值应不大于 1.0%或 10 克/升。

硫元素含量的标明值：当硫元素标明值为“硫（S)≤3.0%或 30 克/升”时，其测定值应不大于 3.0%或 30 克/升；当硫元素标明值大于 3.0%或 30 克/升时，其测定值与标明值正负偏差的绝对值应不大于 1.5%或 15 克/升。

氯元素含量的标明值：当氯元素标明值为“氯（Cl)≤3.0%或 30 克/升”时，其测定值应不大于 3.0%或 30 克/升；当氯元素标明值大于 3.0%或 30 克/升时，其测定值与标明值正负偏差的绝对值应不大于 1.5%或 15 克/升。

钠元素含量的标明值：当钠元素标明值为“钠（Na)≤3.0%或 30 克/升”时，其测定值应不大于 3.0%或 30 克/升；当钠元素标明值大于 3.0%或 30 克/升时，其测定值与标明值正负偏差的绝对值应不大于 1.5%或 15 克/升。

pH 的标明值：pH 测定值应符合其标明值正负偏差 pH±1.0 的要求。

水不溶物含量的最高标明值：水不溶物测定值应符合其标明值要求。

汞、砷、镉、铅、铬元素含量的最高标明值。

③ 其余按 NY 1979 的规定执行。

④ 固体产品最小销售包装每袋（瓶）净含量应不低于100克；若进行分量包装，应标明其净含量；其余按GB 8569的规定执行。液体产品包装按NY/T 1108的规定执行。净含量按《定量包装商品计量监督管理办法》的规定执行。

⑤ 在销售包装容器中的物料应混合均匀，不应附加其他成分小包装物料。

⑥ 产品运输和贮存过程中应防潮、防晒、防破裂。警示说明按GB 190和GB/T 191的规定执行。

第五节 微量元素水溶肥料

微量元素水溶肥料（water-soluble fertilizers containing micronutrients），是指由铜、铁、锰、锌、硼、钼微量元素按适合植物生长所需比例制成的或单一微量元素的液体或固体水溶肥料。

质量标准 执行农业部行业标准NY 1428—2010（替代NY 1428—2007，适用于由铜、铁、锰、锌、硼、钼微量元素按适合植物生长所需比例制成的或单一微量元素制成的液体或固体水溶肥料）。

① 外观。均匀的液体；均匀、松散的固体。

② 微量元素水溶肥料固体产品技术指标应符合表8-16的要求。

表8-16 微量元素水溶肥料固体产品技术指标

项 目	指 标	项 目	指 标
微量元素含量①/%	≥10.0	pH值(1∶250倍稀释)	3.0～10.0
水不溶物含量/%	≤5.0	水分(H_2O)含量/%	≤6.0

① 微量元素含量指铜、铁、锰、锌、硼、钼元素含量之和。产品至少包含一种微量元素。含量不低于0.05%的单一微量元素均应计入微量元素中。钼元素含量不高于1.0%（单质含钼微量元素产品除外）。

③ 微量元素水溶肥料液体产品技术指标应符合表8-17的要求。

表8-17 微量元素水溶肥料液体产品技术指标

项 目	指 标	项 目	指 标
微量元素含量①/(克/升)	≥100	pH值(1∶250倍稀释)	3.0～10.0
水不溶物含量/(克/升)	≤50		

① 微量元素含量指铜、铁、锰、锌、硼、钼元素含量之和。产品至少包含一种微量元素。含量不低于0.5克/升的单一微量元素均应计入微量元素中。钼元素含量不高于10克/升（单质含钼微量元素产品除外）。

④ 微量元素水溶肥料中汞、砷、镉、铅、铬限量指标应符合NY 1110要求。

该标准对标识、包装、运输和贮存的规定如下。

① 产品质量证明书应载明：企业名称、生产地址、联系方式、肥料登记证号、

产品通用名称、执行标准号、剂型、包装规格、批号或生产日期；微量元素含量的最低标明值，单一微量元素含量的标明值；硫、氯、钠元素含量的标明值；pH 的标明值；汞、砷、镉、铅、铬元素含量的最高标明值。

② 产品包装标签应载明：微量元素含量的最低标明值、单一微量元素含量的标明值。

单一微量元素标明值之和应符合微量元素含量要求：当单一微量元素标明值不大于 2.0%或 20 克/升时，各测定值与标明值正负相对偏差的绝对值应不大于 40%；当单一微量元素标明值大于 2.0%或 20 克/升时，各测定值与标明值正负偏差的绝对值应不大于 1.0%或 10 克/升。

硫元素含量的标明值：当硫元素标明值为“硫（S）≤3.0%或 30 克/升”时，其测定值应不大于 3.0%或 30 克/升；当硫元素标明值大于 3.0%或 30 克/升时，其测定值与标明值正负偏差的绝对值应不大于 1.5%或 15 克/升。

氯元素含量的标明值：当氯元素标明值为“氯（Cl）≤3.0%或 30 克/升”时，其测定值应不大于 3.0%或 30 克/升；当氯元素标明值大于 3.0%或 30 克/升时，其测定值与标明值正负偏差的绝对值应不大于 1.5%或 15 克/升。

钠元素含量的标明值：当钠元素标明值为“钠（Na）≤3.0%或 30 克/升”时，其测定值应不大于 3.0%或 30 克/升；当钠元素标明值大于 3.0%或 30 克/升时，其测定值与标明值正负偏差的绝对值应不大于 1.5%或 15 克/升。

pH 的标明值：pH 测定值应符合其标明值正负偏差 pH±1.0 的要求。

汞、砷、镉、铅、铬元素含量的最高标明值。

③ 其余按 NY 1979 的规定执行。

④ 固体产品最小销售包装每袋（瓶）净含量应不低于 100 克；若进行分量包装，应标明其净含量；其余按 GB 8569 的规定执行。液体产品包装按 NY/T 1108 的规定执行。净含量按《定量包装商品计量监督管理办法》的规定执行。

⑤ 在销售包装容器中的物料应混合均匀，不应附加其他成分小包装物料。

⑥ 产品运输和贮存过程中应防潮、防晒、防破裂，警示说明按 GB 190 和 GB/T 191的规定执行。

第六节　含腐植酸水溶肥料

含腐植酸水溶肥料（water-soluble fertilizers containing humic-acids），是一种含有腐植酸类物质的新型肥料，也是一种多功能肥料，简称“腐肥”，群众称“黑化肥”“黑肥”等。它是以富含腐植酸的泥炭、褐煤、风化煤为原料，经过氨化、硝化等化学处理，或添加氮、磷、钾大量元素或铜、铁、锰、锌、硼、钼微量元素制成的液体或固体水溶肥料，为有机、无机复混肥料。

质量标准 执行农业部行业标准 NY 1106—2010（替代 NY 1106—2006），该标准规定了含腐植酸水溶肥料（大量元素型）和含腐植酸水溶肥料（微量元素型）的技术要点、试验方法、检验规则、标识、包装、运输和贮存。适用于以适合植物生长所需比例的矿物源腐植酸，添加适量氮、磷、钾大量元素或铜、铁、锰、锌、硼、钼微量元素而制成的液体或固体水溶肥料。

① 外观。均匀的液体或固体。

② 产品类型。按添加大量、微量营养元素类型将含腐植酸水溶肥料分为大量元素型和微量元素型产品。其中，大量元素型产品分为固体和液体两种剂型；微量元素型产品仅有固体剂型。

③ 含腐植酸水溶肥料（大量元素型）固体产品技术指标应符合表 8-18 的要求。

表 8-18 含腐植酸水溶肥料（大量元素型）固体产品技术指标

项　目	指　标	项　目	指　标
腐植酸含量/%	≥3.0	pH 值(1∶250 倍稀释)	4.0～10.0
大量元素含量①/%	≥20.0	水分(H_2O)含量/%	≤5.0
水不溶物含量/%	≤5.0		

① 大量元素含量指总 N、P_2O_5、K_2O 含量之和。产品应至少包含两种大量元素。单一大量元素含量不低于 2.0%。

④ 含腐植酸水溶肥料（大量元素型）液体产品技术指标应符合表 8-19 的要求。

表 8-19 含腐植酸水溶肥料（大量元素型）液体产品技术指标

项　目	指　标	项　目	指　标
腐植酸含量/(克/升)	≥30	水不溶物含量/(克/升)	≤50
大量元素含量①/(克/升)	≥200	pH 值(1∶250 倍稀释)	4.0～10.0

① 大量元素含量指总 N、P_2O_5、K_2O 含量之和。产品应至少包含两种大量元素。单一大量元素含量不低于 20 克/升。

⑤ 含腐植酸水溶肥料（微量元素型）产品技术指标应符合表 8-20 的要求。

表 8-20 含腐植酸水溶肥料（微量元素型）产品技术指标

项　目	指　标	项　目	指　标
腐植酸含量/%	≥3.0	pH 值(1∶250 倍稀释)	4.0～10.0
微量元素含量①/%	≥6.0	水分(H_2O)含量/%	≤5.0
水不溶物含量/%	≤5.0		

① 微量元素含量指铜、铁、锰、锌、硼、钼元素含量之和。产品应至少包含一种微量元素。含量不低于 0.05%的单一微量元素均应计入微量元素含量中。钼元素含量不高于 0.5%。

⑥ 含腐植酸水溶肥料中汞、砷、镉、铅、铬限量指标应符合 NY 1110 的要求。

该标准对标识、包装、运输和贮存的规定如下。

① 产品质量证明书应载明：企业名称、生产地址、联系方式、肥料登记证号、产品通用名称（产品类型）、执行标准号、剂型、包装规格、批号或生产日期；腐植酸含量的最低标明值；大量元素含量或微量元素含量的最低标明值；单一大量元素含量或单一微量元素含量的标明值；硫、氯、钠元素含量的标明值；pH 的标明值；汞、砷、镉、铅、铬元素含量的最高标明值。

② 产品包装标签应载明：腐植酸含量的最低标明值、大量元素含量或微量元素含量的最低标明值、单一大量元素含量或单一微量元素含量的标明值。

单一大量元素标明值之和应符合大量元素含量要求：当单一大量元素标明值不大于 4.0%或 40 克/升时，各测定值与标明值正负相对偏差的绝对值应不大于 40%；当单一大量元素标明值大于 4.0%或 40 克/升时，各测定值与标明值正负偏差的绝对值应不大于 1.5%或 15 克/升。

单一微量元素标明值之和应符合微量元素含量要求：当单一微量元素标明值不大于 2.0%或 20 克/升时，各测定值与标明值正负相对偏差的绝对值应不大于 40%；当单一微量元素标明值大于 2.0%或 20 克/升时，各测定值与标明值正负偏差的绝对值应不大于 1.0%或 10 克/升。

硫元素含量的标明值：当硫元素标明值为“硫（S）≤3.0%或 30 克/升”时，其测定值应不大于 3.0%或 30 克/升；当硫元素标明值大于 3.0%或 30 克/升时，其测定值与标明值正负偏差的绝对值应不大于 1.5%或 15 克/升。

氯元素含量的标明值：当氯元素标明值为“氯（Cl）≤3.0%或 30 克/升”时，其测定值应不大于 3.0%或 30 克/升；当氯元素标明值大于 3.0%或 30 克/升时，其测定值与标明值正负偏差的绝对值应不大于 1.5%或 15 克/升。

钠元素含量的标明值：当钠元素标明值为“钠（Na）≤3.0%或 30 克/升”时，其测定值应不大于 3.0%或 30 克/升；当钠元素标明值大于 3.0%或 30 克/升时，其测定值与标明值正负偏差的绝对值应不大于 1.5%或 15 克/升。

pH 的标明值：pH 测定值应符合其标明值正负偏差 pH±1.0 要求。

汞、砷、镉、铅、铬元素含量的最高标明值。

③ 其余按 NY 1979 的规定执行。

④ 固体产品最小销售包装每袋（瓶）净含量应不低于 100 克；若进行分量包装，应标明其净含量；其余按 GB 8569 的规定执行。液体产品包装按 NY/T 1108 的规定执行。净含量按《定量包装商品计量监督管理办法》的规定执行。

⑤ 在销售包装容器中的物料应混合均匀，不应附加其他成分小包装物料。

⑥ 产品运输和贮存过程中应防潮、防晒、防破裂，警示说明按 GB 190 和 GB/T 191的规定执行。

第七节　含氨基酸水溶肥料

含氨基酸水溶肥料（water-soluble fertilizers containing amino-acids），是指以游离氨基酸为主体的，以适合植物生长所需的比例，添加适量铜、铁、锰、锌、硼、钼微量元素或钙、镁中量元素而制成的液体或固体水溶肥料。

质量标准　执行行业标准 NY 1429—2010（代替 NY 1429—2007），该标准规定了含氨基酸水溶肥料（中量元素型）和含氨基酸水溶肥料（微量元素型）的技术要求、试验方法、检验规则、标识、包装、运输和贮存，适用于以游离氨基酸为主体的，按适合植物生长所需的比例，添加适量钙、镁中量元素或铜、铁、锰、锌、硼、钼微量元素而制成的液体或固体水溶肥料。

① 外观。均匀的液体或固体。

② 产品类型。按添加中量、微量营养元素类型将含氨基酸水溶肥料分为中量元素型和微量元素型。

③ 含氨基酸水溶肥料（中量元素型）固体产品技术指标应符合表 8-21 的要求。

表 8-21　含氨基酸水溶肥料（中量元素型）固体产品技术指标

项　目	指　标	项　目	指　标
游离氨基酸含量/%	≥10.0	pH 值(1∶250 倍稀释)	3.0～9.0
中量元素含量[①]/%	≥3.0	水分(H_2O)含量/%	≤4.0
水不溶物含量/%	≤5.0		

① 中量元素含量指钙、镁元素含量之和。产品应至少包含一种中量元素。含量不低于 0.1%的单一中量元素均应计入中量元素含量之中。

④ 含氨基酸水溶肥料（中量元素型）液体产品技术指标应符合表 8-22 的要求。

表 8-22　含氨基酸水溶肥料（中量元素型）液体产品技术指标

项　目	指　标	项　目	指　标
游离氨基酸含量/(克/升)	≥100	水不溶物含量/(克/升)	≤50
中量元素含量[①]/(克/升)	≥30	pH 值(1∶250 倍稀释)	3.0～9.0

① 中量元素含量指钙、镁元素含量之和。产品应至少包含一种中量元素。含量不低于 1 克/升的单一中量元素均应计入中量元素含量之中。

⑤ 含氨基酸水溶肥料（微量元素型）固体产品技术指标应符合表 8-23 的要求。

表 8-23　含氨基酸水溶肥料（微量元素型）固体产品技术指标

项　目	指　标	项　目	指　标
游离氨基酸含量/%	≥10.0	pH 值(1∶250 倍稀释)	3.0～9.0
微量元素含量①/%	≥2.0	水分(H_2O)含量/%	≤4.0
水不溶物含量/%	≤5.0		

① 微量元素含量指铜、铁、锰、锌、硼、钼元素含量之和。产品至少包含一种微量元素。含量不低于0.05%的单一微量元素均应计入微量元素中。钼元素含量不高于0.5%。

⑥ 含氨基酸水溶肥料（微量元素型）液体产品技术指标应符合表 8-24 的要求。

表 8-24　含氨基酸水溶肥料（微量元素型）液体产品技术指标

项　目	指　标	项　目	指　标
游离氨基酸含量/(克/升)	≥100	水不溶物含量/(克/升)	≤50
微量元素含量①/(克/升)	≥20	pH 值(1∶250 倍稀释)	3.0～9.0

① 微量元素含量指铜、铁、锰、锌、硼、钼元素含量之和。产品至少包含一种微量元素。含量不低于0.5 克/升的单一微量元素均应计入微量元素中。钼元素含量不高于 5 克/升。

⑦ 中量元素含量和微量元素含量均符合要求，产品类型为微量元素型。

⑧ 含氨基酸水溶肥料中汞、砷、镉、铅、铬限量指标应符合 NY 1110 的要求。

该标准对标识、包装、运输和贮存的规定如下。

① 产品质量证明书应载明：企业名称、生产地址、联系方式、肥料登记证号、产品通用名称（产品类型)、执行标准号、剂型、包装规格、批号或生产日期；游离氨基酸含量的最低标明值；中量元素含量和/或微量元素含量的最低标明值；单一中量元素含量和/或单一微量元素含量的标明值；硫、氯、钠元素含量的标明值；pH 的标明值；汞、砷、镉、铅、铬元素含量的最高标明值。

②产品包装标签应载明：游离氨基酸含量的最低标明值、中量元素含量和/或微量元素含量的最低标明值、单一中量元素含量和/或单一微量元素含量的标明值。

单一中量元素标明值之和应符合中量元素含量要求：当单一中量元素标明值不大于 2.0%或 20 克/升时，各测定值与标明值正负相对偏差的绝对值应不大于40%；当单一中量元素标明值大于 2.0%或 20 克/升时，各测定值与标明值正负偏差的绝对值应不大于 1.0%或 10 克/升。

单一微量元素标明值之和应符合微量元素含量要求：当单一微量元素标明值不大于 2.0%或 20 克/升时，各测定值与标明值正负相对偏差的绝对值应不大于40%；当单一微量元素标明值大于 2.0%或 20 克/升时，各测定值与标明值正负偏差的绝对值应不大于 1.0%或 10 克/升。

硫元素含量的标明值：当硫元素标明值为“硫（S)≤3.0%或 30 克/升”时，其测定值应不大于 3.0%或 30 克/升；当硫元素标明值大于 3.0%或 30 克/升时，其测定值与标明值正负偏差的绝对值应不大于1.5%或15克/升。

氯元素含量的标明值：当氯元素标明值为“氯（Cl）≤3.0%或30克/升”时，其测定值应不大于3.0%或30克/升；当氯元素标明值大于3.0%或30克/升时，其测定值与标明值正负偏差的绝对值应不大于1.5%或15克/升。

钠元素含量的标明值：当钠元素标明值为“钠（Na）≤3.0%或30克/升”时，其测定值应不大于3.0%或30克/升；当钠元素标明值大于3.0%或30克/升时，其测定值与标明值正负偏差的绝对值应不大于1.5%或15克/升。

pH的标明值：pH测定值应符合其标明值正负偏差pH±1.0的要求。

汞、砷、镉、铅、铬元素含量的最高标明值。

③ 其余按NY 1979的规定执行。

④ 固体产品最小销售包装每袋（瓶）净含量应不低于100克；若进行分量包装，应标明其净含量；其余按GB 8569的规定执行。液体产品包装按NY/T 1108的规定执行。净含量按《定量包装商品计量监督管理办法》的规定执行。

⑤ 在销售包装容器中的物料应混合均匀，不应附加其他成分小包装物料。

⑥ 产品运输和贮存过程中应防潮、防晒、防破裂，警示说明按GB 190和GB/T 191的规定执行。

产品特点 （以宇花灵1号为例）适用于水稻、玉米、大豆、花生以及块茎类、瓜类、果树、蔬菜、花卉等各种作物的不同生长阶段，能防止植株徒长，使植株健壮，提高抗病虫能力，达到丰产稳产的目的。

使用方法

（1）喷雾　将本品稀释500～800倍，一般每季作物用2～3次，每隔7～15天喷一次。

（2）浸种、拌种　浸种时将本品稀释200～400倍，拌种则稀释200～300倍。

（3）用量　每瓶对水40～60千克，即对即喷，以喷湿叶面叶背为宜，可与农药混合施用；浸种对水16～32千克，拌种对水16～24千克。

注意事项　本产品为无公害生物型有机叶面肥，但不得食用。

第八节　含氨基酸叶面肥料

以氨基酸为主要成分，掺入无机肥料制成的肥料为氨基酸类肥料。产品呈棕褐色，主要成分为氨基酸，属有机无机类肥料。氨基酸叶面肥一般是以有机废料（如皮革、毛发等）为原料，经化学水解或生物发酵，并与微量元素等制剂混合浓缩而成。氨基酸叶面肥能促进根系生长，壮苗、健株、增强叶片的光合功能及作物的抗逆、抗病虫害能力，对多种作物均有较显著的增产效果。同时，还有改善产品品质的作用。氨基酸叶面肥适用于小麦、棉花、大豆、花生、油菜、甜菜、烟草和各种蔬菜、果树、茶树、花卉等，氨基酸叶面肥主要用于根外喷施，还可用来浸种、拌种、蘸根、灌根等。

质量标准 执行国家推荐性标准 GB/T 17419—1998（适用于含有氨基酸和微量元素的叶面肥料）。含氨基酸叶面肥料的技术要求应符合表 8-25。

表 8-25 含氨基酸叶面肥料的技术要求

项目		指标	
		发酵	化学水解
氨基酸含量/%	≥	8.0	10.0
微量元素(Fe,Mn,Cu,Zu,Mo,B)总量(以元素计)/%	≥	2.0	
水不溶物含量/%	≤	5.0	
pH 值		3.5～8.0	
有害元素砷(As)(以元素计)含量/%	≤	0.002	
有害元素镉(Cd)(以元素计)含量/%	≤	0.002	
有害元素铅(Pb)(以元素计)含量/%	≤	0.01	

注：1. 氨基酸分为微生物发酵及化学水解两种，产品的类型按生产工艺流程划分。

2. 微量元素总量是指钼、硼、锰、锌、铜、铁六种元素中的两种或两种以上元素之和，含量小于 0.2%的不计。

该标准对包装、标志、贮存、运输规定如下。

① 含氨基酸叶面肥料采用瓶装或袋装。分 100 克、250 克和 500 克三种包装，每瓶（袋）质量相对误差不超过±1%，整批单包装的质量不少于 100 克、250 克和 500 克。

② 含氨基酸叶面肥料包装上应印有下列标志：产品名称、商标、氨基酸含量、微量元素名称及含量、每袋或瓶净重、本标准号、登记号、批号、生产厂名称、厂址，每瓶（袋）包装上应附使用说明。

③ 含氨基酸叶面肥料贮存于阴凉、干燥处。在运输过程中应防压、防晒、防渗、防破裂。

功能与效果

① 营养全面、满足作物生长需要。含有 30%以上的氨基酸、氮、磷、钾、有机质和 50%以上的镁、钙、硅和微量元素。肥料中营养元素的特点是：有机与矿质相结合，缓释与速效为一体，为植物提供了丰富的营养。

② 易于吸收，养分利用率高。养分利用率在 70%以上，是化肥的 2.5～3 倍，农家肥的 2～2.5 倍。加速植物生理生化反应速率和物质积累，从而促进果实提早成熟，一般可提早成熟 10 天左右。

③ 提高产量，改善农产品品质。各种营养元素的均衡补给，大幅度改善农产品品质，无论是色泽、外观品质还是果实中的营养物质含量都有明显增加，耐贮性提高。如瓜果增产15%～25%，果大、色好、糖分增加、商品性好。

④ 植物生长健壮、抗逆性增强。富含钾、镁、硅、钙且以缓释态存在，钾、镁是多种酶的活化剂，硅可增强作物抗病、抗倒伏能力，钙能防止病菌侵染。

⑤ 改善土壤性状、优化生态环境。使土壤形成稳定的团粒结构，改善土壤性状，钝化土壤中的有害元素。

⑥ 能提高并保持酶类的活性和提高细胞的稳定性，有效调节养分吸收和营养积累，促进植株健壮生长，增强抗旱、抗寒和抗病能力。

⑦ 对遭到药害、肥害和其他伤害的作物，有良好的缓解效果，使受害作物迅速恢复生机。

使用方法 氨基酸叶面肥以叶面喷施为主，还可用作浸种、拌种、蘸根等。

(1) 叶面喷施 使用时可根据使用说明，均匀地将液肥喷洒于作物叶片的正反两面。为减少蒸发，提高利用率，喷洒应在无风天气下的上午10时以前或下午4时以后进行，若喷后遇雨，第二天重喷。

(2) 浸种 将种子浸泡在适宜浓度的氨基酸液肥中，浸泡6～8小时，捞出晾干后即可播种。

(3) 拌种 将氨基酸稀释至要求浓度，均匀喷洒于种子表面，放置6小时即可播种。

(4) 蘸秧根 将氨基酸稀释至要求浓度，作物蘸秧根后即可移栽。

注意事项

① 存放于阴凉干燥处，使用时摇匀再稀释。

② 本品按倍数稀释后，可与有机磷等酸性杀虫农药混合使用，即配即用，勿与碱性杀虫剂或杀菌剂混合使用。

③ 避免使用自来水。

第九节 微量元素叶面肥料

质量标准 以微量元素为主的叶面肥料，应符合国家标准GB/T 17420—1998。微量元素叶面肥料的技术要求见表8-26。

该标准对包装、标识、贮存、运输规定如下。

① 微量元素叶面肥料采用瓶装或袋装。分100克、250克和500克三种包装，每瓶（袋）质量相对误差不超过±1%，整批单包装的质量不少于100克、250克或500克。

表 8-26　微量元素叶面肥料的技术要求

项　目		指　标	
		固　体	液　体
微量元素(Fe,Mn,Cu,Zn,Mo,B)含量/%　≥		10.0	
水分(H_2O)含量/%　≤		5.0	—
水不溶物含量/%　≤		5.0	
pH 值(固体 1∶250 水溶液,液体为原液)		5.0～8.0	≥3.0
有害元素	砷(As)(以元素计)含量/%　≤	0.002	
	镉(Cd)(以元素计)含量/%　≤	0.002	
	铅(Pb)(以元素计)含量/%　≤	0.01	

注：微量元素指钼、硼、锰、锌、铜、铁六种元素中的两种或两种以上元素之和，含量小于 0.2%的不计。

② 微量元素叶面肥料包装上应印有下列标志：产品名称、商标、微量元素名称及含量、每袋或瓶净重、本标准号、登记号、批号、生产厂名称、厂址，每瓶（袋）包装上应附使用说明。

③ 微量元素叶面肥料贮存于阴凉、干燥处。在运输过程中应防压、防晒、防渗、防破裂。

使用方法　不同的微量元素叶面肥其施用方法不同，应以该产品的使用说明为准。以广东省乐昌市荣南微肥厂生产的仙灵牌微量元素叶面肥（蔬菜类）产品为例。该产品增产效果明显，经济效益大，具有增产抗病，提高蔬菜维生素 C 含量，促使瓜果外形整齐等作用，特别适用于塑料大棚生产，一般每亩可增产 20%～50%。

（1）白菜类　如白菜、芥蓝、洋白菜、小白菜等。用于叶面喷洒，取本品 100 克用温水化开，对水 50 千克可施 1 亩。喷施时间：在苗期（8 片叶）、发棵期（莲座期）、结球期（外叶 24 片叶左右）各喷施 1 次，时间以晴天下午为好。喷洒在叶正反面都可，反面更好，若喷后 2 天内下雨应重喷。用于拌种，取本品 100 克用 1 千克温水化开可拌种子 5 千克，阴干即可播种。作基肥时，用本品 1～2 千克掺入干细土 100 千克或与其他肥料混合拌匀，在播种起垄前条施，或在最后一次耕田前撒施 1 亩。

（2）根菜类　萝卜、胡萝卜等。苗期（5 片叶）、肉质根开始膨大期、肉质根肥大盛期各喷施 1 次。将本品用于叶面喷洒，取本品 100 克用温水化开，对水 50 千克可喷洒 1 亩。喷洒时以晴天下午 4～5 时以后为好，喷洒在叶的正反面都可，反面更好，喷后 2 天内下雨，应重新喷施。作基肥时，用本品 1～2 千克掺入 100 千克干细土或与其他肥料混合使用拌匀，在播种起垄前条施，或在最后一次耕田时撒施 1 亩。

（3）绿叶菜类　菠菜、芹菜、莴笋、空心菜、小萝卜等。将本品用于叶面喷洒，取本品100克用温水化开，对水50千克可喷施1亩。喷施时间：苗期（3～4叶)、旺盛生长期各喷施1次。喷后2天内下雨应重新喷施。作基肥时，用本品1～2千克掺入干细土100千克或与其他肥料混合拌匀，在播种起垄前条施，或在最后一次耕田时撒施1亩。

（4）茄果类　番茄、茄子、辣椒等。苗期、结果期、盛果期各喷施1次，将本品用于叶面喷施，取100克用温水化开，对水50千克可喷1亩。作基肥时，用本品1～2千克掺入干细土100千克或与其他肥料混合拌匀，在播种起垄前条施1亩。

（5）瓜果类　黄瓜、冬瓜、南瓜、丝瓜、苦瓜、西葫芦等。将本品用于叶面喷施，取本品100克用温水化开，对水50千克可喷洒1亩。作基肥时，用本品1～2千克掺入100千克干细土或与其他肥料混合拌匀，在播种起垄前条施，或在最后一次耕田前撒施1亩。

（6）葱蒜类　大蒜、韭菜、洋葱、大葱等。苗期、蒜薹期、生长期、葱白鳞茎生长期各喷施1次。将本品用于叶面喷施，取本品100克用温水化开，对水50千克可喷施1亩。叶面喷施以晴天下午4～5时以后为宜，喷施叶的正反面都可，反面更好，喷后2天内下雨应重新喷施。作基肥时，用本品1～2千克掺入100千克干细土或与其他肥料拌匀，在播种起垄前条施，或在最后一次耕田前施撒1亩。

（7）豆类　菜豆、扁豆，蚕豆、豌豆等。将本品用于叶面喷施，取100克用温水化开，对水50千克可喷施1亩。喷施时间：苗期、结荚期、结荚后各喷施1次。喷施时间以晴天下午4～5时以后为宜，喷洒叶的正反面都可，反面更好，喷后2天内下雨应重新喷施。作基肥时，用本品1～2千克掺入100千克干细土或与其他肥料拌匀，在播种前条施或撒施1亩。

第九章 缓控释肥料

第一节 缓控释肥料

缓控释肥料（slow/controlled release fertilizers），是以各种调控机制使其养分最初释放延缓，延长植物对其有效养分吸收利用的有效期，使其养分按照设定的释放率和释放期缓慢或控制释放的肥料。其判定标准为：25℃净水中浸泡 24 小时后未缓放出且在 28 天的释放率不超过 75%，但在标明释放期时其释放率能达到 80% 以上的肥料。缓控释肥料中具有缓释效果或控释效果的氮、磷、钾中的一种或多种养分统称缓控释养分。缓控释养分定量表述时不包含没有缓释效果的那部分养分量。如配合式为 15-15-15 的三元缓控释复混肥料中有 10%的氮具有缓控释效果，则称氮为缓控释养分，定量表述时，则指 10%的氮为缓控释养分。将缓控释肥料与没有缓控释功能的肥料掺混在一起而使部分养分具有缓控释效果的肥料，称部分缓控释肥料。

分类 根据缓控释肥料的核芯种类不同，产品可分为缓控释氮肥、缓控释磷肥、缓控释钾肥、缓控释复混肥料、缓控释复合肥料、缓控释掺混肥料（BB 肥）等，产品名称应是已有国家标准或行业标准的核芯的名称前面加上“缓释”“控释”“缓控释”“包膜控释”或“包膜缓控释”字样。

按照控释肥料的控释机理可将其分为低水溶性有机氮化合物、物理障碍性控释肥料、载体型控释肥料和低水溶性无机化合物等 4 种类型。

（1）低水溶性有机氮化合物　低水溶性有机氮化合物是将肥料直接或间接地通过共价键或离子键连接到预先形成的聚合物上，构成的一种新型组合物。一般由尿素和醛类缩合的方法制得，这是目前控释肥料常用的制备方法之一。脲甲醛是最常见的作为控释氮肥的有机氮化合物，在控制 pH 值、温度、尿素和甲醛的比例及反应时间的条件下通过甲醛和过量的尿素反应而制备的，产品是由相对分子质量不等的二聚体和低聚体组成的混合物，含氮量一般为37%～40%，链越长，氮的释放就越慢。为了提供脲甲醛产品中氮释放率的标准，可将此混合物分为三种组分：①冷水溶解组分氮（CWSN，25℃），主要有尿素、二聚物和短链聚合物，可认为该组分中的氮是介于速效和缓效之间；②热水溶解组分氮（HWSN，100℃），该组分为亚甲基尿素和中等链长聚合物，其中氮可缓慢释放到土壤中；③热水不溶组分氮（HWIN），该组分主要有亚甲基尿素和长链聚合物，其中的氮在土壤中没有活性。

（2）物理障碍性控释肥料　这类肥料以亲水聚合物包裹肥料颗粒，从而限制肥料的溶解性。该类控释肥料是目前产量最高，推广面积最大的控释肥料之一，包括包膜肥料、包裹肥料、涂层肥料等。包膜肥料、包裹肥料和涂层肥料都是通过表面的包覆或涂覆以达到控释的目的。但是包膜肥料、包裹肥料和涂层肥料之间又有区别。包膜肥料的包膜材料中除硫黄以外大多数为非植物营养元素，因此包膜层不允许太厚，一般为肥料总质量的10%～20%；而包裹肥料是以肥料包裹肥料，因此包裹层的质量可达到肥料总质量的30%～80%；涂层肥料中涂覆层占总肥料的质量分数则更少。这些肥料在生产工艺中，先干燥、冷却后，再用于包裹机中涂0.3%～1.0%的油和1.05%～2.0%的黏土，以改善肥料的结块性。

目前，这几种肥料中包膜肥料研究较多，生产工艺较成熟、控释效果较好。包膜肥料生产过程中用于成膜的物质有天然产品也有人工合成的多聚体，如聚氨基甲酸己酯、聚乙烯、石蜡等，它们成膜后具有减少肥料与外界的直接接触、控制水溶性肥料中养分的释放速度、改善肥料的理化性状等功效。根据包膜粒径的大小可将其分为宏包膜和微包膜。宏包膜是指通过包膜物质包裹肥料，并形成毫米级的颗粒；而微包膜则是形成微米级粒径。宏包膜粒径太大，存在难于和土壤混合均匀、难以降解的缺点；相比之下，微包膜技术在控释机理上已经较明确，控释效果优于宏包膜。

（3）载体型控释肥料　载体法是指利用适宜的高分子材料为载体，吸收肥料养分而形成的供肥体系，这实际上是利用分子骨架包膜的控释肥料。胶粘肥料就是其中的一种，它利用有一定黏性和网状结构的聚合物，通过物理的或化学的机制来控制养分的释放。另外，还可将养分分子放入难溶于水且有很大分子内空间的网络型高分子化合物（如某些共混改性或化学改性的橡胶），利用载体疏水性、空间阻滞作用或化学降解的速度来控制养分的释放。对于载体型控释肥料最重要的一点是所用的载体必须是可降解、对环境友好的。一般都是采用天然或半天然的高分子材料，或者是可降解的人工合成材料。例如利用聚丙烯酰胺盐及聚丙烯酰胺共聚物研制成的载体型控释肥料。

（4）低水溶性无机化合物　金属磷酸铵盐和部分酸化磷矿都是这一类型的控释肥料，但目前研究更多的是利用这类化合物作为载体形成新的供肥体系，以达到控释的目的。有不少人开展以无机沸石为载体的控释肥料的研究，主要有沸石-尿素控释肥。

质量管理 缓控释肥料执行化工行业推荐性标准 HG/T 3931—2007，该标准规定了缓控释肥料的要求、试验方法、检验规则、标识、包装、运输和贮存。适用于氮肥、磷肥、钾肥、复混肥料、复合肥料等产品所有颗粒经特定工艺加工而成的缓控释肥料，以及在包装容器上标有缓控释字样或标称缓控释复混肥料（复合肥料）、缓控释掺混（BB）肥料。不适用于硫包衣尿素（sulfur coated urea，SCU）等无机包膜的肥料，也不适用于利用硝化抑制剂、脲酶抑制剂技术延缓养分形态转化的稳定性肥料。

（1）外观 颗粒状产品，无机械杂质。

（2）缓控释肥料产品应符合表 9-1 的要求，同时应符合包装标明值的要求。

表 9-1 缓控释肥料的要求

项目		指标	
		高浓度	中浓度
总养分($N+P_2O_5+K_2O$)的质量分数/%	≥	40.0	30.0
水溶性磷占有效磷的质量分数/%	≥	70	50
水分(H_2O)的质量分数/%	≤	20	25
粒度(1.00～4.75 毫米或 3.35～5.60 毫米)/%	≥	90	
养分释放期/月	=	标明值	
初期养分释放率/%	≤	15	
28 天累积养分释放率/%	≤	75	
养分释放期的累积养分释放率/%	≥	80	
中量元素单一养分的质量分数(以单质计)/%	≥	20	
微量元素单一养分的质量分数(以单质计)/%	≥	0.02	

注 1. 三元或二元缓控释肥料的单一养分含量不得低于 4.0%。

2. 以钙镁磷肥等枸溶性磷肥为基础磷肥并在包装袋上注明为"枸溶性磷"的产品、未标明磷含量的产品、缓控释氮肥以及缓控释钾肥，"水溶性磷占有效磷的质量分数"这一指标不做检验和判定。

3. 三元或二元缓控释肥料的养分释放率用总氮释放率来表征，对于不含氮的二元缓控释肥料，其养分释放率用钾释放率来表征。缓控释磷肥的养分释放率用磷释放率来表征。

4. 应以单一数值标注养分释放期，其允许差为 15%。如标明值为 6 个月，累积养分释放率达到 80%的时间允许范围为 6 个月±27 天；如标明值为 3 个月，累积养分释放率达到 80%的时间允许范围为 3 个月±14 天。

5. 包装容器标明含有钙、镁、硫时检测中量元素指标。

6. 包装容器标明含有铜、铁、锰、锌、硼、钼时检测微量元素指标。

7. 除上述指标外，其他指标应符合相应的产品标准的规定，如复混肥料（复合肥料）、掺混肥料中的氯离子含量、尿素中的缩二脲含量等。

（3）部分缓控释肥料的缓控释性能应符合表 9-2 的要求，同时应符合包装标明值和相应国家标准的要求。

表 9-2 部分缓控释肥料的要求

项目		指标
缓控释养分量[①]/%	≥	标明值
缓控释养分释放期/月	=	标明值
缓控释养分28天的累积养分释放率/%	≤	75
缓控释养分释放期的累积养分释放率/%	≥	80
中量元素单一养分的质量分数(以单质计)[②]/%	≥	20
微量元素单一养分的质量分数(以单质计)[③]/%	≥	0.02

① 缓控释养分为单一养分时，缓控释养分量应不小于80%；缓控释养分为两种或两种以上养分时，每种缓控释养分量应不小于40%。

② 包装容器标明含有钙、镁、硫时检测该项指标。

③ 包装容器标明含有铜、铁、锰、锌、硼、钼时检测该项指标。

该标准对标识、包装、运输和贮存做出了规定。

① 应在包装袋上标明总养分含量，配合式，养分释放期，缓控释养分种类，第7天、第28天和标明释放期的累积养分释放率（应以单一数值标明），模拟养分释放期的温度（100℃和40℃二者之一）和模拟试验时累积养分释放率达到80%所需要的时间。如果为许可证产品还应标注许可证号，其余应符合GB 18382的规定，产品名称按分类中的规定标注。

② 产品使用说明书应印刷在包装袋反面或放在包装袋中，其内容包括：产品名称，以配合式的形式标明的养分含量，养分释放期，使用方法，贮存、使用注意事项等。编写应符合GB 9969.1的规定。

③ 产品的每种中量元素（钙、镁、硫）的含量≥2%、每种微量元素（钼、硼、锰、锌、铜、铁）含量≥0.02%时，可以在包装袋上标出其含量，标注方式应符合GB 18382的规定。

④ 包装容器上标有缓控释字样的部分缓控释肥料应标明缓控释养分的种类和相应的缓控释养分的含量。其余标识与上述的要求相同。

⑤ 产品包装材料应按GB 8569中对复混肥料产品的规定进行。每袋净含量（50±0.5）千克、（40±0.4）千克、（25±0.25）千克、（5±0.05）千克、（1000±10）克、（500±5）克、（250±2.5）克和（100±1）克，平均每袋净含量分别不低于50.0千克、40.0千克、25.0千克、5.0千克、1000克、500克、250克和100克。

⑥ 产品应贮存于阴凉、干燥处，在运输过程中应防潮、防晒、防破损。

施肥技术

(1) 缓控释肥料的施用量　首先，控释肥料的施用量要根据肥料的种类来确定。控释复合肥料，特别是作物专用型或通用型控释复合肥，其氮、磷、钾及微量元素的配方比例是根据作物的需求和不同土壤中养分的丰缺情况来确定的，因此可视作物和土壤的具体情况比普通对照肥料减少1/3～1/2的施用量，施肥的时间间隔要根据肥料控释期的长短来确定。目前大田作物上大面积应用的通常是控释肥料与速效肥料的掺混肥，其施用首先要考虑到包膜肥料的养分种类、含量及其所占的比例。例如某掺混肥料中仅含30%的硫包膜尿素，其他70%为常规速效复合肥，如果施用包膜尿素可以减少1/3施用量，则此肥料的施用量只能减少其中30%包膜尿素的1/3氮用量，仅比常规的掺混肥减少10%左右的用量，而且速效磷和钾的配合比例还要相应地提高，因为这种掺混肥中只控释氮而没有控释磷和钾。

控释肥的施用量还要根据作物的目标产量、土壤的肥力水平和肥料的养分含量综合考虑后确定。如果作物的目标产量高，也就是说如果要达到高产或超高产的产量水平，就要相应提高控释肥的施用量。另外，如果施用的是包膜尿素等单元素控释肥料时，还应该根据土壤的肥力状况和作物的营养特性配施适当的磷钾肥。

（2）缓控释肥料在各种作物上的施用

① 缓控释肥料在旱地作物上的施用。在旱地上施用控释肥料可在翻地整地之前，将控释肥用撒肥机或人工均匀撒于地表，然后立即进行翻地整地，使土壤与肥料充分混合，减少肥料的挥发损失。翻地整地后，可根据当地的耕作方式，进行平播或起垄播种。另外，也可以在播种后，在种子间隔处开沟施肥，施后覆土。

此外，还可以采用播种、施肥同步进行的机械进行作业。播种施肥一次作业时应该注意防止由于肥料施用量集中或肥料与种子间隔太近而出现的烧种现象（间距10厘米以上）。

② 缓控释肥料在水稻上的施用。水稻田由于淹水，土层可分为氧化层和还原层。表施尿素肥料颗粒落在氧化层表面，在土壤脲酶的作用下，迅速转化为碳酸铵和碳酸氢铵。在氧化层由于硝化作用，形成的铵态氮迅速转化为硝态氮，硝态氮不易被土壤吸附而游离在水中或随渗漏水下移而流失。如果深施控释肥料，肥料留在还原层中，土壤脲酶活性相对较低，分解慢。此外，分解生成的铵态氮，大部分被土壤所吸附，相对减少了硝化反硝化的发生。

另外，也可以将控释肥料与磷钾肥和中量微量元素肥料按一定配比混合，在翻地前将肥料施于地表，然后将其翻入15～20厘米土壤中，再进行泡田、整地、插秧。

③ 缓控释肥料在果树上的施用。控释肥料在果树上的施用方法主要有以下几种。

a. 在树冠投影外开环状沟或半环状沟的环状施肥法。

b. 以树干为中心向外开辐射状沟的辐射施肥法。

c. 在果树行间开条状沟的条状施肥法。

挖沟时近树干一头稍浅，树冠外围较深，然后将缓控释肥施入后埋土，施肥深度在15～20厘米。同时，应该配施有机肥、磷钾肥及微肥，保证果树所需各种营养，使果树获得更高产量。另外，还应根据控释肥的释放期和果树的养分需求规律，决定追肥的间隔时间。

④ 缓控释肥料在盆栽植物上的施用。缓控释肥料在盆栽植物上用作基肥时，

肥料可与土壤或基质混匀，其施用量根据盆的体积大小和所能装入土壤或基质的体积而定。在室内接受阳光较少的盆，肥料用量可减半。用作盆栽作物追肥的用量与基肥相同，肥料均匀撒施于植物叶冠之下的土壤或基质表层。根据控释肥释放期，每3～9个月追施一次。

⑤ 缓控释肥料在薯类作物上的应用。对于马铃薯或甘薯用于底肥，适用硫酸型缓控释肥，集中条施、沟施。

⑥ 缓控释肥料在豆科作物上的应用。对于花生、大豆等自身能够固氮的作物，配方以低氮、高磷、高钾型为好，以提高作物本身的固氮能力。

⑦ 缓控释肥料在大棚蔬菜上的应用。在大棚蔬菜中施用缓控释肥，宜作为底肥，适用硫酸钾型缓控释肥，注意减少20%的施用量，以防止氮肥的损失，提高利用率。同时，能减轻因施肥对土壤造成次生盐碱化的影响，防止氨气对蔬菜幼苗的伤害。

应用效果

研究表明，缓控释肥料可以减少施肥次数，降低劳动成本；同时还可以减缓养分的释放速度，促进作物对肥料养分的吸收，增加作物产量，提高肥料养分利用率等。

控释肥料在水稻上同样表现出显著的增产效果。在水稻上一次性施用控释肥料，肥料养分供应平衡，水稻成穗数和穗粒数明显增加，显著提高水稻生长中后期的叶绿素含量，显著增加水稻产量。

此外，控释肥料还可以减少氨的挥发和氧化亚氮的排放，减轻施肥对环境的污染。有研究表明，控释肥能显著地降低 N_2O 的排放量，在施肥后的100天内，控释肥的 N_2O 累积排放量仅为未包膜复合肥的13.5%～21.3%。

第二节　缓释肥料

缓释肥料（slowrelease fertilizer），是指通过养分的化学复合或物理作用，使对作物的有效态养分随着时间而缓慢释放的化学肥料。缓释肥料中具有缓释效果的氮、钾中的一种或两种养分，这种养分统称缓释养分。缓释养分定量表述时不包含没有缓释效果的那部分养分量，如配合式为15-15-15的三元缓释复混肥料中有10%的氮具有缓释效果，则称氮为缓释养分，定量表述时，则指10%的氮为缓释养分。将缓释肥料与没有缓释功能的肥料掺混在一起而使部分养分具有缓释效果的肥料，则称为部分缓释肥料。

缓释原理　目前缓释肥的缓释原理主要有物理法、化学法和生物法。缓释方法主要分为包膜法、非包膜法和综合法。

(1) 物理法　主要是应用物理障碍水溶性肥料与土壤水的接触，从而达到养分缓释的目的。这类肥料以亲水性聚合物包裹肥料颗粒或把可溶性活性物质分散于基质中，从而限制肥料的溶解性。即通过简单微囊法和整体法的物理过程来处理肥料达到缓释性。应用这一方法生产的肥料养分缓释效果比较好，但往往需配合其他方法共同使用。

（2）化学法　主要就是通过化学合成缓溶性或难溶性的肥料，将肥料直接或间接地以共价键或离子键接到预先形成的聚合物上，构成一种新型聚合物。如将尿素转变为较难水解的尿素甲醛、脲乙醛、异亚丁基二脲、草酰胺，或使速溶性铵盐转变为微溶性的磷酸铵金属盐等。化学法生产的缓释肥料缓释效果比较好，但往往作物生长初期养分供应不足，且成本也比较高。

（3）生物法　就是应用生物抑制剂（或促进剂）改良常规肥料。目前生物抑制剂应用的主要对象是速效氮肥，主要指脲酶抑制剂、硝化抑制剂和氨稳定剂等。生物法生产工艺简单，成本较低，单纯使用时养分缓释效果不稳定，肥效期较短，往往需要借助于肥料的物理化学加工和化肥深施技术。

在缓释方法上，包膜法是一种主要的缓释技术，通常实现养分缓释的方法就是包膜，所以包膜肥是一种常见的缓释肥。非包膜法也可以实现缓释，通过化学合成法制得的脲醛类肥料就是一例；此外，混合方法也是一种非包膜的缓释方法。

主要种类　常见的缓释性肥料可以分为包膜型缓释肥料和抑制剂型缓释肥料。

包膜型缓释肥料的分类方法比较多，根据包膜材料的主要成分可以分为无机物包膜肥料和有机物及聚合物包膜肥料。一般有机物形成的包膜比硫黄等无机物形成的膜具有更好的阻水性能，包膜表面更光滑更薄，缓释效果也更好。但有机包膜肥料的制备相对复杂些，费用也比较高。有机物及聚合物包膜肥料最需要解决的问题是肥料释放后残留的降解问题，否则其在土壤中的大量积累将可能对环境和农业产生较大的负面影响。

抑制剂型缓释肥料目前主要是脲酶抑制剂型缓释尿素。

（1）硫包膜肥料　属无机物包膜肥料。通常先加热要包膜的肥料颗粒，然后用熔融的硫黄包裹预热后的肥料颗粒，再经过冷却即成。硫包膜肥料的最大优点在于制作工序简单，比较经济，也具有一定的缓释性，同时硫在一定程度上也可以用作农作物生长所需的养分。

但是，硫作为涂覆材料并不能很好地密封肥料颗粒表面，包膜表面常常存在一些“针孔”或裂缝，这使得水很容易透过孔或缝进入到肥料核芯快速溶解肥料。仅仅用硫包裹肥料，缓释效果不是很好，硫比较脆，贮存或运输过程中很容易脱落，其缓释性容易退化，后来出现了硫层上再加封一层塑性较好的物质作密封层的改性硫包膜肥料。

常见的改性硫包膜肥料为硫预涂覆、后封沥青的包膜肥料，先将硫或金属硫化物加热至150～170℃，然后喷涂到预热后的肥料颗粒上，然后喷涂沥青溶液、再喷涂一层矿粉。另外，也可以用蜡、聚丁烯、油、合成或天然松香等作为密封层，加密封层后所得产品的缓释性虽然较好，但加工和存放过程中颗粒表面容易发黏，往往需要喷涂一层矿粉（如石灰石、硅灰石、滑石粉）进行调理，防止肥料颗粒相互粘连。

（2）金属氧化物和金属盐包裹肥料　属无机物包膜肥料。金属氧化物和金属盐也可以用作包裹材料制备缓释肥料，通常先将肥料颗粒与金属的碳酸盐或氢氧化物混合，随后往上喷涂长链有机酸，稍加热就可在肥料颗粒表面上反应形成金属盐包膜，最后用蜡密封。工艺中也可将金属氧化物和惰性物质（如滑石、石灰石、黏土等）或一些营养物质混合使用。这类包膜肥料制备所需时间较短，成本低廉，贮存性能好。

（3）肥料包膜（裹）肥料　属无机物包膜肥料。肥料包膜（裹）肥料，就是在一种肥料的表面再包裹一种或几种另外的肥料。一般可以通过包裹难溶性的其他肥料来实现产品的缓释性，可以作包膜的肥料一般有钙镁磷肥等。这类产品对环境污染小，颗粒均匀，养分均匀释放，缓释效果较好。

（4）蜡包膜肥料　属有机化合物及聚合物包膜肥料。用蜡作为包膜材料，先用熔融石蜡包裹肥料颗粒，随后使蜡固化制得包膜肥料。蜡包膜肥料的缺点在于，要使肥料的缓释效果比较理想，蜡用量较高，这将使得缓释肥料制备费用变得昂贵。从植物中获取的蜡，如棕榈蜡等取代石蜡作为包膜材料，在某些方面比石蜡更为理想。

（5）不饱和油包膜肥料　属有机化合物及聚合物包膜肥料。用油作为涂层材料制备缓释肥料，至少要在肥料颗粒上涂两层涂层。第一层是高黏性不饱和油；第二层是低黏性不饱和油。第二层主要起密封作用。在进行包膜前，需要往油中掺和一些普通的催干剂。适合的油有亚麻籽油、红花油、葵花籽油、大豆油等。这类包膜原料来源广泛，资源可再生，包膜在土壤中容易分解，对土壤的危害较小。

（6）改性天然橡胶包膜肥料　属有机化合物及聚合物包膜肥料。天然橡胶的玻璃化温度较低，成膜发黏，并不适合用作肥料的包膜材料。但天然橡胶经过硫化，通过添加一些物质进行改性处理后就可以用作肥料的包膜材料。用改性天然橡胶制成的缓释肥料，其膜硬且无黏性，便于贮存和施用。

（7）热塑性树脂包膜肥料　属有机化合物及聚合物包膜肥料。在制备过程中，将树脂溶液或熔体包覆在肥料颗粒表面，可形成一层疏水聚合物膜。通常使用的树脂可以是：熔融状态下的聚合物树脂（如熔融的聚乙烯树脂，其缺点在于包膜温度较高，并且包膜层必须迅速冷却），溶于有机溶剂的聚合物树脂（不足在于需要处理大量的有机溶剂，并且对环境有一定的不良影响），在颗粒表面由两种或多种组分反应形成的聚合物树脂（缺点在于制备时需处理一些含量较高的有毒有机物），分散或溶解于水中的聚合物树脂（聚合物分散液或乳液，不足在于包膜时包膜液中的水对肥料有一定的溶解作用，干燥条件的控制尤其严格）。

（8）热固性树脂包膜肥料　属有机化合物及聚合物包膜肥料。常用的热固性树脂有醇酸类树脂和聚氨酯类树脂两大类。醇酸树脂是双环戊二烯和甘油酯的共聚物，养分的释放可以通过改变膜的主要成分或膜的厚度来控制。热固性树脂类包膜材料的品种很多，具体的物质包括环氧树脂、脲醛树脂、不饱和聚酯树脂、酚醛树脂、三聚氰胺树脂、呋喃树脂和类似的树脂。也可将两种以上树脂组合用于包膜。这类树脂包膜通常不需要使用大量的有毒溶剂，有的包膜材料甚至能和肥料之间形成部分化学键（如聚氨酯包膜尿素），包膜的强度和耐磨性较好。

（9）长效尿素　属抑制剂型缓释肥料。国内外研制、生产和应用的长效尿素主要是在普通尿素生产流程中添加一定比例的抑制剂制成的。抑制剂主要有脲酶抑制剂和硝化抑制剂两类，脲酶抑制剂可抑制尿素的氨化作用，而硝化抑制剂是抑制氨的亚硝化和硝化作用。这两类抑制剂的品种很多，但目前实际使用的脲酶抑制剂主要是氢醌，硝化抑制剂主要是双氰胺。长效尿素是尿素与抑制剂的混合物，由于抑制剂加入量很少，并与尿素几乎不发生反应，所以长效尿素的理化性质与普通尿素基本相同，只是有些品种在外观上呈现棕色或棕褐色，其他如密度、熔点、溶解度等方面与尿素相近，其粒度、含水量、缩二脲含量等与尿素基本相同，含氮量仍然是46%。

质量标准　执行国家标准 GB/T 23348—2009（该标准适用于氮肥、钾肥、复混肥料、掺混肥料等产品的所有颗粒或部分颗粒经特定工艺加工而成的缓释肥料。不适用于硫包衣尿素等无机包膜的肥料，不适用于脲醛缓释肥料，也不适用于利用硝化抑制剂、脲酶抑制剂技术延缓养分形态转化的稳定性肥料。已有国家或行业标准的缓释肥料如硫包衣尿素等执行相应的产品标准）。

（1）外观　颗粒状产品，无机械杂质。

（2）缓释肥料产品应符合表 9-3 的要求，同时应符合包装标明值的要求。

表 9-3　缓释肥料的要求

项目①		指标	
		高浓度	中浓度
总养分($N+P_2O_5+K_2O$)的质量分数②/%	≥	40.0	30.0
水溶性磷占有效磷的质量分数③/%	≥	60	50
水分(H_2O)的质量分数/%	≤	2.0	2.5
粒度(1.00～4.75 毫米或 3.35～5.60 毫米)/%	≥	90	
养分释放期④/月	=	标明值	
初期养分释放率⑤/%	≤	15	
28 天累积养分释放率⑤/%	≤	80	
养分释放期的累积养分释放率⑤/%	≥	80	

① 除表中的指标外，其他指标应符合相应的产品标准的规定，如复混肥料（复合肥料）、掺混肥料中的氯离子含量、尿素中的缩二脲含量等。

② 总养分可以是氮、磷、钾三种或两种之和，也可以是氮和钾中的任何一种养分；三元或二元缓释肥料的单一养分含量不得低于 4.0%。

③ 以钙镁磷肥等枸溶性磷肥为基础磷肥并在包装袋上注明为“枸溶性磷”的产品、未标明磷含量的产品、缓释氮肥以及缓释钾肥，“水溶性磷占有效磷的质量分数”这一指标不做检验和判定。

④ 应以单一数值标注养分释放期，其允许差为25%。如标明值为 6 个月，累积养分释放率达到 80%的时间允许范围为 6 个月±45 天，如标明值为 3 个月，累积养分释放率达到 80%的时间允许范围为 3 个月±23 天。

⑤ 三元或二元缓释肥料的养分释放率用总氮释放率来表征，对于不含氮的缓释肥料，其养分释放率用钾释放率来表征。

（3）部分缓释肥料的缓释性能应符合表9-4的要求，同时应符合包装标明值和相应国家或行业标准的要求。

表9-4　部分缓释肥料的要求

项　　目	指标	项　　目	指标
缓释养分量[①]/%　　≥	标明值	缓释养分28天的累积养分释放率/%　≤	80
缓释养分释放期/月	标明值	缓释养分释放期的累积养分释放率/%　≥	80

① 缓释养分为单一养分时，缓控释养分量应不小于8.0%，缓释养分为两种或两种以上养分时，每种缓释养分量应不小于4.0%。

该标准对标识、包装、运输和贮存的规定如下。

① 产品名称应是已有国家标准或行业标准的核芯肥料名称前加上“缓释”或“包膜缓释”等字样。

② 应在包装袋上标明总养分含量，配合式，养分释放期，缓释养分种类，第7天、第28天和标明释放期的累积养分释放率（应以单一数值标明），模拟养分释放期的温度（100℃和40℃二者之一）和模拟试验时累积养分释放率达到80%所需要的时间，核芯肥料为许可证产品的还应标注生产许可证号。

③ 产品使用说明书应印刷在包装袋反面或放在包装袋中，其内容包括：产品名称，以配合式的形式标明的养分含量，养分释放期，使用方法，贮存、使用注意事项等。

④ 包装容器上标有缓释字样的部分缓释肥料应标明缓释养分的种类和相应的缓释养分量。

⑤ 每袋净含量（50±0.5）千克、（40±0.4）千克、（25±0.25）千克、（10±0.1）千克、（5±0.05）千克、（1000±10）克、（500±5）克、（250±2.5）克、（100±1）克，平均每袋净含量分别不低于50.0千克、25.0千克、10千克、5.0千克、1000克、500克、250克和100克。

⑥ 在标明的每袋净含量范围内的产品中有添加物时，必须与原物料混合均匀，不得以小包装形式放入包装袋中。

⑦ 宜使用经济实用型包装。

⑧ 产品应贮存于阴凉、干燥处，在运输过程中应防潮、防晒、防破损。

施用方法　一般所谓的缓释复合肥料（复混肥料）是将包膜尿素与磷、钾肥掺混使用，实际上是含有缓释尿素的掺混肥料。其中的缓释性包膜尿素是缓释肥料的关键。

旱地作物上，缓释性掺混肥料一般用作基肥，并且不需要进行追肥；施肥深度在10～15厘米；施肥量可以根据土壤肥力状况以及目标产量决定，可以根据作物需肥量及肥料养分量计算适宜的施肥量，一般来说，普通肥力水平上，每亩施30～50千克，可保证作物获得较高的产量。玉米可采用全层施肥法，也可以采用侧位施肥法和种间施肥法，肥料与种子间隔5～7厘米。小麦可以在播种前，结合整地一次性基施。棉花也可结合整地一次性基施，可以有效地解决棉花多次施肥的难题。

水稻上，主要采用全层施肥法，即在整地时将肥料1次基施于土壤中，使肥料与土壤在整地过程中混拌均匀，再进行放水泡田。一般也不需要追肥。

1.脲醛缓释肥料

脲醛缓释肥料（urea aidehyde slow release fertilizer），是指由尿素和醛类在一定条件下反应制得的有机微溶性氮缓释肥料。

质量标准 脲醛缓释肥料执行化工行业推荐性标准HG/T 4137—2010，该标准规定了脲醛缓释肥料的要求、试验方法、检验规则、标识、包装、运输和贮存。适用于由尿素和醛类在一定条件下反应制得的有机微溶性氮缓释肥料，主要的品种有脲甲醛（UF/MU）、异亚丁基二脲（IBDU）和亚丁烯基二脲（CDU）。该标准也适用于含有脲醛缓释肥料的复混、掺混肥料。

① 外观。粒状、条状、片状或粉状产品，无机械杂质。

② 脲醛缓释肥料产品应符合表9-5的要求，并应符合标明值。

表9-5 脲醛缓释肥料的要求 单位：%

项目		指标		
		脲甲醛(UF/MU)	异亚丁基二脲(IBDU)	亚丁烯基二脲(CDU)
总氮(TN)的质量分数	≥	36.0	28.0	28.0
尿素氮(UN)的质量分数	≤	5.0	3.0	3.0
冷水不溶性氮(CWIN)的质量分数	≥	14.0	25.0	25.0
热水不溶性氮(HWIN)的质量分数	≤	16.0	—	—
缓释有效氮的质量分数	≥	8.0	25.0	25.0
活性系数(AI)	≥	40	—	—
水分(H_2O)的质量分数①	≤	3.0		
粒度(1.00～4.75毫米或3.35～5.60毫米)②	≥	90		

① 对于粉状产品，水分的质量分数≤5.0%。

② 对于粉状产品，粒度不做要求。特殊形状或更大颗粒（粉状除外）产品的粒度可由供需双方协议确定。

注：1. 冷水不溶性氮，指肥料经25℃的pH为7.5的磷酸盐缓冲溶液浸提15分钟，未溶出的氮。

2. 热水不溶性氮，指肥料经100℃的pH为7.5的磷酸盐缓冲溶液浸提30分钟，未溶出的氮。

3. 仅热水溶性氮，指不溶于25℃的pH为7.5的磷酸盐缓冲溶液但可以在100℃的pH为7.5的磷酸盐缓冲液中溶出的氮，即onlyHWSN＝CWIN－HWIN。

4. 缓释有效氮，表征对植物有效的缓释氮，脲甲醛（UF/MU）以仅热水溶性氮（onlyHWSN）计，异亚丁基二脲（IBDU）、亚丁烯基二脲（CDU）以冷水不溶性氮（CWIN）计，含有部分脲醛缓释肥的肥料以冷水不溶性氮（CWIN）计。

5. 活性系数，表征冷水不溶性氮在土壤中转化成有效态氮的比率，AI＝(CWIN－HWIN)×100%/CWIN。

③ 肥料中掺有一定量脲醛缓释肥料的脲醛缓释氮肥、脲醛缓释复混肥料、脲醛缓释掺混肥料应符合表 9-6 的要求，同时应符合包装标明值和相应国家标准的要求。

表 9-6 含有部分脲醛缓释肥的肥料的要求 单位：%

项 目		指 标
缓释有效氮的质量分数(以冷水不溶性氮计)①	≥	标明值
总氮(TN)的质量分数②	≥	18.0
中量元素单一养分的质量分数(以单质计)③	≥	2.0
微量元素单一养分的质量分数(以单质计)④	≥	0.02

① 肥料为单一氮养分时，缓释有效氮（以冷水不溶性氮计）应不小于 4.0%；肥料养分为两种或两种以上时，缓释有效氮（以冷水不溶性氮计）应不小于 2.0%。应注明缓释氮的形式，如脲甲醛（UF/MU）、异亚丁基二脲（IBDU）、亚丁烯基二脲（CDU）。

② 该项目仅适用于含有一定量脲醛缓释肥料的缓释氮肥。

③ 包装容器标明含有钙、镁、硫时检测该项指标。

④ 包装容器标明含有铜、铁、锰、锌、硼、钼时检测该项指标。

该标准对标识、包装、运输及贮存做出了规定。

① 产品为脲甲醛（UF/MU）时，应在包装袋上标明脲醛种类、总氮含量、缓释有效氮（以仅热水溶性氮计）含量、净含量，其余应符合 GB 18382 的规定；如产品为吨包装时，只需标明脲醛种类、总氮含量、缓释有效氮含量、净含量、生产企业名称、地址。

产品为异亚丁基二脲（IBDU）及亚丁烯基二脲（CDU）时，应在包装袋上标明产品名称及所含脲醛种类、总氮含量、缓释有效氮（以冷水不溶性氮计）含量，其余应符合 GB 18382 的规定；如产品为吨包装时，只需标明产品名称及所含脲醛种类、总氮含量、缓释有效氮（以冷水不溶性氮计）含量、净含量、生产企业名称、地址。

② 含有部分脲醛缓释肥，并在包装容器上产品名称中标有缓释字样的产品，如脲醛缓释氮肥、脲醛缓释复混肥料、脲醛缓释掺混肥料等，应在包装容器上标明含有相应脲醛缓释肥的种类及缓释有效氮（以冷水不溶性氮表示）含量，所含脲醛缓释肥的其他指标同上。实行工业产品生产许可证管理的产品要同时标注生产许可证号和相应的标准号。其余应符合 GB 18382 的规定。

③ 产品外包装袋上应有使用说明，内容包括：警示语（如“氯含量较高使用不当会对作物造成伤害”等）、使用方法、适宜作物及不适宜作物、建议使用量等。

④ 每袋净含量应标明单一数值，如 50 千克。

⑤ 产品包装材料应符合 GB 8569 的规定。每袋净含量分别为：(1000±10) 千克、(50±0.5) 千克、(40±0.4) 千克、(25±0.25) 千克、(20±0.2) 千克、(10±0.1) 千克、(5±0.05) 千克和 (1±0.01) 千克，平均每袋净含量不得低于 1000.0 千克、50.0 千克、40.0 千克、25.0 千克、20.0 千克、10.0 千克、5.0 千

克、1.0 千克。

⑥ 在标明的每袋净含量范围内的产品中有添加物时，必须与原物料混合均匀，不得以小包装形式放入包装袋中。

⑦ 产品贮存于阴凉、干燥处，在运输过程中应防雨、防潮、防晒、防破裂。

（1）脲甲醛及其使用方法　脲甲醛（urea formaldehyde），又称尿素甲醛，代号为 UF，含氮 36%～38%，其中冷水不溶性氮占 28%。它是缓释氮肥中开发最早且实际应用较多的品种，其主要成分为直链亚甲基脲的聚合物，含脲分子 2～6 个。这一产品是由尿素和甲醛缩合而成的，甲醛是一种防腐剂，施入土壤后抑制微生物的活性，从而抑制了土壤中各种生物学转化过程。当季仅释放肥效的 30%～40%。其最终产物为不同链长和相对分子质量的甲基尿素聚合物的混合物。聚合物的范围从一甲基二脲至五甲基六脲，尿素甲醛的活度决定于该混合物中不同聚合物的比例。分子越短，其氮就越易被作物吸收利用。

脲甲醛的农业有效性常以在冷水中和热水中溶解度不同的组分之间的比例来表示，并计算为氮活性指数，该指数所表达的直接含义是肥料中溶于热水的氮占不溶于冷水氮的百分率。在几项参数中，冷水溶性氮和残留尿素氮是速效性氮；热水可溶氮是缓释性氮；热水不溶性氮是缩合度更高的尿素甲醛，其释放期很长，甚至可达数年。农业上一般要求，至少有 40%的氮不溶于冷水而应溶于热水，标准的氮活性数值是 50%～70%。

氮活性指数=[(冷水不溶性氮－热水不溶性氮)/冷水不溶性氮]×100%

工业上生产尿素甲醛有多种方法，当前较为常用的两种主要方法是：甲醛稀溶液法和甲醛浓溶液法。

① 理化性状。颗粒脲甲醛肥料是一种物理性能良好的白色产品，尿素甲醛肥料的分解是以微生物过程为主，但也可能有一部分化学水解。尿素甲醛的溶解度是决定一个肥料释放速率和有效性的基本性状。在 20℃室温下，100 克水可溶解 108 克尿素；只可溶解 2.18 克亚甲基二脲（MDU），溶解 0.14 克二亚甲基三脲（DM-TU），溶解 0.018 克三亚甲基四脲（DMTU）。这表明尿素甲醛的三种组分在水中的溶解度都比尿素小得多，尿素甲醛属于缓释性氮肥。

脲甲醛氮转化为矿质态氮的速率随环境条件如温度、土壤水分和 pH 的不同而变化。由于脲甲醛释放的矿质氮取决于肥料组成和环境条件，因此，缓效氮肥供应氮的速率不可能同时满足作物生长的需要，氮的释放和作物的需要之间不能完全协调，这是脲甲醛往往不及其他常用的矿质氮肥有效的原因。

② 施用方法

a. 脲甲醛缓释氮肥的基本优点是在土壤中释放慢，可减少氮的挥发、淋失和固定；在集约化农业生产中，可以一次大量施用不致引起烧苗，即使在砂质土壤和多雨地区也不会造成氮损失，保持其后效。常见脲甲醛肥料的品种有尿素甲醛缓释氮肥、尿素甲醛缓释复混肥料、部分脲醛缓释掺混肥料等，既有颗粒状也有粉块状，还可配制液体肥供施用。

b. 脲甲醛施入土壤后，主要在微生物作用下水解为甲醛和尿素，后者进一步分解为氨、二氧化碳等供作物吸收利用，而甲醛则留在土壤中，在它未挥发或分解之前，对作物和微生物生长均有副作用。

c. 脲甲醛常作基肥一次性施用，可以单独使用，也可以与其他肥料混合施用。以等氮量比较，对棉花、小麦、谷子、玉米等作物，脲甲醛的当季肥效低于尿素、硫酸铵和硝酸铵。因此，将尿素甲醛直接施于生长期较短的作物时，必须配合速效氮肥。如不配速效氮肥，往往在作物前期会出现供氮不足的现象，而难以达到高产的目标，白白增加了施肥成本。在有些情况下要酌情追施硫酸铵、尿素。当然，任何情况下都不能忽视基肥与磷钾肥的匹配，如单质过磷酸钙和氯化钾等。

d. 由于脲甲醛这种肥料的价格很高，目前在农作物上还很少使用。在国外常用于高尔夫草地、蔬菜、观赏植物及多年生果树上，在日本尿素甲醛肥料用于水稻田。

③ 注意事项

a. 根据国家已发布的相应标准，脲甲醛肥料产品应在包装袋上标明总氮含量、尿素氮含量、冷水不溶性氮含量、热水不溶性氮含量，如产品为吨包装时，只需标明脲醛种类、总氮含量、尿素氮含量、冷水不溶性氮含量、热水不溶性氮含量、净含量、生产企业名称、地址。

b. 在选购脲甲醛肥料产品时，要通过仔细阅读或找有关人员咨询了解产品性能，以防选购失误。尤其目前市场上许多广告宣传不但不切实际地夸大，还有套用新型肥料欺骗和误导消费者的现象。

（2）亚丁烯基二脲及其使用方法　亚丁烯基二脲（crotonylidene diurea），又名脲乙醛，代号 CDU，是一种常用的脲醛类缓释肥料，由乙醛缩合为亚丁烯基醛，在酸性条件下再与尿素结合而成。

① 理化性状。亚丁烯基二脲为白色粉状物，含氮量为 28%～32%，尿素态氮小于 3%；不易吸湿，长期贮存不结块，在水中的溶解度很小，但在酸性溶液中，随着温度的升高，溶解度迅速增加。20℃时在水中的溶解度为 0.06 克/100 克，而在 3%硫酸溶液中溶解度为 4.3 克/100 克。脲乙醛的包装容重为 630～700 千克/米^3，熔点为 259～260℃，有良好的热稳定性，在 150℃下长时间加热不会分解。因此，脲乙醛可与过磷酸钙、硫酸钾或氯化钾、磷酸铵、尿素以及其他肥料一起加热，进行混合造粒。

② 施用方法。亚丁烯基二脲在土壤中的溶解度与土壤温度和 pH 值有关，随着土壤温度的升高和土壤溶液酸度的增加，其溶解度增大。亚丁烯基二脲在酸性土壤上的供肥速率大于在碱性土壤上的供肥速率。施入土壤后，其分解后的最终产物是尿素和 β-羟基丁醛，尿素进一步水解或直接被植物吸收利用，而 β-羟基丁醛则被土壤微生物氧化分解成二氧化碳和水，并无残毒。

亚丁烯基二脲可作基肥一次性施用。当土壤温度为 20℃左右时，亚丁烯基二脲施入土壤 70 天后有比较稳定的有效氮释放率，因此，施于牧草或观赏草坪肥效较好。如果用于速生型作物，则应配合速效氮肥施用。

(3) 异亚丁基二脲及其使用方法　异亚丁基二脲（isobutylidene-diurea，IBDU），中文别名 N,N''-(2-甲基亚丙基) 二脲、亚异丁二脲、脲异丁醛，含氮32.18%，在水中溶解度很小。异亚丁基二脲属于尿素深加工产品，其生产方法是用尿素和异丁醛在催化剂作用下经缩合反应生成，一般反应温度控制在50℃左右，生成的异亚丁基二脲不溶于水，结晶析出后经分离即得合格产品。

① 理化性状。异亚丁基二脲是白色固体粉末，产品粒度为20～30目，相对密度约为0.7，几乎与尿素相同；熔点216℃，不易吸湿，吸湿度远低于尿素，微溶于水，20℃时在水中溶解度为0.2克/100毫升。它是目前认为最安全的非蛋白氮饲料添加剂，理论含氮量为32.2%。每千克异亚丁基二脲相当于1.73千克蛋白质，或相当于5千克豆饼。异亚丁基二脲作肥料使用，施入土壤后，在微生物的作用下，水解为尿素和异丁醛（另有资料认为：释放的氮主要是由于化学水解而产生的不同于前述脲醛肥料靠微生物的分解破坏作用和包硫尿素借溶液的扩散作用）。

② 产品特点

a. 异亚丁基二脲除了具有一般长效肥料的特性外，还具有一些其他长效肥所没有的优点，如在任何土壤、气候和土壤生态环境之下，其氮都是100%有效。因此，利用异亚丁基二脲这种独特的粒径效应，根据作物的吸肥特性，选择适当大小的颗粒来调节氮的释放速度，以满足作物生长的需要。

b. 生产异亚丁基二脲的重要原料异丁醛是生产2-乙基已醇的副产品，廉价易得。

c. 异亚丁基二脲是脲醛缩合物中对水稻来说最好的氮肥品种，其肥效相当于等氮量水溶性氮肥的104%～125%；热水不溶性氮仅0.9%，其利用率是尿素甲醛的2倍。

③ 施用方法。异亚丁基二脲适用于各种作物，作基肥用时，它的利用率是尿素甲醛的2倍。还可以用作缓释氮肥，用于花卉栽培。施用方法灵活，可单独施用，也可作为混合肥料或复合肥料的组成成分。可以按任何比例与过磷酸钙、熔融磷酸镁、磷酸氢二铵、尿素、氯化钾等肥料混合施用。

此外，异亚丁基二脲也可以作为饲料添加剂使用，用作饲料添加剂，可以代替蛋白质饲料，使反刍动物增重、增奶。

2.草酰胺

$H_2NCOCONH_2$ 或 $(CONH_2)_2$，88.07

反应式（氰水解法）　$2HCN + CO_2 \longrightarrow NC \cdot CN + CO + H_2O$

$$NC \cdot CN + 2H_2O \longrightarrow (CONH_2)_2$$

草酰胺（oxamide），又称草酸二酰胺、乙二酰二胺，代号为OA。过去是用草酸与酰胺进行合成，成本太高。现在以塑料工业的副产品氰酸作原料，用硝酸铜作接触剂，在常压低温（50～80℃）下直接合成，成本较低，成品纯度可达到99%。

理化性状　草酰胺肥料产品呈白色粉状或粒状，含氮量为31%左右。室温下，

100克水中约能溶解0.02克草酰胺，但一旦施入土壤，草酰胺则较易水解生成草胺酸和草酸，同时释放出氢氧化铵。其反应式为：

$$NH_2COCONH_2+2H_2O \longrightarrow NH_2COCOOH+NH_4OH$$

$$NH_2COCOOH+2H_2O \longrightarrow HOCOCOOH+NH_4OH$$

密度1.667克/厘米^3。熔点419℃。微溶于水，不溶于乙醇和乙醚。不吸湿。可分解为氨和碳酸。与热水作用可生成乙二酸铵。在加热条件下与五氧化二磷反应生成氰。由乙二酸二乙酯与浓氨水作用制得。

施用方法 草酰胺可用作硝化纤维制品的稳定剂，也可用作缓效肥料。草酰胺对玉米的肥效与硝酸铵相似，呈粒状时养分释放减慢，但优于脲醛肥料。土壤中的微生物影响其水解速度。草酰胺的粒度对其水解速度有明显影响，粒度越小，溶解越快，研成粉末状的草酰胺如同速效肥料。

此外，高纯度的草酰胺还可用作硝化纤维素的稳定剂。

3.硫包衣尿素

硫包衣尿素（sulfur coated urea，代号SCU），简称硫包尿素或涂硫尿素，即以硫黄为主要包裹材料对颗粒尿素进行包裹，实现对氮的缓慢释放的缓释肥料。硫包衣尿素是美国、日本、欧洲市场上较为普遍的肥料品种。包膜的主要成分除硫黄粉外，还有胶黏剂和杀菌剂。在硫包膜过程中，胶黏剂对密封裂缝和细孔是必需的，而杀菌剂则是为了防止包膜物质过快地被微生物分解而降低包膜缓释作用。硫包衣尿素的含氮量范围在10%～39%，取决于硫膜的厚度，一般通过调节硫膜的厚度可改变其氮的释放速率。硫包衣尿素只有在微生物的作用下，使包膜中的硫逐步氧化，才能使颗粒分解而释放氮。硫被氧化后，能产生硫酸，从而导致土壤酸化（$2S+3O_2+2H_2O \longrightarrow 2H_2SO_4$）。较大量的$SO_4^{2-}$在通透性很差的水田中，可能被还原，产生硫化氢，对水稻产生毒害作用。因此，在水稻田中不宜大量施用硫包衣尿素肥料。

硫包衣尿素肥料中氮的释放速率与土壤中微生物的活性有较密切的关系，凡是对微生物活动有影响的因素均会对该肥料的释放速率产生影响。其中，温度是一个比较活跃的因子，较高的土壤温度有利于加快硫包衣尿素的供氮速率。

由于硫氧化后可形成硫酸，硫包衣尿素作为盐渍化土壤上的氮来源是有益的，它在阻止盐渍土脱盐过程中pH值升高方面起着积极作用。

质量标准 硫包衣尿素执行国家强制性标准GB 29401—2012（原化工行业推荐性标准HG/T 3997—2008已废止）。该标准规定了硫包衣尿素以及硫包衣缓释氮肥、硫包衣缓释复混肥料、硫包衣缓释掺混肥料的要求、试验方法、检验规则、标识、包装、运输和贮存。适用于使用硫黄为主要包裹材料对颗粒尿素进行包裹，实现对氮的缓慢释放的冠以各种名称的硫包衣尿素缓释肥料，包括但不限于硫包衣尿素、硫衣尿素、硫包尿素、涂硫尿素、包硫尿素等。也适用于硫包衣缓释氮肥、硫包衣缓释复混肥料和含有部分硫包衣尿素的缓释掺混肥料。

① 外观。颗粒状，无机械杂质。

② 硫包衣尿素产品应符合表 9-7 和包装标明值的要求。

表 9-7 硫包衣尿素的要求 单位：%

项目		指标			
		Ⅰ型	Ⅱ型	Ⅲ型	Ⅳ型
总氮(N)的质量分数	≥	39.0	37.0	34.0	31.0
初期养分释放率	≤	40	27	15	10
静态氮溶出率	≤	60	45	30	20
硫(S)的质量分数	≥	8.0	10.0	15.0	20.0
缩二脲的质量分数	≤	1.2			
水分(H_2O)的质量分数	≤	1.0			
粒度(1.00～4.75毫米或3.35～5.60毫米)	≥	90			

③ 硫包衣缓释氮肥、硫包衣缓释复混肥料和含有部分硫包衣尿素的缓释掺混肥料应符合表 9-8 的要求，同时应符合包装标明值和相应国家标准或行业标准的要求。

表 9-8 硫包衣缓释氮肥、硫包衣缓释复混肥料、含有部分硫包衣尿素的缓释掺混肥料的要求 单位：%

项目		指标
缓释氮养分量①	≥	标明值
中量元素单一养分的质量分数(以单质计)②	≥	2.0
微量元素单一养分的质量分数(以单质计)③	≥	0.02

① 肥料为单一氮养分时，其缓释氮养分量应不小于 8.0%；养分为两种或两种以上时，肥料中缓释氮养分量应不小于 4.0%。

② 包装容器标明含有钙、镁、硫时检测该项指标。

③ 包装容器标明含有铜、铁、锰、硼、锌、钼时检测该项指标。

该标准对标识、包装、运输和贮存的规定如下。

① 应在包装袋正面标明总氮含量、硫含量、型号、净含量，其余应符合 GB 18382 的规定。当产品包装为吨包装时，只需标明总氮含量、硫含量、型号、净含量、生产企业名称、地址。

② 产品使用说明书应印刷在包装袋背面，其内容包括：产品名称、养分含量、适用作物、建议用量、使用方法、贮存和使用注意事项等。

③ 产品的每种中量元素（钙、镁、硫）的含量≥2%、每种微量元素（钼、硼、锰、锌、铜、铁）的含量≥0.02%时，可以在包装袋上标出其含量。

④ 硫包衣缓释氮肥、硫包衣缓释复混肥料和含有部分硫包衣尿素的缓释掺混肥料且在包装容器上肥料名称中标有缓释字样或标称缓释氮肥、缓释复混肥料、缓

释掺混肥料的产品，应标明缓释氮养分来源及缓释氮养分量，实行工业产品生产许可证管理的产品要同时标注生产许可证号和相应的标准号。

⑤ 每袋净含量应标明单一数值，如50千克。

⑥ 其余应符合GB 18382的规定。

⑦ 产品包装材料应按GB 8569中对复混肥料产品的规定执行。每袋净含量分别为（1000±10）千克、（50±0.5）千克、（40±0.4）千克、（25±0.25）千克、（10±0.1）千克和（5±0.05）千克，平均每袋净含量不得低于1000千克、50.0千克、40.0千克、25.0千克、10.0千克、5.00千克。当用户对每袋净含量有特殊要求时，可由供需双方协商解决，以双方合同规定为准。

⑧ 在标明的每袋净含量范围内的产品中有添加物时，必须与原物料混合均匀，不得以小包装形式放入包装袋中。

⑨ 运输中应轻装轻卸，运输工具和装卸工具应干净、平整、无突出的尖锐物，以免刺穿、刮破包装件。运输过程中防潮、防晒、防包装袋破裂。

⑩ 产品应贮存于阴凉、干燥的场所，防止日晒、防潮。堆放高度应小于5米。

产品特点

① 控制营养释放速度，特别是提高氮肥利用率，减少农业投入和保护环境。

② 提高农作物产量，增加农业收入。同时提高作物产品质量，增加食物、水果、蔬菜和饲料的营养价值。

③ 提高麦子、玉米、大豆、水稻、花生的蛋白质含量和品位。

④ 提高油料作物的油脂含量。

⑤ 提高大蒜、葱的质量。

⑥ 对作物的呼吸作用、氮的新陈代谢有良好的促进作用。

⑦ 增强作物抗寒性和耐寒性。

⑧ 可作为土壤调节剂。

⑨ 节省时间、节约劳力，减少劳动力的投入。

施用方法　硫包衣尿素适用于生长期长的作物，如牧草、甘蔗、菠萝，以及间歇灌溉条件下的水稻等，不适于快速生长的作物，如玉米之类。硫包衣尿素比普通尿素被作物吸收的有效利用率可高一倍，硫包衣尿素作为水稻的氮源是有前途的，某些使用硫包衣尿素而获得的谷物产量，明显高于使用尿素而获得的谷物产量。作为追肥，不论是什么作物，追肥后必须浇水，以便发挥硫包衣尿素的肥效。我国大部分土壤缺硫，用硫包衣尿素非常必要。它可作底肥、追肥，可使用各种施用方法。

（1）小麦　可作底肥和追肥，在土壤肥力较高的地块作底肥亩施30～35千克，作追肥亩施15～20千克，施底肥可在犁地后撒入犁沟，追肥可用耧沟施于小麦行间。低肥麦田可适当提前追施，高肥地麦苗生长肥可适当推迟追肥期，小麦生长不旺的麦田可在2月中旬追肥。

（2）水稻　秧田2～3叶1心时亩施4～5千克硫包衣尿素；在拔秧栽秧前3～

4天，亩施7～8千克；在本田水稻分蘖至拔节期亩施硫包衣尿素16～18千克；孕穗至灌浆期亩施10～13千克。

(3) 玉米　夏玉米在拔节前每亩追施硫包衣尿素15～17千克，在大喇叭口期每亩追施30～36千克。

(4) 油菜　在3月下旬蕾薹期高肥地每亩追施硫包衣尿素20～26千克，薄地油菜田追施25～30千克。

(5) 大蒜　在开春后3月份每亩追施硫包衣尿素20～25千克，抽蒜薹后每亩追施30千克。

(6) 棉花　亩施25～30千克硫包衣尿素和30～40千克磷肥作底肥，在棉花花铃期7月中旬每亩追施硫包衣尿素30～35千克，在棉株坐桃2～3个大铃开始追施。

(7) 西瓜　整地时施底肥，每亩施腐熟完全的有机肥1000千克，硫包衣尿素25千克，磷肥30千克和钾肥10～15千克。在瓜秧定植后10天每亩用7～8千克硫包衣尿素对水以株为单位围根点浇，以促进根的生长，在幼瓜生长到鸡蛋大时每亩追施20～25千克的硫包衣尿素、10千克过磷酸钙与10～15千克钾肥，一起混合开沟穴施。

注意事项　硫包衣尿素施入土壤后，在微生物作用下，使包膜中的硫逐步氧化，颗粒分解而释放氮。硫被氧化后，产生硫酸，从而导致土壤酸化。故水稻田不宜大量施用硫包氮肥，其适于在缺硫土壤上施用。

硫包衣尿素的氮释放速率与土壤微生物活性密切相关，一般低温、干旱时释放较慢，因此冬天施用应配施速效氮肥。

4.长效碳酸氢铵

长效碳酸氢铵（long acting-ammonium bicarbonate，LAAB），又称缓释碳酸氢铵（slow release ammonium bicarbonate，SRAB）。在碳酸氢铵粒肥表面包上一层钙镁磷肥。在酸性介质中钙镁磷肥与碳酸氢铵粒肥表面起作用，形成灰黑色的磷酸镁铵包膜。这样既阻止了碳酸氢铵的挥发，又控制了氮的释放，延长肥效。包膜物质还能向作物提供磷、镁、钙等营养元素。由于长效碳酸氢铵物理性状的改良，使其便于机械化施肥。

制造长效碳酸氢铵的工艺流程是：将碳酸氢铵粉与白云石熟粉掺混→用对辊式造粒机压制粒肥→将粒肥滚磨刨去棱角→粒肥表面酸化→酸化粒肥成膜→封面→扑粉→制得黑色核形颗粒状成品。如生产含碳酸氢铵73%、白云石熟粉4%、水分3%、膜壳20%的长效碳酸氢铵，其养分含量为氮11%～12%、全磷1.0%～1.5%。由于膜壳致密、坚硬，不溶于水而溶于弱酸，这样就使得长效碳酸氢铵在作物根际释放较快，而在根外土壤中释放较慢成为可能。长效碳酸氢铵主要是以气态从膜内逸出，因此封面量、温度以及淹水等条件都会影响长效碳酸氢铵的释放速率。封面料用量多，释放慢；温度升高，释放速率增大；在淹水土壤中比旱地土壤中释放慢。

产品特点

（1）肥效期长　普通碳酸氢铵肥效期约 40 天，长效碳酸氢铵长达 110 天。

（2）利用率高　氮利用率达到 30%以上，比普通碳酸氢铵提高 10 个百分点，与尿素的氮利用率相同。

（3）节肥增产　等氮量施肥可增产 13%以上，同等产量可节肥 20%～30%。

（4）省工省钱　长效碳酸氢铵肥效期长，一次基施，免追肥，省工省钱。

（5）产品稳定　碳酸氢铵存放 1 年损失约 8%，而长效碳酸氢铵仅为 2%。

（6）环境友好　长效碳酸氢铵为环境友好型产品，无毒无公害，环境污染少。

施用方法

（1）水稻　主要采用全层施肥法，每亩参考用量为 60～80 千克。肥料充分混匀之后在翻地前施于地表，然后将其翻入 15～20 厘米深的土壤还原层中，再进行泡田、整地、插秧。水稻施用长效碳酸氢铵基施与追施比例大约为 7∶3，即 70%左右的长效碳酸氢铵作基肥，30%左右的长效碳酸氢铵作追肥。

（2）小麦　主要采用全层施肥法，每亩参考用量为 30～60 千克。在耕翻整地前用人工或撒肥机把混匀后的长效肥料撒于地表，立即进行犁地，将肥料翻入15～20 厘米深的土壤层中，然后进行播种。

（3）玉米　每亩参考用量为 70～80 千克，肥力较高、蓄水蓄肥能力较强的黏质土壤，参考施肥量一般为 60～70 千克。在玉米播种整地前或在玉米播种时将其一次性施入，免去追肥工序，省工省力；施肥深度一般为 10～15 厘米；肥料与种子之间的距离不少于 10 厘米，以避免烧种伤苗。

（4）黄瓜、番茄等蔬菜　每亩参考施用量为 100～130 千克，适宜的施用量应根据蔬菜品种、目标产量、菜地土质等因素来确定。施用方法为一次性基施，常用的有垄沟施肥法和全层施肥法，应根据蔬菜的栽培方式而定。

① 垄沟施肥法。垄作可采用垄沟施肥法。在整地前，将长效碳酸氢铵与农家肥、磷肥、钾肥等肥料混合，均匀施入垄沟，垄沟的深度在 20 厘米左右，然后起垄播种或栽植。

② 全层施肥法。在整地前，将长效碳酸氢铵与农家肥、磷肥、钾肥等肥料混合，均匀施于地表，然后翻入 20 厘米深的土壤层中，再做畦播种或栽植。畦作宜用全层施肥法。

（5）苹果等果树　长效碳酸氢铵用于果树的参考施用量一般为每亩 50～80 千克。常用的施肥方法有如下 3 种。

① 条状施肥法。在果树的行与行之间开条状沟，深度为 15～30 厘米，把肥料均匀施入，然后用土压实。

② 辐状施肥法。以树干为中心向外开辐射状沟，深度为 15～30 厘米，把肥料均匀施入，然后用土压实。

③ 环状施肥法。在树冠投影外开环状或半环状沟，深度为 15～30 厘米，把肥

料均匀施入，然后用土压实。

5.长效尿素

长效尿素（long acting-urea，LAU），又叫缓释尿素（slow release urea，SRU），长效尿素是在普通尿素生产过程中添加一定比例的脲酶抑制剂或硝化抑制剂而制成的。长效尿素为浅褐色或棕色颗粒，含氮46%。作基肥或种肥一次性施入，不必追肥。

产品特点 其主要特点是减缓尿素分解速度，延长尿素的肥效期，减少氮损失，提高氮肥利用率。有比普通尿素增产、节肥、省工的优点。试验表明，长效尿素的肥效期可以延长1倍以上，达110～130天，施用长效尿素比等养分的普通尿素增产6%～20%，氮肥利用率提高6%～16%，并可节省追肥用工。另外，长效尿素在同等产量条件下可节省尿素用量20%，由此可减少运输成本，减缓农田和地下水的氮污染。

作用机理 长效尿素施于土壤后，由于春季土壤温度较低，土壤脲酶活性较弱，并有抑制剂的作用，使长效尿素分解速率缓慢，生成的氨量较少，而作物幼苗需肥量也少；随着气温升高，土壤温度也升高，土壤中脲酶活性随之增强，抑制剂的作用逐渐减弱，长效尿素分解速率加快，生成的氨量增加。与此同时，作物生长也进入旺季，需肥量大。因此，长效尿素的供氮过程与作物需肥规律基本趋于同步，使作物生长前期不过肥，中期不疯长，后期不脱肥，为作物增产创造了良好条件。

施用方法 由于长效尿素肥效期长，利用率高，所以在施用技术上与普通尿素有所不同。具体应用效果和施用技术因不同作物而异，同时要与不同耕作制度和土壤条件结合起来，尽可能简化作用，节省费用。对一般作物，如小麦、水稻、玉米、棉花、大豆、油菜，可在播种（移栽）前1次性施入。在北方除春播前施用外，还可在秋翻时将长效尿素施入农田。如需要作追肥，一定要提前施用，以免作物贪青晚熟。长效尿素施用深度为10～15厘米，施于种子斜下方或两穴种子之间或与土壤充分混合，既可防止烧种烧苗，又可防止肥料损失。

（1）水稻 长效尿素用作基肥要深施，每亩参考用量为12～16千克，施肥深度一般为10～15厘米。

（2）小麦 每亩参考用量为10～15千克。垄作时，先将肥料撒在原垄沟中，然后起垄，肥料即被埋入垄内；或者整地起垄后，施肥与播种同时进行。不管怎样施肥，要保证种子与肥料间的隔离层在10厘米以上。畦作小麦，通常采用全层施肥的方法，即先将肥料均匀地撒在地表，然后翻地将肥料翻入土中，再进一步耙地、做畦、播种，此时肥料主要在下层，少部分肥料分布在上层土壤里。畦作小麦的翻地深度应不低于20厘米，以免肥料过于集中，影响小麦出苗。

（3）玉米 施肥方法有以下3种。

① 全层施肥法。在翻地整地之前，将缓释肥料用撒肥机或人工均匀撒于地表，

然后立即进行翻地整地，使肥料与土壤充分混合，减少肥料的挥发损失，翻地整地后，可根据当地的耕作方式，进行平播或起垄播种。

② 种间施肥法。播种时，先开沟，用人工将肥料施在种子间隔处，使肥料不与种子接触，保证一定的间隔，防止烧种。在人多地少、机械化程度不高的地区，多采用种间施肥法。

③ 侧位施肥法。采用播种施肥同步进行的机械，使种子与肥料间隔距离10厘米以上，播种、施肥一次作业，注意防止由于肥料施用量集中出现的烧种现象。

每亩参考施用量为15～22千克。要注意种子与肥料的距离，一般以10～15厘米为宜。施肥量越大，要求肥料与种子之间保持的距离越大。长效尿素最好施在种子的斜下方，而不宜施在种子的垂直下方，以防幼根伸展时受到伤害。

(4) 大豆　要注意既能满足大豆对氮的需要，又不妨碍根瘤的正常固氮。长效尿素采用侧位深施肥的方式，深开沟侧位施肥，合垄后，在另一侧等距离点播或条播种子。每亩10千克左右为宜。北方地区，也可采用类似玉米的秋季施肥方式。

(5) 棉花　垄作时，采用条施，先开15厘米深的沟，将长效尿素均匀撒入沟内，必要时与其他肥料一起施在沟内，然后合垄，常规播种。

(6) 高粱　每亩参考用量为15～25千克，肥料与种子不能接触，应采用偏位施肥法，以防止长效尿素作基肥施用时烧伤种子和幼苗。即首先深开沟，把肥料点施于播种沟的一侧（使肥料施于深15～20厘米的土壤层中），然后种子点播在另一侧。为了防止烧伤种苗，在北方宜采用秋翻地施肥或早春深施肥，隔7～10天后再播种。

(7) 花生　每亩参考用量为5～10千克，再根据土壤肥力和目标产量加以确定，并配以有机肥、磷肥和钾肥。施肥方法采用条播深施法，即一次基施、侧位施肥，深开沟侧位施肥，合垄后，在另一侧等距点播或条播花生种子。

(8) 油菜　施用量应根据油菜品种、目标产量以及土壤肥力来确定。最好配施硫酸钾肥。施肥方法是将长效尿素与其他所有的肥料混在一起，条施于种子的侧下方，确保肥料与种子之间的距离不小于10厘米，以防烧种伤苗。

(9) 甘蔗　一次基施长效尿素不能满足甘蔗整个生育期的需要，但是可以减少追肥次数，一般追施1～2次即可。每亩参考施用量为40～60千克。一般以50%的肥料作基肥，另50%作为追肥分两次追施，追肥的时间要适当提前。特别是在后期要控制氮肥不要过多，避免氮供应过多影响糖分的积累。施用方法可以采用侧位条施或全层施用法，但要注意肥料和插种蔗苗的距离，以防烧根伤苗。

(10) 甜菜　每亩参考施用量为5～30千克。施用方式可采用穴施或条施，种子与肥料之间的距离为12～15厘米，以免伤害甜菜幼苗。

6.长效复合肥

长效复合肥（复混肥）(controlled release compound fertilizer，CRCF)，又称缓释复合肥（复混肥）。在复合肥（复混肥）工业生产过程中，添加适当的适量抑制剂或活化剂，即可生产出缓释复合肥料（复混肥料）。中国科学院沈阳应用生态研究所研制出系列缓释专用复合肥（复混肥），其具有缓释长效、高浓度、多元素等特点，并根据不同土壤类型和不同作物品种，进行科学配方，专用性强。

产品特点

（1）广泛适用　既适用于各种土质土壤，也适用于各种农作物。

（2）营养全面　因其含有氮、磷、钾，还可配以中、微量元素，营养全面。

（3）利用率高　肥料利用率可提高8%～12%，在农作物同等产量时，节省肥料施用量10%～20%，具有一定可控性，养分损失少，提高了利用率。

（4）肥效期长　肥效期达到110～120天，在作物全生育期一次施用，不必追施，就能保证作物全生育期的养分供给。

（5）生长良好　作物前期生长壮、中期生长旺、后期生长稳，高产、优质。在等养分或等施肥费用条件下，可使作物增产10%～15%。

（6）提高效益　省工、省力、省时、增收，降低肥料施用成本，提高效益。

（7）绿色环保　养分释放期长，损失少，大幅度降低环境污染。

施用方法

（1）水稻　采用全层施肥法，每亩参考用量为12～16千克。将混匀后的肥料在整地时一次基施，使肥料与土壤在整地过程中混拌均匀，翻入15～20厘米深的土壤还原层中，再进行泡田、整地、插秧。水稻施用长效复合肥（复混肥）后，一般不需要再进行追肥。

（2）小麦　每亩参考用量为10～15千克，在整地时一次基施，使肥料与土壤在整地过程中混拌均匀，翻入深约15厘米的土壤层中，再进行播种。一般不需再进行追肥。

（3）玉米　长效复合肥（复混肥）一次基施，不需要再进行追肥。施肥方法有全层施肥法、种间施肥法、侧位施肥法等3种，可根据具体条件加以选用。一般施肥深度为10～15厘米，为了避免烧种伤苗，肥料与种子之间的距离必须大于5厘米；施肥量应根据土壤肥力状况和玉米目标产量确定，一般肥力土壤的参考施肥量为50～60千克。

7. 无机包裹型复混肥料（复合肥料）

无机包裹型复混肥料（复合肥料）［inorganic material coated compound fertilizer (complex fertilizer)］，是指以一种或多种枸溶性或微溶性无机肥料、无机化合物或矿物为主，包裹水溶性颗粒肥料而形成的具有缓释性能的复混肥料（复合肥料）。包裹层通常由枸溶性钙镁磷肥、磷酸铵镁、磷矿粉、磷酸氢钙及含钙、镁、硅及微量元素的化合物的一种或几种所构成。被包裹物通常为粒状尿素、硝酸铵、硝酸钾，也可用粒状硝酸磷肥、磷酸一铵、磷酸二铵或经过预成粒的氯化钾、硫酸钾作为核芯。

缓释（效）肥料，是指养分所呈的化合物或物理状态，能在一段时间内缓慢释放供植物持续吸收利用的肥料。养分的缓释（缓效），是由于养分在肥料中所呈的物理状态，即水溶性肥料被非水溶性肥料所包裹，在土壤中能在一段时间内缓慢释放供植物持续吸收利用。也可以是由于养分本身所呈现的化合物，如钙镁磷肥、磷酸铵镁、磷酸氢钙都属于微溶性化合物，在土壤中能在一段时间内缓慢溶解供植物持续吸收利用。

分类 根据包裹层材料的不同可分为以下 2 种。

（1）Ⅰ型 以钙镁磷肥或磷酸氢钙为主要包裹层的无机包裹型复混肥料（复合肥料），可使核芯肥料实现适度缓释，在土壤中发挥较长时间的肥效。

（2）Ⅱ型 以磷酸铵镁类肥料为主要包裹层的无机包裹型复混肥料（复合肥料），其核芯肥料由于包裹层的物理作用而缓释。

质量标准 无机包裹型复混肥料（复合肥料）执行化工部行业推荐性标准 HG/T 4217—2011。该标准规定了无机包裹型复混肥料（复合肥料）的要求、试验方法、检验规则、标识、包装、运输和贮存。适用于以枸溶性或微溶性无机肥料、无机化合物及矿物为主，包裹水溶性肥料所形成的缓释复混肥料（复合肥料）。该标准不适用于硫包膜肥料。

① 外观。颗粒状产品，颗粒纵剖面有明显核芯肥料存在。

② 不同类型的产品应分别符合表 9-9、表 9-10 的要求，表中未列明的指标，按 GB 15063 的规定执行。

表 9-9 无机包裹型复混肥料（复合肥料）Ⅰ型产品的要求

项目		指标		
		高浓度	中浓度	低浓度
总养分($N+P_2O_5+K_2O$)质量分数/%	≥	40.0	30.0	25.0
水分(H_2O)质量分数/%	≤	2.0	2.5	5.0
粒度(1.00～4.75 毫米或 3.35～5.60 毫米)/%	≥	90	90	90
核芯包裹率/%	≥	90	95	95
缓释氮占总氮的质量分数/%	≥	40		

表 9-10 无机包裹型复混肥料（复合肥料）Ⅱ型产品的要求

项目		指标	
		高浓度	中浓度
总养分($N+P_2O_5+K_2O$)质量分数/%	≥	40.0	30.0
水分(H_2O)质量分数/%	≤	2.0	2.5
粒度(1.00～4.75 毫米或 3.35～5.60 毫米)/%	≥	90	90
缓释氮占总氮的质量分数/%	≥	50	70
核心包裹率/%	≥	90	95

③ 掺有一定量Ⅱ型产品的掺混肥料，应符合表 9-11 和包装标明值的要求。表

中未列明的指标，按 GB 21633 的规定执行。

表 9-11　掺有一定量Ⅱ型产品的掺混肥料的要求

项　　目		指标
缓释氮的质量分数/%	≥	4.0
中量元素单一养分的质量分数①(以单质计)/%	≥	2.0
微量元素单一养分的质量分数②(以单质计)/%	≥	0.02

① 包装容器上标明含有中量元素时，检测该项指标。

② 包装容器上标明含有微量元素时，检测该项指标。

该标准对标识、包装、运输和贮存做出了规定。

① 应标明产品的类型（Ⅰ型或Ⅱ型）。

② 含有部分Ⅱ型产品的掺混肥料的产品名称应为“掺混肥料”或“掺混肥料（BB 肥）”，产品名称下方可用小一号的宋体标注其特征。

③ 产品中若含有硝态氮，应在包装容器正面标明“含硝态氮”。产品中若含有尿素态氮，应在包装容器正面标明“含尿素态氮”和“含缩二脲，使用不当会对作物造成伤害”的警示语。

④ 应在包装容器上标明为“枸溶性磷”。

⑤ 氯离子的质量分数大于 3.0%的产品，应根据 GB 15063—2009 中 4.2 条要求的“氯离子的质量分数”，用汉字明确标注“含氯（低氯）”“含氯（中氯）”或“含氯（高氯）”，而不是标注“氯”“含 Cl”或“Cl”等。标明“含氯”的产品，包装容器上不应有忌氯作物的图片，也不应有“硫酸钾（型）”“硝酸钾（型）”“硫基”等容易导致用户误认为产品不含氯的标识。有“含氯（高氯）”标识的产品应在包装容器正面标明产品的适用作物品种和“使用不当会对作物造成伤害”的警示语。

⑥ 应标明生产许可证。

⑦ 产品外包装袋背面应有使用说明，内容包括：使用方法、适宜作物及不适宜作物、建议使用量等。

⑧ 每袋净含量应标明单一数值，如 50 千克。

⑨ 其余应符合 GB 18382。

⑩ 产品用符合 GB 8569 中对复混肥料（复合肥料）规定的材料进行包装，包装规格为 50.0 千克、40.0 千克、25.0 千克或 10.0 千克，每袋净含量允许范围分别为（50±0.5）千克、（40±0.4）千克、（25±0.25）千克、（10±0.1）千克，每批产品平均每袋净含量不得低于 50.0 千克、40.0 千克、25.0 千克、10.0 千克。也可使用供需双方协议确定的其他包装规格，允许的短缺量为净含量的 1%。

⑪在标明的每袋净含量范围内的产品中有添加物时，必须与原物料混合均匀，不得以小包装形式放入包装袋中。

⑫在符合 GB 8569 规定的前提下，宜使用经济实用型包装。

⑬产品应贮存于阴凉、干燥处，在运输过程中应防潮、防晒、防包装袋破裂。

第三节　控释肥料

控释肥料（controlled release fertilizer），是指能按照设定的释放率（%）和释放期（天）来控制养分释放的肥料。控释肥料中具有控释效果的氮、钾中的一种或两种养分统称控释养分，控释养分定量表述时不包含没有控释效果的那部分养分量。如配合式为15-15-15的三元控释复混肥料中有占肥料总质量10%的氮具有控释效果，则称氮为控释养分，定量表述时，则指10%的氮为控释养分。控释养分的释放时间，以控释养分在25℃净水中浸提开始至达到80%的累积养分释放率所需的时间（天）来表示。

控释肥释放原理　控释肥释放原理是肥料中的养分从固态变成液态的过程中，其释放的速率与作物吸收养分的规律相吻合，这样作物吸收养分多的时候，就释放的多，吸收少的时候就释放的少，极大限度地提高了肥料的利用率。当肥料施入土壤后，土壤水分从膜孔进入，溶解了一部分养分，然后通过膜孔释放出来，当温度升高时，植物生长加快，养分需求量加大，肥料释放速率也随之加快；当温度降低时，植物生长缓慢或休眠，肥料释放速率也随之变慢或停止释放。另外，作物吸收养分多时，肥料颗粒膜外侧养分浓度下降，造成膜内外浓度梯度增大，肥料释放速率加快，从而使养分释放模式与作物需肥规律相一致，使肥料利用率最大化。

控释肥优点

① 提高了肥料利用率。为防止供肥过剩，肥料养分采用缓慢释放的形式，改变了普通速溶肥料养分供应过于集中的特点，减少了营养元素的损失；与普通化肥和复合肥相比，控释肥的养分释放曲线与作物的需求变化曲线更为接近，即利用率更高，因而对作物的生长更为有利。一般控释肥利用率可提高10%～30%。

② 提高了作物产量和质量。控释肥肥效期长、稳定，能源源不断地供给农作物在整个生长期所需的养分，比常规施肥技术每亩产量增加10%～25%。

③ 减少了施肥的数量和次数，节省施肥劳动力，节约成本。在目标产量相同的情况下，使用控释肥料比传统肥料可减少10%～40%的用量；大多数作物控释肥只需进行一次施肥，不需再次追肥，可有效降低劳动成本。

④ 消除了化肥淋、退、挥发、固定的问题，减轻了施肥对环境的污染。控释肥提高了肥料利用率，有效减少养分蒸发、渗入地下或流入河流，减轻化肥面源污染，提高土壤肥力。

⑤ 有效节约了能源。

质量标准　控释肥料执行化工行业推荐性标准HG/T 4215—2011。该标准规定了控释肥料的术语、要求、试验方法、检验规则、标识、包装、运输和贮存。适用于由各种工艺加工而成的单一、复混（合）、掺混（BB）控释肥料。

① 外观。颗粒状产品，无机械杂质。

② 控释肥料产品应符合表 9-12 和包装标明值的要求，除表中的指标外，其他指标应符合相应的产品标准的规定，如复混肥料（复合肥料）、掺混肥料中的氯离子含量、尿素中的缩二脲含量等。

表 9-12　控释肥料的要求

项　　目	指　　标	
	高浓度	低浓度
总养分($N+P_2O_5+K_2O$)的质量分数[①]/%	40.0	30.0
水溶性磷占有效磷的质量分数[②]/%	60	50
水分(H_2O)的质量分数[③]/%	2.0	2.5
粒度(1.00～4.75 毫米或 3.35～5.60 毫米)/%	90	
养分释放期[④]/%	标明值	
初期养分释放率[⑤]/%	12	
28 天累积养分释放率[⑤]/%	75	
养分释放期的累积养分释放率[⑤]/%	80	

① 总养分可以是氮、磷、钾三种或两种之和，也可以是氮和钾中的任何一种养分。三元或二元控释肥料的单一养分含量不得低于 4.0%。

② 以钙镁磷肥等枸溶性磷肥为基础磷肥并在包装袋上注明为“枸溶性磷”的产品、未标明磷含量的产品、控释氮肥以及控释钾肥，“水溶性磷占有效磷的质量分数”这一指标不做检验和判定。

③ 水分以出厂检验数据为准。

④ 应以单一数值标注养分释放期，其允许差为 20%。如标明值为 180 天，累积养分释放率达到 80%的时间允许范围为（180±36）天；如标明值为 90 天，累积养分释放率达到 80%的时间允许范围为（90±18）天。

⑤ 三元或二元控释肥料的养分释放率用总氮释放率表征；对于不含氮的控释肥料，其养分释放率用钾释放率来表征。

该标准对标识、包装、运输和贮存做出了规定。

① 产品名称应是已有国家标准或行业标准的核芯肥料名称前加上“控释”字样。

② 应在包装袋上标明总养分含量、配合式、养分释放期、控释养分种类、第 7 天及第 28 天和标明释放期的累积养分释放率（应以确定数值标明），模拟养分释放期的温度（100℃或 60℃）和模拟试验累积养分释放率达到 80%所需要的时间，北方地区和越冬作物宜标注 15℃的养分释放期。实行生产许可证管理的产品应标注生产许可证号。

③ 产品使用说明应印刷在包装袋背面，其内容包括：产品名称、施用方法、主要适用作物和区域、贮存与注意事项等。

④ 包装容器上标有“控释”字样的部分控释肥料应标明控释养分的种类和相应的控释养分量。

⑤ 每袋净含量应标明单一数值，如 50 千克。

⑥ 其余应执行 GB 18382 中的规定。

⑦ 50 千克、40 千克、25 千克、10 千克、5 千克规格的产品包装材料应按 GB 8569 中对复混肥料产品的规定进行。1000 克、500 克、250 克、100 克规格的产品可采用外包装为纸箱，内包装为塑料袋的组合包装，允许的短缺量为净含量的 1%，平均每袋（箱或盒）净含量分别不低于 50.0 千克、40.0 千克、25.0 千克、10.0 千克、5.0 千克、1000 克、500 克、250 克和 100 克。

⑧ 在标明的每袋（箱或盒）净含量范围内的产品中有添加物时，必须与原物料混合均匀，不得以小包装形式放入包装袋中。

⑨ 宜使用经济实用型包装。

⑩ 产品应贮存于阴凉、干燥处，在运输过程中应防潮、防晒、防破损。

简易鉴别方法

一是分别将控释肥和普通复合肥放在两个盛满水的玻璃杯里，轻轻搅拌几分钟，复合肥会较快溶解，颗粒变小或完全溶解，水呈混浊状，而控释肥则不会溶解，且水质清澈，无杂质，颗粒周围有气泡冒出。

二是因为控释肥的核芯是氮磷钾复合肥料，所以，将剥去外壳的控释肥放在水中，会较快溶解，若剥去外壳不溶解的，是劣质肥料或是假肥料。

三是不能根据颜色辨别。有些厂家防冒控释肥的颜色，把普通肥做成与控释肥相同的颜色，如果放在水里控释肥脱色，水质浑浊且带色，说明是仿冒产品，真正的控释肥外膜是不脱色的。

施用效果与技术 控释肥在农业上的施用范围非常广泛，粮食作物、经济和油料作物以及蔬菜瓜果等均可以应用，但具体的施用方法和施用量因作物不同而不同。

（1）小麦 作基肥使用，一般每亩施控释肥 40 千克左右，宜撒施或条施。撒施：在整地前均匀撒施于地表，然后翻地耙平，播种小麦。条施：先整地耙平，然后用机械条播，一行麦种间隔一行肥料，肥料施在种子的侧下方，深 6～8 厘米，并覆土。生产中要根据土壤肥力和产量确定具体施肥量，高产麦田需要较高的施肥量；要根据麦田的保肥保水能力确定是否需要追肥，砂性土壤要视苗情追肥；注意种肥隔离，以 5～10 厘米为宜。

小麦使用控释肥后，在小麦的生长初期，表现为出苗全，麦苗长势旺，苗壮、苗青、苗高；在返青分蘖期，表现为返青快，分蘖多；在生长中后期，表现为株高苗壮，叶片宽厚肥大，叶色呈现深绿色，根系发达，很少有倒伏现象；在结穗期，表现为无效穗少，成穗率提高 15%～20%，穗大且多，产量高，平均每亩产量增加 15%左右；同时在整个生长期，麦苗生产健壮，抗病虫害能力强，病虫害发生很轻。

（2）玉米　一般玉米田块每亩用40～50千克，在玉米苗期一次施入作为底肥，穴施或条施，距根5～10厘米施用，注意覆土，不要把肥料直接撒施在土壤表面。施用量要根据目标产量而定，超高产玉米田块，每增加100千克的玉米产量，需增加施用量10～15千克。

玉米使用控释肥后，根系比较发达，固定根粗壮；前期控制幼苗长势，增强抗倒伏性；发育期植株长势健壮，根系发达，叶片肥厚，叶色深绿，光合作用强；成熟期棒大，籽粒饱满，秃顶小，产量提高。

（3）水稻　一般在插秧前一次性均匀撒施于地表，耕翻后种植，一般每亩施控释肥35～40千克。

水稻使用控释肥后，秧苗平均高度增加，有效分蘖增多，并减少了无效分蘖；生长期叶色较深，秸秆强壮，抗倒伏；穗期成穗多，穗大，籽粒饱满，结实率提高，产量提高。

（4）棉花　可在距离棉苗15厘米处沟施或穴施，施后覆土；施用量因产量、地力不同而异，一般每亩施用量为35～40千克。

棉花使用控释肥后，苗期植株叶片较厚；在花铃期生长旺盛，现蕾数多，结铃多，铃大；开花结铃期长，增产效果明显。

（5）花生　以低氮高磷高钾型配方为好。作为底肥条沟施用，施用量因产量、地力不同而异，一般每亩施用量为20～40千克。

花生使用控释肥后，花生叶色浓绿，植株平均较高，荚果数量多，籽粒饱满，荚果成熟较早，根系比较发达，单株果数、单株果重和饱仁重都明显提高，产量得到显著提高。同时提高了花生籽粒蛋白质的含量，花生籽粒中脂肪含量、可溶性糖的含量、维生素C的含量及氨基酸的含量也不同程度地得到提高，花生的品质也得到明显的改善。

（6）苹果、桃、梨等果树　可在离树干1米左右的地方呈放射状或环状沟施，深20～40厘米左右，近树干稍浅，树冠外围较深，然后将控释肥施入后埋土。应根据控释肥的释放期，决定追肥的间隔时间。一般情况下，结果果树每株0.5～1.5千克，未结果果树每亩施50千克。

果树使用控释肥后，树势强壮，叶片浓绿，叶片较厚；果实较大，均匀，颜色鲜亮；结果多，产量提高；在部分树种上果实硬度、可溶性固形物、维生素C含量等提高，品质提高明显。

（7）葡萄　控释肥在葡萄上施用可分四个阶段：第一阶段是在葡萄萌芽以后长到15～20厘米，每亩追施40千克控释肥加5～10千克氮肥；第二阶段是葡萄谢花以后，葡萄长到黄豆粒大小时再追施60千克左右控释肥；第三阶段是葡萄开始膨大时，也就是着色这个阶段，可以再追施60千克控释肥；第四个阶段是葡萄下架以后，挑出沟来，施有机肥，每亩施2000～2500千克，也可以适当地施15～25千克控释肥，采用条沟施比较合适，距离葡萄40厘米左右，呈三角式犁沟，埋好土以后，再跟一遍水，尽量不要透气和干燥。

葡萄使用控释肥后，葡萄植株长势好，显著降低了葡萄的新梢长度和节间长度，新梢夏芽萌发的副梢数量明显减少，枝蔓粗壮；叶片颜色浓绿、叶片较厚；果实较大、穗整齐、果实成熟较早，着色比较均匀，成熟期提前2～3天左右，糖度显著提高。

(8) 蔬菜　科学配合有机肥施用，一般亩施用控释肥35～50千克。可撒施，均匀撒于地表，翻耕、耧平耙实，也可沟施，深度6～8厘米，覆土。适宜在生长期较长（不低于50天）的蔬菜上施用，每收获一批产品，需要冲施20千克左右的冲施肥；种肥相距5～6厘米为宜；重视蔬菜田的轮作。

蔬菜使用控释肥后，植株比较健壮，抗病、抗逆性较强。在番茄上应用，后期能明显促进番茄的生长发育，株高、茎粗显著增加，颜色浓绿，果实着色、个头较均匀，脐腐病的发病轻；番茄品质明显改善（糖酸比、维生素C和可溶性蛋白含量增加，硝酸盐含量降低）。大葱施用控释肥株高、茎粗、葱白长均有所提高，产量（增产22.0%以上）和品质提高明显（维生素C含量提高1.64%～24.29%，硝态氮含量降低23.18%～39.71%）。

(9) 马铃薯　用于底肥，每亩施控释肥75～90千克，集中条沟施，覆土；种肥相距5～6厘米为宜。

试验表明，施用控释肥平均使马铃薯株高增加5.94%，茎粗增加9.04%，叶绿素含量增加5.55%；干物质量提高8.86%，单块茎重提高11%，产量提高8.35%；病害减少，地下害虫危害量减轻，薯块色泽好，无虫眼；维生素C和可溶性糖含量增加，品质提高。

控释肥使用注意事项

① 肥料种类的选择。目前控释肥根据不同控释时期和养分含量不同有多个种类，不同控释时期主要对应于作物生育期的长短，不同养分含量主要对应于不同作物的需肥量，因此施肥过程中一定要有针对性地选择施用。

② 施用时期。控释肥一定要作基肥或前期追肥，即在作物播种时或在播种后的幼苗生长期施用。

③ 施用量。建议农作物单位面积控释肥的用量按照往年施肥量的80%进行施用，要根据不同目标产量和土壤条件相应适当增减。

④ 施用方法。施用控释肥要做到种肥隔离，沟（条）施覆土，像玉米、棉花等一般要求种子和肥料的间隔距离在7～10厘米，施入土中的深度在10厘米左右。

第四节　稳定性肥料

稳定性肥料（stabitized fertilizer），是指经过一定工艺加入脲酶抑制剂和（或）

硝化抑制剂，施入土壤后能通过脲酶抑制剂抑制尿素的水解，和（或）通过硝化抑制剂抑制铵态氮的硝化，使肥效期得到延长的一类含氮肥料（包括含氮的二元或三元肥料和单质氮肥）。它的核心作用就是作稳定肥料的添加剂，也就是抑制剂。

为了保证粮食安全生产，需要优质肥料的配套，需要利用率高、对环境安全的肥料，即需要稳定性肥料，以逐步解决肥料利用率低的问题。另外，我国目前土地在向集中机械化管理的过渡当中，也需要新型肥料与其配套。近年来，我国在推行秸秆还田、免耕等技术，都需要一次性施肥，才能应用现代化的农业技术。另外，农村的劳动力大量向城市集中，城市化以后，农村的经营大部分都由老年人和妇女来承担，急需要简化耕播管理过程，一个重要方面就是施肥的简化。

主要类型 第一类是稳定性的复合氮肥；第二类是稳定性的尿素；第三类是稳定性复合肥，包括目前推向市场的长效二铵；第四类是稳定性掺混肥。

主要特点

（1）肥效期长，具有一定可控性　稳定性肥料供给养分有效期可达110～120天，可满足我国绝大多数农作物全生育期对养分的需求，有效期的长短在50～120天内可调控，并可依照不同作物、不同土壤、不同气候条件进行调整。

（2）养分利用率高　稳定性肥料采取控制释放与保护有效性相结合的技术体系，使其释放与作物生长需求相协调，因而提高了利用率，平均养分利用率可达42%～45%，其中氮素利用率达40%～45%，磷利用率为25%～30%，比普通肥料利用率提高12%～15%。

（3）平稳供给养分，增产效果明显　稳定性肥料应用在不同作物上，增产效果明显。作物平均增产幅度在10%以上，减少20%用肥量不减产。

（4）提升施肥技术水平　东北春玉米及中原夏玉米“免追”施肥技术；小麦、水稻“减氮少追”施肥技术；马铃薯、辣椒“高产”施肥技术都可以在稳定性肥料的帮助下实现。

（5）环境友好，降低面源污染　稳定性肥料通过提高利用率，降低了硝酸根、亚硝酸根及氧化亚氮对水体和大气的污染，避免了传统包膜肥料外壳热固、热塑性树脂材料累积污染。

（6）成本低　成本增加只有普通复合肥的2%～3%。

质量标准 稳定性肥料执行化工行业推荐性标准HG/T 4135—2010，该标准规定了稳定性肥料的定义、要求、试验方法、检验规则、标识、包装、运输和贮存。适用于添加脲酶抑制剂（在一段时间内通过抑制土壤脲酶的活性，从而减缓尿素水解的一类物质，称脲酶抑制剂）和（或）硝化抑制剂（在一段时间内通过抑制亚硝化单胞菌属活性，从而减缓铵态氮向硝态氮转化的一类物质，称硝化抑制剂）生产的含氮（含酰胺态氮/铵态氮）稳定性肥料（添加脲酶抑制剂的肥料应含尿素）。该标准不适用于通过改变肥料的结构或者在肥料颗粒外包膜而生产的肥料，也不适用于氮源仅为硝态氮的肥料。

(1) 外观　颗粒状或粉状，无机械杂质。

(2) 稳定性肥料应符合表9-13的要求，同时应符合相应的基质肥料标准要求和包装容器上的标明值。

表9-13　稳定性肥料要求

项目	稳定性肥料1型① (仅含脲酶抑制剂)	稳定性肥料2型 (仅含硝化抑制剂)	稳定性肥料3型① (同时含有两种抑制剂)
尿素残留差异率/%　≥	25	—	25
硝化抑制率/%　≥	—	6	6

① 1型和3型产品应含尿素。

该标准对标识、包装、运输和贮存做出了规定。

(1) 标识

① 产品说明书应印刷在包装袋反面或者放在包装袋内，其内容包括：产品名称、使用方法、贮存、氮养分类型和含量及注意事项。编写应符合GB/T 9969的规定。

② 应在包装袋上标明：产品名称、添加抑制剂的类型（注明添加硝化抑制剂和/或脲酶抑制剂）和本标准编号。

注：产品名称应按基质肥料（未加脲酶抑制剂和/或硝化抑制剂的相同种类并等氮量肥料，即稳定性肥料除了脲酶抑制剂和硝化抑制剂以外剩余的部分，称基质肥料）的种类确定，如基质肥料为尿素时，产品名称为稳定性尿素；如基质肥料为复混肥料时，产品名称为稳定性复混肥料。

③ 应在包装袋背面以中号或小号字体标明酰胺态氮和铵态氮占总氮的比例。

④ 其余应符合相应基质肥料和GB 18382的规定。

(2) 包装、运输和贮存

① 产品应使用符合GB 8569要求的材料包装，每个包装袋净含量（50±0.5）千克、（40±0.4）千克、（25±0.25）千克、（5±0.05）千克，平均每袋净含量不低于50.0千克、40.0千克、25.0千克、5.0千克。

② 在标明的每袋净含量范围内的产品中有添加物时，必须与原物料混合均匀，不得以小包装形式放入包装袋中。

③ 产品应贮存于阴凉、干燥处，在运输过程中应防潮、防晒、防破损。

施用注意事项

① 稳定性肥料的特点就是速效性慢，持久性好，为了达到肥效的快速吸收，和普通肥料相比，需要提前几天施用。

② 理论上稳定性肥料管的久，肥效达到90～120天，常见蔬菜、大田作物一季施用一次就可以了，注意配合使用有机肥，效果理想。

③ 如果是作物生长前期以长势为主，需要补充氮肥，见效快，不如尿素。

④ 稳定性肥料溶解比较慢，适合作底肥。

⑤ 各地的土壤墒情、气候、水分、土质、质地不一样，需要根据作物生长状况进行肥料补充。

⑥ 稳定性肥料是在普通肥料的基础上添加一种肥料增效剂，增效剂主要是达到肥效缓释的作用。

第十章 新型肥料

第一节 海藻肥

海藻肥（seaweed fertilizer），是以海藻为原料，通过生物酶、酸碱降解等生化工艺分离浓缩得到的天然海藻提取物或与其他营养物质科学地进行复配，是一种新型的绿色肥料。海藻肥的原料是天然大型经济类海藻，如巨藻、泡叶藻、海囊藻等。海藻肥的发展经历了三个阶段：腐烂海藻→海藻灰（粉）→海藻提取液。因此，海藻肥在国外市场也被称为海藻精、海藻粉、海藻灰。

海藻肥的种类 海藻肥种类覆盖撒施肥、叶面肥、基施肥、冲施肥、有机-无机复混肥、生根剂、拌种剂、瓜果增光剂、农药稀释剂、花卉专用肥、草坪专用肥等多个类型。大部分产品都是以海藻粉为基础原料，与大量元素等复配，按可溶性肥标准登记。单独的海藻粉目前没有相关国家标准。

作用机理

（1）海藻肥对作物的作用机理 由于海藻生长在海水中，所以特殊的生长环境使海藻除了含有陆生植物所具有的化学成分之外，还含有许多陆地植物不可比拟的多种营养物质，如海藻多糖、甘露醇、酚类多聚物、甜菜碱、褐藻糖胶。另外，海藻肥中还含有大量的吲哚乙酸、脱落酸、细胞激动素、赤霉素等植物生长活性物质和碘、钾、镁、锰、钛等矿物质元素。

海藻中的海藻多糖、酚类多聚物、甜菜碱，具有促进植物体内有机物和无机物的上下输送导向、调节细胞渗透的作用，能促进作物生长，诱发作物产生抗逆因子，提高作物机体免疫力活性，增强作物抗病性，对植物体内的一系列酶有保护作用。海藻中的褐藻糖胶具有抗病毒、抗氧化的作用，可提高作物免疫系统功能，调节和增强作物免疫力，阻止作物对重金属及其他毒素的吸收。海藻中的甘露醇具有参与机体光合作用、调节机体营养渗透平衡的作用，能迅速修复、愈合伤口，疏通作物受阻维管束。海藻中的酚类多聚物、甜菜碱还具有驱虫和抗真菌等功能。

海藻中的内源激素细胞激动素，能促进细胞分裂、细胞体扩大，能打破种子休眠并促其萌发，能促进侧芽生长和抑制作物衰老等。海藻中还含有赤霉素及吲哚乙酸、吲哚丁酸等生长素，可打破种子休眠，促进作物生长，诱导作物开花。同时，也能促进木质部、韧皮部细胞分化，刺激新根的形成，促进插条发根。

(2) 海藻肥对土壤的作用机理　土壤中缺乏有机质，不但使土壤中微生物菌群的繁殖和生长受到抑制，所施肥料中的氮、磷、钾等营养物质不能被分解成作物能够吸收的营养，造成肥料的极大浪费，而且减少土壤有机胶体，造成土壤板结，甚至盐渍化。

海藻肥有机活性物质非常丰富，有机质含量大于18%，可使土壤形成团粒结构，透气、保水，提高地温，非常有利于微生物菌群的繁殖和生长。这些微生物可在植物、微生物代谢物循环中起到催化剂的作用，使土壤的生物效力增加，同时有机质的分解及土壤微生物的代谢物可为植物提供更多的养分。

海藻肥中含有的海藻酸是天然土壤调理物质，促进土壤团粒结构的形成，可增加土壤生物活力，内含的活性酶类可增加土壤中的有益微生物，具有改良土壤、增加土壤肥力的作用，减轻农药、化肥等有害物质对土壤的污染。

海藻肥含有的天然化合物如海藻酸钠，是天然土壤调理剂，有利于形成水稳性团粒结构不可缺少的胶结物质——土壤有机胶体，促进、改良土壤团粒结构，有助于黏性土形成良好的结构，改善土壤内部孔隙空间，恢复由于土壤负担过重和化学污染而失去的天然胶质平衡，增加土壤生物活力，促进速效养分的释放，提高土壤保肥、蓄水的能力，也能提高土壤对酸碱的缓冲性。同时，也有利于作物根系生长和提高作物的抗逆性。

因此，海藻肥不仅可以为作物生长提供较丰富的营养，促进作物的增产，还可在提高土壤保水、保肥能力，减少养分流失，减少化肥用量，提高化肥利用率等方面发挥十分显著的作用。

应用情况　海藻肥在英国、美国、加拿大、南非等国家大量应用于农业及园艺等方面，已有30多年的历史，被列入有机食品生产专用肥料，是天然、高效、新型的有机肥。我国仅大型经济海藻就有100多种，其中不乏高肥效的海藻种类，资源十分丰富，由于与化学肥料相比，在增产、抗逆、天然性和无毒副作用等方面具有不可比拟的优势，已经成为化肥界发展的趋势，国内从20世纪90年代开始研究，生产厂家和产品日见增多，有些已出口，国内市场正处于前期开发阶段，市场前景看好。

主要特点

(1) 营养丰富　海藻肥中的核心物质是纯天然海藻提取物，天然海藻经过特殊生化工艺处理，极大地保留了天然的活性组分，含有大量的非含氮有机物、钾、钠、钙、镁、锰、钼、铁、锌、硼、铜、碘等40多种矿物质和丰富的维生素，特别是含有海藻中所特有的海藻低聚糖、甘露醇、海藻酶、甜菜碱、藻朊酸、高度不饱和脂肪酸，完整保留下有益特殊菌株在发酵繁殖过程中分泌的促进作物生长的各种天然激素，具有很高的生物活性，可刺激植物体内非特异活性因子的产生，调节内源激素的平衡，在农业生产上能够起到改良土壤、提高作物产量、改善作物品质的作用，被誉为继有机肥、化肥、生物肥之后的第四代肥料。还可增强作物根系活力，提高根系吸收养分能力，促进作物生长发育，保花保果。

（2）易被吸收　海藻肥中的有效成分经过特殊处理后，呈极易被植物吸收的活性状态，在施用后2～3小时进入植物体内，并具有很快的吸收传导速度。海藻肥中的海藻酸可以降低水的表面张力，在植物表面形成一层薄膜，增大了接触面积，水溶性物质比较容易透过茎叶表面细胞膜进入植物细胞，使植物有效地吸收海藻提取液中的营养成分。

（3）肥药合一　海藻肥含有防治作物病害的特殊菌株，可有效抑制减少土壤中的病杂菌数量，以菌治菌，增加土壤中有益菌的数量，改善土壤的微生态环境，对经济作物重茬造成的枯萎、黄萎、根腐、病毒等死棵的防治效果显著。甘露醇、碘、甜菜碱等成分具有天然抗菌、抗病毒的作用。甜菜碱、碘、萜酚、低聚糖等对蚜虫、根结线虫等具有驱赶作用。

（4）改良土壤　海藻肥是一种天然生物制剂，可与植物-土壤生态系统和谐地起作用。直接使土壤或通过植物使土壤增加有机质，激活土壤中的各种微生物。海藻肥含有的天然化合物，如藻朊酸钠是天然土壤调整剂，能促进土壤团粒结构的形成，改善土壤孔隙空间，协调土壤中固、液、气三者比例，恢复由于土壤负担过重和化学污染而失去的胶质平衡，增加土壤生物活性及速效养分的释放速度，有利于根系生长，提高作物抗旱、抗寒、抗涝的能力，诱导作物产生防御机制。

（5）肥效持久　海藻肥中激活的各种有益微生物能充分分解利用土壤中残留的氮、磷、钾等养分，提高有机肥的利用率，并将有机物中的蛋白质、脂肪、核酸及多糖类物质分解成植物生长所需的天然氨基酸、脂肪酸、核糖酸、核苷酸与葡萄糖，为植物提供更多的养分。同时海藻多糖及腐植酸等形成的螯合系统可以使营养缓慢释放，延长肥效。

（6）安全无害　海藻肥的主要原材料采用天然海藻和优质菌株，通过先进的生化提取技术与深层液体发酵工艺生产而成，整个生产过程中不添加任何激素。海藻肥不但促进作物生长显著，而且其成分中的海藻提取物及有益菌株既可稳定地降解土壤中的有毒物质，又可抑制作物对亚硝酸盐等有害物质的吸收，对人、畜无毒无害，对环境无污染。

主要功效

① 调节生理代谢，提高开花、坐果率，使作物早开花，早结果，提早上市5～7天。

② 改善作物品质，使果实着色好，畸形果少，口味好，不裂果，提早成熟，耐贮运。使叶菜叶色鲜绿，有光泽，纤维少，质脆嫩，味道鲜；使根菜类蔬菜脆嫩多汁，表皮光滑，形状整齐。

③ 增强作物抗逆性，对作物有明显的生长促进作用，增产幅度达10%～30%。能有效提高作物根系发育，激发作物细胞活力，增强光合作用，营造强壮苗，提高作物抗寒、抗旱能力，并对蚜虫、灰霉病、花叶病有明显防效。

④ 促进生根发芽，弱苗变壮苗，能迅速恢复僵苗、黄叶、卷叶、落叶等。提高矿物质养分的吸收利用，促进根系发育，利于壮苗育成；促进植株生长旺盛、健壮。

⑤ 改良土壤，培肥地力，促进作物根系发育，有效预防土传病害发生。

⑥ 肥料养分全面均衡，迅速纠正缺素症状，使叶菜作物叶形丰满，叶片肥壮浓绿，防治脆叶、烧叶及干尖。

⑦ 缓解病虫害、肥害、药害，无毒、无公害、无副作用。

施用方法 海藻肥适用于各种蔬菜、果树、瓜果、粮、棉、油、茶等作物。海藻肥产品的施用方法很多，最广泛的是叶面喷施，但种子处理也被证明对于促进提早发芽和提高生长初期抗逆能力十分有效。土壤施用和灌根在一些地区也可采用。越来越多的实践表明，海藻肥也可以成功应用于喷灌系统和灌肥系统。对于颗粒状海藻肥，可作底肥和追肥，可人工撒施、冲施或机械施用，方便、省工。

对于高效和海藻提取物浓缩液肥或可溶性粉末，在使用之前应加水稀释。常见的施用方法如下。

（1）叶面喷施　配成1∶（500～1000）倍水溶液均匀喷施于植物叶面和花果上，一般在作物出苗后2～3片真叶，或在定植后7天左右开始喷施。以后每隔14～21天喷施一次，可喷施3～6次。

（2）灌根　配成1∶（1000～2000）倍水溶液，每株浇灌100毫升，以后每隔14～21天浇灌一次，共3～4次。

（3）浸种　配成1∶300倍水溶液，根据作物不同分别浸种2～12小时后播种。

以下以雷力海藻肥在辣椒上的应用技术为例说明其使用方法。

① 温汤浸种。在50～55℃温水中处理15分钟左右，待水温降到20～30℃，加入雷力2000复合液肥800倍液浸种8～12小时。最后捞出洗净用纱布包好进行催芽。雷力2000浸种对种子发芽和病害的防治有很好的效果。

② 在移栽前1周喷施。叶面喷施雷力2000复合液肥1000倍液和极可善1000倍液，有利于移栽后的缓苗和旺盛生长，增强植株的抗性。

③ 以有机肥为主施用底肥。配合施用速效化肥。每亩施入腐熟有机肥3000千克+25%（氮、磷、钾比为10∶6∶9）雷力复混肥50千克。这样可以改良土壤结构，增强土壤通透性，利于保肥保水，促进辣椒的吸收。

④ 中期管理。定植后5～7天，结合浇缓苗水，每亩用高氮雷力海藻肥10千克兑水冲施。为苗期的迅速生长提供充足的氮元素，促苗壮苗。以后根据苗情每10～15天可冲施1次，每亩用雷力海藻肥10～12千克。同时叶面配合喷施雷力2000的1000倍液和极可善1000倍液，对预防病虫害有较好的效果。在花前3天叶面施用雷力朋友情1000倍液以补充硼元素，减少落花落果，提高坐果率，对提

高产量有显著效果。

⑤ 膨果期施用。这个时期以补充钾和钙为主，适当补充氮肥。初结椒 5 天左右，每亩施用雷力高钾海藻肥 15 千克，叶面喷施雷力 2000 的 1000 倍液和雷力营养液钙 1000 倍液。

⑥ 进入盛果期以后，每 10～15 天，亩用雷力海藻肥 10～12 千克对水冲施，以防止辣椒早衰，从而保证高产。

全程施用雷力海藻肥，对辣椒的品质改善有显著效果。

应用效果

（1）蔬菜　在苗期和生长期施用，可增加叶片厚度和叶绿素含量，减轻病虫害，提高产量。茄子：坐果多，果皮光滑，果肉紧实，硬度大，无畸形果，着色好，长茄果直而色重，茄果圆滑而色艳。黄瓜：瓜密、瓜条直，粗细均匀，色度亮，香味浓。生姜：叶片挺立增厚、叶色浓绿、不早衰，收获期植株比对照增高 5～10 厘米，分枝多 5～6 个，姜芽粗壮、表皮光滑、姜味辣甜。辣椒：易坐果，长椒果直而鲜艳，圆椒果圆光滑色亮，均表现为皮增厚、无畸形果。胡萝卜：肉直根膨大快、充实、个大、脆甜、光滑、无毛根、无裂口、不弯曲。芹菜：叶片鲜嫩，无黄叶、烂叶，叶柄宽厚、纤维少，口感极佳，一般比对照高 10～15 厘米。西瓜：瓜膨大快、肉质紧实，瓜大皮色重，含糖一般提高 2%～3%，耐贮运。番茄：果大肉密、色艳蜜甜，无畸形果，无脐腐病。

（2）水稻、小麦　在苗期、分蘖期、抽穗灌浆期施用，可增强抗逆性，促进分蘖，减少空秕粒，提高千粒重和产量。

（3）玉米　在苗期、孕穗期、吐丝灌浆期施用，可增强抗逆性，促进籽实饱满，提高产量。

（4）花生、大豆　在生长期、花期、结荚期施用，可提高结实率，提高产量。

（5）油菜　在苗期、始花期和结荚期施用，可提高结实率，提高产量，提高出油率。

（6）棉花　在苗期、蕾期和棉铃期施用，可促进生长，减少落蕾落铃，驱避棉蚜，减轻病害，提高产量。

（7）水果　在春梢期、花期、果期、着色期和收获后施用，可促进花芽分化，减少落花落果，促进果实膨大，着色鲜艳，提高果实含糖量，提高产量。

（8）烟草　在苗期、生长期施用，可改善品质，提高产量。

（9）茶叶　在萌芽期、生长期和采摘后施用，可促进发芽，使叶长厚实，改善品质，提高产量。

注意事项　使用前必须充分摇匀，海藻肥一般为中性，可与其他大多数农药混合施用，混用时增强农药的附着力和渗透力，提高药效，但不宜与强碱性农药混用。

宜于晴天露水干后上午 8～10 时或下午 3～5 时喷施，施药后 4 小时内遇雨应补施。

使用的间隔时间不要少于 7 天，太短不利于发挥其肥效。

禁止使用金属容器，储存于阴凉干燥处，避免直射光。

第二节　甲壳素肥料

甲壳素（chitosan）是一种多糖类生物高分子，在自然界中广泛存在于低等生物菌类，藻类的细胞，节肢动物虾、蟹、昆虫的外壳，软体动物（如鱿鱼、乌贼）的内壳和软骨，高等植物的细胞壁等中。甲壳素是一种天然高分子聚合物，属于氨基多糖，甲壳素的化学结构与植物中广泛存在的纤维素结构非常相似，故又称为动物纤维素，是目前世界上唯一含阳离子的可食性动物纤维，也是继蛋白质、糖、脂肪、维生素、矿物质以外的第六生命要素。

甲壳类动物经过处理后生成的甲壳素和衍生物聚糖，在农业生产上的应用主要表现为可作生物肥料、生物农药、植物生长调节剂、土壤改良剂、农用保鲜防腐剂、饲料添加剂等。作为新一代的肥料产品，甲壳素肥料可谓多种功能融为一体，各种优点集于一身，特别适合生产无公害、绿色、有机农产品，对于提升国内农产品的市场竞争力，改善农业生态环境，具有重要的意义和广阔的应用前景。21 世纪将是甲壳素的大研究、大开发、大应用时代。

作用机理

（1）对土壤生态环境的改善作用

① 培养基作用。甲壳素是土壤有益微生物的营养源和保健品，是土壤有益微生物的良好培养基，对土壤微生物区系有良好的识别作用。灌根 1 次，15 天后，纤维分解细菌、自生固氮细菌、乳酸细菌等有益菌增加 10 倍；放线菌增加 30 倍；常见霉菌等有害菌减少到原来的 1/10，其他丝状真菌减少到原来的 1/15。

② 有益微生物的综合作用。放线菌分泌出的抗生素类物质可抑制有害菌（腐霉菌、丝核菌、尖镰孢菌、疫霉菌等）的生长。纤维素分解菌可加速土壤中有机质的矿化分解速度，分解成氮、磷、钾、微量元素及形成黄腐酸、褐腐酸等有机物质，为植物生长提供充足营养；自生固氮细菌可固定空气中的氮，提高土壤中氮的水平，减少氮肥的使用量。

③ 改良土壤。微生物的大量繁殖可促进土壤团粒结构的形成，改善土壤的理化性质，增强土壤的透气性和保水保肥能力，为根系提供良好的土壤微生态环境，使土壤中的多种养分处于有效活化状态，可提高养分利用率，减少化学肥料用量。

④ 螯合微量元素。甲壳素分子结构中含有$-NH_2$（氨基），与微量元素铁、铜、锰、锌、钼等能产生螯合作用，使肥料中的微量元素有效态养分增加，同时使被土壤固定的微量元素养分释放出来，供作物吸收利用，从而提高肥效。

(2) 对植物本身的整体调节和对细胞的活化作用

① 诱导抗病抗逆性。甲壳素诱导植物的结构抗病性，如使植物的细胞壁加厚或木质化程度增强；可迅速活化细胞，短时间内诱导植物自身产生多种抗性物质；诱导植物一系列防御反应，提高植物的抗病能力和抵御不良环境条件的能力。

② 对细胞的活化作用，诱导内源激素的整体调节。喷施于植物叶面上具有透气、保水之功效；喷施于叶面或施入土壤可促进根系细胞的分生，使根系发达，增强植物抗旱抗倒伏能力，茎节缩短粗壮，叶片浓绿润泽，显著提高光合作用，促进光合产物的定向运输。

作用特点

(1) 增产突出　甲壳素对作物的增产作用十分突出，这是因为甲壳素可以激活其独有的甲壳质酶、增强植株的生理生化机制，促使根系发达、茎叶粗壮，使植株吸收和利用水肥的能力以及光合作用等都得到增强。用于果蔬喷灌等可增产20%～40%或更多。果实提早成熟3～7天，黄瓜增产可达20%～30%，菜豆、大豆增产20%～35%。

(2) 具有极强的生根能力和根部保护能力　黄瓜使用甲壳素后3天，畦面可见大量白根生成，7天后植株长势健壮。甲壳素区别于普通生根肥的关键在于甲壳素可以促进根系下扎，抵御低温对根系造成的损伤，使根系在低温条件下仍能很好地吸收营养，正常供给作物所需，有效避免了黄瓜花打顶现象。另外，甲壳素的强力壮根作用对根茎类作物增产效果尤为突出，是根茎类作物增加产量的又一新的途径，像马铃薯、生姜等增产幅度都很大。

(3) 促进植株具备超强抗病能力　甲壳素可诱导防治的作物主要病害有：大豆的菌核病、叶斑病；油菜的菌核病、炭疽病；菜豆的褐斑病、白粉病、炭疽病、锈病；西瓜的镰刀菌根腐病、丝核菌立枯病、叶枯病、白粉病、菌核病；黄瓜的霜霉病、白粉病、枯萎病、红粉病、叶点霉叶斑病；番茄的根腐病、酸腐病、红粉病、斑点病、煤污病、白粉病、果腐病、炭疽病；茄子的褐斑病、果腐病、黄萎病、赤星病、斑枯病、褐轮纹病、煤斑病、黑点根腐病等；甜椒、辣椒的苗期灰霉病、根腐病、黄萎病、白绢病等。

(4) 显著提高抗逆性　甲壳素可以在植株表面形成独有的生态膜，能显著提高作物的抗逆性。施用甲壳素以后，作物的抗寒冷、抗高温、抗旱涝、抗盐碱、抗肥害、抗气害、抗营养失衡等均有很大提高。

(5) 节肥效果明显　甲壳素可以固氮、解磷、解钾，使肥料的吸收利用率提高。其独有的成膜性可以在肥料表面形成包衣，使肥料根据作物所需缓慢释放，隔次水配肥冲施甲壳素，每年每公顷可以节约不必要的肥料投入200元左右。

(6) 具有极强的双向调控能力　作物在旺长时甲壳素可以促进营养生长向生殖生长转化，而植株长势较弱时，甲壳素可以促进生殖生长向营养生长转化，使作物能平衡分配营养。

（7）可防治线虫病　甲壳素中所含的营养通过刺激放线菌的大量增殖，能够有效地控制线虫病的发生，从苗期连续冲施甲壳素，可以完全控制线虫的危害，还能提高作物品质、提高产量、改良土壤。对于发病较重的植株，配以阿维菌素类农药灌根，可以达到很好的防治效果，防效可达 60 天左右。连续施用药肥防治线虫病害，第一年可以减轻发病率 40％，产量增加 45％，品质明显改善；第二年可减轻发病率 60％，产量增加 32％，微生物区系明显改善。

（8）可作果蔬保鲜剂　甲壳素在植株表面形成薄膜，对病菌的侵害起阻隔作用，而且这层膜有良好的保湿作用和选择性透气作用。这些特性决定了甲壳素可以成为果蔬保鲜剂的最好原料。目前应用最多的是水果、蔬菜的保鲜。虽然甲壳素的保鲜效果不如气调、冷藏等传统的贮藏方法，但是它应用方便，价格低廉，无毒无害，作为一种辅助的贮藏方法是大有应用空间的。

选购方法

（1）看证件　2002 年 5 月，农业部首次将甲壳素批准为有机可溶性肥料，并对企业申请产品开始登记。作为甲壳素肥料，目前需要两证即可，即农业部登记号和产品标准，产品的两证齐全表明该产品合乎国家的法规，已经被许可进入市场。因此，有条件的农民可通过网站、电话等验证证件真伪。

（2）看含量　甲壳素肥料的有效成分指标以甲壳胺或壳聚糖的含量来表示，市场上的甲壳素产品，甲壳胺或壳聚糖含量高低直接决定产品的使用倍数，即甲壳胺或壳聚糖含量越高，证明产品的技术含量就越高，稀释倍数越大，效果越好。正规产品的外观应当是：液态，分散均匀、无残渣、无沉淀；固态，取少量样品放入水中，静置，5 分钟内完全溶于水，无残渣、无沉淀、液体均一，上浮一层油膜。

（3）看品牌和服务　甲壳素属高新技术产品，一般企业不具备生产合格产品的技术和能力，目前，我国较大的、较正规的高新技术企业才具备生产合格甲壳素肥料的能力。不同企业在原材料、生产工艺、技术控制等方面的差异会造成产品质量和效果的差异。所以，选购时应特别重视品牌。

（4）看注册商标　使用说明是否表述清晰、规范，是否有成套的产品使用技术手册、使用实例、光盘等，产品是否已经经过了多年生产实践的验证。品牌是选购的一个重要依据。

（5）看效果　见效快的不一定就是好肥料，见效慢的不一定就是不好的肥料。见效快的肥料里一般加了激素，短期效果较好，但长期施用，可能使植株过早衰老，品质下降，畸形果多。甲壳素不比肥料，本身无毒无害，不含激素成分，效果较慢，一般应连续使用 3 次，需要 15～30 天时间，才能看出较明显的效果。使用两遍后，可从根系毛细根发生数量，叶片色泽、大小、厚度，茎秆粗度和长度，植株整体长势等看出较为明显的效果，使用三遍后，病害减少、开花坐果质量提高、茎秆缩短粗壮、根系发达等。连续使用两年以上，土壤的生态环境将得到极大的改善，土壤板结、酸化、盐渍化的现象消失，有益微生物数量大幅度增加，根部病害和土传病害显著降低，土壤得到了修复，重新恢复了生机，作物生长健壮，农药和化肥用量大幅度减少，作物品质大幅度提升，从而改善了自然环境，提升了人们的生活质量。

注意事项

① 已得病虫害者，应先使用农药治好后再使用甲壳素，因为甲壳素的主要功能是防治，无直接快速杀菌或杀虫的效果。

② 高浓度的甲壳素本身具有降解农药残留、絮凝金属离子、破坏某些农药乳化状态的性质，一般不建议将甲壳素与农药或农药乳油原液混配使用。

③ 禁止原液混配。不论是杀菌剂、杀虫剂原液或原粉都禁止与甲壳素原液或原粉混配。要混配使用，必须分别稀释成一定浓度的稀释液后才能混配使用。

④ 与杀菌剂混用的要求。可以与链霉素、中生霉素、多抗霉素等大多数单一成分杀菌剂混用，只要分别配成母液即可。不能与无机铜制剂混用。

⑤ 甲壳素本身具有“植物疫苗”的作用，能够诱导作物对病害的抵抗力，与杀菌剂交替使用，杀菌剂使用次数减半，能够达到同样的防治效果，并且产量增加20%以上。

⑥ 与杀虫剂混用的要求。应先将甲壳素产品与杀虫剂分别稀释到相应的倍数后混配试验，如无反应才可使用。不和带负电的农药混合使用，因甲壳素带正电，会和某些带负电的农药产生凝胶沉淀现象（类似蛋花汤一样），使药效消失且阻塞喷雾器的喷雾孔。

⑦ 不宜与其他的植物生长调节剂混配使用。

第三节　腐植酸肥料

腐植酸（humic acid），又叫胡敏酸，是动植物残体，主要是植物的残体，经过微生物的分解和转化，以及地球物理化学的一系列作用累积起来的，或利用非矿物源生物质原料经一定工艺人工合成的一类由芳香族、脂肪族及其多种功能团组成的无定形的高分子有机弱酸混合物。

腐植酸的主要元素组成为碳、氢、氧、氮、硫和磷，以游离酸及其金属盐（腐植酸盐）形态存在于低价煤、泥炭和经腐殖化的生物质加工原料中，是一组分子量相对较大，组成十分复杂，含有酚羧基、羧基、醇羟基、磷酸基、氨基、游离的醌基、半醌基、醌氧基、甲氧基等多种官能团，具有螯合、络合、吸附、氧化还原、缓冲缓释、胶结等多种功能的有机络合羧酸无定形混合物。

主要性能

(1) 胶体性　腐植酸是一种亲水胶体，低浓度时是真溶液，没有黏度；高浓度时是一种胶体溶液，或称分散体。

(2) 酸性　腐植酸分子结构中有羧基和酚羟基等基团，使其具有弱酸性。

(3) 离子交换性　腐植酸分子上的一些官能团如羧基—COOH 上的 H^+ 可以被 Na^+、K^+、NH_4^+ 等离子置换出来而生成弱酸盐，所以具有较高的离子交换容量。

(4) 络合性能　腐植酸含有大量官能团，可与一些金属离子如 Al^{3+}、Fe^{2+}、Ca^{2+}、Cu^{2+}、Cr^{3+} 等形成络合物或螯合物。

(5) 生理活性　腐植酸的生理活性在植物上表现为刺激植物生长代谢、改善籽实质量和增强植物抗逆能力。

主要作用

(1) 改良土壤　腐植酸是多孔性物质，可改善土壤团粒结构，调节土壤水、肥、气、热状况，提高土壤交换容量，调节土壤酸碱度，达到酸碱平衡。腐植酸的吸附、络合反应能减少土壤中的有害物质（包括残留农药、重金属及其他有毒物），提高土壤自然净化能力，减少污染。同时，腐植酸具有胶体性状，可改善土壤中的微生物群体，适宜有益菌的生长繁殖。

(2) 刺激植物生长　腐植酸含有多种活性基因，可增强作物体内过氧化氢酶、多酚氧化酶的活性，刺激植物生理代谢，促进种子早发芽，出苗率高，幼苗发根快，根系发达，茎、枝叶健壮，光合作用加强，加速养分的运转、吸收。

(3) 增加肥效　腐植酸含有羧基、酚羟基等活性基，有较强的交换与吸附能力，能减少铵态氮的损失，提高氮肥的利用率。腐植酸与尿素作用可生成络合物，对尿素的缓释增效作用十分明显；腐植酸还能抑制尿酶的活性，减缓尿素的分解，减少挥发，可使氮利用率提高 6.9%～11.9%。

腐植酸对磷肥的增效作用：一是防止土壤对磷的固定，磷肥肥效可相对提高 10%～20%，吸磷量提高 28%～39%；二是能够提高土壤中磷酸酶的活性，使土壤中的有机磷转化为有效磷。

腐植酸对钾肥具有增效作用。腐植酸的酸性功能可吸收和贮存钾离子，减少其流失。腐植酸可促使难溶性钾的释放，提高土壤速效钾的含量，同时还可减少土壤对钾的固定。腐植酸还能提高土壤中微量元素的活性，硼、钙、锌、锰、铜等施入土壤，易转化为难溶性盐。腐植酸可与金属离子间发生螯合作用，使其成为水溶性腐植酸螯合微量元素，从而提高植物对微量元素的吸收与运转。

腐植酸还能促使固氮菌、真菌型芽孢杆菌、黑曲霉菌、灰绿青霉菌等微生物的生长。

(4) 提高农药药效，减少药害，保护环境　腐植酸对某些植物病菌有很好的抑制作用。施用腐植酸肥料在防治枯萎病、黄萎病、霜霉病、根腐病等方面效果达 85%以上。腐植酸对农药的缓释增效作用，可降低农药的施用量。腐植酸可以与农药混用，可使有机磷分解率大大降低。腐植酸具有很大的内表面积，对有机物、无机物均有很强的吸附作用，与农药配合，会形成稳定性很高的复合体，从而对农药起缓释作用。腐植酸与农药复合，可使农药用量减少1/3～1/2。

(5) 抗旱、抗寒、抗病，增强作物抗逆特性　腐植酸可使作物在干旱条件下正常生长，能促进作物对养分的吸收，同时腐植酸能增强作物抗寒性。腐植酸能促进愈伤组织的生长，还有对真菌的抑制作用，因此防治腐烂病、根腐病比化学药物有显著疗效。腐植酸的存在为土壤有益微生物提供了优良的环境，有益种群逐步发展为优势种群，抑制有害病菌的生长，因而大大减少病虫害特别是土传病害的发生和危害。

(6) 改善作物品质，提高农产品质量　腐肥对瓜果类、蔬菜、粮食和经济作物品质均有改善作用。腐植酸能加强作物体内酶对糖分、淀粉、蛋白质及各种维生素的合成和运转，使淀粉、蛋白质、脂肪物质的合成积累增加，使果实丰满、厚实、增加甜度。主要表现在喷施腐肥（腐钠、钾）后，可提高瓜果和蔬菜中的糖分、维生素C含量，降低总酸度，改善口味，容易贮存；提高甘蔗、甜菜含糖量，改善烟叶内在品质，提高上中等烟比例；使桑叶蛋白质含量增加，用以饲蚕后茧丝质量提高；水稻喷施腐钠可提高可溶性糖的积累，增加稻谷粗蛋白质和淀粉含量。

施用条件

(1) 腐植酸的性质　不同来源的腐殖质，由于其腐植酸的组分、分子量的大小等差异，因而其刺激作用的大小也不同。其次，腐植酸必须是可溶性的腐植酸盐。而且只有在一定浓度范围内（万分之几或十万分之几），才能产生刺激作用。较高浓度的腐植酸盐，对作物反而起抑制作用。

(2) 土壤条件　腐植酸肥料适于各种土壤，但不同土壤条件下增产效果不同。据试验统计，在亩施腐植酸铵100千克条件下，有机质瘠薄低产田土壤，肥效好，增产幅度大，每千克肥料增产粮食多；施在高产肥沃的土壤上，增产效果差，增产幅度小，每千克腐肥增产的粮食少。

土壤理化性状对腐肥效果影响很大，在结构不良的砂土、盐碱地、酸性红壤上施用腐植酸肥料，增产效果尤为显著。

腐植酸复混肥料是喜水的肥料，土壤水分缺乏会影响腐植酸发挥效果。在土壤干旱的条件下施用腐肥，必须配合灌水，才能充分发挥腐肥的效果。在水分过多的涝洼地里，施用腐肥可以吸收水分，改善土壤的透气状况，对作物出苗、发根有利。腐植酸类物质吸水、蓄水能力较强，能保存土壤水分，减少蒸发，增强作物抗旱能力。

(3) 作物种类　腐植酸肥对各种作物均有增产作用。据试验，从腐植酸铵与等氮量碳铵对比的增产效果来看，玉米、水稻较好，小麦次之，高粱、谷子较差。

根据各种作物对腐植酸刺激作用的反应和敏感程度，分成以下几类：

效果好（反应最敏感）的作物——白菜、萝卜、番茄、马铃薯、甜菜、甘薯。

效果较好（反应较敏感）的作物——玉米、水稻、高粱、裸麦。

效果中等的作物——棉花、绿豆、菜豆、小麦、谷子。

效果差（反应不敏感）的作物——油菜、向日葵、蓖麻、亚麻等。

(4) 施用时期　一般在作物生长前期施用效果较明显。例如在种子萌发、幼苗发根、秧苗移栽、植株分蘖、扬花灌浆等生育转折时期，腐肥效果比较显著。考虑到腐植酸的作用比较缓慢，后效较长，应该尽量早施，在作物生长前期施用，最大限度发挥腐植酸的增产作用。

(5) 与其他肥料配合　国外把腐植酸称作“增强剂”，我国叫作“增效剂”，在缺乏氮、磷、钾的土壤上，单独施用腐植酸类物质，也有一定增产作用，如果配合施用其他肥料或者施用在土壤肥力较高，氮、磷、钾供应充足的土壤上，其增产和改善品质的效果更好。

施用方法

(1) 固体腐植酸肥施用方法

① 基肥。固体腐植酸肥主要指含植物所需营养元素的腐植酸复混肥，用作基肥施用肥效较好。作基肥比追肥增产5%～17%。作基肥可以采用撒施、穴施、条施的方法。各地试验表明，集中施用（穴施、条施）比分散施用效果好；深施比浅施、表施效果好。

② 种肥。腐植酸复混肥作种肥施在种子附近，比化肥作种肥更为安全，肥效也好，因为腐植酸可减少或避免因化肥局部浓度过高对种子发芽造成的伤害。

③ 追肥。腐植酸复混肥作追肥应该早期追施，因其肥效慢、后劲长，防止追肥过晚作物贪青晚熟。追肥时，应在距离作物根6～9厘米的地方挖坑或开沟施入，追施后结合中耕覆土。追肥以穴施、条施为好，追施后，最好结合浇水，或者在雨前追施，因为保证一定的土壤水分，腐植酸肥容易发挥肥效。稻田追肥后，应及时中耕，使肥料与土壤混合，防止由于淹水造成肥料流失。

④ 压球造粒施用。腐肥压成球或造粒后深施，既便于施用，又能使肥料集中在根系附近，充分发挥肥效。南方各省（自治区）结合水稻追肥，把颗粒肥施到水稻蔸（穴）中间，以充分发挥颗粒肥的特点，取得较好的效果。

⑤ 秧田施肥。腐植酸肥在秧田施用，对培育壮秧、增强秧苗抗逆性能有利。秧田施用腐肥，可以结合犁田、耙田，作秧田基肥。

⑥ 施肥量。以化肥为主添加腐植酸制成的腐植酸复混肥，氮、磷或氮、磷、钾养分总量应不低于20%～25%，腐植酸含量在5%～15%即可。这种类型的肥料一般每亩施用30～60千克，与普通化肥施用量相似，但其肥效特别是养分利用率高于普通复混肥。

把硝基腐植酸铵作为化肥增效剂与化肥混合施用效果很好，每亩一般施用硝基腐植酸铵10～20千克。

⑦ 施肥深度。适当深施，效果较好。含腐植酸的氮、磷、钾复混肥一般施在种子下12厘米处。

(2) 液体腐肥施用方法　液体腐肥主要指溶于水的腐植酸钠、腐植酸钾、黄腐酸以及添加少量水溶性养分的液体肥料。

① 浸种。可以用腐植酸钠、腐植酸钾或黄腐酸溶液浸种。目前各地一般采用0.01%～0.05%的浓度浸种。浸种时间，蔬菜、小麦等种子浸5～10小时，水稻、玉米、棉花等种子浸24小时以上。浸种温度最好保持在20℃左右，浸种后取出稍加阴干即可播种。

由于浸种比较费工，近来一些地区农村采用拌种的方法，效果也很好。拌种是把腐植酸调成略浓一些的溶液喷洒在种子上，混拌均匀，使腐植酸沾在种子表面，稍加阴干即可播种。

② 蘸秧根、浸插条。水稻、甘薯、蔬菜等移栽作物或果树插条，可以用腐植酸溶液浸泡，或在移栽前将腐植酸溶液加泥土调制成糊状，将移栽作物根系或插条在里边蘸一下，立即移栽。浸根、浸条、蘸根可以促进根系发育，增加次生根数量，缩短缓秧期，提高成活率。浸根的浓度0.05%～0.1%，蘸根的浓度可适当高些。浸泡时间一般为11～24小时，提高温度可缩短时间。浸根、浸条、蘸根只需浸泡秧苗或插条的根部、基部，切勿将叶部一起浸泡，以免影响生长。

③ 喷施。水稻、小麦等作物扬花后期至灌浆初期，喷洒浓度为0.01%～0.05%，每亩喷洒约50千克稀溶液。喷洒时间在每天14～18时进行。

小麦从穗分化开始喷洒黄腐酸，喷洒浓度为0.03%～0.05%，喷2～3次，每次间隔5～7天。

④ 追施（浇灌）。将腐植酸钠、腐植酸钾溶于灌溉水中，随水浇灌到地里。旱田可在浇底墒水或生育期内灌水时，在入水口加入原液，根据流量调节原液用量，原液浓度为0.05%～0.1%，每亩每次需加原液50千克左右，折合每亩加入纯腐植酸钠（钾）约0.5千克。水稻田可结合各生育期灌水分几次施用，浓度和用量与旱田基本相同。可提苗、壮穗，促进生长发育。

1.腐植酸铵

反应式　$R—COOH+NH_3 \cdot H_2O \longrightarrow R—COONH_4+H_2O$

腐植酸铵简称腐铵，是腐植酸的铵盐，是以腐植酸较高的原煤经氨化而成的一种多功能有机氮肥料，内含腐植酸、速效氮和多种微量元素，是目前腐植酸肥料中的主要品种。

生产方法　根据原料中腐植酸含量的高低和腐植酸结合的钙、镁等物质数量的多少，腐植酸铵的生产方法不同。原料煤含腐植酸在30%以上，可采用直接氨化法，将原料煤经干燥粉碎后，用浓度为10%～15%的氨水进行氨化，密闭堆放5～7天制成粗制品或加热反应即成；原料煤腐植酸含量在30%左右，与钙、镁等物质结合较高者，采用酸洗法，将原料煤烘干、粉碎，加盐酸（或硫酸）反应后进行过滤洗涤，除去钙、镁的氯化物和多余的盐，再将物料烘干，与氨水或碳铵一起送入氨化器中氨化制成产品。

物化性质 腐植酸铵为黑色有光泽颗粒或黑色粉末，溶于水，呈微碱性，无毒，在空气中较稳定。

质量指标 目前，腐植酸铵尚无国家或行业标准，有企业标准供参考（表10-1）。其分析方法可按中华人民共和国化工行业标准《腐植酸铵肥料分析方法》（HG/T 3276—2012）的规定进行。

表 10-1 腐植酸铵的质量指标

项目	指标			
	粉状		粒状	
	一级品	二级品	一级品	二级品
水溶性腐植酸铵（干基）含量/% ≥	35	25	35	25
速效氮（干基）含量/% ≥	4	3	4	3
水分（应用基）含量/% ≤	35	35	35	35
粒度（3～6毫米）/% ≥			90	80
pH 值	7～9	7～9	7～9	7～9

施用方法 腐植酸铵适用于各种土壤、各类作物。就土壤而言，尤其在结构不良的砂土、盐碱土、有机质缺乏的土地上施用，效果更为显著，施于肥沃土壤上效果不太显著。对作物来讲，以蔬菜增产效果最好，其次是块根、块茎作物，对油料作物效果较差。一般作基肥效果优于追肥。

（1）基肥 腐植酸铵中腐植酸含量在30%以上，亩用量40～50千克，旱地沟施和穴施，效果优于撒施。作种肥用量为种子质量的2%～5%。

（2）追肥 旱地最好在雨前追施或施后覆土、浇水。因腐植酸铵吸水力很强，施后必须保证土壤中有充足的水分，缺水不但不能发挥肥效，还会产生肥料与作物争水的矛盾，不利于作物生长。水田施后不要排水，以免水溶性腐植酸铵流失。水稻在开花至灌浆期间还可作根外追肥，每亩每次用100千克0.005%～0.01%溶液喷施2～3次。作冲施肥时，每亩每次用腐植酸铵15～20千克。

（3）浸种、浸根 浸种用0.01%腐植酸铵溶液，温度最好在20℃左右，种皮薄的种子（如麦、稻、玉米）浸泡8～10小时，种皮厚的（如棉花、蚕豆等）浸泡30～40小时，能提高种子的发芽率和幼苗的发根力。水稻、烟草、蔬菜等移栽作物，在移栽时可用0.001%腐植酸铵溶液浸根3～4小时，油菜、甘薯用0.005%溶液浸8～10小时。

腐植酸铵不能完全代替农家肥料和化肥，必须与农家肥料和化肥配合施用，特别是与速效磷肥配合，有助于磷酸进一步活化，提高磷肥的利用率。

2.硝基腐植酸铵

硝基腐植酸铵，是将褐煤或风化煤经球磨机磨成粉末，用硝酸氧解、氨水氨化，制成的硝基腐植酸铵，简称硝基腐铵，是一种质量较好的腐肥，腐植酸质量分数高达40%～50%，大部分溶于水；除铵态氮外，还含有硝态氮，全氮可达6%左右。硝基腐植酸铵在生产过程中，原料煤中大部分微量元素变成可溶性硝酸盐，可为作物提供部分速效微量元素，促进作物生长发育。

质量指标 目前硝基腐植酸铵尚无国家和行业标准，有企业标准可供参考（表10-2）。

表10-2 硝基腐植酸铵的质量指标

项目		指标	项目		指标
水溶性腐植酸铵含量/%	≥	45	总氮含量/%	≥	5
速效氮(铵态氮)含量/%	≥	2	水分含量/%	≤	30

施用方法 硝基腐植酸铵适用于各种土壤和作物。据各地试验，施用硝基腐植酸铵比用等氮量化肥多增产10%～20%，但硝基腐植酸铵生产成本较高，应设法降低成本，才能达到增产增收的目的。

硝基腐植酸铵的施用方法与腐铵类似。由于质量分数较高，施用量要相应减少，一般作基肥施用，亩施用量40～75千克。

硝基腐植酸铵对作物生长刺激作用较强，对减少速效磷的固定，提供微量元素营养，均有一定作用。

3.腐植酸钠、腐植酸钾

R—COONa、R—COOK

反应式

$$R—COOH+NaOH \longrightarrow R—COONa+H_2O$$

$$R—COOH+KOH \longrightarrow R—COOK+H_2O$$

腐植酸钠、腐植酸钾是腐植酸结构中的羧基、酚烃基等酸性基因与氢氧化钠（或碳酸钠）、氢氧化钾（或碳酸钾）起中和反应生成的腐植酸盐。

固体腐植酸钠、腐植酸钾呈棕褐色，易溶于水，水溶液呈强碱性，腐植酸含量50%～60%。液体腐植酸钠为0.6%～1.0%，液体腐植酸钾为0.4%～0.6%。腐植酸钠、腐植酸钾主要起生长刺激素作用。

腐植酸钾可提高土壤速效钾含量，促进难溶性钾的释放，改善土壤钾元素的供应状况，增加作物对钾的吸收，与植物所需的氮、磷、钾元素化合后，可成为高效多功能复合肥，具有改良土壤、促进植物生长、提高肥效的特点。

生产方法 腐植酸钠（腐植酸钾）是易溶性的腐植酸肥料，是用一定比例的氢氧化钠（氢氧化钾）溶液萃取风化煤中的腐植酸，与残渣分离后，浓缩，干燥，得到固体的腐植酸钠（腐植酸钾）成品。

风化煤先进行湿法球磨，得到粒度小于20目的煤浆，放入配料槽，加入计算量的烧碱（氢氧化钾），控制pH为11，并按液固比9∶1混匀后送到抽取罐，夹套蒸汽加热，使罐内温度升到85～90℃，搅拌反应0.5小时，卸入沉淀池使固液分离，上部清液转移到蒸发器浓缩到10波美度，泵至喷雾干燥塔干燥。

质量标准 农业用腐植酸钠（sodium humate for agricultural）执行化工行业推荐标准HG/T 3278—2011，该标准规定了农业用腐植酸钠的要求、检测方法、检验规则及标识、包装、运输和贮存。适用于以风化煤、泥炭和褐煤为原料制得的农业用腐植酸钠。

（1）外观 黑色、褐色颗粒或粉末。

（2）腐植酸钠应符合表10-3的要求，同时应符合包装标明值。

表10-3 腐植酸钠技术指标

项目		指标			
		优级品	一级品	二级品	三级品
可溶性腐植酸(以干基计)含量/%	≥	70	55	40	30
水分含量/%	≤	10	10	15	15
pH值		8～9.5	8～10	9～11	9～11
灰分(以干基计)含量/%	≤	20	30	40	40
水不溶物(以干基计)含量/%	≤	10	15	25	25
1.00毫米筛的筛余物含量①/%	≤	5	5	5	5
粒度(1.00～4.75毫米或3.35～5.60毫米)②/%	≥	70	70	70	70

① 粒状产品不做该指标要求。

② 粉状产品不做该指标要求。

该标准对标识、包装、运输和贮存做出了规定。

① 标识。包装容器上应有以下标识。

a. 正面标明：产品名称、腐植酸原料种类（风化煤、泥炭、褐煤）、商标、等级、净含量、标准编号、生产登记证号、生产或经营单位名称、地址及电话。

b. 背面标明：产品使用说明书。

c. 其他参照GB 18382的规定执行。

② 包装

a. 产品用编织袋内衬聚乙烯（聚丙烯）袋包装或者用三合一袋包装。每袋净含量（25±0.25）千克、（50±0.5）千克，每批产品每袋平均净含量不得低于25千克、50千克；也可用塑料袋分为1千克或5千克的小包装，纸箱或木箱外包装，内衬纸张，每箱净含量（20±0.2）千克、（25±0.25）千克，每批产品每箱平均净含量不得低于20千克、25千克。

b. 粉状或超微细粉末状产品，应采用铝塑复合袋热合封口，袋体热合宽度大于15毫米。

c. 产品的包装规格也可由生产经营、贮运和需货单位协商，按达成的协议执行。

③ 运输和贮存

a. 包装件在运输过程中要轻装轻卸，运输工具和装载工具应干净、平整、无突出的尖锐物。

b. 包装件应贮存于场地平整、阴凉、通风、干燥的仓库内。包装件应堆放整齐，堆置高度应小于 7 米。

c. 包装件在运输和贮存的过程中应防潮、防湿、防阳光暴晒、防破损。

腐植酸钾目前尚无国家或行业标准，有企业标准供参考（表 10-4）。

表 10-4 腐植酸钾质量指标

项目		指标	项目		指标
腐植酸(干基)含量/%	≥	70	水不溶物含量/%	≤	5～10
氧化钾(K_2O)含量/%	≥	8～10	水分含量/%	≤	10

施用方法

腐植酸钠、腐植酸钾对各种土壤均可施用，主要起刺激素作用，施用在具有一定肥力的土壤上效果更好。必须与其他肥料配合施用。

各种作物对腐植酸钠、腐植酸钾刺激作用的反应不同，效果最好的是蔬菜、薯类，其次是水稻、玉米、小麦、谷子、高粱等，豆科作物、油料作物效果较差。

（1）浸种　一般浸种适宜浓度为 0.005%～0.05%，浸种时间因种皮厚薄、吸胀能力和地区气温差异而有所不同。蔬菜、小麦等种子浸泡 5～10 小时，水稻、棉花等硬壳种子需浸 24 小时以上。

（2）浸根、蘸根、浸插条　水稻等移栽作物移栽前可用腐植酸钠、腐植酸钾溶液浸根数小时，或插秧时蘸秧根。果树插条也可在移植前用腐植酸钠、腐植酸钾溶液浸泡。浸根、蘸根、浸插条浓度为 0.01%～0.05%。处理后表现为发根快，次生根增多，缓秧期缩短，成活率提高。

（3）根外喷洒　在作物扬花后期至灌浆初期，根外喷洒 2～3 次，每次喷施数量为每亩 50 千克液肥，浓度为 0.01%～0.05%，可促进养分从茎叶向穗部转移，使籽粒饱满，千粒重增加，空瘪率降低。喷洒时间以 14～18 时效果较好。

（4）基肥　用浓度为 0.05%～0.1%的液肥与农家肥拌在一起施用，或者开沟、挖坑作基肥浇施，亩用量 250～400 千克。水田可结合整地、溜水一起施入。

（5）追肥　幼苗期和抽穗前，每亩用 0.01%～0.1%浓度的液肥 250 千克左右，浇灌在作物根系附近（勿接触根系），水稻田可随水灌施或水面泼浇，能起到提苗、壮穗、促进生长发育的作用。

（6）叶面喷施　根据不同种类作物要求的喷施浓度、时期，将液肥均匀地喷洒在叶片正反两面，以滴水为度。

4. 腐植酸复混肥

腐植酸复混肥是根据土壤养分供应状况与作物需求，将腐植酸、无机化肥、微量元素肥料分别粉碎，按一定比例混合造粒制成的复混肥。

性质 灰黑色成形颗粒，部分溶解于水，水溶液接近中性，无毒。能提高化肥利用率，刺激植物生长，改良土壤性质。

生产方法 以泥炭、褐煤、风化煤为原料，先用硫酸与风化煤中的腐植酸进行酸化反应，生产游离的腐植酸和溶解度很小的硫酸钙，然后再用碳酸氢铵中和腐植酸，生产水溶性腐植酸铵，按配比要求加入适量氮、磷、钾以及中、微量元素，经粉碎、计量、混合、造粒、筛分、干燥、冷却和包装，生产出腐植酸复混肥料。

质量标准 目前腐植酸复混肥尚无国家或行业标准，但有企业标准可供参考（表 10-5）。

表 10-5 腐植酸复混肥技术指标

项目		指标		
		高浓度	中浓度	低浓度
总养分($N+P_2O_5+K_2O$)含量/%	≥	30	25	20
腐植酸(HA)含量/%	≥	10	8	5
水分(H_2O)含量/%	≤	5	8	10
颗粒(2.00～2.80 毫米)平均抗压强度/牛顿	≥	6		
pH 值		4.5～6.5		
粒度(1.00～4.75 毫米)/%	≥	80		

注：总养分含量应符合标准规定，组成该复混肥料的单一养分最低含量不得低于 4%。

施用方法 腐植酸颗粒肥适宜在生长期较长的作物上应用，如在大豆、玉米、马铃薯、甜菜等作物上应用，更能发挥持效的特点。在同一地块内多年连续应用，效果更为显著，对贫瘠地块有改良土壤的作用。

与化肥混合施用可代替 25%～30%的化肥。如每亩常规施硫酸二铵 8～10 千克、尿素 5～8 千克、硫酸钾 3～5 千克与腐植酸颗粒肥混用。

腐植酸颗粒肥可作基肥和种肥，不可作追肥。作种肥时，与化肥均匀混拌后一同分层深施，深度 7～14 厘米；如作基肥，可在春、秋整地起垄时施用，一般每亩施用 30～60 千克。

可与有机肥、生物肥、化肥混合施用。

第四节 土壤调理剂

土壤调理剂（soil conditioner），又称土壤结构改良剂，简称土壤改良剂。根据它的不同作用，又有相应的名称。目前国内外将这类制剂统称为土壤调理剂。它是根据团粒结构形成的原理，利用植物残体、泥炭、褐煤等为原料，从中抽取腐植酸、纤维素、木质素、多糖羧酸类物质，作为团聚土粒的胶黏剂，或模拟天然团粒胶黏剂的分子结构和性质所合成的高分子聚合物。前一类制剂为天然土壤调理剂，后一类则称为合成土壤调理剂。

目前农业上使用的土壤调理剂多为高分子聚合物。分为水溶性聚合物（非交联性聚丙烯酰胺PAM）和胶结性聚合物（淀粉接枝聚合物和交联性丙烯酰胺/丙烯酸共聚物）。近年来，除了对高分子聚合物类土壤调理剂的研究应用产生兴趣外，石膏、铝硅酸盐矿物、废弃物（如木屑、动物粪便、废弃油）等的利用也引起了广泛重视。

施用土壤调理剂改良土壤是在现代化工的基础上发展起来的有别于传统土壤改良方法的新方法。土壤调理剂在一定程度上能够松土、保湿、改良土壤理化性状、促进植物对水分和养分的吸收。

产品种类

（1）根据作用划分　能使分散的土粒形成团粒结构的称为土壤结构形成物、土壤结构剂、土壤胶黏剂；能固定表土、防止水土流失的称为土壤安定剂、土壤固定剂；能调节土壤酸碱度的称为土壤调酸剂；能增加土壤温度的称为土壤增温剂；能保持土壤水分的称为土壤保水剂。

（2）根据主要成分划分　无机土壤调理剂是不含有机物，也不标明氮、磷、钾或微量元素含量的调理剂；添加肥料的无机土壤调理剂是具有土壤调理剂效果的含肥料的无机土壤调理剂；石灰质物料是含有钙和（或）镁元素的无机土壤调理剂，通常钙和镁以氧化物、氢氧化物或碳酸盐形式存在；有机土壤调理剂是来源于植物或动植物的产品，也有来自合成的高聚物，用于改善土壤的物理性质和生物活性；有机无机土壤调理剂是可用物质和元素来源于有机和无机物质的产品，由有机土壤调理剂和含钙、镁和（或）硫的土壤调理剂混合和（或）化合制成。

产品特点　土壤调理剂是一种加入土壤中用于改善土壤的物理和（或）化学性质及（或）生物活性，起调节土壤水、肥作用的制剂。使用土壤调理剂，可以促进土壤水稳性团粒结构的形成，改善土壤内部孔隙空间的关系，提高土壤总孔隙度，增加通气性孔隙度，协调土壤中固、液、气三相比例，增强土壤微生物的活动，提高土壤的生物学活性，增加速效养分的释放，还能使土壤有适宜的坚实度、酸碱度，适宜的土壤温度和水分条件，起到改良土壤结构、改善理化性质、提高土壤肥力、保持水土、改良被污染土壤的作用，有利于作物根系的生长，促进作物生长发育，为农业高产稳产提供良好的环境条件。

作用机理　应用高分子聚合物的改良土壤机理，通过高分子聚合物中的某些功能基团与土壤黏粒中离子的相互作用，大幅度提高土壤的通透性，降低土壤水吸力，增强土壤保水蓄水能力。加上有的含有营养成分和促进生长的聚合作用，达到作物根强苗壮和抗旱、耐渍、抗冻、抗病虫的目的。

土壤调理剂的活性物质是一种多价阴离子活性剂，通过水激活它的有效成分垂直作用于土壤，使被土壤束缚的氢游离出来，增加土壤阳离子交换量，使土壤形成更多的微孔隙，增加土壤蓄水、通气性，改善土壤的团粒结构，从而达到改善土壤的目的。

施用方法

（1）施用量　一般以占干土重的百分率表示，若施用量过小、团粒形成量少，作用不大；施用量过大，则成本高，投资大，有时还会发生混凝土化现象。根据土壤和土壤调理剂性质选择适当的用量是非常重要的，聚电解质聚合物调理剂能有效地改良土壤物理性状的最低用量为 10 毫克/千克，适宜用量为 100～2000 毫克/千克。

（2）施用方法　固态调理剂施入土壤后虽可吸水膨胀，但很难溶解进入土壤溶液，未进入土壤溶液的膨胀性调理剂几乎无改土效果。因此，以前使用较多的为水溶性土壤调理剂，并多采用喷施、灌施的技术方法。但对于大片沙漠和荒漠的绿化和改良，由于受水分等条件的限制，喷施、灌施的技术则难以适用。

（3）施用时土壤湿度　以往普遍认为，适宜的湿度为田间最大持水量的70％～80％，最近，由于施用方法从固态施用到液态施用的改进，施用时对土壤湿度的要求与以前不同。研究证明，施用前要求把土壤耙细晒干，且土壤愈干、愈细，施用效果愈好。

（4）两种或两种以上调理剂混合使用　低用量的高分子絮凝剂（PAM）和多聚糖混合使用，改良土壤的效果明显提高，两种土壤调理剂混合，具有明显的正交互作用。

（5）土壤调理剂同有机肥、化肥配合使用　增加土壤有机质能起到改良土壤物理性状、提高土壤养分含量的双重作用。

注意事项　对于恶化的土壤，在治理时要采取短期＋长期的措施，就短期恶化土壤改善而言，使用调理剂的效果是最快的。当前已经有许多土壤调理剂产品，然而农民在使用的时候，针对性往往不足，即使用比较盲目。有时将恶化土壤的某项指标纠正到适宜以后却依然使用，结果出现了矫枉过正的局面。因此，在使用土壤调理剂时要有针对性地施用。

（1）确定土壤已经出现了恶化的情况下才使用　在蔬菜等作物种植过程中，生长出现问题并不一定代表土壤已经恶化。了解和判断土壤是否有恶化的趋向或者已经恶化必须通过正规的检测部门对土壤进行检测才行。当检测结果不适宜蔬菜等作物生长的时候，就应该使用相应的土壤调理剂进行适当地调理，将土壤各项指标恢复到正常的范围内。而当看到土壤已经明确表现出红白霜、板结的情况时，说明土壤恶化的问题已经很严重了，此时应立即使用土壤调理剂进行调整。比如使用土壤疏松产品、排盐调理剂产品等。

（2）不能长期依赖使用，避免调节过度　土壤调理剂的主要作用是改良土壤的偏酸、偏碱、盐渍化以及板结状态，因此不能长期使用，否则会导致过度矫正而不利于作物生长。因此，土壤调理剂应根据不同的恶化情况使用不同的数量及次数。

而对于市场上的一些以调理剂为主，添加了其他养分（如有益菌、海藻精、腐植酸等）的肥料可适当增加使用次数。尤其是以有益菌为主的产品，要配合有机肥料长期使用，才能够达到矫正并且保持的良好效果。

（3）正确使用土壤调理剂产品可快速改良恶化土壤　以土壤疏松及免深耕调理剂为例。它需要根据不同的土质类型来掌握正确的用量。对于土块板结、黏性大、水肥分布不均、耕作层较浅的土壤，每年使用2次，以后逐年减少用量直至不施。在使用时一定要正确掌握用量，用量过低难以达到改良效果；用量过高或施用次数过多，则会造成浪费。水是土壤免耕剂的生物活性载体，如果土壤里没有充分湿润的水分，免耕剂的生物活性就不能激活。因此，使用土壤疏松及免深耕调理剂以后要保持土壤有一定的湿度。

1. 免深耕土壤调理剂

免深耕土壤调理剂（avoid deep ploughing soil adjust pharmaceutical），主要成分有脂肪醇聚氧乙烯醚硫酸铵（aeas）、脂肪醇聚氧乙烯醚（aeo）等活性物质。其为成都新朝阳生物化学有限公司开发的高科技土壤改良产品，该产品是根据多年、多地的试验结果，采用国际领先的工艺技术，针对不同的土壤类型，不同的土壤理化性能，不同的耕作方式，不同的自然环境条件，将土壤微粒结构促进剂和土壤活化剂进行有机结合研制而成的一种高效、广谱、安全、低毒、无残留、作用机理独特的新型土壤调理剂。它促进土壤形成良好的团粒结构，使土壤变得疏松，耕层加深；增加土壤胶体数量，提高土壤保肥、保水能力；促进土壤微生物的繁殖，增加微生物种类和数量，减轻土传病害；促进物质的分解、转化、利用，降解土壤有害物质，清洁田园，提高肥料的利用率。

产品性能

① 有很强的亲水力，可使土壤有机质吸水，体积膨大，土粒失水而收缩，从而增加土壤孔隙度，使土壤疏松通透达50～100厘米。

② 具有极性，可使土壤微粒之间、土壤微粒与有机质之间胶合在一起，形成良好的水稳性团粒结构。

③ 有丰富的功能基团，增加土壤胶体数量，能以大量吸附或代换的形式固定肥料养分，提高肥料的利用率，减少肥料的淋溶、径流损失。

④ 可增加腐植酸的溶解而增加对水的保存。

⑤ 可不断扩展延深改善土壤结构，改良深度达到100厘米的底层。

目前存在的土壤板结问题及施用免深耕土壤调理剂的作用

① 耕作层薄。日光温室中不便于机械耕作，一般用人工翻地，深度不超过20厘米。即使用小型拖拉机旋耕犁翻地，深度也不超过10厘米。露地栽培中，多数也是用旋耕犁耕地。耕作层下的土壤板结紧实，通气条件甚差，不利于根系生长发育。如黄瓜在日光温室中的栽培时间较长，一般为8～10个月，因而根系发达，深达1米以上。显然，目前的耕作深度远远不能满足黄瓜的需求。施用免深耕土壤调

理剂后，深层土壤疏松通透，为深层根系的生长发育提供了良好的环境条件，为丰产奠定了基础。

② 表层土壤溶液浓度过大。每年日光温室中每亩平均施用的有机肥在10000千克以上，化肥在500千克以上，过多的施肥，使大量的肥料元素积存在土壤表层，导致表层土壤溶液浓度过大。由此，经常出现烧根现象造成的花打顶、黄顶等生长停滞，严重影响生长发育。施用免深耕土壤调理剂后，深层土壤疏松，水分渗透顺利加速，在浇水后，土壤表层的肥料元素被淋溶到土壤深层。这不仅降低了表层的土壤溶液浓度，而且增加了深层土壤的肥料元素，更有利于深层根系的生长发育，为丰产创造了良好的条件。

③ 表层土壤中农药残留过多。日光温室中的病虫害发生严重，没有冬眠期，因而施用农药较多。无论是冬季，还是夏季，一般7～10天喷1次杀虫或杀菌药剂。过量的施用，使土壤表层积累了大量的农药。这不仅影响了作物的品质，而且影响了根系的正常生长发育。施用免深耕土壤调理剂后，土壤深层通透疏松，浇水或大雨后，水分能迅速下渗，可以把很多土壤表层的残留农药淋溶到土壤深层。这样，作物根际附近的土壤中的有害农药淋溶到土壤深层，使作物根际附近的土壤中的有害农药残留量大大降低，有利于根系的正常发育。

④ 连作障害。日光温室栽培的作物连作现象十分严重。由此造成的土传病害严重、生长发育不良、减产等生理障害严重影响了生产的发展。施用免深耕土壤调理剂后，随着浇水或大雨的淋溶，可把土壤上层根系排出的有害物质淋溶到土壤下层，使作物根际土壤中的有害物质减少，从而减少了连作障害。

⑤ 土传病害。日光温室中，由于连作的结果，病菌连年积累，土传病害如枯萎病、蔓枯病、根腐病等严重发生。施用免深耕土壤调理剂后，随着浇水或大雨，把大量的病菌淋溶到土壤下层，降低了根际附近的病菌浓度，从而减少土传病害的发生。

⑥ 生理性萎蔫。日光温室中由于耕作层浅、根系生育环境不良等造成了根系的发育跟不上地上部分的生长发育，因此，经常发生作物生理性萎蔫现象。施用免深耕土壤调理剂后，作物根际土壤的环境条件大大改善，有效地促进了根系的生长发育，保证了作物地上部分与地下部分的动态平衡，杜绝了生理性萎蔫病的发生。

⑦ 冬季地温过低。冬季日光温室内的地温低于气温；加上耕作层浅，蓄水量少，寒冬仍需浇水以供给作物需要，浇水后更降低了地温。地温低，不仅影响了作物的生长，降低了产量，也为灰霉病等大发生创造了条件。施用免深耕土壤调理剂后，土壤的蓄水量大大提高，寒冬可减少浇水次数，有利于地温提高和减少病害的发生。

⑧ 冬季产量低。冬季蔬菜的价格较高，但由于地温低、病害严重、根系发育不良等原因，产量不高，从而制约了经济效益的提高。施用免深耕土壤调理剂后，根系发育良好，病害减轻，产量相应地提高，从而可以大大提高经济效益。

适用范围 免深耕土壤调理剂广泛地应用于黑土、黄土、红黄壤等类型的土壤和各类免耕、少耕的田地，翻耕不便的各类果树、蔬菜、花卉、粮油、绿化苗木、茶园、药材等经济林地，以及各种土壤水分、养分分布不均，耕层较浅的土壤和林地、草原，尤其配合免耕法使用，效果更佳。

使用方法

(1) 使用时期　一般在作物播种（移栽）前使用。如果作物出苗后，要求苗高在10厘米以上时施用，要喷施在作物的行间土壤表面。对于敏感性作物如玉米、西瓜、草莓等，喷施时切勿喷到作物上，以免产生药害。

喷施时须保持土壤湿润。如土壤干燥，显效时间很长，且效果也差。因此，在下雨前6小时或者在下雨后土壤湿润时喷施，使药液吸附在土壤表面，随着水分的渗透，即可发挥疏松土壤的效果。长期干旱，使用后没有下雨或灌溉，不能发挥效果。

(2) 水田施用　在水稻直播、抛（移）栽前15～20天，需要除草的，先用草甘膦除草，10天后每亩用药液200毫升对水100千克用喷雾器细喷雾地面，要选择晴天排干水后进行，施用后5～7天堵好排水口，灌水浸泡待耕层土壤充分吸收后，再施用基肥，然后直播、抛（移）栽早稻。

(3) 蔬菜地施用　结合各类蔬菜不同的栽培特点，“免深耕”剂可采取如下几种使用方法。

① 春、秋主要栽培季节空茬或板茬地栽培蔬菜。如春季在冬闲茬、早春菜茬地上栽种茄果类、瓜类、豆类、马铃薯等蔬菜，或秋季蔬菜定植或播种前，浅耕平整做畦后，畦面喷洒免深耕土壤调理剂，每亩用量200克，对水100～200千克，均匀喷在畦面，1～2天后定植或播种，如系地膜栽培，可先喷，后覆盖地膜，再定植。直播的可先播种及覆膜，也可以盖膜后打穴点播。要土壤潮湿才会有效果，地干要加大对水量。不能与碱性农药及其他碱性物质混合使用，也不要喷在幼苗或植株上。10～40天后可见土壤变松的效果。第一年可使用2次，以后一年1次，每隔2～3年或3～4年可深耕1次。

② 前茬地上抢种蔬菜。如在春季，茄果类、瓜类、豆类蔬菜采收拉藤后抢种一茬绿叶菜，或点播大豆、玉米等，为抢季节，来不及耕作，可先清理残茬与杂草后，立即喷洒免深耕土壤调理剂，浅松土平整后，播种或定植。用量、方法、注意事项同上。

③ 前茬行间套作。可在行间除草、浅松土后，地面喷洒免深耕土壤调理剂，然后播种或定植。用量同上，注意不要喷到植株上。

④ 浅水栽培的水生菜。包括藕、慈姑、芋、荸荠、水芹菜、水蕹菜等，可先放干田水，或留浅层水（不超过3厘米深），喷洒免深耕土壤调理剂，然后栽种水生菜，几天后再灌水。

(4) 果园、竹园、茶园、花卉基地施用　一般在开春后果树花芽、茶芽萌发前施用，也可在果实采收后和茶园修剪管理时施用。施用时，要保持土壤湿润，除草后，每亩用200毫升对水100千克用喷雾器细喷雾，可疏松土壤、改良土壤结构。

（5）使用次数　土壤板结已影响作物的产量和品质时都可以使用，第一年可使用1～2次，第二年再用2～3次，以后几年可根据土壤板结情况再决定是否使用。

注意事项

① 免深耕土壤调理剂的正确使用必须以水为介质，土壤充分湿润是保证免深耕土壤调理剂发挥作用的前提，因为水是它的活性载体，没有水就不能激活它。喷施后，也应经常保持土壤湿润，这样才能使其有效成分常在活跃状态，加快疏松土壤的速度。如果土壤干旱，在施用时应加大用水量，每亩地的用水量可以增加到200千克，以便提高施用效果。如果天旱无水，也不必担心药剂失效，因为它是一种生物化学制剂，土壤里一旦有水就被激活，就能对板结土壤发挥疏松作用。

② 免深耕土壤调理剂不是除草剂，施用后一定要加强水、肥、除草等田间管理。

③ 免深耕土壤调理剂的施用不受季节限制，南方地区一年四季都可以施用，北方地区除冰冻季节外，其他季节均可施用。免深耕土壤调理剂一般单独施用，也可结合施底肥、除草等，与化肥和某些除草剂混合施用，但禁止与芽前除草剂混用。

④ 误饮或入眼时，用干净清水冲洗并遵医嘱。

⑤ 气温低于－5℃时，有结块现象，经温水溶解后不影响效果。

⑥ 在阴凉、干燥处保存，保质期三年。

2.水稻苗床调理剂

水稻苗床调理剂（rice nursery soil conditioner），是水稻栽培最新的研究成果，针对水稻产区的土壤条件及育苗生产中存在的出苗慢，秧苗矮小，根少、根细、根黑，免疫力差等问题，由水稻专家共同研制出来的新一代产品。我国市面上常见的水稻苗床调理剂品种很多，有的叫水稻苗床调理剂，还有的叫水稻壮秧剂、育秧保姆、育秧专用肥、苗床专用肥、苗床肥、苗床调理剂等。

水稻苗床调理剂是随着机插秧、旱育秧、旱抛秧等水稻简化栽培新技术的推广普及而发展起来的一种新型育秧产品，它具有操作简便、省工省本、成秧率高、防病壮秧、增产增收等优点。

质量标准　目前，国家针对水稻苗床调理剂，制定了农业行业标准NY 526—2002（适用于提供水稻旱育苗苗期养分，调节土壤酸度，具有壮秧、抗病作用的水稻苗床调理剂产品。不适用于水剂类型的水稻苗床调理剂产品）。

（1）外观　疏松固状物。

（2）产品技术指标　应符合表10-6的要求。

该标准对包装、标识、运输和贮存的规定如下。

① 产品用聚乙烯塑料袋包装，每袋误差不大于每袋产品净含量（千克）的±1%，平均每袋净含量不应低于包装标明量。

② 包装袋上应印刷有下列标识：产品名称、商标、氮、磷、钾及锌含量、执

行标准、登记证号、净含量、生产日期、保质期、生产厂名、厂址。

表 10-6 水稻苗床调理剂技术指标

项目		指标	
		Ⅰ型	Ⅱ型
总氮(N)含量/%	≥	9.0	2.5
有效磷(P_2O_5)含量/%	≥	4.5	1.5
钾(K_2O)含量/%	≥	1.5	0.5
水溶性锌(Zn)含量/%	≥	0.2	0.05
游离酸(以 H_2SO_4 计)含量/%	≥	—	12
pH 值	≤	6.0	—
水分(H_2O)含量/%	≤	10.0	15.0
氯离子(Cl^-)含量/%	≤	2.0	2.0
细度(≤2.00 毫米)/%	≥	80	70

③ 包装袋上应印刷产品说明，产品说明应包含以下内容：适用范围、施用量、施用方法、注意事项等。

④ 产品应贮存于阴凉、干燥处，勿食。在运输过程中应防雨、防潮、防晒、防破裂。

水稻苗床调理剂产品外包装标识式样如下：

水稻苗床调理剂

（商品名）

$N+P_2O_5+K_2O \geq *\%$

--*

Zn≥*%

游离酸≥*%

执行标准：NY 525—2002

肥料登记证号：

净含量：　　　　千克

厂名：

厂址：

电话：

主要成分 好的水稻苗床调理剂应该包括氮磷钾元素、中微量元素、土壤调酸剂、土壤消毒剂、杀虫杀菌剂、秧苗调控剂等六大类成分。科学有效地使用水稻苗床调理剂，就可以达到科学育秧、育好秧的目的。

主要作用 水稻苗床调理剂作为一种综合性肥料，它能一次性完成床土调酸、消毒、秧苗施肥、化控等四项程序，有四大功效。

第一是调节土壤 pH 值至微酸性状态。水稻秧苗生长喜酸性土壤环境，特别是旱地育秧，床土 pH 值为 4～5 时秧苗能发挥最好的生理机能。调酸剂通过水稻壮秧剂混拌于床土后，遇到水能很快降低床土 pH 值，并能较长时间保持适宜秧苗生长的酸性土壤条件。

第二是苗床土壤消毒，防治苗期病虫害。水稻立枯病主要是指由于低温阴雨，光照不足，尤其是持续低温引起的水稻秧苗芽腐、针腐、黄枯、青枯等病症。侵染的病菌主要有镰刀菌属、蠕虫菌属和腐霉菌属及少量的真菌。调理剂中的消毒剂是根据水稻育秧中容易发生立枯病等病害的特点配制成的，集消毒、选择性杀菌、预防并举为一体的。

第三是按要求提供氮磷钾及中微量元素等营养元素。水稻秧苗的生长发育，必须有充足的氮、磷、钾和微量元素。为使秧苗生长旺盛，胚乳养分利用率高，干物质积累多，秧苗素质好，水稻壮秧剂根据秧苗期需肥规律，本着适当控制氮肥，增加磷、钾肥，巧配微量元素的原则，科学地组装营养剂，并且一次施用，能基本满足秧苗生长期所需的氮、磷、钾等大量元素和钙、镁、硫、硼、锌、铁、锰、硅等多种中微量元素。

第四是调节植物生长发育，能对植物生长发育起调节作用。

通过四大功效，培育水稻壮苗，旺苗早发，提高移栽成活率，秧苗主要表现矮壮、叶厚、叶宽、深绿、茎基宽、根系发达，移（抛）栽后返青（立苗）快、分蘖早、分蘖多、抽穗早、成熟早，具有明显的增产效果。

水稻在育秧时期的特点 水稻在育秧时期的营养特点和对土壤等环境的要求有三个方面的特殊性。一是植株发育不完善，各种器官幼嫩，吸收功能低下，环境抵抗力弱，容易被病虫危害。二是对环境反应敏感，对土壤酸碱性、湿度、氧气、温度等都有非常严格的要求。三是有特殊营养需求，对土壤氮磷钾及中微量元素等营养元素、形态及比例要求很特殊。必须严格满足它的营养及环境要求，才能达到发育良好、健康成长的目的。

选择购买注意事项 选择水稻苗床调理剂应该掌握以下几点。一要选择可靠的水稻苗床调理剂。看有没有取得“＊农肥准字”或“＊农肥临字”的肥料登记证。再看产品生产单位、地址、电话等是否清楚明白。二要有针对性。根据自己种植的作物情况，看水稻苗床调理剂标明的有效成分、养分含量、使用范围，如对于偏碱性的土壤，应选择调酸性强的水稻苗床调理剂。三要尽量使用优质的水稻苗床调理剂。优质的水稻苗床调理剂营养全面，配比合理，含量高，并添加有调酸剂、消毒剂、抗病虫剂、植物化学控制剂等，效果又快又好。

使用技术

① 水稻苗床调理的调酸问题。水稻苗床调理剂一般只适用于微碱性、中性或微酸性土壤。如果土壤碱性或酸性太强，应用稀硫酸、食醋或石灰调节至中性。也可以改用晒干的水田土壤做苗床，因为水田土壤一般为中性土壤。

② 水稻苗床调理剂与土壤混合问题。苗床调理剂与土壤的混合比例，一般在1∶100以下。直接混合，不好混匀，建议分两次混合，第一次先用准备好的土壤的1/10与水稻苗床调理剂混合均匀，第二次再将第一次的混合肥土与剩下的9/10的土壤混合均匀。另外要求土壤越干越细越好。

③ 水稻苗床调理剂直接使用。苗床肥料可以直接施在育秧盘上或者苗床上，但要注意用量和撒均匀。一般一个秧盘40克左右。

④ 使用前应仔细阅读产品说明书，掌握正确的施用时期、浓度、用量和方法。

3.壮秧肥

壮秧肥（fertilizer which to strong rise seedling），为黑龙江爱农复合肥肥料有限公司生产的浓缩型、高效安全的水稻苗床土调理剂。

产品特点 该产品能一次完成床土消毒、调酸、施肥、化控、壮苗等作业程序，能充分满足秧苗生长对营养的需要，增强秧苗抗病抗逆性，提高秧苗素质，促进分蘖，并具有使用方便、适应性广、省秧田、省工降本、增产增收等特点。

技术指标 氮（N）≥10.0%、磷（P_2O_5）≥3.5%、钾（K_2O）≥2.5%，总养分≥16%，pH值≤6.5。

使用方法

(1) 旱育苗及湿润育苗　每袋产品加100千克备好的过筛旱田土，经充分混拌均匀后，均匀撒施在翻耙整平的120米^{2}苗床上，用耙子挠平，混拌于2厘米深表土中，然后浇透水播种。

(2) 软盘（机插盘或隔离层）育苗　每袋产品加备好的过筛旱田土2160千克充分混拌均匀制成营养土后，装入720个软盘（120米^2），然后浇透水播种。

(3) 塑料钵盘（抛秧盘）育苗　每袋产品加备好的过筛旱田土1260千克充分混拌均匀制成营养土后，以两厘米厚度均匀装入1050个钵盘（210米^2），然后浇透水插秧。

(4) 本产品可作返青肥，每亩水田施用1/2袋，返青效果明显。

注意事项

① 床土应选用pH值在7.0以下的无农药残留、无草籽的非盐碱旱田土。如果应用在床土pH值在7.5以上的盐碱地区时，除需调酸至pH值在7.0以下外，还应结合当地防返盐碱方法，防止出现盐碱害。

② 配制营养土必须混拌均匀，不可增加壮秧肥的用量或减少旱田土用量，以避免出现肥害。各种育苗方式均不能用配制好的营养土作覆土。

③ 本产品不含除草剂，秧田除草需另做处理。

④ 因播种量过大或苗床选地不当引起脱肥现象时，可适量追施氮肥。

⑤ 如遇特殊气候秧苗发育（青、黄、枯）时，在发病处每平方米施本产品50～100克，能有效抑制病情发展。

4.水稻壮秧剂

水稻壮秧剂（rices eedling-growth soil regulator），黑龙江万丰德肥料有限公司生产，是根据水稻秧苗生理特性、需肥规律及土壤供肥性能、科学合理配方、选用国内外优质原料，采用独特加工工艺精制而成。创造出水稻秧苗生长的最佳环境，是集营养、杀菌、调酸、化控为一体的新型育苗制剂。采用A、S、K包装，具有操作简便，适用于各种棚式、各种方法育苗。能促进生根，防止徒长、秧苗健壮挺拔、带蘖率高。具有秧苗移栽后返青快、有效分蘖多、抽穗早等功效，对水稻苗期立枯病、青枯病有较好的防治效果，是水稻旱育苗技术上的重大突破。

主要成分 每袋净含量15千克，袋内有A、S、K三个小袋，分别是营养增肥剂、土壤调理剂（调酸、增有机质）、药剂（杀菌、促生根）。氮、磷、钾总含量≥15%，微量元素、杀菌剂、生根制剂≥5%。

产品性能

① 营养全、配比合理。除含有氮、磷、钾三要素外，还含有锌、铁、硼、硅等微量元素。

② 调酸力度大、持续时间长，能满足稻苗生理对土壤酸度的需要。

③ 复方用药、杀菌谱广，在福·甲杀菌剂基础上又添加了全新杀菌助剂，杀菌防病效果突出，对苗期立枯病、青枯病等有较好的防治效果。

④ 加入高活性氨基酸、腐植酸及生根制剂，促进生根、带蘖率高、控制秧苗不徒长，使秧苗健壮挺拔、弹性好、根系发达、抗逆性强。

⑤ 有机无机相结合，改善土壤理化性状，创造水稻秧苗生长的最佳环境。

使用方法 每40米^{2}苗床用15千克（1袋）壮秧剂。

(1) 营养土育苗方法 将本产品大包装内三小袋容物倒出混拌均匀，与1米^{3}过筛的旱田土（pH值在6.5以下、没有农药残留）混拌均匀后，再次过筛即成营养土。

① 营养土育苗法。把置床整细整平，浇透底水，再将制成的1米^{3}营养土均匀地铺在40米^{2}置床上，厚度约2.5厘米，整平、喷透水，播种、压种、覆土、除草。

② 隔离层育苗法。把置床整细整平，浇透底水，铺隔离物，再将制成的1米^{3}营养土均匀铺在40～45米^{2}隔离物上，铺平浇透水，播种、压种、覆土、除草。

③ 机插盘育苗法。将制成的1米^{3}营养土装到40米^2（净面积）秧盘内，规整地摆到已整平、整细浇透水的置床上（约50～60米^2），喷透水，播种、压种、覆土、除草。

④ 抛秧钵体盘育苗法。将制成的1米^{3}营养土装到40米^2（净面积）秧盘内，然后摆到已整平、浇透水、打好泥浆的置床上（约55～65米^2），压实防止悬空，喷透水，播种、压种、覆土、除草。

(2) 搂拌法育苗　将大袋内A、S、K三小袋内容物倒出混拌均匀，与40～50千克过筛旱田土（pH在6.5以下，没有农药残留）混拌均匀，均匀地撒在整平、整细的40米^{2}苗床上用铁耙子反复地搂几遍，使壮秧剂均匀地掺到2.5厘米左右厚的床土中，整平后浇透水，播种、压种、覆土、除草。(不提倡应用此法)

注意事项

① 使用本产品要现用现拌，混拌均匀，混拌旱田土时用量要准确，不用另加其他杀菌剂和肥料。

② 使用本产品必须将A、S、K三小袋内容物混拌均匀后方可使用，混拌施用要均匀。

③ 各种育苗法不准用配制好的营养土覆盖种子，用无农药残留的过筛旱田土。

④ 覆土不可过浅或过厚。覆土厚度在0.8～1厘米为宜。

⑤ 注意通风炼苗，确保棚温20～25℃，最高不超过30℃，干旱时浇水。

⑥ 不能使用盐碱土，有残留除草剂、受过污染的旱田土进行育苗。

⑦ 本品是肥药混合制剂（低毒），避免与皮肤、眼睛接触，防止吸入。

⑧ 盐碱地禁用。

⑨ 储存在阴凉干燥处，不能与粮食、饲料混放一起，保质期2年。

5.农林保水剂

农林保水剂（agro forestry absorbent polymer），又称吸水剂、保墒剂、农林用冻胶、水合土、聚水胶等，是吸水聚合物的统称，是用于改善植物根系或种子周围土壤水分性状的土壤调理剂。农用保水剂的产业化，眼下有相当大的难度，涉及的因素很多，一是单纯以有机单体（丙烯酸、丙烯酰胺）为原料的保水剂产品，生产成本高，农林用产品价格较高，农民难以接受；二是从化学、物理和生物学的角度来说，保水剂属高新技术产品，但在复合型保水剂、新型抗旱剂的技术配方、生产工艺及技术标准化等方面缺乏必要的研究和开发；三是现有的保水剂产品在生产实际中应用时，在使用方法的掌握上需要做一定的培训指导工作。因此，在技术和市场均没有形成规模的情况下，保水剂的应用也受到限制。

产品类型　一是以有机单体（丙烯酸、丙烯酰胺）为原料的全合成型；二是以纤维素为原料的纤维素接枝改性型；三是以淀粉为原料的淀粉接枝改性型；四是以天然矿物质等（如蛭石、蒙脱石、海泡石等）为原料的天然型。

作用机理

(1) 吸水保水　高吸水树脂与水的作用过程实质上是聚合物在水中的溶胀过程，是溶解过程的特殊情形。它依靠离子基团如—COO^-和—COOH的亲水性以及Na^+在树脂与水的界面上产生的渗透作用进行吸水，分子中同性基团间的相互排斥作用使网链扩张，也促使水分子向树脂内部扩散，使吸水率达到上千倍。同时空间交联网状结构，使其吸收大量水分也不发生溶解，并在很长时间内保持足够的强度，赋予高吸水性树脂吸水、释水的可逆性。一般的保水剂可以多次吸水释水，吸足水后可连续抵御2～3个月的干旱，释水后遇雨再吸水，反复循环使用长达3～5年。

（2）保土改良　由于土壤黏土微粒表面呈负电性，高吸水性树脂与这些黏粒必然发生吸附作用，如树脂分子链上有阳离子基团则会强化其与黏土微粒间的吸附作用，这样既可以使聚电解质树脂具有较大的持久性，需要量减少，又可以使土壤的水化、膨胀和分散作用被抑制，起到保土的功效。其次高吸水性树脂能促进土壤团粒结构的形成，这些团聚体对稳定土壤结构、改善土壤通透性、防止表土结皮减少土面蒸发有较好作用，增强了土壤的抗蚀能力。再次高吸水性树脂吸水膨胀后可以大幅度提高土壤液相比例，降低气相和固相比例，改善土壤的水热状况。

（3）保肥缓释　高吸水性树脂施用于土壤后可起到保土保墒、改良土壤的作用，同时也能提高化肥和药物的效能，一般可使化肥、农药用量减少30%左右。高吸水性树脂可抑制土壤中水的运动，而水的运动是土壤固相移动流失、淋溶性养分损失的主要原因，这就抑制了土和肥的流失。其次由于树脂与土壤黏土、养分微粒间存在吸附作用，也抑制了黏土、养分微粒的水化、膨胀、分散和转移，即使在水量过大成涝期间，也可以从根本上减弱土壤微粒及其养分的流失。再次其溶胀体内能包裹、溶解和悬浮化肥、农药等养分的颗粒或溶液，并能悬浮空气泡，可强化其“保肥”功能，能有效减少肥料和农药渗漏流失，减轻环境污染。

（4）保温隔热　由于保水剂吸存大量水分，降低土壤环境温度的变化，具有一定的土壤保温作用，即夏日隔热，冬季保温，避免因气候变化形成的土壤温差影响植物的正常生长。同时其反复的收缩与膨胀给土壤营造大量的孔隙，提高土壤透气性，改善根际环境，同时也增强根际微生物的活动，加快根际周围有机矿物质的分解，有利于根系吸收，促进根系和植物的生长发育，改良土壤基质环境，防止土壤板结。

质量标准　执行农业部行业标准NY 886—2010（代替NY 886—2004），该标准规定了农林保水剂产品的技术要求、试验方法、检验规则、标识、包装、运输和贮存要求。适用于生产和销售的合成聚合型、淀粉接枝聚合型、纤维素接枝聚合型等吸水性树脂聚合物产品，用于农林业土壤保水、种子包衣、苗木移栽或肥料添加剂等。

（1）外观　均匀粉末或颗粒。

（2）农林保水剂技术指标应符合表10-7的要求。

（3）农林保水剂中汞、砷、镉、铅、铬限量指标应符合NY 1110的要求。

该标准同时对标识、包装、运输和贮存做出了要求。

（1）标识

① 产品质量证明书应载明：企业名称、生产地址、联系方式、肥料登记证号、

产品通用名称、执行标准号、剂型、包装规格、批号或生产日期；吸水倍数、吸盐水倍数、粒度的标明值；汞、砷、镉、铅、铬元素含量的最高标明值。

表 10-7 农林保水剂的技术要求

项　　目	指标
吸水倍数/(克/克)	100～700
吸盐(0.9%NaCl)倍数/(克/克)	≥30
水分(H_2O)含量/%	≤8
pH值(1∶1000倍稀释)	6.0～8.0
粒度(≤0.18毫米或0.18～2.00毫米或2.00～4.75毫米)/%	≥90

② 产品包装标签应载明：吸水倍数、吸盐水倍数、粒度的标明值，汞、砷、镉、铅、铬元素含量的最高标明值。

③ 其余按 NY 1979 的规定执行。

(2) 包装、运输和贮存

① 产品包装采用袋装或桶装，其余按 GB 8569 的规定执行。净含量按《定量包装商品计量监督管理办法》的规定执行。

② 在销售包装容器中的物料应混合均匀，不应附加其他成分小包装物料。

③ 产品运输和贮存过程中应防潮、防晒、防破裂，警示说明按 GB 190 和 GB/T 191的规定执行。

使用方法　农林保水剂可以广泛应用于大田作物、经济作物、草坪建植、苗木生产、树木移栽等方面。农林保水剂的使用量可以根据保水剂的吸水倍数、当地的降水状况等确定。大田作物一般每亩地1～5千克，苗木移栽及运输苗木时每株10克左右。保水剂属于高科技产品，市售的保水剂产品都会有详细的使用方法介绍，应严格参照。

现以广州农冠（台资）生物科技有限公司生产的农林保水剂为例介绍其使用方法。

(1) 包衣　仅提高发芽率时，取吸水200倍的凝胶剂1千克，加入1～5千克需浸种的粮、棉、菜、瓜、豆等种子中拌匀，视需要堆闷若干小时，再在室内摊开晾干表面水分后，即可播种。由于保水剂凝胶薄膜可保持一定的湿度和缩小昼夜温差，能加速种子发芽，提高种子出苗率和幼苗成活率。如需解决全程生长缺水问题，必须同时在土垄中基施本剂（干品）1.5～3千克/亩。

(2) 拌种

① 湿施时先将本剂投入50～200倍水中吸成凝胶，再加几倍的细土拌成易分散的混合物后，即可从播种机施肥口单独施入，或倒入种子拌匀（可再加入总重1～10倍的细土充分拌匀）后手工播入沟穴中，覆土掩盖。

② 干施时既可直接和种子加部分细土拌匀分散后手工播种，也可从播种机口直播，还可掺和肥料后从播种机施肥口施入。本剂干品用量：仅苗期缺水0.5～

1.5 千克/亩，如全期缺水 1.5～3 千克/亩。

（3）蘸根（扦插或移栽）

① 对需扦插的枝蔓可在枝蔓基部 4～5 厘米处蘸保水剂凝胶体，浸蘸均匀（约 1～2 分钟）后栽种，然后填土压实，浇足水即可。同时可在苗床上混土施用凝胶剂，用量为吸水 200 倍的凝胶剂 800～1600 克/米^2。

② 将保水剂适量投入 300 倍水中吸成稠胶状后（可加入适量生根剂、腐植土、草木灰等调成浆），将移栽树苗蘸满根部，定植时结合基施。如需长途运输再用薄膜包裹捆扎，可保几天不失水。

（4）基施

① 多年生作物。在常规种植沟穴中，在旱季、缺水地块或反季节种植地块，每株施入吸水凝胶剂后，与穴土拌匀再定植，最后覆土做成凹窝状，以收集雨水。在雨水较多的季节则可将干状本剂直接撒入，与穴土拌匀后定植。用量应视植株大小、该品种需水量多少来决定。

② 一年生作物。按常规做好土垄（畦）。亩用吸水 200 倍的凝胶剂 300～700 千克，均匀施入种植沟（穴）中 5～20 厘米的范围内，与沟（穴）土翻混均匀，即可播种或定植，然后再覆土掩盖本剂。如在雨季或较潮湿的地块施用，可直接施用干品本剂，用量为 1.5～3 千克/亩。

（5）追施

① 多年生作物。在树冠滴水线以内、约距树干 0.3～2 米处，环树干挖 3～5 个直径为 15～40 厘米、深 20 厘米上至根系分布层的坑，每株用已吸水 200 倍的凝胶剂 2～50 千克，与挖出的 1/3 左右的土拌匀后均匀施入，再覆盖余土并整成凹窝状，以收集雨水；特别疏松的花坛或花盆可用“追肥枪”将凝胶剂分多点施入，用量一样。

② 一年生作物。在植株行距主茎 5～20 厘米处挖一条深至根部的平行沟，按吸水 200 倍的凝胶剂 300～700 千克/亩的用量均匀撒入沟内，翻混均匀后覆土掩盖。特别疏松的地块可用追肥枪将凝胶剂分多点施入，用量相同。

（6）花卉园艺、绿化植物类

① 乔木、灌木定植时基施。在常规种植沟穴中，在旱季、缺水地块或反季节种植，按每株施入已吸水 200 倍的凝胶剂 0.5～50 千克后，与穴土拌匀再定植，最后覆土做成凹窝状，以收集雨水。在雨水较多的季节则可将干状本剂直接撒入，与穴土拌匀后定植。用量应视植株大小、该品种需水量多少来决定，每穴施干品 200～500 克。

② 成树追施。在树冠滴水线以内、距树干 0.3～2 米处，环树干挖 3～5 个直径为 15～40 厘米、深 20 厘米上至根系分布层的坑，每株用已吸水 200 倍的凝胶剂 2～50 千克，与挖出的 1/3 左右的土拌匀后均匀施入，再覆盖余土并整成凹窝状，以收集雨水；特别疏松的花坛或花盆可用“追肥枪”将凝胶剂分多点施入，用量一样。

③ 草坪基施。将已吸水200倍的凝胶剂按1～4千克/米^{2}的量均匀撒在平整地块上，稍加覆盖薄土后即可植入草皮，或播草籽后再盖一层土。

④ 草坪追施。先用多齿钉耙将草坪戳一些密集均匀的小穴，然后均匀撒布本剂干品5～20克/米^2（可混土扩大），撒施后用稍有压力的散喷水将本剂颗粒冲入小穴中，当天多次浇足水。

⑤ 名贵乔木长途移栽。移栽前取蘸根型本剂适量，投入300倍水中吸成糊状后，加入适量腐植土、草木灰和生根粉调成稠浆，将此浆蘸满根部并用草绳及薄膜捆扎，可经长途运输几天而成活率很高。定植时再在坑穴内混土施入50～100千克吸水200倍以上的凝胶剂。此法用于道路绿化和园林、楼盘反季节绿化植树，效果极好。

⑥ 盆栽定植。用吸水200倍以上的凝胶剂1份对土2～5份（视需水量不同而定用量），与土拌匀后先装小部分到花盆底，定植后装至七成满，再在表面覆盖2厘米以上的净土。追施可用追肥枪将凝胶剂注施。

注意事项

① 保水剂具体用法用量仅供参考，使用时应视土质或干旱情况、作物大小、品种等实际情况来确定。土层深厚、保水保肥能力强的壤土和黏土地，适当少施；土层浅、保水保肥能力差的砂土地和瘠薄地，适当多施。

② 保水剂不宜施于地表，施用于植物根部效果最佳。

③ 保水剂不是造水剂，其本身不能制造水分，对植物起到的是间接调节作用，只有在具备一定的降水、灌溉等条件下，保水剂才能发挥其吸水、保水保肥的作用。保水剂首次施用时一定要浇透水，北方少雨地区以后还要定期补水，旱作物无浇水地区应在雨季前施用。

④ 保水剂表层拌土虽有一定抑制蒸发的效果，但深层施用效果不明显，所以施用后要采取覆盖措施以防止土壤水分蒸发。一般情况下，将保水剂与土壤充分混匀后施入表土5～20厘米的深度为宜，施用过深起不到相应的效果，也不能施在土壤表面，这样会因为产品长时间见光而加速分解，缩短使用寿命。

⑤ 若需要保水剂和复合肥料同时使用，最好不要让保水剂和肥料直接混合，因为Na^+、K^+、Cl^-及磷肥对保水剂有拮抗作用，与肥料同时使用的正确方法是：先将保水剂施入肥料施入挖好的坑穴底部，然后用2～5厘米薄土将保水剂覆盖，再将肥料施入，然后再覆土。这样就可以达到水、肥双效的良好效果。

6. 花卉苗木农林保水剂

花卉苗木农林保水剂（floriculture and nursery agro forestry absorbent polymer），永康市中翼工贸有限公司生产，是一种抗旱保苗、增产增收、节水保肥、疏松土壤、促进植物根系生长等多种功能的高效保水剂。该产品外观为灰白粉状，含水率≤2%，保水倍率100倍，对作物无毒、呈中性。施用一次多年有效，长久保持土壤湿润，减少水分淋失和蒸腾80%以上，贮存的水分缓慢释放，可供植物充分利用，可减少浇灌次数及浇水量50%～80%。

质量标准 执行 NY 886—2010。

产品特性

（1）改良土壤 施入土壤后能逐步吸收和贮存浇灌水，吸水后成为凝胶状（其中会有少量颗粒不溶于水，可起到吸附钠离子，防止土壤板结的作用），因颗粒吸水后膨胀而释水后缩小，可增加黏土的通透性和砂土的持水力，改善土壤板结。

（2）促进生长 促进根系生长，使植物根系生长更茂密、更发达，并可提高植物移栽的成活率。在干旱少水地区植树绿化，可以减少补植和重植的次数，提高成活率70%以上，植物生长量增产50%。用于林业育苗，可提高成活率80%以上。

（3）提高肥料利用效率 能把雨水、雪水、灌溉水和溶于水的尿素储存在颗粒内部缓慢释放，减少因蒸发、渗漏和流失而把肥料浪费掉，从而提高肥料的利用率。

使用范围 林木、果树、花卉、葡萄、蔬菜等经济作物的种苗繁殖及大田栽培；专业草坪、高尔夫球场、楼顶绿化和园艺栽培。保水剂应施用在土壤深度15～20厘米左右。

使用方法 将保水剂与根部泥土按1∶10的比例混匀后即可将花卉或苗木移栽，然后浇透水。或先用100倍水将保水剂浸泡40～60分钟使保水剂变成凝胶状，再与土混匀后将花卉或苗木移栽，然后浇透水，这种方法使保水剂吸水更充分。在植物生长过程中，根部伸到了混合有保水剂的土壤中，保水剂在植物需要的时候将水和养分释放给植物。

（1）穴施法 将保水剂与泥土混匀，均匀撒入穴15厘米深处，将树苗移栽后覆土并浇透水。

（2）环状沟施肥法 距树干20～30厘米，绕树干开一环状沟，深约15厘米，将保水剂与泥土拌匀施入后覆土并浇透水。

（3）带状沟施肥法 带状种植的果树，开沟后将与泥土拌匀的保水剂施入沟中播种或在距离已种植果树5厘米处开沟均匀施入后覆土并浇透水。沟施、穴施用量：幼龄树0.1～0.3千克/株；成龄树0.5千克/株。

（4）蔬菜 穴施，每株用量3～5克，与泥土混匀后施入穴内后播种或移苗并浇透水。

（5）葡萄 穴施，每株用量80～100克，与泥土混匀后施入穴内后播种或移苗并浇透水。

（6）花卉、盆栽 每盆可将规定用量的保水剂与整盆泥土混匀后即可将花卉移栽，然后浇透水即可。对于已种植的花卉盆景，可以在植物根部周围打孔，孔深以根系集中分布的深度为准，把保水剂与细土均匀混合后填入，浇足水即可。经此处理的盆景浇透水一次在干旱高温季节可保持半个月不用浇水。花盆保水剂用量（克）：花盆直径20厘米的用保水剂20克、直径30厘米的用保水剂40克、直径40厘米的用保水剂60克。

（7）草坪　根据土质确定保水剂用量（表10-8），与地表10厘米的细土混匀后撒施，按常规方法播种或移植草皮后，充分浇水，使保水剂吸水饱和。

表10-8　不同土质保水剂用量

土质	砂质土	壤土	黏质土
用量/(克/米^2)	300	200	150

已种植的草坪，可据实际情况在根部打孔，孔深应以根系集中分布的深度为准，然后把保水剂与细砂土以1∶20的比例混匀后填入，然后覆土，彻底浇透水，再用2厘米厚砂土覆盖。

注意事项

① 要与土壤混合均匀，且施用后要彻底浇透水。

② 除了尿素外，保水剂不能与氯化铵、硫酸铵、磷酸铵、过磷酸钙、氯化钾、硫酸钾及有机肥料直接混用，如混用会使保水剂丧失膨胀吸水性能，但在保水剂吸饱水成凝胶状后再施入化肥则不会影响其保水性能。

③ 贮存时要防潮、避光、密封。

④ 保质期为三年。

7. 磷石膏土壤调理剂

磷石膏（phosphogypsum），是指湿法磷酸生产过程中，浓硫酸与磷矿粉作用，萃取出磷酸后，剩下的含少量磷的硫酸钙。

质量标准　磷石膏土壤调理剂（soil conditioner phosphogypsum）执行化工行业推荐性标准HG/T 4219—2011，该标准规定了磷石膏土壤调理剂的要求、试验方法、检验规则以及包装、标识、运输和贮存。适用于以湿法磷酸的副产物为原料加工生产的、主要用于改良碱性土壤和石灰性土壤的磷石膏，主要成分为二水硫酸钙（$CaSO_4 \cdot 2H_2O$）。

（1）外观　粉状疏松物，无机械杂质。

（2）理化指标应符合表10-9和包装标明值的要求。

表10-9　磷石膏理化指标要求

项　　目	指　　标
钙的质量分数(以Ca计,干基)/%　≥	17.0
硫的质量分数(以S计,干基)/%　≥	14.0
pH值	3.0～6.5
游离水的质量分数(H_2O)①/%　≤	25
水溶性氟的质量分数(以F计,干基)/%≤	3.0

① 游离水的质量分数指标可由供需双方协议确定。

（3）砷、镉、铅、铬、汞含量应符合GB/T 23349的要求。

该标准对标识、包装、运输和贮存做出了规定。

（1）标识

① 袋装产品外包装的主视面上，或散装产品的质量证明书上，应有以下说明：“本产品呈弱酸性，主要用于改良碱性土壤和石灰性土壤，不能代替肥料施用，使用时应参照使用说明”。

② 袋装产品的外包装上或散装产品的质量证明书上，应标明产品名称、钙含量、硫含量、生产厂名称、地址、本标准号以及其他法律法规规定的应标注的内容。袋装产品每袋净含量应标明单一数值，如 50 千克。

③ 袋装产品包装袋反面或散装产品的质量证明书上，应有详细的使用说明，内容包括适用的土壤类型、施用量、适用和不适用作物，以及“长期连续施用可能造成土壤板结”的警示语。

④ 其余应符合 GB 18382 的规定。

（2）包装、运输和贮存

① 散装产品，净含量不得低于标明值。

② 袋装产品应采用塑料编织袋包装，规格为 1000 千克、50.0 千克、40.0 千克，每袋净含量允许范围分别为（1000±10）千克、（50.0±0.5）千克、（40.0±0.4）千克，每批产品平均每袋净含量不得低于 1000 千克、50.0 千克、40.0 千克。包装规格也可由供需双方协议确定。

③ 在运输及贮存过程中，均应防止受潮、雨淋和包装破损。产品可以包装或散装形式运输。产品应贮存于阴凉、干燥处。

第五节　配方肥料

配方肥料（formula fertilizer），是指根据不同作物的营养需要、土壤养分含量及供肥特点，以各种化肥为主要原料，有针对性地添加适量中、微量元素或有机肥料，采用掺混或造粒等工艺加工而成的，具有作物针对性和地域性的专用肥料。

一般意义上的作物配方是针对普通型复混肥（复合肥）而言的。复混肥是指至少有两种养分标明量的由化学方法和（或）掺混方法制成的肥料。它的主要优点是能同时供应作物多种速效养分，发挥养分之间的相互促进作用；物理性质好，副成分少，易贮存，对土壤的不良影响也小。复混肥料的生产和发展适应了机械化施肥的要求，因而是化肥生产发展的必然趋势。

复混肥料按其含有的有效元素成分，可分为二元、三元复混肥料；按其制造方法，可分为复合肥料与混合肥料。而按施用范围及功能，复混肥料又可分为通用型和专用型复混肥料。通用型复混肥料，如 N-P_2O_5-K_2O 15-15-15，12-12-12 适用的地域及作物的范围比较广，但它也有一些缺点，比如它的养分比例总是固定的，而不同土壤、不同作物所需的营养元素、数量和比例是多样的。对某一作物而言，其中某种养分可能过剩，造成浪费；而另外的有效养分又可能不足，成为提高作物产量的限制因素。配方肥仅适用于某一地域的某些作物，比如麦类、豆类、蔬菜、烤烟、茶叶、果树等。配方肥所使用的氮、磷、钾养分配比针对性强，养分又能充分利用，从而能发挥较好的经济效益。

质量标准 配方肥料执行农业部行业推荐性标准 NY/T 1112—2006，该标准规定了配方肥料的定义、要求、检验方法、检验规则、标志、包装、运输与贮存。适用于标称为配方肥料和专用肥料的各种肥料。

（1）外观要求 粉状或粒状均匀混合物，疏松，无机械杂质，无恶臭。

（2）技术要求 配方肥料应符合表 10-10 的技术要求。

表 10-10 配方肥料技术指标

项目		指标		
总养分含量/%	≥	25.0		
N 占总养分的百分率/%		高肥力土壤	中肥力土壤	低肥力土壤
		0～50	0～60	0～70
P_2O_5 占总养分的百分率/%		0～60		
K_2O 占总养分的百分率/%		0～60		
水分(H_2O)含量/%	≤	6.0		
氯离子(Cl^-)含量/%	≤	3.0		

注：1. 总养分是指 $N+P_2O_5+K_2O$ 或 $N+P_2O_5$ 或 $N+K_2O$ 或 $P_2O_5+K_2O$ 的总和，组成产品的单一大量元素养分 N、P_2O_5 或 K_2O 含量低于 1.0%的不得标注和计算总养分含量。

2. 允许添加微量元素，单一微量元素养分含量 Fe、Mn、Cu、Zn 或 B 低于 0.2%的，Mo 低于 0.01%的不得在标签中标注和计算微量元素养分总养分含量。

3. 单一养分测定值与标明值负偏差的绝对值不得大于 1.5%。

4. 如产品氯离子含量大于 3.0%，应在包装容器上标明“含氯”，可不检验该项目，包装容器未标明“含氯”时，必须检验氯离子含量。

5. 配方肥料的配方应适合特定区域和特定作物的需求，应在包装容器上标明适宜区域和适宜作物。

（3）配方要求 配方肥料的配方应适合特定区域和特定作物的需求。配方检验操作按该标准的试验方法规定进行，并达到以下要求，视为配方合格：配方肥料田间试验增产或增收 5%以上的试验点数不低于 60%；配方肥料田间试验增产或增收效果统计检验差异达到显著水平的试验点数不低于 60%。

该标准同时对标识、包装、运输和贮存做出了要求。

（1）标识 包装容器上应标明肥料名称、产品净含量、执行标准、登记证号、适宜区域、适宜作物、生产者名称和地址、批号或生产日期、总养分含量或分别标明单一养分含量，加入微量元素的应标明“含×、×、×”微量元素。以钙镁磷肥等枸溶性磷肥为基础磷肥的产品，应在包装容器上标明为“枸溶性磷”；如产品中氯离子的质量分数大于 3.0%，应在包装容器上标明“含氯”。提供用法、用量等使用说明和警示说明。其余执行 GB 18382。

(2) 包装、运输和贮存

① 散装产品。散装产品不得贮存。

② 袋装产品。配方肥料用压膜编织袋或编织袋内衬聚乙烯薄膜袋包装，应按 GB 8569 有关规定进行。每袋净含量（50±0.5）千克、（40±0.4）千克、（30±0.3）千克、（25±0.25）千克、（20±0.2）千克、（10±0.1）千克，平均每袋净含量不得低于 50.0 千克、40.0 千克、30.0 千克、25.0 千克、20.0 千克、10.0 千克。

③ 产品包装袋中的氮、磷、钾等原料必须混合均匀，不得以单包形式分离。

④ 配方肥料应贮存于阴凉、干燥处，在运输过程中应防潮、防晒、防破损、防振动分离。

配方肥料的类型 按照配方肥料的生成条件和方法，可将其大致分为散装配方肥、袋装配方肥和商品掺混肥三类。

(1) 散装配方肥 散装配方肥主要由农化服务机构为农户临时掺混而成，可适应个体分散农户的需要。其主要特点是：多按每亩地的肥料施用量包装，对每袋肥料的重量进行严格限制，能确保特定作物和田块的养分供应量即可。

(2) 袋装配方法 也主要由农化服务机构为农户临时掺混而成，但要定量包装（如 50 千克 1 袋），以便于批量供应，满足规模化生产单位或相同作物和施肥条件下不同用户的需要。为了做到定量包装，配制前需对配方肥的养分浓度、养分配比和原料用量进行换算和调控，但不受国家掺混肥质检标准的约束。

(3) 商品掺混肥 商品掺混肥由肥料厂家生产，与前述配方肥一样，都需要以测土施肥和专家建议为基础，提出适合于一定区域和特定作物的施肥建议。其特殊要求是一定要保证产品质量符合国家质检标准。由于上市供应，难以马上施用，较其他配方肥更要防止肥料结块和减少不同养分发生分离。

配方肥料特性 配方肥应该考虑配方、工艺和施肥技术三个环节，而配方则是其中的核心和技术关键。一个完整的专用肥配方至少应包括以下内容。

① 提供适应对象作物的养分形态、比例、含量和特殊养分要求（如配入何种微量元素、是否允许含有氯离子等）。

② 充分考虑施用地区的有机肥施用水平、土壤养分丰缺状况与平衡施肥的要求。

③ 提供和选用的基础肥料应具有工艺加工和成形的合理性，产品具有较好的物理性，并尽可能控制混配过程中产生不利的化学反应。

④ 选用的配方应与同时推荐的施肥技术（施肥量、施肥期和施肥深度）相一致，如作追肥的复混肥料，一般不配入或少配入磷等。

⑤ 配方肥需在大田试验的肥效评价基础上投入生产。

几种主要作物营养特性与配方肥施用

（1）水稻　水稻对氮、磷、钾等元素需求量较大，吸收数量与比例受品种、土壤、气候及耕作方式等条件影响。一般每生产稻谷100千克，需吸收氮（N）1.8～2.5千克、磷（P_2O_5）0.8～1.3千克、钾（K_2O）1.8～3.2千克，N∶P_2O_5∶K_2O平均为1∶0.6∶1.2。如果亩产双季稻谷450千克，需吸收N-P_2O_5-K_2O平均为8-5-10（千克）；亩产单季稻谷550千克，需吸收N-P_2O_5-K_2O约为10-6-12（千克）。不同产量水平的水稻推荐施肥量见表10-11。

表10-11　不同产量水平的水稻推荐施肥量

稻作	区域	目标产量/（千克/亩）	最高施肥量/（千克/亩）			经济施肥量/（千克/亩）		
			N	P_2O_5	K_2O	N	P_2O_5	K_2O
早稻	山区	＞500	8	5	5	—	—	—
		500～450	11	6	8	9	3	7
		＜450	11	4	8	—	—	—
	沿海	＞500	11	4	5	8	0	3
		500～450	11	5	7	9	4	6
		＜450	12	5	7	10	4	6
中稻		＞530	13	5	10	—	—	—
		530～450	14	6	11	—	—	—
		＜450	12	8	10	—	—	—
晚稻	山区	＞520	13	4	7	11	3	5
		520～420	12	4	9	—	—	—
		＜420	11	5	10	10	4	8
	沿海	＞500	9	4	5	7	2	5
		500～450	12	4	8	9	3	6
		＜450	10	3	6	9	3	6

（2）甘薯　甘薯是粮食作物之一，每生产1000千克鲜薯，需氮（N）3.5～4.2千克、磷（P_2O_5）1.5～1.8千克、钾（K_2O）5.5～6.2千克，其N、P_2O_5、K_2O平均比例为1∶0.44∶1.51，即吸收养分总的趋势是钾最多，氮次之，磷最少。施肥中氮是关键，施氮过多易造成代谢失调，出现植株徒长、薯块生长受阻现象。

不同产量水平的甘薯推荐施肥量见表10-12。

在南方地区，甘薯的N、P_2O_5、K_2O施肥比例平均为1∶0.4∶0.9。如果亩产鲜薯块2500千克，一般需要亩施氮肥（N）10～14千克，N-P_2O_5-K_2O平均施肥量为12-5-11（千克）。以18-8-19的配方肥为例，一般每亩施用65～70千克。

（3）马铃薯　马铃薯是一种以块茎为经济产品的作物，一般每生产1000千克马铃薯，需吸收氮（N）3.5～5.5千克、磷（P_2O_5）2.0～2.2千克、钾（K_2O）10.6～12.0千克，其比例N∶P_2O_5∶K_2O平均为1∶0.47∶2.51。不同产量水平的马铃薯推荐施肥量见表10-13。

表10-12　不同产量水平的甘薯推荐施肥量

目标产量/(千克/亩)	最高施肥量/(千克/亩)			经济施肥量/(千克/亩)		
	N	P_2O_5	K_2O	N	P_2O_5	K_2O
＞2500	12	4	15	10	3	10
2500～1500	14	6	17	11	4	14
＜1500	13	5	17	11	4	14

表10-13　不同产量水平的马铃薯推荐施肥量

目标产量/(千克/亩)	最高施肥量/(千克/亩)			经济施肥量/(千克/亩)		
	N	P_2O_5	K_2O	N	P_2O_5	K_2O
＞1800	15	6	15	14	6	14
1800～1200	14	5	18	13	4	15
＜1200	15	6	18	14	4	13

在马铃薯生产中，氮、磷、钾化肥的适宜比例，南方地区平均为1∶0.3∶0.9。如果亩产马铃薯1500千克，一般需要亩施氮肥（N）8～12千克，N-P_2O_5-K_2O平均施肥量为10-3-9（千克）。以18-8-19的专用肥为例，一般每亩施肥量在55千克左右。

马铃薯喜欢肥沃的砂性土壤，施肥时应以较多的农家肥配合化肥作基肥，基肥一般占总用量的50%，其余分保苗肥与促薯肥施用，保苗肥一般占总用量的30%。

（4）大豆　大豆属豆科植物，每生产100千克大豆需吸收氮（N）8.1～10.1千克、磷（P_2O_5）1.8～3.0千克、钾（K_2O）2.9～6.3千克，其平均比例为1∶0.26∶0.51。每亩地大豆根瘤能固定空气中的氮4～7千克，而适当增施磷肥和钼、铁等微肥，有利于根瘤菌固氮。为了获得高产，应重视大豆开花至鼓粒期的养分供应。

在大豆生产中，N、P_2O_5、K_2O施用比例平均为1∶1.2∶0.9。如果亩产大豆150千克，一般需要亩施氮肥（N）6～9千克，N-P_2O_5-K_2O平均施肥量为8-10-7（千克）。以12-10-18的配方肥为例，一般每亩施用65～70千克。

大豆以有机肥及磷钾肥作基肥施用为好。氮肥一半作基肥，一半在花荚期作追肥；开花期、荚期喷施硼肥，增产效果明显。

（5）花生　花生为豆科作物，根瘤苗能固定空气中的游离氮，以供自身氮营养。每生产100千克荚果，需吸收氮（N）5.0～6.0千克、磷（P_2O_5）0.9～1.1千克、钾（K_2O）2.0～3.3千克，其N∶P_2O_5∶K_2O平均比例为1∶0.18∶0.49。结荚期是荚果大量形成、迅速膨大时期，必须要保证其营养要求。

不同产量水平的花生推荐施肥量见表10-14。

表 10-14 不同产量水平的花生推荐施肥量

目标产量/(千克/亩)	最高施肥量/(千克/亩)			经济施肥量/(千克/亩)		
	N	P_2O_5	K_2O	N	P_2O_5	K_2O
>280	6	5	6	5	4	5
280～180	9	5	10	8	4	8
<180	8	4	7	7	3	6

在花生生产中，N、P_2O_5、K_2O 适宜施用比例平均为 1∶0.8∶1.2。如果亩产荚果 200～300 千克，一般需要亩施氮肥（N）4～7 千克，N-P_2O_5-K_2O 平均施肥量为 7-4-8（千克）。以 12-14-16 的配方肥为例，一般每亩施用 40～45 千克。

花生施肥以基肥为主，适当追肥。一般以氮肥总量的 50%、全部的磷钾肥和农家肥作基肥，追肥在苗期施用。

(6) 甘蔗　甘蔗产量高，需肥量大。每生产蔗茎 1000 千克，需吸收氮（N）1.97～2.67 千克、磷（P_2O_5）0.36～0.54 千克，钾（K_2O）1.97～2.67 千克，N∶P_2O_5∶K_2O平均为 1∶0.24∶1.23。伸长初期至末期的 2～3 个月是吸肥高峰期，是影响蔗茎产量的关键时期。

在甘蔗生产中，N、P_2O_5、K_2O 适宜施用比例为 1∶0.4∶0.9。如果亩产蔗茎 6000 千克，一般需要施氮肥（N）18～22 千克，N-P_2O_5-K_2O 的平均施肥量为 20-8-18（千克）。以 21-6-18 的配方肥为例，一般每亩施肥量在 95 千克左右。

甘蔗施肥应掌握重施基肥，早施磷钾肥，适施壮蘖肥，以促进甘蔗分蘖齐、壮、匀，提高成茎率。

(7) 烤烟　烟草是喜钾作物。各个烟草品种吸收养分的多寡差别很大，一般每生产 100 千克干烟草，需吸收氮（N）2.4～3.4 千克、磷（P_2O_5）1.2～1.6 千克、钾（K_2O）4.8～5.8 千克，N∶P_2O_5∶K_2O 平均为 1∶0.48∶1.83。

在烤烟生产中，N、P_2O_5、K_2O 适宜施肥比例为 1∶0.75∶1.5。一般亩产干烟草 150 千克，亩施氮肥（N）6～9 千克，南方地区 N-P_2O_5-K_2O 施肥量为 8-6-12（千克）。以 13-8-12 的配方肥为例，一般每亩施肥量在 60 千克左右。

根据上述配方生产出烤烟配方肥，施肥方法可采用条沟施肥法或“101”施肥法。“101”施肥法的做法是：种植穴施 30%～40%的肥料，穴间施 60%～70%肥料。穴内肥供烤烟苗期生长所需，穴间肥供烤烟旺长期所需。

(8) 茶树　茶树对营养的需求有以下特点：喜铵、嫌钙、聚铝、低氯。茶树对氮的需求量较大，其次是钾，对磷的需求量最小。一般每采收鲜叶 100 千克，需吸收氮（N）1.2～1.4 千克、磷（P_2O_5）0.20～0.28 千克、钾（K_2O）0.43～0.75 千克，N、P_2O_5、K_2O 的吸收比例为 1∶0.16∶0.45。干茶叶与鲜茶叶之比为 1∶(4.0～4.5)。

大量试验表明，成龄茶树的 N、P_2O_5、K_2O 适宜施用比例为 1∶(0.3～0.5)∶(0.6～0.8)，平均为 1∶0.4∶0.7。如果亩产鲜叶 450 千克，一般需施氮肥

(N) 16～20 千克，N-P_2O_5-K_2O 的平均施肥量为 20-7-11（千克）。以 20-7-8 的配方肥为例，一般每亩施肥量在 100 千克左右。绿茶略增氮能提高品质，但红茶要控氮，以防止发酵受抑制。

茶树的施肥方式，一般在冬季地上部生长停止时，将 30%～35%的氮肥、全部的磷钾肥和农家肥施下。基肥大多采用沟施法或全园施肥法，前者在行间树冠附近结合中耕开宽沟；后者应先将肥料撒施在地面，然后翻入土中。深度 10～20 厘米，砂土宜深，黏土宜浅。配合施用腐熟有机肥效果更好。余下的 65%～70%的氮肥，分 3～4 次追肥。春茶追肥次数多些，夏茶和秋茶追肥次数少些。追肥施用方法与基肥相同。如果全年施用茶树配方肥，可用 1/3 作基肥，2/3 作追肥。肥源应多用磷酸铵、硫酸铵、尿素，少用过磷酸钙、硝酸钙，以适应茶树的喜铵和嫌钙的需求。

(9) 柑橘　柑橘为常绿果树，一年多次抽梢，生长期长，需肥量大，一般为落叶果树的两倍。柑橘亩产 3500～4000 千克，氮（N）的吸收量为 17.7～24.0 千克、磷（P_2O_5）2.0～4.5 千克、钾（K_2O）12.7～15.7 千克，氮、磷、钾养分吸收比为 1∶(0.11～0.18)∶(0.65～0.72)。

如柑橘亩产 2500 千克，建议的每亩施肥量如下：N 23～28 千克，P_2O_5 13～18 千克，K_2O 23～28 千克。以 19-8-13 的配方肥为例，一般每亩施用 130～140 千克。

芦柑施肥原则为夏秋施重肥，冬春少施肥。芦柑春肥（发芽肥）、夏肥（保果壮果肥）、秋冬肥（采果肥）比例以 2∶5∶3 为宜。芦柑采前不宜施肥，尤其是氮肥，否则会严重影响果实贮藏品质。

(10) 香蕉　香蕉是典型的喜钾作物。中秆品种每生产 1000 千克香蕉吸收氮（N）5.9 千克、磷（P_2O_5）1.1 千克、钾（K_2O）22 千克。矮秆香蕉吸收氮（N）4.8 千克、磷（P_2O_5）1.0 千克、钾（K_2O）18 千克。

香蕉一般每亩需要施用氮肥（N）40～50 千克，高产香蕉需要 50～60 千克。氮、磷、钾养分施用比例为 1∶(0.3～0.6)∶(1～2)。以 16-4-25 的配方肥为例，一般每亩施用 130～140 千克。另外，香蕉对钙、镁的需求量也很高，应适当补充钙肥与镁肥。

香蕉苗期、旺盛生长期、花期的施肥比例以 2.5∶6.0∶1.5 为佳。一般南方酸性土壤易缺镁，每亩施硫酸镁或硫酸钾镁 25～30 千克。

(11) 枇杷　枇杷是我国南方特有的果树。每生产 1000 千克鲜果，需吸收氮 1.1 千克、磷 0.4 千克、钾 3.2 千克。从开花到果实膨大期是枇杷养分吸收最多的时期，尤其是磷钾吸收增加较多。

枇杷施肥量的多少，要根据树龄、当年开花结果量和气候、土壤肥力等情况确定。成年树每年每亩施氮 25～30 千克，N、P_2O_5、K_2O 施用比例以 1∶(0.6～0.8)∶(0.75～1.0) 为宜。以 16-10-14 的配方肥为例，一般每亩施肥 150～160 千克。幼年树每年施肥 5～6 次，以氮肥为主，磷钾肥配合。

结果初期阶段的枇杷年施肥次数一般为3～4次，其中春肥氮、磷、钾肥施用的比例一般为2∶4∶3，夏肥（采果肥）施用比例一般为3∶2∶2，秋肥（基肥）施用比例一般为5∶4∶5。

（12）蜜柚　蜜柚枝粗叶大，果大，挂果时间长，生长量大，对营养需求量大，蜜柚最适合生长在土壤肥沃、疏松，排灌方便，土壤湿润，气候温暖的地区。

蜜柚施肥一般为N∶P_2O_5∶K_2O∶Ca∶Mg＝1∶（0.5～0.6）∶（1.0～1.1）∶（1.3～1.4）∶（0.1～0.2），每株施氮1.1～1.1千克。以18-9-18的配方肥为例，一般每株施肥量在5.5千克左右。

蜜柚每年一般分5次施肥，其中冬肥占30%，春梢肥占10%，定果肥占20%，果实膨大肥占15%，壮果肥占25%。

（13）葡萄　葡萄每生产1000千克果实（5年生）需吸收氮（N）6.0千克、磷（P_2O_5）3.0千克、钾（K_2O）7.2千克，其吸收比例为1∶0.5∶1.2，即钾＞氮＞磷。整个生育期对钾的需求量较大。另外，葡萄对微量元素硼的需求量也较多，一旦缺硼，萌芽迟缓，新梢抽生困难，新叶皱缩，果粒小，称“小粒病”。

据研究，巨峰葡萄全年每亩在施有机肥1500～2000千克的基础上，施氮7～10千克，N、P_2O_5、K_2O施用比例为1∶（0.15～0.3）∶（0.4～0.7）。以18-8-14的配方肥为例，一般每亩施肥量在55千克左右。

葡萄施肥分基肥和追肥。基肥以秋施为好，南方一般在9月中下旬进行。基肥以有机肥为主。氮肥作追肥，第一次追施氮肥在芽膨大期，第二次在落花后幼果膨大期，第三次在采果后，枝梢和根系还有一次生长旺盛期。磷肥3/4作基肥，1/4作追肥（幼果膨大期）。作追肥的钾肥可在落花后幼果膨大期和着色期施用。南方葡萄园缺硼现象普遍发生，可用0.1%～0.3%的硼砂开花前喷施。

（14）蔬菜　蔬菜为喜硝态氮作物，对钾、钙需求量大，且对缺硼敏感。亩产蔬菜1000～3000千克，地上部分携带走的氮、磷、钾养分总量分别为N 5.89～19.32千克、P_2O_5 1.43～6.18千克、K_2O 7.22～13.83千克；亩产蔬菜3000～6000千克，地上部分携带走的氮、磷、钾养分总量分别为N 9.12～15.89千克、P_2O_5 3.68～4.88千克、K_2O 13.14～24.18千克。

主要蔬菜的氮磷钾推荐施肥量见表10-15。

根据生物学特性和食用器官的不同，蔬菜大致可划分为叶菜类、瓜类、根茎类等。叶菜类蔬菜如大白菜等施肥原则是“前轻后重”，追肥重点在莲座末期至包心前期。南方许多地方为轻质酸性土壤，大白菜容易发生缺硼症，可用0.2%硼砂或硼酸溶液进行叶面喷施。以20-6-9的配方肥为例，叶菜类每亩施肥量一般在50千克左右。茄果类蔬菜（如番茄）定植前应重视基肥施用，追肥可分为催苗肥、促果肥、盛果期追肥。以15-6-19的配方肥为例，一般每亩施肥量在100千克左右。根茎类蔬菜施肥也以基肥为主，追肥分别在幼苗2～3片真叶期、定苗后、肉质根膨大期施用。以15-5-16的配方肥为例，一般每亩施肥量在65～70千克。

表 10-15　主要蔬菜的氮磷钾推荐施肥量

种类	品种	目标产量/(千克/亩)	最高施肥量/(千克/亩)			经济施肥量/(千克/亩)		
			N	P_2O_5	K_2O	N	P_2O_5	K_2O
叶菜类	大白菜	＞2500	14	5	14	13	4	14
		2500～1500	18	6	14	17	6	14
		＜1500	17	4	15	16	4	14
	洋包菜	＞3000	11	4	12	11	3	12
		3000～2000	15	6	12	15	5	12
		＜2000	12	4	15	12	4	15
	芥菜	＞3000	19	6	12	18	6	12
		3000～2000	23	8	13	23	8	12
		＜2000	22	10	18	21	10	16
	结球甘蓝	＞3000	16	4	15	15	4	14
		3000～2000	18	6	14	18	5	14
		＜2000	13	4	16	12	4	16
	空心菜	2000	15	3	7	15	3	6
	小白菜	2000	9	7	9	8	6	8
	芥蓝	2000	12	3	8	10	3	7
根茎类	莴苣	＞4000	28	10	28	25	10	25
		4000～2000	16	10	16	15	10	16
		＜2000	12	8	15	12	8	15
	萝卜	2000	12	—	13	12	6	12
	胡萝卜	3000	12	6	15	12	6	15
花菜类	花椰菜	＞3000	18	8	14	17	8	14
		3000～2000	20	8	20	—	—	—
		＜2000	17	6	15	—	—	—
瓜类	丝瓜	1500	—	—	16	20①	8①	15
	黄瓜	3500	15	8	—	14	7	15①
	苦瓜	3000	19	11	—	18	10	15①
茄果类、豆类	番茄	3500	15	7	20	15	7	18
	菜豆	1500	12	4	—	11	4	6①
	蚕豆	1200	8	3	9	8	3	6
葱类	大葱	3000	19	3	7	—	—	—
	香葱	1500	15	8	20	—	—	—

① 数据为田间试验时设计的施肥量。

(15) 竹笋　据研究，每生产 1000 千克鲜笋吸收 N 5 ～7 千克、P_2O_5 1.1～1.5 千克、K_2O 2.0～2.5 千克。每生产 50 千克鲜重竹材，竹林（竹秆部分）消耗的养分数量为 N 0.074 千克、P_2O_5 0.054 千克、K_2O 0.23 千克。早春 2 月是竹林生长新周期的开始，由于在此期间大量挖掘竹笋，吸取养分明显增加，是施肥的关键时期；9月份竹林大量行鞭，笋芽分化，仍继续吸收肥料；到了12月份，竹林生长缓慢，以施用有机肥料为主，从而为来年竹笋早出、高产打下良好基础。一般竹笋年亩施氮10～13千克，N∶P_2O_5∶K_2O以1∶(0.35～0.4)∶(0.75～0.8)为宜。以17-8-5的配方肥为例，一般每亩施肥量在70千克左右。

竹笋第一次施肥在3月份，称“催笋肥”，占年施肥量的10%左右；第二次施肥在6月份，称“产后肥”，占年施肥量的35%左右；第三次施肥在9月份，称“催笋肥”，占年施肥量的15%；第四次施肥在12月份，称“孕笋肥”，以腐熟的有机肥料为主，占全年施肥量的40%左右。

施用原则与注意事项 作物配方必须符合当地农业已有经验和科技成果，但农业上的施肥条件是复杂的，特别对一个小范围地区来说，常常缺乏科技资料，这时农技员或当地农业科技部门的经验就更为宝贵，有时它是制定配方的主要依据。当然，经验是靠长年积累的，也必然有缺陷，必须用每年的实践去检验和修正，这样在一个地区经过一段时间的努力，才能制定出合理有效的配方。

某些配方肥虽然根据作物的需肥特点、土壤的供肥特性确定适宜的养分配比，但也很难完全符合不同肥力土壤作物生长的养分要求，因此有必要根据作物的实际生长情况，再配合使用一些单质肥。如在缺氮土壤上对需氮较多的叶菜类适量使用一些氮肥，在缺钾土壤上对需钾较多的西瓜后期要使用一些钾肥。

配方肥中含有两种或两种以上大量元素，氮肥表施易挥发损失或随雨水流失，磷、钾易被土壤固定，特别是磷在土壤中移动性小，施于地表不易被作物根系吸收利用，也不利于根系深扎，遇干旱情况肥料无法溶解，肥效更差。所以，复合肥的施用应尽可能避免地表撒施，应深施覆土。

配方肥浓度较高，要避免在根部集中施肥，以免造成肥害；种子不能与肥料直接接触，否则会影响出苗，甚至造成烧苗、烂根。播种时，种子要与穴施、条施的复混肥相距5～10厘米，切忌直接与种子同穴施用，以免造成肥害。

虽然现在大多数配方肥都是多元的，但仍然不能完全取代有机肥，有条件的地方应尽量增加腐熟有机肥的施用量。复混肥与有机肥配合施用，可提高肥效和养分的利用率，同时有利于改良土壤，活化土壤中的有效微生物。

第六节　液体肥料

液体肥料（fluid fertilizer）又称流体肥料，俗称液肥，是含有一种或一种以上作物所需营养元素的液体产品，一般均以氮、磷、钾三大营养元素或其中之一为主体，还常常包括许多微量营养元素。

液体肥料以配方为基础的工业生产创造于美国，其大规模施用液体肥料迄今已有30余年的历史。在一些发达国家，液体肥料已经得到了较为普遍的应用，美国液体肥料占其全部肥料施用量的55%，英国、澳大利亚、法国等国也大量用液体肥料。在以色列，田间几乎百分百施用液体肥料。我国是世界上化肥生产和消费的超级大国，但在生产和施用的化肥中，绝大部分是固体肥料，液体肥料所占比重相当小。液体叶面肥料及冲施肥，是我国主要的液体肥料品种。有关专家认为，作为典型的节能环保产品，液体肥料一定是未来中国肥料产业的新宠。但当前液体肥料市场，面临着无统一行业标准、质量参差不齐、产品鱼龙混杂，产量无法统计的窘境。

液体肥料的种类 液体肥料品种很多，大致可以分为液体氮肥和液体复混肥两大类。

① 液体氮肥有铵态、硝态和酰胺态的氮，如液氨、氨水、氮溶液（也称尿素硝酸铵溶液，简称UAN）、硝酸铵与氨的氨合物、尿素与氨的氨合物等。

② 液体复混肥含有氮、磷、钾中两种或三种营养元素如磷酸铵、尿素磷酸铵、硝酸磷酸铵、磷酸铵钾等，它们均可方便地添加中量营养元素（Ca、Mg、S）和微量营养元素（Zn、B、Ca、Fe、Mn、Mo）以及除草剂、杀虫剂、植物激素等，因此综合作用明显，对作物增产效果显著。

液体复混肥又可分为清液肥料（clear solulions）和悬浮液肥料（suspension fertilizer，悬浮肥料）两种。清液肥料中的营养元素完全溶解，不含分散性固体颗粒，但所含营养成分的浓度较低。悬浮液肥料的液相中分散有不溶性固体肥料微粒或含惰性物质微粒，所含营养成分的浓度较高。

清液肥料

（1）液氨和氨水 液氨是一种高浓度氮肥。为减少氨损失，直接施用时采用专用施肥机。可深施作为基肥，也可与水渠灌溉、与喷灌装置结合作追肥。施用氨水方便、安全，故在我国得到广泛使用。我国常用的氨水肥料有两种：一种是普通氨水，一种是碳化氨水。常温下（25℃）普通氨水容易挥发，而碳化氨水的挥发则大大降低。氨水的生产方法为以液氨和水为原料采用混合罐连续生产法与喷射器连续生产法。氨水的输送已开始采用管道，施用则常常使用专有的牵引式氨水施肥器与注射式氨水施肥器。

（2）氮溶液（氨合物） 液氨和氨水由于氨的蒸气分压高、氨损失较大，故将硝酸铵、尿素或它们的混合物溶解在液氨中制成氮溶液（又称氨合物），则可显著降低氨的蒸气分压。固体硝酸铵在－5～25℃温度下，可以吸收氨气而转变为液态，此液体在－10℃时的组成符合$NH_4NO_3 \cdot 2NH_3$的分子式。在常温下的组成符合$NH_4NO_3 \cdot NH_3$的分子式。硝酸铵溶液与液氨制得的氮溶液的组成可用通式$NH_4NO_3 \cdot nNH_3 \cdot mH_2O$表示。含有70%～80%的尿素和75%～85%的硝酸铵是性能良好的液态氮肥，含氮量为28%～32%。所含氮为铵态氮，不易挥发损失。

(3) 叶面肥料　作物不仅从根系吸收养分，也可以从地上的茎叶吸收养分，因此可以对作物进行根外追肥，也称叶面施肥。这是一种提供补充营养的经济有效的方法。叶面肥料一般可制成单养分和以氮、磷、钾为主，添加微量元素的多养分的复混清液肥，也可添加农药与植物调理剂等，进行一次喷施，提高功效。目前，我国市场上的叶面肥有数十种。它们大致可以分为养分型、激素型和综合型三大类。近年来，氨基酸类液体肥料已开始用于叶面喷施或浸种，不但增产效果显著，而且可以增强作物的抗旱、抗寒和抗病虫害的能力。氨基酸是构成蛋白质的基本单位，它不但能被人和动物直接吸收利用，也能被植物直接吸收利用，是植物极好的有机养分。

(4) 稀土液肥　研究表明，稀土肥料具有能促进作物生根、发芽，提高作物叶绿素含量，促进光合作用，提高抗病害能力，增加产量，改善品质等效果。现在，国内定点生产的农用稀土液体肥料产品为 CL-2 型（混合轻稀土硝酸盐），商品名叫“常乐”益植素。主要分子式为 $RE(NO_3)_3 \cdot 6H_2O$，主要组分 [$RE(NO_3)_3 \cdot 6H_2O$] 含量不小于 38%。

(5) 多元清液肥料　液体肥料工业的发展趋势是希望新的液肥产品能溶入更多种类的固态化肥、微量元素甚至农药，以提高功能和降低运费。多元清液肥料生产所需的主要原料有：氨、尿素、氮溶液（包括各种氨合物）、氯化钾、湿法正磷酸、过磷酸、热法磷酸和一些基础液肥，如 8-24-0、10-34-0、11-37-0 等规格的复混溶液。

① 聚磷酸铵溶液肥料。聚磷酸盐由于溶解度大，可增大液体肥料浓度，同时因它对金属离子有螯合能力，可使湿法磷酸中的金属杂质不沉淀析出而提高液肥的稳定性。利用其螯合作用可在液肥中添加微量元素肥料。一些微量元素在磷铵或聚磷酸铵溶液中的溶解度见表 10-16。如果在液肥中加入农药、除草剂，也可节约人力和相应的费用。

表 10-16　一些化合物在磷铵或聚磷酸铵溶液中的溶解度　　单位：%

化合物	8-24-0(含正磷酸铵)	10-34-0(含聚磷酸铵)	11-37-0(含聚磷酸铵)
CuO	0.03	0.55	0.7
$CuSO_4 \cdot 5H_2O$	0.13	1.13	1.5
$Fe_2(SO_4)_3 \cdot 7H_2O$	0.08	0.80	1.0
MnO	<0.02	0.15①	0.2①
ZnO	0.05	2.25	3.0
$ZnSO_4 \cdot H_2O$	0.05	1.50	3.0②

① 数天后即沉淀。

② pH 值为 6.0。

该类肥料包括用热法磷酸生产的聚磷酸铵，用聚磷酸生产的聚磷酸铵，以及用管式反应器生产的聚磷酸铵和用磷酸法制取的聚磷酸铵。

通常是在 N∶P_2O_5≈1∶3 的基础液肥中添加其他养分，制成各种规格的液肥。

规格为 10-34-0 的基础液肥中至少应有 50%的 P_2O_5 是聚磷酸铵；规格为 11-37-0 的基础液肥中至少应有 60%的 P_2O_5 是聚磷酸铵。如果镁含量高，则最好有 80%的 P_2O_5 是聚磷酸盐。通常湿法磷酸中有 20%～30%的 P_2O_5 是聚磷酸，当超过 50%的 P_2O_5 是聚磷酸时，则黏度太大，生产和使用都很困难。

过磷酸原料多从湿法磷酸浓缩而来。生产出的过磷酸中总 P_2O_5 含量为 68%～70%，其中 20%～30%的 P_2O_5 是聚磷酸，其余基本上是焦磷酸。生产过磷酸要增加成本，但可从节省运输费用中得到补偿。

聚磷酸含量低的过磷酸在管式反应器中与氨反应可生产高浓度聚磷酸铵。

② 氮磷钾清液肥料的配制。绝大多数清液肥料是以尿素、硝酸铵、氯化钾及聚磷酸铵等为主要原料的。美国代表性的产品规格为 5-10-10。

清液多元复肥的生产一般可分为"冷混"与"热混"两种流程。冷混法多以基础溶液（10-34-0、11-37-0）和尿素、硝酸铵以及钾肥、微量元素等为原料，通常设在使用地区，即固定式装置，就地生产，就地使用，一般供应半径为 25～50 公里。

热混法生产是由磷酸提供一半 P_2O_5，其余部分由 10-34-0 溶液提供，最终产品的 pH 值为 6.0。生产设备主要有混合槽、再循环泵、搅拌器和冷却器。

还有一种热混兼冷混的生产装置。常以聚磷酸铵（10-34-0、11-37-0）与无压氮溶液（28%～32%N）和钾盐混合，可制得 7-21-7、8-25-3、4-10-10 等多种规格产品，这些不同规格的清液多元复肥一般都具有低于 0℃的盐析温度。

近年来，发展了没有基础溶液的清液复合肥，它的主要原料为磷酸、氨水、氯化钾和尿素。磷酸由磷酸储槽经高位槽、转子流量计与氨水一起进入中和槽，得到的磷铵溶液与来自氯化钾与尿素盐溶解槽的料液一起经混合槽混合而制得。

悬浮液肥料 如果使一部分养分通过悬浮剂的作用而呈固体微粒悬浮在液体中，就可得到较一般清液肥料浓度高得多的流体肥料，通常称这种液肥叫悬浮肥料。悬浮肥料的生产方法与清液肥料差不多，所不同的是添加少量悬浮剂（通常用活性白土）。它在水溶液中形成凝胶状悬浮体，使溶液黏度保持在 300～700 毫帕·秒范围，能防止结晶长大和固体迅速沉淀。此外，混合槽要进行强烈搅拌，使固体原料形成高度分散状态。因此，通常在混合槽中安装透平式搅拌桨和大型循环泵。反应溶液需要强制循环冷却，产品也应冷却至室温，以免细小结晶在储存的自然降温过程中继续长大。为防止储存过程中沉淀，在储存槽中都装有压缩空气分布管，以便于定期搅动。

生产悬浮肥料的主要原料是 MPA 和 10-34-0 基础液肥，但前者的运输费用较后者便宜。也可以用 DPA 作磷原料，但同时需要使用磷酸。还可以用磷酸作原料。

由于悬浮肥料受原料溶解度限制不大，故可生产出高钾 NPK 悬浮肥料，如 7-21-21、3-10-30、4-12-24；高氮悬浮肥料，如 20-10-10、21-7-7、14-14-14 等。

由于农药易与悬浮液均匀混合，利用悬浮液增加黏稠度，使可湿性粉末不致沉降，因此农药和微量元素均能顺利配入，并形成均匀一致而能持久不离析的液体混肥。

一些既不溶于水，又不易起反应或分解的固体原料化肥可以磨细至 20 目粒度以下作为悬浮剂使用。悬浮液肥料的规格应根据作物、土壤、种植条件（如 pH 值、气候、肥效等）来决定。所需主要与次要营养元素及微量元素可在广泛的范围内寻求。选择的标准必须是费用支出合理，处理成本低，加工收率高，易于得到高质量产品的原料。

悬浮剂是制成悬浮液肥料不可缺少的辅助原料，是一种黏土类物质。在悬浮液中经过剪切搅拌作用，使不溶解的微小颗粒物质在悬浮液中保持旋转状态而不沉降，其功能是使悬浮液呈凝胶状，具有较高黏度。常用的悬浮剂有硅镁土、海泡石土、钠基膨润土、黄原酸树胶四类。悬浮剂的添加量一般为产量的 1%左右。

（1）液体复混肥和颗粒复合肥相比的优缺点　液体复合肥在其养分表示形式上与传统颗粒复合肥大同小异，但区别在以下 3 点。

① 液体复混肥兑水用，保证安全浓度，不烧苗不烧根。

② 液体复混肥少量多次用，一般不会施肥过量。

③ 液体复混肥含有更多的营养元素和有机质，养分更平衡。

液体复混肥肥效通常比颗粒复合肥高 30%以上。此外，液体肥料的生产过程比固体肥料简单，不需要浓缩、造粒、干燥等工序，因此基建投资和生产成本都比较低。液体肥料一般在农业施肥地区就地加工，可用泵和管道输送、装卸，大大节省了运输、装卸与施用劳动力及包装费用，同时也容易实现机械化施肥并提高肥料利用率。

但液体肥料中所含氮、磷、钾三大营养元素的量比固体复合肥料低，故一般只适于就近施用，不宜长距离运输和贮存。如需包装则包装成本显著高于颗粒肥料。一些农民为了节约成本，采取磨颗粒复合肥兑水的方法，这样一方面是溶解慢，另一方面安全浓度、合理用量、养分平衡等科学施肥的核心问题比较难于把握。

（2）液体磷铵　纯磷酸铵溶液应为清液肥料，但是液体磷铵大多由湿法磷酸制得，由于湿法磷酸中含有铁、铝、镁等多种杂质，氨中和时，会生成一系列不溶性化合物，并呈微小的粒子悬浮在液体肥料中，使肥料呈乳白色，故将液体磷铵归入悬浮液肥料。

用含杂质少的湿法磷肥为原料，在工艺上可生产 7-21-0 或 8-24-0 的液体磷铵肥料。用含杂质较高的湿法磷酸，则可生产 5-15-0 或 6-18-0 的液体磷铵肥料。此类液体肥料属于中性肥料（pH 值约等于 7）。为避免不溶性杂质在储存或运输过程中沉淀，在生产中应控制操作条件，如加快中和反应速率，使形成细小的质点高度分散于液相中，并呈胶体型悬浮状态。必要时可添加膨润土等悬浮剂，以改善液体磷铵的悬浮性能。

(3) 液体硫磷酸铵肥料　此种液体肥料是含磷酸一铵、磷酸二铵、硫酸铵以及其他添加物的液体肥料。这种肥料所含的有效成分比单独的磷酸铵溶液或硫酸铵溶液要高，其具有的较高溶解度特性与溶液中磷酸一铵和磷酸二铵混合物的比例有一定关系。如果在硫酸铵和磷酸铵混合物里加入硝酸铵，则可以制得有效养分达55%～56%的液体肥料。

(4) 液体硝酸磷肥　在磷矿的硝酸萃取液中加入硫酸铵，使萃取液中的钙以硫酸钙沉淀析出：

$$Ca_5F(PO_4)_3+10HNO_3+5(NH_4)_2SO_4+10H_2O=\!=\!=3H_3PO_4+5(CaSO_4\cdot 2H_2O)+10NH_4NO_3+HF$$

过滤分离除去石膏，再用氨中和含有磷酸和硝酸的滤液，便可制得含有磷酸铵和硝酸铵的肥料。分离出的石膏再与 NH_3 和 CO_2 进行复分解反应使其变为硫酸铵与碳酸钙，生成的硫酸铵再返回到硫酸分解槽循环使用。此法也称硫铵循环法。此外还可采用硝酸用量一半的硫酸氢铵（NH_4HSO_4）循环法，同时使产品中的硝酸铵含量也减少一半，从而制得含磷较高的液体硝酸磷肥。

(5) 配方型悬浮液肥料　根据作物与土壤的需要，把各有关原料按一定比例配制成所需规格的肥料，该类肥料称为配方型肥料。现已有常用配方型悬浮液肥料70余种。生产该类肥料时，首先要做好原料的选择。主要液态原料有磷酸、液氨、氨水、氨溶液、磷铵溶液、液态农药等。主要固态原料有磷酸铵、尿素、硝酸铵、硫酸钾、氯化铵、碳酸氢铵、氯化钾、重钙、普钙与微量元素及悬浮剂等。

配方型悬浮液肥料的特点是比清液肥料具有较高的营养元素含量。它不仅是一种多元素的饱和溶液，而且还具备含有微细的不溶性悬浮固体而持久不沉降的特点。该类肥料生产易产生盐析作用。这时，对于许多不溶物质，则可以用悬浮剂使之成悬浮态。正确选择各种原料化肥，可以减少发生可混性问题。如硝酸盐和氮化物在水中的溶解度要比硫酸盐高得多，而硫酸盐又比碳酸盐或碳酸氢盐在水中的溶解度高得多。由于化肥的溶解度和黏度会随着温度而变化，故在配料时还必须选择合适的温度条件，以保证在最低的储存温度下，仍能保持足够的流动性。

螯合化肥由于混配溶入水中或施入土壤后不易形成不溶性化合物，因此能保持较高的肥效，但螯合物成本较高，必须考虑其综合经济效益。生产悬浮肥与生产清液肥相似，也有冷混与热混两种不同的工艺和设备。在制备不同规格的悬浮液时，如果在两种或两种以上原料化肥混配时产生相当大的热量，这种混合工艺称为热混工艺。在混配两种或两种以上原料化肥时不产生热量或产生的热量不大时，则称为冷混工艺。

热混法常把聚磷酸氨化生产聚磷酸铵。冷混法常以NPK基础悬浮液、NP基础悬浮液以及氮溶液或悬浮液为原料，分别储存于储罐中，罐内有空气分布器，可搅拌悬浮液。原料经计量后送入混合罐进行混合，制成所需配方的悬浮液肥料并立即装入运肥槽车。有时还在混合罐内加入农药。

液体肥料的包装　目前，国家制定了液体肥料包装技术要求 NY/T 1108—2012。该标准规定了液体肥料销售包装、运输包装及试验方法等技术要求。适用于需进行包装销售的液体肥料。

(1) 总则　液体肥料的包装应保障农产品、环境与生命安全，合理利用资源，降低能源消耗，促进废弃物可处理与再利用。液体肥料包装应符合农业生产、市场流通等实际需要。液体肥料包装应尽量减少包装材料的使用总量。包装材料应保证肥料在正常的贮存、运输中不破损，并符合相应包装材料标准的要求。包装材料应尽可能被重复使用，若无法重复使用，包装材料应可回收利用，若无法回收利用，则包装废弃物应可降解。可回收利用的包装应在包装标识上注明“可回收”，其标志按 GB/T 18455 的规定执行；可降解的包装应在包装标识中标明“可降解”。可重复利用或回收利用的包装，其废弃物的处理和利用按 GB/T 16716.1 的规定执行。

(2) 销售包装

① 销售包装要求。最小销售包装限量应不小于 100 毫升，根据使用需要，最小销售包装内可有分量包装。销售包装应按 NY 1979 的规定载明标签信息，至少应标明肥料登记证号、通用名称、商品名称、商标、产品说明、执行标准号、剂型、技术指标要求、限量指标要求、适宜范围、限用范围、使用说明、注意事项、净含量、生产日期及批号、有效期、贮存和运输要求、企业名称、生产地址、联系方式；分量包装容器上应标明其肥料登记证号、通用名称和净含量。

② 内包装材料要求。内包装可采用的材料有：玻璃、塑料、金属、复合材料等。内包装材料应不与肥料发生物理和化学作用而改变产品特性。内包装材料应坚固耐用，不破裂、不溶胀、不渗漏、不泄漏。内包装材料的技术指标应符合表 10-17 的要求。

表 10-17　内包装材料的技术指标

试验项目	指　标
气密(5min)/千帕	≥20

袋装包装封合处应塑封严密、基本平直；瓶装包装容器要配有合适的内塞、外盖或带衬垫的外盖；桶装包装容器的桶盖要有衬垫。

③ 外包装材料要求。外包装可采用的材料有：木材、金属、塑料、复合材料等。外包装材料应坚固耐用，保证内装物不受破坏。

(3) 运输包装　运输包装的试验项目和指标应符合表 10-18 的要求。

表 10-18　运输包装的试验项目和指标

试验项目	指　标
堆码(一般包装，24 小时；塑料包装桶，40℃，28 天)/米	≥3.0
跌落/米	≥0.3

运输包装可采用的材料有：木材、金属、合成材料、复合材料、带防潮层的瓦楞纸板、瓦楞钙塑板以及经运输部门、用户同意的其他包装材料。运输包装材料应坚固耐用，保证内装物不受破坏。运输包装件尺寸按 GB/T 4892、GB/T 13201、GB/T 13757 等的规定执行。单元货物包装按 GB 190 和 GB/T 191 等的规定标注警示说明。在运输和贮存过程中，按警示说明要求执行。

1.尿素硝酸铵溶液（UAN）

尿素硝酸铵溶液，简称 UAN，是以合成氨与硝酸中和形成的硝酸铵溶液、尿素溶液为原料按比例加工而成的水溶肥料。工业化生产始于 20 世纪 70 年代的美国，目前在美国已得到广泛使用，全球 2012 年尿素硝酸铵溶液的产量超过 2000 万吨，其中美国占了全球产量的 2/3，达到 1360 万吨，法国 200 万吨，其他如加拿大、德国、白俄罗斯、阿根廷、英国、澳大利亚等国的产量达到 100 万吨。业内专家认为，快速发展水肥一体化的要求和传统尿素、硝铵行业破解产能过剩困局的需求，虽然为 UAN 的发展带来利好，但与欧美国家相比，我国的 UAN 发展还处于起步阶段。农业部印发的《水肥一体化技术指导意见》要求，2015 年我国水肥一体化技术推广总面积达到 8000 万亩，新增推广面积 5000 万亩。这更是为 UAN 在中国的发展带来机遇。未来，UAN 将成为除尿素之外的主要氮肥产品之一，但其推广仍需要一个循序渐进的过程。

质量标准 执行农业行业标准 NY 2670—2015。该标准规定了尿素硝酸铵溶液登记要求、试验方法、检验规则、标识、包装、运输和贮存。适用于生产和销售的尿素硝酸铵溶液，产品是以合成氨与硝酸中和形成的硝酸铵溶液、尿素溶液为原料按比例加工而成的水溶肥料。

① 外观。无色、均质液体。

② 尿素硝酸铵溶液产品技术指标应符合表 10-19 的要求。

表 10-19 尿素硝酸铵溶液产品技术指标

项 目		指标	项 目		指标
总氮(N)含量/%	≥	28.0	缩二脲含量/%	≤	0.5
酰胺态氮(N)含量/%	≥	14.0	pH 值(1∶250 倍稀释)		5.5～7.0
硝态氮(N)含量/%	≥	7.0	水不溶物含量/%	≤	0.5
铵态氮(N)含量/%	≥	7.0			

③ 限量要求。尿素硝酸铵溶液登记检验汞、砷、镉、铅、铬元素限量应符合表 10-20 的要求。

④ 毒性试验要求。尿素硝酸铵溶液登记检验毒性试验应符合 NY 1980 的要求。

该标准对产品标识、包装、运输和贮存提出了要求。

① 产品质量证明书应载明：企业名称、生产地址、联系方式、肥料登记证号、

产品通用名称、执行标准号、剂型、包装规格、批号或生产日期；总氮含量的最低标明值；酰胺态氮含量的最低标明值；硝态氮含量的最低标明值；铵态氮含量的最低标明值；pH 的标明值；水不溶物含量的最低标明值；汞、砷、镉、铅、铬元素含量的最高标明值。

表 10-20　尿素硝酸铵溶液登记检验汞、砷、镉、铅、铬元素限量

单位：毫克/千克

项　目	指标	项　目	指标
汞(Hg)(以元素计)含量	≤5	铅(Pb)(以元素计)含量	≤25
砷(As)(以元素计)含量	≤5	铬(Cr)(以元素计)含量	≤25
镉(Cd)(以元素计)含量	≤5		

② 产品包装标签应载明：总氮含量的最低标明值及盐析温度。总氮标明值应符合总氮含量要求；总氮测定值应符合其标明值要求（一般情况下，总氮 28%含量的盐析温度为－18℃，32%含量的盐析温度为－2℃）。

酰胺态氮含量的最低标明值。酰胺态氮标明值应符合酰胺态氮含量要求，酰胺态氮测定值应符合其标明值要求。

硝态氮含量的最低标明值。硝态氮标明值应符合硝态氮含量要求，硝态氮测定值应符合其标明值要求。

铵态氮含量的最低标明值。铵态氮标明值应符合铵态氮含量要求，铵态氮测定值应符合其标明值要求。

pH 的标明值。pH 测定值应符合其标明值正负偏差 pH±0.5 的要求。

水不溶物含量的最高标明值。水不溶物标明值应符合水不溶物含量要求，水不溶物测定值应符合其标明值要求。

③ 其余标识要求按 NY 1979 的规定执行。

④ 最小销售包装限量应不小于 5 升，其余按 NY/T 1108 的规定执行。当用户对包装有特殊要求时，供需合同应明确相关要求。净含量按《定量包装商品计量监督管理办法》的规定执行。

⑤ 产品运输和贮存过程中应防冻、防晒、防泄漏，警示说明按 GB 190 和 GB/T 191的规定执行。

优点

① 采用尾液中和工艺，减少了烘干造粒环节的耗能，节能减排。

② 相对于传统固体氮肥，尿素硝酸铵溶液含三种形态氮，产品稳定、杂质少、腐蚀性低，有利于植物高效吸收和土壤氮循环。

③ 产品偏中性，不会导致土壤酸化，施用上可配合喷雾器或灌溉系统，可少量多次，环境污染胁迫小。

④ 有很好的兼溶性、复配性，可与非碱性的助剂、化学农药及肥料混合施用等。

施用方法 由于UAN含有硝态氮、氨态氮和酰胺态氮，多元性氮能满足作物速效和持久需要，与磷钾配合可作基肥、追肥，特别适用于机械滴灌、液面喷施、酸性及中性土壤。我国北方干旱地区特别适宜含硝态氮的UAN液体肥，适宜于滴灌等水肥一体化的推广。

从养分均衡的角度考虑，除了有机质和氮磷钾养分非常丰富的土壤，在大多数土壤中施用UAN必须和其他肥料配合才能达到最好效果。因此，UAN的最大用途是液体复混肥的原料。

UAN含有铵态氮、硝态氮、酰胺态氮3种形态的氮，集速效与缓效于一体，其利用率是硫铵氮肥的两倍，适合作追肥使用，不过最佳的施用原则应该是少量多次。利用灌溉系统时，以只湿润根区为宜，减少养分淋湿，最好不要在碱性土壤中施用。

UAN提供的是氮肥，适合各种植物。一般建议作追肥使用，稀释倍数在50～100倍，苗期浓度稀，旺盛生长后浓度高。叶片喷施建议稀释100倍以上。由于兑水施用后大幅度提高氮的利用率，用量上可以比常规尿素用量减少一半。最佳的施用原则是少量多次，每次每亩3～5千克。

2.冲施肥料

冲施肥料（简称冲施肥）是随浇灌而使用的肥料，与植物生长调节剂和叶面肥类似，也属于追施肥的一种。按照冲施肥料分类使用不同：冲施肥料即可以是大量元素肥料（如N、P、K），也可以是微量元素肥料（如Zn、B、Mn、Fe、Mo、Cu、Cl等），还可以是有机肥（如氨基酸、腐植酸等），或菌肥、复合肥等，因此，冲施肥料从广义上讲不是一种特殊肥料，而只是一种施用方法，用此方法施用的肥料均叫冲施肥料。在狭义上，随着现代科技发展，特别是化肥工业的发展，冲施肥料逐步发展独立出来，成为一种新型肥料。

质量标准 目前冲施肥料仅有辽宁省质量技术监督局于2006年6月1日发布的地方标准DB21/T 1434—2006。该标准规定了冲施肥料的技术要求、试验方法、检验规则、标识、包装、运输和贮存。适用于以提供作物养分为主，用于灌溉施用的肥料。其主要技术指标见表10-21。

表10-21 冲施肥料主要技术指标

<table>
<tr><th rowspan="3" colspan="2">项　目</th><th colspan="4">指标</th></tr>
<tr><th colspan="2">Ⅰ类</th><th colspan="2">Ⅱ类</th></tr>
<tr><th>固体</th><th>液体</th><th>固体</th><th>液体</th></tr>
<tr><td>总养分($N+P_2O_5+K_2O$)的质量分数[①]/%</td><td>≥</td><td colspan="2">15.0</td><td colspan="2">25.0</td></tr>
<tr><td>水溶性磷占有效磷的百分率/%</td><td>≥</td><td colspan="4">70</td></tr>
<tr><td>水分(H_2O)的质量分数/%</td><td>≤</td><td>10.0</td><td>—</td><td>10.0</td><td>—</td></tr>
<tr><td>酸碱度(pH值)</td><td></td><td colspan="4">5.5～8.0</td></tr>
</table>

续表

项　目		指标			
		Ⅰ类		Ⅱ类	
		固体	液体	固体	液体
氯离子(Cl^-)的质量分数/%	≤	3.0			
砷及其化合物(以 As 计)的质量分数/%	≤	0.0050			
镉及其化合物(以 Cd 计)的质量分数/%	≤	0.0010			
铅及其化合物(以 Pb 计)的质量分数/%	≤	0.0150			
铬及其化合物(以 Cr 计)的质量分数/%	≤	0.0500			
汞及其化合物(以 Hg 计)的质量分数%	≤	0.0005			

① 单一养分测定值与标明值负偏差的绝对值不得大于 1.5%。

该标准对标签、标志、包装、运输和贮存规定如下。

(1) 标签和标志　每批出厂的产品应附有质量证明书，其内容包括：生产企业名称、地址、产品名称、批号或生产日期、产品净含量以及分别标明总养分及总氮、有效磷、总氧化钾含量。其他应按 GB 18382 的规定执行。

(2) 包装、运输和贮存

① 包装。固体产品用编织袋内衬聚乙烯薄膜袋或内涂聚丙烯编织袋包装，应按 GB 8569 的规定执行，液体产品用聚乙烯或聚乙烯瓶包装，其他应按国家技术监督局第 43 号令的规定执行。也可根据用户要求或订货协议进行。

② 运输。产品在运输过程中应防潮、防晒、防破裂。

③ 贮存。产品应贮存于阴凉、干燥处。

主要特点　冲施肥作为水溶性肥料（water soluble fertilizer，WSF）的一种，是一种可以完全溶于水的多元复合肥料，它能迅速地溶解于水中，更容易被作物吸收，而且其吸收利用率相对较高，更为关键的是它可以应用于喷滴灌等设施农业，实现水肥一体化，达到省水、省肥、省工的效能。一般而言，水溶性肥料可以含有作物生长所需要的全部营养元素，如 N、P、K、Ca、Mg、S 以及微量元素等。人们完全可以根据作物生长所需要的营养需求特点来设计配方，科学的配方不会造成肥料的浪费，使得其肥料利用率差不多是常规复合化学肥料的 2～3 倍（在中国，普通复合肥的肥料利用率仅为 30%～40%）。

其次，水溶性肥料是一个速效肥料，可以让种植者较快地看到肥料的效果和表现，随时可以根据作物不同长势对肥料配方做出调整。当然水溶性肥料的施用方法十分简便，它可以随着灌溉水包括喷灌、滴灌等方式进行灌溉时施肥，既节约了水，又节约了肥料，而且还节约了劳动力，在劳动力成本日益高涨的今天使用水溶性肥料的效益是显而易见的。由于水溶性肥料的施用方法是随水灌溉，所以使得施肥极为均匀，这也为提高产量和品质奠定了坚实的基础。水溶性肥料一般杂质较少，电导率低，使用浓度十分方便调节，所以即使对幼嫩的幼苗它也是安全的，不用担心引起烧苗等不良后果。

产品优势

(1) 施用方法简单　不需要机械穴施的复杂操作，也不需要叶面喷施的劳动付出，只是随水浇灌施用，所以方便。

(2) 效果好　冲施肥随水浇灌施用，植物吸收快，见效快，一般在24小时内所施肥料即会部分被吸收和利用。由于水分充足，肥料会被吸收得相当完全，肥料利用率高，效果好。

(3) 不损坏农作物　机械追肥会破坏植物的部分根系，影响植物对肥料的吸收，也会一定程度地影响植物的正常生长。机械喷施，人工会对植物幼茎、幼枝、幼果、花等造成机械损伤。而冲施肥是随水浇灌施用，是"无声无息"的施肥，因此对植物不造成任何损伤。

(4) 肥料施用均匀　机械穴肥，局部肥料浓度大，易造成"烧苗"，或造成部分植物养分过剩和部分植物养分不足，达不到均匀施用的目的。叶面喷施，也不同程度地存在施用不均匀的问题。冲施肥料，是肥料全部溶于水后而施用的，因此对整块农作物，对每株植物，肥料施用都是均匀的。

(5) 肥料利用率高　穴施肥料会因掩盖不严、天气干旱等原因造成肥料损失。冲施肥是溶于水的，进入地下被植物吸收，因此，与植物根系接触面大，吸收快，吸收率高，减少了因植物来不及吸收而造成的肥料损失。因此，随水而施肥料利用率高。冲施肥具有以上诸多优点，其在现代施肥技术中占有越来越重要的地位。随着浇灌技术的改革，如喷灌技术、滴灌技术的发展，冲施肥也随之迅速地发展。因此我们了解和掌握冲施肥技术对于农业高产优产具有重要的意义。

作用原理　冲施肥是肥料施用的一种方法，不是万能的，不能解决一切问题，它的使用要遵循一定的科学规律，即不能认为施肥是无用的，是浪费，也不能认为施肥是万能的，冲施肥用量越多越好。要遵循以下几点基本原理。

(1) 遵循李比希的最小养分限制因子原理　即"缺啥补啥"原理。植物生长需要均衡的营养，哪种营养缺少了，植物就会因缺少该养分而生长受到限制，甚至死亡，因此我们为获得高产，就要给植物补充主要缺少的营养。冲施肥及时地补充植物所缺少的养分，会起到较好的效果，投入少、获益大，会使冲施肥发挥最大的效果。

(2) 在植物生长的营养临界期及时冲施肥料　植物营养临界期是指植物在这个生长期中一个急需肥料的时期，一般在植物生理的转折期，如小麦的分蘖期等，在此期植物需肥量虽然不是最多的，但最迫切，若在此期缺少了营养，会对植物造成"终生"的影响，后期补也补不过来，就像动物"饿瘪了"，造成严重的减产现象。因此，要在该期及时冲施肥料。

(3) 在植物营养最大效率期及时冲施肥料　植物营养最大效率期是指植物对肥料的需求最大期，一般是植物生长最旺盛期，如玉米枝节生长期，黄瓜的开花初期等。在此期冲施肥会最大限度地促进植物生长，增产增收。肥料在此期间的利用率和吸收率也最高，肥效也最为明显，因此在此期要最大量、最频繁地冲施肥料。

（4）把握好肥料施用量报酬递减率　即植物施用肥料达到一定的量后，随施肥料的增加，单位肥料所增加的产量随之递减，达到一定的量后，会随肥料施用量的增加产量递减。因此肥料并不是施用越多越好。要根据不同的作物不同的生长时期确定冲施肥料的量和次数，要杜绝无论什么时期都认为施肥越多越好的观点。

（5）施肥的使用还要综合考虑作物的营养特点、土壤状况、肥料性质、气候条件、农业经济技术等条件　科学的冲施肥技术要考虑作物的品种、生长时期、生长状况、土壤肥力条件、气候条件等因素，有目的地、科学地、适时地、适量地冲施肥料，才能起到好的效果。不遵循以上规律，就会导致施肥无效，甚至负效的作用。

基本种类　为了提高冲施肥的效果，做到效果快、用量少、效率高，根据以上肥料施用原理和施用经验，总结以下冲施肥的技术问题，能够很好地使用冲施肥，首先要掌握冲施肥的种类和性质。

（1）按照使用方式分类

① 冲施肥原粉。冲施肥原粉（高配）是冲施肥原料、P、N、K、微量元素、其他活化成分高倍浓缩，配制成母液后，可冲施、滴灌、灌根。保证在原粉状态下养分不易流失分解，解决了在水溶液状态下养分容易化合反应、降解等难题。有效降低了包装成本、运输费用、农业生产费用，提高了可操作性、实际效果和经济效益，更利于农业增产、农民增收。

② 冲施肥成品。为了迎合客户的心理用原粉和肥料添加剂生产的成品。也就是目前市面上普通的冲施肥。

（2）按照含量分类

① 大量元素类，包括氮肥、钾肥、磷肥等单一肥料，也可以是复合肥、复混肥和配方肥等，但都必须可溶于水，一般亩使用量为十几千克到几十千克。这类冲施肥是主要的冲施肥，生产量最大，使用量最多，可与多种其他冲施肥混合使用。

② 大量元素加微量元素类，即在大量元素肥料的基础上添加锌肥、硼肥、铁肥、锰肥、铜肥、钼肥、氯肥等，也可以是几种的复肥，它们同样均溶于水，且不可起反应，不能产生沉淀，亩施用量在十几千克至几十千克。这类冲施肥比单独大量元素肥料效果好，补充了微量元素，对于增产和改善品质效果更好。但此类冲施肥在复配时具有一定的技术要求，要采用配合技术和螯合技术，避免沉淀问题和肥料的拮抗问题。

③ 微量元素类，以锌肥、硼肥、铁肥、锰肥、铜肥、钼肥、氯肥为主的微量元素冲施肥，一般为几种混合复配，且加一定的螯合剂，增加植物对它们的吸收，减少被土壤吸附和固化，一般亩施用量在几百克到几千克。这类肥料对于植物缺少某种微量元素时补充某种微量元素达到增产增收效果。

④ 氨基酸类，是以多种氨基酸为主要原料，一般用工业副产物氨基酸，或有毛发、废皮革水解制造的氨基酸，为提高效果，一般加入多种微量元素，由于其酸

性较强，因此，施用于一般酸性不太强的土壤。亩施用量一般为十几千克到几十千克。施用于植物营养最大效率期效果更好。

⑤ 腐植酸类，是以风化煤为主要原料经酸化、碱化而提取的一种肥料。为增强效率，一般添加大量元素，由于其呈碱性，施用于偏酸性土壤。亩使用量一般为几千克到几十千克。此类肥料对于改良土壤，增加植物抗旱性效果较好。

⑥ 其他类，包括甲壳素类、其他有机质、工业发酵肥类、菌肥类、黄腐酸肥料等，它们均有增产效果，可作为冲施肥。该类肥料一般作为特殊需要的冲施肥，如改善一些作物的品质，增强抗病性等。

(3) 按照剂型分类　可分为水剂、粉剂、膏状、颗粒等剂型。

使用技巧　掌握了肥料的种类以后，按以下几点来冲施肥料。

(1) 我国冲施肥大量应用主要是在冬季，施用于温室大棚　此期由于太阳光线弱、温度低、地温低、虽有外加热源仍达不到植物正常生长的需要。土壤中的活性菌活性低，植物的根系欠发达等因素，均造成肥料的吸收欠佳，冲施肥的效果不好等现象。因此提高植物根系活力，促进植物根系生长，是冲施肥必做的手段。如在冲施肥中添加少量的复硝酚钠、萘乙酸钠、三十烷醇、胺鲜酯（增效胺）(DA-6)等，均可提高植物的活力，促进根系生长，增加肥料的吸收，使肥效快、肥效高、肥效显著。

(2) 多种肥料复配冲施　由于我国的农业特点是小农经济，即一家一户为单位单独耕作、播种、施肥，因此，土壤肥料情况差别很大不易于统一推广施用某种肥料。所以作为科技工作者、生产厂家、技术推广人员，要建议农民多种肥料混合冲施，以解决植物缺少某种营养，提高肥料表现效果和实际效果。

(3) 掌握各种作物的需要养分特点　如叶菜、禾本作物需氮多，要多冲氮肥；豆科、茄果需磷、钾多，要多冲施磷、钾肥。对症下药，起到事半功倍的效果，提高肥效。

(4) 科学轮施，少量多次冲施肥料　特别是温室大棚作物，由于其主要靠浇灌施水，因此一般浇灌勤，这样可以少量多次的冲施肥料，如韭菜，每割一茬可冲施一次，黄瓜、茄子、辣椒等茄果类可以每摘一茬冲施一次。并且在每一次冲施时合理地搭配大量元素、微量元素和植物根部生根剂等。

(5) 注意几种肥料不能混合冲施，否则效果就降低，或没有效果　如碳酸氢铵不能与强酸性肥料混合冲施，氨基酸肥料不能与腐植酸类肥料混合冲施，磷酸类肥料与锌、锰、铁、铜等肥料混合冲施时要加螯合剂等。

注意事项　冲施肥肥效来得快，但是如果为了追求表观的效果，不计成本，片面使用大量氮肥，滥用冲施肥，则会导致蔬菜徒长，品质下降，肥料利用率降低，氮损失大，加剧土壤性状的盐化。有的人用未腐熟不溶性的固体有机肥或微生物制剂去冲施，这些都是不恰当的。

总之，冲施肥要适时适量地用，主要是用于集约化的蔬菜栽培中的追肥，追施氮钾。有几种肥料不要冲施：一不冲施磷，二不冲施颗粒状复混肥，三不冲固态有机肥，四不冲微生物制剂。

第七节 秸秆生物反应堆技术

秸秆生物反应堆技术（straw bio-reactor technology）体系，是一项全新概念的农业增产、增质、增效栽培理论和工艺，它与传统的农作物栽培技术有着本质的区别，该技术包括生物反应堆、植物疫苗、设施工艺三大部分，其技术特点是以秸秆代替化肥，以植物疫苗替代农药，通过一定的设施工艺，实施资源利用，生态改良，环境保护，农作物高产、优质、无公害的有机栽培。

秸秆生物反应堆技术以秸秆为资源，通过一定的处理方式，将秸秆转化为作物所需的二氧化碳（CO_2）、热量、有机质和矿质元素。该技术使大棚内 CO_2 供应量增加，气温、地温提高；有益微生物大量繁殖，生成的抗病孢子和秸秆腐熟后产生的大量有机、无机养分，使作物生长健壮，抗病能力增强，化肥、农药使用量大幅度减少。可显著提高果菜品质，明显改善其外观和口味，大大提高农产品的市场竞争力。秸秆产生的大量有机质，可以培肥地力、改良土壤，活化土壤中的微生物和矿质元素，改善土壤的物理化学性状，有利于作物的生长，对多年种植蔬菜的土壤改良效果更为突出。此外，秸秆特定微生物发酵、腐解后，生成的各种矿质营养元素易被作物吸收。

该技术在不同作物上的广泛应用，从根本上解决了因长期施用化肥导致的土壤生态恶化、农产品污染等问题，为农业增效，农民增收，农业的良性循环和可持续发展提供科学的技术支撑，开辟了新的途径，为广大消费者提供安全和优质的食品。同时，该技术也提高了我国农产品在国内外市场的竞争力，是一项针对资源循环增值利用，密切结合农村实际，促进多种生产要素有效转化，一举多得的成熟技术。该技术首先有效解决了秸秆还田的难题，可大量快速利用秸秆资源，防止焚烧造成的环境污染。该技术转化秸秆量大，一个 8 米×70 米的大棚，可转化 6000 千克干秸秆。

秸秆生物反应堆技术自进入大田和保护地应用以来，也存在不少问题。一是操作不规范；二是应用时期掌握不准；三是秸秆、菌种用量不足；四是反应堆管理跟不上，尤其是不能定期向堆中加料、接种、补水和通气，管理粗放，漏掉了很多关键的技术环节。生物反应堆转化秸秆产生的 CO_2、反应液、反应渣 3 种物质，很多地方以用 CO_2 为主，忽略了后 2 种物质的重要作用。

植物疫苗的种类与使用

（1）植物疫苗种类　果树疫苗有桃树疫苗、樱桃疫苗、杏树疫苗、枣树疫苗、苹果树疫苗、梨树疫苗、茶树疫苗、柑橘疫苗、荔枝疫苗、葡萄疫苗、柿树疫苗、李子树疫苗等；瓜菜疫苗有黄瓜疫苗、西瓜疫苗、甜瓜疫苗、西葫芦疫苗、冬瓜疫苗、洋香瓜疫苗、番茄疫苗、茄子疫苗、辣椒疫苗、叶菜类疫苗、生姜疫苗、蘑芋疫苗、马铃薯疫苗、莲藕疫苗、芦笋疫苗、豇豆疫苗、菜豆疫苗等；大田作物疫苗有花生疫苗、大豆疫苗、甘薯疫苗、棉花疫苗等；花卉疫苗 24 种；中药材疫苗 30 种；绿化树木疫苗 12 种。

（2）植物疫苗防治对象　线虫、刺吸式害虫（蚜虫、飞虱）、夜蛾科害虫以及由此虫害引起的真菌、细菌和病毒病。

（3）植物疫苗每亩用量　根据作物种类不同，其用量也有一定区别：一般大田果树 3～4 千克；大棚果树和大田密植园 4～5 千克；大棚瓜菜类 4～5 千克；大田瓜菜类 3～4 千克；大田作物 3～4 千克；草本植物花卉每 100～130 盆 1 千克，木本植物花卉每 50～60 盆 1 千克，中药材 3～4 千克，绿化树木 6～8 千克。

（4）植物疫苗使用方法　接种当天按 1 千克疫苗掺 25～30 千克麦麸，加水 22.5～27 千克，三者拌和均匀后，堆积 4～5 小时，开始使用。接种方法有穴接、条带接和环形根区接三种，不论哪种接法均要先与土壤充分混合，再定植与根系密切接触，接种后先浇小水，隔 4～5 天浇大水，以平衡降温，促使疫苗快速进入植物机体或免去高温造成的失活。如当天接种不完，摊放于阴暗处，厚度 5 厘米，第二天继续使用。

（5）植物疫苗接种方法和注意问题　接种前疫苗的处理。接种前 24 小时将 1 千克疫苗，加入 15～20 千克麦麸，对水 14～18 千克，充分拌匀后堆积待用。

播前播种或在一种穴内撒施点种即可。

育苗移栽应在定植前将拌好的疫苗施入行下或在定植树穴内撒施并与土掺和均匀。

已定植的苗或果树应在苗或树冠下，围绕主干周围起土 5～10 厘米（以露出毛细根为准），将疫苗均匀接种于根系上，然后放一层薄草覆土。

棵体接种法是将拌好的疫苗，掺入 1∶30 秸秆，淋水湿透，放入外置秸秆反应堆中，盖膜通气发酵，再加水泼淋，滤过浸出液，进行灌根或喷施叶片和植株，防病效果也很突出。

注意的问题：高温季节接种植物疫苗，第二天一定要浇水，时隔 4 天再浇 1 次；低温季节接种植物疫苗，经 7 天一定要浇水，时隔 10 天再浇 1 次；中温季节接种植物疫苗，经 4～5 天一定要浇水，时隔 7～8 天再浇 1 次。接种后一般遇到下雨或浇水后应及时划锄或打孔透气，避免疫苗因缺氧失活。根系接种要有毛系断根或粗根破伤口，效果才好。

秸秆生物反应堆堆制方法

（1）内置式秸秆生物反应堆操作时间与方法

① 第一阶段。6～7 月，用大量夏收作物秸秆，在越冬大棚果菜换茬时，随拔秧随在种植小行开一条宽 60 厘米、深 20 厘米、长与行长相等的沟，先用瓜秧菜棵铺底，放麦秸和牛、羊等草食动物粪便，总厚度为 30～40 厘米，接着再将拌好的菌种，均匀地撒施在每沟的秸秆上，并用铁锨拍震 1 遍，然后将开沟的土壤回填起

垄，隔2天后浇足水。浇水3天后用12号钢筋按孔距20厘米打孔，孔深以穿透秸秆层为度。以后每隔15天浇1次透水，共计3～4次。每亩用菌种4千克，秸秆3000千克。此种方式在整个高温季节里，秸秆转化为大量的CO_2、抗病孢子、有机质、腐殖质和矿质营养，它们以液体和固体的形式贮存在土壤中，以备秋、冬季作物前期使用。

② 第二阶段。10～12月，利用秋收作物的秸秆，在冬暖式大棚内定植后的大行间起土，续加秸秆、接种、覆土、浇水和打孔，方法同上。一般起土深15厘米左右，宽80～100厘米，铺放秸秆厚度应在30～40厘米，然后撒上菌种，每亩用菌种4～5千克，秸秆3000～4000千克。第二次建造的内置式秸秆生物反应堆，可提高冬季的地温、CO_2含量、各种营养和土壤透气性，为后期的作物生长打好基础。

③ 施肥要求。应用秸秆生物反应堆技术的地块，施肥种类及数量与常规法有根本的不同。少施或不施化肥，作物对化肥中矿质元素的需求，通过该技术，由秸秆、圈肥或饼类替代。增施有机肥，每亩施牛羊粪10～12米^3，饼肥250～300千克。追肥以反应堆浸出液替代化肥，结合浇水，苗期追施2～3次，开花结果期追施3～4次，后期追施2～3次，每次用量2～3米^3。这种施肥方法增产又增值，防病成本低，产品品质与外观显著好于施用化肥的果实。

（2）简易式外置秸秆生物反应堆操作时间与方法

① 时间。一般在夏、秋两季进行，主要利用高温、潮湿的天气优势和丰富的秸秆资源。时间应从麦收后开始至9月下旬结束。

② 操作方法。简易式外置秸秆生物反应堆与标准式外置生物反应堆的不同之处在于减少了一个CO_2交换机和微孔输送带。其做法是在大棚或大田水电方便的位置，按每亩挖一条宽1米、长8～10米、深0.6米的沟，用水泥砌垒或用农膜铺沟。基础做好后，在沟上每隔50厘米横着摆放一根木棍或水泥杆，然后在杆上纵向拉3～4道铁丝即可。接着摆放秸秆，每摆放40厘米厚的秸秆，撒一层菌种，共放3～4层，沟的两头各留40厘米的取液口或进气口，最后淋水湿透，盖膜保湿，发酵转化。每隔5～7天将沟内的水循环淋浇到反应堆上。如沟内的水不足要及时补水。经过45～60天，这种简易式生物反应堆可产生反应液和反应渣。反应液可在果树和蔬菜根部追施或叶面喷施，反应渣可用作秋、冬季果菜的基肥。反应渣可施在定植穴内，每穴1把，然后再栽植果菜幼苗。

③ 反应堆的管理与注意事项。一是定时加料，高温季节转化速度快，消耗原料多，一般应20天左右加1次秸秆和菌种。二是定期补水，每隔7～8天循环淋浇1次透水。三是在膜上注意加盖遮阳物，防止光线过强使菌种失去活性。四是秸秆用量，每亩地块秸秆用量不得少于4000千克。

（3）菌种的处理与使用

① 菌种与秸秆混拌均匀。为了使菌种均匀地撒在秸秆上，在使用前1天先将菌种、中间料（麦麸、稻糠、棉籽饼、花生秧粉等）和水混拌均匀，三者的比例为

1∶30∶26，水的用量以拌后用手一挤刚流出水滴为度。拌后堆放湿润 24 小时，再开堆使用，如当天用不完可摊放 8～10 厘米厚，以降温，翌日继续使用。

②菌种和秸秆用量比例适当。内外置两种方式使用菌种的数量和秸秆量的比例应掌握在 1∶(500～700)，随着菌种的用量增加，秸秆转化速度加快，反之会降低转化速度，同时还会产生有害物质损害作物，所以菌种用量和秸秆用量两者比例应适当，不得随意减少菌种用量。

注意事项

(1) 与植物疫苗配合应用　植物疫苗具有良好地防治病虫害的作用，与生物反应堆配合应用，可以收到增产增效，事半功倍的效果。在蔬菜定植时，先将处理好的一小把疫苗与穴内土壤混合，然后放苗定植。果树类应用时，先在内置反应堆埂畦内按 30 厘米×30 厘米见方刨穴（深 10 厘米），使其穴内的毛细根有破伤或断根，将植物疫苗撒于穴内，穴内接种量为每棵树接种量的 2/3，其余 1/3 均匀撒在树根部及树下表面，接着铺放秸秆，撒接菌种。疫苗用量：每亩 3～4 千克。

(2) 应与配套管理相结合

① 施肥。3 年以上的棚区，基肥严禁施用鸡粪、猪粪、鸭粪和人粪尿等非草食动物粪便，以防传播线虫和其他病害。基肥可用牛、马、羊、驴、兔等吃草的动物粪便和各类饼肥，数量以常规用量为准，集中施在内置反应堆的秸秆上。化肥不作基肥，只作追肥，并根据作物长势适当减少化肥用量。

② 行距与密度。应用反应堆后，作物生长较常规枝叶茂盛，如大棚为 3.6 米宽，4～5 行制被普遍认为可采用，大行 1.0～1.2 米，小行 0.6～0.8 米。株距可适当缩小，总量增 10%～15%。暖冬时可适当稀植，冷冬可适当密植，也可采用先密后稀的原则，灵活掌握。

③ 浇水。适时供应充足的水分是高产的基础。但水量如果过大，一是会使根系缺氧，二是会给病害发生创造条件，三是会降低地温。协调二者之间的矛盾，决定于灌溉方式。冬季浇水的要点是“三看”（看天、看地、看苗情）和“五不能”（不能早浇，不能晚浇，不能小水勤浇，不能阴天浇，不能降温期浇）。进入 11 月，一定要选晴天在 9∶30～14∶30 浇水。当天浇不完要停浇，到翌日同样的时间内再进行。并注意浇水后的 3 天内放风降湿。浇水次数是原来的 1/2。

④ 把握好揭盖草帘。揭盖草帘是冬天管理的主要技术环节。对于冬暖大棚，揭盖草帘要依据光照和作物的生育特性。揭草帘要早，只要晴天，天明以后草帘揭得越早对光合作用越有利，揭得越晚损失产量越严重。其次要巧，主要依据棚内气温，下午当气温下降至 18～20℃，就应及时盖草帘。过早或过晚都对作物不利，会出现有机物积聚在叶片中，使叶片肥厚，茎细，坐瓜少，生长缓慢，产量低等。

⑤ 用药。可以在叶片上喷洒防治飞虱、蚜虫等的农药，但绝对不能往根部灌杀虫、杀菌药物。

⑥ 其他注意事项。秸秆用量要足，菌种用量要足，第一次浇水要足，定植后浇水不能大。内置沟两端秸秆要露出茬头。另外，开沟不宜过深，以 20 厘米为宜，

覆土不宜过厚，不超过20厘米，打孔不宜过晚，第一次浇水后4～5天，应开穴（沟），施疫苗，打孔。疫苗要与土充分掺和，最好在定植前7天施。

第八节 药肥

配有农药的复混肥料称为药肥，药肥是近年来施肥与植保相结合发展起来的新型专用复混肥料，这种肥料不但含有氮、磷、钾、中量元素、微量元素，还是根据作物的需肥特性和易发生的病虫草害等综合因素，经科学配伍，利用适宜的生产工艺技术制成的具有杀虫、杀菌或除草功能的复混肥料。药肥合剂通俗讲，药、肥"合二为一"就是"药肥一体化"。"药肥合剂"是具有杀抑农作物病虫害或作物生长调节中的一种或一种以上的功能，且能为农作物提供营养或同时具有提供营养和提高肥料及农药利用率的功能性肥料。

药肥的种类与特点

（1）种类　目前药肥品种主要包括除草药肥、除虫药肥、杀菌药肥等，其中除草药肥在实际生产中应用较多。

（2）优点　药肥一体化具有平衡施肥、营养齐全；广谱高效、一次搞定；前控后促，增强抗逆性；肥药结合、互作增效；操作简便、使用安全；省工节本，增产增收；以肥代料，安全环保；储运方便，低碳节能；多方受益，利国利民等九大优点。

它将农业中使用的农药与肥料两种最重要的农用化学品统一起来，考虑两者自然相遇后各自效果可能递减的影响，将农药的植物保护和肥料的养分供给两个田间操作合二为一，节省劳力、降低生产成本。当农药和肥料均处于最佳施用期时，能提高药效和肥效。

世界一些发达国家已将农药与肥料合剂推向市场，被第二次国际化肥会议认为现代最有希望的药肥合剂（KAC）就是在其中加入除草剂、微量元素和激素。

（3）缺点　药肥虽然兼具化肥和农药的优点，两者结合可产生一加一大于二的效果，但药肥同时也继承了两者的缺点。第一，药肥使用范围受限制，特异性强。在一定的作物区内，大部分作物感染了病害，但还有一部分没有感染，这一部分没有必要施用，因此使用范围受限。而且药肥是针对不同的病害和不同的植株，这一植株施用效果好，对另一植株效果就不一定明显。第二，养分比例固定。药肥中的农药和肥料按一定的配方相混，养分比例固定，而不同土壤、不同作物所需的营养元素种类、数量和比例是多样的。固定的配比就会产生污染、残留等问题。

国外的药肥合剂制造已发展成为一个庞大的肥料工业分支，国内药肥工业尚不完善，存在很大的差距。药肥符合农业发展现状和农村劳动力稀缺的刚性需求，是未来农药的发展方向，有着广阔的市场前景，以美国来说，已经申请的药肥就有

200 种，对我国农业企业来说，药肥确实更是一片寄予无限希望的蓝海，然而从现实看，药肥市场的混乱急需治理，目前我国药肥产品无国家标准和行业标准，均注册为企业标准，部分药肥产品有效成分含量较低，在市场监管中，管理交叉，很难对这些产品进行分类和检测，造成一些假劣产品冲击市场。

但是，我们不能否定药肥，这个产品的前景大家都非常认可，也是企业未来可能的发展方向。

混用原则 农药化肥混用，既要发挥药效，又要发挥肥效，既不能影响药肥的理化性质，又不能对作物产生有害影响。

混用技术 一般来说，固体农药化肥直接混用，其需求不甚严格，而液体农药与固体化肥混用，则有一定的混用技术。有的农药，如异稻瘟净、稻瘟灵、敌百虫、乐果以及硫菌灵、井冈霉素、叶蝉散、速灭威等均不能与碳酸氢铵、氨水、草木灰、石灰氮、石灰等混合使用。碱性强的农药，如石硫合剂、波尔多液及松脂剂等不能与磷酸钙、硫酸铵、氯化铵等化肥混合施用，含砷农药不能与钠盐、钾盐类肥料混用。

药肥施用技术 正确施用配有农药的复混肥料是发挥其功能的重要途径，正确施用包括施用方法、施用时期、施用次数、施用部位和施用量等，应严格按照产品说明书要求进行。施用不当，不但发挥不了肥料的药效，还会危害作物、造成损失。

药肥混用，宜在早晨或傍晚无风时进行，以避免高温蒸发降低药效和肥效。农药与化肥混用前，在没有把握的情况下，最好进行简单试验。要做到随混随用，不能贮存，更不能沤制，以免时间长影响效果。此外，药肥混合施用要控制用量，避免长期大量使用而导致药害。

注意事项 施用时农药不要和人体直接接触，特别是杀虫剂类农药，即使属中毒和低毒，仍然很不安全。在国外机械施肥的条件下，这一问题便不存在。

由于大部分农药有挥发性，贮存和运输过程中如发生袋子破损，很易失效和污染环境。

1. 阿维菌素有机肥

阿维菌素有机肥是采用美国先进的环保生物技术，经过科学配方，以豆粕、饼粕、骨粉、鱼粉、腐植酸等为主要原料，添加高活性有益生物菌（日本进口 EM 原菌种）发酵，并适当配入氨基酸原粉及钙、镁、硫、锌、铁、硼等中微量元素精制而成。它把阿维菌素有机科学地合成到有机肥里面，打破了根结线虫及有害菌的土壤生存环境，控制住了当茬作物的灾害发生。

产品特性

（1）营养全面 有机质含量≥35%，有机氮磷钾含量≥6%，腐植酸含量≥17%，氨基酸含量≥10%，钙、镁、硫、锌、铁、硼等中微量元素含量≥10%，有益微生物含量≥2 亿个/克，阿维菌素原药含量≥2‰，海藻活性物质含量为 15%～

20%，还有大量酶类、维生素，促进作物生长因子以及各种诱导植物产生抗病的活性物质等。

（2）抗病抗线虫　能破坏细菌、根结线虫、卵生态环境，预防枯萎病、根腐病、重茬病、黑根病等土传病害，防止死棵，并抑制线虫的生长繁殖，减轻线虫危害。

（3）增强作物抗逆性　有益菌在生产过程中产生的次代谢物质，强力生根，促进作物吸收养分，增强作物光合作用，增强作物抗病、抗寒、耐旱涝能力，增强土壤保肥保水能力，消除板结，长期使用，土壤越来越肥沃，对复种指数高的地区效果尤为明显。

（4）活化土壤　增加土壤中有机质的含量，激活有益微生物菌群，促进土壤团粒结构的形成，改良土壤，调节土壤酸碱度，活化疏松土壤，提高土壤性能，使作物根系发达，茎秆粗壮，增强根系活力，加快营养的吸收供应，壮根、壮苗、叶绿、果靓、品质佳。

（5）解磷解钾　富含多种微生物菌群，解磷菌和解钾菌能迅速将土壤中难容的磷钾化合物分解成速效养分，被作物吸收，可提高化肥利用率30%以上，有效降解农药、化肥残留。

（6）改善品质　果多、果大、果匀，色泽鲜艳，畸形果少。改善瓜果蔬菜的品质和口感，可增加瓜果糖分1%～2%，延长瓜果蔬菜的保鲜保质期、延长货架期，从而实现高产、优质、绿色无公害，是绿色生态农业的首选肥料。

选购方法

（1）看肥料有无有机腐熟认证　阿维菌素有机肥必须经过充分腐熟后才能销售，未腐熟的阿维菌素有机肥不能用于农业生产。而市面上多数阿维菌素有机肥都没有经过腐熟，可以通过气味辨别，并看其有无有机腐熟认证。

（2）尝是否牙碜　现在市面上很多肥料中加入了膨润土，膨润土成本较低，鉴别有无膨润土最简便的方法是用嘴尝，若尝后感觉很牙碜，说明肥料中膨润土较多，若感觉有粮食的味道，说明此类肥料较正规。

（3）捏肥料试感觉　因阿维菌素是从粮食中提取出来的，打开肥料包装袋，抓一把肥料攥在手中，用手捏就像淀粉一样感觉滑溜溜的，说明该产品掺假少；若手感很粗糙，说明掺假很严重。

（4）看肥料的价格　以40千克的阿维菌素有机肥为例，加上杂七杂八的一些费用，售价应该不低于70元，如果发现比这个价低，大家就要细心地掂量一下了。

（5）看肥料的细密度　真正的阿维菌素有机肥颗粒大小基本上比较均匀，若看到肥料颗粒粗细不一，说明此类肥料中加入了其他原料。另外，还可通过颜色来鉴别，正规的阿维菌素有机肥一般是土黄色的，若肥料中掺入了膨润土，颜色一般是白色。

（6）看肥料的包装上“三证”是否齐全　“三证”指的是生产许可证、质量合格证、肥料登记证。“三证”实质上是国家为规范复合肥生产、销售所制定的三项制度。“三证”不全的说明其没有资格或水平生产阿维菌素有机肥，其产品质量没有保障，最好不要买。

(7) 根据杀虫效果来判断阿维菌素含量的高低　抓一把肥料撒到厕所里，两三个小时后再回来看看，若厕所周围有很多苍蝇尸体，说明该肥料中阿维菌素含量较高；若无苍蝇尸体，则说明阿维菌素含量极低或根本不含有。

另外，有些农民认为通过闻气味就可鉴别阿维菌素有机肥质量的好坏，这是不可取的。因为不少经销商故意往肥料上喷洒农药，让其有阿维菌素的味道，并且药味特浓。

在蔬菜上的应用　广泛应用于黄瓜、丝瓜、苦瓜、西瓜、甜瓜等瓜菜，韭菜、芹菜、香菜、白菜、甘蓝等叶菜，茄子、芸豆、辣椒、西红柿、西葫芦等茄果类蔬菜，以及大姜、大蒜、大葱、山药、萝卜等根茎类蔬菜。作基肥、追肥均可，一般每亩施用阿维菌素有机肥 200～400 千克，搭配复合肥施用，效果更好。用后覆土或浇水，避免阳光长久暴晒。长毛、长菌丝是肥料营养富足的表现，只会增加肥效。

如在大棚黄瓜、番茄栽培上作基肥使用，可选用阿维菌素有机肥 520～640 千克（用阿维菌素有机肥可不再使用鸡粪，一般 40～50 千克阿维菌素有机肥可代替 500～800 千克鸡粪），磷酸二铵 40 千克，纯硫酸钾 100 千克，尿素 30 千克，钙肥 4 千克，硼砂 3 千克，硫酸锌 1.5 千克，微生物菌剂 40 千克。把以上肥料撒入地表深翻。微生物菌剂可采取沟施、穴施的方法，在移栽时进行集中施用。

2.具有除草功能的肥料

具有除草功能的肥料是指除草剂与肥料结合的一种多功能肥料，属功能性肥料范畴。目前市场上已开发小麦除草专用肥、水稻除草专用肥、甘蔗除草专用肥、氨基酸型除草专用多功能肥等。

配方原则　除草专用多功能肥是在复混肥中加入适量的除草剂制成的，因其生产简单、适用，又能达到高效除草和增加作物产量的目的，因此受到广大农民的欢迎，但其不足之处是目前产品种类少，功能过于专一，因此在制定配方时应根据主要作物、土壤地力、草害情况等综合因素来考虑。如小麦与水稻就有明显区别，小麦易发生看麦娘、硬草、猪殃殃等草害，而水稻则易发生节节菜、三棱草、母草、稗草等恶性杂草的危害。因此，小麦、水稻、大豆、玉米、棉花等必须考虑到其不同的草害及耕作方式分别制定不同的除草专用多功能肥配方。

除草专用多功能肥由于其配方不同，添加的除草剂也不同，重要的是所添加的除草剂品种与该功能肥的可配性，不能与专用肥中其他成分发生反应，不能降低产品的肥效和除草效果。另外，还要考虑到工艺的可行性及操作的安全性，同时要求低毒，不影响农产品的安全性。

作用机理　施用除草专用多功能肥后，一般既能达到除草目的，又能起到增产的效果。其作用机理可能有以下几个方面。一是施用多功能肥后能有效杀死多种杂草，有除杂草并吸收土壤中养分的作用，使土壤中有限的养分供作物吸收利用，从而使作物增产。二是有些专用肥是以包衣剂的形式存在，客观上造成肥料中的养分缓慢释放，有利于提高肥料的利用率。三是除草专用多功能肥在作物生长初期有一定的抑制作用，后期又有促进作用，还能增强作物的抗逆能力，提高作物产量。四是除草专用多功能肥施用后，在一定时间内能抑制土壤中的氨化细菌和真菌的繁殖，但能使部分固氮菌数量增加，因此降低了氮肥的分解速度，使肥效延长，也明显提高了土壤富集氮的能力，提高氮肥的利用率。

施用方法

(1) 施用方式　由于除草剂的专用性，除草专用多功能肥也是专肥专用，如小麦除草专用多功能肥不能施用到水稻上。除草专用多功能肥一般是基肥剂型，也可生产追肥剂型。作为基肥施用的除草专用多功能肥在配方上与追肥有较严格的区别，施用时按产品说明书分别操作即可。

(2) 施用时期　小麦应在播前施用，水稻应在插秧前施用，不同的施用时期其施用灭草效果有差异。试验表明，播（插）前施用的除草效果很好，对各种杂草的防除率能达到100%。其原因是播（插）前施用能充分发挥药效作用，把各种杂草消灭在幼小和萌芽之中。多功能肥残留期较长，田间在30天内无杂草发生，但到中后期有少量杂草发生。

(3) 施用时期对作物安全性的影响　施用除草专用多功能肥对作物有一定的影响，不同施用时期其影响也不相同。播（插）前施用，从苗期到返青期对小麦的株高均有矮化作用，越冬期以后自行消解，株高恢复正常并略有增高；对小麦茎蘖数和生物量的观察也发现类似的结果。这表明，施用小麦除草专用多功能肥呈现出“先抑后扬”的生物效应。这一生物效应也体现了一定的积极作用，如增强小麦的抗寒、抗病能力等。水稻施用除草专用多功能肥后，有部分叶片出现深褐斑块，根系新生白根，也有斑块，但没有腐烂，也没有明显的药害产生。这可能是由于水稻株体部分生理效应受阻所致，几天后恢复正常。据观察，水稻施用多功能肥后对分蘖、生长、成穗都没有明显的不良影响产生。

增产效果　施用除草专用多功能肥省时、省力、节约肥料，还有一定的增产效果。一些资料表明，小麦施用除草专用多功能肥增产幅度为10.7%～29.8%，平均为19.7%，千粒重增加9.81%～20.4%；水稻施用除草专用多功能肥每亩增产稻谷27.78～36.11千克。

对后季作物的安全性问题　目前，国内对除草专用多功能肥的研发应用对当季作物的效果考虑较多，对后季作物的安全性欠考虑。应在设计配方时考虑到配方中除草剂的特性及可能对后季作物产生的影响。如小麦除草专用多功能肥施用后有可能影响后茬作物如油菜等。

3.“枯黄萎克星”多功能肥料

施用本系列产品能有效解除农作物枯、黄萎病以及根腐病等病害，可取代大部分化肥和农药。用液体制剂或粉剂产品对棉花、瓜类、茄果类蔬菜等作物的种子进行浸种或拌种后再播种，可彻底消灭种子携带的病菌，预防病害发生。用颗粒型产品作基肥（底肥），既能为作物提供养分，还能杀灭土壤中的病原菌，使作物健壮生长，减少枯、黄萎病以及根腐病、土传病等对农作物的危害。在作物生长期施用液体剂型产品对作物进行叶面喷施，既能促进作物增产，还能预防病害发生；施用粉剂或颗粒剂型产品作追肥，既能快速补充作物营养，还能有效解除枯、黄萎病、根腐病等病害。当作物发生病害时，在病发初期用液体剂型产品进行叶面喷施（同时灌根更佳），3 天左右可抑制病害蔓延，4～6 天病株可长出新根新芽。

主要产品类型原料

（1）追施型系列产品的主要原料　含动物胶质蛋白的屠宰场废弃物；豆饼粉、植物提取物、中草药提取物、生物提取物；水解助剂、硫酸钾、磷酸、中微量元素；水解剂（硫酸）及中和剂（NH_3、氢氧化钙）；1# 添加剂、2# 添加剂（植物提取液）、3# 添加剂；稳定剂、助剂等。

（2）基施型颗粒产品的主要原料　氮肥、重过磷酸钙、磷酸一铵、钾肥、中量元素、氨基酸螯合微量元素、氨基酸、稀土、有机原料（腐植酸铵、腐植酸钾、发酵草炭、发酵禽畜粪便、发酵植物秸秆等）、生物制剂、增效剂、助剂、调理剂等。

施用技术　本产品在棉花等作物枯、黄萎病发病初期用于喷施或灌根。在作物发病初期，将本品用水稀释 800～2000 倍，喷雾至株叶湿润；同时灌根，每株 200～500 毫升，3～5 天可控制病害蔓延，病株长出新芽、新根。

4.氨基酸无公害药肥

氨基酸及其金属盐类和聚合物、衍生物、混合物具有广谱保护性杀虫、杀菌和促进作物生长的功能，用其制成的氨基酸药肥和无公害药肥等具有农药功能的生态环保新型肥料，分为喷施、冲施（追施）、基施系列，是防病、杀菌、防虫、杀虫、提供作物养分、调控作物生长的多功能无公害药肥。

作用机制

（1）防病抗病杀虫　根据不同作物并尽量结合不同土壤所含养分情况，设计成为专用型的产品，产品中含有作物所必需的适量养分，从而达到防治作物因缺素而造成的生理病害。如钼元素可防治豆类作物因缺钼而造成的黄斑病，土壤中缺锰时会导致大白菜患干烧心病等。

产品中含有氨基酸螯（络）合的无机养分，具有促进作物健壮生长的作用，同时提高作物抗病能力，是广谱保护性杀菌剂。如氨基酸铜可毒害病菌体内含巯基（—SH）的酶，使这些酶控制的生长活动终止，从而杀死病菌，防止瓜类枯萎病等病害率可达 85%～86%。

氨基酸无公害药肥可防治蔬菜作物的多种病害。

产品中的丙氨酸、半胱氨酸、苏氨酸、高精氨酸、甘氨酸、缬氨酸等均有抑菌作用，如甘氨酸及其衍生物等对病菌的菌丝生长及孢子萌发具有很强的抑制作用，可破坏病菌的细胞膜、凝固蛋白质、使酶变性，从而起杀菌作用。

产品含有植物体内多种酶的激活物质和酶生成物质，能使作物健壮生长，增强免疫能力，增强抗病性能，减少病害发生。如氨基酸锰是许多种酶（核糖核酸聚合酶、二肽酶、精氨酸酶等）的激活剂，氨基酸铜是植物体内多酚氧化酶、抗坏血酸氧化酶等许多酶的成分。

产品中的增效剂对抑制病毒成分和杀菌成分产生加和效应，诱导植物抗病毒物质产生，抑制真菌、细菌繁殖和传播。

产品中的氨基酸等活性物质有调节植物体内酸碱平衡的功能，使作物减少病害。

(2) 杀虫　氨基酸及其金属盐类或聚合物、衍生物有杀虫功能。如刀豆氨酸与一羟基氨酸可使毛虫拒食而死，半胱氨酸可杀死瓜蝇，甘氨酸乙酯衍生物的二硫代磷酸盐有强烈杀灭蚜虫、螨虫等害虫的作用。

产品中的生物制剂、氨基酸衍生物、螯合物等杀虫物质能阻碍害虫的神经传输，或使其失去正常生存能力，导致害虫死亡。生物制剂类物质还能使虫体蛋白凝固，堵死虫体气孔，使害虫窒息而死。系列产品对各种蔬菜作物上的青虫、蚜虫、红蜘蛛、蚁类、小地老虎、蟋蟀、金龟子、蝼蛄等有较好的防止效果。

(3) 提高产量改善品质　氨基酸广谱无公害肥是以有机物为载体，配以适量无机养分和生物提取物及增效剂等制成的，其有效养分相互协调，利用率高，是集防病、抗病虫害、营养调控于一体的无公害多效药肥，具有提高作物产量和改善农产品品质的作用。

产品中有促进作物根系发育的物质，能增强根系活力和吸收能力，促进营养物质传导和转化，快速补充作物亏损的营养元素，使作物健壮生长，促进增产。

氨基酸金属离子螯合物能增强作物的光合作用，促进作物新陈代谢，控制作物生长发育，增强作物植株活力，促进作物健壮生长，促进作物优质高产。

氨基酸活化剂等物质能增强植物对不良环境的适应性和抵抗能力。

产品的活性物质能促进土壤磷酸酶活性的作用，从而促进作物对磷的吸收利用，同时也促进了作物对氮、钾、磷及微量元素养分的“连应”吸收。

产品有快速修复作物受损伤细胞的功能，能使遭受肥害、药害、冻害、病害、雹灾、风灾、旱灾、涝灾等自然灾害的作物快速恢复正常生长。

产品有调节营养生长和生殖生长的功能，使有效养分发挥到果实上，使作物增加产量。

水剂和粉剂型产品

(1) 产品性质　液体剂型为红褐色酱油状液体，pH 值为 4.0～8.0。粉状剂型为深褐色粉末，易溶于水，水溶液 pH 值为 4.0～8.0，易吸湿结块，但不影响施用效果，两种剂型均含复合氨基酸及氨基酸螯合物、聚合物、混合物等活性物质，具有杀虫、杀菌、促进作物健壮生长的作用。

(2) 产品主要技术指标　国家尚没有“药肥”标准。该系列产品中的液体和粉剂产品执行国家含氨基酸叶面肥的标准 GB 17419—1998。

(3) 安全施用技术　系列药肥产品分为杀虫药肥、杀菌药肥和杀虫杀菌药肥 3 种。作为叶面肥施用时，同时起到杀虫、杀菌效果，当作物发生病害或虫害时可分别施用不同的产品，以降低施用成本。气温较高时，最佳喷施时间是 10 时前或 17 时后。喷施时将液体或粉剂产品用清水稀释 500～800 倍，一般每亩每次喷施 45～60 千克稀释液。本系列产品对蚜虫、菜青虫、地下害虫以及各种蔬菜作物的生理病害效果明显。

颗粒剂型产品

(1) 产品性质　产品为深褐色颗粒剂，呈弱酸性，有效养分溶于水，pH 值为 5.5～8.0。产品能改善土壤理化性状，有蓄肥、保肥作用。对作物生长有广谱调节作用，促进根系生长，提高作物抗性，增加养分吸收。氨基酸金属离子螯合物、氨基酸衍生物、聚合物等有防治作物病虫害的功能。产品中混合氨基酸螯合铜、锌、锰、铁、镁占 13%～20%，氨基酸衍生物占 3%～6%，甘氨酸盐酸盐占 2%～6%，生物制剂占 1%～5%，氮、磷、钾占 20%～35%。

(2) 产品主要质量指标　国家目前没有药肥标准，本产品执行国家标准 GB 18877—2009。

(3) 安全施用技术　氨基酸广谱无公害复混药肥主要用作基肥，在整地时施入土地，通过整地过程使药肥与耕作层的土壤混匀，也可作种肥用，将药肥与种子分行施于土壤，不可与种子混合播施，以免影响种子发芽。作种肥亩施 15～20 千克，作基肥或种肥施用后，能预防土传病害和作物生理病害，对线虫和地下害虫也有明显的防治效果。一般每亩施用 50～80 千克。

当作物发生病害或地下害虫危害时，也可作为追肥施用，与 10 倍量的细土或有机肥混匀后，穴施或条施，施后浇水；也可用水稀释后随水冲施，一般每亩每次施用 30～40 千克。

第九节　种子包衣剂

种子包衣剂，简称种衣剂，是根据作物或其他植物种子、种苗的生理特性，以农药、肥料、激素等为活性成分，成膜剂、乳化剂等为非活性成分加工而成的一类种子处理剂，包括膜质种衣剂和丸化种衣剂。

所谓种子包衣是采取机械或手工方法，按一定比例将含有杀虫剂、杀菌剂、复合肥料、微量元素、植物生长调节剂、缓释剂和成膜剂等多种成分的种衣剂均匀包覆在种子表面，形成一层光滑、牢固的药膜。随着种子的萌动、发芽、出苗和生长，包衣中的有效成分逐渐被植株根系吸收并传导到幼苗植株各部位，使种子及幼苗对种子带菌、土壤带菌及地下、地上害虫起到防治作用。药膜中的微肥可在底肥借力之前充分发挥效力。因此，包衣种子苗期生长旺盛，叶色浓绿，根系发达，植株健壮，从而实现增产增收的目的。种子包衣是作物物化栽培技术的重要内容之一，是实现作物简化栽培的重要途径。

种子包衣技术是我国20世纪90年代广泛推广的一项植物保护技术，它具有综合防治、低毒高效、省种省药、保护环境、投入产出比高的特点。

种衣剂的组成

(1) 活性成分　种衣剂的活性成分主要包括杀虫杀菌剂、激素、肥料、有益微生物等，其种类、组成及含量直接反映种衣剂的功效。常用的杀虫杀菌剂主要有吡虫啉、拌种灵、多菌灵、福美双、百菌清、三唑酮等高效、广谱、内吸性农药。通常根据作物种类及病虫害防治对象加以选择，并考虑与其他组分的配伍性。所选组分之间应具有互补或增效作用。常用的激素主要包括生长素类、赤霉素类及生长延缓剂，如IAA、NAA、ABT、GA_3、PIX及矮壮素、三唑类延缓剂等广谱性植物生长调节剂。其选择应考虑相应作物生长特性及其与其他组分的配伍性。常用的肥料包括尿素、磷酸二氢钾等常量肥料和硫酸锌、硫酸铜、硫酸锰、硼肥、钼肥等微量肥料。通常根据作物生长需要及土壤肥力状况加以选择，并考虑配伍性。常用的有益微生物包括根瘤菌、固氮菌、木霉菌、芽孢杆菌等。

(2) 非活性成分　非活性成分指种衣剂中的成膜剂及相应配套助剂。其中配套助剂包括悬浮剂、乳化剂、渗透剂、增韧剂、分散剂、缓释剂、色料等。丸化种衣剂还含有泥炭、膨润土、硅藻土、石膏、滑石粉、石棉纤维等，起填充、崩解、吸水等作用。非活性成分的组成直接影响种衣剂的质量及包衣效果，其中最关键的组分是成膜剂。常用的成膜剂可分为四大类。①淀粉及其衍生物类，如可溶性淀粉、羧甲基淀粉、磷酸化淀粉、氧化淀粉以及接枝淀粉等。②纤维素及其衍生物类，如乙基纤维素、羟丙基纤维素、羟丙基甲基纤维素等。③合成高聚物类，如聚醋酸酯、聚丙烯酸酯、聚己内酯、聚丙烯酰胺、聚乙烯吡咯烷酮等。④其他类，如碱性木质素、阿拉伯树胶、海藻酸钠等。

种衣剂的功能

(1) 有效防控作物苗期病虫害　种衣剂中的杀虫杀菌剂包被于种子表面的衣膜内，能在作物苗期缓慢释放，药效长达30～60天，对苗期病虫害防治效果可达65%～90%。

(2) 促控幼苗生长，提高作物产量　种衣内的激素、肥料等活性物质在作物苗期缓慢释放，可促控幼苗生长、增强抗逆性、保证壮苗，提高作物产量。

(3) 省种省药，降低生产成本　种衣内活性成分的存在，可有效降低种子播种后烂种死苗率，保证全苗、壮苗；同时包衣种子质量高，可精量播种，从而大幅度节约用种量，通常节约种子10%～30%。由于种衣内农药药效期长，可减少用药次数及用量，节约劳动力。

(4) 减少环境污染，保护天敌　种子包衣使苗期用药方式由开放式改为隐蔽式，高毒农药包被于种衣内，使之低毒化，且减少用药次数与剂量，因而减少了人畜和害虫天敌的中毒机会，降低了环境污染程度。

（5）便于机播、匀播　小粒种子经丸化包衣后，可使其体积重量增加，形状、大小均匀一致，从而有利于机械化播种、均匀播种。

（6）促使良种标准化，防止伪劣种子流通　包衣前种子预先进行了精选，且种衣剂中含有特殊色料，既保证了良种的标准化，又可有效防止伪劣种子流通，加速种子的产业化进程。

种衣剂的类型及特点

（1）按适用作物分类　适用于旱田作物的种衣剂包括旱作物种衣剂及水稻旱育秧种衣剂，如豆科作物种衣剂、玉米种衣剂、旱稻种衣剂、油菜种衣剂等。包衣种子适宜于干直播，一般不宜浸种。

适用于水田作物的种衣剂如水稻种衣剂、浸种型水稻种衣剂等。包衣种子能浸种或直播于水中，种衣不脱落，活性成分在水中按适宜速度缓释。

（2）按形态分类

① 干粉型种衣剂。将活性成分及非活性成分经气流碾磨搅拌均匀而成。采用拌种式包衣，如超微粉种衣剂；或者在包衣前溶匀后再进行雾化式包衣，如玉米种衣剂。此类种衣剂易运输、贮存，成本低，但生产技术及工艺要求较高。

② 悬浮型种衣剂。将活性成分及部分非活性成分经湿法碾磨后与其余成分混合而成的悬浮分散体系，采用雾化式包衣。生产工艺较简单，包衣效果较好。如国外的小麦种衣剂、旱作物种衣剂以及国内研制的大部分种衣剂都属于此种类型。

③ 胶悬型种衣剂。将活性成分用适当溶剂及助剂溶解后与非活性成分混匀而成的胶悬分散体系。活性成分在体系及衣膜上分布均匀，包衣效果较好。如国外的向日葵种衣剂、大豆种衣剂及国内的水稻种衣剂等都属于此类。

（3）按用途分类

① 物理型。含有大量填充材料及黏合剂等，主要用于油菜、烟草及蔬菜等小颗粒种子丸化包衣，使种子体积、重量大幅增加、粒型规整，便于机播、匀播；同时对种子也可起到物理屏蔽作用。如国外的甜菜种衣剂、轻工部研制的甜菜种衣剂等早期剂型多属此类。

② 化学型。含有农药、肥料以及激素等化学活性物质，功效较全面；但配比不当时，相对易发生药害。此类种衣剂是目前种衣剂中的主流。

③ 生物型。含有对作物有益的微生物或其分泌物，如木霉菌、根瘤菌、固氮菌等。此类种衣剂安全性高，不易发生药害，符合环保要求，是种衣剂的发展方向之一；但因其不含农药，对虫害无防效。如国外的小麦种衣剂、浙江省种子公司研制的生物种衣剂等属此类型。

④ 特异型。包括具有蓄水抗旱、逸氧、除草、pH 值调节等特殊用途的种衣剂。如高吸水型棉花种衣剂、杀虫除草种衣剂、水稻直播种衣剂等。

⑤ 综合型。系上述四种种衣剂有效成分的综合应用型。如玉米种衣剂、烟草种衣剂以及油菜丸化剂等系物理型、化学型和特异型的综合。综合型种衣剂是目前种衣剂的主要发展方向。

（4）按使用时间分类

① 现包型种衣剂。种子在播种前数小时或几天内用种衣剂包衣，待衣膜固化后立即播种，包衣种子不宜贮存。除丸化种衣剂外，大部分种衣剂属此种类型。

② 预包型种衣剂。种子用该类种衣剂包衣后可随时播种，也可以贮存一定时间（一般为6～12个月）再播种。如大豆种衣剂、油菜丸化剂以及水稻种衣剂等。

种衣剂的作用机制　种子包衣时，种衣剂中的成膜剂能在种子表面形成具有毛细管型、膨胀型或裂缝型孔道的膜，并将杀虫杀菌剂、肥料等活性成分及其他非活性成分网结在一起，从而在种子周围形成一个暂时“无活性”的微型“活性物质库”。种子播种后，膜质种子在土壤中吸水膨胀，此时“无活性”的“活性物质库”转变为有活性的“活性物质库”，其活性成分通过膜孔道或者膜本身极缓慢地溶解或降解而逐步与种子及邻近土壤接触；丸化种衣则通过毛细管作用吸水膨胀、产生裂缝，其活性成分缓慢通过裂缝与种子及邻近土壤接触，从而参与作物苗期生长发育阶段的生理生化过程。由于活性物质系缓慢释放，不会因迅速淋溶或溶解而导致活性物质快速损失，或因农药、养分等突然聚集而产生药害。

“活性物质库”中的杀虫杀菌剂在种衣吸胀后，与种子表面及内部接触，杀死种传病菌、虫害；并在种子周围形成保护屏障，使其周围的病虫难以生存，从而有效防治土传和空气传播病菌、地下害虫以及有害生物鼠、雀等。种子萌发后，“活性物质库”中的内吸性杀虫杀菌剂在渗透剂等助剂的帮助下，逐步被种子及植株吸收传导至地上部未施药部位，继续起防病治虫作用，从而有效防控作物苗期病虫害。由于药力集中，利用率较高，加之与土壤接触，不易受日晒雨淋及高温的影响，因而药效期远远长于其他施药方式，可节省用药量及次数、省工省时；同时高毒农药包裹于膜内，使之低毒化、施药方式变为隐蔽式，从而有效降低人畜、害虫天敌的中毒机会、减少环境污染。

“活性物质库”中生长素类及赤霉素类激素可以打破种子休眠、促进萌发、促进根系生长，提高出苗率、抗逆性及成苗率。三唑类生长延缓剂则可抑制幼苗体内赤霉素的合成，提高苗内吲哚乙酸氧化酶的活性，降低苗内吲哚乙酸含量，缓解顶端生长优势，促进侧芽分蘖、缩短节间、增粗茎秆、促进根系发育，从而提高壮苗率，为增穗增产打下良好基础。

“活性物质库”中常量及微量元素肥料可以满足作物苗期正常生长所需养分，有效防治作物缺素症；有益微生物则起促进幼苗生长及拮抗病菌等作用。

包衣方法　主要有机械包衣法和人工包衣法两种。

（1）机械包衣法　大的种子公司适宜用包衣机进行包衣。

（2）人工包衣法　简便的人工包衣法有三种。

① 塑料袋包衣法。把备用的两个大小相同的塑料袋套在一起，取一定数量的种子和相应数量的种衣剂装在里层的塑料袋内，扎好袋口，然后用双手快速揉搓，直到拌匀为止，倒出即可备用。

② 大瓶或小铁桶包衣。准备有盖的大玻璃瓶或小铁桶，如可装 2000 克种子的大瓶或小铁桶，应装入 1000 克种子和相应数量的种衣剂，立即快速摇动，拌匀为止，倒出即可备用。

③ 圆底大锅包衣。先将大锅固定，清洗晒干，然后称取一定数量种子倒入锅内，再把相应数量的种衣剂倒在种子上，用铁铲或木棒快速翻动拌匀，使种衣剂在种子表面均匀迅速固化成膜后取出，装入聚丙烯双层编织袋内，妥善保管备用。

注意事项　不同型号的种衣剂适用于不同的农作物。尽管种衣剂低毒高效，但使用、操作不当也会造成环境污染或人身中毒事故。因此，尽量不要自行购药包衣，而应到种子公司或农业站购买采用机械方法包衣的良种，在存放和使用包衣种子时仍要注意以下事项。

① 存放、使用包衣种子的场所要远离粮食和食品。严禁儿童进入该场所玩耍，更要防止畜、禽误食包衣种子。

② 严禁徒手接触种衣剂或包衣种子。在搬运包衣种子和播种时，严禁吸烟、吃东西或喝水。

③ 装过包衣种子的口袋用后要及时烧掉，严防误装粮食和其他食物、饲料。

④ 盛过包衣种子的盆、篮等，必须用清水洗净后再作他用，严禁再盛食物。洗盆和篮的水严禁倒在河流、水塘、井池边，可以将水倒在树根附近或田间，以防人、畜、禽、鱼中毒。

⑤ 如发现接触种衣剂的人员出现面色苍白、呕吐、流涎、烦躁不安、口唇发紫、瞳孔缩小、抽搐、肌肉震颤等症状，即可视为种衣中毒，应立即脱离毒源，护送病人离开现场，用肥皂或清水清洗被种衣剂污染的部位，并送医救治。

附 录

一、本书所涉及的标准一览表

标准代号	标准名称	发布部门	实施日期	状态
GB 3559—2001	农业用碳酸氢铵	国家质量监督检验检疫总局	2002.11.01	现行
GB/T 2946—2008	氯化铵	国家质量监督检验检疫总局	2009.08.01	现行
GB 535—1995/XG1—2003	硫酸铵	国家质量监督检验检疫总局	2003.07.01	现行
GB 536—1988	液体无水氨	国家标准局	1988.09.01	现行
GB 2440—2001	尿素	国家质量监督检验检疫总局	2002.01.01	现行
GB 2945—1989	硝酸铵	国家技术监督局	1990.06.01	现行
GB /T 20782—2006	农业用含磷型防爆硝酸铵	国家质量监督检验检疫总局	2007.06.01	现行
NY 2268—2012	农业用改性硝酸铵	农业部	2013.01.01	现行
GB /T 4553—2002	工业硝酸钠	国家质量监督检验检疫总局	2002.12.01	现行
HG/T 4580—2013	农业用硝酸钙	工业和信息化部	2014.03.01	现行
HG 2427—1993	氰氨化钙	化学工业部	1994.10.01	现行
HG/T 3826—2006	肥料级商品磷酸	国家发展和改革委员会	2007.03.01	现行
GB 20413—2006	过磷酸钙	国家质量监督检验检疫总局	2006.12.01	现行
GB 21634—2008	重过磷酸钙	建设部	2008.12.01	现行
GB 20412—2006	钙镁磷肥	国家质量监督检验检疫总局	2006.12.01	现行
HG 2598—1994	钙镁磷钾肥	化学工业部	1995.07.01	现行
HG/T 3275—1999	肥料级磷酸氢钙	国家石油和化学工业局	2000.04.01	现行
GB 6549—2011	氯化钾(农用)	国家技术监督局	2012.06.01	现行
GB 20406—2006	农业用硫酸钾	国家质量监督检验检疫总局	2006.12.01	现行
GB/T 1587—2000	工业碳酸钾	国家质量监督检验检疫总局	2001.03.01	现行

续表

标准代号	标准名称	发布部门	实施日期	状态
GB/T 20937—2007	硫酸钾镁肥	国家质量监督检验检疫总局	2007.09.01	现行
GB/T 2680—2011	农业用硫酸镁	国家质量监督检验检疫总局	2011.07.15	现行
GB/T 2449.1—2014	工业硫磺 第1部分:固体产品	国家质量监督检验检疫总局	2015.05.01	现行
GB /T2449.2—2015	工业硫磺 第2部分:液体产品	国家质量监督检验检疫总局	2015.05.01	现行
HG 3277—2000	农业用硫酸锌	国家发展和改革委员会	2001.03.01	现行
GB/T 3185—1992	氧化锌(间接法)	国家技术监督局	1993.06.01	现行
GB/T 3494—2012	直接法氧化锌	国家质量监督检验检疫总局	2013.10.01	现行
HG/T 2323—2012	工业氯化锌	工业和信息化部	2013.03.01	现行
GB 537—2009	工业十水合四硼酸二钠(硼砂)	国家质量监督检验检疫总局	2010.02.01	现行
GB/T 538—2006	工业硼酸	国家质量监督检验检疫总局	2007.02.01	现行
GB/T 3460—2007	钼酸铵	国家质量监督检验检疫总局	2007.11.01	现行
NY/Y 1111—2006	农业用硫酸锰	农业部	2006.10.01	现行
GB 10531—2006	水处理剂硫酸亚铁	国家质量监督检验检疫	2006.12.01	现行
GB 437—2009	硫酸铜(农用)	国家质量监督检验检疫	2009.11.01	现行
NY/T 797—2004	硅肥	农业部	2004.06.01	现行
GB 15063—2009	复混肥料(复合肥料)	国家质量监督检验检疫总局	2010.06.01	现行
GB 21633—2008	掺混肥料(BB肥)	建设部	2008.12.01	现行
GB 10205—2009	磷酸一铵、磷酸二铵	国家质量监督检验检疫总局	2010.06.01	现行
GB/T 10510—2007	硝酸磷肥、硝酸磷钾肥	国家质量监督检验检疫总局	2007.09.01	现行
GB/T 20784—2013	农业用硝酸钾	国家质量监督检验检疫总局	2014.04.11	现行
NY/T 2269—2012	农业用硝酸铵钙	农业部	2013.01.01	现行
HG/T 3733—2004	氨化硝酸钙	国家发展和改革委员会	2005.06.01	现行
HG 2321—1992	磷酸二氢钾	国家发展和改革委员会	1992.09.01	现行
GB 18877—2009	有机-无机复混肥料	中国石油和化学工业	2009.10.01	现行
NY 1107—2010	大量元素水溶肥料	农业部	2011.02.01	现行
NY 1428—2010	微量元素水溶肥料	农业部	2011.02.01	现行
NY 1106—2010	含腐植酸水溶肥料	农业部	2011.02.01	现行
NY 1429—2010	含氨基酸水溶肥料	农业部	2011.02.01	现行
GB/T 17419—1998	含氨基酸叶面肥料	国家质量监督检验检疫总局	1999.01.01	现行
GB/T 17420—1998	微量元素叶面肥料	国家质量监督检验检疫总局	1999.01.01	现行
NY 227—1994	微生物肥料	农业部	1994.05.30	现行
NY/T 1535—2007	肥料合理使用准则微生物肥料	农业部	2008.03.01	现行

续表

标准代号	标准名称	发布部门	实施日期	状态
GB 20287—2006	农用微生物菌剂	国家质量监督检验检疫总局	2006.09.01	现行
NY 410—2000	根瘤菌肥料	农业部	2001.04.01	现行
NY 411—2000	固氮菌肥料	农业部	2001.04.01	现行
NY 412—2000	磷细菌肥料	农业部	2001.04.01	现行
NY 413—2000	硅酸盐细菌肥料	农业部	2001.04.01	现行
NY 527—2002	光合细菌菌剂	农业部	2002.12.01	现行
NY/T 798—2015	复合微生物肥料	农业部	2015.08.01	现行
NY 884—2012	生物有机肥	农业部	2012.09.01	现行
NY 334—1998	增产菌粉剂	农业部	1999.01.01	现行
HG/T 3931—2007	缓控释肥料	国家发展和改革委员会	2007.10.01	现行
GB /T 23348—2009	缓释肥料	国家质量监督检验检疫总局	2009.09.01	现行
HG/T 4137—2010	脲醛缓释肥料	工业和信息化部	2011.03.01	现行
GB 29401—2012	硫包衣尿素	国家质量监督检验检疫总局	2013.12.01	现行
HG/T 4215—2011	控释肥料	工业和信息化部	2012.07.01	现行
NY 609—2002	有机物料腐熟剂	农业部	2002.12.20	现行
NY 526—2002	水稻苗床调理剂	农业部	2002.12.01	现行
NY 886—2010	农林保水剂	农业部	2011.02.01	现行
NY/T 496—2010	肥料合理使用准则　通则	农业部	2010.09.01	现行
NY 525—2012	有机肥料	农业部	2012.06.01	现行
NY/T 1105—2006	肥料合理使用准则　氮肥	农业部	2006.10.01	现行
NY/T 1869—2010	肥料合理使用准则　钾肥	农业部	2010.09.01	现行
HG/T 4135—2010	稳定性肥料	工业和信息化部	2011.03.01	现行
HG/T 3278—2011	农业用腐植酸钠	工业和信息化部	2012.07.01	现行
HG/T 4217—2011	无机包裹型复混肥料(复合肥料)	工业和信息化部	2012.07.01	现行
HG/T 4218—2011	改性碳酸氢铵颗粒肥	工业和信息化部	2012.07.01	现行
HG/T 4219—2011	磷石膏土壤调理剂	工业和信息化部	2012.07.01	现行
HG/T 4365—2012	水溶性肥料	工业和信息化部	2013.06.01	现行
NY 525—2012	有机肥料	农业部	2012.06.01	现行
NY 2670—2015	尿素硝酸铵溶液	农业部	2015.05.01	现行
NY/T 1868—2010	肥料合理使用准则　有机肥料	农业部	2010.09.01	现行
DB21/T 1434—2006	冲施肥料	辽宁省质量技术监督管理局	2006.07.01	现行
GB 8569—2009	固体化学肥料包装	国家质量监督检验检疫总局	2010.06.01	现行
NY/T 1108—2012	液体肥料　包装技术要求	农业部	2013.01.01	现行

来源于工标网：http://www.csres.com，截止日期：2016年1月18日。

二、肥料标识·内容和要求

(fertilizer marking-presentation and declaration)

GB 18382—2001

1　范围

本标准规定了肥料标识的基本原则、一般要求及标识内容等。

本标准适用于中华人民共和国境内生产、销售的肥料。

2　引用标准

下列标准所包含的条文，通过在本标准中引用而构成为本标准的条文。本标准出版时，所示版本均为有效。所有标准都会被修订，使用本标准的各方应探讨使用下列标准最新版本的可能性。

GB 190—1990　危险货物包装标志

GB 191—2000　包装储运图示标志

GB/T 14436—1993　工业产品保证文件　总则

3　定义

本标准采用下列定义。

3.1　标识（marking）

用于识别肥料产品及其质量、数量、特征和使用方法所做的各种表示的统称。标识可以用文字、符号、图案以及其他说明物等表示。

3.2　标签（label）

供识别肥料和了解其主要性能而附以必要资料的纸片、塑料片或者包装袋等容器的印刷部分。

3.3　包装肥料（packed fertilizer）

预先包装于容器中，以备交付给客户的肥料。

3.4　容器（container）

直接与肥料相接触并可按其单位量运输或贮存的密闭贮器（例如袋、瓶、槽、桶）。

注：个别国家肥料超大尺寸包装的产品称为散装。

3.5　肥料（fertilizer）

以提供植物养分为其主要功效的物料。

3.6　缓效肥料（slow-release fertilizer）

养分所呈的化合物或物理状态，能在一段时间内缓慢释放供植物持续吸收利用的肥料。

3.7　包膜肥料（coated fertilizer）

为改善肥料功效和（或）性能，在其颗粒表面涂以其他物质薄层制成的肥料。

3.8　复混肥料（compound fertilizer）

氮、磷、钾三种养分中，至少有两种养分标明量的由化学方法和（或）掺混方法制成的肥料。

3.9　复合肥料（complex fertilizer）

氮、磷、钾三种养分，至少有两种养分标明量的仅由化学方法制成的肥料，是复混肥料的一种。

3.10　有机-无机复混肥料（organic-inorganic compound fertilizer）

含有一定量有机质的复混肥料。

3.11　单一肥料（straight fertilizer）

氮、磷、钾三种养分中，仅具有一种养分标明量的氮肥、磷肥或钾肥的通称。

3.12　大量元素（主要养分）（primary nutrient；macronutri ent）

对元素氮、磷、钾的通称。

3.13　中量元素（次要养分）（secondary element；nutrient）

对元素钙、镁、硫等的通称。

3.14　微量元素（微量养分）（trace element；micronutrient）

植物生长所必需的，但相对来说是少量的元素，例如硼、锰、铁、锌、铜、钼或钴等。

3.15　肥料品位（fertilizer grade）

以百分数表示的肥料养分含量。

3.16　配合式（formula）

按 N-P_2O_5-K_2O（总氮-有效五氧化二磷-氧化钾）顺序，用阿拉伯数字分别表示其在复混肥料中所占百分比含量的一种方式。

注：“0”表示肥料中不含该元素。

3.17　标明量（declarable content）

在肥料或土壤调理剂标签或质量证明书上标明的元素（或氧化物）含量。

3.18　总养分（total primary nutrient）

总氮、有效五氧化二磷和氧化钾含量之和，以质量百分数计。

4　原理

规定标识的主要内容及定出肥料包装容器上的标识尺寸、位置、文字、图形等大小，以使用户鉴别肥料并确定其特性。这些规定因所用的容器不同而异。

——装大于25千克（或25升）肥料的，或

——装5～25千克（或5～25升）肥料的，或

——装小于5千克（或5升）肥料的。

5　基本原则

5.1　标识所标注的所有内容，必须符合国家法律和法规的规定，并符合相应产品标准的规定。

5.2　标识所标注的所有内容，必须准确、科学、通俗易懂。

5.3　标识所标注的所有内容，不得以错误的、引起误解的欺骗性的方式描述或介绍肥料。

5.4　标识所标注的所有内容，不得以直接或间接暗示性的语言、图形、符号导致用户将肥料或肥料的某一性质与另一肥料产品混淆。

6　一般要求

标识所标注的所有内容，应清楚并持久地印刷在统一的并形成反差的基底上。

6.1　文字

标识中的文字应使用规范汉字，可以同时使用少数民族文字、汉语拼音及外文(养分名称可以用化学元素符号或分子式表示)，汉语拼音和外文字体应小于相应汉字和少数民族文字。

应使用法定计量单位。

6.2　图示

应符合 GB 190 和 GB 191 的规定。

6.3　颜色

使用的颜色应醒目、突出、易使用户特别注意并能迅速识别。

6.4　耐久性和可用性

直接印在包装上，应保证在产品的可预计寿命期内的耐久性，并保持清晰可见。

6.5　标识的形式

分为外包装标识、合格证、质量证明书、说明书及标签等。

7　标识内容

7.1　肥料名称及商标

7.1.1　应标明国家标准、行业标准已经规定的肥料名称。对商品名称或者特殊用途的肥料名称，可在产品名称下以小 1 号字体（见 10.1.3）予以标注。

7.1.2　国家标准、行业标准对产品名称没有规定的，应使用不会引起用户、消费者误解和混淆的常用名称。

7.1.3　产品名称不允许添加带有不实、夸大性质的词语，如“高效×××”“××肥王”“全元素××肥料”等。

7.1.4　企业可以标注经注册登记的商标。

7.2　肥料规格、等级和净含量

7.2.1　肥料产品标准中已规定规格、等级、类别的，应标明相应的规格、等级、类别。若仅标明养分含量，则视为产品质量全项技术指标符合养分含量所对应的产品等级要求。

7.2.2　肥料产品单件包装上应标明净含量。净含量标注应符合《定量包装商品计量监督规定》的要求。

7.3　养分含量

应以单一数值标明养分的含量。

7.3.1 单一肥料

7.3.1.1 应标明单一养分的百分含量。

7.3.1.2 若加入中量元素、微量元素，可标明中量元素、微量元素（以元素单质计，下同），应按中量元素、微量元素两种类型分别标明各单养分含量及各自相应的总含量，不得将中量元素、微量元素含量与主要养分相加。微量元素含量低于0.02%或（和）中量元素含量低于2%的不得标明。

7.3.2 复混肥料（复合肥料）

7.3.2.1 应标明N、P_2O_5、K_2O总养分的百分含量，总养分标明值应不低于配合式中单养分标明值之和，不得将其他元素或化合物计入总养分。

7.3.2.2 应以配合式分别标明总氮、有效五氧化二磷、氧化钾的百分含量，如氮磷钾复混肥料15-15-15。二元肥料应在不含单养分的位置标以“0”，如氮钾复混肥料15-0-10。

7.3.2.3 若加入中量元素、微量元素，不在包装容器和质量证明书上标明（有国家标准或行业标准规定的除外）。

7.3.3 中量元素肥料

7.3.3.1 应分别单独标明各中量元素养分含量及中量元素养分含量之和。含量小于2%的单一中量元素不得标明。

7.3.3.2 若加入微量元素，可标明微量元素，应分别标明各微量元素的含量及总含量，不得将微量元素含量与中量元素相加。其他要求同7.3.1.2。

7.3.4 微量元素肥料

应分别标出各种微量元素的单一含量及微量元素养分含量之和。

7.3.5 其他肥料

参照7.3.1和7.3.2执行。

7.4 其它添加含量

7.4.1 若加入其它添加物，可标明其它添加物，应分别标明各添加物的含量及总含量，不得将添加物含量与主要养分相加。

7.4.2 产品标准中规定需要限制并标明的物质或元素等应单独标明。

7.5 生产许可证编号

对国家实施生产许可证管理的产品，应标明生产许可证的编号。

7.6 生产者或经销者的名称、地址应标明经依法登记注册并能承担产品质量责任的生产者或经销者名称、地址。

7.7 生产日期或批号

应在产品合格证、质量证明书或产品外包装上标明肥料产品的生产日期或批号。

7.8 肥料标准

7.8.1 应标明肥料产品所执行的标准编号。

7.8.2　有国家或行业标准的肥料产品，如标明标准中未有规定的其他元素或添加物，应制定企业标准，该企业标准应包括所添加元素或添加物的分析方法，并应同时标明国家标准（或行业标准）和企业标准。

7.9　警示说明

运输、贮存、使用过程中不当，易造成财产损坏或危害人体健康和安全的，应有警示说明。

7.10　其它

7.10.1　法律、法规和规章另有要求的，应符合其规定。

7.10.2　生产企业认为必要的，符合国家法律、法规要求的其它标识。

8　标签

8.1　粘贴标签及其他相应标签

如果容器的尺寸及形状允许，标签的标识区最小应为120毫米×70毫米，最小文字高度至少为3毫米，其余应符合本标准第10章的规定。

8.2　系挂标签

系挂标签的标识区最小应为120毫米×70毫米，最小文字高度至少为3毫米，其余应符合本标准第10章的规定。

9　质量证明书或合格证

应符合GB/T 14436的规定。

10　标识印刷

10.1　装大于25千克（或25升）肥料的容器

10.1.1　标识区位置及区面积

一块矩形区间，其总面积至少为所选用面的40%，该选用面应为容器的主要面之一，标识内容应打印在该面积内。区间的各边应与容器的各边相平行。

区内所有标识，均应水平方向按汉字顺序印刷，不得垂直或斜向印刷标识内容。

10.1.2　主要项目标识尺寸

根据打印标识区的面积（10.1.1），应采用三种标识尺寸，以使标识标注内容能清楚地布置排列，这三种尺寸应为 $X/Y/Z$ 比例，它仅能在如表1所示范围内变化，最小字体的高度至少应为10毫米。

表1　三种标识尺寸比例

最小字体尺寸/毫米	尺寸比例 小(X)/中(Y)/大(Z)	
	最小比例	最大比例
≤20	1/2/4	1/3/9
>20	1/1.5/3	1/2.5/7

10.1.3　标识区内主要项目和文字尺寸

标识标注内容应用印刷文字，标识项目的尺寸应符合表 2 的要求。

表 2　标识区内主要项目和文字尺寸

序号	标识标注主要内容		文字		
			小(X)	中(Y)	大(Z)
1	肥料名称及商标			●	●
2	规格、等级及类型			●	●
3	组成	作为主要标识内容的养分或总养分		●	●
		配合式(单养分标明值)	●	●	
		产品标准规定应单独标明的项目，如氯含量、枸溶性磷等	●	●	
		作为附加标识内容的元素、养分或其他添加物	●		
4	产品标准编号		●	●	
5	生产许可证号(适用于实施生产许可证管理的肥料)		●	●	
6	净含量			●	●
7	生产或经销单位名称		●	●	
8	生产或经销单位地址		●	●	
9	其他		●	●	

注：进口肥料可不标注表中第 4、5 项，但应标明原产国或地区（指香港、澳门、台湾）。

10.2　装 5～25 千克（或 5～25 升）肥料的容器

最小文字高度至少为 5 毫米，其余应符合本标准 10.1 的规定。

10.3　装 5 千克（或 5 升）以下肥料的容器

如容器尺寸及形状允许，标识区最小尺寸应为 12 毫米×70 毫米，最小文字高度至少为 3 毫米，其余应符合本标准 10.1 的规定。

三、肥料合理使用准则　通则

(rule of rational fertilization-general)

NY/T 496—2010

(替换 NY/T 496—2002)

1　范围

本标准规定了肥料合理使用的通用准则。

本标准适用于各种肥料。

2　规范性引用文件

下列文件中的条款通过本标准的引用而成为本标准的条款。凡是注日期的引用文件，其随后所有的修改单（不包括勘误的内容）或修订版均不适用于本标准，然而，鼓励根据本标准达成协议的各方研究是否可使用这些文件的最新版本。凡是不注日期的引用文件，其最新版本适用于本标准。

GB/T 6274 肥料和土壤调理剂　术语

3　术语和定义

GB/T 6274 确立的以下术语和定义适用于本标准。

3.1　肥料（fertilizer）

以提供植物养分为其主要功效的物料（GB/T 6274）。

3.2　有机肥料（organic fertilizer）

主要来源于植物和（或）动物、施于土壤以提供植物营养为其主要功效的含碳物料（GB/T 6274）。

3.3　无机（矿质）肥料［inorganic（mineral）fertilizer］

标明养分呈无机盐形式的肥料，由提取、物理和（或）化学工业方法制成（GB/T 6274）。

3.4　单一肥料（straight fertilizer）

氮、磷、钾三种养分中，仅具有一种养分标明量的氮肥、磷肥或钾肥的通称（GB/T 6274）。

3.5　大量元素（macro-nutrient）

对氮、磷、钾元素的通称。

3.6　中量元素（secondary nutrient）

对钙、镁、硫元素的通称。

3.7　氮肥（nitrogen fertilizer）

具有氮（N）标明量，以提供植物氮养分为其主要功效的单一肥料。

3.8　磷肥（phosphorus fertilizer）

具有磷（P_2O_5）标明量，以提供植物磷养分为其主要功效的单一肥料。

3.9　钾肥（potassium fertilizer）

具有钾（K_2O）标明量，以提供植物钾养分为其主要功效的单一肥料。

3.10　微量元素（微量养分）（micro-element）

植物生长所必需的、但相对来说是少量的元素，包括硼、锰、铁、锌、铜、钼、氯和镍。

3.11　有益元素（beneficial element）

不是所有植物生长必需的、但对某些植物生长有益的元素，例如钠、硅、硒、铝、钛、碘等。

3.12　有机-无机复混肥料（organic-inorganic compound fertilizer）

来源于标明养分的有机和无机物质的产品，由有机和无机肥料混合（或化合）制成的。

3.13　农用微生物产品（microbial product in agriculture）

是指在农业上应用的含有目标微生物的一类活体制品。

3.14　平衡施肥（balanced fertilization）

合理供应和调节植物必需的各种营养元素，使其能均衡满足植物需要的科学施肥技术。

3.15　测土配方施肥（soil testing and formulated fertilization）

测土配方施肥是以肥料田间试验、土壤测试为基础，根据作物需肥规律、土壤供肥性能和肥料效应，在合理施用有机肥料的基础上，提出氮、磷、钾及中、微量元素等肥料的施用品种、数量、施肥时期和施用方法。

3.16　肥料效应（fertilizer response）

肥料效应，简称肥效，是肥料对作物产量的效果，通常以肥料单位养分的施用量所能获得的作物增产量和效益表示。

3.17　施肥量（fertilizer application rate/dose）

施于单位面积耕地或单位质量生长介质中的肥料或土壤调理剂养分的质量或体积（GB/T 6274）。

3.18　常规施肥（conventional fertilization）

指当地农民普遍采用的施肥量、施肥品种和施肥方法，亦称习惯施肥。

4　肥料合理使用

4.1　合理施肥目标

合理施肥应达到高产、优质、高效、改土培肥、保证农产品质量安全和保护生态环境等目标。

4.2　施肥原理

4.2.1　矿质营养理论

植物生长发育需要碳、氢、氧、氮、磷、钾、钙、镁、硫、铁、锰、铜、锌、硼、钼、氯、镍等17种必需营养元素和一些有益元素。碳、氢、氧主要来自空气和水，其他营养元素主要以矿物形态从土壤中吸收。每种必需元素均有其特定的生理功能，相互之间同等重要，不可替代。有益元素也能对某些植物生长发育起到促进作用。

4.2.2　养分归还学说

植物收获从土壤中带走大量养分，使土壤中的养分越来越少，地力逐渐下降。为了维持地力和提高产量应将植物带走的养分适当归还土壤。

4.2.3　最小养分律

植物对必需营养元素的需要量有多有少，决定产量的是相对于植物需要、土壤中含量最少的有效养分。只有针对性地补充最小养分才能获得高产。最小养分随作物产量和施肥水平等条件的改变而变化。

4.2.4　报酬递减律

在其他技术条件相对稳定的条件下，在一定施肥量范围内，植物产量随着施肥量的逐渐增加而增加，但单位施肥量的增产量却呈递减趋势。施肥量超过一定限度后将不再增产，甚至造成减产。

4.2.5　因子综合作用律

植物生长受水分、养分、光照、温度、空气、品种以及耕作条件等多种因子制约。施肥仅是增产的措施之一，应与其他增产措施结合才能取得更好的效果。

4.3　施肥原则

在养分需求与供应平衡的基础上，坚持有机肥料与无机肥料相结合；坚持大量元素与中量元素、微量元素相结合；坚持基肥与追肥相结合；坚持施肥与其他措施相结合。

4.4　施肥依据

4.4.1　植物营养特性

不同植物种类、品种，同一植物品种不同生育期、不同产量水平对养分需求数量和比例不同；不同植物对养分种类的反应不同；不同植物对养分吸收利用能力不同。

4.4.2　土壤性状

土壤类型、土壤物理、化学性质和生物性质等因素导致土壤保肥和供肥能力不同，从而影响肥料效应。

4.4.3　肥料性质

不同肥料种类和品种的特性，决定该肥料适宜的土壤类型、植物种类和施肥方法。

4.4.4　其他条件

合理施肥还应考虑气候、灌溉、耕作、栽培、植物生长状况等其他条件。

4.5　施肥技术

施肥技术内容主要包括肥料种类、施肥量、养分配比、施肥时期、施肥方法和施肥位置等。施肥量是施肥技术的核心，肥料效应是上述施肥技术的综合反应。

4.5.1　肥料种类

根据土壤性状、植物营养特性和肥料性质等因素确定肥料种类。

4.5.2　施肥量

确定施肥量的方法主要有肥料效应函数法、测土施肥法和植株营养诊断法等。

4.5.3　养分配比

根据植物营养特性和土壤性状等因素调整肥料养分配比，实现平衡施肥。

4.5.4　施肥时期

根据肥料性质和植物营养特性等因素适时施肥。植物生长旺盛和吸收养分的关键时期应重点施肥。

4.5.5　施肥方法

根据土壤、作物和肥料性质等因素选择施肥方法，注意氮肥深施、磷肥和钾肥集中施用等，以发挥肥料效应，减少养分损失。

4.5.6　施肥位置

根据植物根系生长特性等因素选择适宜的施肥位置，提高养分空间有效性。

5　施肥评价指标

5.1　增产率

合理施肥产量与常规施肥或无肥区产量的差值占常规施肥或无肥区产量的百分数。

5.2　肥料利用率（养分回收率）

指施用的肥料养分被作物吸收的百分数，是评价肥料施用效果的一个重要指标。肥料利用率包括当季利用率和累积利用率。氮肥常用的是当季利用率，磷肥由于有后效，常用累积（迭加）利用率。

5.3　施肥农学效率

指特定施肥条件下，单位施肥量所增加的作物经济产量，是施肥增产效应的综合体现。

5.4　施肥经济效益

5.4.1　纯收益

施肥增加的产值与施肥成本的差值，正值表示施肥获得了经济效益，数额越大，获利越多。

5.4.2　投入产出比

简称投产比，是施肥成本与施肥增加产值之比。

四、固体化学肥料包装

（parcking of solidchemical fertilizer）

GB 8569—2009

1　范围

本标准规定了固体化学肥料的包装材料及包装件的要求、试验方法、检验规则、标识、运输和贮存。

2　规范性引用文件

下列文件中的条款通过本标准的引用而成为本标准的条款。凡是注日期的引用文件，其随后所有的修改单（不包括勘误的内容）或修订版均不适用于本标准，然而，鼓励根据本标准达成协议的各方研究是否可使用这些文件的最新版本。凡是不注日期的引用文件，其最新版本适用于本标准。

GB/T 1040　塑料　拉伸性能的测定

GB/T 4456　包装用聚乙烯吹塑薄膜

GB/T 4857.1　包装　运输包装件　试验时各部位的标示方法

GB/T 8946　塑料编织袋

GB/T 8947　复合塑料编织袋

GB 12268　危险货物品名表

GB 18382　肥料标识　内容和要求

GB/T 20197　降解塑料的定义、分类、标识和降解性能要求

QB 1257　软聚氯乙烯吹塑薄膜

WJ 9050　农用硝酸铵抗爆性能试验方法及判定

3　术语和定义

下列术语和定义适用于本标准。

3.1　危险货物

本标准中危险货物是指 GB 12268 中列名的产品。

4　要求

4.1　规格

固体化学肥料包装规格按内装物料净含量一般分为 50 千克、40 千克、25 千克和 10 千克四种。其他规格可以由供需双方协商确定。

4.2　包装材料的技术要求

4.2.1　不属危险货物的固体化学肥料包装材料的技术要求

按表 1 的规定选用包装材料。

用于包装固体化学肥料的塑料编织袋应符合 GB/T 8946 标准的规定；复合塑料编织袋应符合 GB/T 8947 标准的规定。多层袋中内袋采用聚乙烯薄膜时，应符合 GB/T 4456 标准的规定；采用聚氯乙烯薄膜时厚度应大于（或等于）0.05 毫米，并符合 QB 1257 标准的规定。

可以使用生物分解塑料或可堆肥塑料制作肥料包装的内袋材料，其技术指标应符合 GB/T 20197 中的要求。

表 1　固体化学肥料包装材料选用

化肥产品名称	多层袋		复合袋	
	外袋:塑料编织袋 内袋:聚乙烯薄膜袋	外袋:塑料编织袋 内袋:聚氯乙烯薄膜袋	二合一袋(塑料编织布/膜)	三合一袋(塑料编织布/膜/牛皮纸)
尿素	√	—	√	—
硫酸铵	√	—	√	—
碳酸氢铵	√	√	—	—
氯化铵	√	—	√	—
重过磷酸钙	√	—	√	—
过磷酸钙	√	—	√	—
钙镁磷肥	√	—	—	√
磷酸铵	√	—	√	—
硝酸磷肥	√	—	√	—
复混肥料	√	—	√	—
氯化钾	√	—	√	—

注：表中带“√”者，为可以使用的包装材料；表中带“—”者，为不推荐使用的包装材料。

4.2.2　属于危险货物的固体化学肥料包装材料的技术要求

4.2.2.1　氰氨化钙包装材料的技术要求

氰氨化钙包装为以下三种：

——全开口或中开口钢桶（钢板厚 1.0 毫米），内包装为袋厚 0.1 毫米以上的塑料袋；

——外包装为塑料编织袋或乳胶布袋，内包装为两层袋（每层袋厚 0.1 毫米）；

——外包装为复合塑料编织袋，内包装袋为 0.1 毫米以上的塑料袋。

4.2.2.2　含硝酸铵的固体化学肥料包装材料的技术要求

含有硝酸铵的固体化学肥料，根据 WJ 9050 检测判定为具备抗爆性能，其包装材料应选用以下三种之一：

——外袋：塑料编织袋，内袋：聚乙烯薄膜袋；

——二合一袋（塑料编织布/膜）；

——三合一袋（塑料编织布/膜/牛皮纸）。

4.3　灌装温度及袋型选择

4.3.1　采用塑料编织袋与高密度聚乙烯（包括改性聚乙烯）薄膜袋组成的多层袋灌装时，物料温度应小于 95℃。

4.3.2　采用塑料编织袋与低密度聚乙烯薄膜袋组成的多层袋灌装时，物料温度应小于 80℃。

4.3.3　采用复合塑料编织袋灌装时，物料温度应小于 80℃。

4.3.4　采用塑料编织袋或复合塑料袋包装，内装物料质量 10 千克时，选用 TA 型袋；内装物料质量 25 千克时，选用 A 型袋；内装物料质量 40 千克时，选用 B 型袋；内装物料质量 50 千克时，选用 B 型袋或 C 型袋（其中 TA、A、B、C 型袋按 GB/T 8946 或 GB/T 8947 规定）。

4.4　包装件的技术要求

4.4.1　包装件应符合表 2 的规定。

表 2　固体化学肥料包装件的要求

项目名称			技术要求
上缝口针数/(针/10 厘米)			9～12
上缝口强度/(牛/50 毫米)	内装物料质量 10 千克	≥	250
	内装物料质量 25 千克	≥	300
	内装物料质量 40 千克	≥	350
	内装物料质量 50 千克	≥	400
薄膜内袋封口热合力/(牛/50 毫米)		≥	10
折边宽度/毫米		≥	10
缝线至缝边距离/毫米		≥	8

4.4.2　上缝口应折边（卷边）缝合。当多层袋内衬聚乙烯薄膜袋采用热合封

口或扎口时，外袋可不折边（卷边）。

4.4.3 缝线应采用耐酸、耐碱合成纤维或相当质量的其他线。

4.4.4 按5.6规定的方法进行试验后化肥包装件应不破裂，撞击时若有少量物质从封口中漏出，只要不出现进一步渗漏，该包装也应视为试验合格。

5 试验方法

5.1 上缝口针数

用精确至1毫米的直尺，由一个针眼开始取缝合线100毫米长度内，所包含的针数的整数值作为测量结果。以包装件上缝口中间和距包装件侧边100毫米为测量中心点，共测量三处，三处的测量结果均需符合表2规定的上缝口针数要求。

5.2 上缝口强度

按GB/T 1040的规定进行测试。

5.3 薄膜袋封口热合力

按GB/T 1040的规定进行测试。

5.4 折边宽度

用精确至1毫米的直尺，在包装件上缝口中间和距包装件侧边100毫米处共量三处，直尺与袋侧边平行，测量包装件上端边至折边的距离。三处的测量结果均需符合表2规定的折边宽度要求。

5.5 缝线至缝边距离

用精确至1毫米的直尺，在包装件上缝口中间和距包装件侧边100毫米处共量三处，直尺与袋侧边平行，测量缝线至缝边的距离。三处的测量结果均需符合表2规定的缝线至缝边距离要求。

5.6 跌落试验

5.6.1 试验用化肥包装件各部位的标标按GB/T 4857.1规定。

5.6.2 采用试验架或人工方法做跌落试验时，应做到化肥包装件垂直自由落体运动，跌落面能水平地接触地面。

5.6.3 化肥包装件的跌落高度1.2米。

5.6.4 试验条件为常温、常压。跌落靶面应是坚硬、无弹性、平坦和水平的表面。

5.6.5 试验步骤（使用同一件）

第一次：跌落面1或面3；

第二次：跌落面2或面4；

第三次：跌落面5或面6。

6 检验规则

6.1 每批化肥包装件的技术要求测试，除上缝口强度及跌落试验项目外，其他项目的测试应按附录A规定中“特殊检验”进行。当检验按“合格质量水平”判断为不合格时，应按“加严一次抽检”进行。当加严抽验仍不合格时，则该批化肥包装件为不合格包装。

6.2　上缝口强度的测试，每月至少进行一次。由6.1检验判断为合格的批中抽取样品，抽样及合格判断同6.1。

6.3　化肥包装件每月至少进行一次跌落试验。由6.2检验判断为合格的批中按随机抽样原则抽取三个包装件。有一个包装件经检验判断为不合格时，即判该批化肥包装件为不合格包装。

7　标识

化肥包装件应根据内装物料的性质，按GB 18382规定进行标识。

8　运输和贮存

8.1　化肥包装材料的运输工具应干净、平整、无突出的尖锐物，以免刺穿刮破包装件。

8.2　化肥包装件应贮存于场地平整、阴凉、通风干燥的仓库内。不允许露天贮存，防止日晒雨淋。有特殊要求的产品贮存，应符合相应的产品标准规定。堆置高度应小于7米。

附录A

（规范性附录）

固体化学肥料包装件抽样表

固体化学肥料包装件抽样数与合格质量水平的判断，按表A.1规定进行。

表A.1　化肥包装件抽样数与合格质量水平的判断

批量范围	特殊检验				加严一次抽检			
	检查水平S-2字母	样本大小	合格质量水平 $AQL=6.5$		检查水平S-3字母	样本大小	合格质量水平 $AQL=6.5$	
			合格	不合格			合格	不合格
≤15	A	2	0	1	A	2	0	1
16～25	A	2	0	1	B	3	0	1
25～50	B	3	0	1	B	3	0	1
51～90	B	3	0	1	C	5	1	2
91～150	B	3	0	1	C	5	1	2
151～500	C	5	1	2	D	8	1	2
501～1200	C	5	1	2	E	13	1	2
1201～3200	D	8	1	2	E	13	1	2
3201～10000	D	8	1	2	F	20	2	3
10001～35000	D	8	1	2	F	20	2	3
35001～500000	E	13	2	3	G	32	3	4
＞500001	E	13	2	3	H	50	5	6

参 考 文 献

[1] 王迪轩. 新编肥料使用技术手册. 北京：化学工业出版社，2012.
[2] 何永梅，等. 无公害蔬菜科学施肥问答. 北京：化学工业出版社，2010.
[3] 王迪轩. 农民科学施肥必读. 北京：化学工业出版社，2013.
[4] 王迪轩. 蔬菜科学用药与施肥技术问答. 北京：化学工业出版社，2014.
[5] 王迪轩. 有机蔬菜科学用药与施肥技术：第二版. 北京：化学工业出版社，2015.
[6] 中国标准出版社第一编辑室. 中国农业标准汇编：土壤和肥料卷. 北京：中国标准出版社，2010.
[7] 杨志福，王景宏，钱正. 肥料施用二百题. 北京：中国农业出版社，农村读物出版社，2007.
[8] 陆欣. 土壤肥料学. 北京：中国农业大学出版社，2009.
[9] 陈隆隆，潘振玉. 复混肥料和功能性肥料技术与装备. 北京：化学工业出版社，2008.
[10] 鲁剑巍，曹卫东. 肥料使用技术手册. 北京：金盾出版社，2010.
[11] 詹益兴，孙江莉. 新型缓释肥施用技术. 北京：中国三峡出版社，2008.
[12] 福建省农业“五新”推广工作办公室. 新型肥料施用技术. 福州：福建科学技术出版社，2009.
[13] 马国瑞. 叶面肥施用指南. 北京：中国农业出版社，2009.
[14] 朱必翔. 科学施肥技术问答. 合肥：安徽科学技术出版社，2009.
[15] 刘爱民. 生物肥料应用基础. 南京：东南大学出版社，2007.
[16] 科学技术部中国农村技术开发中心. 菜园科学施肥. 北京：中国农业科学技术出版社，2006.
[17] 李玉华. 有机肥料生产与应用. 天津：天津科技翻译出版公司，2010.
[18] 陆景陵，陈伦寿，曹一平. 科学施肥必读. 北京：中国林业出版社，2008.
[19] 贾希海，刘善江，王萍. 怎样识别假种子假化肥假农药. 北京：农村读物出版社，中国农业出版社，2007.
[20] 褚天铎，等. 简明施肥技术手册. 北京：金盾出版社，2010.
[21] 马国瑞. 高效使用化肥百问百答. 北京：中国农业出版社，2006.
[22] 张世明，徐建堂. 秸秆生物反应堆新技术. 北京：中国农业出版社，2005.
[23]《常用肥料使用手册》编委会. 常用肥料使用手册. 成都：四川科学技术出版社，2011.
[24] 张洪昌，李星林，赵春山. 肥料质量鉴别. 北京：金盾出版社，2014.
[25] 山东金正大生态工程股份有限公司. 中微量元素肥料的生产与应用. 北京：中国农业科技技术出版社，2013.
[26] 林新坚，章明清，王飞. 新型肥料与施肥新技术. 福州：福建科学技术出版社，2012.
[27] 王兴仁，张福锁，张卫峰，等. 中国农化服务肥料与施肥手册. 北京：中国农业出版社，2013.
[28] 欧善生，张慎举. 生物农药与肥料. 北京：化学工业出版社，2011.
[29] 姚素梅. 肥料高效施用技术. 北京：化学工业出版社，2014.
[30] 周宝库，张秀英，张喜林，等. 化肥施用技术问答第三版. 北京：化学工业出版社，2014.
[31] 北京市土肥工作站. 施肥技术手册. 北京：中国农业大学出版社，2010.
[32] 张洪昌，段继贤，赵春山. 肥料安全施用技术指南. 北京：中国农业出版社，2012.
[33] 崔德杰，金圣爱. 安生科学施肥实用技术. 北京：化学工业出版社，2012.
[34] 黄见良，罗建新，龚次元. 实用肥料手册. 长沙：湖南科学技术出版社，1997.
[35] 常伟，涂仕华. 果树、蔬菜、花卉及草坪施肥技术. 成都：四川科学技术出版社，2008.
[36] 陈庆瑞，涂仕华. 主要肥料与施肥技巧. 成都：四川科学技术出版社，2008.
[37] 奚振邦. 现代化学肥料学. 北京：中国农业出版社，2008.
[38] 任济星. 农村沼气技术问答. 北京：农村读物出版社，中国农业出版社，2007.
[39] 张杨珠. 肥料高效施用技术手册. 长沙：湖南科学技术出版社，2013.
[40] http：//www. csres. com 工标网.

[41] http://www.foodmate.net 食品伙伴网.
[42] http://www.360yiqi.com/index.htm 仪器网.
[43] http://www.GB99.cn 国标久久.
[44] http://www.bzxzk.com 国家标准下载.
[45] http://www.bzko.com 标准库.